"十二五"职业教育国家规划教材
经全国职业教育教材审定委员会审定
高等职业院校教学改革创新示范教材 数字媒体系列

3ds Max 动画制作实战训练
（第3版）

高文铭 祝海英 主编

电子工业出版社
Publishing House of Electronics Industry
北京·BEIJING

内容简介

《3ds Max 动画制作实战训练（第 2 版）》是"十二五"职业教育国家规划教材，本书在此基础上进行改版修改。

本书以三维动画制作软件 3ds Max 为载体，以三维动画制作流程为主线，按照行业企业三维动画创作的思路和标准，采用行动导向的教学模式，通过典型实战演练任务和项目制作，详细讲解三维动画制作的相关知识和技术，具体包括 3ds Max 基础知识、基本和高级模型设计、室内外场景设计、基本和高级动画制作、室内漫游动画和影视广告片头动画 6 个模块内容。本书既有针对每个模块的知识点和技能点的单项实战演练任务，又有贯穿始终的综合实训项目，全面提高学生三维动画制作的综合能力、项目制作能力。知识点、技能点全面，创作方法新颖，图文并茂，重点突出，针对性强。

本书编者结合多年的实践教学和教学改革实际，注重把行业标准和 1+X 职业资格认证标准融入实战演练和综合项目实施过程中，缩小了教学与生产的距离，使学生能够很快适应行业企业生产技术的要求。此外，在本书的编写中融入移动互联网等信息技术，以嵌入识图（AR）和二维码的纸质教材为载体，嵌入了包括课程标准、电子教案、电子课件、案例素材、微课视频、认证知识必备（包括理论测试题、技能测试题及答案）等丰富的数字化教学资源，均可通过扫描二维码下载和学习，实现了线上线下结合的教材编写新模式，有效延伸了"课堂"的空间和时间。

本书可作为高等职业院校、大中专院校相关专业师生或社会三维动画培训班的教材，也可作为从事三维动画制作、影视制作、广告制作等相关从业人员的阅读、研究参考。

未经许可，不得以任何方式复制或抄袭本书之部分或全部内容。
版权所有，侵权必究。

图书在版编目（CIP）数据

3ds Max 动画制作实战训练 / 高文铭，祝海英主编 . —3 版 . —北京：电子工业出版社，2023.8
ISBN 978-7-121-44887-4

Ⅰ．①3… Ⅱ．①高…②祝… Ⅲ．①三维动画软件－高等学校－教材 Ⅳ．① TP391.414

中国国家版本馆 CIP 数据核字（2023）第 006338 号

责任编辑：贺志洪
印　　刷：三河市良远印务有限公司
装　　订：三河市良远印务有限公司
出版发行：电子工业出版社
　　　　　北京市海淀区万寿路 173 信箱　邮编　100036
开　　本：787×1 092　1/16　印张：23.25　字数：595.2 千字
版　　次：2008 年 1 月第 1 版
　　　　　2023 年 8 月第 3 版
印　　次：2024 年 12 月第 4 次印刷
定　　价：59.00 元

凡所购买电子工业出版社图书有缺损问题，请向购买书店调换。若书店售缺，请与本社发行部联系，联系及邮购电话：（010）88254888，88258888。
质量投诉请发邮件至 zlts@phei.com.cn，盗版侵权举报请发邮件至 dbqq@phei.com.cn。
本书咨询联系方式：（010）88254609，hzh@phei.com.cn。

PREFACE 前言

当前，计算机三维动画制作技术被广泛应用于游戏、影视、广告、建筑设计、虚拟现实制作以及工程可视化等诸多领域。作为高职院校专业课程，"三维动画设计与制作"类课程在高等职业院校的艺术设计类、广播影视类、虚拟现实制作类、建筑设计和计算机技术应用类专业普遍开设。

3ds Max 是一款非常优秀的三维建模、动画设计和渲染软件，完全可以满足动画、游戏、影视、产品设计、虚拟现实等领域的需求。

本书内容

本书从理论到实践进行了详细的介绍，内容由浅入深，覆盖了 3ds Max 动画制作的相关知识及其在相关行业中的应用技术。具体内容包括 3ds Max 基础知识、基本和高级模型设计、室内外场景设计、基本和高级动画制作、室内漫游动画和影视广告片头动画 6 个模块内容。本书精彩案例融入了编者丰富的设计经验、教学心得及 1+X 认证标准等，旨在帮助学习者全方位了解行业规范和标准、创作手法和技巧，提高实战能力，以适应三维动画制作等不同工作岗位的需求。

本书特色

本书知识点、技能点全面，创作方法新颖，图文并茂，几乎每一个操作均附有对应的图示，非常直观，便于读者理解，方便学习。每个模块开始都设计了模块简介和模块导读。

1. 教材内容有机嵌入行业企业标准和职业资格认证标准

将行业企业标准、职业认证标准融入教材编写中，缩小了教学与生产的距离，使学生能够很快适应行业企业生产技术的要求。

2. 教材建设融合互联网新技术

教材建设结合教学改革实际，融入移动互联网等信息技术，以附二维码的纸质教材为载体，嵌入视频、音频等数字资源，将教材、课堂、教学资源三者融合，实现线上线下结合的教材新模式，有效延伸了"课堂"的空间和时间。

3. 教材编写融入了课程思政目标

将课程思政元素融入教材中，旨在把课堂教学从原有的以注重技能为主的培养方式，向德技并举、技艺融通、注重职业素养方面转化。

数字化教学资源

本书配套的数字化资源包括：

（1）书中实战演练任务和综合项目的工程文件和所用到的素材文件。

（2）36 个关键知识、技术和案例的微课视频文件。

（3）课程标准、电子教案、电子课件、认证知识必备（包括理论测试题、技能测试题及答案）。

读者对象

本书知识点、技能点全面，实例制作过程讲解详细，并总结了大量的实战经验和技巧，适合以下读者学习参考：

（1）动漫、影视、广告及其相当专业的师生。

（2）三维动画制作等相关行业的从业人员。

（3）三维动画制作爱好者。

本书由长春职业技术学院高文铭、祝海英共同编写，其中高文铭负责编写模块一、模块二和模块六，祝海英负责编写模块三、模块四和模块五。在编写过程中，长期从事三维动画制作岗位、具有丰富的项目开发和社会培训经验的企业专家，对教材案例（项目）选取及开发给予指导和建议，李明革教授作为职业教育专家，在教材的编写理念与思路、教材的呈现形式等方面有重要指导作用，在此一并表示感谢。

尽管我们在探索教材建设方面做出了许多努力，但是难免存在一些错误和不足，敬请广大读者批评指正。

编　者

CONTENTS 目录

模块一　3ds Max 基础知识 001
  1.1　三维动画概述 002
    1.1.1　什么是三维动画 002
    1.1.2　三维动画主流设计软件 002
  1.2　3ds Max 的应用领域及制作流程 002
    1.2.1　3ds Max 应用领域 002
    1.2.2　3ds Max 制作流程 005
  1.3　3ds Max 基础入门 005
    1.3.1　3ds Max 的操作界面与布局 005
    1.3.2　空间坐标系统 010
  1.4　对象的基本操作 012
    1.4.1　选择操作 013
    1.4.2　变换操作 014
  1.5　本模块小结 017
  1.6　认证知识必备 017

模块二　基本和高级模型设计 018
  2.1　三维动画基础建模 019
    2.1.1　标准基本体建模 019
    2.1.2　扩展基本体建模 022
    2.1.3　实战演练 1——休息亭场景模型 025
  2.2　二维建模 040
    2.2.1　创建二维图形 040
    2.2.2　编辑样条线 042
    2.2.3　二维图形到三维模型的转换 044
    2.2.4　实战演练 2——超人标志模型 047
  2.3　三维编辑修改器建模 052
    2.3.1　常用三维编辑修改器 053

2.3.2	实战演练3——菜篮子模型	055
2.3.3	实战演练4——冰淇淋模型	061

2.4 复合对象建模

2.4.1	放样建模	066
2.4.2	布尔运算建模	068
2.4.3	散布复合建模	069
2.4.4	一致复合建模	070
2.4.5	图形合并复合对象	070
2.4.6	实战演练5——手枪模型	070

2.5 网格建模和多边形建模

2.5.1	网格建模和多边形建模概述	080
2.5.2	网格对象的创建方法	081
2.5.3	编辑网格	081
2.5.4	了解多边形建模	083
2.5.5	编辑多边形	083
2.5.6	实战演练6——剑士大刀模型	087

2.6 本模块小结 112
2.7 认证知识必备 113

模块三 室内外场景设计 114

3.1 3ds Max 材质和贴图

3.1.1	材质编辑器	115
3.1.2	材质类型	119
3.1.3	贴图类型	122
3.1.4	UVW 展开技术	124

3.2 3ds Max 灯光

3.2.1	灯光的种类与创建	127
3.2.2	灯光参数	129

3.3 3ds Max 摄影机

3.3.1	摄影机的种类与创建	133
3.3.2	传统摄影机参数	134
3.3.3	物理摄影机参数	134
3.3.4	从视图创建摄影机	136

3.4 实战演练1——公园一角 137
3.5 实战演练2——Q 版建筑 144
3.6 本模块小结 169
3.7 认证知识必备 169

目　录

模块四　基本和高级动画制作 … 171

4.1　动画基础知识 … 172
- 4.1.1　动画的基本原理 … 172
- 4.1.2　动画的分类 … 172
- 4.1.3　动画的时间与帧 … 173

4.2　关键帧动画 … 174
- 4.2.1　关键帧动画的设置 … 174
- 4.2.2　播放、预览和渲染动画 … 175
- 4.2.3　实战演练1——弹药箱展示动画 … 176
- 4.2.4　实战演练2——战车动画 … 180

4.3　轨迹视图动画 … 187
- 4.3.1　认识轨迹视图界面 … 187
- 4.3.2　认识功能曲线 … 188
- 4.3.3　设置循环运动 … 189
- 4.3.4　实战演练3——翻滚的圆柱动画 … 190
- 4.3.5　实战演练4——弹力球弹跳节奏动画 … 197

4.4　约束动画 … 203
- 4.4.1　添加动画约束控制器 … 204
- 4.4.2　常用的动画约束控制器 … 204
- 4.4.3　实战演练5——叉车动画 … 205
- 4.4.4　实战演练6——四足走动画 … 210

4.5　环境和效果动画 … 217
- 4.5.1　环境特效 … 217
- 4.5.2　效果特效 … 222
- 4.5.3　实战演练7——林中篝火 … 224
- 4.5.4　实战演练8——夏日阳光 … 232

4.6　空间扭曲动画 … 238
- 4.6.1　创建和使用空间扭曲 … 238
- 4.6.2　空间扭曲的类型 … 238
- 4.6.3　实战演练9——广告文字动画 … 239

4.7　粒子系统动画 … 245
- 4.7.1　非事件驱动粒子系统 … 245
- 4.7.2　事件驱动粒子系统 … 250
- 4.7.3　实战演练10——下雨效果 … 252
- 4.7.4　实战演练11——烟花效果 … 254
- 4.7.5　实战演练12——爆炸效果 … 262
- 4.7.6　实战演练13——落叶效果 … 269

4.7.7	实战演练 14——字符雨效果	272
4.8	MassFX 动力学动画	279
4.8.1	认识 MassFX 工具栏	279
4.8.2	认识"MassFX 工具"对话框	280
4.8.3	使用刚体	281
4.8.4	使用 MassFX 布料	282
4.8.5	实战演练 15——投球动画	284
4.8.6	实战演练 16——床单建模	290
4.8.7	实战演练 17——飘动的旗帜	294
4.9	本模块小结	299
4.10	认证知识必备	300

模块五 室内漫游动画 · 302

5.1	客厅漫游动画项目描述	303
5.2	客厅框架的制作	303
5.2.1	实战演练 1——制作墙体	303
5.2.2	实战演练 2——制作窗框	307
5.2.3	实战演练 3——制作装饰墙	310
5.2.4	实战演练 4——设置材质	312
5.3	家具的制作	315
5.3.1	实战演练 5——单人沙发的制作	315
5.3.2	实战演练 6——L 型沙发的制作	321
5.3.3	实战演练 7——设置沙发和靠垫材质	323
5.4	合并家具	326
5.5	设置灯光	327
5.6	设置摄影机漫游动画	330
5.7	本模块小结	331
5.8	认证知识必备	331

模块六 影视广告片头动画 · 333

6.1	影视广告片头动画——香港聆动科技片头动画介绍	334
6.2	制作分镜头场景一	334
6.2.1	实战演练 1——主题色块建模	334
6.2.2	实战演练 2——制作辅助背景文字和线条	338
6.2.3	实战演练 3——制作主题文字、主题色块、辅助文字和线条	340
6.2.4	实战演练 4——主题色块、辅助文字、线条和主题文字材质	341
6.2.5	实战演练 5——设置灯光、摄影机和动画	343
6.2.6	实战演练 6——视频后期处理	348

6.2.7　实战演练 7——附加部分：随机色块和文字 349
6.3　制作分镜头场景二 351
　　6.3.1　实战演练 8——标志、公司名称建模 351
　　6.3.2　实战演练 9——标志、公司名称材质 355
　　6.3.3　实战演练 10——设置灯光、摄影机和动画 355
　　6.3.4　实战演练 11——分镜头合成 358
6.4　本模块小结 360
6.5　认证知识必备 361

模块一

3ds Max 基础知识

3ds Max 是目前国内流行的三维软件之一，相对于其他三维软件来说，它有着性价比高、上手容易、应用范围广、便于交流等特点，因此获得业界人士的诸多好评。

本模块通过认识三维动画的发展历程和三维动画的应用领域，初步了解三维软件的特点和三维动画的制作流程，从而增强读者学习三维动画的兴趣，对三维软件有一个宏观、总体的认识。通过学习 3ds Max 的操作界面、基本操作、坐标系统等，使读者快速进入 3ds Max 三维制作的精彩世界。

模块导读

模块名称	3ds Max 基础知识				
学习目标	知识目标： 1. 了解三维主流软件及其应用领域 2. 掌握三维动画制作流程 3. 了解 3ds Max 的界面组成及各组成部分的功能（重点） 4. 掌握 3ds Max 的视图操作（重点） 5. 熟练掌握 3ds Max 主要工具的应用（重点） 6. 认识 3ds Max 的坐标系统（难点）				
^^	技能目标： 1. 能熟练使用快捷键和鼠标控制视图 2. 能灵活运用主要工具完成对象的基本操作				
^^	思政目标： 1. 通过 3ds Max 基础知识的学习，培养学生夯实基础、求真务实的科学态度 2. 通过对视图和对象的基本操作，培养学生严谨规范的习惯及流程意识				
数字化资源	电子课件				电子教案
^^	微课视频				
^^	1	3ds Max 的操作界面与布局		4	3ds Max 的三维几何体的显示方法
^^	2	3ds Max 视图的基本操作		5	单位设置和文件间隔保存设置
^^	3	3ds Max 对象的基本操作		6	自定义快捷键
建议学时：8学时					

1.1 三维动画概述

1.1.1 什么是三维动画

三维动画又称 3D 动画，是随着计算机软硬件技术的发展而产生的新兴技术。三维动画软件在计算机中首先建立一个虚拟的世界，设计师在这个虚拟的三维世界中按照要表现的对象的形状、尺寸建立模型以及场景，再根据要求设定模型的运动轨迹、虚拟摄影机的运动以及其他动画参数，最后按要求为模型赋上特定的材质，并打上灯光。这一切完成后就可以让计算机自动运算，生成最后的画面。

三维动画技术模拟真实物体的方式使其成为一个有用的工具。由于其精确性、真实性和无限的可操作性，被广泛应用于医学、教育、军事、娱乐等诸多领域。

1.1.2 三维动画主流设计软件

1. 3ds Max

说到三维动画软件，3ds Max 作为世界上应用最为广泛的三维建模、动画、渲染软件，完全满足制作高质量动画、最新游戏等领域的需要。3ds Max 从 1.0 版发展到现在的 3ds Max2020 版，可以说经历了一个由不成熟到成熟壮大的过程，这款应用于 PC 平台的三维动画软件从 1996 年开始就一直在三维动画领域叱咤风云。它支持 Windows NT，具有优良的多线程运算能力，支持多处理器的并行运算，具有丰富的建模和动画能力以及出色的材质编辑系统，这些优秀的特点吸引了大批的三维动画制作者和公司。目前在国内，3ds Max 的使用人数大大超过了其他三维软件，可以说是一枝独秀。

2. Maya

Autodesk Maya 是美国 Autodesk 公司出品的世界顶级的三维动画软件，应用对象是专业的影视广告、角色动画、电影特技等。Maya 集成了 Alias、Wavefront 最先进的动画及数字效果技术。它不仅包括一般三维和视觉效果制作的功能，而且还与最先进的建模、数字化布料模拟、毛发渲染、运动匹配技术相结合。Maya 可在 Windows NT 与 SGI IRIX 操作系统上运行。在市场上用来进行数字和三维制作的工具中，Maya 是首选解决方案。

3. ZBrush

ZBrush 是一个数字雕刻和绘画软件，它以强大的功能和直观的工作流程彻底改变了整个三维行业。在一个简洁的界面中，ZBrush 为当代数字艺术家提供了世界上最先进的工具。ZBrush 以实用的思路开发出的功能组合，在激发艺术家创作力的同时，也让用户产生很好感受，在操作时会感到非常顺畅。ZBrush 能够雕刻边数高达 10 亿的多边形模型，所以限制只取决于艺术家自身的想象力。

ZBrush 软件是世界上第一个让艺术家感到无约束、可自由创作的 3D 设计工具！它的出现完全颠覆了过去传统三维设计工具的工作模式，解放了艺术家们的双手和思维，使艺术家告别过去那种依靠鼠标和参数来笨拙创作的模式，完全尊重艺术家的创作灵感和传统工作习惯。

本书所介绍的三维动画都是基于 3ds Max2020 来实现的。

1.2 3ds Max 的应用领域及制作流程

1.2.1 3ds Max 应用领域

作为性能卓越的三维动画软件，3ds Max 被广泛应用于建筑装潢、影视制作、产品设计、游戏开发、虚拟现实等领域。

1. 建筑领域

建筑效果图与建筑漫游动画制作是现在国内三维设计软件应用最广泛的领域。建筑效果图和建漫游动画能够在建筑地产项目未完成前将最终效果展示出来，能提前预知项目完成时的效果。与著名的建筑制图软件 AutoCAD 配合使用可以使建筑效果图和漫游动画表现得淋漓尽致，如图 1-1、图 1-2 所示为使用 3ds Max 创建的室内外建筑效果图和建筑漫游动画。

图 1-1　室内外建筑效果图

图 1-2　建筑漫游动画

2. 计算机游戏

在游戏行业，世界上很多知名游戏基本上都使用 3ds Max 参与开发。当前许多计算机游戏中大量地加入了三维动画的应用，细腻的画面、宏伟的场景和逼真的造型使游戏的视觉效果和真实感大大增加，同时也使 3D 游戏的玩家越来越多，使 3D 游戏的市场得以不断壮大，如图 1-3 所示为 3ds Max 参与开发的《极品飞车13》游戏场景画面。

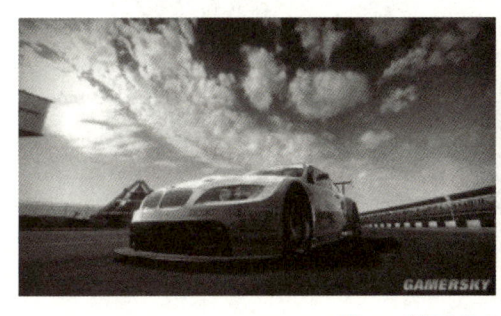

图 1-3　《极品飞车13》游戏场景画面

3. 产品造型和包装设计

现代生活中，人们对生活消费品、家用电器等的外观、结构和易用性有了更高的要求。通过 3ds Max 参与产品造型和包装的设计，让企业可以很直观地模拟产品的材质、造型和外观等特性，从而提高研发效率。如图1-4所示为使用3ds Max制作的产品造型和包装设计效果图。

图1-4 产品造型和包装设计效果图

4. 影视和商业广告

3ds Max凭借其鲜明、逼真的视觉效果、色彩分级和配有丰富插件，不仅常在电视节目片头"露脸"，随着广告领域的扩展，也越来越多地出现在产品广告、房地产广告等场景中。如图1-5所示是由3ds Max参与开发的影视和商业广告片段。

图1-5 影视和商业广告片段

5. 工业机械制造

通过三维动画，可以直观地表现机械零配件的造型，更可以模拟零件工作时的运转情况，便于零件性能的分析检测。如图1-6所示是由3ds Max制作的工业机械仿真模型。

图1-6 工业机械仿真模型

6. 虚拟现实

随着虚拟现实技术的成熟和发展，它已经作为一种产业在各行各业中逐步得到应用，虚拟现实平台软件层出不穷，它们有一个共同的特点就是致力于更好地展现所创造虚拟环境的沉浸感、交互性、构想性，但三维模型、动画的构建还需要借助第三方软件来实现。绝大多数虚拟现实中三维模型和动画的制作是利用3ds Max来实现的。如图1-7所示是由3ds Max开发的虚拟现实三维场景。

图 1-7　虚拟现实三维场景

1.2.2　3ds Max 制作流程

三维动画的制作流程大致可以分为构思动画、故事板、建立对象模型、赋予材质、设置灯光及摄像机、设置场景动画、渲染输出 7 个阶段，如图 1-8 所示。

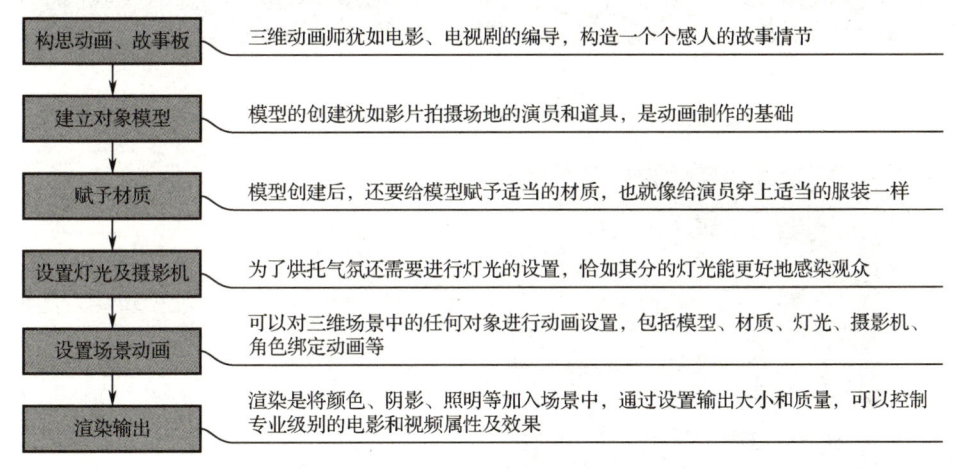

构思动画、故事板	三维动画师犹如电影、电视剧的编导，构造一个个感人的故事情节
建立对象模型	模型的创建犹如影片拍摄场地的演员和道具，是动画制作的基础
赋予材质	模型创建后，还要给模型赋予适当的材质，也就像给演员穿上适当的服装一样
设置灯光及摄影机	为了烘托气氛还需要进行灯光的设置，恰如其分的灯光能更好地感染观众
设置场景动画	可以对三维场景中的任何对象进行动画设置，包括模型、材质、灯光、摄影机、角色绑定动画等
渲染输出	渲染是将颜色、阴影、照明等加入场景中，通过设置输出大小和质量，可以控制专业级别的电影和视频属性及效果

图 1-8　3ds Max 制作流程图

1.3　3ds Max 基础入门

1.3.1　3ds Max 的操作界面与布局

3ds Max 是由 Autodesk 公司开发的一款面向大众的智能化应用软件，具有集成化的操作环境和图形化的界面窗口。使用 3ds Max 的最重要方面之一就是它的多功能性，许多程序功能可以通过多个界面元素来使用。

启动 3ds Max 后，将进入如图 1-9 所示的工作界面，该界面主要由工作区选择器、菜单栏、主工具栏、功能区、场景资源管理器、视图布局、命令面板、视图区、MAXScript 迷你侦听器、状态行和提示行、孤立当前选择切换和选择锁定切换、坐标显示、动画和时间控件、视图导航控件、项目工具栏等构成。

1. 工作区选择器

使用"工作区"功能可以快速切换任意不同的界面设置。它可以还原工具栏、菜单、视图布局预设等自定义排列。工作区选择器包括如图 1-10 所示的内容。

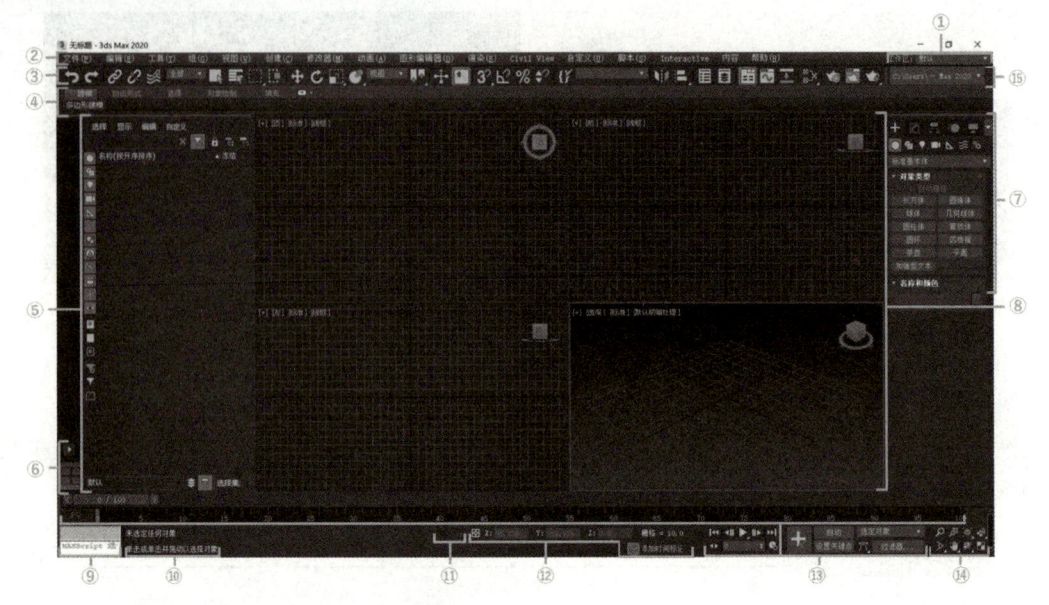

图 1-9 3ds Max 工作界面

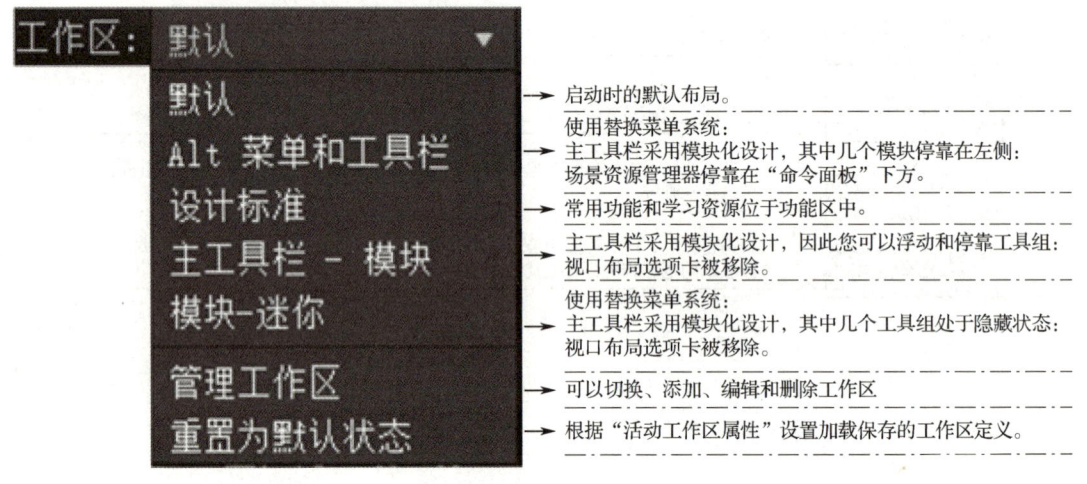

图 1-10 工作区选择器

2. 菜单栏

菜单栏就位于主窗口的标题栏下面，每个菜单的标题表明该菜单中命令的用途。3ds Max 包含两个菜单系统。产品初始启动时会看到默认菜单；此菜单遵循标准的 Windows 约定。此外，您还可以使用 Alt 菜单，此菜单的布局方式稍有不同。要访问 Alt 菜单，请打开工作区选择器，然后选择"Alt 菜单和工具栏"工作区。

3. 主工具栏

通过主工具栏可以快速访问 3ds Max 中用于执行很多常见任务的工具和对话框。在默认状态下，工具栏包括 30 多项工具按钮，它们都是较常见的工具。在工作中，用户可以对工具栏进行以下几项设置。

1) 浮动和停靠主工具栏

通过单击并拖动工具栏左侧的两条垂直线，可在界面上的不同位置中浮动和停靠主工具栏，如图 1-11 所示。 还可以通过从"工作区选择器"中选择"主工具栏 - 模块"工作区，使主工具栏模块化。模块化之后，可以根据需要，浮动和停靠工具组。

图 1-11 主工具栏

【提示】
✦ 通常只有在 1280 像素 ×1024 像素的分辨率下，工具按钮才能完全显示在主工具栏上。当显示器分辨率低于 1280 像素 ×1024 像素时，可以将光标移动到工具栏空白处，当光标变为手形时，按住鼠标左键并拖动光标，工具栏会跟随光标移动显示。
✦ 按 "Alt+6" 快捷键，显示或隐藏主工具栏。

2）主工具栏中的附属工具

在主工具栏中，有些按钮的右下角有一个三角形标志，这表示此工具按钮中包含其他的工具。单击并按住鼠标左键，将弹出附属工具按钮列表，如图 1-12 所示。将光标移动到要选择的工具按钮上，然后松开鼠标即可选择所需要的附属工具。

3）工具按钮的名称提示

当用户不了解某个工具按钮时，可以借助鼠标操作来获得帮助，3ds Max 的这种功能给用户提供了极大的便利，用户只需要将鼠标指针移动到工具栏中的某个工具按钮上，便会弹出该工具按钮的名称，从而了解它是什么工具，如图 1-13 所示。

图 1-12 附属工具　　　　　图 1-13 工具按钮名称提示

4. 功能区

功能区采用工具栏形式，它可以在水平或垂直方向上停靠，也可以在垂直方向上浮动。可以通过单击 "主工具栏" （显示功能区）按钮来打开或关闭功能区显示。另一种控制功能区显示的方法是执行 "自定义" 菜单→ "显示 UI" → "显示功能区" 命令。

功能区界面的形式是高度自定义的上下文相关工具栏，如图 1-14 所示。其中包含以下选项卡：建模、自由形式、选择、对象绘制和填充。每个选项卡都包含许多面板和工具，它们的显示与否取决于上下文。

图 1-14 功能区

5. 场景资源管理器

在 3ds Max 中，场景资源管理器提供了一个无模式对话框，可用于查看、排序、过滤和选择对象，还提供了其他功能，可用于重命名、删除、隐藏和冻结对象，创建和修改对象层次，以及编辑对象属性。

3ds Max 中的每个工作区都包含一个不同的场景资源管理器，名称与其工作区相同，停靠在视图区的左侧，如图 1-15 所示。

6. 视图布局

视图布局提供了一个特殊的选项卡栏，用于在任何数目的不同视图布局之间快速切换。首次启动

3ds Max 时，默认情况下在视图左侧沿垂直方向打开"视图布局"选项卡栏。该栏底部的单个选项卡具有一个描述启动布局的图标。

通过从"预设"菜单（在单击选项卡栏上的箭头按钮时打开）中选择选项卡，可以添加这些选项卡以访问其他布局。将其他布局从预设加载到栏之后，可以通过单击其图标切换到任何布局。加载前后的视图布局选项卡栏，如图 1-16 所示。

7. 命令面板

命令面板是使用最频繁的区域，在默认状态下，它位于操作界面的右侧，由 6 个用户界面面板组成，分别是"创建""修改""层次""运动""显示""实用程序"面板，命令面板如图 1-17 所示。使用这些面板可以访问 3ds Max 的大多数建模功能，以及一些动画功能、显示选择和其他工具。3ds Max 每次只有一个面板可见，要显示不同的面板，单击命令面板顶部的选项卡即可。

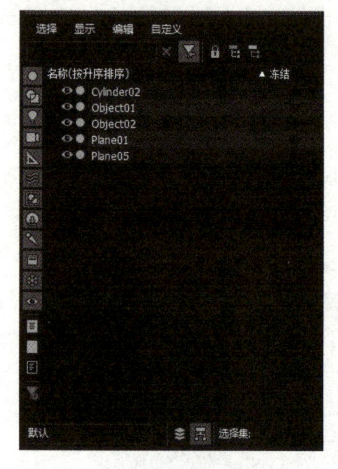

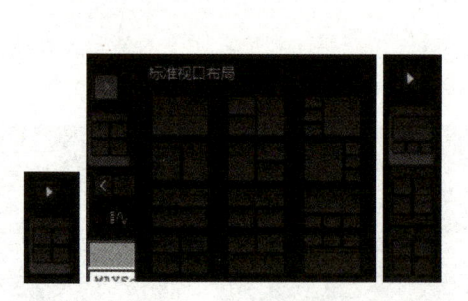

图 1-15　场景资源管理器　　　图 1-16　加载前后的视图布局选项卡栏　　　图 1-17　命令面板

8. 视图区

视图区是 3ds Max 操作界面中最大的区域，位于操作界面的中部，它是主要的工作区。在视图区中，3ds Max 系统本身默认为 4 个基本视图，如图 1-18 所示。

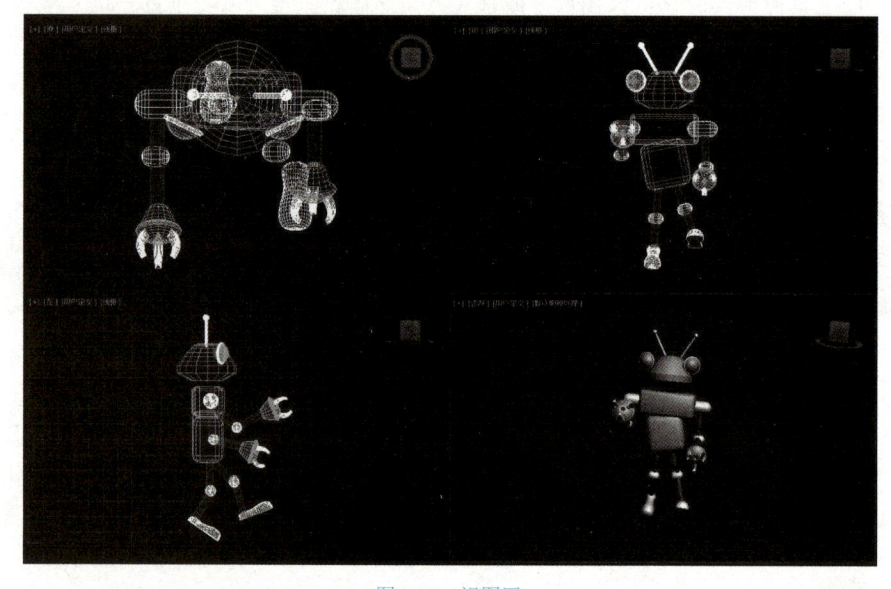

图 1-18　视图区

顶视图：从场景正上方向下垂直观察物体对象。

前视图：从场景正前方观察物体对象。

左视图：从场景正左方观察物体对象。

透视图：能从任何角度观察物体对象的整体效果，可以变换角度进行观察。透视图是以三维立体方式对场景进行显示观察的，其他三个视图都是以平面形式对场景进行显示观察的。

默认 4 个视图的类型是可以改变的，激活视图后，在视图的左上角都有视图类型提示，如图 1-19 所示。

【提示】

✦ 在视图与视图的交界处右击鼠标，在弹出的菜单中选择"重置布局"选项，可将视图恢复到原始布局。

✦ 可以通过激活视图，然后按相应的快捷键进行视图类型切换。顶、前、左、透视图的快捷键分别为 T、F、L、P。

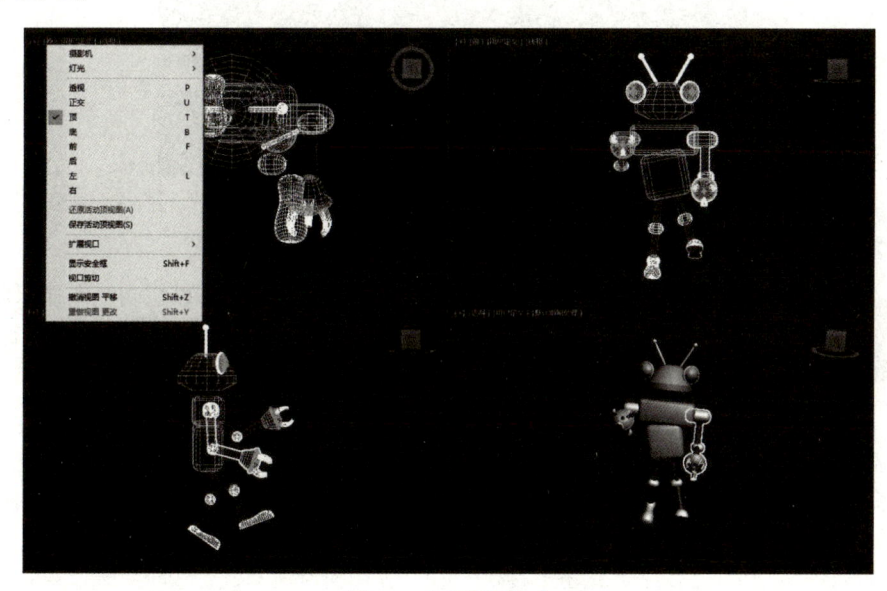

图 1-19　视图类型切换

9. MAXScript 迷你侦听器

MAXScript 迷你侦听器是 MAXScript 侦听器窗口内容的一个单行视图，位于状态行和提示行左边的标记栏。它分为两个窗格：一个粉红色，一个白色。粉红色的窗格是"宏录制器"窗格。启用"宏录制器"时，录制下来的所有内容都将显示在粉红色窗格中。"迷你侦听器"中的粉红色行表明该条目是进入"宏录制器"窗格的最新条目。白色窗格是"脚本"窗口，可以在这里创建脚本。在侦听器的白色区域中输入的最后一行将显示在迷你侦听器的白色区域中。

10. 状态栏和提示行

状态栏和提示行可以显示当前有关场景和活动命令的操作状态和提示。状态栏主要用于建模时对模型的操作说明，提示行主要用于建模时对模型空间位置的提示。状态栏和提示行如图 1-20 所示。

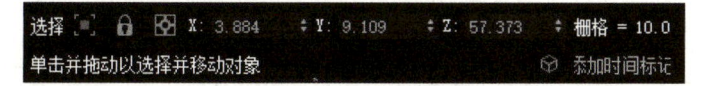

图 1-20　状态栏和提示行

11. 孤立当前选择和选择锁定切换

状态栏中的 ▣ （孤立当前选择）按钮可以将暂时隐藏除了正在处理的对象以外的所有对象。孤立当前选择可防止在处理单个选定对象时选择其他对象。您可以专注于需要看到的对象，无须为周围的环境分散注意力，同时也可以降低由于在视图中显示其他对象而造成的性能开销。

使用 🔒（选择锁定切换）可启用或禁用选择锁定。锁定选择可防止在复杂场景中意外选择其他内容。

12. 坐标显示

坐标显示区域显示光标的位置或变换的状态，并且可以输入新的变换值。 ⊞（绝对模式变换输入）是以"绝对"模式设置世界空间中对象的确切坐标。 ⤴（偏移模式变换输入）是以"偏移"模式相对于其现有坐标来变换对象的。

13. 动画和时间控件

动画和时间控件主要用于进行动画的记录、动画帧的选择、动画播放以及动画时间的控制，包括主动画控件和时间滑块，如图 1-21 所示。

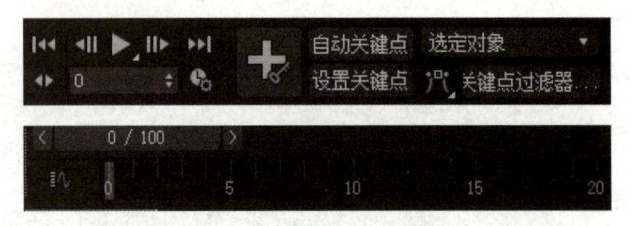

图 1-21　动画和时间控件

14. 视图导航控件

视图导航控件位于操作界面的右下角，是可以控制视图显示和导航的按钮，但不改变视图中物体对象本身的大小及结构，部分按钮内还有附属按钮，如图 1-22 所示。

图 1-22　视图导航控件

【提示】

✦ 按下键盘上的"Z"键，将场景中的对象在所有视图中最大化显示。

✦ 滚动鼠标滚轮，可以快速将当前激活视图以 25% 的倍数进行缩放。另外，可以按下"["键放大视图，按下"]"键缩小视图。

✦ 按住鼠标滚轮拖动，可以平移视图；按住"Alt"键的同时拖动鼠标滚轮，可以旋转视图。

✦ 按住"Alt+W"组合键，可以快速将当前工作视图最大化显示；再按一次，可以还原视图的显示。

15. 项目工具栏

项目工具栏将便于用户有组织地为特定项目放置所有文件。项目工具栏如图 1-23 所示。

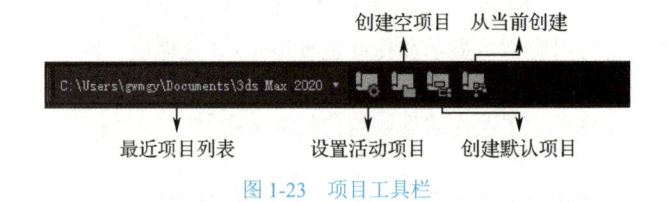

图 1-23　项目工具栏

最近项目列表：可以从最近使用的项目文件夹中快速进行选择。

设置活动项目：通过"设置活动项目"对话框将某个文件夹设置为当前项目的根。

创建空项目：通过在"选择文件夹"对话框中选择单个根目录，创建不包含结构或层次的新项目。

创建默认项目：通过"选择文件夹"对话框创建包含默认文件夹结构的新项目。

从当前创建：通过"选择文件夹"对话框基于当前项目的文件夹结构创建新项目。

1.3.2　空间坐标系统

在 3ds Max 中，系统提供的工作环境是一个虚拟的三维空间，有多种坐标表示方法。参考坐标系是三维动画制作的重要坐标参考系统,决定用户进行移动、旋转、缩放等变换操作时所使用 X、Y、Z 轴方向及坐标系原点。

在制作模型和调整视图时,都会用到坐标轴,为此 3ds Max 提供了 10 种不同的坐标系统,如图 1-24 所示。

1. 视图坐标系

视图坐标系是 3ds Max 系统默认的坐标系,也是使用最普遍的坐标系统。视图坐标系是世界坐标系和屏幕坐标系的混合体。使用视图坐标系时,所有正交视图都使用屏幕坐标系,而透视视图使用世界坐标系。

图 1-24 参考坐标系

【提示】

✦ 因为坐标系的设置基于逐个变换,所以请先选择变换,然后再指定坐标系。如果不希望更改坐标系,请执行"自定义"→"首选项"命令,弹出"首选项设置"对话框,在"常规"选项卡中的"参考坐标系"组中勾选"恒定"复选框。

在默认的视图坐标系中,所有正交视图中的 X、Y 和 Z 轴都相同。使用该坐标系移动对象时,会相对于视图空间移动对象,如图 1-25 所示。X 轴始终朝右,Y 轴始终朝上,Z 轴始终垂直于屏幕指向用户。

2. 屏幕坐标系

屏幕坐标系是相对计算机屏幕而言的,在各视图中都使用与屏幕平行的主栅格平面,它把屏幕的水平方向作为 X 轴,垂直方向作为 Y 轴,计算机的内部延伸方向作为 Z 轴。这也说明在不同的视图中,X、Y 和 Z 轴的含义是不同的,这是要特别注意的,如图 1-26 所示。X 轴为水平方向,正向朝右;Y 轴为垂直方向,正向朝上;Z 轴为深度方向,正向指向用户。

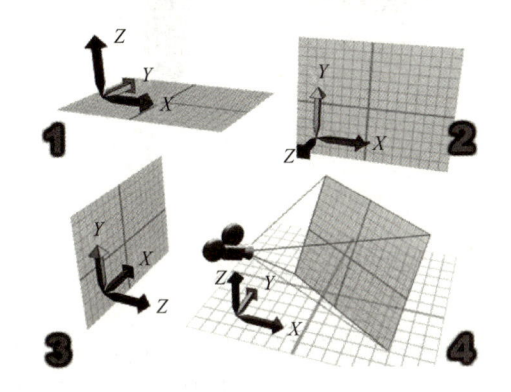

图 1-25 视图坐标系

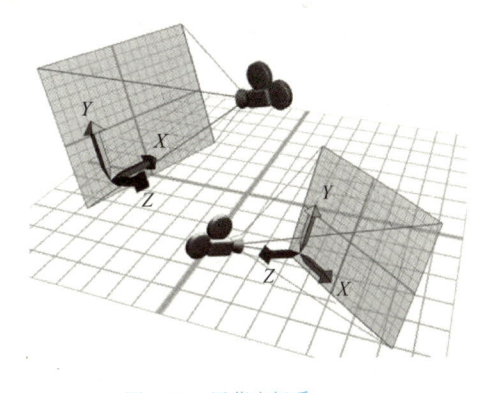

图 1-26 屏幕坐标系

3. 世界坐标系

从 3ds Max 视图的前方看,把世界坐标系水平方向设定为 X 轴,垂直方向设定为 Z 轴,景深方向设定为 Y 轴。因为这种坐标轴向在任何视图中都固定不变,所以以它为坐标系可以保证在任何视图中都保持相同的操作效果,如图 1-27 所示。

4. 父对象坐标系

父对象坐标系统根据对象连接而设定,它把连接对象的父对象的坐标系统作为子对象的坐标取向。使用这种坐标系可以使子对象保持与父对象间的依附关系,如图 1-28 所示。

5. 局部坐标系

局部坐标系使用选定对象的坐标系统,如图 1-29 所示。对象的局部坐标系由其轴点支撑。使用"层次"命令面板上的选项,可以相对于对象调整局部坐标系的位置和方向。

6. 万向坐标系

万向坐标系与 Euler XYZ 旋转控制器一同使用。它与局部坐标系类似,但其三个旋转轴相互之间不一定垂直。

图 1-27　世界坐标系

图 1-28　父对象坐标系

7. 栅格坐标系

栅格坐标系是一个辅助的坐标系统，在 3ds Max 中，用户可以自定义一种网格对象，这种网格对象在着色渲染时无法看见，但具备其他对象的属性。该网格对象主要用于模型和动画的辅助，该虚拟对象物体就是网格坐标系统的中心，如图 1-30 所示。

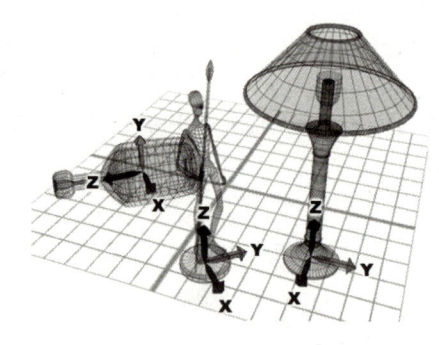

图 1-29　局部坐标系

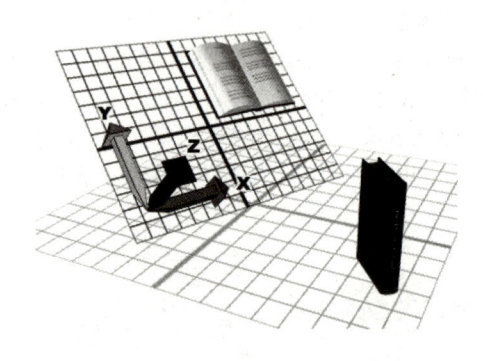

图 1-30　栅格坐标系

8. 工作坐标系

无论工作轴处于活动状态与否，您都可以随时使用坐标系。使用工作轴启用时，即为默认的坐标系。

9. 局部对齐坐标系

当在可编辑网格或多边形中使用子对象时，局部仅考虑 Z 轴，这会导致沿 X 轴和 Y 轴的变换不可预测。局部对齐坐标系使用选定对象的坐标系来计算 X 轴和 Y 轴以及 Z 轴。当同时调整具有不同面的多个子对象时，这可能很有用。

10. 拾取坐标系

拾取坐标系是一种由用户自定义的坐标系，可以使用局部坐标系，还可以使用场景中其他对象的局部坐标系，如图 1-31 所示。动画制作中的相对移动和相对旋转经常使用拾取坐标系。

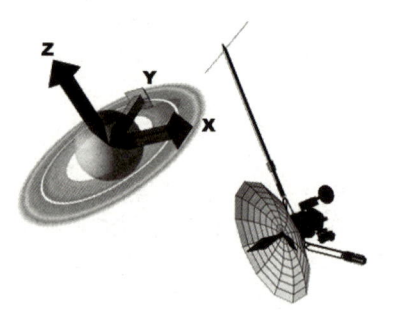

图 1-31　拾取坐标系

1.4　对象的基本操作

使用任何一款软件进行项目开发时必须首先掌握其基本操作，如果最基本的操作方法都无法掌握，那对于进行项目开发而言根本无从谈起。3ds Max 作为一款曲面建模软件，其本身的操作就比较复杂，因此掌握其基本操作更加重要。

1.4.1 选择操作

选择操作是所有三维软件制作中最常用的操作，无论是对对象进行位置的改变，还是为对象指定材质等，每个步骤都需要选择操作对象，都遵循着一个从选择到执行的过程，对对象的选择有多种方式。

1. 选择工具

单击主工具栏上的 ■（选择对象）按钮，再单击对象直接进行选择。选中某个对象之后，被选中的对象会在周围显示出白色的外框，如图 1-32 所示。选择对象的快捷键为"Q"。

图 1-32　选择对象

【提示】

✦ 配合"Ctrl"键单击可以增加一个选择对象。

✦ 配合"Alt"键单击可以减少一个选择对象。

✦ 若想取消所有选择对象，单击视图的空白位置即可。

2. 按名称选择

当在视图中建立了很多对象时，各个对象交错在一起，构成了一个很复杂的场景时，要快速、准确地选择对象，可以根据对象的名称进行选择。

在主工具栏中单击 ■（按名称选择）按钮或执行"编辑"→"选择方式"→"名称"命令，打开"从场景选择"对话框，如图 1-33 所示。按名称选择工具的快捷键为"H"。

3. 区域选择

区域选择是指在视图中通过拖曳鼠标框出一个区域选择要操作的对象，3ds Max 提供了 5 种选择区域的方式，如图 1-34 所示。

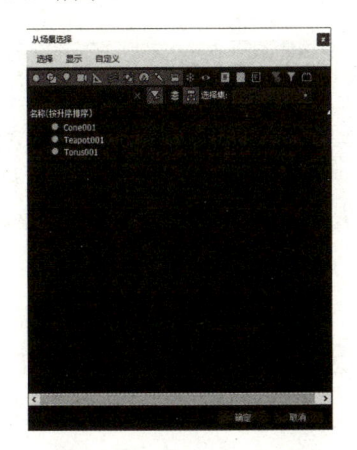

图 1-33　"从场景选择"对话框　　　图 1-34　区域选择

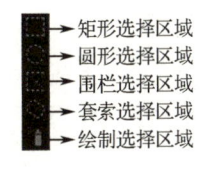

4. 设置选择范围

在按区域选择时，可以选择按窗口模式或交叉模式选择对象。单击主工具栏中的 ▣（窗口/交叉）按钮，可以在窗口模式和交叉模式之间进行切换。

▣（窗口）选择模式：当使用框选工具选择对象时，只有完全被虚线框包含的对象才被选择，全部或者部分在虚线框以外的对象将不会被选择。

▣（交叉）选择模式：当使用框选工具选择对象时，虚线框所包含和涉及的对象都被选择，只有全部在虚线框以外的对象将不会被选择。

5. 选择过滤器

可以从复杂场景中确切地选择某种类型的对象，主工具栏上"选择过滤器"列表中包含了几何体、图形、灯光、摄影机等可以使用的过滤器，如图1-35所示。

图1-35　选择过滤器

1.4.2 变换操作

对象的变换操作是3ds Max系统中最基本的操作，对象的变换包括移动、旋转、缩放、镜像复制、阵列复制、对齐变换等操作。

1. 选择并移动

✥（选择并移动）工具是一个平移变换类型工具，它可以通过X、Y、Z轴方向的移动来改变选中对象的空间位置。使用该工具选择对象后，从不同的视图中可以观察到所选中的操作对象上显示3个坐标轴X、Y、Z，3个坐标轴的颜色分别为红、绿、蓝，如图1-36所示。选择并移动工具的快捷键为"W"。

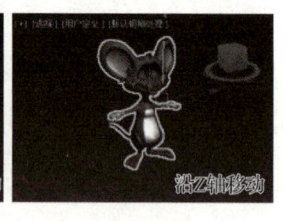

图1-36　选择并移动对象

2. 选择并旋转

↻（选择并旋转）工具是一个按选定对象变换中心点的旋转工具，它的主要作用是通过旋转来改变所选对象在视图中的空间方向。在视图中可以任意旋转选定的对象，既可按一定的旋转角度进行，也可以旋转360°的一个完全角度。选择并旋转工具的快捷键为"E"。

围绕在选中对象周围的各种线框表示旋转的不同方向，当光标靠近某一线框时，线框会变成亮黄色，即向该方向的轴旋转，如图1-37所示。

图1-37　选择并旋转对象

3. 选择并缩放

在缩放类型中包含了3种缩放类型工具，分别是 ▣（选择并均匀缩放）工具、▣（选择并非均匀缩放）工具和 ▣（选择并挤压）工具。用户可以根据操作的需要采用不同的压缩类型。选择并缩放工具的快捷键为"R"。

■（选择并均匀缩放）工具，无论是向哪一个方向进行缩放，都会影响其他两个轴的缩放比例；■（选择并非均匀缩放）工具，可以分别沿某个轴进行不同程度的缩放；■（选择并挤压）工具，与其他两个缩放工具不同，挤压缩放后的对象体积与原始对象的体积相等，如图 1-38 所示。

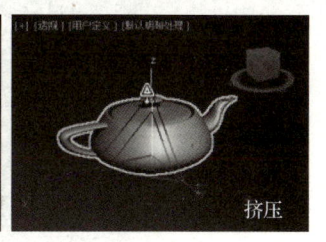

图 1-38　选择并缩放对象

4. 变换复制

变换复制是在选择对象后，按住"Shift"键，使用移动、旋转、缩放三种变换工具中的任意一种对对象进行变换，就能得到变换复制的效果，如图 1-39 所示。

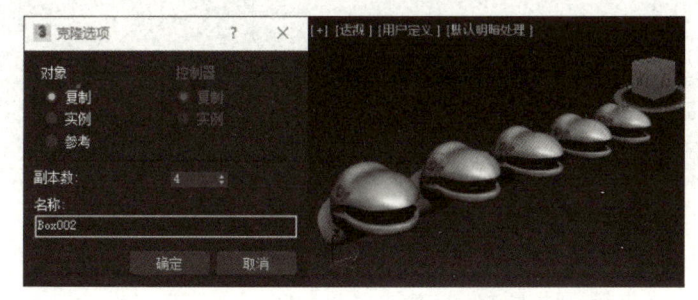

图 1-39　变换复制对象

5. 镜像复制

镜像复制可以得到对象沿某个轴镜像的对象，方法是选择需要复制的对象，单击主工具栏中的 ■（镜像）工具，在打开的"镜像"对话框中，设置镜像的轴和偏移数值即可，如图 1-40 所示。

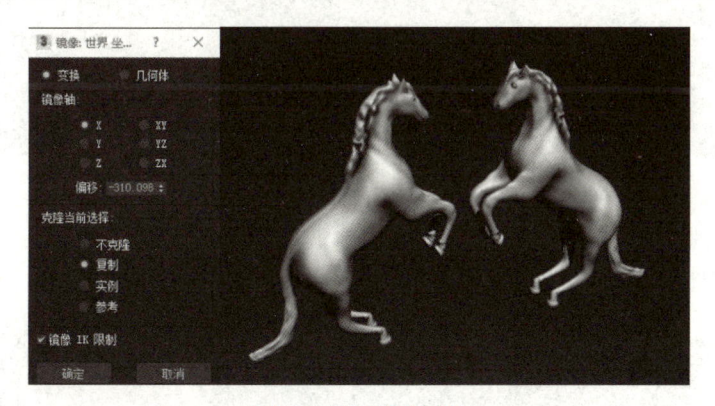

图 1-40　镜像复制对象

6. 阵列复制

阵列复制通过对场景中对象的移动、旋转、缩放的数值设定可以创建一维、二维和三维的阵列对象。阵列复制的方法是执行"工具"→"阵列"命令，打开"阵列"对话框，如图 1-41 所示。在对话框中可以实现 1D 线性阵列到 3D 环形或螺旋形阵列。

1D（一维）阵列用于创建线性阵列。创建后的阵列对象是一条直线，在"阵列"对话框中可以指定沿着某个轴偏移，如果要在增值量和总值量之间变化，可以应用移动、旋转、缩放标签的左、右的小箭头进行调整。设置完后,单击"预览"按钮,可以预览阵列。1D 阵列的设置及效果如图 1-42 所示。

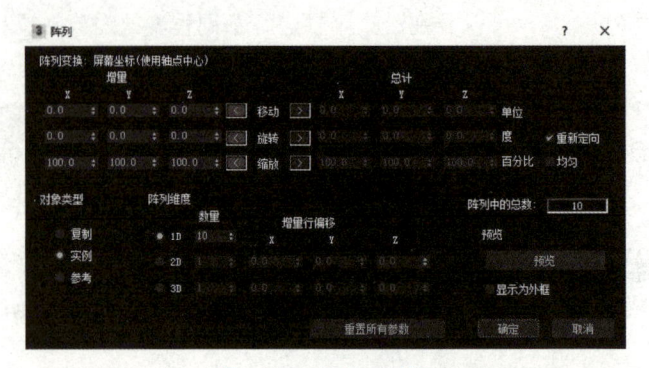

图 1-41 "阵列"对话框

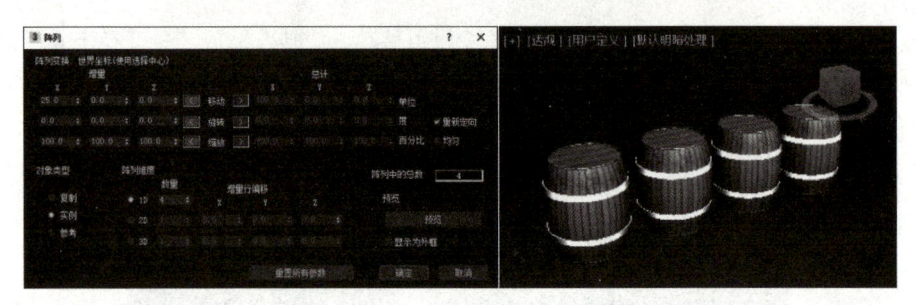

图 1-42 一维阵列复制

2D(二维)阵列可以按照二维方式形成对象的层。2D 计数是阵列中的行数,即同时在两个方向上阵列出平方的阵列对象个数。2D 阵列的设置及效果如图 1-43 所示。

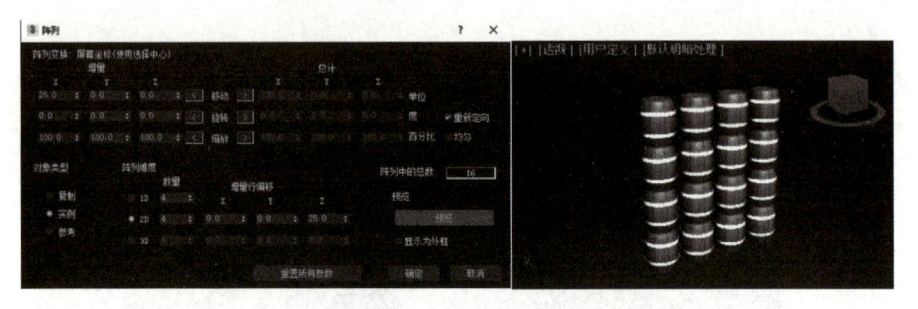

图 1-43 二维阵列复制

3D(三维)阵列可以在 3D 空间中形成多层对象,其原理同前两种类似。首先阵列前设置好阵列所需的坐标轴和旋转中心,3D 计数是阵列中的层数。3D 阵列的设置及效果如图 1-44 所示。

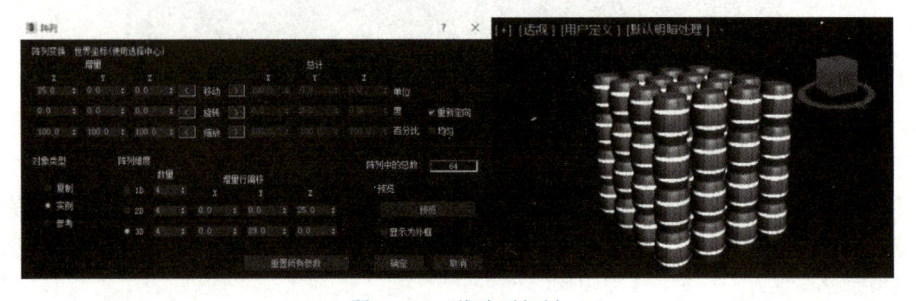

图 1-44 三维阵列复制

7. 对齐变换

对齐变换用于对象的对齐操作,任何可以被变换的对象都可以应用"对齐"命令,包括灯光、摄影机和空间扭曲。选择需对齐的对象后,单击主工具栏中的 ■ (对齐)工具或执行"工具"→"对齐"命令,打开"对齐当前选择"对话框。使用该对话框设置当前选择对象与目标对象的对齐参数,对齐操作设置前后效果如图 1-45 所示。对齐工具的快捷键为"Alt+A"。

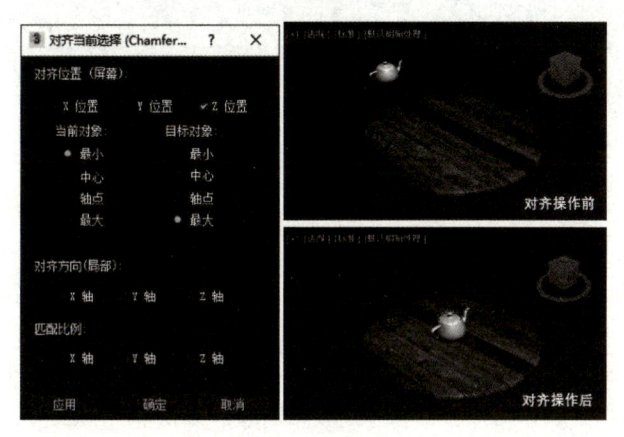

图 1-45　对齐对象

1.5　本模块小结

本模块主要介绍了三维动画的应用领域、3ds Max 的工作界面及其基本操作,读者可初步了解三维软件的特点和三维动画的制作流程,掌握 3ds Max 的工作界面组成及其各组成部分的功能、视图和对象的基本操作,增强读者学习三维动画制作的兴趣,并为今后进一步学习三维动画奠定基础。

1.6　认证知识必备

一、在线测试

扫码在线测试

二、简答题

1. 在 3ds Max 中,三维几何物体的显示方法有哪些?
2. 在 3ds Max 中,如何进行单位设置和文件间隔保存设置?
3. 在 3ds Max 中,如何进行自定义快捷键?

模块二

基本和高级模型设计

三维建模是指使用三维软件对设计好的图形图像进行立体化、具象化的过程，是三维动画制作过程中的重要一环。模型是作品的开始，是三维动画制作的基本对象和制作基础，是三维动画制作流程中不可缺少的基础与关键环节。

本模块主要介绍基础建模、修改建模、复合建模和多边形建模的知识，然后有针对性地完成相应的实战任务，使读者逐步了解并熟练掌握各种建模的思路、方法和具体技巧，实现多种建模思路和方法的综合应用，丰富和增强在实际工作中的建模思路。

模块导读

模块名称	基本和高级模型设计				
学习目标	知识目标： 1. 了解建模方法的分类及主要特征 2. 掌握标准基本体和扩展基本体建模的思路和方法 3. 掌握二维图形建模的思路和方法（重点） 4. 掌握复合建模的思路和方法（重点） 5. 掌握多边形建模的思路和方法（难点） 6. 掌握多种建模方法的综合运用（难点）				
	技能目标： 1. 能熟练运用标准基本体和扩展基本体的建模方法制作简单模型 2. 能灵活运用二维图形建模、复合建模方法制作较复杂模型 3. 能灵活运用多边形建模方法和技巧制作复杂模型				
	思政目标： 1. 通过 3ds Max 建模知识和技术的学习，培养学生夯实基础、严谨规范、遵守行业准则的科学态度 2. 通过实战演练，培养学生的守正创新、技能强国的意识和深耕细作、精益求精的专业精神和工匠精神				
数字化资源	案例素材	电子课件		电子教案	认证知识必备
	微课视频				
	1	2.1.3 实战演练1——休息亭场景模型		4	2.5.6 实战演练6——剑士大刀模型1
	2	2.2.4 实战演练2——超人标志模型		5	2.5.6 实战演练6——剑士大刀模型2
	3	2.3.2 实战演练3——菜篮子模型		6	2.5.6 实战演练6——剑士大刀模型3
建议学时：24学时						

模块二　基本和高级模型设计

2.1　三维动画基础建模

任何高级模型的建模方法，都是通过对基本模型的编辑与修改来实现的。为了用户的建模需要，3ds Max 提供了标准基本体和扩展基本体建模工具以快速地在场景中创建简单规则的模型。本节主要向读者介绍 3ds Max 中的基本体的建立及设置方法。

2.1.1　标准基本体建模

3ds Max 2020 中包含了 11 种标准基本体，如图 2-1 所示。这些标准基本体可以通过单击或拖曳鼠标创建，也可以通过键盘输入来创建。

图 2-1　标准基本体

1. 长方体

长方体是最简单的标准基本体，可以是长方体或立方体。"长度""宽度"和"高度"参数分别控制了长方体的长度、宽度和高度，不同参数长方体的效果如图 2-2 所示。

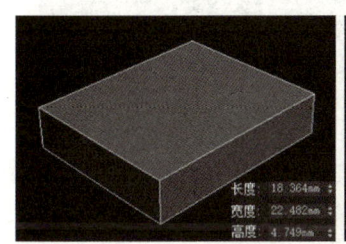

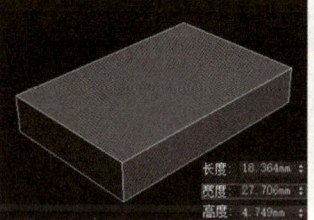

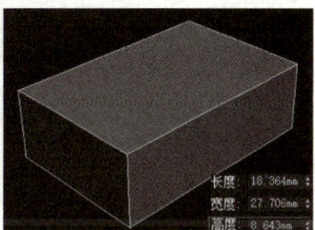

图 2-2　不同参数的长方体

分段是指对象的细分程度，分段的大小将影响构成对象的精细程度。分段数越大，构成几何体的点和面越多，复杂程度越高，不同分段数长方体的效果如图 2-3 所示。

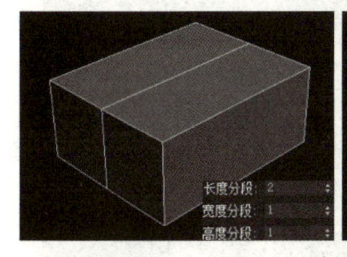

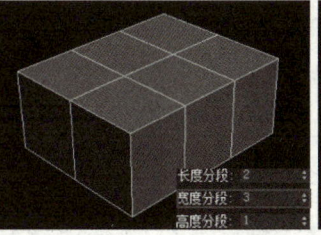

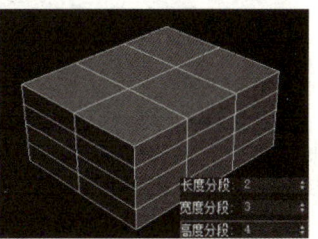

图 2-3　不同分段数的长方体

2. 圆锥体

利用圆锥体可以创建圆锥、圆台等。圆锥体及大多数基本体由切片参数控制，可以切割对象，从而产生不完整的几何体。设置不同参数的圆锥体效果如图 2-4 所示。

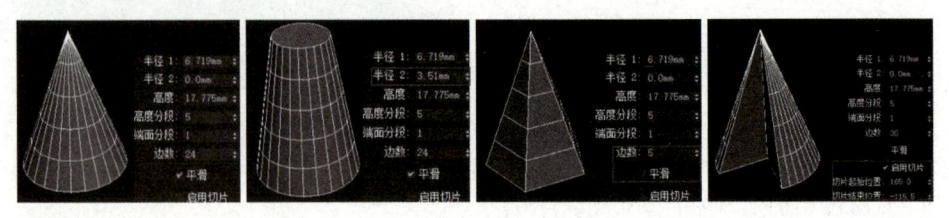

图 2-4 不同参数的圆锥体

3. 球体

球体表面的网格线由经纬线构成，可以创建完整的球体、半球体和球体的一部分。设置不同参数的球体效果如图 2-5 所示。

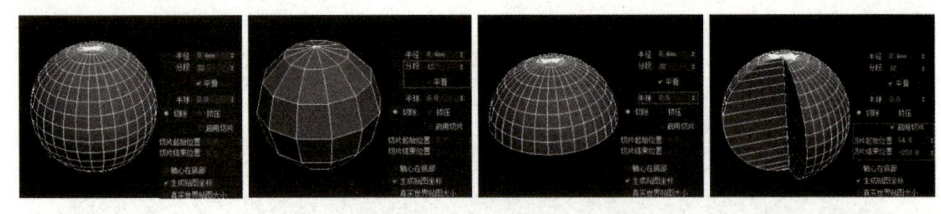

图 2-5 不同参数的球体

4. 几何球体

几何球体能创建以三角面拼接成的球体和半球体。它不像球体那样可以控制切片局部的大小，但几何球体能生成更规则的曲面。设置不同参数的几何球体效果如图 2-6 所示。

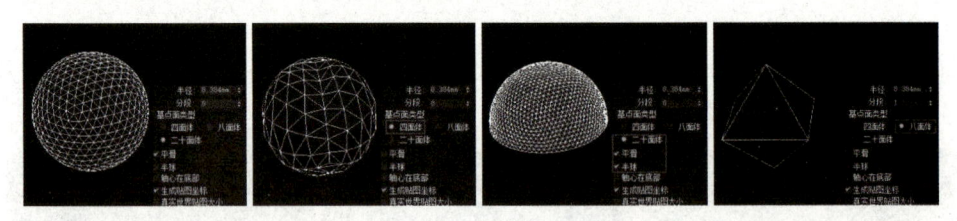

图 2-6 不同参数的几何球体

5. 圆柱体

圆柱体是一个常用的标准基本体，可以创建棱柱体、圆柱体、局部圆柱和棱柱体，当高度为 0 时可创键圆形或扇形平面。设置不同参数的圆柱体效果如图 2-7 所示。

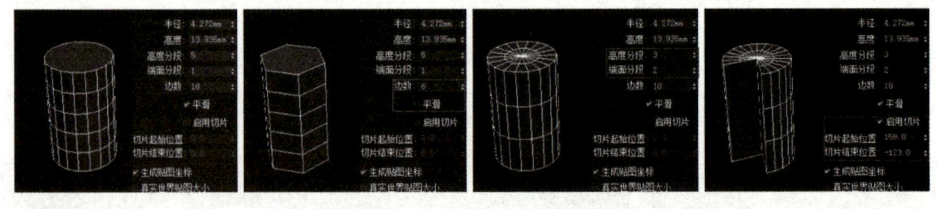

图 2-7 不同参数的圆柱体

6. 管状体

管状体是与圆柱体相似的标准基本体，可以创建空心管状体对象，包括圆管、棱管以及局部圆管。设置不同参数的管状体效果如图 2-8 所示。

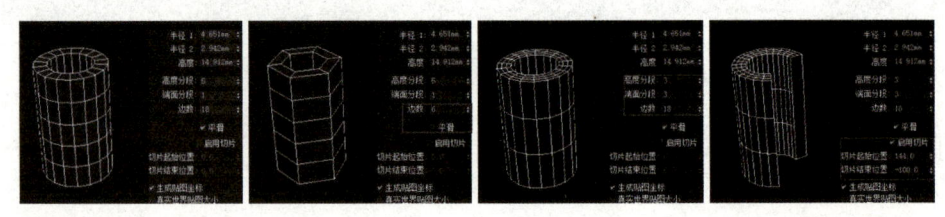

图 2-8 不同参数管状体

7. 圆环

圆环是由一个横截面圆围绕其垂直并在同一平面内的圆旋转一周而构成的标准基本体。可生成一个环形或具有圆形截面的环，可以将"平滑"和"扭曲"设置成组合使用，以创建复杂的变形体，设置不同参数的圆环效果如图 2-9 所示。

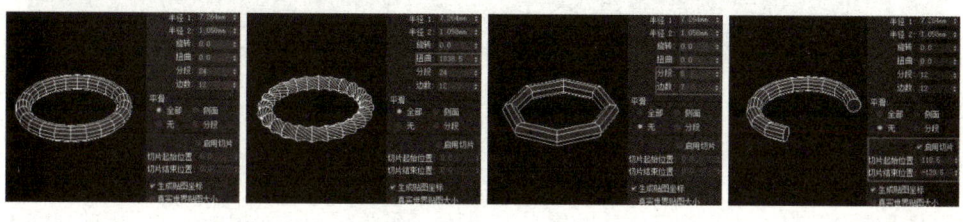

图 2-9　同参数的圆环

8. 四棱锥

四棱锥是一个底面为矩形，侧面为三角形的标准基本体。设置不同参数的四棱锥效果如图 2-10 所示。

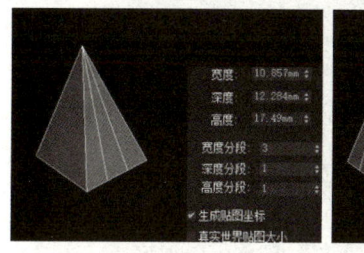

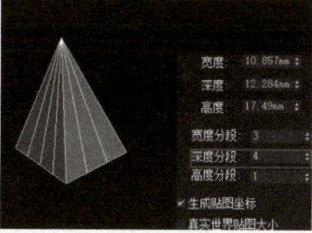

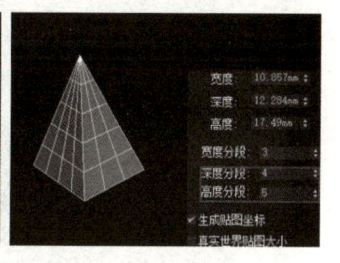

图 2-10　不同参数的四棱锥

9. 茶壶

茶壶可生成一个茶壶形状。您可以选择一次制作整个茶壶（默认设置）或一部分茶壶。由于茶壶是参量对象，因此可以选择创建之后显示茶壶的哪些部分，如图 2-11 所示。

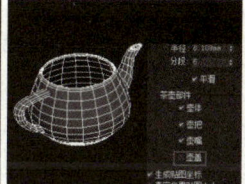

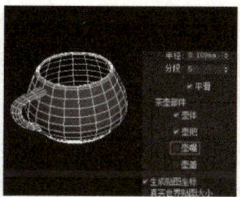

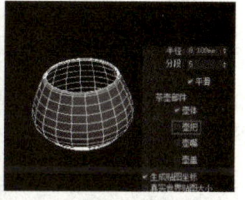

图 2-11　不同选项的茶壶

10. 平面

平面是特殊类型的平面多边形网格，可在渲染时无限放大。您可以指定放大分段大小和/或数量的因子。使用"平面"对象来创建大型地平面并不会妨碍在视图中工作。您可以将任何类型的修改器应用于平面对象（如置换），以模拟陡峭的地形。平面对象如图 2-12 所示。

11. 加强型文本

加强型文本提供了内置文本对象。可以创建样条线轮廓或实心、挤出、倒角几何体。通过其他选项可以根据每个角色应用不同的字体和样式并添加动画和特殊效果。设置不同参数的加强型文本效果如图 2-13 所示。

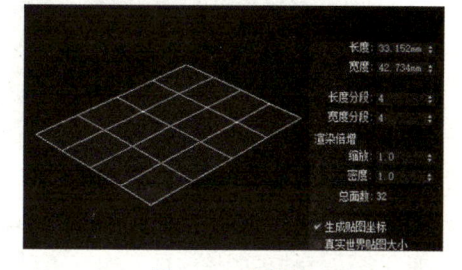

图 2-12　平面对象

通过在命令面板上单击"创建"→"几何体"→"标准基本体"→"加强型文本"按钮，在任一视图中，通过单击以放置文本或将文本拖动到相应位置再松开鼠标按钮，来定义插入点。在"加强型文本"界面上，进行参数设置。

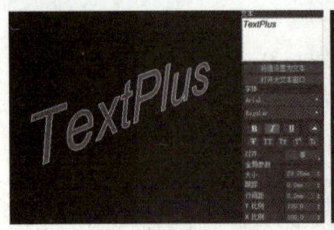

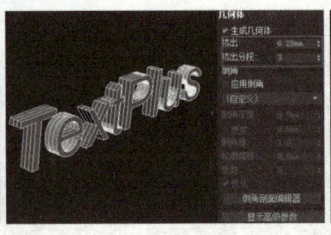

图 2-13　不同参数的加强型文本

2.1.2 扩展基本体建模

扩展基本体是 3ds Max 中复杂基本体的集合，在创建三维形体命令面板中单击"标准基本体"按钮，可以打开下拉菜单，选择"扩展基本体"。扩展基本体共有 13 种，如图 2-14 所示。

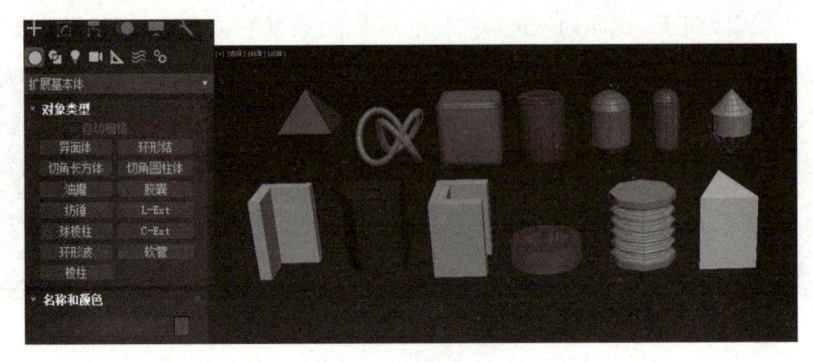

图 2-14　扩展基本体

1. 异面体

异面体是扩展基本体中较为简单的一种几何体，使用"异面体"可通过几个系列的多面体生成对象。

在命令面板的"系列"选项组中提供了异面体的系列类型，用于选择多面体的外形，不同类型所创建的异面体效果不同。

在命令面板的"系列参数"选项组中，P 和 Q 的数值是对异面体的顶点和面进行双向转换的 2 个关联参数。取值范围均为 0.0～1.0。P 和 Q 的值对异面体的影响如图 2-15 所示。

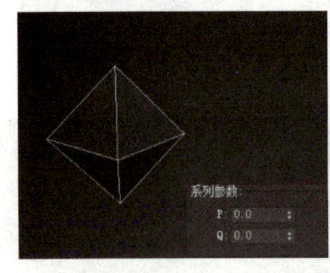

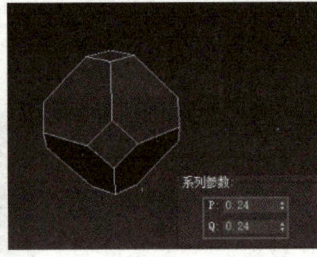

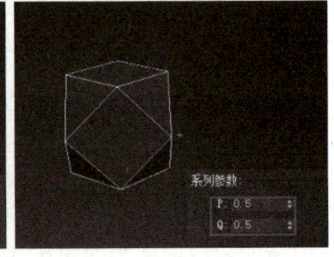

图 2-15　P 和 Q 的值对异面体的影响

在命令面板的"轴向比例"选项组中通过提供的 3 个参数设置异面体表面组成的方式。异面体可以拥有多达三种多面体的面，如三角形、方形或五角形，这些面可以是规则的，也可以是不规则的。如果多面体只有一种或两种面，则只有一个或两个轴向比率参数处于活动状态，不活动的参数不起作用。选择"星型 2"类型后，P、Q 和 R 对异面体的影响如图 2-16 所示。

2. 环形结

环形结是扩展基本体中最复杂的模型，使用"环形结"可以通过在正常平面中围绕 3D 曲线绘制 2D 曲线来创建复杂或带结的环形。3D 曲线（称为"基础曲线"）既可以是圆形的，也可以是环形的。

您可以将环形结对象转化为 NURBS 曲面。

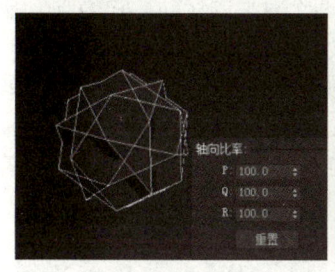

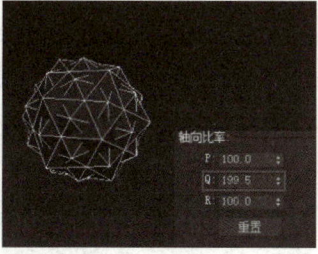

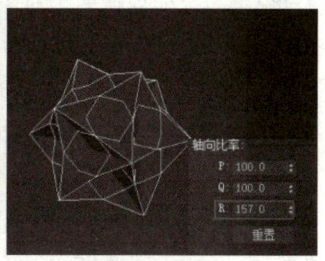

图 2-16　P、Q 和 R 对异面体的影响

在命令面板的"基础曲线"选项组用于选择圆环体是否打结,以及设置圆环体的参数、打结的数目、不打结的弯曲参数等。不同的参数对环形结的影响如图 2-17 所示。

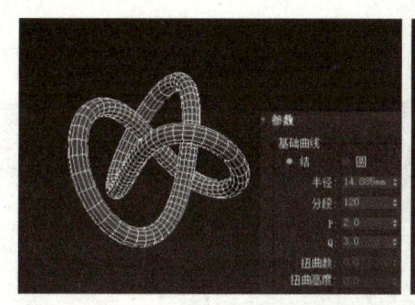

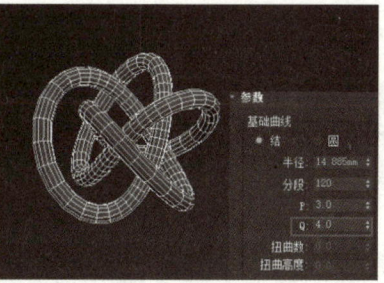

图 2-17　不同的参数对环形结的影响

在"基础曲线"选项组中选择"圆"选项后,可将环形结更改为圆环。此时,"扭曲数"和"扭曲高度"参数成为可编辑状态。不同的参数设置对环形结的影响如图 2-18 所示。

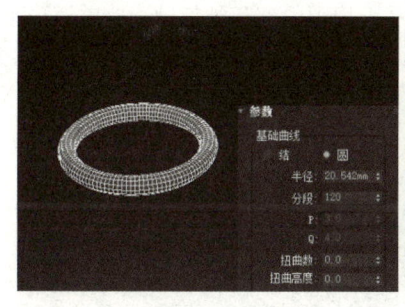

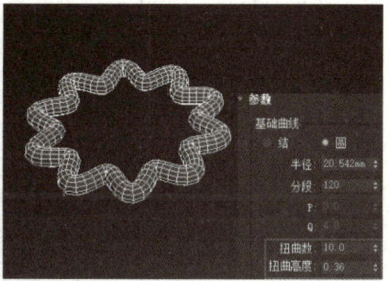

图 2-18　不同的参数设置对环形结的影响

在"横截面"选项组中可以对环形结的横截面半径和边数进行设置来创建形态各异的模型。不同横截面参数的环形结如图 2-19 所示。

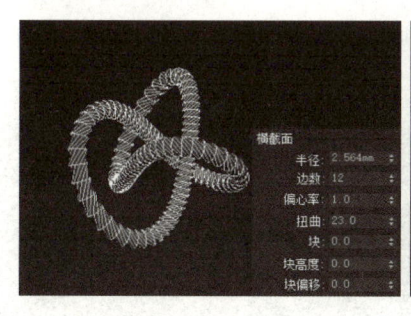

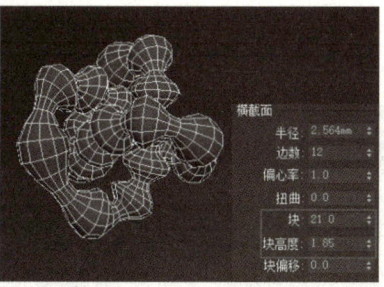

图 2-19　不同横截面参数的环形结

3. 软管

软管对象是一个能连接两个对象的弹性对象，因而能反映这两个对象的运动。它类似于弹簧，但不具备动力学属性。可以指定软管的总直径和长度、圈数以及其"线"的直径和形状。

"公用软管参数"选项组中提供了设置软管体的一般参数。不同的参数对软管的影响如图 2-20 所示。

图 2-20　不同的参数对软管的影响

"软管形状"选项组可设置软管截面形状，默认的截面形状为圆形。不同类型的软管如图 2-21 所示。

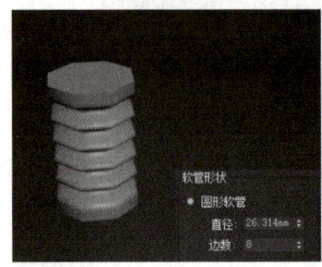

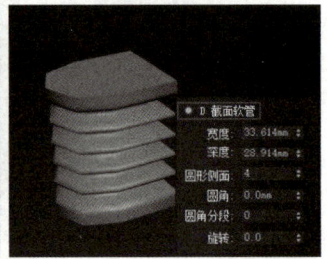

图 2-21　不同类型的软管

4. 环形波

使用"环形波"对象来创建一个环形，可选项是不规则内部和外部边，它的图形可以设置为动画。例如，模拟星球爆炸产生的冲击波。在默认情况下，环形波是没有高度的，"环形波大小"选项组用于设置环形波的基本参数。不同高度的环形波如图 2-22 所示。

图 2-22　不同高度的环形波

"环形波计时"选项组用于在环形波从零增加到其最大尺寸时，设置环形波的动画。不同时间帧处的环形波如图 2-23 所示。

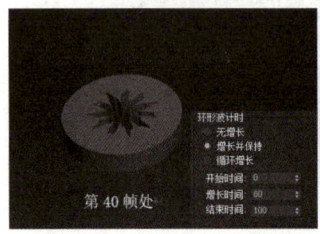

图 2-23　不同时间帧处的环形波

模块二 基本和高级模型设计

"外边波形"选项组用于设置环形波的外侧边波峰,不同参数对环形波的影响如图 2-24 所示。

图 2-24 外边波形参数不同的环形波

"内边波形"选项组用于设置环形波内侧边波峰,它与外边波形的参数作用相同。

5. 其他扩展基本体

在 3ds Max 中还包含了"切角长方体""切角圆柱体""油罐""胶囊""纺锤""L-Ext""球棱柱""C-Ext"和"棱柱"8 种扩展基本体,由于这些三维形体的创建方法大同小异,在此就不再一一详述。

2.1.3 实战演练 1——休息亭场景模型

本实例通过休息亭场景模型的创建,要求熟练掌握 3ds Max 视图和对象基本操作方法;掌握常用工具的使用方法与技巧;掌握标准基本体和扩展基本体建模的方法与技巧。休息亭模型效果如图 2-25 所示。

操作步骤:

(1)制作休息亭底面。启动 3ds Max 软件,执行"自定义"→"单位设置(U)..."命令,在打开的"单位设置"对话框中,设置显示单位比例和系统单位比例,如图 2-26 所示。

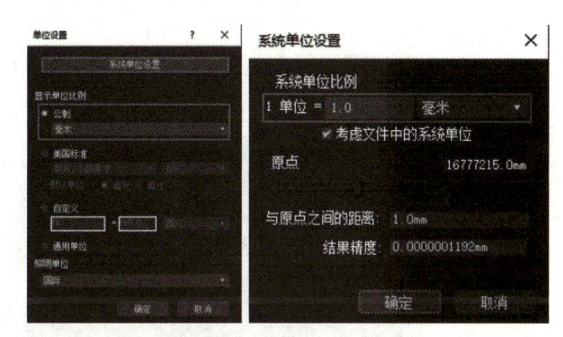

图 2-25 休息亭模型效果图　　　　图 2-26 设置显示单位比例和系统单位比例

(2)在命令面板上单击 ➕(创建)→ ●(几何体)→ 长方体 按钮,在顶视图中创建长方体作为休息亭底面,并命名为"底面",其参数设置如图 2-27 所示。

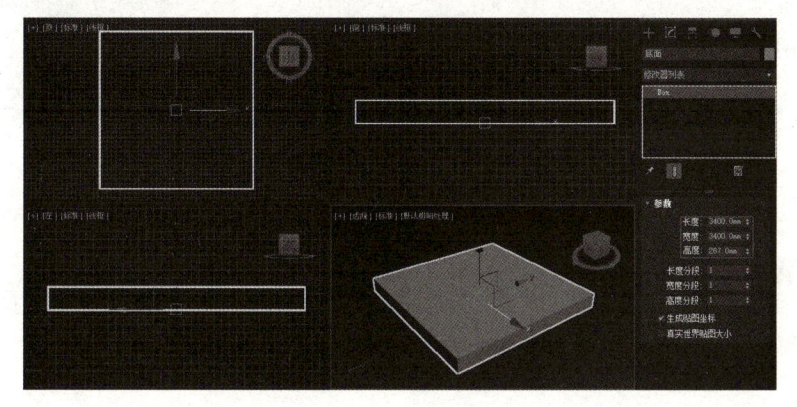

图 2-27 创建长方体

(3) 制作外框。在命令面板上单击 + (创建) → ◯ (几何体) → **管状体** 按钮，在顶视图中创建管状体作为休息亭底面外框，并命名为"外框"，其参数设置如图 2-28 所示。

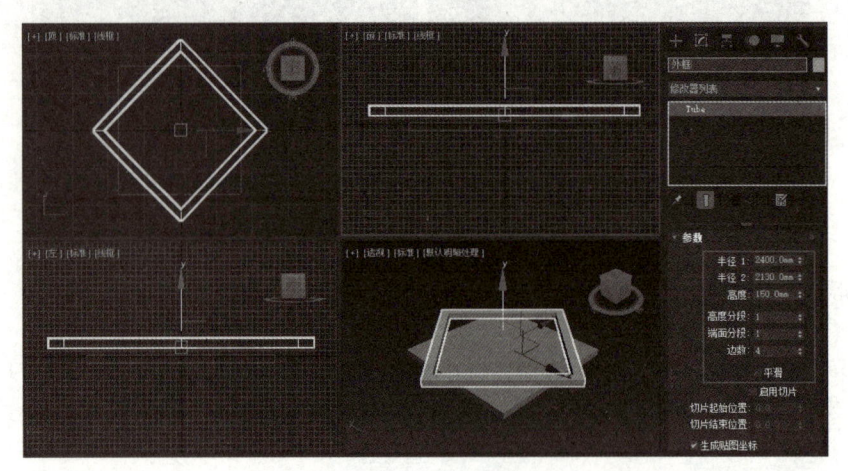

图 2-28 创建管状体

(4) 选择管状体，在主工具栏中的 (角度捕捉切换) 按钮上单击鼠标右键，在打开的"栅格和捕捉设置"对话框中，设置角度为 45°。单击 (角度捕捉切换) 按钮，切换到角度捕捉状态。单击主工具栏中的 (选择并旋转) 按钮，选择"外框"，将管状体旋转 45°，如图 2-29 所示。

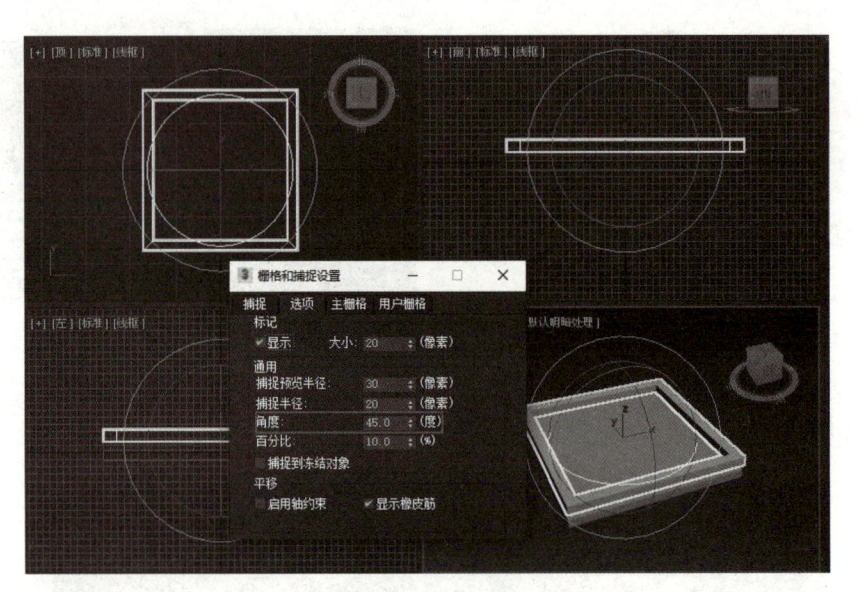

图 2-29 旋转管状体

(5) 选择管状体，在主工具栏中单击 (对齐) 按钮或按快捷键"Alt+A"，在顶视图中单击长方体，在打开的"对齐当前选择"对话框中，设置选项如图 2-30 所示。

(6) 选择"底面"选项，按"Ctrl+V"组合键，在打开的"克隆选项"对话框中，选择"复制"选项，并命名为"底面 01"，其参数设置和位置如图 2-31 所示。

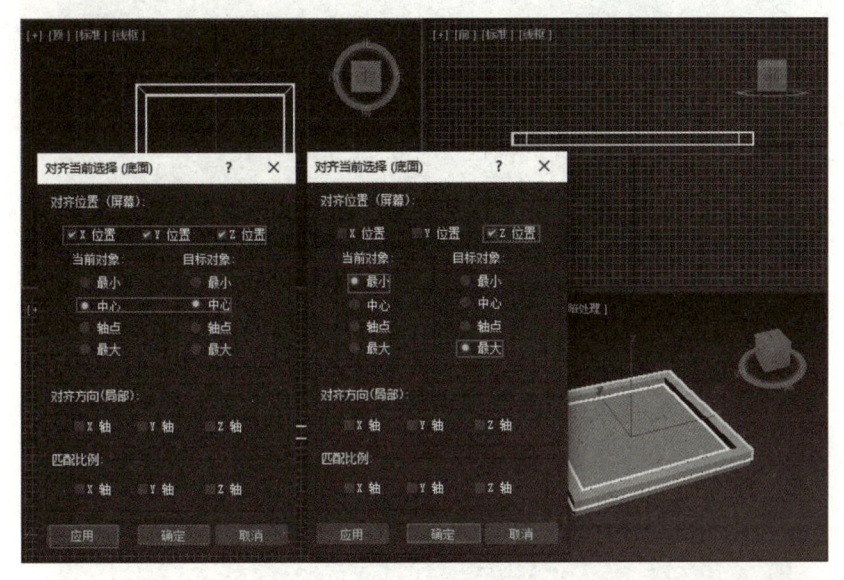

图 2-30 对齐操作

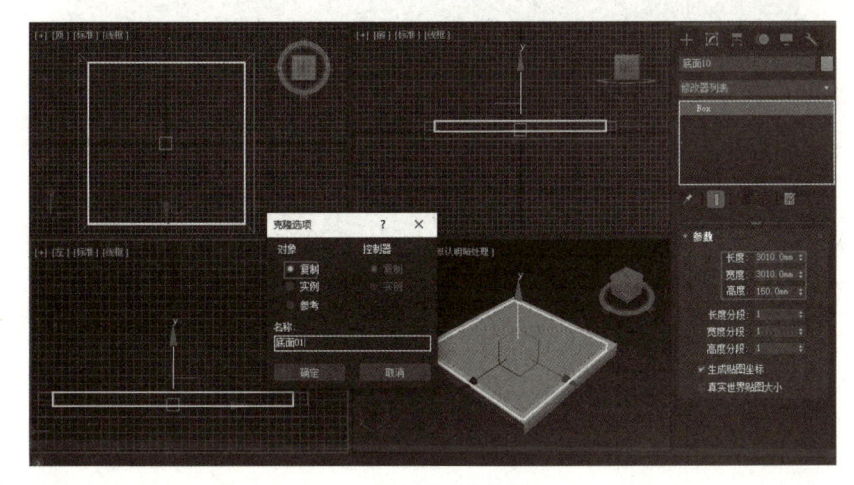

图 2-31 克隆长方体

【提示】

复制对象分为以下三种方式。

✦ 复制：创建一个与原始对象完全无关的克隆对象。修改一个对象时，不会对另外一个对象产生影响。

✦ 实例：创建原始对象的完全可交互克隆对象。修改实例对象与修改原对象的效果完全相同。

✦ 参考：克隆对象时，创建与原始对象有关的克隆对象。参考对象之前更改对该对象应用的修改器的参数时，将会更改这两个对象。但是，新修改器可以应用于参考对象之一。因此，它只会影响应用该修改器的对象。

（7）制作底部座凳。在命令面板上单击 ➕（创建）→ ⬤（几何体）→ 长方体 按钮，在顶视图创建两个长方体，位置摆放如图 2-32 所示。

（8）选择创建的两个长方体，在主工具栏中的 （角度捕捉切换）按钮和 （选择并旋转）按钮，按住"Shift"键，在顶视图中以"实例"方式复制两个长方体，位置如图 2-33 所示。

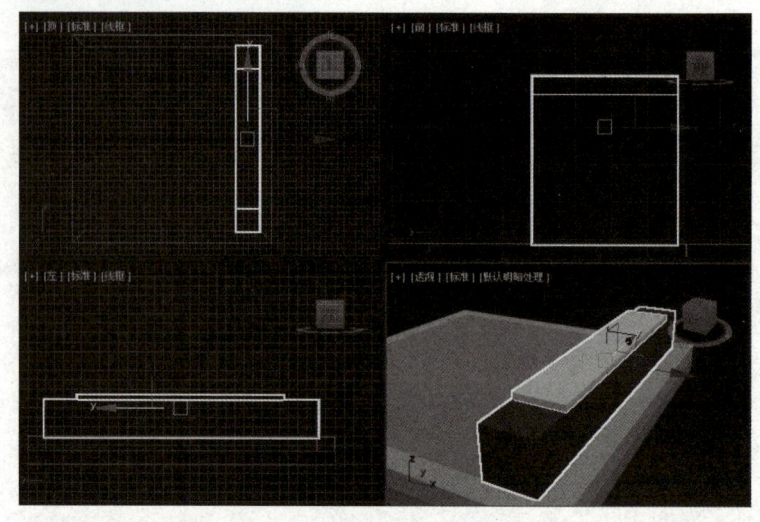

图 2-32 创建长方体

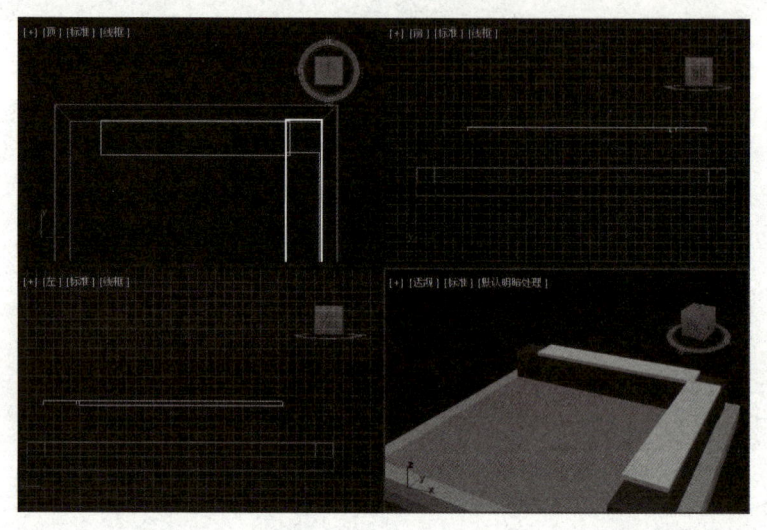

图 2-33 复制长方体

（9）制作立柱。在命令面板上单击 ■（创建）→ ●（几何体）→ 切角长方体 按钮，在顶视图中创建切角长方体，其参数设置和位置如图 2-34 所示。

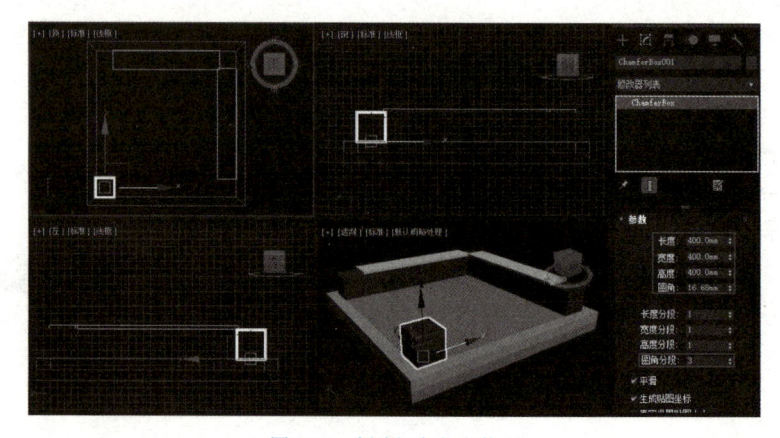

图 2-34 创建切角长方体 1

（10）在命令面板上单击 ➕（创建）→ ⬤（几何体）→ 长方体 按钮，在顶视图中创建三个长方体，位置摆放如图 2-35 所示。

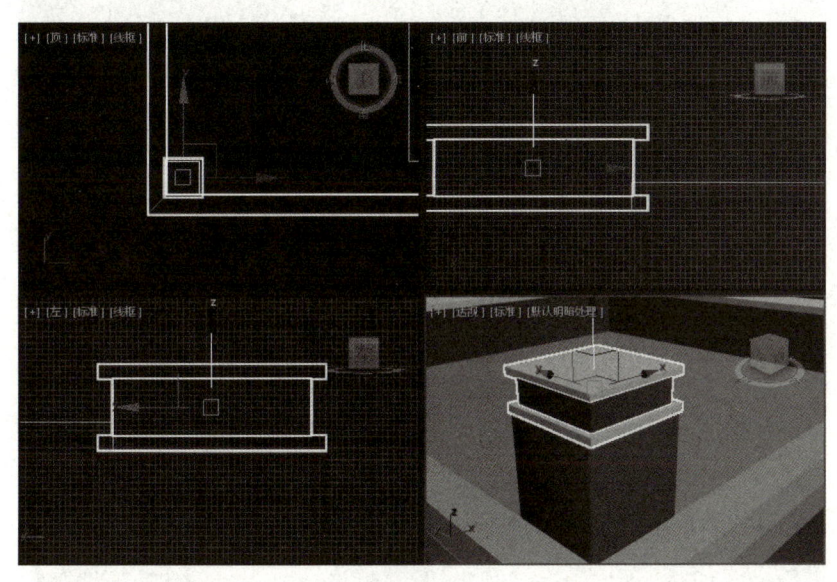

图 2-35　创建长方体 1

（11）在命令面板上单击 ➕（创建）→ ⬤（几何体）→ 切角长方体 按钮，在顶视图中创建切角长方体，其参数设置和位置如图 2-36 所示。至此，一个立柱制作完成。

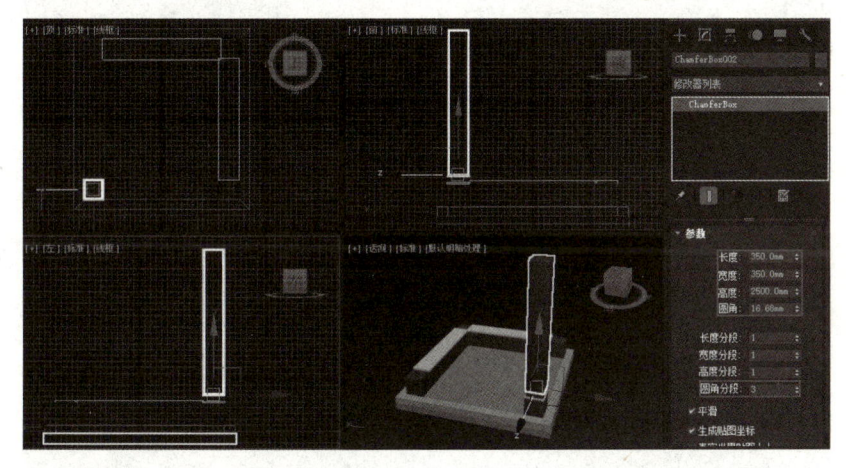

图 2-36　创建切角长方体 2

（12）选择立柱上面 4 个模型进行复制，放在合适位置，如图 2-37 所示。
（13）制作休息亭顶部。在前视图中选择前面创建的管状体，单击工具栏中的 ✥（选择并移动）按钮，按 "Shift" 键拖动管状体以进行复制，并调整参数，参数设置及位置如图 2-38 所示。
（14）在命令面板上单击 ➕（创建）→ ⬤（几何体）→ 长方体 按钮，在顶视图中创建一个长方体，参数设置及位置如图 2-39 所示。

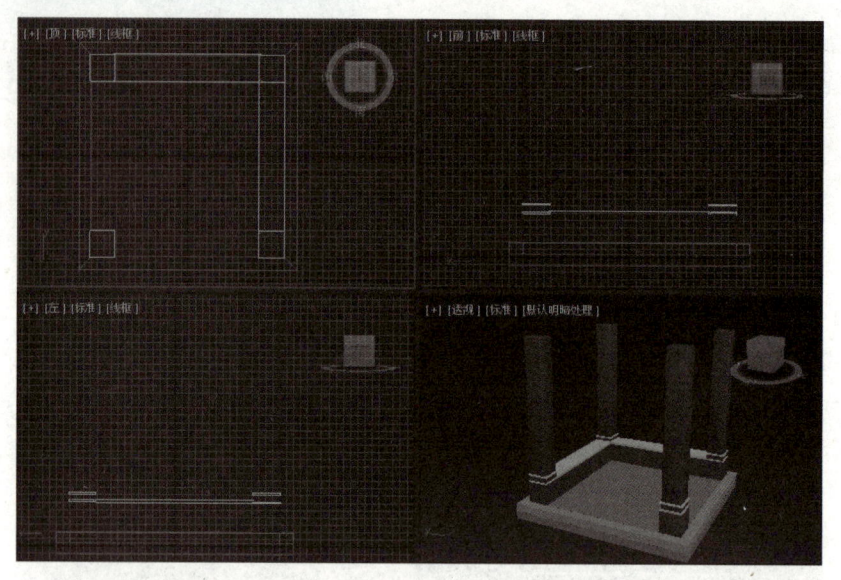

图 2-37 复制立柱

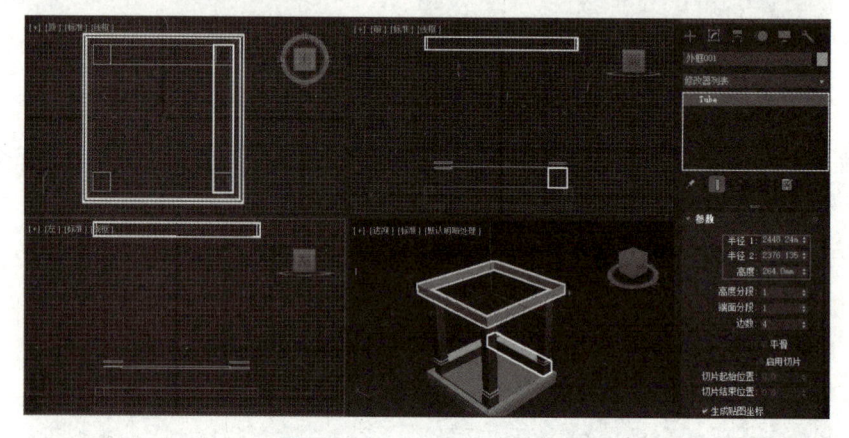

图 2-38 复制管状体并调整尺寸

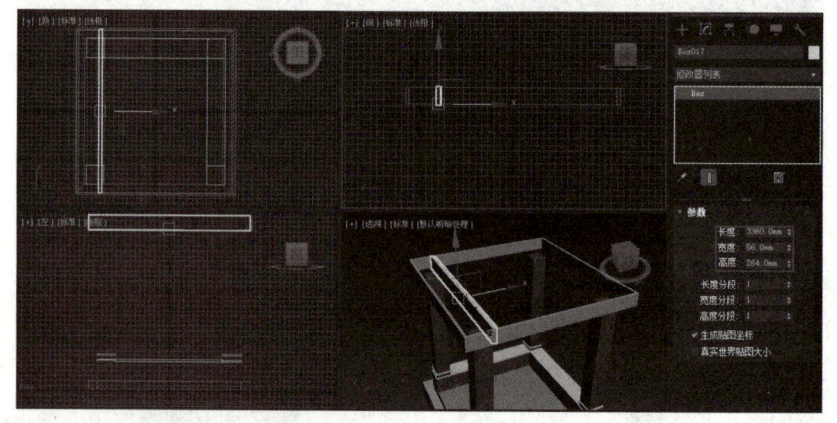

图 2-39 创建长方体 2

（15）激活顶视图，选择刚才创建的长方体，执行"工具"→"阵列（A）..."命令，在打开的"阵列"对话框中设置参数，如图 2-40 所示，效果如图 2-41 所示。

图 2-40　阵列复制

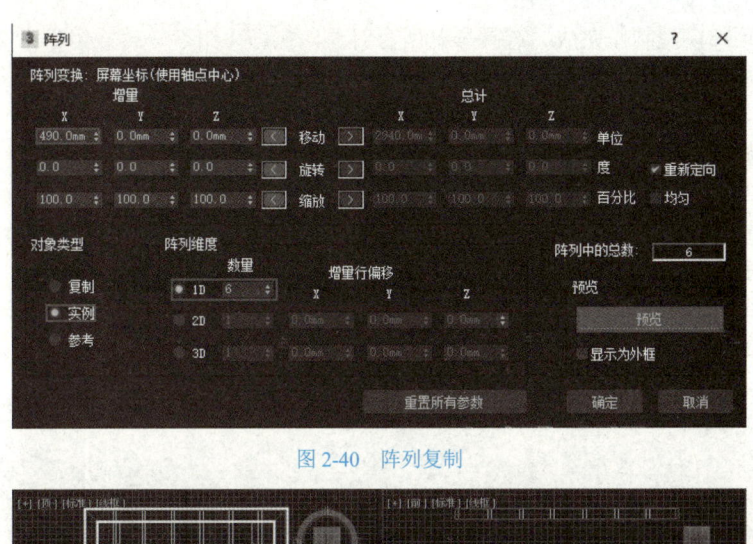

图 2-41　阵列复制效果

（16）选择长方体，在主工具栏中单击 按钮和 按钮，按住"Shift"键，在顶视图中，以"实例"的方式复制长方体，位置如图 2-42 所示。

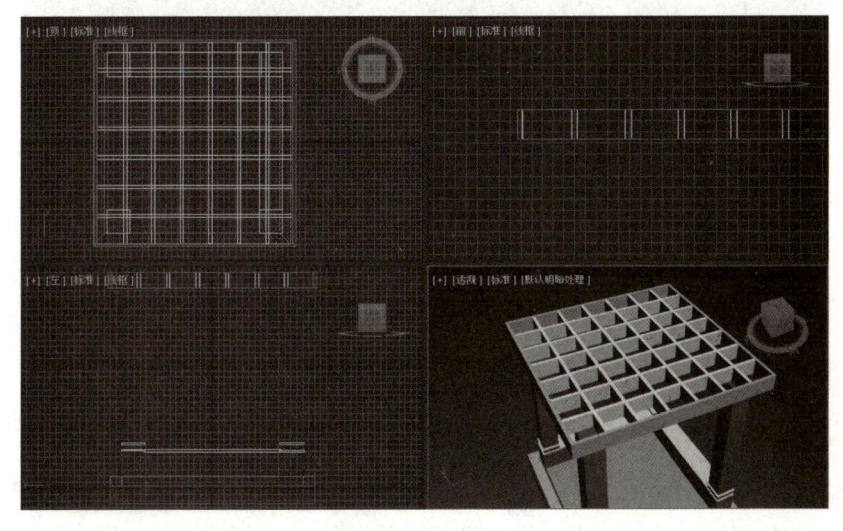

图 2-42　复制长方体

(17) 至此，顶部模型制作完成。选择顶部所有对象，执行"组"→"成组"命令，打开"组"对话框进行成组设置，并命名为"亭顶"。

【提示】
- 成组：可将对象或组的选择集组成为一个组。
- 打开：可以暂时对组进行解组，并访问组内的对象。
- 关闭：可重新组合打开的组。对于嵌套组，关闭最外层的组对象将关闭所有打开的内部组。
- 解组：可将当前组分离为其组件对象或组。
- 炸开：解组组中的所有对象，无论嵌套组的数量如何。

(18) 用同样的方法制作休息亭吊挂楣子等模型，完成后进行群组，如图 2-43 所示。

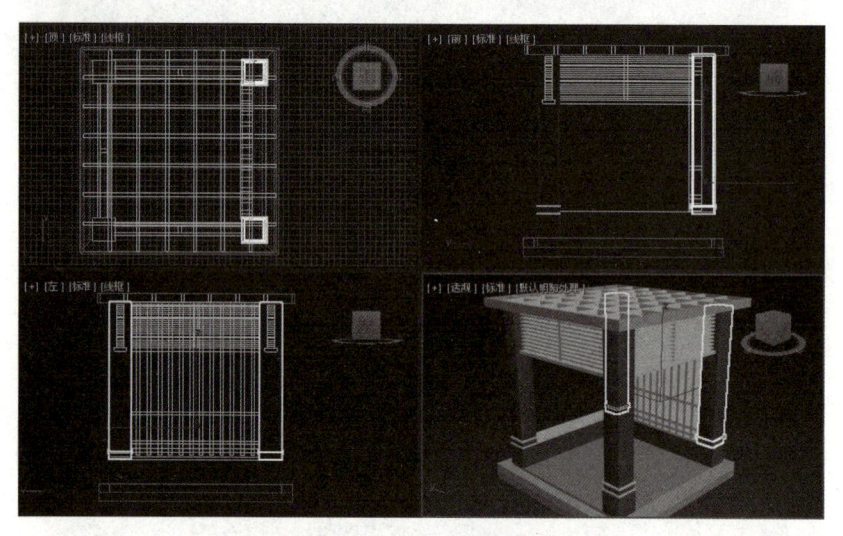

图 2-43 制作四周模型

(19) 在命令面板上单击 ➕（创建）→ ⬤（几何体）→ 长方体 按钮，在顶视图中创建两个长方体，位置摆放如图 2-44 所示。

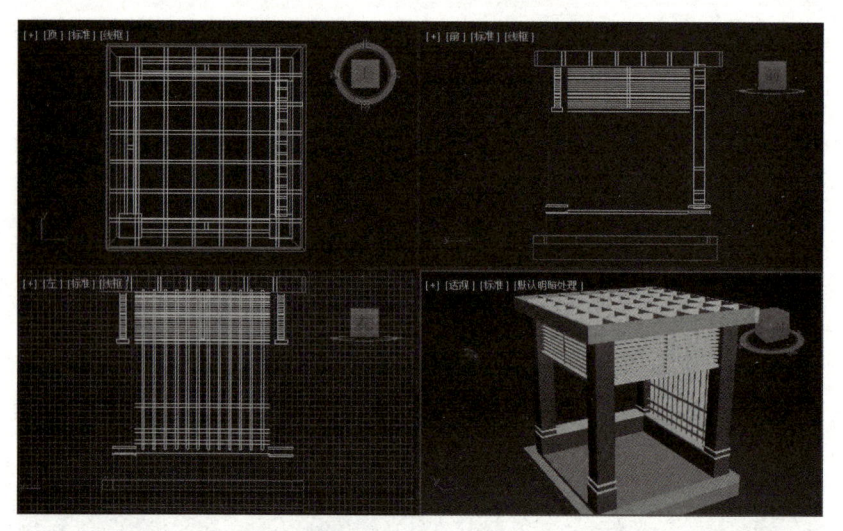

图 2-44 制作长方体

(20) 制作台阶。在命令面板上单击 ➕（创建）→ ⬤（几何体）→ 长方体 按钮，在顶视图中创建两个长方体，然后，旋转复制一组，放在合适位置，位置摆放如图 2-45 所示。

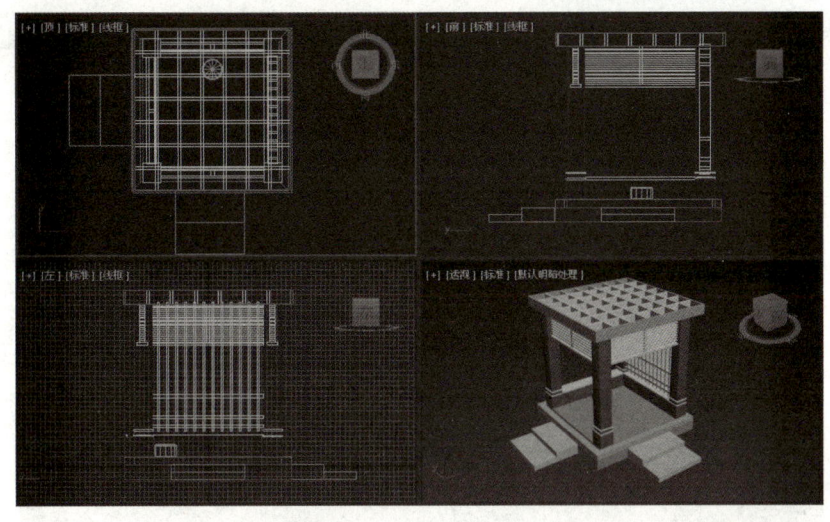

图 2-45　制作长方体并复制

（21）制作木墩。在命令面板上单击 ➕（创建）→ ⬤（几何体）→ 切角圆柱体 按钮，在顶视图中创建切角长方体，其参数设置和位置如图 2-46 所示。

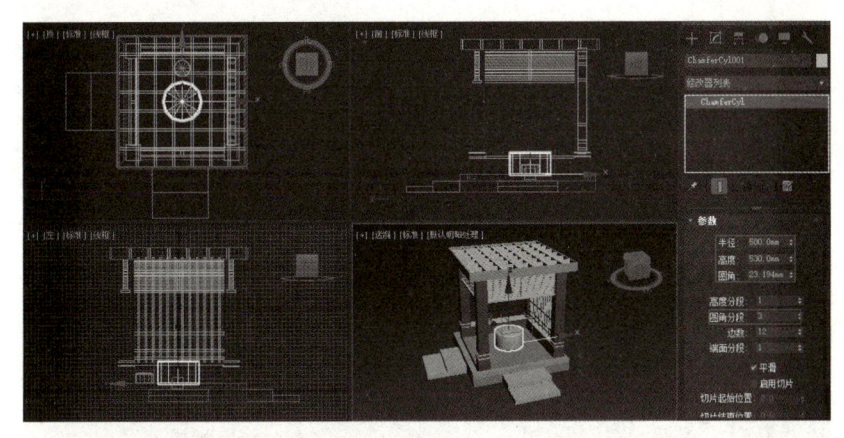

图 2-46　制作切角圆柱体

（22）复制四个切角圆柱体，调整复制的圆柱体尺寸，并放置到合适的位置，如图 2-47 所示。

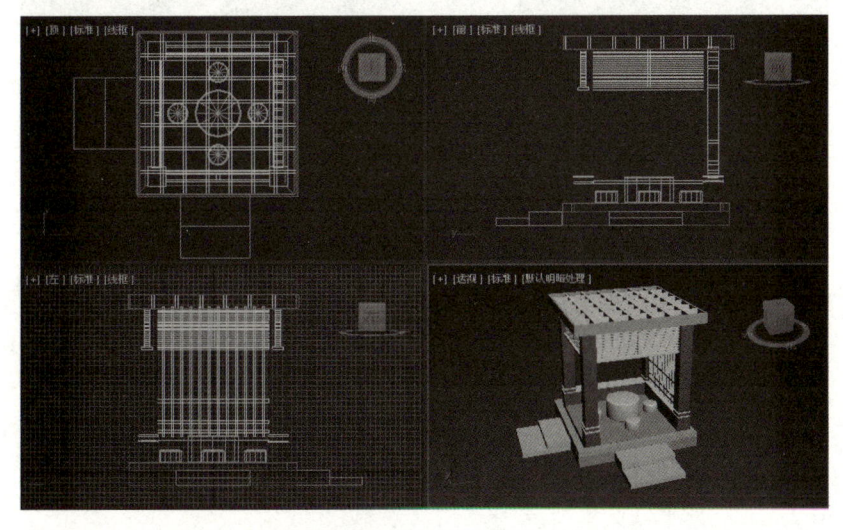

图 2-47　复制切角圆柱体

（23）制作地面。激活顶视图，在命令面板上单击 ➕（创建）→ ⬤（几何体）→ 平面 按钮，在休息亭下面绘制一个足够大的平面，如图2-48所示。至此，休息亭模型制作完成。

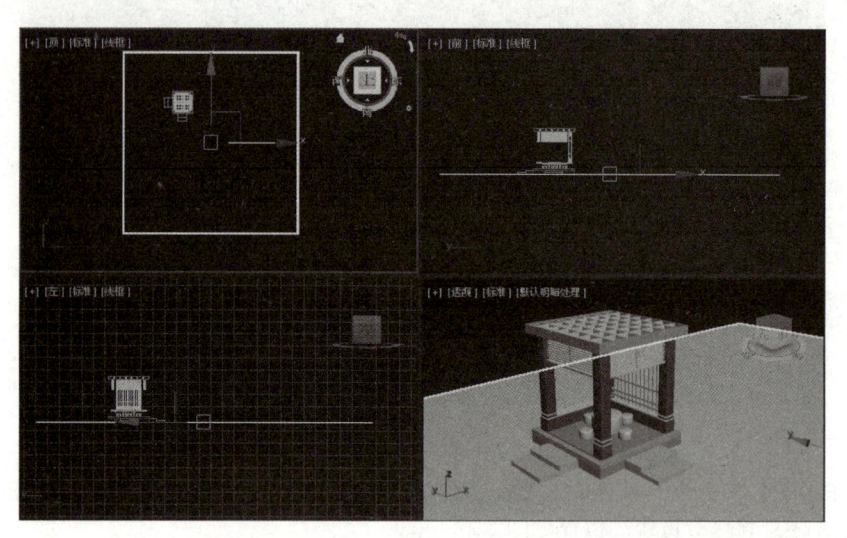

图2-48　创建平面

（24）设置底面和台阶材质。选择底面和台阶，按"M"键，弹出"Slate材质编辑器"对话框，双击"材质/贴图浏览器"下方"示例窗"中的01-Default材质球，在活动视图中将显示该材质，双击该材质的标题栏，在"Slate材质编辑器"对话框的右侧将显示该材质的参数编辑器，在其中可对材质参数进行编辑，如图2-49所示。

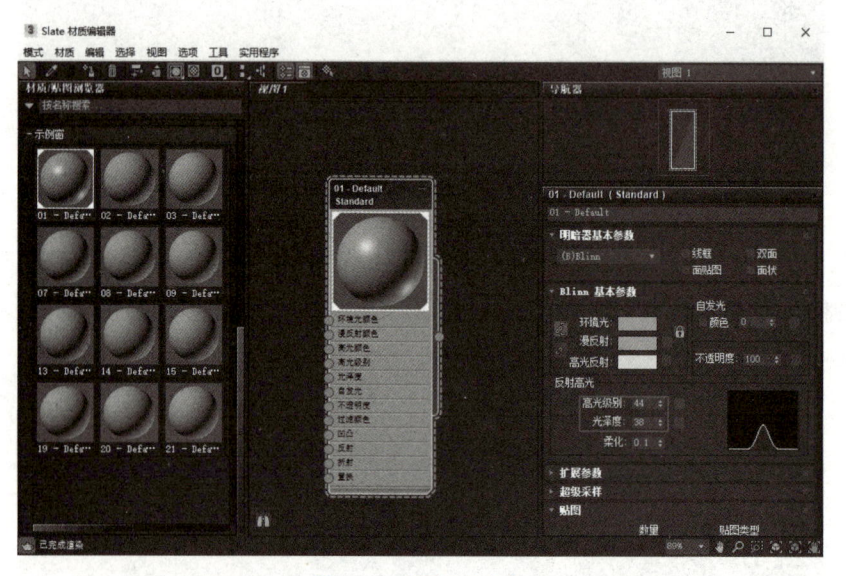

图2-49　设置基本参数

（25）在"贴图"卷展栏中单击"漫反射颜色"右侧的长按钮，在打开的"材质/贴图浏览器"对话框中双击"位图"选项，在打开的"选择位图图像文件"对话框中选择"硬地01.jpg"文件；并在"漫反射颜色"贴图通道上按住鼠标左键，将"漫反射颜色"贴图以"实例"方式复制到"凹凸"贴图通道上，然后单击 ⬢（将材质指定给选定对象）按钮和 ⬤（视图中显示明暗处理材质）按钮，将材质赋予场景中选定的模型，如图2-50所示。

模块二　基本和高级模型设计

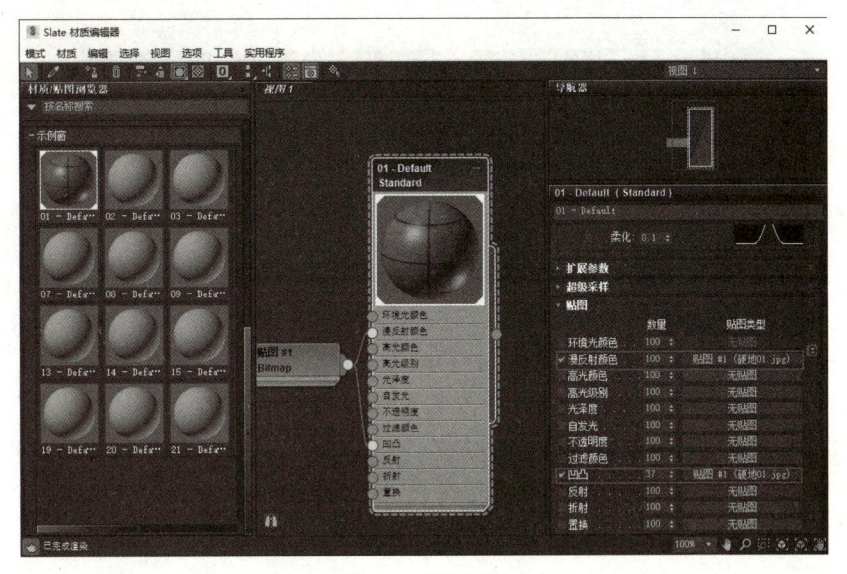

图 2-50　设置贴图

（26）调整贴图坐标。选择底面模型，在命令面板上单击 ■（修改）→ 修改器列表 →"UVW 贴图"按钮，给模型添加"UVW 贴图"修改器，参数设置和效果如图 2-51 所示。台阶模型也进行同样处理。

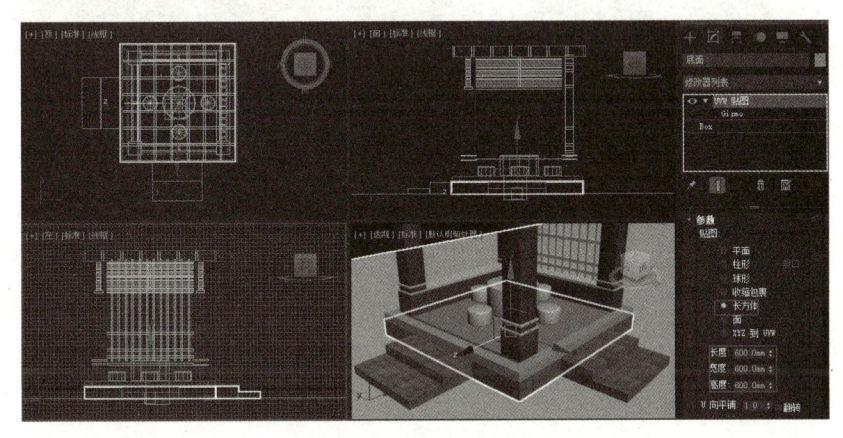

图 2-51　添加"UVW 贴图"修改器

【提示】
✦ 当为模型赋材质后，渲染时不能正常显示贴图时，可在（修改）命令面板中为模型添加"UVW 贴图"修改器，并适当调整参数。

（27）设置底面 01 材质。用同样的方法为底面 01 指定"MS_056- 灰 .jpg"贴图文件，如图 2-52 所示。然后单击 ■（将材质指定给选定对象）按钮和 ■（视图中显示明暗处理材质）按钮，为材质赋予场景中选定的模型。给模型添加"UVW 贴图"修改器，并进行调整。

（28）设置外框材质。用同样的方法为外框指定"青灰斩假石 .jpg"贴图文件，如图 2-53 所示。然后单击 ■（将材质指定给选定对象）按钮和 ■（视图中显示明暗处理材质）按钮，为材质赋予场景中选定的模型。给模型添加"UVW 贴图"修改器，并进行调整。

（29）设置座凳材质。用同样的方法为外框指定"greek_roman003.jpg"贴图文件，如图 2-54 所示。然后单击 ■（将材质指定给选定对象）按钮和 ■（视图中显示明暗处理材质）按钮，为材质赋予场景中选定的模型。给模型添加"UVW 贴图"修改器，并进行调整。

035

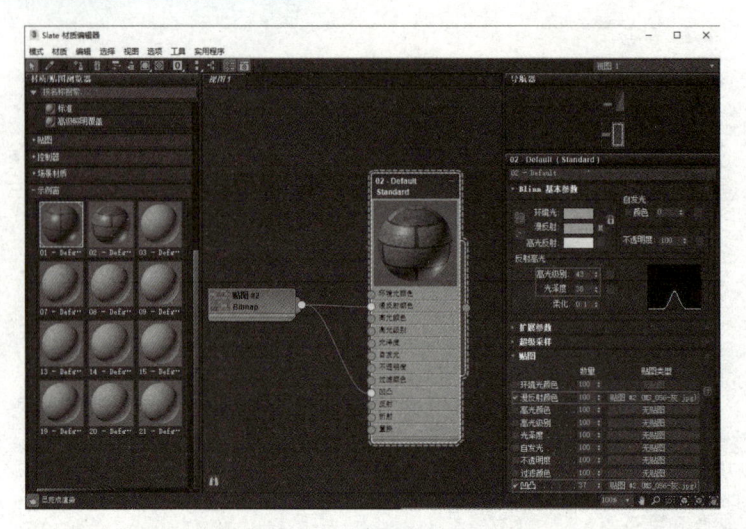

图 2-52 设置底面 01 材质

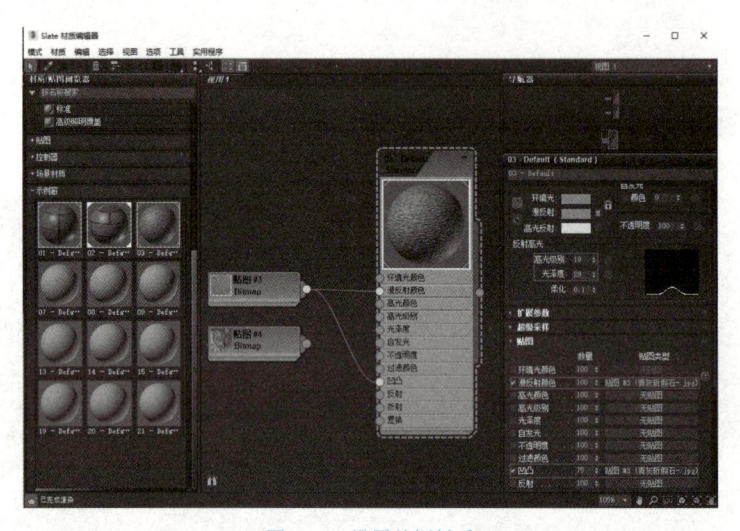

图 2-53 设置外框材质

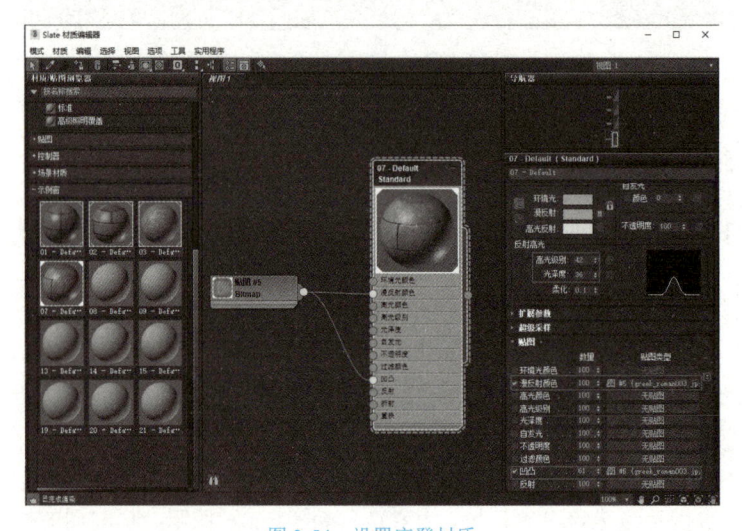

图 2-54 设置座凳材质

（30）设置立柱及吊挂楣子等模型材质。用同样的方法为外框指定"CHERRYWD.jpg"贴图文件，如图 2-55 所示。然后单击 ![] （将材质指定给选定对象）按钮和 ![] （视图中显示明暗处理材质）按钮，为材质赋予场景中选定的模型。给模型添加"UVW 贴图"修改器，并进行调整。

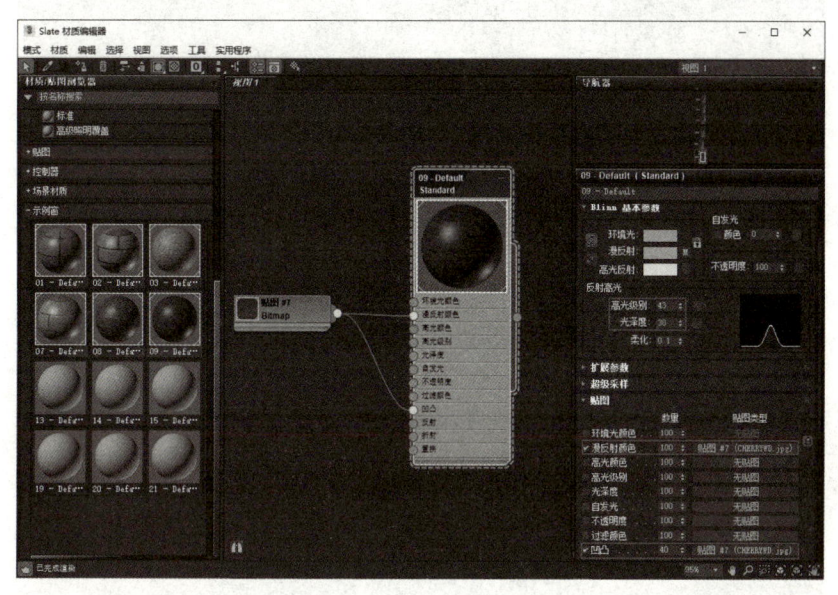

图 2-55　设置立柱及吊挂楣子等模型材质

（31）设置木墩材质。按"M"键，打开"Slate 材质编辑器"对话框，在左侧"材质"卷展栏中双击"顶/底"材质，单击"顶材质"后的按钮，在材质的参数编辑器编辑材质，如图 2-56 所示。

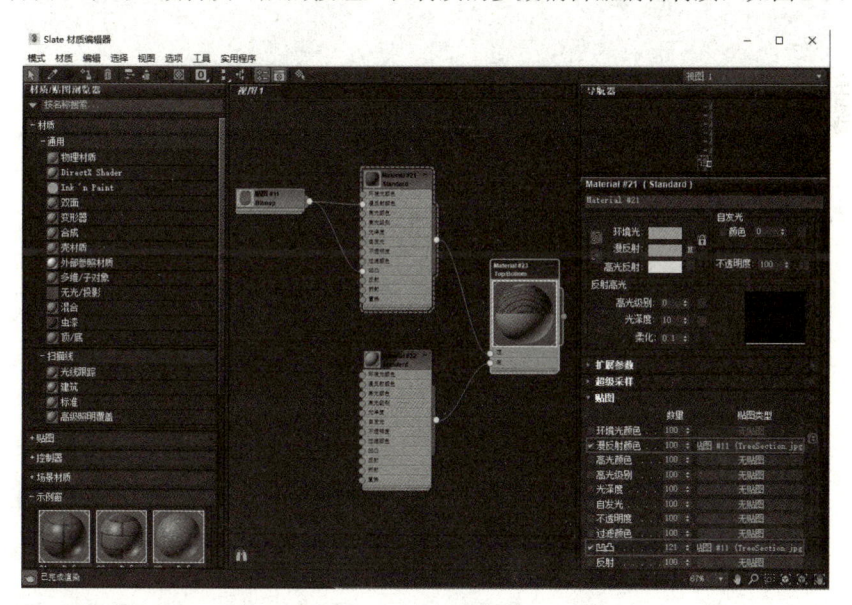

图 2-56　设置顶材质

（32）返回到顶/底材质，用同样的方法设置底材质，如图 2-57 所示。

（33）返回到顶/底材质，设置参数如图 2-58 所示。单击 ![]（将材质指定给选定对象）按钮和 ![]（视图中显示明暗处理材质）按钮，为材质赋予场景中选定的木墩模型。给模型添加"UVW 贴图"修改器，并进行调整。

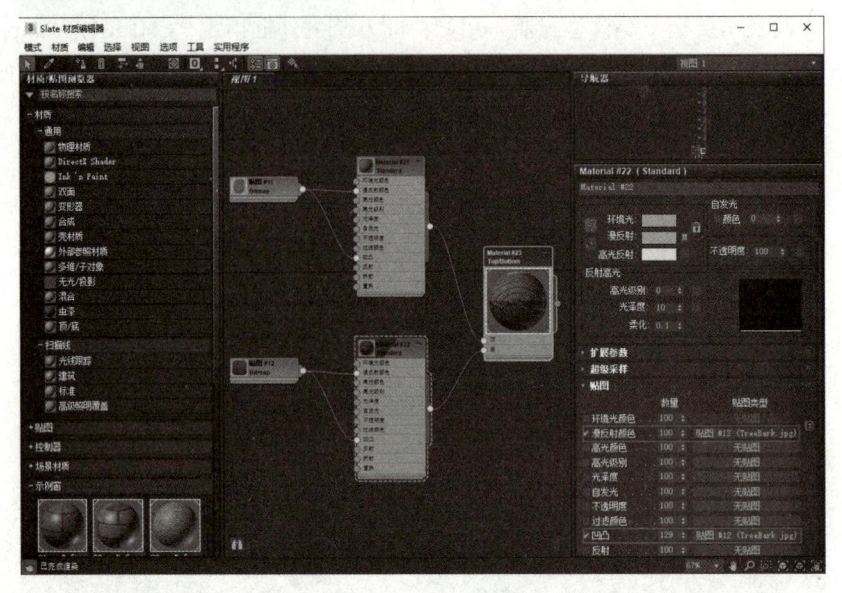

图2-57 设置底材质

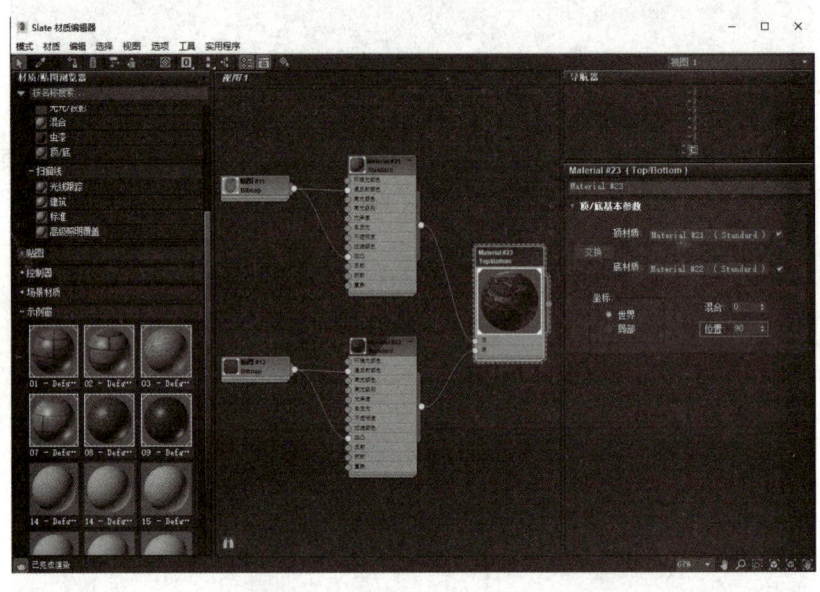

图2-58 设置"顶/底"材质参数

（34）设置平面材质。按"M"键，打开"Slate 材质编辑器"对话框，在左侧"材质"卷展栏中双击"无光/投影"材质，如图2-59所示。然后单击 ![] （将材质指定给选定对象）按钮和 ![] （视图中显示明暗处理材质）按钮，为材质赋予场景中选定的平面模型，为其赋"无光/投影"材质，以表现物体的投影。

（35）激活左视图，在命令面板上单击 ![] （创建）→ ![] （摄影机）→ | 目标 按钮，在左视图中创建一架摄影机，其位置如图2-60所示。用鼠标右键激活透视图，按"C"键，将透视图转换为摄影机视图。

（36）激活顶视图，单击 ![] （创建）→ ![] （灯光）→ 标准 ▼
→ 目标聚光灯 按钮，在顶视图中创建一盏目标聚光灯作为主光源，调整其参数和位置如图2-61所示。

模块二　基本和高级模型设计

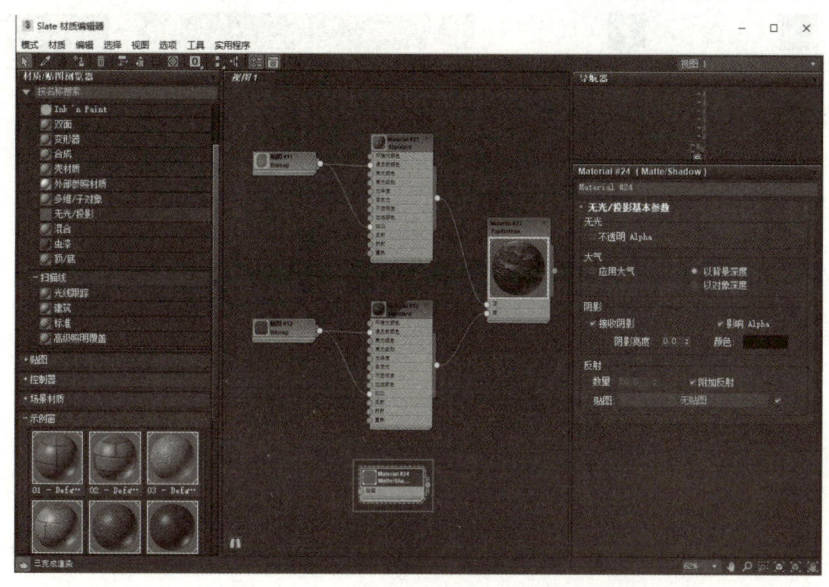

图 2-59　设置"无光 / 投影"材质

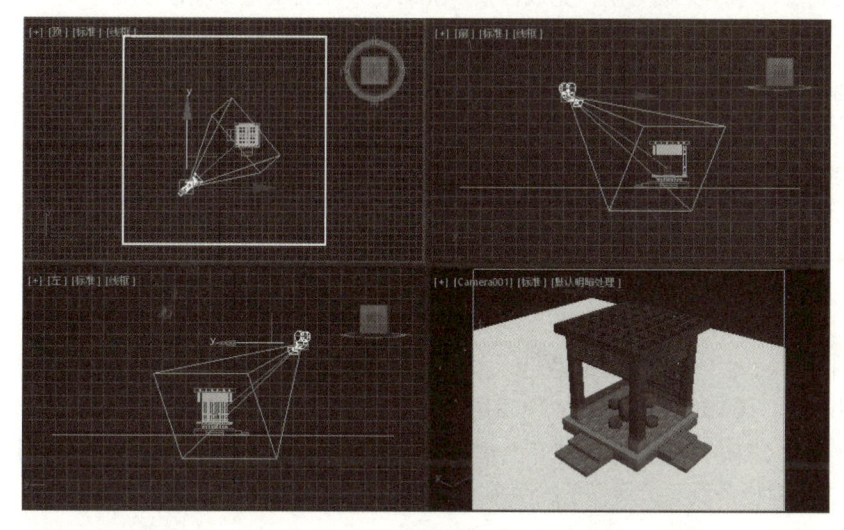

图 2-60　创建目标摄影机

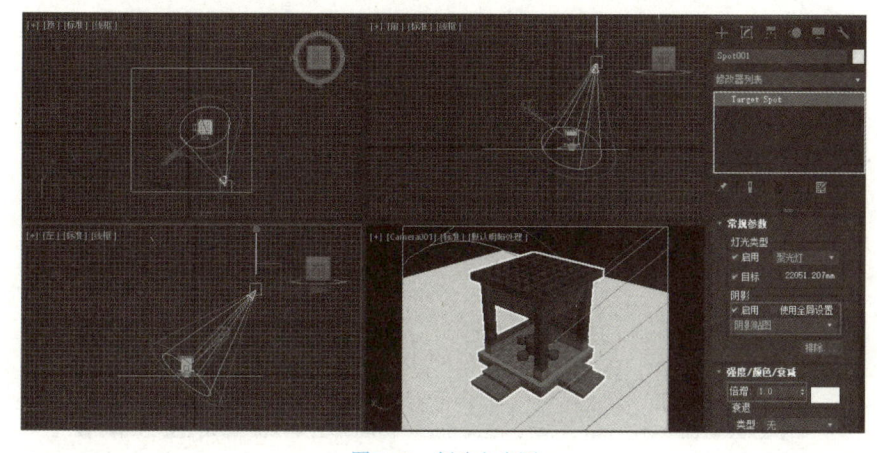

图 2-61　创建主光源

（37）单击 ➕（创建）→ 💡（灯光）→ 标准 ▼ → **目标聚光灯** 按钮，在顶视图中创建一盏泛光灯，不启用阴影，作为辅助光源，调整其参数和位置如图 2-62 所示。

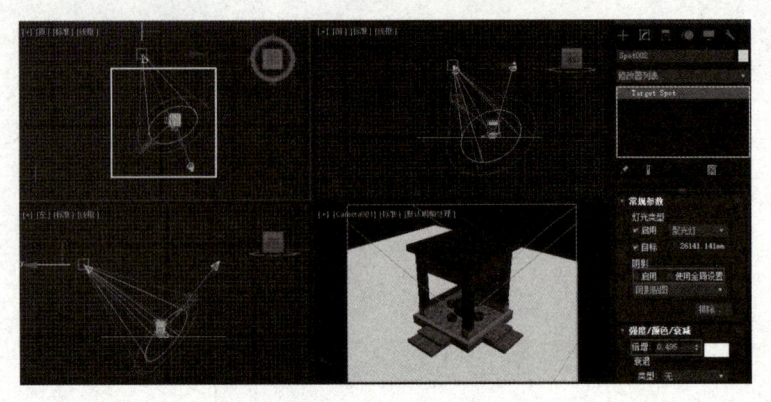

图 2-62　创建辅光

（38）设置环境背景颜色。按"8"键，在打开的"环境和效果"对话框中，设置"背景"选项中的"颜色"为白色。

（39）至此，休息亭场景模型制作完成，按"Shift+Q"组合键渲染输出并保存文件。

2.2　二维建模

在 3ds Max 中二维型建模是一种常用的建模方法，该建模方式操作较为灵活。二维建模方法在创建模型时，主要利用编辑修改器对编辑好的二维图形进行挤出、倒角或车削等操作，从而生成一个三维模型。

2.2.1　创建二维图形

3ds Max 中提供了 3 种类型的二维图形：样条线、NURBS 曲线和扩展样条线。在许多情况下，它们的用处是相同的，其中的样条线具有 NURBS 曲线和扩展样条线所具有的特性。用户可以通过单击 ➕（创建）→ ◯（图形）命令即可打开二维图形的创建命令面板。由于本书对 NURBS 曲线建模不做介绍，所以主要对样条线和扩展样条线两种类型的二维图形进行详细介绍。

1. 样条线

通过使用"样条线"菜单，您可以创建二维图形（例如，直线、圆和螺旋线）。您还可以添加文字以及徒手绘制图形。在"样条线"命令面板中，有 13 种用于创建二维图形的命令按钮，包括矩形、圆、椭圆、弧、圆环、星形、文本、螺旋线等，它们的形状各异，如图 2-63 所示。

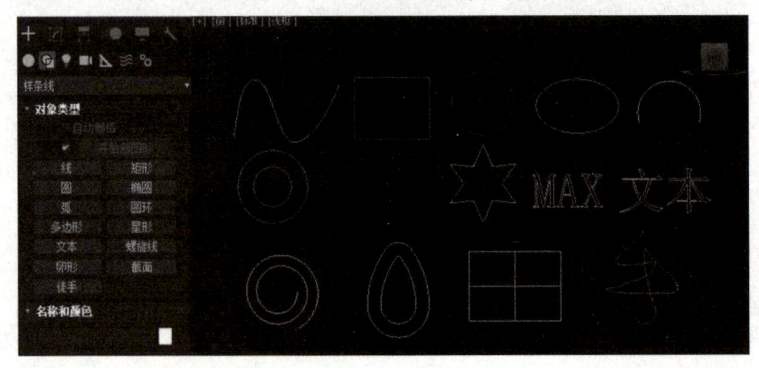

图 2-63　样条线

2. 扩展样条线

在"扩展样条线"命令面板中,有 5 种用于创建二维图形的命令按钮,包括墙矩形、通道、角度、T 形和宽法兰,如图 2-64 所示。这些图形在建筑工业造型上经常会用到,其创建和编辑方法与样条线相似,并且可以直接转化为 NURBS 曲线。

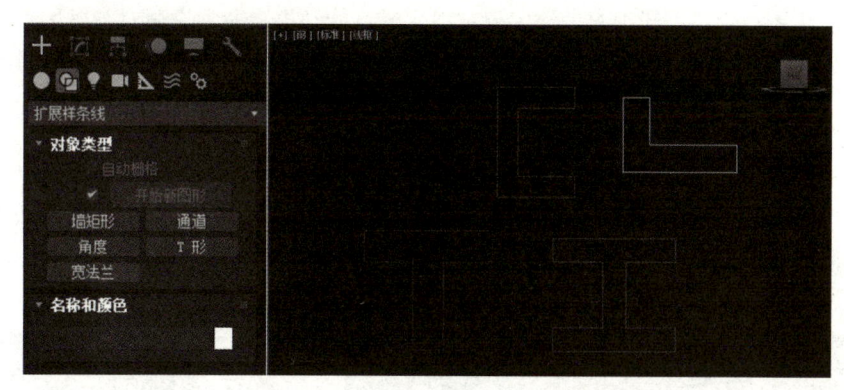

图 2-64 扩展样条线

3. 二维图形的公共参数

在 3ds Max 中,所有二维图形都提供了有关样条线的"渲染"和"生成方式"的选项,下面对这些选项进行介绍。

"渲染"卷展栏可以打开或关闭二维图形的可渲染性,指定图形在渲染场景中的厚度,以及应用贴图坐标等。"渲染"卷展栏及参数设置效果如图 2-65 所示。

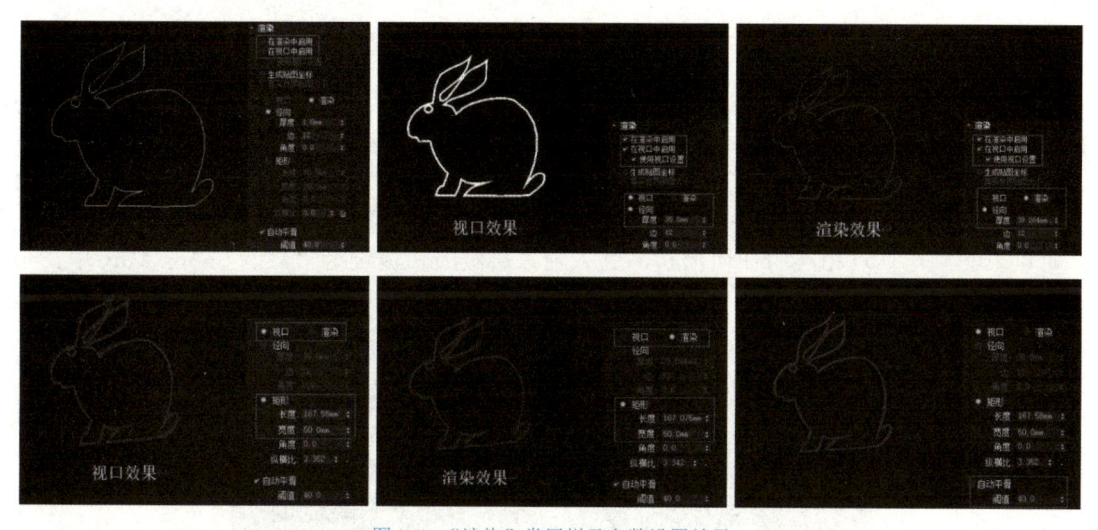

图 2-65 "渲染"卷展栏及参数设置效果

"插值"卷展栏可以设置样条线的生成方式,"插值"卷展栏及参数设置效果如图 2-66 所示。

图 2-66 "插值"卷展栏及参数设置效果

2.2.2 编辑样条线

在创建了二维图形后，不仅可以对该图形进行整体的编辑，如移动、旋转、缩放，还可以进入子对象层级进行编辑，从而改变二维图形的形状。

1. 转换为可编辑样条线

在创建了二维图形后，一般很难一次编辑就得到满意的结果，通常需要对基础图形进行编辑。对二维图形进行编辑时，除了线本身就是样条曲线外，其他的二维图形需要转换为可编辑的样条线才能进行编辑。

将二维图形转换为样条线的方法有两种。

（1）在选择的二维图形上单击鼠标右键，在打开的快捷菜单中执行"转换为"→"转换为可编辑样条线"命令。将二维图形转换为可编辑样条线后，进入"修改"命令面板，在修改堆栈栏中单击"可编辑样条线"前面的"+"按钮，可进入顶点、线段和样条线子对象层级，如图2-67所示。

（2）在命令面板中，执行"修改"→"修改器列表"→"编辑样条线"命令，如图2-68所示。

图2-67 转换为可编辑样条线 　　　　　　图2-68 添加"编辑样条线"命令

【提示】

◆ 两种方法的编辑功能基本相同，不同之处是执行"转换为可编辑样条线"命令时，二维图形的所有创建数据将会丢失，可通过子对象来改变图形的大小、形状等属性。

2. 顶点

"顶点"子对象是二维图形中最基本的子对象类型，通过调整顶点的位置或顶点控制柄的位置，可以影响到与顶点相连的任何形状，进入顶点层级的快捷键为"1"。在3ds Max中，顶点有4种不同的类型：Bezier角点、Bezier、角点、平滑，如图2-69所示。

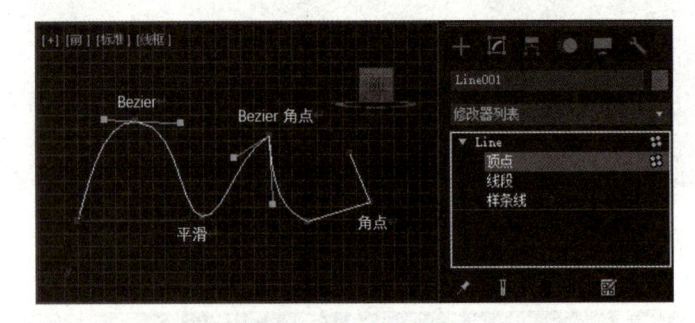

图2-69 4种类型的顶点

图2-70 顶点类型

选择曲线的某一顶点，单击鼠标右键，在打开的快捷菜单中可以更改顶点的类型，如图2-70所示。

Bezier角点：可以在顶点两边产生带有切线手柄的曲线。拖动其中一边的切线手柄只影响与切线手柄同一方向的曲线。

Bezier：可以在顶点两边产生带有切线手柄的曲线，拖动一边切线手柄可以同时调节两边的曲线，曲线的曲率与拖动切线手柄距离的远近有关。

角点：可以在顶点的两边产生直线段。

平滑：可以在顶点的两边产生曲线，且两边曲线的曲率相等。

3. 线段

线段由两个顶点形成，是样条线的一部分。使用线段时首先要进入"线段"子对象层级，进入线段层级的快捷键为"2"。进入线段子对象层级，这时"几何体"卷展样中的参数较少，如图 2-71 所示。

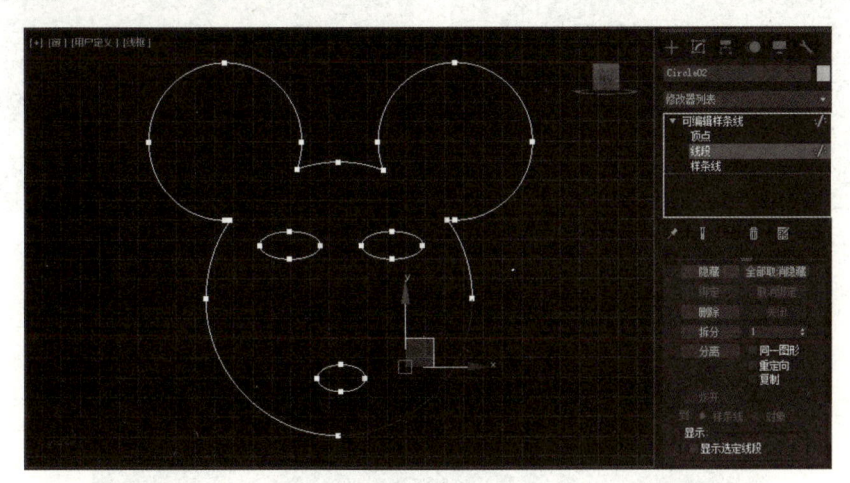

图 2-71 "线段"所特有的功能

隐藏：可以隐藏选择的线段。

全部取消隐藏：可以显示全部隐藏的线段。

删除：可以删除选择的线段。

拆分：选择一个分段，在该按钮右侧的数值框中输入数字，然后单击"拆分"按钮，可以在线段上插入指定数目的顶点，从而将一个分段分割为多个分段。

分离：可以将选择的一段以指定的方式分离出来。

4. 样条线

样条线是由多个分段组成的，它在二维图形中是独立存在的。进入样条线层级可以进行移动、旋转、缩放或复制操作，进入样条线层级的快捷键为"3"。在这里只介绍样条线所特有的功能，如图 2-72 所示。

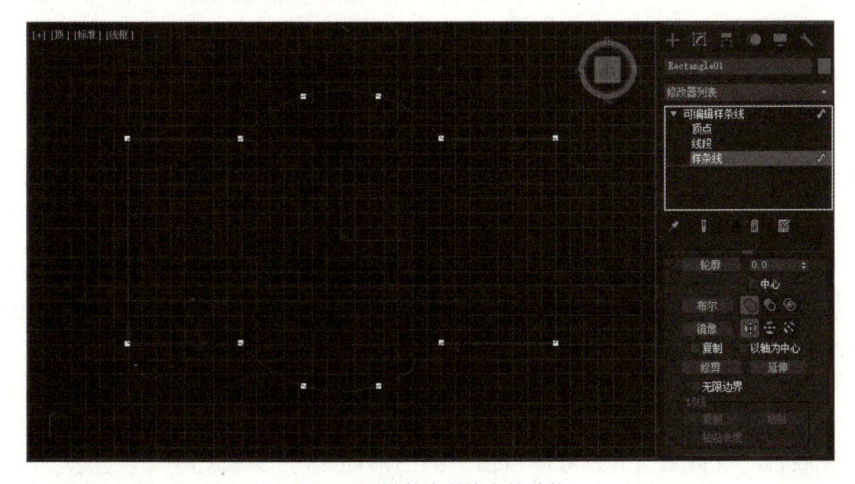

图 2-72 样条线所特有的功能

轮廓：制作样条线的副本，所有侧边上的距离偏移量由"轮廓宽度"微调器（在"轮廓"按钮的右侧）指定，如图 2-73 所示。

中心：启用后，原始样条线将会从中心线由内向外产生轮廓；禁用后，原始样条线保持不动，仅从一侧产生轮廓，如图 2-74 所示。

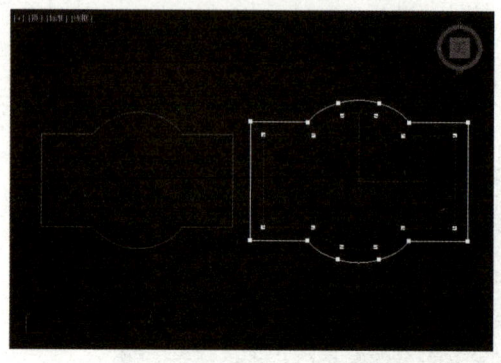

图 2-73　原样条线和轮廓样条线 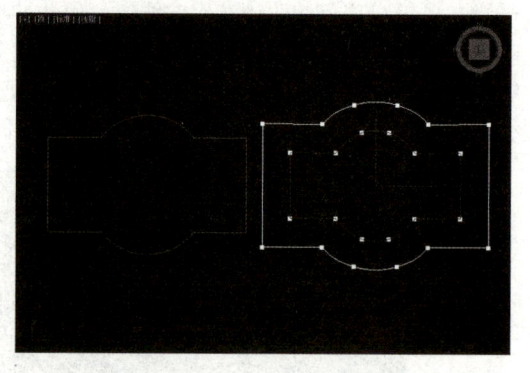　　　　　图 2-74　启用"中心"后的轮廓样条线

布尔运算：可以将多个样条线进行复合运算，形成更为复杂的图形，如图 2-75 所示。

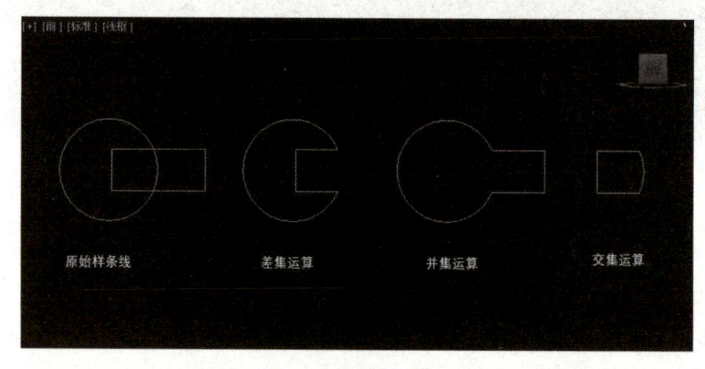

图 2-75　布尔运算 1

【提示】

✦ 进行布尔运算操作时，两个原样条线必须属于同一个二维型对象，源样条线必须是封闭的，且自身不能自交，两个原样条线必须相互重叠，不能分离，或者其中一个将另一个完全包围。

镜像：沿长、宽或对角方向镜像样条线。首先单击以激活要镜像的方向，然后单击"镜像"按钮。

修剪：可以清理形状中的重叠部分，使端点接合在一个点上。

延伸：可以清理形状中的开口部分，使端点接合在一个点上。

2.2.3　二维图形到三维模型的转换

要想通过二维模型创建出三维模型，需要通过编辑修改器来实现，3ds Max 提供了 4 种针对二维模型建模的编辑修改器，包括"挤出""倒角""倒角剖面""车削"。

1. 挤出

挤出建模是由二维图形创建生成三维模型的最基本方法，应用广泛，且原理非常简单，就是以二维图形为轮廓，为其挤出一定的厚度，从而由二维图形转变为三维模型，如图 2-76 所示。

挤出的操作比较简单，首先创建需要挤出的二维图形，然后选择创建的二维图形，在命令面板上执行"修改"→"修改器列表"→"挤出"命令，在"修改"命令面板的下方会出现"挤出"修改器的"参数"卷展栏，设置适当的参数即可由二维图形创建出三维模型。该卷展栏中各项参数的含义如下所述。

数量：设置挤出的深度。

分段：指定将要在挤出对象中创建线段的数目。

模块二　基本和高级模型设计

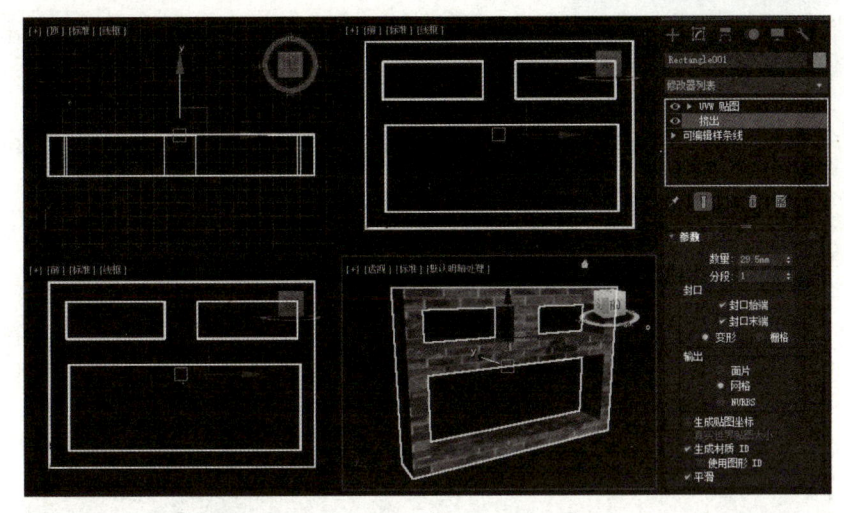

图 2-76 "挤出"修改器

封口始端：在挤出对象始端生成一个平面。
封口末端：在挤出对象末端生成一个平面。
面片：产生一个可以折叠到面片对象中的对象。
网格：产生一个可以折叠到网格对象中的对象。
NURBS：产生一个可以折叠到 NURBS 对象中的对象。

2. 倒角

倒角建模与挤出类似，也是通过给二维图形增加厚度来生成三维模型的。但与挤出不同的是，它可以分 3 次设置挤出值，而且可以通过设置每次挤出产生的轮廓面大小控制挤出表面的形状变化，常用于制作立体文字、标志等，如图 2-77 所示。

图 2-77 "倒角"修改器

为二维图形添加了"倒角"修改器后，在"修改"命令面板的下方会出现"参数"和"倒角值"卷展栏。"参数"和"倒角值"卷展栏中各参数的含义如下所述。

"参数"卷展栏主要用于控制倒角表面形状。"曲面"选项组用于设置倒角造型侧面的形状。选择"线性侧面"则倒角各段间采用直线方式；选择"曲线侧面"则倒角各段间采用曲线方式，可以产生圆弧表面效果。"分段"用于设置各级倒角的片段划分数，数值越大，倒角越圆滑。"级间平滑"用于对各级倒角间表面进行光滑处理。选择"避免线相交"可以防止因尖锐折角而产生的突出变形。"分离"用于设置两个边界线之间保持的距离间隔，防止越界交叉。

"倒角值"卷展栏用于设置不同级别倒角的高度及轮廓值。"起始轮廓"用于设置原始倒角图形外轮廓大小。该值为 0 时，将以创建的二维图形轮廓为基础进行倒角操作。"级别 1"用于设置第一次倒

045

角的挤出"高度"和挤出面的"轮廓"值，如果要进行二次或三次倒角挤出操作，需要先选中该级别，激活"高度"和"轮廓"设置后进行挤出设置。

3. 倒角剖面

倒角剖面命令是一个更自由的倒角工具，可以说是从倒角工具衍生而来的。倒角剖面修改器使用一个图形作为路径或"倒角剖面"来挤出另一个图形。

有两种方法创建倒角剖面。经典方法是利用创建对象来实现（例如，将样条线用作剖面），改进的方法是利用倒角剖面编辑器来实现，后者还与加强型文本结合使用。

经典方法要求提供一个二维图形作为倒角的图形，再提供另一个二维图形作为倒角剖面；然后选择倒角图形，在命令面板上执行"修改"→"修改器列表"→"倒角剖面"命令，在"参数"卷展栏上，选择"经典"选项，在出现的"经典"卷展栏上，单击"拾取剖面"按钮，最后单击倒角剖面。用经典方法创建倒角剖面如图 2-78 所示。

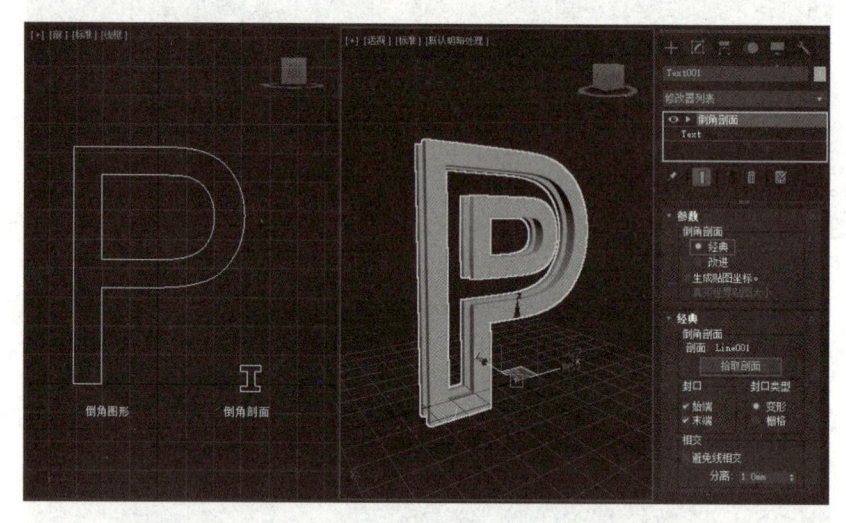

图 2-78　用经典方法创建倒角剖面

改进的方法利用"倒角剖面编辑器"创建模型，它提供用于创建和编辑倒角剖面预设的功能。用改进的方法创建倒角剖面如图 2-79 所示。

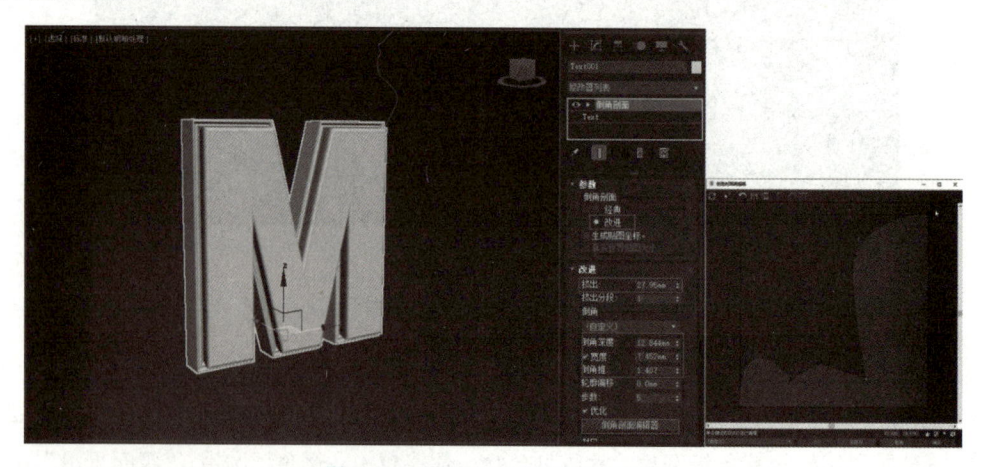

图 2-79　用改进的方法创建倒角剖面

4. 车削

车削建模是通过使二维图形沿某一轴心进行旋转来生成三维模型的，凡是以一个轴心向外放射的物体，如酒杯、酒瓶、碗、油桶等都可以利用这种方法制作，如图 2-80 所示。

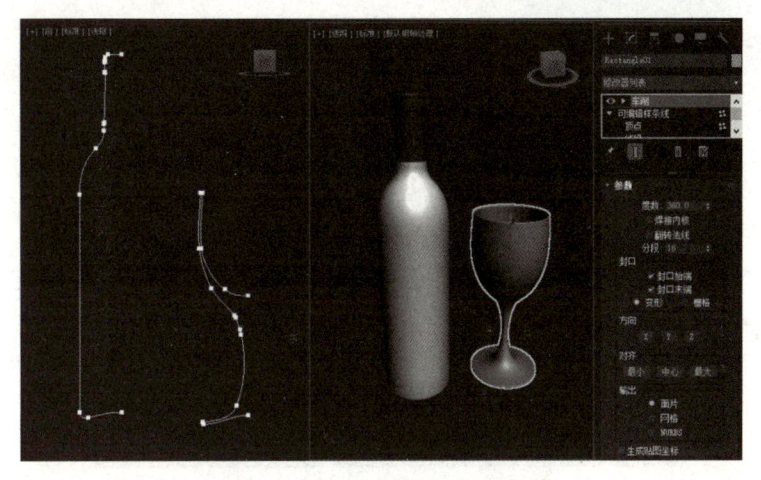

图 2-80 "车削"修改器

为二维图形添加了"车削"修改器后,在"修改"命令面板的下方会出现"参数"卷展栏。该卷展栏中各参数的含义如下所述。

度数:设置旋转成型的角度。"度数"值为 360° 时创建的是一个完整环形,小于 360° 时创建的是不完整的扇形。

焊接内核:用于将旋转中心轴附近重叠的顶点合并在一起。

翻转法线:用于将模型表面的法线反向。

分段:设置旋转圆周上的片段分数。分段值越高,模型越平滑。

2.2.4　实战演练 2——超人标志模型

本实例通过超人标志模型的创建,要求掌握二维图形的创建方法、掌握二维图形的编辑方法,进而能够熟练而准确地绘制各种二维图形。超人标志模型效果如图 2-81 所示。

图 2-81　超人标志模型效果图

操作步骤:

(1)制作超人标志。启动 3ds Max 软件,执行"自定义"→"单位设置(U)…"命令,在弹出的"单位设置"对话框中,设置显示单位比例和系统单位比例,如图 2-82 所示。

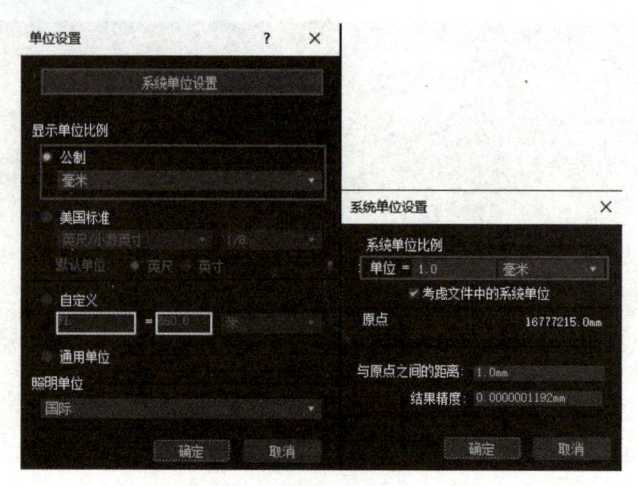

图 2-82　单位设置 1

（2）激活前视图，按"G"键，隐藏主栅格。在命令面板上单击 ➕（创建）→ ⭕（几何体）→ 平面 按钮，在前视图中创建平面，然后给平面指定"超人标志.jpg"文件，作为参考图，效果如图 2-83 所示。

图 2-83　创建平面并指定贴图

（3）在命令面板上单击 ➕（创建）→ 🔹（图形）→ 线 按钮，在前视图中用直线绘制出标志的大体轮廓。第一个形状封闭时，打开"样条线"对话框，单击"是"按钮，如图 2-84 所示。

图 2-84　绘制样条线

（4）保持第一个二维图形处于选中的状态，取消"开始新图形"复选框的勾选，继续用直线绘制出其他造型，效果如图 2-85 所示。

图 2-85　绘制标志轮廓线

【提示】

✦ 画线时，如果画错了顶点位置，可以使用"Backspace"退格键返回。

✦ 按住"Shift"键，可以画出水平或垂直的直线。

✦ 取消"开始新图形"复选框的勾选，可以保证后面绘制的二维图形是同一个图形。

（5）选择绘制的图形，按"1"键，进入 （顶点）子对象层级，在前视图中选择所有顶点并单击鼠标右键，在弹出的下拉菜单中执行"Bezier 角点"命令。移动顶点两侧的绿手柄，对顶点的曲率进行调整，使其与参考图片相同，效果如图 2-86 所示。

图 2-86　调整顶点曲率

（6）外形调整完成后，按"1"键，退出 （顶点）子对象层级，然后选择平面，按"Delete"键，删除平面参考图，效果如图 2-87 所示。

图 2-87　调整后的效果

（7）选择绘制的图形，在命令面板上执行 "修改"→"修改器列表"→"倒角"命令，参数设置和效果如图 2-88 所示。

图 2-88 添加"倒角"修改器

（8）制作背板模型。在 （修改）命令面板中，选择"可编辑样条线"→"样条线"子层级，选择"几何体"卷展栏下的"复制"复选框并单击"对象"单选按钮，单击 分离 按钮，在弹出的"分离"对话框中，将分离出的对象命名为"背板"，如图 2-89 所示。

图 2-89 分离样条线

（9）选择"背板"图形，在命令面板上执行 "修改"→"修改器列表"→"挤出"命令，参数设置和效果如图 2-90 所示。

图 2-90 添加"挤出"修改器

（10）设置超人标志材质。选择超人标志模型，按"M"键，弹出"Slate 材质编辑器"对话框，双击"材质/贴图浏览器"下方"示例窗"中的"01-Default"材质球，在活动视图中将显示该材质，双击该材质的标题栏，在"Slate 材质编辑器"对话框的右侧将显示该材质的参数编辑器，在其中可对材质参数进行编辑，如图 2-91 所示。

模块二 基本和高级模型设计

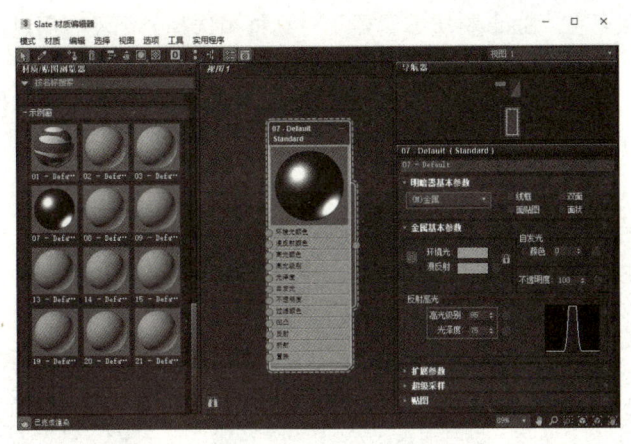

图 2-91 设置基本参数

（12）在"贴图"卷展栏中单击"漫反射颜色"右侧的长按钮，在打开的"材质/贴图浏览器"对话框中双击"位图"选项，在打开的"选择位图图像文件"对话框中选择本书光盘"金属 01.jpg"文件；并在"漫反射颜色"贴图通道上按住鼠标左键，将"漫反射颜色"贴图以"实例"方式复制到"凹凸"贴图通道上。然后单击 ![] （将材质指定给选定对象）按钮和 ![] （视图中显示明暗处理材质）按钮，为材质赋予场景中标志模型，如图 2-92 所示。

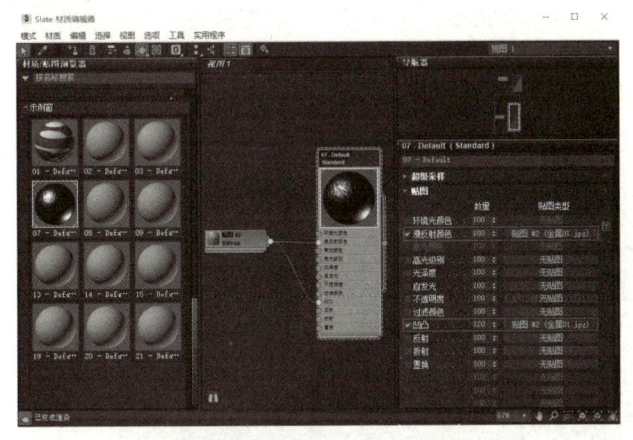

图 2-92 设置标志贴图

（12）用同样的方法，为背板模型赋材质，如图 2-93 所示。

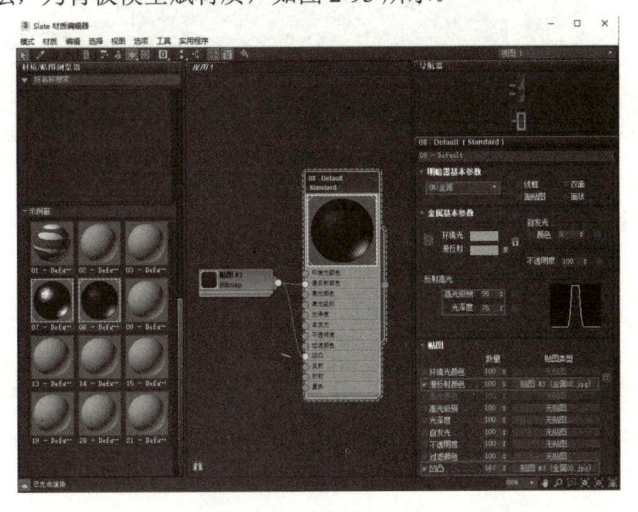

图 2-93 设置背板材质

051

（13）设置环境背景。在"Slate 材质编辑器"对话框中选择一个没有用过的材质球，其参数设置如图 2-94 所示。

（14）设置环境坐标。单击"漫反射颜色"贴图通道按钮，再进入参数编辑器下一层级，在"坐标"卷展栏中选择"环境"单选按钮，如图 2-95 所示。

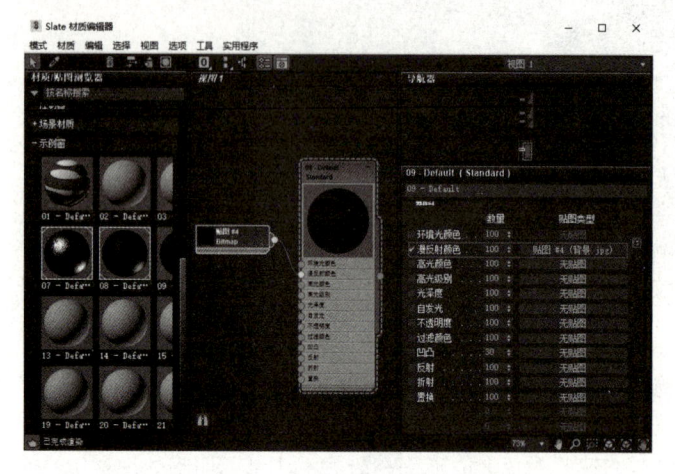

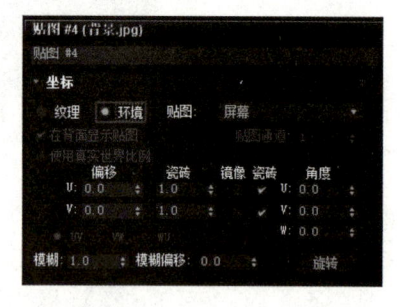

图 2-94 设置背景材质   图 2-95 设置环境坐标

（15）执行"渲染"→"环境"命令，在打开的"环境和效果"对话框中，单击"环境贴图"下方的贴图按钮，在打开的"材质/贴图浏览器"对话框下的"示例窗"中双击编辑好的材质，在打开的对话框中选择"实例"即可，如图 2-96 所示。

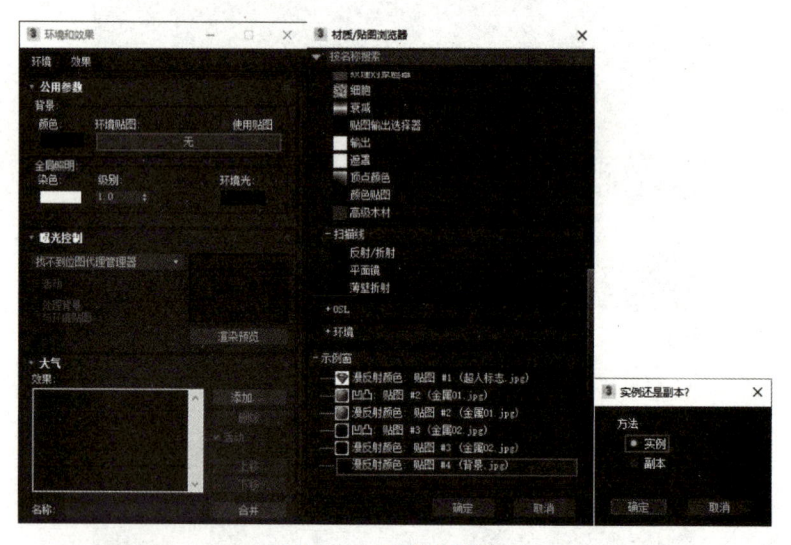

图 2-96 设置环境背景

（16）至此，超人标志模型制作完成，可按"Shift+Q"组合键渲染输出并保存文件。

2.3 三维编辑修改器建模

3ds Max 中用基本建模的方法创建的模型，由于外形过于简单所以很难符合场景的要求。为了达到用户的需求，3ds Max 提供了多种针对基本形体的编辑修改器，结合使用这些编辑修改器可以在一定程度上满足我们的建模要求，从而实现只靠基础形体难以实现的效果。

2.3.1 常用三维编辑修改器

在场景中创建对象后，可以进入"修改"面板来更改对象原始创建参数。在"修改"面板中还可以为对象应用"编辑修改器"。

1. 弯曲

"弯曲"修改器允许围绕单一轴将当前选择最多弯曲 360°。它允许在三个轴中的任何一个轴上控制弯曲的角度和方向，也可以将弯曲限制为几何体的一部分。

在"弯曲"选项组中可以设置弯曲的角度、方向和弯曲轴；在"限制"选项组中启用"限制效果"复选框，将对弯曲效果进行限制约束。不同参数对对象的弯曲效果如图 2-97 所示。

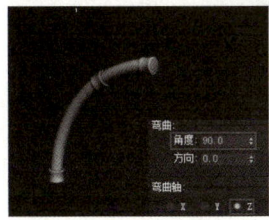

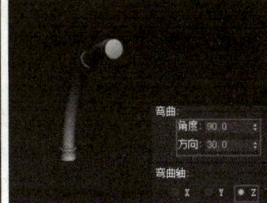

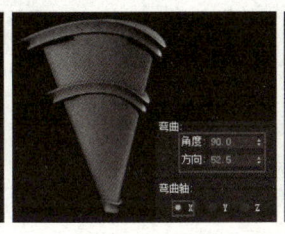

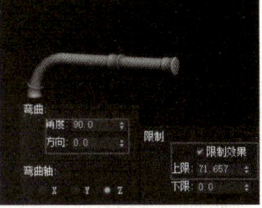

图 2-97　不同参数对对象的弯曲效果

2. 锥化

"锥化"修改器通过缩放对象几何体的两端产生锥化轮廓，一端放大而另一端缩小。可以在两组轴上控制锥化的量和曲线，也可以对几何体的一端限制锥化。

在"锥化"选项组中可以对对象末端进行缩放，也可以对对象的侧面应用曲率。在"限制"选项组中启用"限制效果"复选框，对锥化变形的范围进行限定。通过"上限"和"下限"参数来设置锥化的影响范围，锥化发生在上下限之间的区域。不同参数对对象的锥化效果如图 2-98 所示。

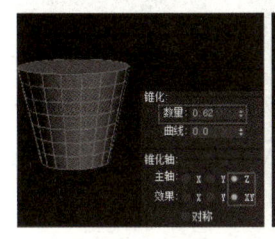

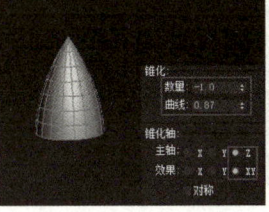

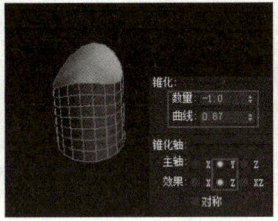

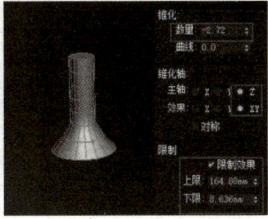

图 2-98　不同参数对对象的锥化效果

3. 扭曲

利用"扭曲"修改器使对象几何体产生一个旋转效果（就像拧湿抹布）。可以控制任意三个轴的扭曲的角度，并设置偏移来压缩扭曲相对于轴点的效果，也可以对几何体的一段限制扭曲。不同参数对对象的扭曲效果如图 2-99 所示。

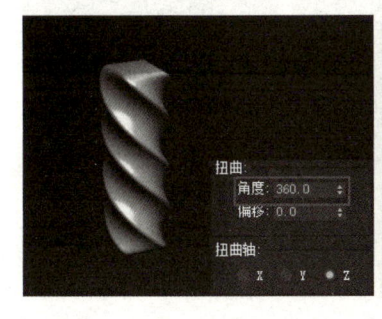

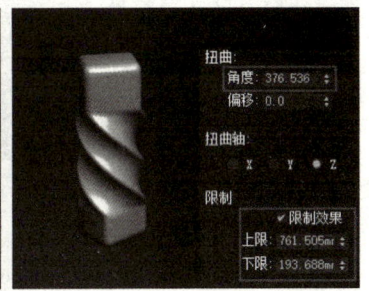

图 2-99　不同参数对对象的扭曲效果

4. 噪波

"噪波"修改器沿着三个轴的任意组合调整对象顶点的位置。它是模拟对象形状随机变化的重要动画工具。不同参数对对象的噪波影响如图2-100所示。

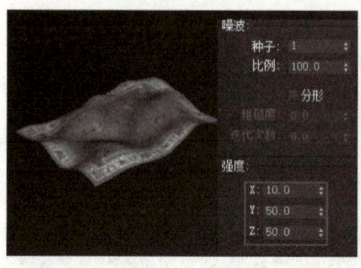

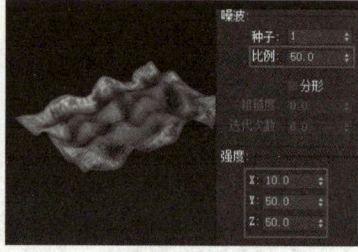

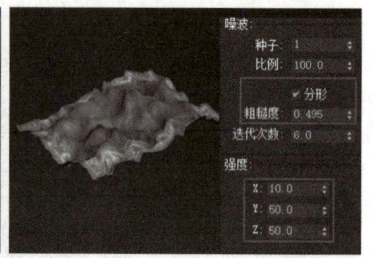

图2-100 不同参数对对象的噪波影响

5. FFD（自由形式变形）

"FFD"修改器能够对对象的外侧形成柔性控制点，通过移动这些控制点来改变对象的外形。

在3ds Max中提供了FFD 2×2×2修改器、FFD 3×3×3修改器、FFD 4×4×4修改器、FFD（长方体）和FFD（圆柱体）一系列的FFD修改器。这种修改器操作简单，它可以对对象的外形进行任意编辑，通常用于对精确度要求不高的建模，如图2-101所示。

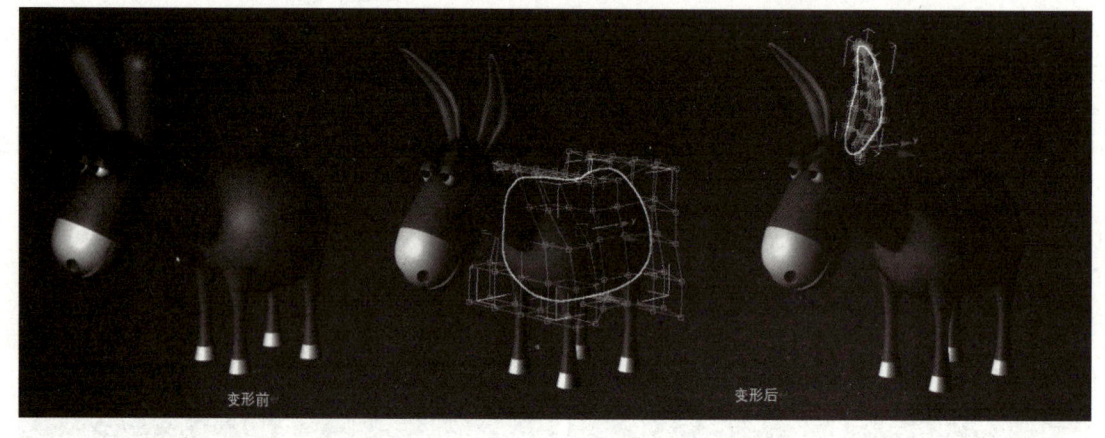

图2-101 "FFD（自由形式变形）"修改器

6. 拉伸

"拉伸"修改器能够在保持对象体积不变的前提下，沿指定轴向拉伸或挤压对象，可以调节对象的形态。不同参数对对象的拉伸效果如图2-102所示。

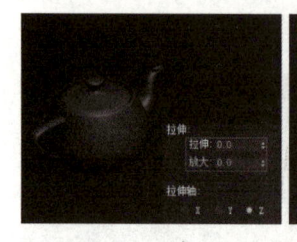

图2-102 不同参数对对象的拉伸效果

7. 晶格

"晶格"修改器将图形的线段或边转化为圆柱形结构，并在顶点上产生可选的关节多面体。使用它可基于网格拓扑创建可渲染的几何体结构，或作为获得线框渲染效果的另一种方法。不同参数的晶格效果如图2-103所示。

模块二　基本和高级模型设计

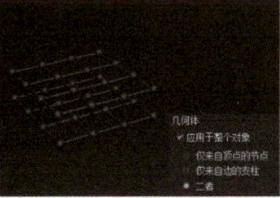

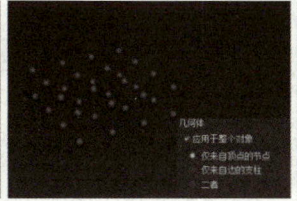

图 2-103　不同参数的晶格效果

2.3.2　实战演练 3——菜篮子模型

本实例通过菜篮子模型的创建，学习三维修改建模的思路、方法和技巧，掌握弯曲、FFD 等常用的三维编辑修改器的功能和使用方法，能够灵活运用常用三维编辑修改器完成简单场景模型的制作。菜篮子模型效果如图 2-104 所示。

操作步骤：

（1）制作篮子。启动 3ds Max 软件，执行"自定义"→"单位设置（U）…"菜单命令，在弹出的"单位设置"对话框中，设置显示单位比例和系统单位比例，如图 2-105 所示。

图 2-104　菜篮子模型效果

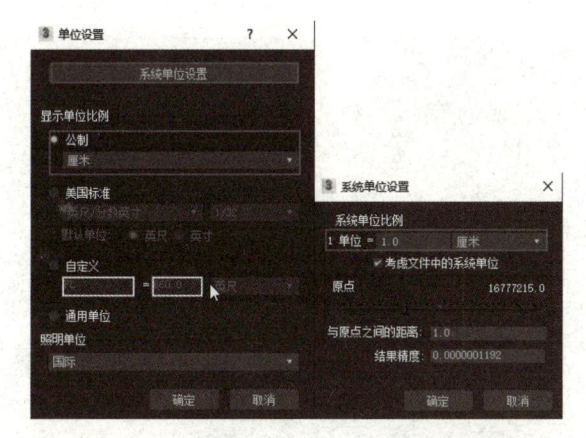

图 2-105　单位设置 2

（2）在命令面板上执行 ➕（创建）→ ◉（图形）→ 矩形 命令，在前视图中绘制一个矩形，参数设置如图 2-106 所示。

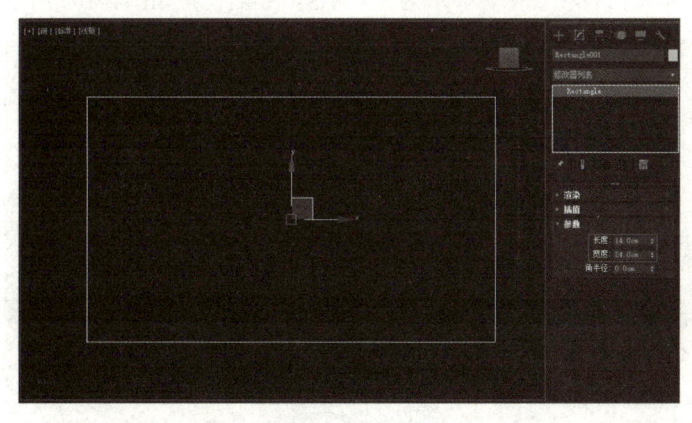

图 2-106　绘制矩形

（3）选择创建的矩形，单击鼠标右键，在弹出的快捷菜单中执行"转换为"→"转换为可编辑的样条线"命令，将矩形转换为可编辑的样条线。按"2"键，进入（线段）子对象层级，选择上面的线段，按"Delete"键删除选择的线段，如图 2-107 所示。

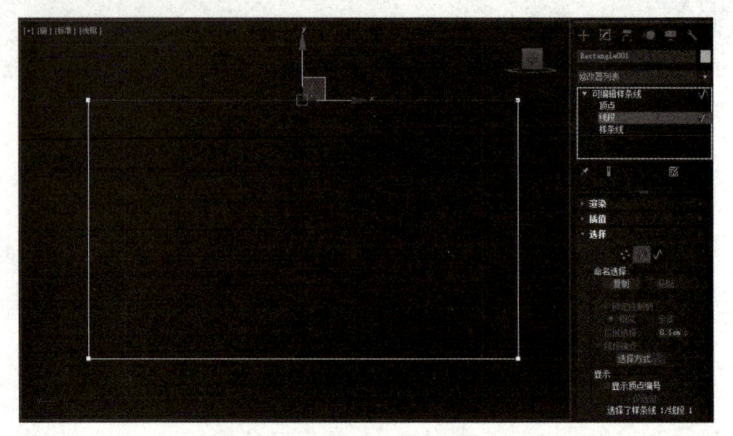

图 2-107　删除线段

（4）选择侧面的两条线段，在"几何体"卷展栏中，在"拆分"按钮右侧框中输入"6"，再单击"拆分"按钮，将选择的线段进行拆分，分段数为 7 段，效果如图 2-108 所示。

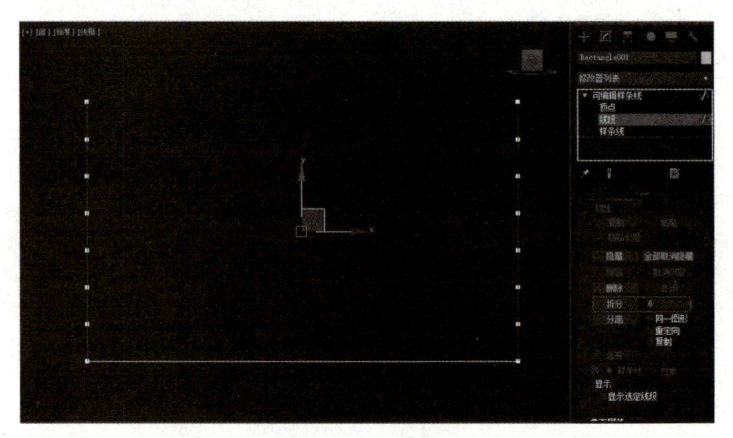

图 2-108　拆分线段

（5）按"2"键，退出（线段）子对象层级，在"渲染"卷展栏中，勾选"在渲染中启用"及"在视图中启用"，可以渲染图形及在视图中显示为 3D 网格，参数设置如图 2-109 所示。

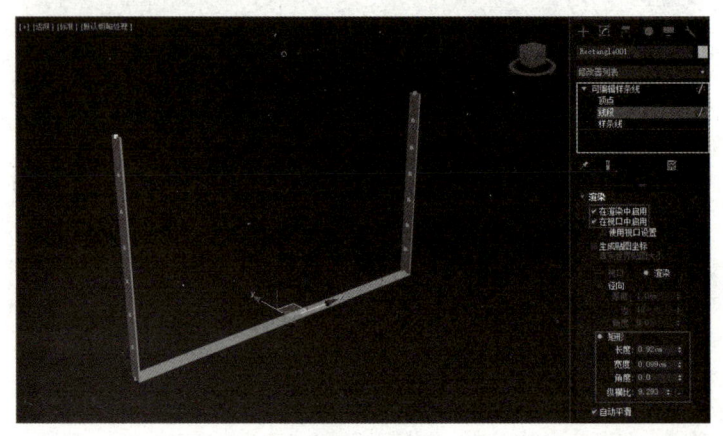

图 2-109　渲染和在视图中显示为 3D 网格

模块二　基本和高级模型设计

（6）再按"A"键，打开角度捕捉，并在 ![] （角度捕捉切换）按钮上单击鼠标右键，在打开的"栅格和捕捉设置"对话框中设置"角度"为"15"。按住"Shift"键，进行旋转复制，设置"副本数"为"11"，效果如图 2-110 所示。

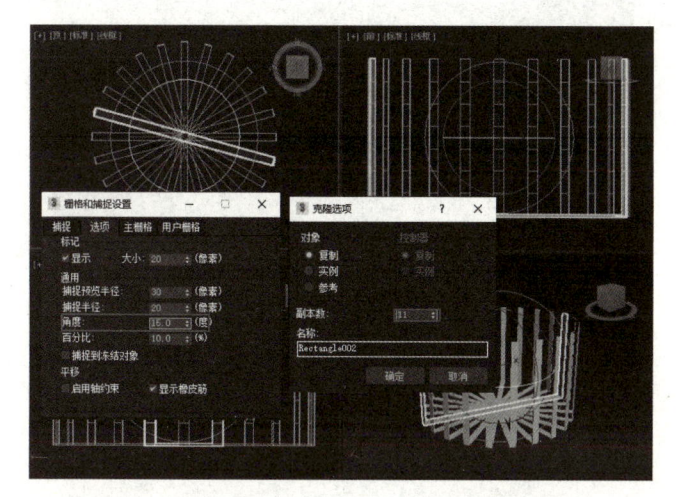

图 2-110　旋转复制

（7）在命令面板上执行 ![] （创建）→ ![] （图形）→ ![星形] 命令，在顶视图中绘制一个星形，作为藤条，参数设置和效果如图 2-111 所示。

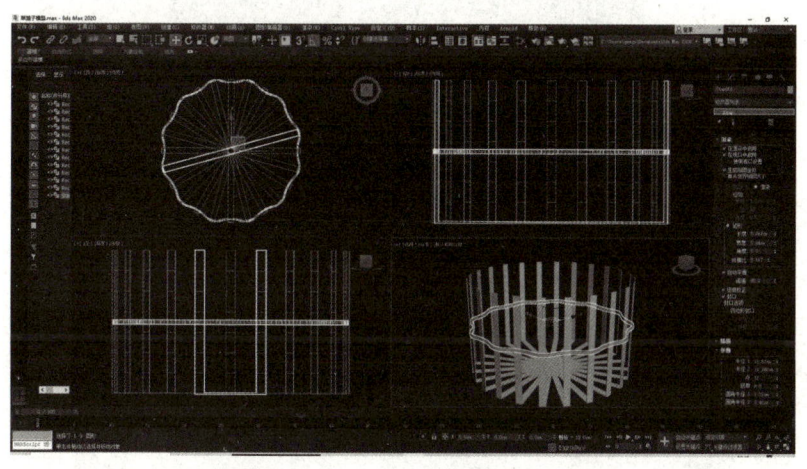

图 2-111　绘制星形

（8）选择藤条，按"A"键，打开角度捕捉，按住"Shift"键，在顶视图中沿 Z 轴进行旋转复制，设置"副本数"为 1，这样一段藤编的感觉就出来了，效果如图 2-112 所示。

（9）选择两条藤条，沿 Y 轴移至底部。按住"Shift"键，在前视图中沿 Y 轴向上移动复制多个藤条，效果如图 2-113 所示。

（10）下面对现在的模型进行深入加工，让它变得更有设计感。选择所有模型，在命令面板上执行 ![] "修改"→"修改器列表"→"FFD 3×3×3"命令，为模型添加"FFD 3×3×3"修改器。进入"控制点"子对象层级，然后在视图中选择相应的子对象，对其进行等比例缩放调整，效果如图 2-114 所示。

（11）加个边框，在命令面板上执行 ![] （创建）→ ![] （图形）→ ![螺旋线] 命令，在前视图中绘制一个螺旋线，并勾选"在渲染中启用"及"在视口中启用"，其参数设置及效果如图 2-115 所示。

057

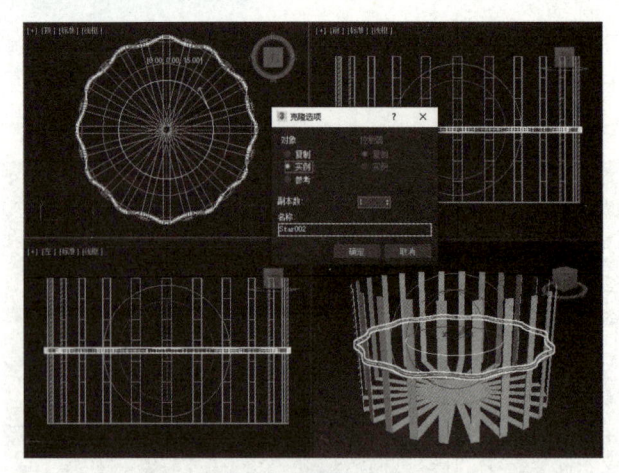

图 2-112 复制星形

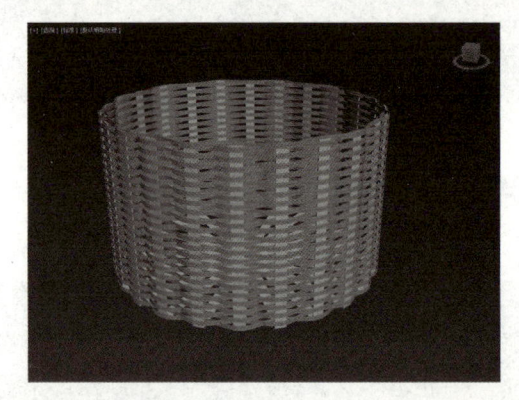

图 2-113 复制藤条

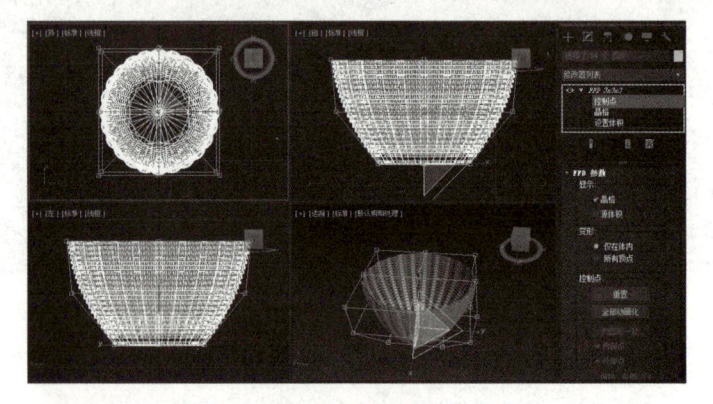

图 2-114 添加"FFD 3×3×3"修改器

图 2-115 绘制螺旋线

模块二　基本和高级模型设计

（12）选择螺旋线，在命令面板上单击 "修改"→"修改器列表"→"弯曲"按钮，为螺旋线添加"弯曲"修改器，在"参数"卷展栏中调整参数，参数设置和位置如图 2-116 所示。

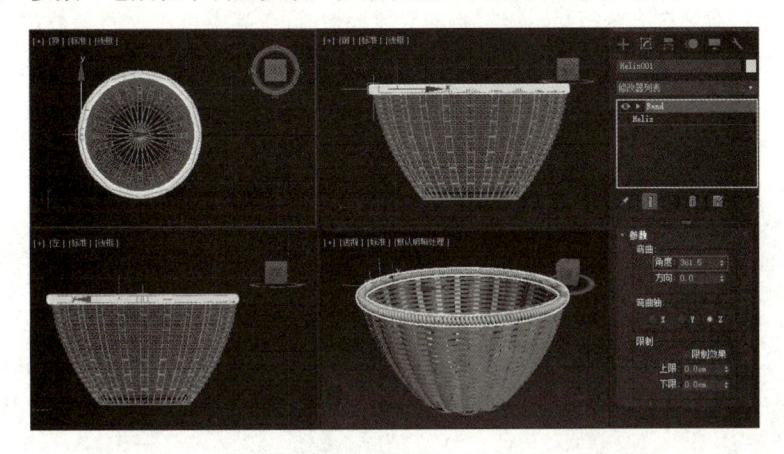

图 2-116　添加"弯曲"修改器

（13）制作提手部分的模型。在命令面板上单击 （创建）→ （图形）→ 弧 按钮，在前视图中绘制一条弧线，并勾选"在渲染中启用"及"在视口中启用"，其参数设置及效果如图 2-117 所示。

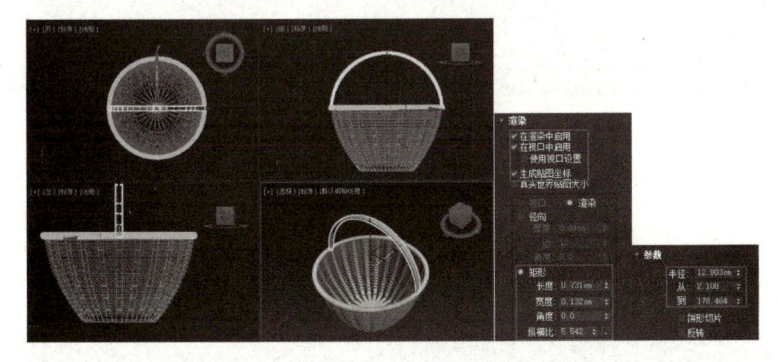

图 2-117　绘制弧线

（14）在顶视图中对提手进行旋转复制，并制作护把模型，效果如图 2-118 所示。

图 2-118　复制提手并添加模型

（15）设置材质。选择篮子模型，按"M"键，打开"Slate 材质编辑器"对话框，双击"材质/贴图浏览器"下方"示例窗"中的 01-Default 材质球，在活动视图中将显示该材质，双击该材质的标题栏，在"Slate 材质编辑器"对话框右侧将显示该材质的参数编辑器，在其中可对材质参数进行编辑。设置"漫反射"颜色为（64，28，8），其他参数设置如图 2-119 所示。然后单击 ![] （将材质指定给选定对象）按钮和 ![] （视图中显示明暗处理材质）按钮，将材质赋予场景中选定的模型。

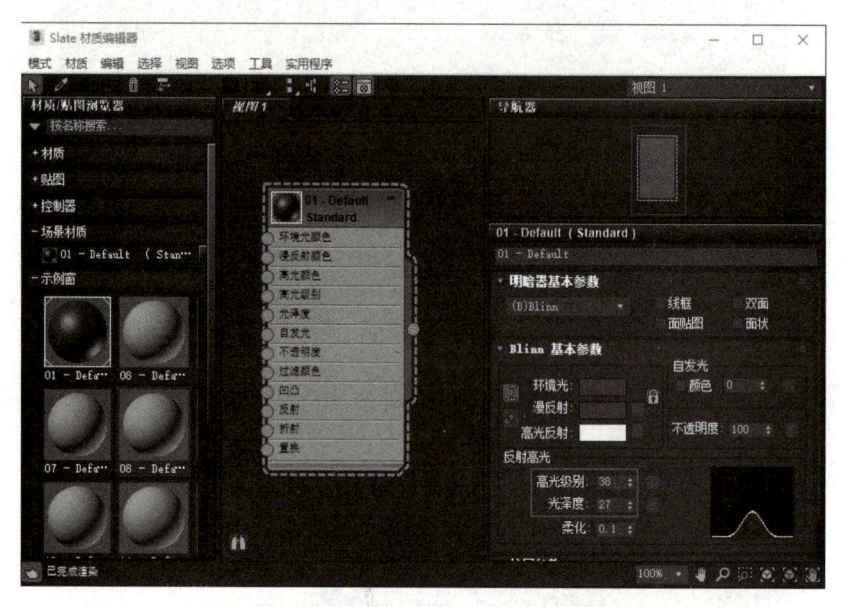

图 2-119　编辑材质

（16）合并蔬菜模型。执行"文件"→"导入"→"合并"命令，在打开的"合并文件"对话框中选择"蔬菜合集.max"文件，导入模型，在打开的"重复材质名称"对话框中，单击"自动复命名合并材质"按钮，导入蔬菜合集模型。然后执行"组"→"成组"命令，将合并的模型组成组，并缩放和移动至合适位置，如图 2-120 所示。

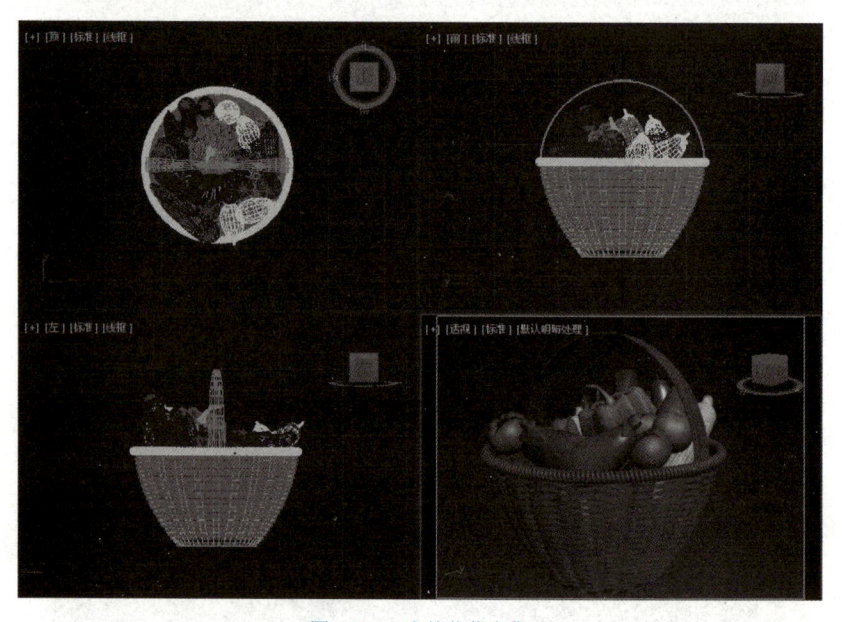

图 2-120　合并蔬菜合集

（17）执行"渲染"→"环境"命令，在打开的"环境和效果"对话框中，单击"颜色"下方的颜色块，

模块二　基本和高级模型设计

将背景颜色设置成白灰色。

（18）至此，菜篮子模型制作完成，可按"Shift+Q"组合键渲染输出并保存文件。

2.3.3　实战演练4——冰淇淋模型

本实例在冰淇淋模型的制作中，将使用到3ds Max中的车削、锥化、扭曲修改器建模法和Ink'n Paint材质、渐变贴图的应用。通过学习，要求掌握车削、锥化、扭曲修改建模和Ink'n Paint材质、渐变技巧。冰淇淋模型效果如图2-121所示。

操作步骤：

（1）制作冰淇淋蛋筒。启动3ds Max软件，在命令面板上单击 ➕（创建）→ ❒（图形）→ 线 按钮，在前视图中绘制一条如图2-122所示的样条线。

图2-121　冰淇淋模型效果图

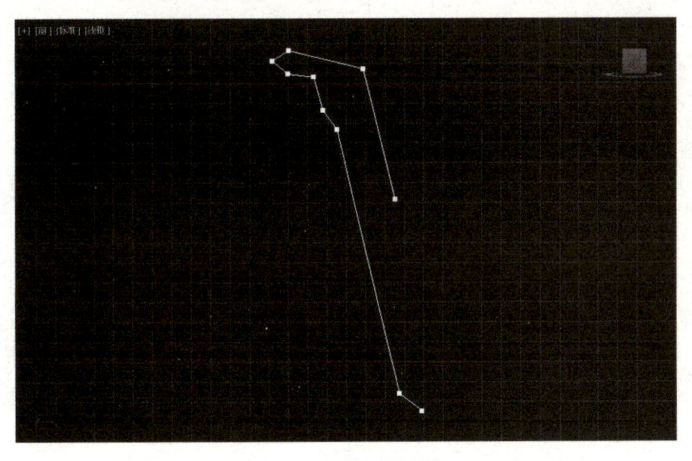

图2-122　绘制样条线

（2）选择绘制的图形，按"1"键，进入 ✥（顶点）子对象层级，在前视图中对顶点的曲率进行调整，效果如图2-123所示。

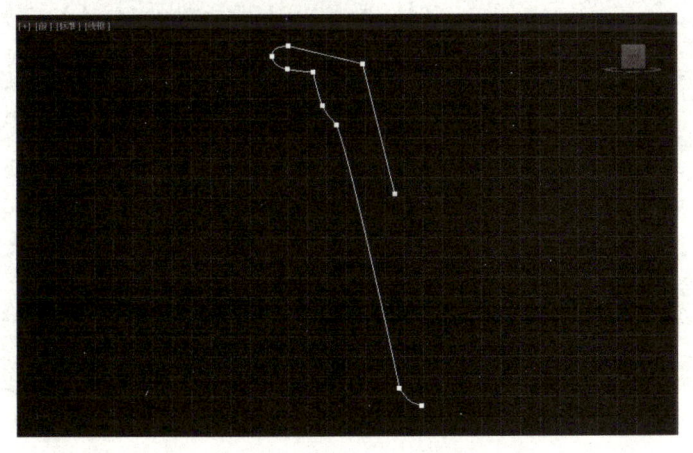

图2-123　编辑顶点

（3）选择样条线，按"1"键，退出 ✥（顶点）子对象层级，执行命令面板上的 "修改"→"修改器列表"→"车削"命令，为模型添加"车削"修改器，参数设置和效果如图2-124所示。至此，蛋筒制作完成。

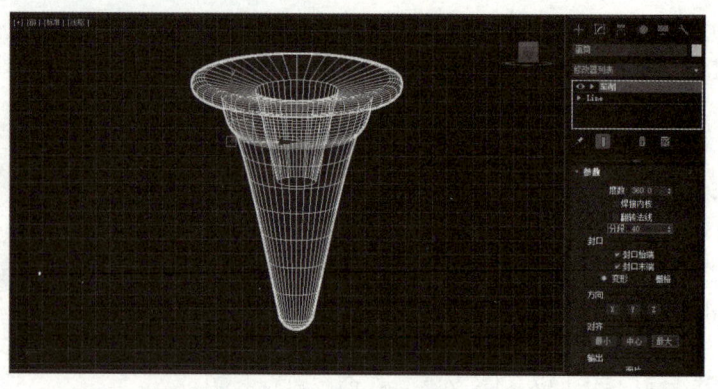

图2-124 添加"车削"修改器

（4）制作奶油。单击命令面板上的 ➕ （创建）→ ◯ （几何体）→ 切角长方体 按钮，在顶视图中创建切角长方体，其参数设置和位置如图2-125所示。

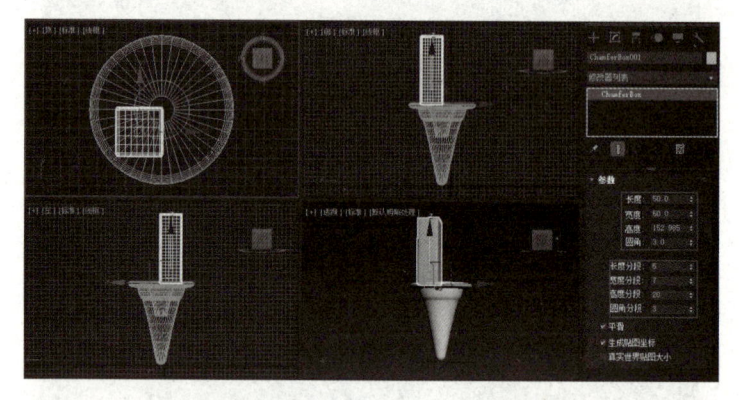

图2-125 创建切角长方体

（5）在顶视图中按"Shift"键，复制三个切角长方体，并更改颜色，效果如图2-126所示。

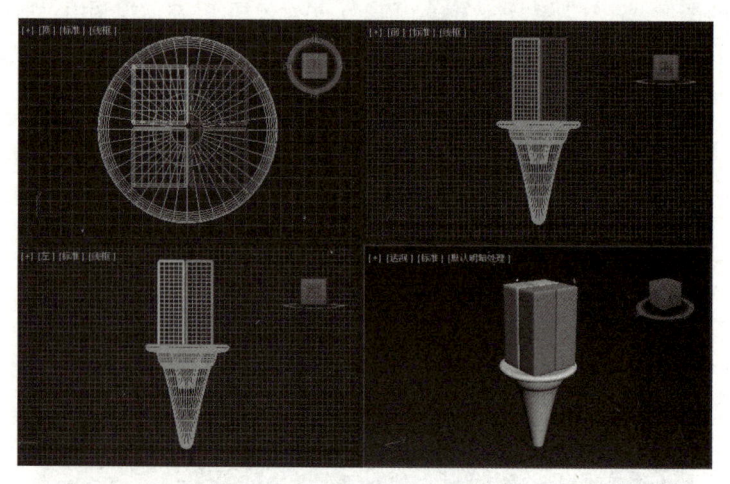

图2-126 复制切角长方体

（6）选择四个切角长方体，执行"组"→"成组"命令，将它们组成组。在命令面板上执行 ▓ "修改"→"修改器列表"→"锥化"命令，为模型添加"锥化"修改器。进入"中心"子对象层级，把其移到模型底部，其参数设置和效果如图2-127所示。

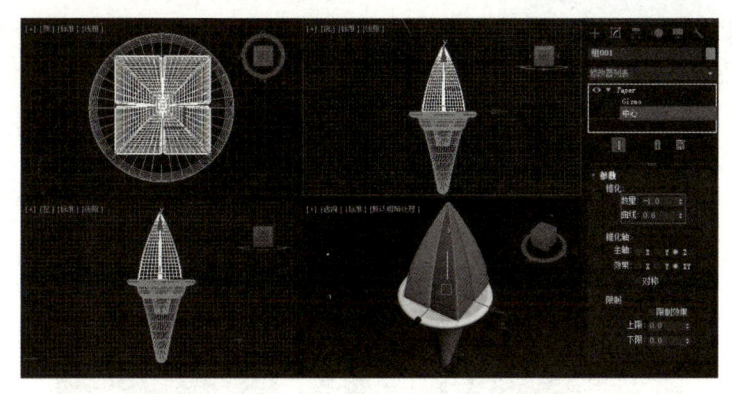

图 2-127　添加"锥化"修改器

（7）在命令面板上执行 ▇ "修改"→"修改器列表"→"扭曲"命令，为模型添加"扭曲"修改器。进入"中心"子对象层级，把其移到模型底部，其参数设置和效果如图 2-128 所示。

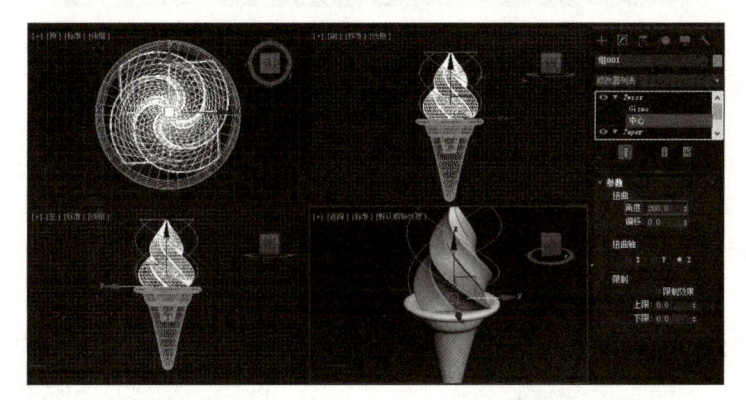

图 2-128　添加"扭曲"修改器

（8）设置蛋筒材质。选择蛋筒模型，按"M"键，弹出"Slate 材质编辑器"对话框，双击"材质/贴图浏览器"下方"材质"卷展栏中的 Ink'n Paint 材质，在活动视图中将显示该材质，双击该材质的标题栏，在"Slate 材质编辑器"对话框右侧将显示该材质的参数编辑器，在其中可对材质参数进行编辑，如图 2-129 所示。

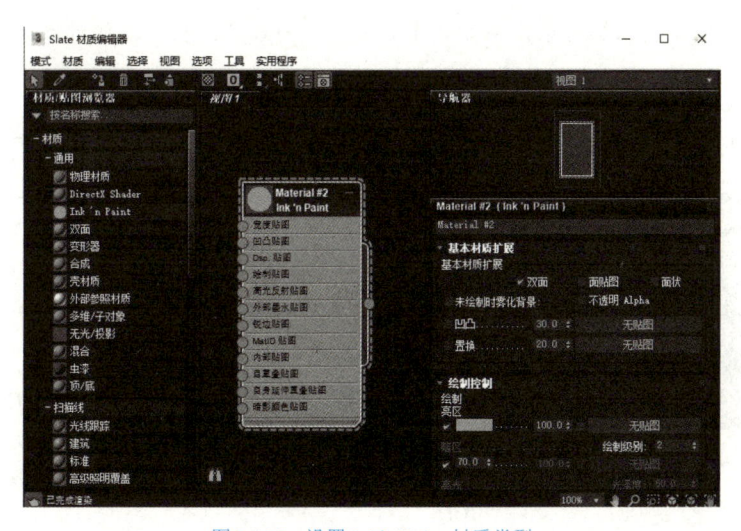

图 2-129　设置 Ink'n Paint 材质类型

(9)打开"基本材质扩展"卷展栏,单击"凹凸"后面的"贴图"按钮,在打开的"材质/贴图浏览器"对话框中双击"棋盘格"选项,参数设置如图 2-130 所示。

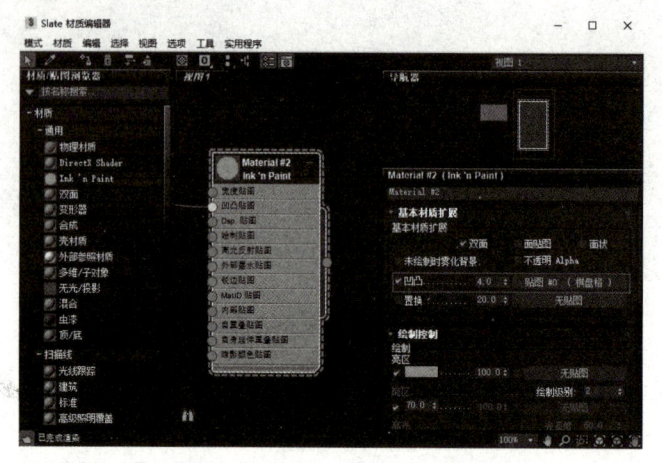

图 2-130　设置"凹凸"选项贴图

(10)单击"凹凸"贴图通道按钮,进入"棋盘格"贴图,打开"坐标"卷展栏,参数设置如图 2-131 所示。

(11)双击该材质的标题栏,回到顶层。打开"绘制控制"卷展栏,设置亮区的 RGB 值为(247, 180, 94),其他参数设置如图 2-132 所示。在"墨炎控制"卷展栏中,取消"墨水"复选框,然后单击 ![] (将材质指定给选定对象)按钮和 ![] (视图中显示明暗处理材质)按钮,将材质赋予场景中选定的蛋筒模型。

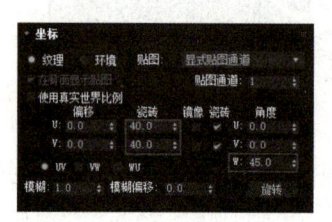

图 2-131　设置贴图坐标　　　　图 2-132　设置绘制参数

【提示】

Ink'n Paint 材质可以使三维对象产生类似于二维图案的效果,它可以使对象的阴影产生类似墨水喷涂的效果。

在 Ink'n Paint 材质中,"墨水"和"绘制"是分离的两部分,可以单独设置。

(12)设置奶油材质。用同样的方法设置 Ink'n Paint 材质,打开"绘制控制"卷展栏,设置亮区的 RGB 值为(255, 255, 255),其他参数设置如图 2-133 所示。选择奶油组,执行"组"→"打开"命令,将组打开,然后选择其中的一个奶油,单击 ![] (将材质指定给选定对象)按钮和 ![] (视图中显示明暗处理材质)按钮,将材质赋予场景中选中的模型。

(13)用同样的方法设置其他奶油材质,亮区的 RGB 值分别为(255, 106, 77)、(130, 60, 13)、(161, 251, 64),其他参数设置如图 2-134 所示,并将材质分别赋给不同的奶油模型。

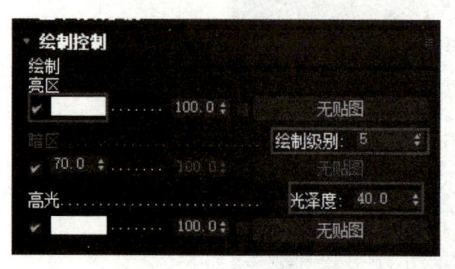

图 2-133　设置奶油材质

模块二　基本和高级模型设计

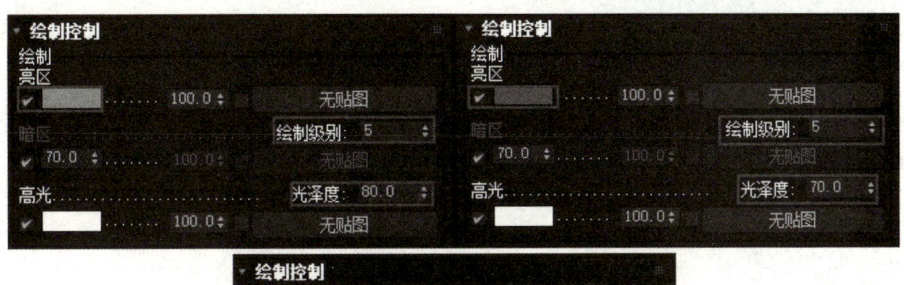

图 2-134　设置其他奶油材质

（14）执行"组"→"关闭"命令，将组关闭。然后选择所有模型，组成组。

（15）设置摄影机。激活左视图，在命令面板上单击 ➕（创建）→ 📷（摄影机）→ 目标 按钮，在左视图中创建一架摄影机，其位置如图 2-135 所示。用鼠标右键激活透视图，按"C"键，将视图转换为摄影机视图。

（16）设置环境背景材质。在"Slate 材质编辑器"对话框中选择一个没有用过的材质球，单击"漫反射"后面的贴图按钮，在"贴图"卷展栏中单击"漫反射颜色"右侧的长按钮，在打开的"材质/贴图浏览器"对话框中双击"渐变"选项。然后单击"漫反射颜色"贴图通道按钮，进入参数编辑器下一层级，在"渐变参数"卷展栏中设置"颜色 #1"、"颜色 #2"、"颜色 #3"分别为蓝色、浅蓝色和白色。在"坐标"卷展栏中，选择"环境"单选按钮，如图 2-136 所示。

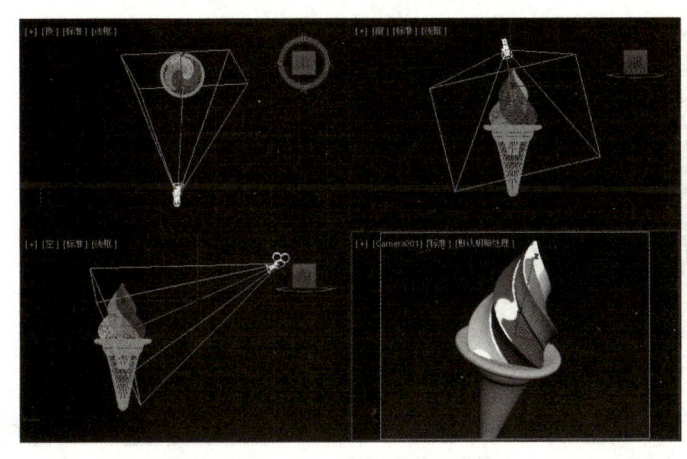

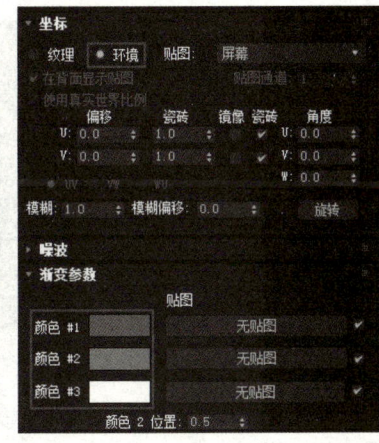

图 2-135　设置摄影机　　　　　　　　　　图 2-136　编辑环境背景

（17）执行"渲染"→"环境"命令，在打开的"环境和效果"对话框中，单击"环境贴图"下方的贴图按钮，在打开的"材质/贴图浏览器"对话框的"示例窗"中双击编辑好的材质，在打开的对话框中选择"实例"选项即可。

（18）至此，冰淇淋模型制作完成，可按"Shift+Q"组合键渲染输出并保存文件。

2.4 复合对象建模

复合对象建模方法是一种比较特殊的建模方法，它是通过对两种或两种以上的对象进行合并，组成一个单独的参数化对象。在 3ds Max 中提供了多种复合对象类型，这里只对常用的放样、布尔运算、散布复合、一致复合和图形合并复合建模进行介绍。

2.4.1 放样建模

放样对象是复合对象的一种，但相对于其他复合对象，放样建模更为灵活，具有更复杂的创建参数，能够创建更为精致的模型。另外，放样对象还拥有针对自身材质和形体的编辑工具，使读者拥有更为广阔的创作空间。

1. 放样建模的原理和方法

放样建模起源于古代的造船技术，以龙骨为路径，在不同的截面处放入木板，从而产生船体模型。这种应用于三维建模领域技术，就是放样建模，放样建模原理示意图如图 2-137 所示。

放样建模由两个部分组成：路径和截面图形，其中放样中的路径是唯一的，一个放样对象只能有一条路径；放样中的截面图形是没有限制的，一个放样对象可以有很多不同形状的截面图形。因此，放样建模分为单截面放样和多截面放样。

下面以制作罗马柱为例来介绍放样建模的工作流程。

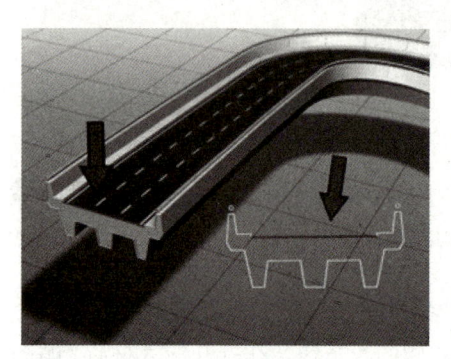

图 2-137 放样建模原理

（1）在前视图中创建一条直线，作为放样路径，在顶视图中创建一个矩形、一个圆和一个星，作为放样的截面图形，分别代表罗马柱从顶部到底部的不同截面，如图 2-138 所示。

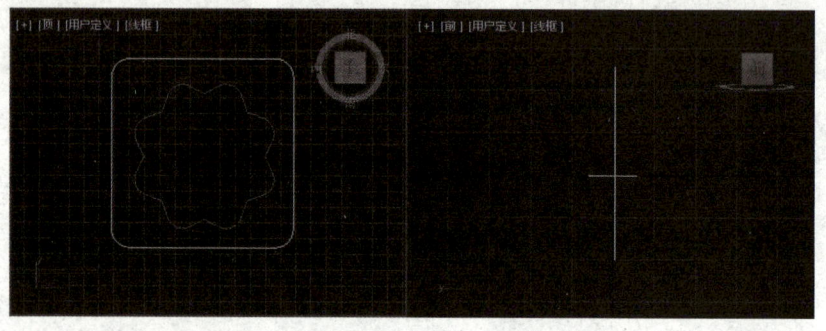

图 2-138 创建放样路径和截面图形

（2）选择放样路径，单击命令面板上的 ✚（创建）→ ●（几何体）→ 复合对象 ▼ → 放样 按钮，再单击"创建方法"卷展栏中的 获取图形 按钮，在视图中点取创建好的矩形截面图形，矩形截面图形就被放置到了路径的开始位置，如图 2-139 所示。

（3）在"路径参数"卷展栏中设置"路径"的百分比为 10%，再次单击 获取图形 按钮，点取矩形。

【提示】

✦ 放样建模的核心就是在路径的不同位置放置不同的截面图形。

✦ 多截面放样是一次放样、多次获取图形。

✦ 在同一条路径上，截面图形的类型必须一致，要么都是单一曲线（如圆、矩形），要么都是复合曲线（如双圆、双线矩形），不能由单一曲线和复合曲线混合。

✦ 路径是用来定义模型的高度和深度的，几乎所有的标准二维图形均可作为路径，但复合曲线不能作为路径（如双圆），并且路径只能有一条。

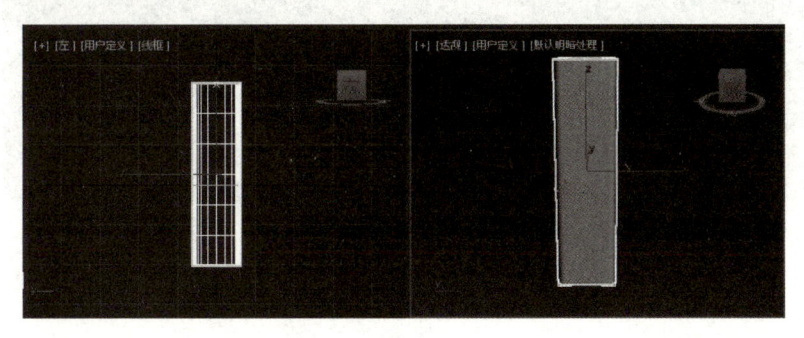

图 2-139　获取矩形截面

（4）用同样的方法，在"路径"的百分比为 11%、15%、16% 时，分别画圆、圆、星，效果如图 2-140 所示。

（5）用同样的方法，在"路径"的百分比为 84%、85%、89%、90%、100% 时，分别画星、圆、圆、矩形、矩形，最终效果如图 2-141 所示。

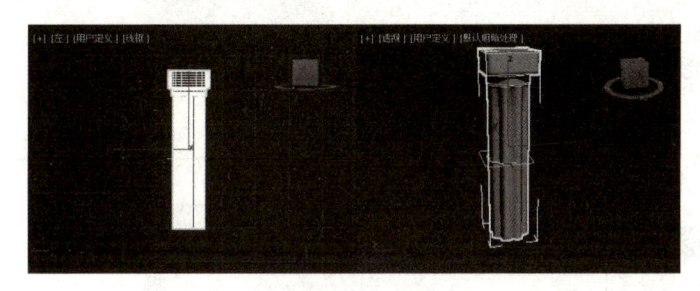

图 2-140　获取圆和星截面

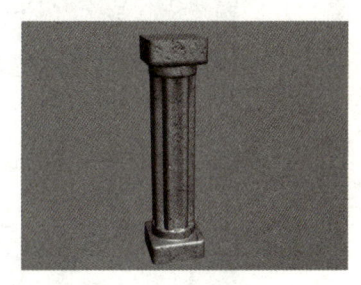

图 2-141　罗马柱模型

2. 使用变形曲线

变形曲线是对放样对象进行编辑的一个重要的工具，利用变形曲线可以改变放样对象在路径上不同位置的形态。选择放样对象后，进入"修改"面板，在该面板下方就是"变形"卷展栏，其中提供了 5 种变形方式，如图 2-142 所示。

应用这些变形曲线可以沿路径任意地将截面图形缩放、扭曲、倾斜等，不需要改变截面形状就可以达到变形的目的。这 5 种变形方式既可以单独使用，也可以互相配合使用。

图 2-142　变形曲线命令

"缩放"变形用于将放样对象路径上的截面进行 X、Y 轴方向上的缩放变形，以获得同一造型的截面在路径的不同位置显示不同大小的效果。中央为图示区，水平轴向代表路径的百分比位置，垂直轴向代表截面缩放的比例。"缩放"变形效果如图 2-143 所示。

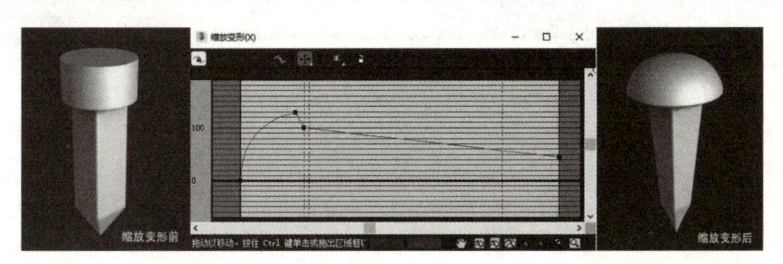

图 2-143　"缩放"变形

"扭曲"变形用于使放样对象的截面进行路径上的旋转扭曲变形，"扭曲"变形效果如图 2-144 所示。

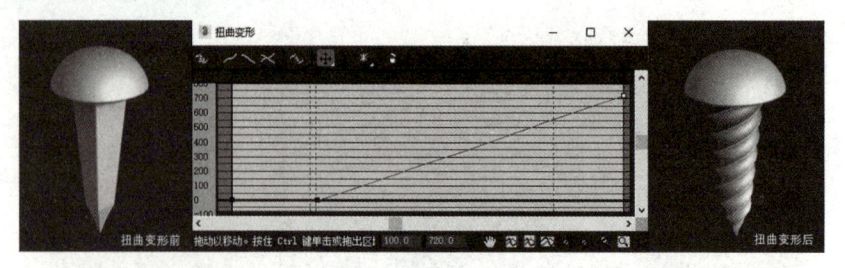

图 2-144 "扭曲"变形

"倾斜"变形用于对路径上的截面进行 Z 轴向的旋转变形,产生倾斜效果,"倾斜"变形效果如图 2-145 所示。

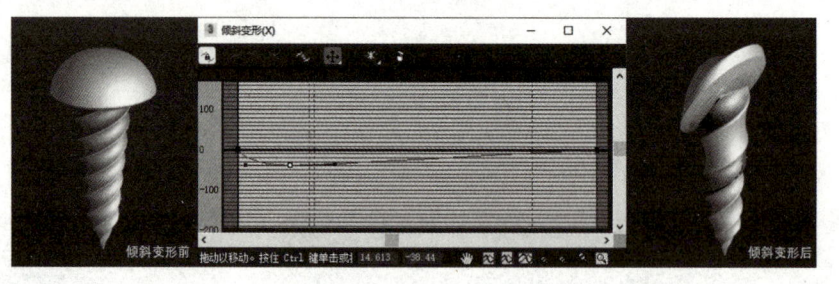

图 2-145 "倾斜"变形

"倒角"变形对模型进行倒角操作,产生中心对称的倒角效果,"倒角"变形效果如图 2-146 所示。

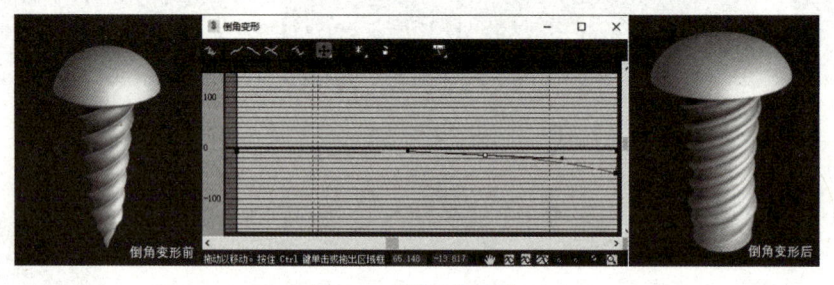

图 2-146 "倒角"变形

"拟合"变形与前几种不同,功能最为强大。它通过对放样物体在 X 轴平面、Y 轴平面分别利用两个封闭图形进行压制变形,从而改变放样物体的表面形状。"拟合"变形效果如图 2-147 所示。

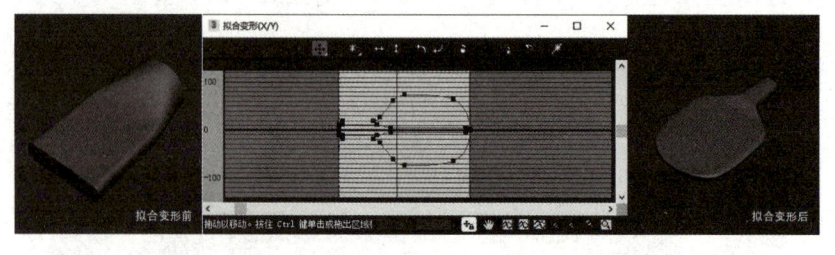

图 2-147 "拟合"变形

2.4.2 布尔运算建模

布尔运算通过对两个或多个其他对象执行布尔运算将它们组合起来。ProBoolean(超级布尔运算)提供了一系列功能,例如一次合并多个对象的能力,每个使用不同的布尔操作。

1. 创建 ProBoolean 复合对象工作流程

(1)为布尔运算设置相交对象。

（2）选择基本对象。在示例的步骤 1 中选择长方体。

（3）在命令面板上单击 ![] （创建）→ ![] （几何体）→ 复合对象 ![] ProBoolean 按钮。

（4）在"参数"卷展栏上，选择要使用的布尔运算类型：并集、交集、差集等，还要选择 3ds Max 如何将拾取的下一个运算对象传输到布尔型对象：参考、复制、移动或实例化。也可以选择保留原始材质，或保持默认的"应用材质"选择：应用运算对象材质。

（5）单击"开始拾取"按钮，拾取一个或多个对象参与布尔运算。

（6）拾取对象时，可以为每个新拾取的对象更改布尔运算（合并等）和选项（切面或盖印），并将下一个操作对象传输到布尔（参考、复制等）和"应用材质"选项。只要"开始拾取"按钮一直处于按下的状态，就可以继续拾取操作对象。拾取的每一个对象都会添加到布尔运算中。

2. 布尔运算类型

ProBoolean（超级布运算）支持并集、交集、差集、合集、附加和插入等。

并集：使两个网格相交并组合，而不移除任何原始多边形。

交集：使两个原始对象共同的重叠体积相交。

差集：从基础（最初选定）对象移除相交的体积。

合集：运算相交并组合两个网格，不用移除任何原始多边形。

附加：将两个或多个单独的实体合并成单个布尔型对象，而不更改各实体的拓扑。

插入：先将第一个操作对象减去第二个操作对象的边界体积，然后再组合这两个对象。

盖印：将图形轮廓（或相交边）打印到原始网格对象上。

切面：切割原始网格图形的面，且只影响这些面。选定运算对象的面则未添加到布尔结果中。

ProBoolean（超级布运算）不同类型的运算结果如图 2-148 所示。

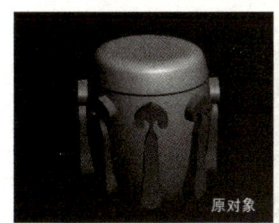

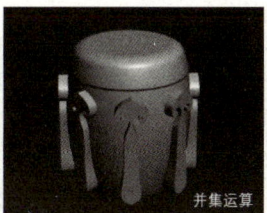

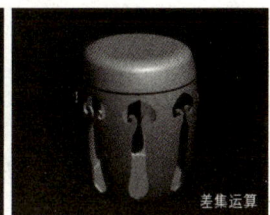

图 2-148　不同类型布尔运算结果

2.4.3　散布复合建模

散布复合对象能够将选择对象分布于另一个目标对象的表面。在创建散布复合对象时，场景中必须有用作源对象的网格对象和用于分布的对象，而且需要注意这些对象不能是二维图形。

在创建散布复合对象时，可以不使用分布对象将源对象散布为一个阵列，也可以使用分布对象来散布对象，使用分布对象将岩石散布到球体表面，如图 2-149 所示。

图 2-149　散布复合建模

散布复合对象的工作流程如下：
（1）创建一个对象作为源对象。
（2）创建一个对象作为分布对象。
（3）选择源对象，然后在"复合对象"面板中单击"散布"按钮。
（4）单击"分布对象"按钮，拾取分布对象。

2.4.4 一致复合建模

一致对象是一种复合对象，通过将某个对象（称为"包裹器"）的顶点投影至另一个对象（称为"包裹对象"）的表面而创建，可用来模拟山坡上蜿蜒的公路，如图 2-150 所示。

图 2-150 一致复合建模

将道路投影到地形上的工作流程如下：
（1）创建道路和地形对象。
（2）确定道路和地形的方向，以便在顶视图中笔直地向下查看它们。确定道路的位置，以使道路完全位于地形的上方（即在世界坐标系 Z 轴上更高）。
（3）选择道路对象，执行"一致"命令。
（4）在"拾取包裹对象"卷展栏中，确保选择了"实例化"选项。
（5）单击"拾取包裹对象"按钮，然后单击地形。
（6）激活顶视图，在"参数"卷展栏的"顶点投射方向"选项组中，单击"使用活动视图"按钮，然后单击"重新计算投影"按钮。
（7）在"更新"选项组中，勾选"隐藏包裹对象"复选框。
（8）如有必要，调整"间隔距离"以提高或降低道路。

2.4.5 图形合并复合对象

图形合并是将一个二维图形合并到一个三维模型上，它能够加快三维模型表面细分的速度，如图 2-151 所示。

图形合并的工作流程如下：
（1）创建一个网格对象和一个或多个图形。
（2）在视图中对齐图形，使它们朝网格对象的曲面方向进行投射。
（3）选择网格对象，然后单击"图形合并"按钮。
（4）单击"拾取图形"按钮，然后选择图形。

图 2-151 图形合并

2.4.6 实战演练 5——手枪模型

本实例为完成手枪模型的制作，将用到放样和布尔运算复合建模的方法。通过学习，要求掌握放样建模、布尔运算建模的思路和方法，并学会使用倒角剖面编辑修改器。手枪模型效果如图 2-152 所示。

操作步骤：
（1）制作参考图片。激活顶视图，按"G"键，隐藏主栅格。在命令面板上单击 ➕（创建）→ ⬤（几何体）→ 平面 ，在顶视图中创建平面，然后给平面指定"手枪背景图片.jpg"文件，作为参考图按钮，效果如图 2-153 所示。

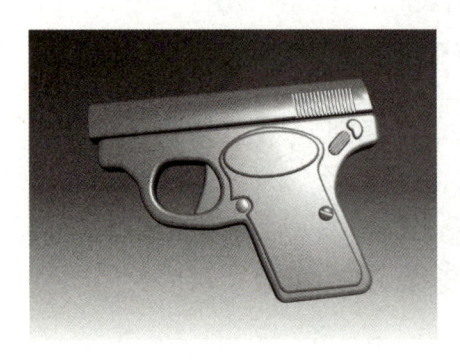

图 2-152 手枪模型效果图

模块二　基本和高级模型设计

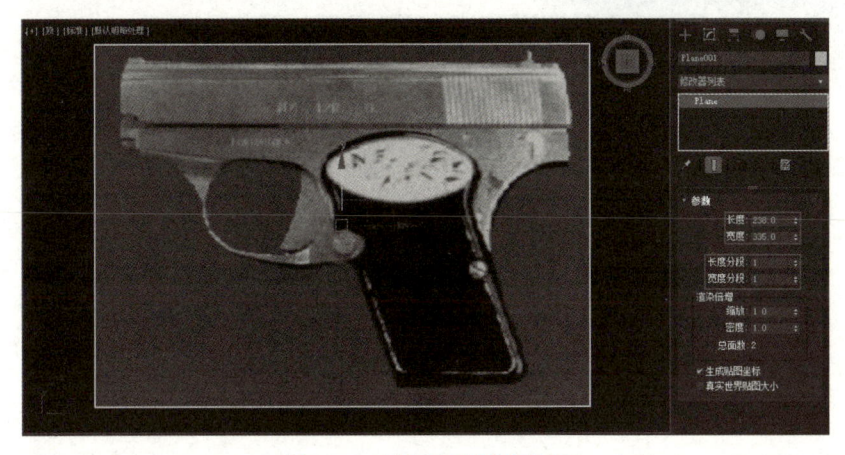

图 2-153　创建平面并指定贴图

（2）冻结背景图片。选择平面，单击鼠标右键，在弹出的快捷菜单中选择"对象属性"选项，在打开的"对象属性"对话框中设置对象属性，如图 2-154 所示。

（3）制作枪下部模型。在命令面板上单击 ➕（创建）→ 🖉（图形）→ 线 按钮，在顶视图中用直线绘制出手枪下部外轮廓，顶点的数量越精简越好，完成后去除"开始新图形"复选框的勾选，继续用直线绘制完成手枪扳机口图形。

（4）选择绘制的图形，按"1"键，进入 ⋮（顶点）子对象层级，在顶视图中对顶点进行调整，使其与背景图片相同，效果如图 2-155 所示。按"1"键，进入 ⋮（顶点）子对象层级。

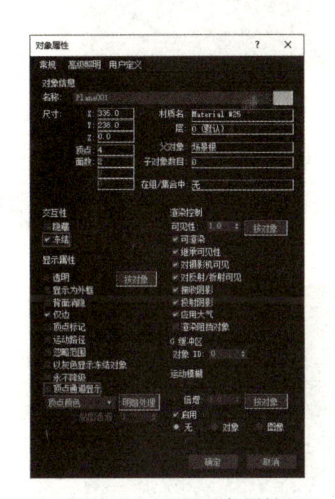

图 2-154　设置对象属性　　　　图 2-155　绘制并调整枪下部模型轮廓

（5）将前视图放大显示，然后在命令面板上单击 ➕（创建）→ 🖉（图形）→ 线 按钮，在前视图中绘制一个倒角剖面，如图 2-156 所示。

（6）选择轮廓线，再执行命令面板上的 ⌇"修改"→"修改器列表"→"倒角剖面"命令，给轮廓线添加"倒角剖面"修改器，在"参数"卷展栏中选择"经典"选项，单击 拾取剖面 按钮，然后拾取刚才创建的剖面，这时可以看到手枪的倒角出现了，而且比较圆滑，如图 2-157 所示（注：可以在场景资源管理器中，将平面隐藏，便于观察模型，然后再显示出来）。

071

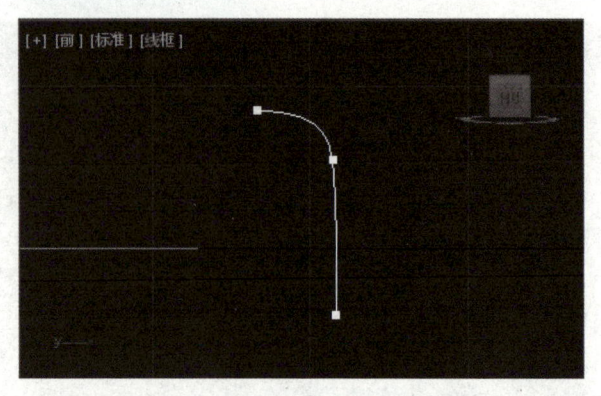

图 2-156 绘制倒角剖面

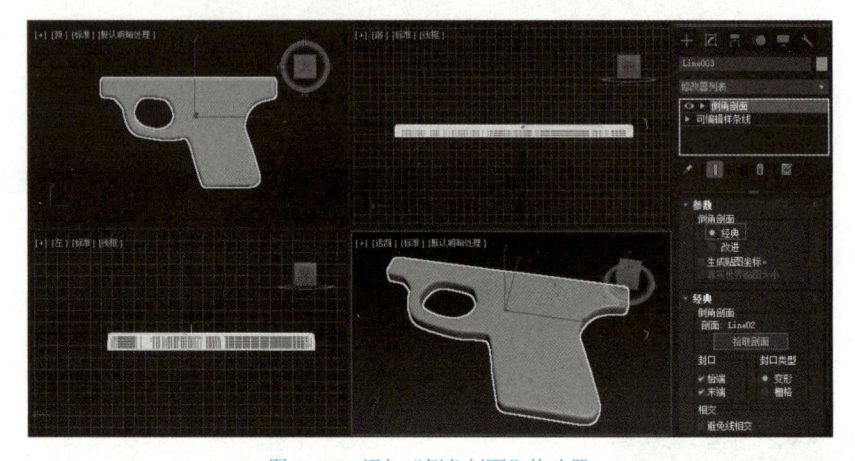

图 2-157 添加"倒角剖面"修改器

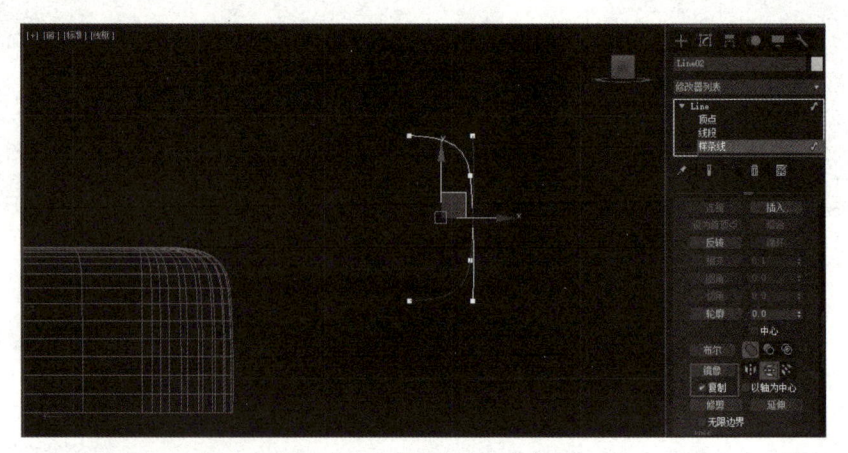

(7) 选择倒角剖面,按"3"键,进入 (样条线) 子对象层级,在视图中单击倒角剖面样条线,然后在"几何体"卷展栏中单击 (垂直镜像) 按钮,勾选"复制"复选框,再单击 镜像 按钮,镜像复制一条样条线,如图 2-158 所示。

图 2-158 镜像样条线

(8) 选择复制的样条线,沿 Y 轴向下移动使两条线的端点重合。按"3"键,进入 (样条线) 子对象层级,按"1"键,进入 (顶点) 子对象层级,在前视图中框选重合的两个顶点,然后再单击 焊接 按钮,将两个顶点焊接成一个点,如图 2-159 所示。

模块二 基本和高级模型设计

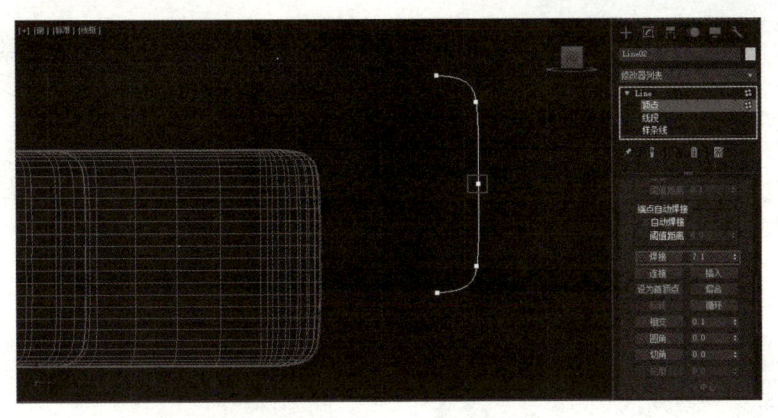

图 2-159 焊接点

（9）退出顶点子对象层级，这时手枪下部的模型就完成了。为了方便观察，我们给手枪指定一个材质，按"M"键，弹出"Slate 材质编辑器"对话框，双击"材质/贴图浏览器"下方"示例窗"中的 01-Default 材质球，在活动视图中将显示该材质，双击该材质的标题栏，在"Slate 材质编辑器"对话框右侧将显示该材质的参数编辑器，在其中可对材质参数进行编辑，设置高光级别为 89，光泽度为 43，然后将材质指定给手枪，效果如图 2-160 所示。

（10）制作扳机。在命令面板上单击 ➕（创建）→ ❂（图形）→ 线 按钮，在顶视图中用直线绘制出扳机的外轮廓线。按"1"键，进入 ⋮（顶点）子对象层级，适当调整其外形，效果如图 2-161 所示。

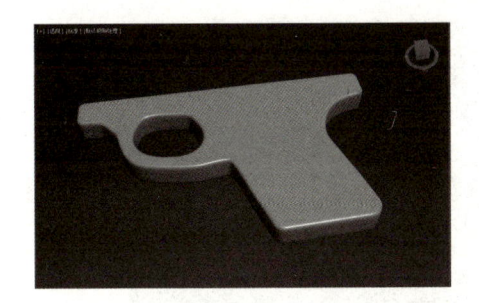

图 2-160 赋材质后的效果

图 2-161 绘制扳机图形

（11）选择倒角剖面线，按"Shift"键在前视图中拖动线，以复制的方式复制一个作为扳机的倒角剖面线。选择复制的线，按"1"键，进入 ⋮（顶点）子对象层级，适当调整其外形，效果如图 2-162 所示。再次按"1"键，退出 ⋮（顶点）子对象层级。

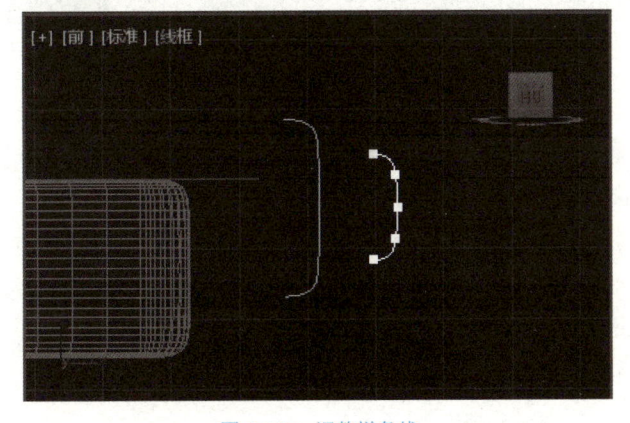

图 2-162 调整样条线

073

（12）选择扳机轮廓线，再执行命令面板上的 ■（修改）→ 修改器列表 →"倒角剖面"命令，给轮廓线添加"倒角剖面"修改器，在"参数"卷展栏中选择"经典"选项，单击 拾取剖面 按钮，然后拾取刚才创建的剖面，这样扳机模型制作完成。

（13）选择扳机模型，单击命令面板上的 ■（层次）→ 仅影响轴 → 居中到对象 按钮，这样对象的轴心点就对齐到对象的几何中心。退出轴心点的选择，向下移动扳机至合适位置，然后将手枪材质指定给扳机，效果如图2-163所示。

（14）制作手枪护臂。用上述方法绘制出手枪护臂的外轮廓线，如图2-164所示。

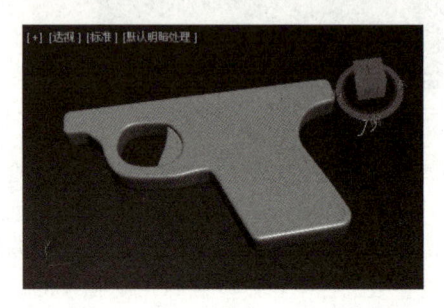

图2-163　添加"倒角剖面"修改器　　　　图2-164　绘制护臂图形

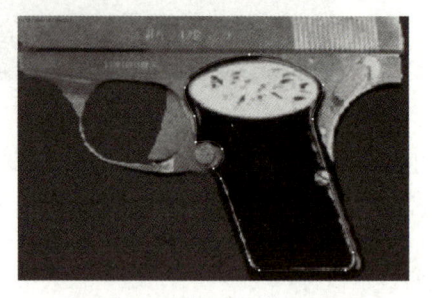

（15）选择扳击倒角剖面线，按"Shift"键在前视图中拖动线，以复制的方式复制一个作为护臂的倒角剖面线。选择复制的线，按"2"键，进入 ■（线段）子对象层级，把下面的线段删除，效果如图2-165所示。再次按"2"键，退出 ■（线段）子对象层级。

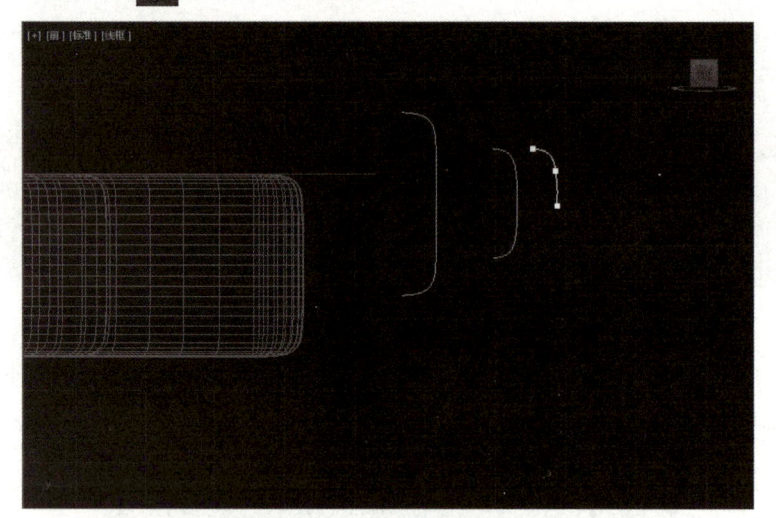

图2-165　调整样条线

（16）选择护臂轮廓线，再执行命令面板上的 ■"修改"→"修改器列表"→"倒角剖面"命令，给轮廓线添加"倒角剖面"修改器，在"参数"卷展栏中选择"经典"选项，单击 拾取剖面 按钮，然后拾取刚才创建的剖面，这样护臂模型就制作完成，将手枪材质指定给护臂。

（17）在左视图中选择护臂模型，单击主工具栏上的 ■（镜像）按钮，在弹出的对话框中设置镜像轴为Y轴，"克隆当前选择"为"实例"，将其镜像复制一个。然后将镜像复制的护臂移到手枪另一侧，效果如图2-166所示。

（18）用同样的方法制作手枪上的椭圆形和半月形两个装饰模型，并放置在手枪两侧，如图2-167所示。

图 2-166　镜像复制

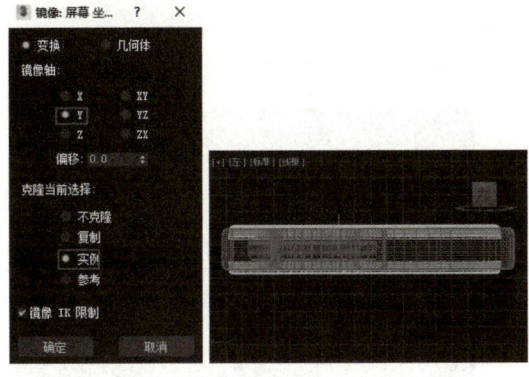

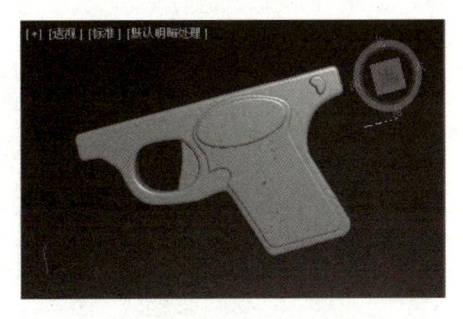

图 2-167　制作椭圆形和半月形模型

（19）制作类似跑道的模型。在命令面板上单击 ＋（创建）→ ◎（图形）→ 矩形 按钮，在前视图中绘制一个矩形，参数设置如图 2-168 所示。

（20）在前视图中再复制一条倒角剖面线，选择刚创建的矩形，再执行命令面板上的 ◢ "修改"→"修改器列表"→"倒角剖面"命令，给轮廓线添加"倒角剖面"修改器，在"参数"卷展栏中选择"经典"选项，单击 拾取剖面 按钮，然后拾取刚才创建的剖面，至此就完成了具有倒角的模型，如图 2-169 所示。

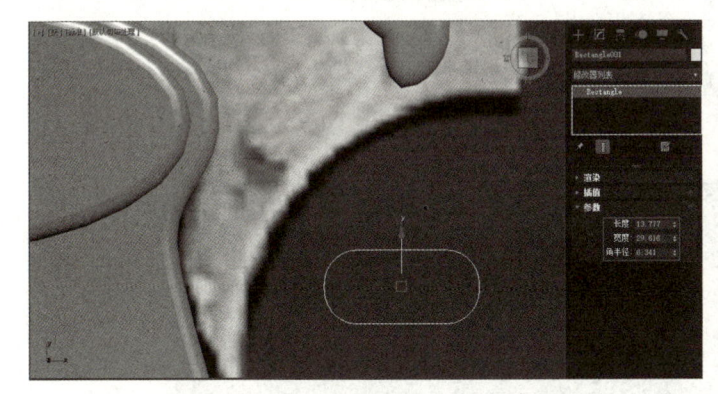

图 2-168　绘制矩形

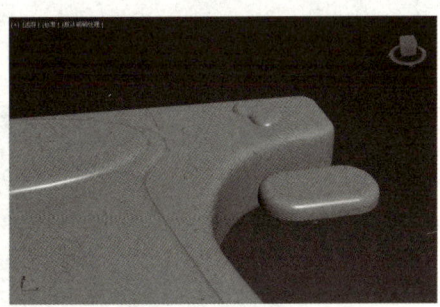

图 2-169　添加"倒角剖面"修改器

（21）在命令面板上单击 ＋（创建）→ ●（几何体）→ 切角长方体 按钮，在顶视图中创建切角长方体，适当调整参数，并进行复制，如图 2-170 所示。

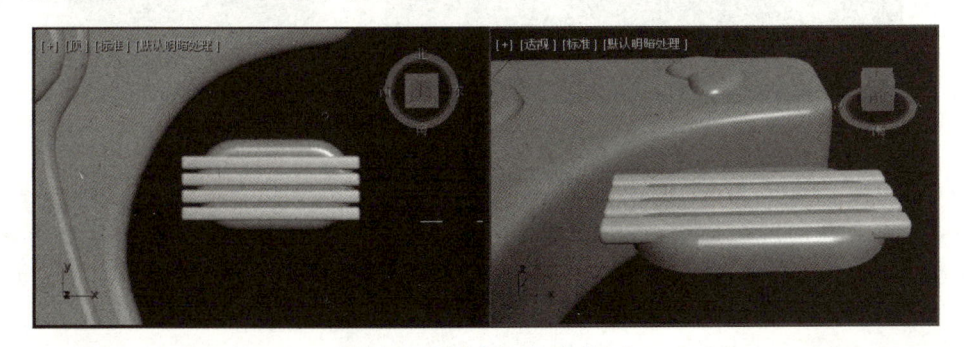

图 2-170　创建并复制切角长方体

（22）选择倒角剖面模型，单击 ＋（创建）→ ●（几何体）→ 复合对象 ▼
→ ProBoolean （超级布尔运算）按钮，在"拾取布尔对象"卷展栏中单击 开始拾取 按钮，然后依次点取切角长方体，完成布尔运算，效果如图 2-171 所示。

（23）将制作的类似跑道的模型移到手枪上，并镜像复制到另一侧，如图 2-172 所示。

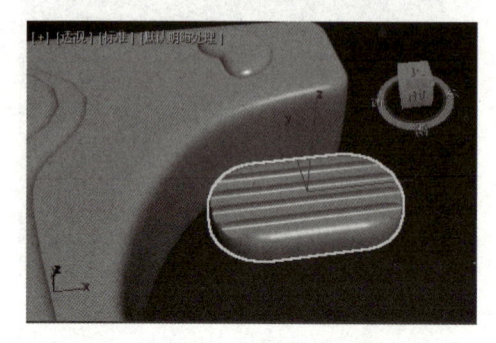

图 2-171　布尔运算 2

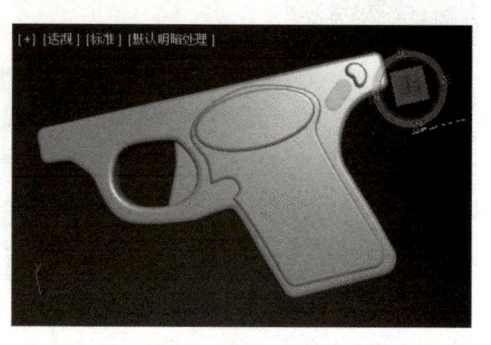

图 2-172　移动位置并镜像复制

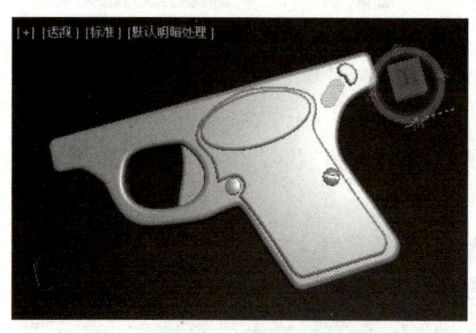

图 2-173　制作小螺丝

（24）手枪上小螺丝制作方法非常简单，这里就不进行介绍。至此，手枪下部模型制作完成，效果如图 2-173 所示。

（25）制作枪栓。采用放样的方法制作枪栓，先制作放样的截面图形和路径。在命令面板上单击 ![]（创建）→![]（图形）→ 矩形 按钮，在左视图中绘制一个矩形如图 2-174 所示。

（26）在主工具栏上单击 ![] （捕捉开关）按钮，并在其上单击鼠标右键，弹出对话框如图 2-175 所示，勾选"中点"复选框。

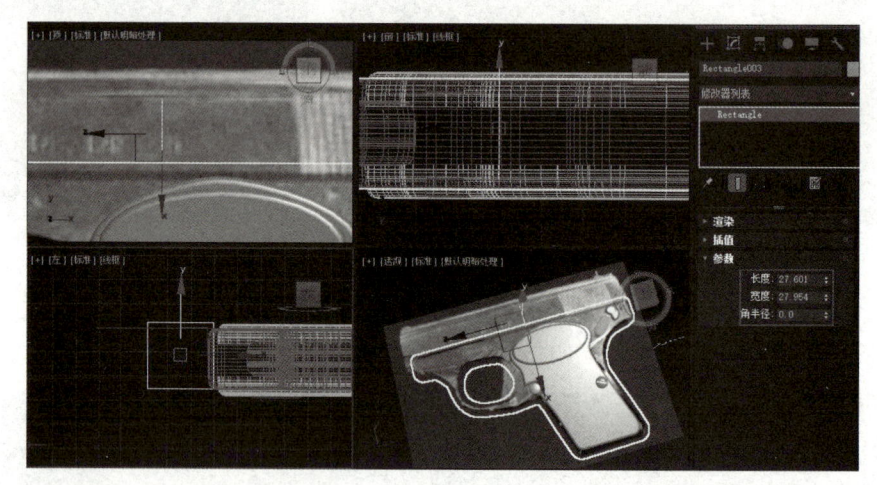

图 2-174　绘制矩形 2

（27）选择创建的矩形，再执行命令面板上的 ![] "修改"→"修改器列表"→"编辑样条线"命令，按"1"键，进入 ![] （顶点）子对象层级。单击"几何体"卷展栏中的 优化 按钮，在矩形左侧边上单击鼠标左键，此时在中点处加入一个点，关闭捕捉开关。然后调整点的位置和属性，效果如图 2-176 所示。

（28）在左视图中框选矩形右侧的两个点，单击"几何体"卷展栏中的 圆角 按钮，在选择的点上单击鼠标左键并拖动，把矩形的直角变成圆角，如图 2-177 所示。

（29）按"1"键，退出 ![] （顶点）子对象层级。在顶视图中将编辑好的枪栓截面图形移到左侧，然后以复制的方式将其复制到右侧，如图 2-178 所示。

模块二　基本和高级模型设计

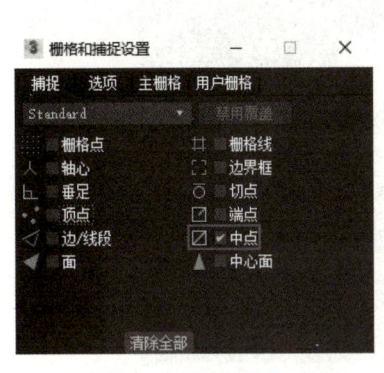

图 2-175　捕捉设置

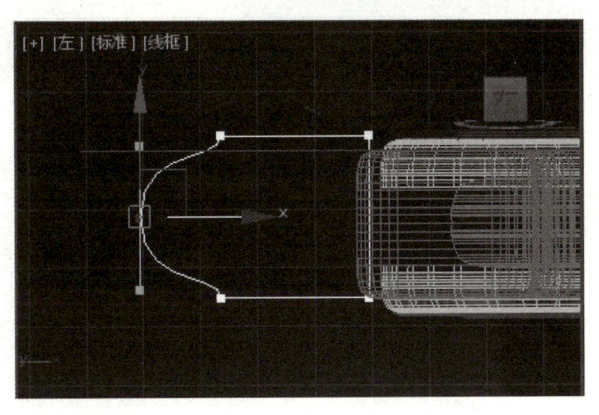

图 2-176　加点并调整

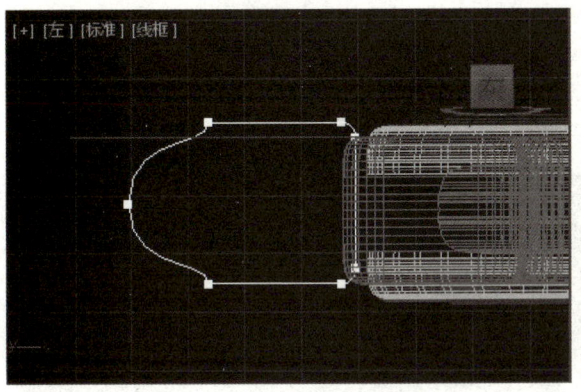

图 2-177　调整点

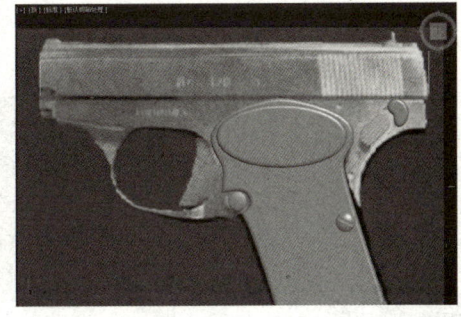

图 2-178　复制样条线

（30）选择右侧的截面图形，按"3"键，进入 ✓ （样条线）子对象层级。然后在顶视图中选择样条线并旋转至如图 2-179 所示。

（31）由于右侧的截面图形发生倾斜，与左侧的截面图形高度不一样。所以需在右侧进行调整，使之与左侧的截面图形高度一致（在左视图中，两个截面图形完全重合即可）。

（32）在命令面板上单击 ➕ （创建）→ ◉ （图形）→ 线 按钮，在顶视图中绘制一条直线作为放样的路径。按"1"键，进入 ⋮⋮ （顶点）子对象层级。选择右侧的点，然后单击"几何体"卷展栏中的 设为首顶点 按钮，将此顶点作为路径的首顶点，如图 2-180 所示。

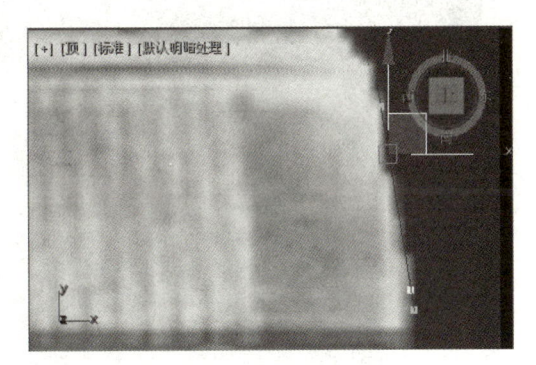

图 2-179　旋转样条线

（33）按"1"键，退出 ⋮⋮ （顶点）子对象层级。在命令面板上单击"创建"→"几何体"→ 复合对象 ▼ → 放样 按钮，在其"创建方法"卷展栏中，单击 获取图形 按钮，在顶视图中点取右侧的截面图形。在"路径参数"卷展栏中设置"路径"的百分比为 100，再次单击 获取图形 按钮，点取左侧的截面图形，至此，枪栓模型基本制作完成，将其移到合适的位置，如图 2-181 所示。

077

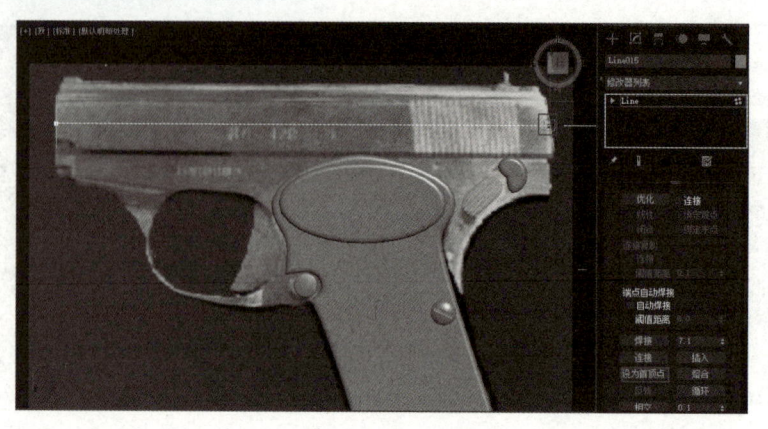

图 2-180　设置首顶点

（34）选择枪栓，将手枪材质指定给枪栓模型。按"F4"键，显示模型的边和面，发现枪栓模型上4处有棱角，需变圆滑。在模型上单击鼠标右键，在弹出的菜单中执行"转换为"→"转换为可编辑多边形"命令，将枪栓转换为可编辑的多边形对象。

（35）按"2"键，进入 ◁（边）子对象层级，选择如图 2-182 所示的边。

图 2-181　放样建模　　　　　　　　　图 2-182　选择多边形的边

（36）在"编辑边"卷展栏中单击 切角 按钮右侧的 ■（设置）按钮，在弹出的对话框中设置"边切角量"为 0.5，如图 2-183 所示。

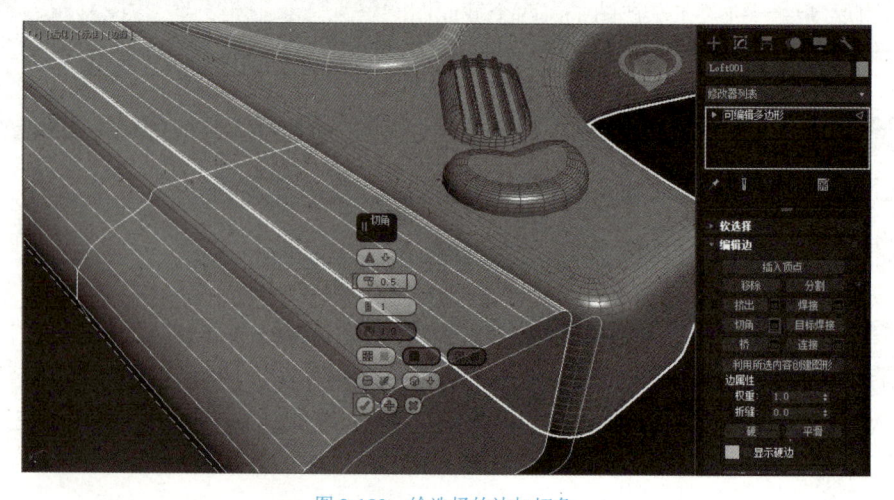

图 2-183　给选择的边加切角

（37）选择枪栓与上述边对应的另一侧的边和枪栓两端的边，用同样的方法设置它们的"边切角量"为 0.5。再按"2"键，退出 ◁（边）子对象层级，这时模型上的高光出现了。

（38）在命令面板上单击 ✚（创建）→ ○（几何体）→ 切角长方体 按钮，在顶视图中创建切角长方体，适当调整参数，并进行复制，如图 2-184 所示。

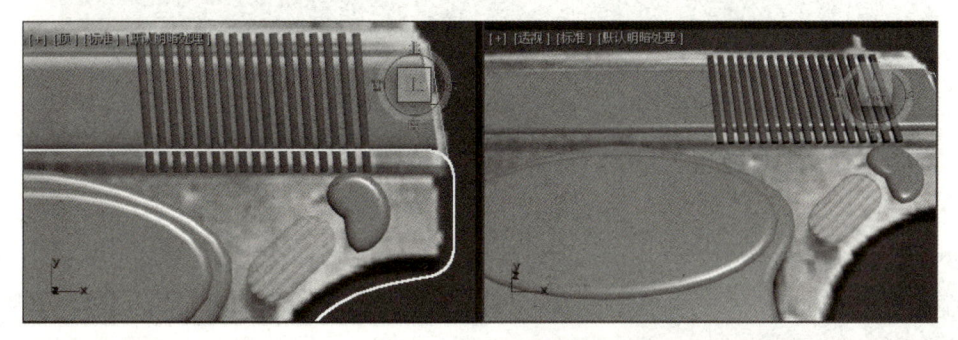

图 2-184　创建切角长方体并复制

（39）选择刚才创建的所有切角长方体，将它们复制到枪栓的另一侧。然后选择枪栓和枪栓模型，单击 ✚（创建）→ ○（几何体）→ 复合对象 → ProBoolean （超级布尔运算）按钮，在"拾取布尔对象"卷展栏中单击 开始拾取 按钮，然后依次点取切角长方体，完成布尔运算，效果如图 2-185 所示。

（40）制作枪筒。在命令面板上单击 ✚（创建）→ ○（几何体）→ 圆柱体 按钮，在左视图中创建一个圆柱体，适当调整其参数，如图 2-186 所示。

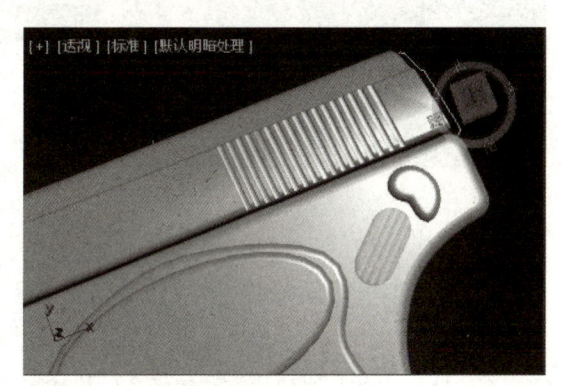

图 2-185　布尔运算 3

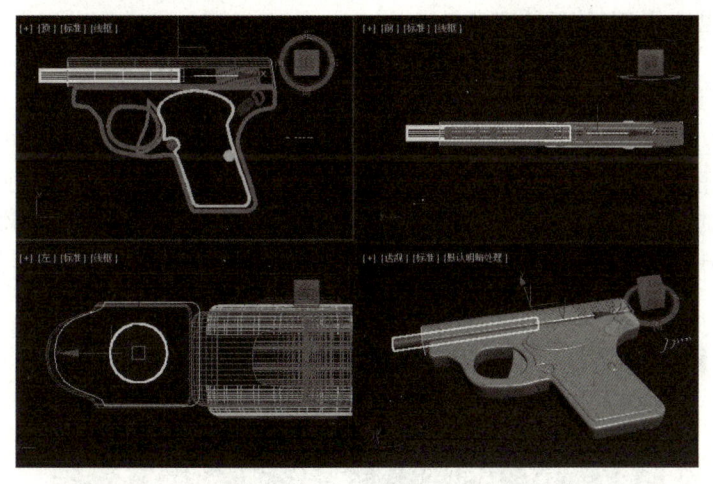

图 2-186　创建圆柱体

（41）选择枪栓，单击 ✚（创建）→ ○（几何体）→ 复合对象 → ProBoolean （超级布尔运算）按钮，在"拾取布尔对象"卷展栏中单击 开始拾取 按钮，然后点取圆柱体，完成布尔运算，枪筒制作完成。

（42）制作枪箍。在命令面板上单击 ✚（创建）→ ○（几何体）→ 切角圆柱体 按钮，在左视图中创建两个切角圆柱体，适当调整参数，如图 2-187 所示。

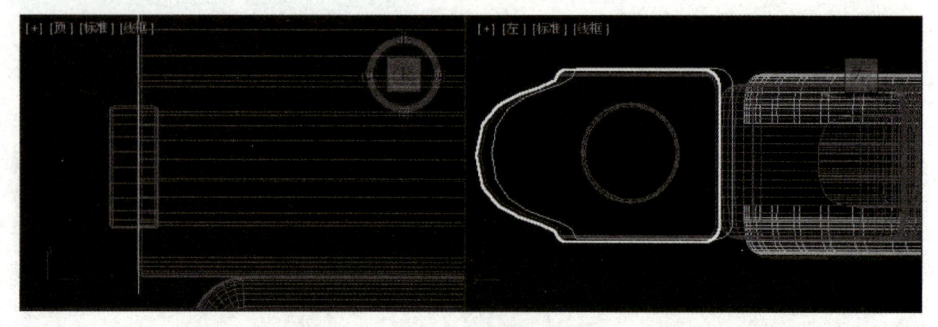

图 2-187　创建切角圆柱体

图 2-188　布尔运算 4

（43）选择大切角圆柱体，单击 ➕（创建）→ ●（几何体）→ 复合对象 → ProBoolean （超级布尔运算）按钮，在"拾取布尔对象"卷展栏中单击 开始拾取 按钮，然后依次点取小切角圆柱体，完成枪箍的制作。将手枪的材质指定给枪箍，并移到枪筒的位置，如图 2-188 所示。

（44）至此，手枪制作完成，按"Shift+Q"组合键渲染透视图，保存文件。

2.5　网格建模和多边形建模

3ds Max 中的高级建模方法包括：网格建模、多边形建模、面片建模及曲面 NURBS 建模等。这几种建模方法都可以进入其子对象进行编辑，其中网格建模和多边形建模是高级建模中相对简单和易于掌握的建模方式，也是目前最流行的建模方法。

2.5.1　网格建模和多边形建模概述

网格建模和多边形建模最大的区别在于对形体基础面的定义不同。网格建模将面的子对象定义为三角形，无论面的子对象有几条边，都被定义为若干三角形面。而多边形建模将面的子对象定义为多边形，无论被编辑的面有多少条边，都被定义为一个独立的面。这样，多边形建模在对面的子对象进行编辑时，可以将任何面定义为一个独立的子对象进行编辑。而不像网格建模中将一个面分解为若干个三角形面来处理，如图 2-189 所示。

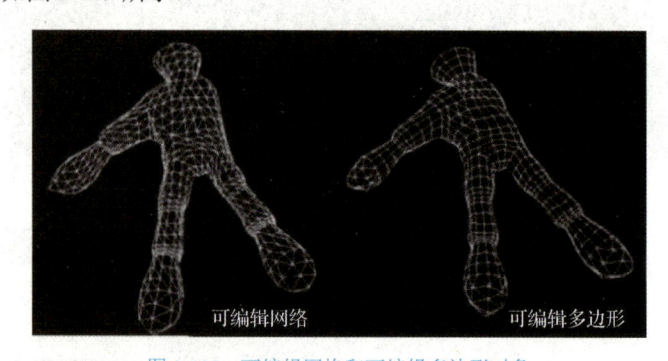

图 2-189　可编辑网格和可编辑多边形对象

2.5.2 网格对象的创建方法

网格对象不能直接创建，需要通过塌陷对象或添加编辑修改器的方法将模型转化为网格对象。

1. 通过塌陷创建网格对象

使用塌陷命令创建网格对象是最简单直接的方法，使用塌陷命令后，对象将丢失所有的创建参数，因此在使用塌陷命令时，要保证所有基础编辑工作已经完成，不需要再做任何修改，有两种方法可以实现将对象塌陷为网格对象。

（1）转换为可编辑网格。在视口中右键单击对象，在弹出的菜单中执行"转换为："→"转换为可编辑网格"命令。

（2）在修改堆栈中塌陷对象。选择对象，在 ▇ （修改）命令面板的编辑修改器堆栈中右键单击对象名称，在弹出的菜单中执行"可编辑网格"命令。

【提示】

如果对象使用了编辑修改器，则需在右键菜单中选择"塌陷全部"命令，但也有其他类型的模型（如面片对象等）不会塌陷为网格对象。

2. 通过使用"编辑网格"修改器创建网格对象

使用"编辑网格"修改器创建的网格对象，保留了该对象的原始创建参数，用户可以随时访问或修改这些参数，如图2-190所示。

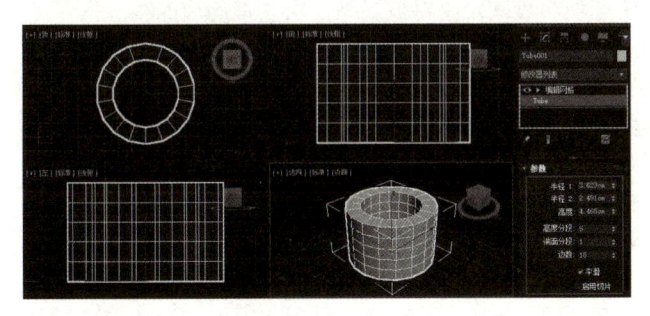

图2-190 "编辑网格"修改器

在场景中选择对象，单击 ▇ （修改）命令面板，在修改器列表中选择"编辑网格"选项，即可为对象添加"编辑网格"修改器。

2.5.3 编辑网格

编辑网格是通过对网格对象的子对象进行编辑实现的，网格对象包含顶点、边、面、多边形和元素5种子对象，如图2-191所示。

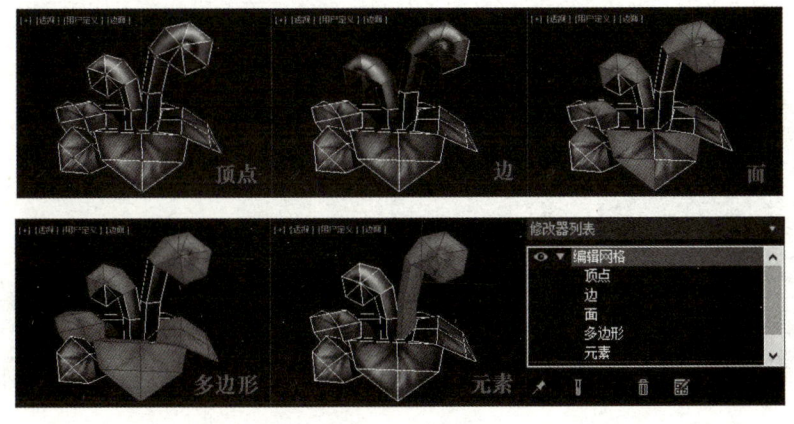

图2-191 网格对象的子对象

1. "软选择"卷展栏

软选择是以选择的子对象为中心,向四周衰减选择的一种选择方法,从而使子对象的运动对象周围产生一定的影响。软选择只有在子对象层级下才可以使用,如图 2-192 所示。

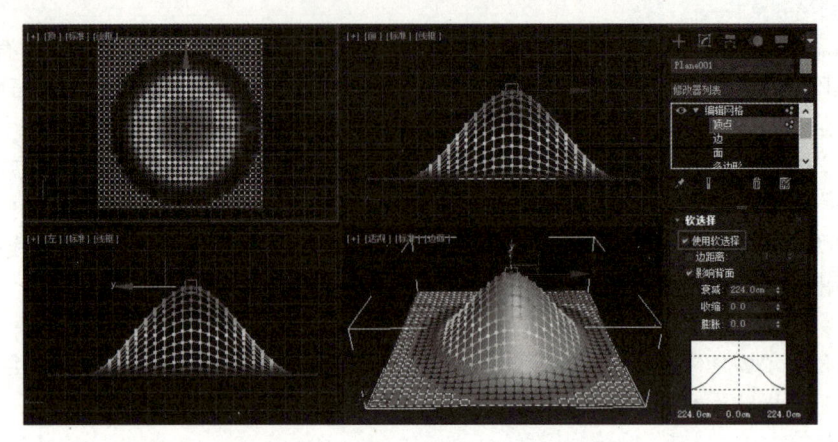

图 2-192 "软选择"卷展栏

(1) 使用软选择:在激活子对象层级的前提下,勾选此选项,可以使用软选择。
(2) 边距离:勾选此选项,衰减距离将被限制在所设置的边的距离内。
(3) 影响背面:勾选此选项,软件选择的衰减范围将影响法线的反面。
(4) 衰减:指所选择的子对象对周围的作用范围,增大时衰减范围也将增大,可以用颜色区分受影响的大小,如红色最强,橙色次之,黄色再次之,蓝色最弱。
(5) 收缩:在不影响衰减值的前提下收缩衰减范围。
(6) 膨胀:在不影响衰减值的前提下扩大衰减范围。

2. 编辑顶点

"编辑网格"的"编辑几何体"卷展栏包含了对网格物体顶点的编辑命令,如图 2-193 所示。

(1) 创建:会将自由浮动的顶点添加到对象,新顶点放置在活动构造平面上。
(2) 删除:删除选定的子对象以及附加在上面的任何面。
(3) 附加:将场景中的另一个对象附加到选定的网格。
(4) 分离:将选定子对象作为单独的对象或元素进行分离。
(5) 断开:将一个顶点断开,形成两个或多个顶点。
(6) 切角:将一个顶点切成一个平面。
(7) 焊接:将几个顶点组合成一个顶点,与断开功能相反。

3. 编辑边

"编辑网格"的"编辑几何体"卷展栏包含了对网格物体边的编辑命令,如图 2-194 所示。

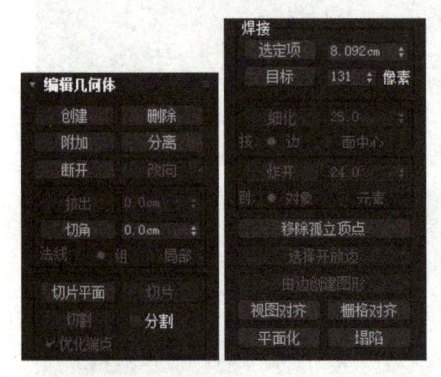

图 2-193 "编辑几何体"卷展栏   图 2-194 挤出切角组

(1) 挤出：对选择的边进行挤出操作，如图 2-195 所示。

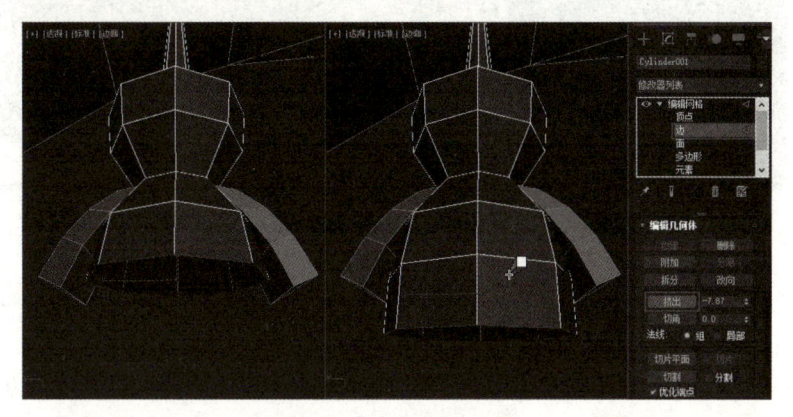

图 2-195 "挤出"操作

(2) 切角：将选择的边切成一个平面，如图 2-196 所示。

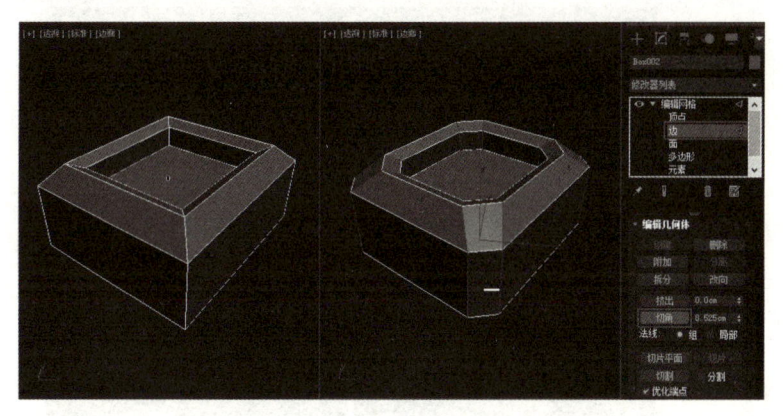

图 2-196 "切角"操作

编辑网格和编辑多边形有很多命令的含义相同，没有介绍的命令在编辑多边形中进行介绍。

2.5.4 了解多边形建模

多边形建模与网格建模非常相似，在功能上几乎与网格对象的编辑是一致的。不同的是，网格对象是由三角面构成的，而多边形对象既可以是三角网格模型，也可以是四边模型，或者拥有更多的边，在编辑或建模时更加灵活。

多边形对象的创建方法与网格对象的创建方法基本相同，在此不再赘述。

2.5.5 编辑多边形

编辑多边形与编辑网格的操作方法非常接近，多边形对象也包含了顶点、边、边界、多边形和元素 5 种子对象供编辑。

1. 编辑顶点

编辑顶点包含了对多边形物体顶点的编辑命令，如图 2-197 所示。

（1）移除：移除选择的顶点，快捷键是"Backspace"。移除选择的顶点和用键盘上的"Delete"键删除选择的顶点会产生不同的效果，如图 2-198 所示。

图 2-197 "编辑顶点"卷展栏

图 2-198　移除与删除顶点

【提示】
用"移除"命令删除选择的顶点，不会产生洞，而用键盘上的"Delete"键删除选择的顶点，则会产生洞。使用时，一定要注意二者的区别。

（2）断开：在与选择顶点相连的每个多边形上，创建一个新顶点，可以使多边形的转角相互分开，使它们再相连于原来的顶点上，如果顶点是孤立的或者只有一个多边形使用，则顶点不受影响，如图 2-199 所示。

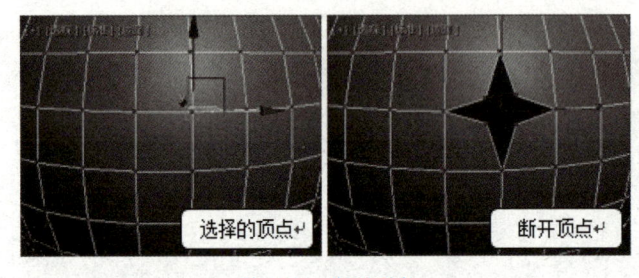

图 2-199　断开顶点

（3）挤出：将选择的顶点挤出为角状的面，如图 2-200 所示。

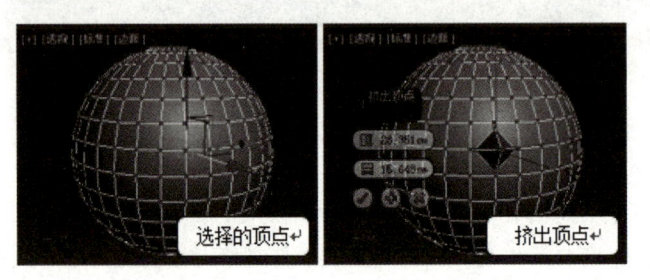

图 2-200　挤出顶点

（4）焊接：将选择的顶点焊接为一个顶点，焊接命令常用于顶点相重合的模型接缝处等。
（5）切角：将一个顶点切为若干个顶点，顶点数量取决于该顶点连接的边的数量，如图 2-201 所示。

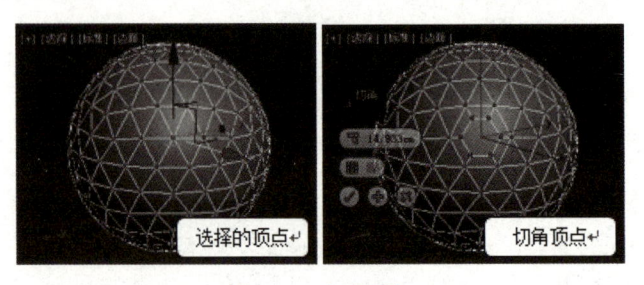

图 2-201　切角顶点

（6）目标焊接：以某个顶点为目标对其他顶点进行焊接，如图 2-202 所示。

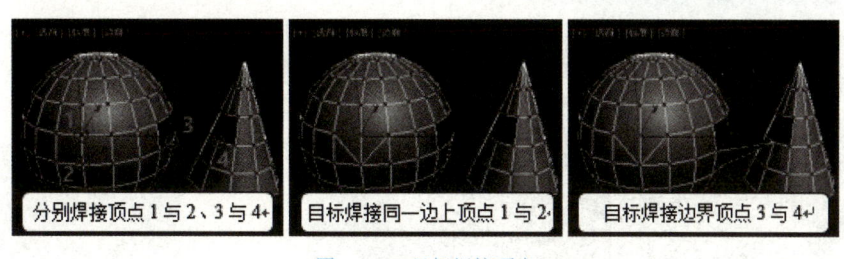

图2-202 目标焊接顶点

【提示】
使用目标焊接的顶点需要是在同一个面上相连的两个顶点或是处在边界上的两个顶点。其操作方法是：单击"目标焊接"按钮，选择要焊接的点，拖出一条虚线到目标顶点上，要焊接的顶点就会焊接到目标顶点上。

（7）连接：将没有连接的顶点用边进行连接，如图2-203所示。

图2-203 连接顶点

（8）移除孤立顶点：移除没有任何连线的顶点，此功能可以用于整理模型上的乱点。

2. 编辑边

编辑边包含了对多边形物体边的编辑命令，如图2-204所示。

（1）插入顶点：在边上手动插入新的顶点。

（2）移除：移除选择的边，保留其所连接的面及顶点，与顶点的移除效果相同。

（3）分割：将选择的边进行分割，分割数量由边所连接的面的数量决定。

（4）桥：只对开放边有效，操作时单击"桥"按钮，选择一条开放边，拖出一条虚线，点取要进行桥接的另外一条开放边，可以看到两条开放边中间被一个面连接起来。也可以先选定需要桥接的边，单击"桥"按钮，进行桥接，如图2-205所示。

图2-204 "编辑边"卷展栏

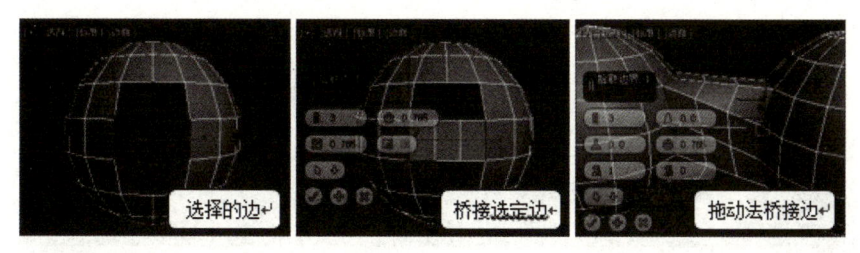

图2-205 桥接边

（5）连接：在选择的边上连接一条或多条边，可以设置分段数，调整收缩和滑块，如图2-206所示。

085

3. 编辑边界

编辑边界包含了对多边形物体边界的编辑命令，如图 2-207 所示。

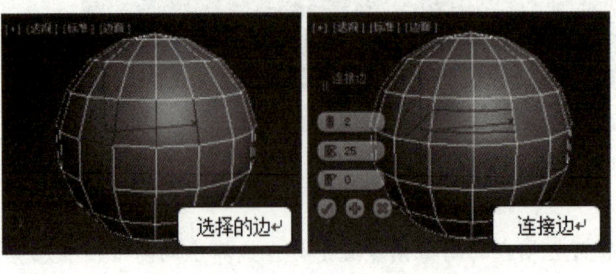

图 2-206 连接边

图 2-207 "编辑边界"卷展栏

封口：使用单个多边形封住整个边界环，如图 2-208 所示。

4. "编辑多边形"卷展栏

"编辑多边形"卷展栏包含了对多边形物体的编辑命令，如图 2-209 所示。

图 2-208 封口边界

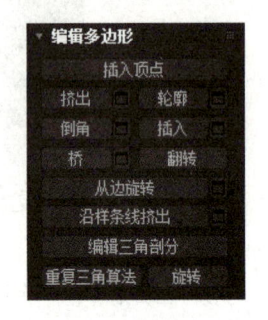

图 2-209 "编辑多边形"卷展栏

（1）挤出：挤出多边形，可以执行手动挤出操作，也可以通过单击 ■（挤出设置）按钮，打开"挤出多边形"助手，在弹出的小盒界面中设置挤出类型和高度，如图 2-210 所示。

图 2-210 挤出多边形 1

（2）轮廓：用于增大或减小每组连续选定的多边形的外边，如图 2-211 所示。

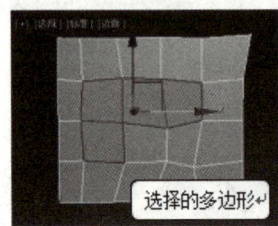

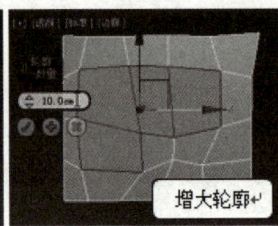

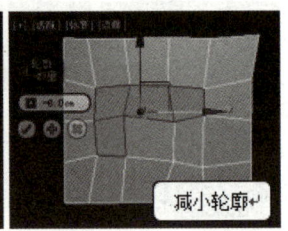

图 2-211 多边形的轮廓操作

（3）倒角：相当于挤出和轮廓命令的结合，如图 2-212 所示。

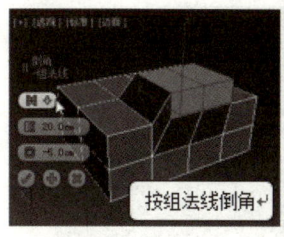

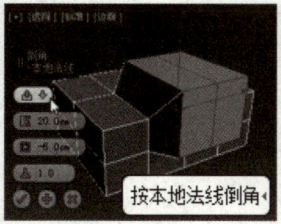

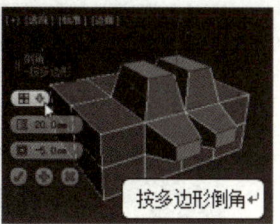

图 2-212　倒角多边形

（4）插入：相当于执行没有高度的倒角操作，如图 2-213 所示。

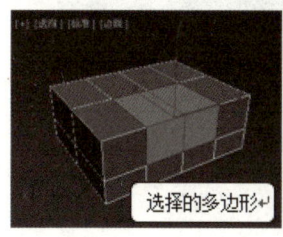

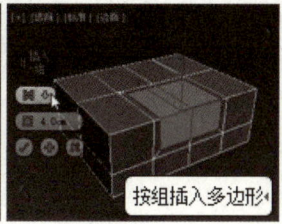

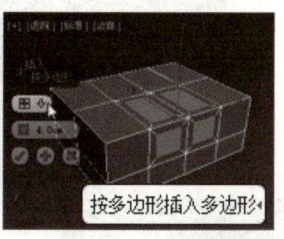

图 2-213　插入多边形

（5）桥：原理同边的桥接，操作时先要选择桥接的两个多边形，再执行"桥"命令，即可完成桥接。

5. 编辑元素

编辑元素包含了对多边形物体的元素编辑命令，如图 2-214 所示。

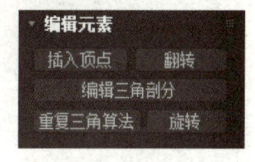

（1）插入顶点：同编辑多边形中的插入顶点。
（2）翻转：翻转法线，改变所选择的元素的法线朝向。

图 2-214　编辑元素

2.5.6　实战演练 6——剑士大刀模型

本实例采用基本建模和多边形建模的方法完成剑士大刀模型的制作。通过学习，要求掌握多边形建模的思路和多边形建模中常用的挤出、连接、切角等建模技巧的应用，并学会对建模对象的风格和形体分析，从而掌握模型的大体结构与比例的关系，即结构体线与布线的关系。剑士大刀效果如图 2-215 所示。

光滑模型效果　　　　　　　　素模效果

图 2-215　剑士大刀效果

操作步骤：

（1）制作刀柄模型。启动 3ds Max 软件，在命令面板上单击 ＋ （创建）→ ○ （几何体）→ 圆柱体 按钮，在透视图中创建一个圆柱体，其参数设置如图 2-216 所示。

3ds Max 动画制作实战训练 第3版

图 2-216 创建圆柱体

【提示】

在 3ds Max 中设置显示线框的颜色为黑色。

◆ 在场景中创建模型后，将模型的颜色设置为黑色。

◆ 按"M"键，打开"Slate 材质编辑器"对话框，选择一个材质样本球，将"漫反射"颜色设为除黑色以外的颜色，这里我们设置为灰色。

（2）转换为可编辑多边形。选择圆柱体模型，单击鼠标右键，在弹出的菜单中执行"转换为："→"转换为可编辑多边形"命令，将其转换为可编辑多边形，如图 2-217 所示。

（3）添加分段数。按"2"键，进入"边"子对象层级，单击工具栏中的 ✥ （选择并移动）按钮，选择所有竖向边。在命令面板上单击 ☑（修改）→"编辑边"卷展栏→ 连接 按钮，为模型添加一段，并调整位置，如图 2-218 所示。

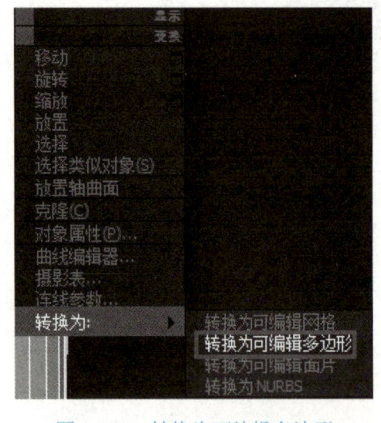

图 2-217 转换为可编辑多边形

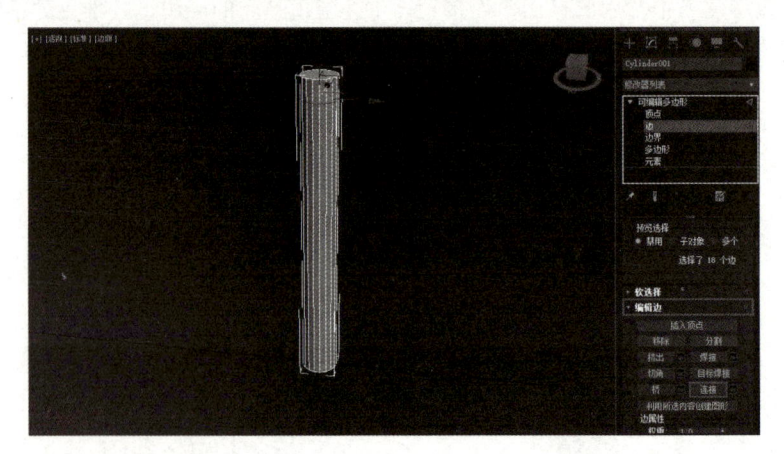

图 2-218 添加分段数 1

（4）为边添加切角。选择增加的边，在命令面板上单击 ☑（修改）→"编辑边"卷展栏→ 切角 按钮右侧的 ▫（设置）按钮，在弹出的小盒界面中设置适合的边切角量，如图 2-219 所示。

（5）挤出多边形。按"4"键，进入"多边形"子对象层级，选择如图 2-220 所示的多边形。在命令面板上单击 ☑（修改）→"编辑多边形"卷展栏→ 挤出 按钮右侧的 ▫（设置）按钮，在弹出的小盒界面中设置"挤出类型"为局部法线，适当调整挤出高度。

088

模块二　基本和高级模型设计

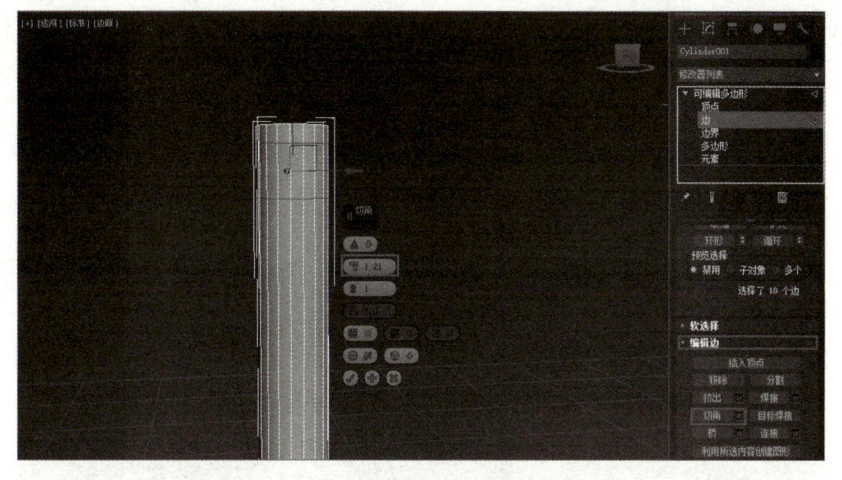

图 2-219　为边添加切角 1

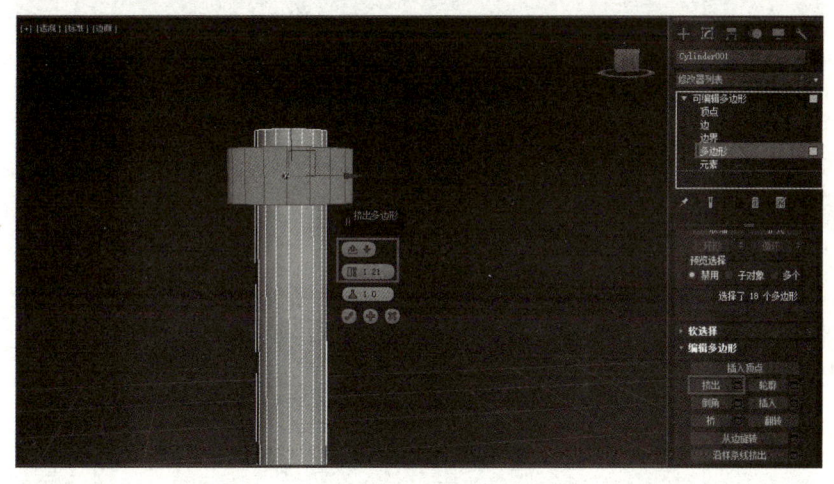

图 2-220　挤出多边形 2

（6）为边添加切角。选择相应的四条循环边，在命令面板上单击 [修改] →"编辑边"卷展栏→ 切角 按钮和右侧的 □（设置）按钮，在弹出的小盒界面中设置适合的边切角量，如图 2-221 所示。

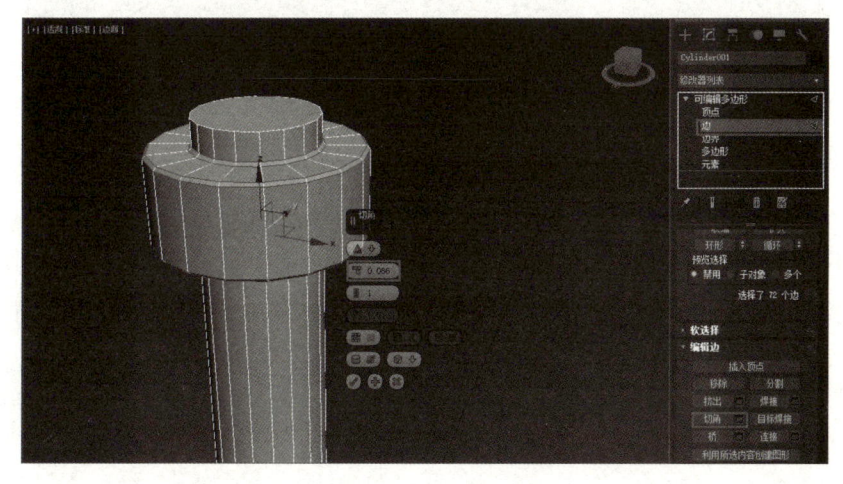

图 2-221　为边添加切角 2

(7) 添加分段数。按"2"键,进入"边"子对象层级,选择所有竖向边。在命令面板上单击 ■（修改）→"编辑边"卷展栏→ 连接 按钮右侧的■（设置）按钮,为模型添加两段,如图 2-222 所示。

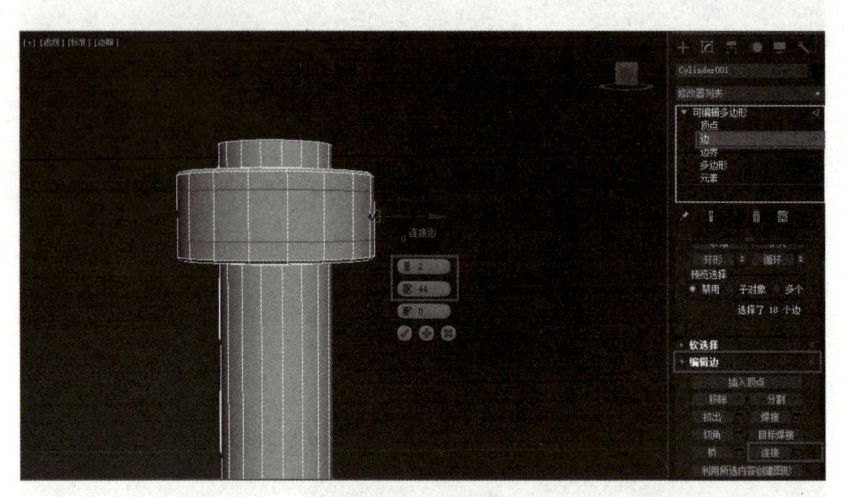

图 2-222　添加分段数 2

(8) 挤出多边形。按"4"键,进入"多边形"子对象层级,选择如图 2-223 所示的多边形。在命令面板上单击 ■（修改）→"编辑多边形"卷展栏→ 挤出 按钮右侧的■（设置）按钮,在弹出的小盒界面中设置"挤出类型"为局部法线,适当调整挤出高度。

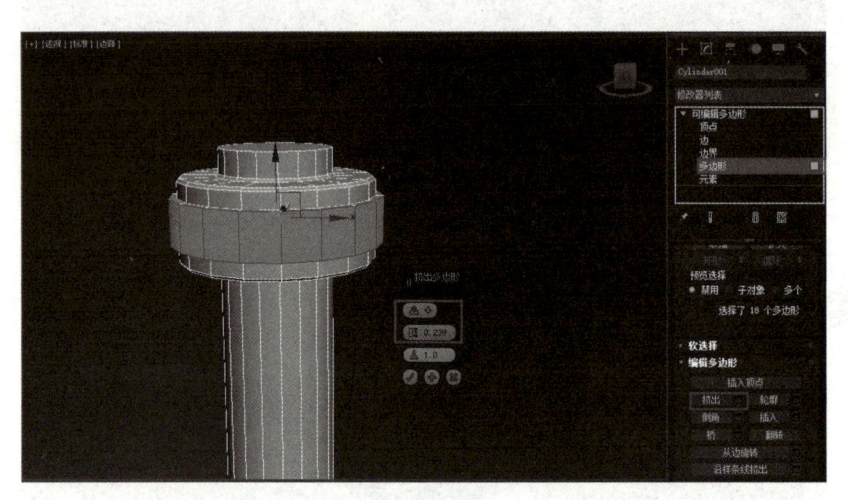

图 2-223　挤出多边形 3

(9) 进入"边"子对象层级,选择四条循环边,为模型转折处进行切角,如图 2-224 所示。

(10) 制作刀柄顶部结构。按"4"键,进入"多边形"子对象层级,选择顶部的面,在命令面板上单击 ■（修改）→"编辑多边形"卷展栏→ 插入 按钮和右侧的■（设置）按钮,在弹出的小盒界面中设置"插入类型"为组,适当调整数量值,如图 2-225 所示。

(11) 在弹出的小盒界面中,单击 ⊕（应用并继续）按钮,再次执行"插入"命令,适当调整数量值,如图 2-226 所示。

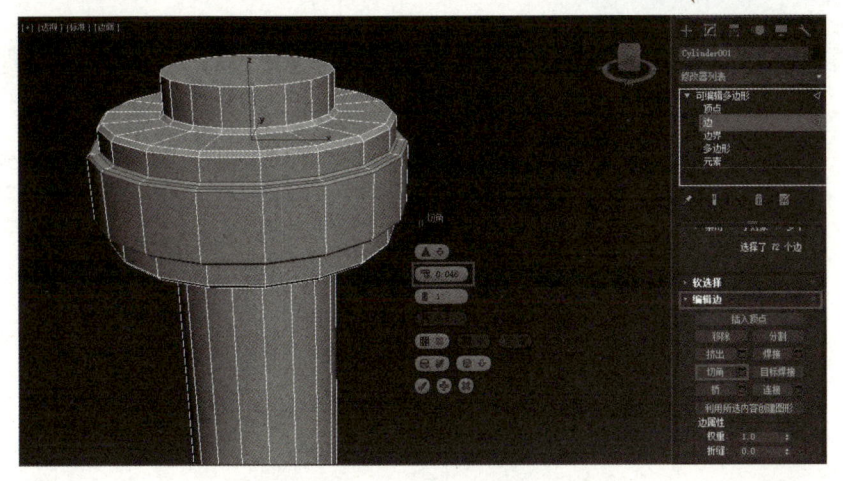

图 2-224 模型转折处进行切角

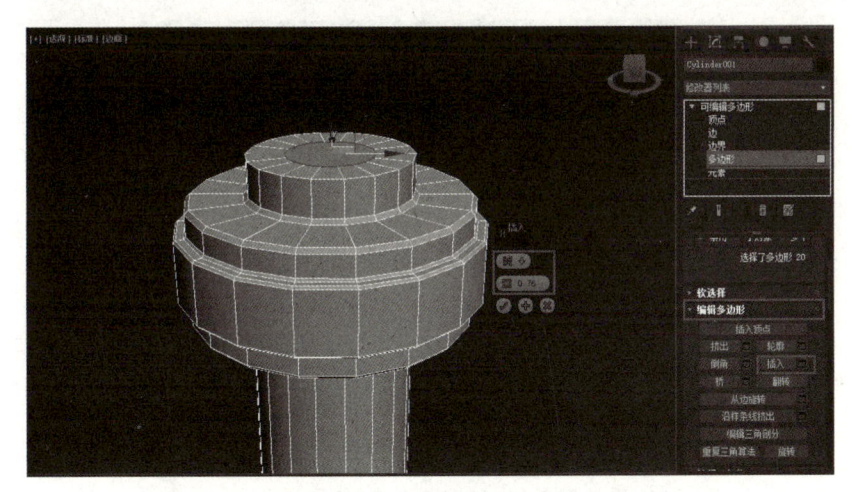

图 2-225 执行"插入"命令 1

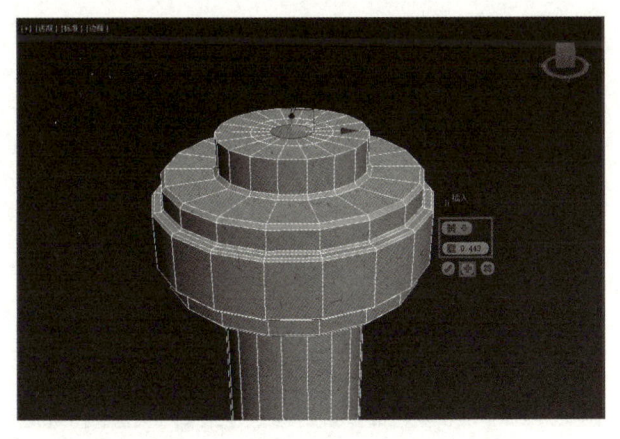

图 2-226 再次执行"插入"命令

（12）调整模型顶部形态。把插入的面向上移动适当的距离，如图 2-227 所示。

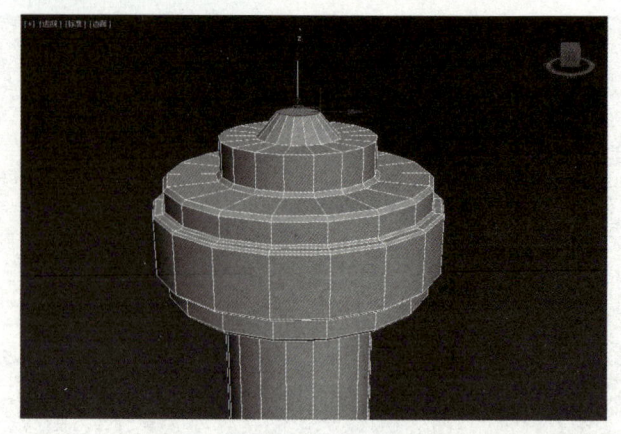

图 2-227　调整模型顶部形态

（13）进入"边"子对象层级，用前面的方法，选择相应的边进行切角，如图 2-228 所示。

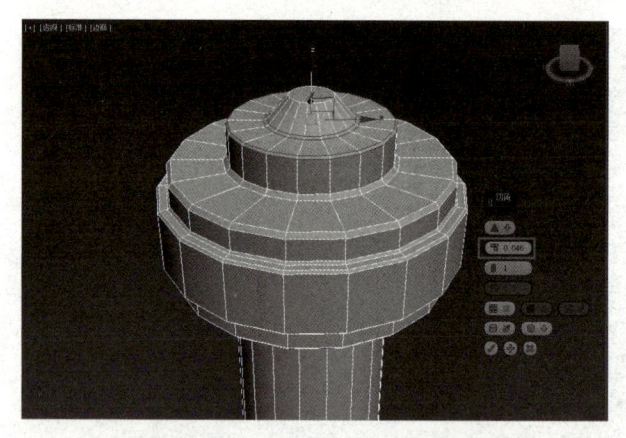

图 2-228　模型转折处进行切角

（14）用前面的方法给顶部添加分段数，如图 2-229 所示。

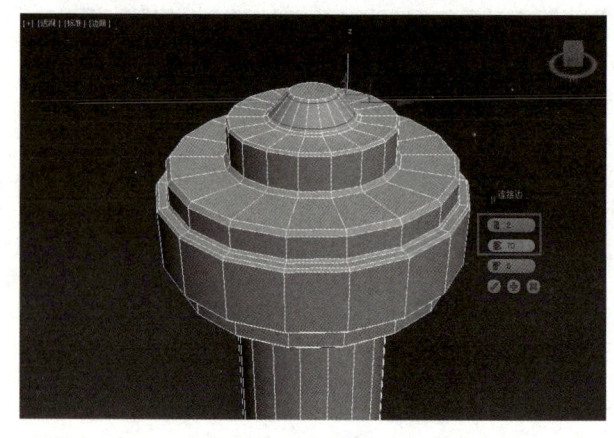

图 2-229　添加分段数 3

（15）制作刀柄的凹槽形态。进入"边"子对象层级，用同样的方法为刀柄模型下部增加 8 段，并对增加的边进行切角，如图 2-230 所示。

模块二　基本和高级模型设计

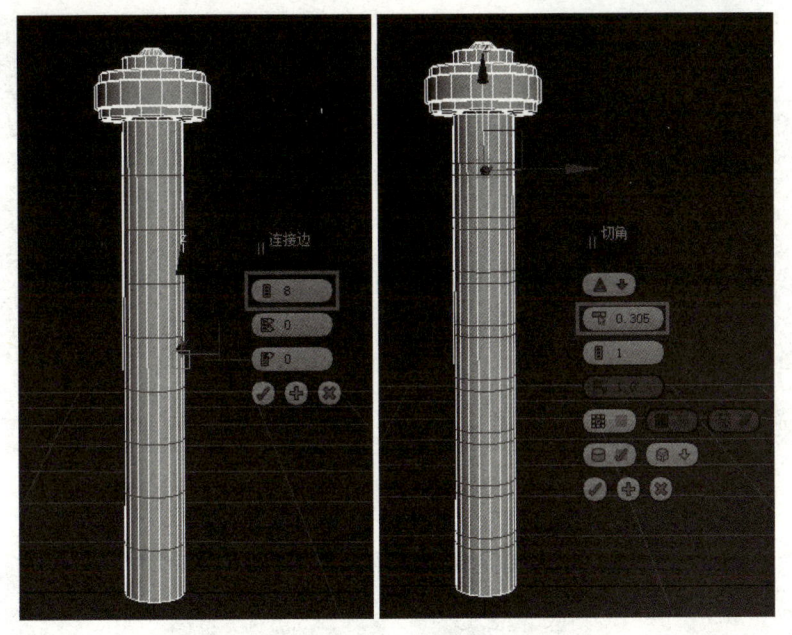

图 2-230　增加分段数和切角

（16）进入"多边形"子对象层级，选择相应的面，执行"挤出"命令进行挤出，如图 2-231 所示。
（17）进入"边"子对象层级，选择相应的边执行"切角"命令，为模型定型，如图 2-232 所示。

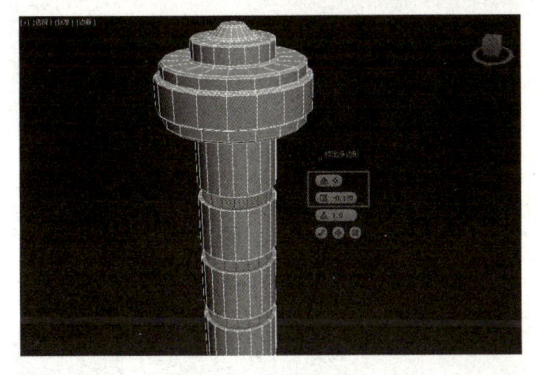

图 2-231　挤出多边形 4　　　　　　　　　　　图 2-232　对边进行切角

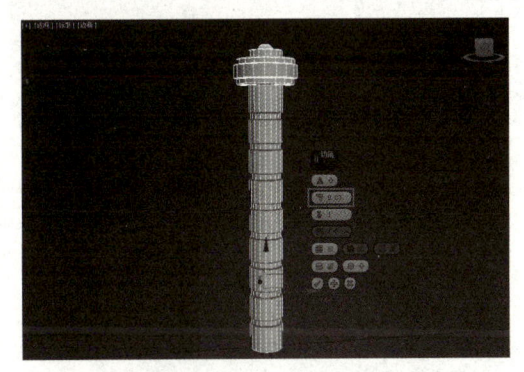

【提示】
在多边形建模中，为了保持多边形转折面之间的夹角形态，我们可以使用以下两种方法。
◆ 为相邻转折面之间的多边形进行切角，切角量的大小决定夹角保持的程度，量越小，保持得越好。
◆ 对相邻转折面之间的多边形进行褶缝值的修改，当值为 1 时，为模型进行 NURMS 结分，夹角则会保持原有形态不变。
（18）调整模型底部形态。应用连接、挤出、切角命令调整模型底部形态，效果如图 2-233 所示。
（19）选择刀柄模型，单击鼠标右键，在弹出的菜单中执行"NURMS 切换"命令，查看加线后的效果，如图 2-234 所示。查看完后，再执行"NURMS 切换"命令退出。
（20）制作刀柄装饰。进入"边"子对象层级，选择刀柄末端所有竖向边，执行"连接"命令，为模型添加一段，如图 2-235 所示。
（21）按"1"键进入"顶点"子对象层级，单击工具栏中的 ✥（选择并移动）按钮，间隔选择相应的点，向上调整位置，如图 2-236 所示。

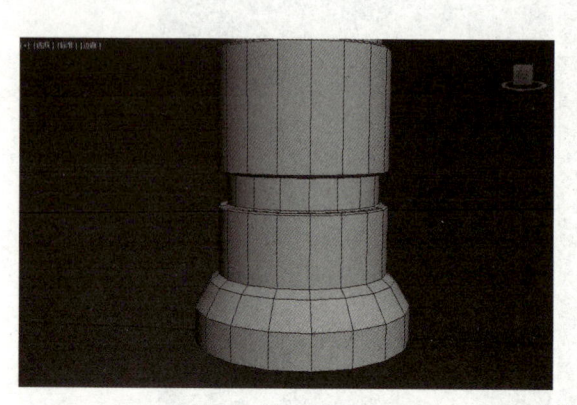

图 2-233　模型底部形态

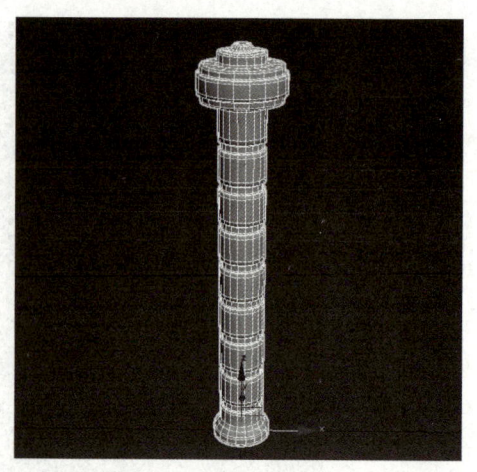

图 2-234　使用"NURMS 切换"命令查看效果

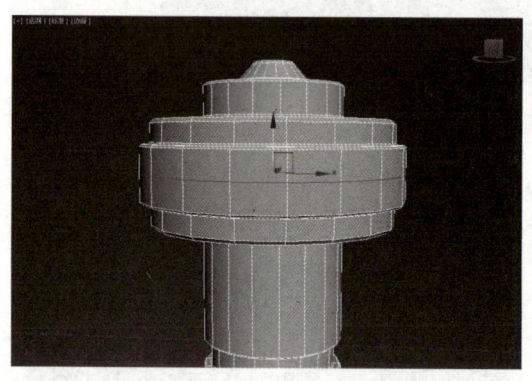

图 2-235　添加分段数 4

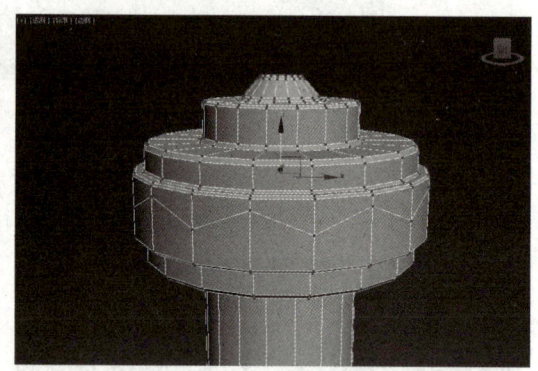

图 2-236　调整点的位置

（22）继续为模型添加段数，调整相应顶点位置，如图 2-237 所示。

（23）挤出多边形。进入"多边形"子对象层级，选择相应的面，执行"挤出"命令进行挤出，如图 2-238 所示。

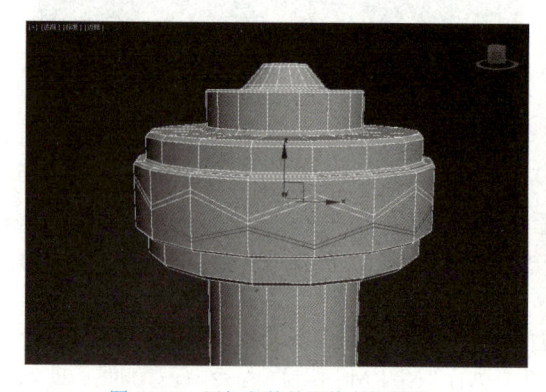

图 2-237　添加段数并调整点的位置

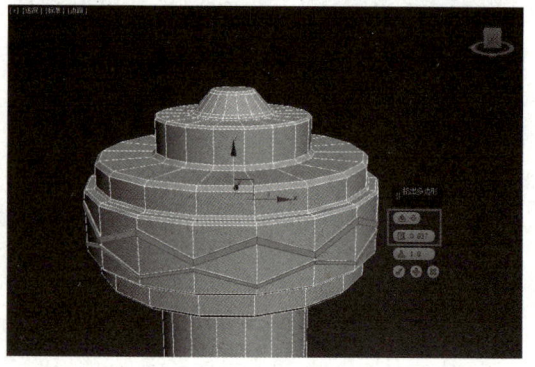

图 2-238　挤出多边形 5

（24）切割图形。按"1"键进入"顶点"子对象层级，选择相应的点，在命令面板上单击 （修改）→"编辑几何体"卷展栏→ 切割 按钮，或按"Alt+C"组合键，进行连接和切割，形成如图 2-239 所示的图形。

094

模块二　基本和高级模型设计

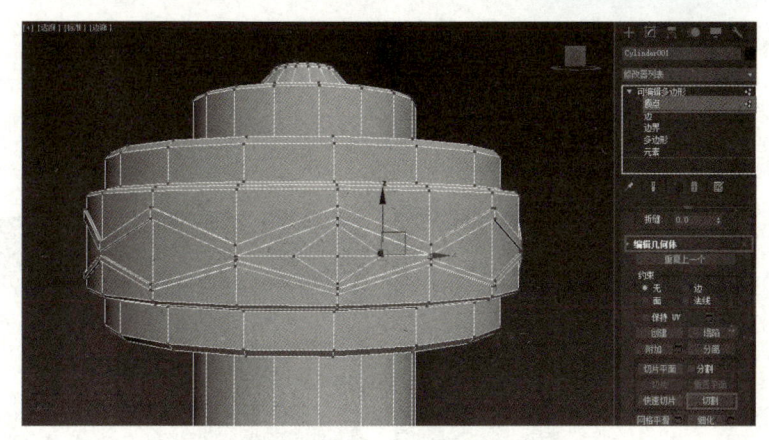

图 2-239　切割图形

（25）倒角多边形。进入"多边形"子对象层级，选择相应的面，在命令面板上单击 ▣（修改）→"编辑多边形"卷展栏→ 倒角 按钮右侧的 ▣（设置）按钮，在弹出的小盒界面中设置"倒角类型"为组，适当调整数量值，如图 2-240 所示。

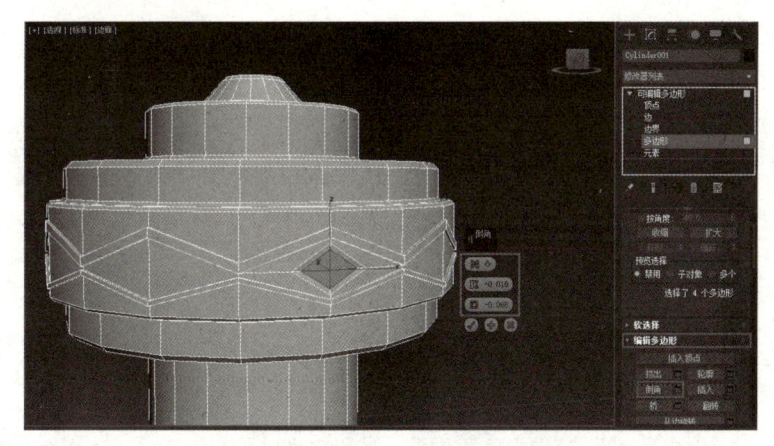

图 2-240　执行"倒角"命令 1

（26）继续执行"倒角"命令。在弹出的小盒界面中，单击 ✚（应用并继续）按钮再次执行"倒角"命令，适当调整数量值，如图 2-241 所示。

（27）添加分段数为模型定型。按"2"键进入"边"子对象层级，选择相应的边，在命令面板上单击 ▣（修改）→"编辑边"卷展栏→ 连接 按钮右侧的 ▣（设置）按钮，为模型添加两段，如图 2-242 所示。

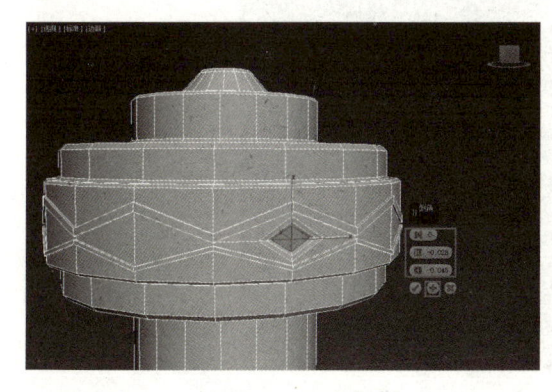

图 2-241　应用并继续执行"倒角"命令　　　　图 2-242　添加分段数 5

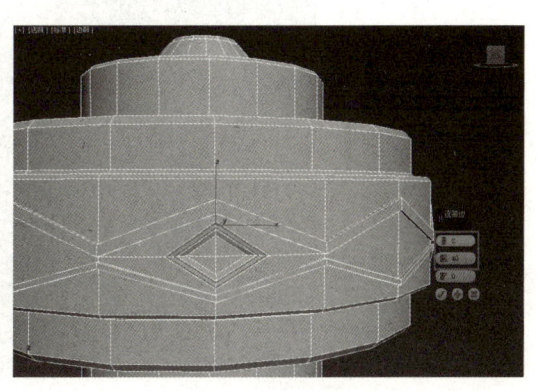

095

(28）用同样的方法为里层添加分段数，如图 2-243 所示。

(29）倒角多边形。进入"多边形"子对象层级，选择相应的面，在命令面板上单击 ■（修改）→"编辑多边形"卷展栏→ ■倒角■ 按钮右侧的 ■（设置）按钮，在弹出的小盒界面中设置"倒角类型"为组，适当调整数量值，如图 2-244 所示。

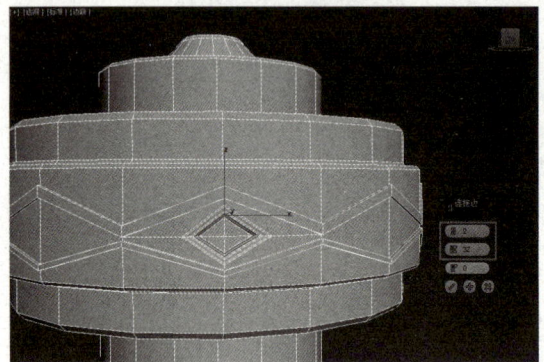

图 2-243　添加分段数 6

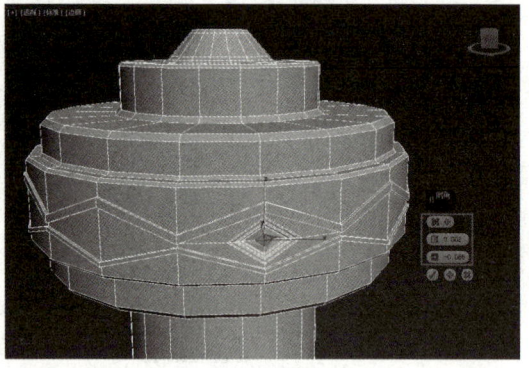

图 2-244　执行"倒角"命令 2

(30）调整菱形内的顶点位置，如图 2-245 所示。

(31）按"2"键进入"边"子对象层级，选择相应的边，执行"连接"命令添加一段，如图 2-246 所示。

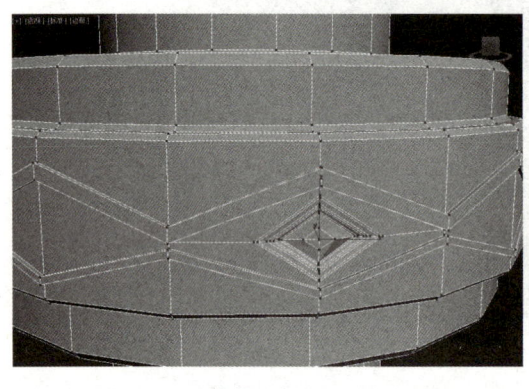

图 2-245　调整菱形内的顶点位置

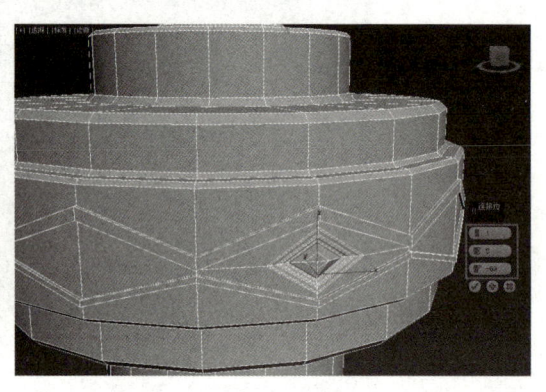

图 2-246　添加分段数 7

(32）选择刀柄模型，单击鼠标右键，在弹出的菜单中执行"NURMS 切换"命令，光滑模型后的效果很好，如图 2-247 所示。然后，再执行"NURMS 切换"命令退出。

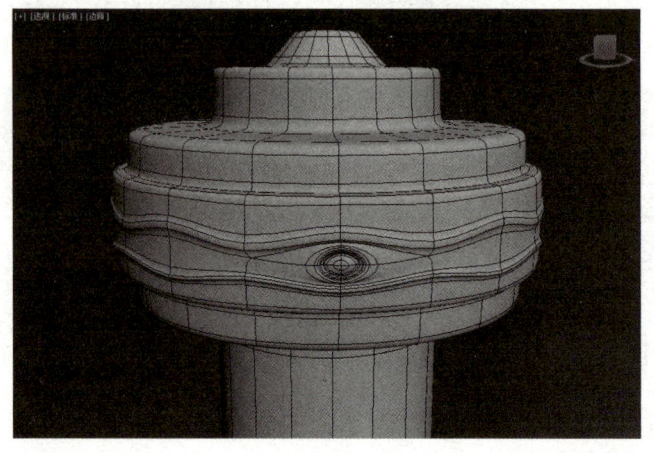

图 2-247　使用"NURMS 切换"命令光滑模型

(33)用同样的方法完成其他部分的装饰，光滑模型，效果如图 2-248 所示。

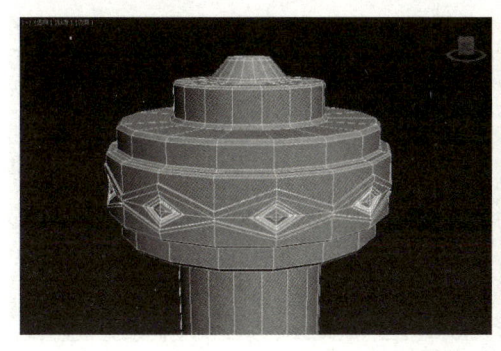

图 2-248　装饰效果

(34)制作护木模型。在命令面板上单击 ➕（创建）→ ⬤（几何体）→ 长方体 按钮，在顶视图中创建一个长方体，其参数设置如图 2-249 所示。

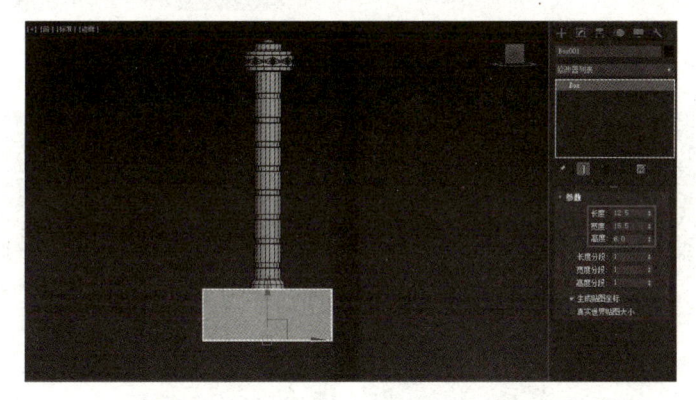

图 2-249　创建长方体

(35)转换为可编辑多边形。选择长方体模型，单击鼠标右键，在弹出的菜单中执行"转换为:"→"转换为可编辑多边形"命令，将其转换为可编辑多边形。

(36)添加分段数。按"2"键，进入"边"子对象层级，选择所有横向边。在命令面板上单击（修改）→"编辑边"卷展栏→ 连接 按钮，为模型添加三段，如图 2-250 所示。

(37)按"1"键，进入"顶点"子对象层级，移动顶点的位置来调整模型的形态，如图 2-251 所示。

图 2-250　添加分段数 8

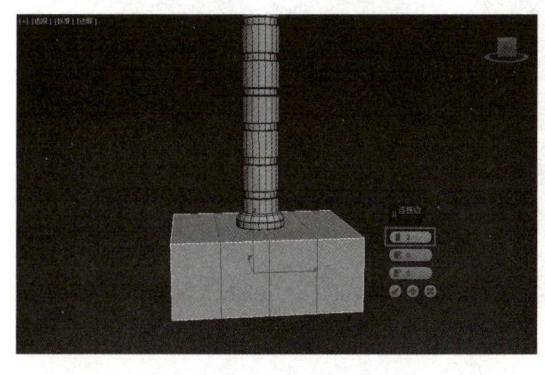

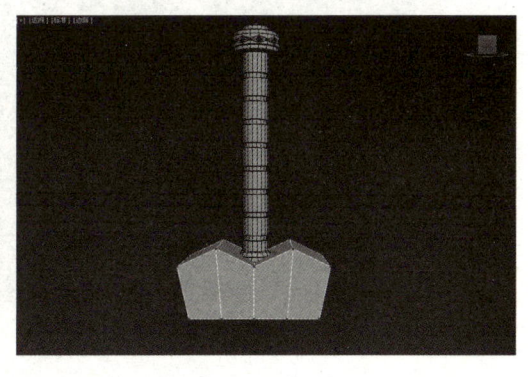

图 2-251　调整顶点

(38)为模型添加切角和适当的段数来保持模型转折处的形态，如图 2-252 所示。此步骤不做详细讲解，前面已经介绍。

(39）选择相应的边，执行"切角"命令进行切角，如图 2-253 所示。

图 2-252　添加切角和适当的段数

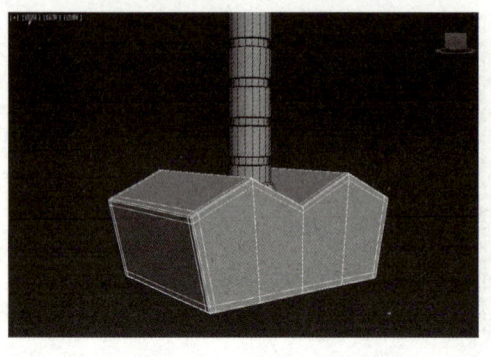

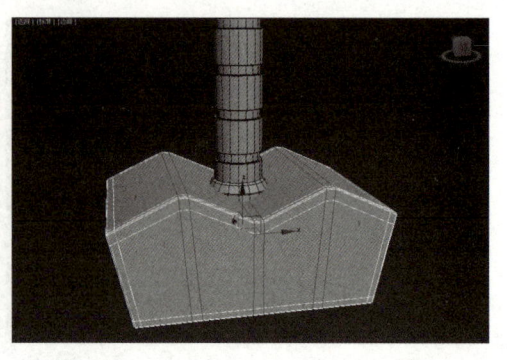

图 2-253　执行"切角"命令 1

（40）倒角多边形。按"4"键，进入"多边形"子对象层级，选择护木正面和后面相应的面，在命令面板上单击 ▓▓（修改）→"编辑多边形"卷展栏→ 倒角 按钮右侧的 ▓（设置）按钮，在弹出的小盒界面中设置"倒角类型"为局部法线，适当调整数量值，如图 2-254 所示。

（41）选择护木模型两侧的多边形，执行"挤出"命令对选择的面进行挤出，如图 2-255 所示。

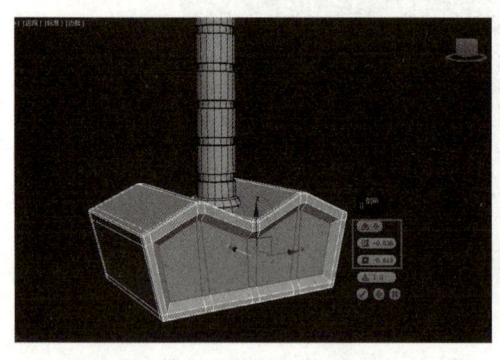

图 2-254　执行"倒角"命令 3

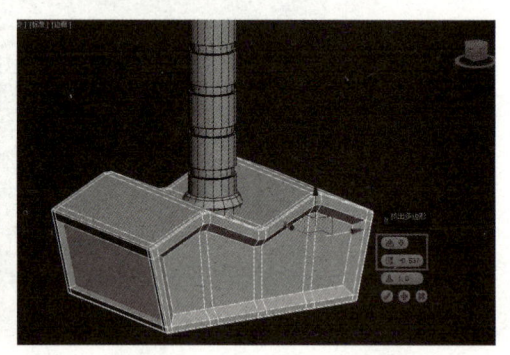

图 2-255　执行"挤出"命令

（42）在护木模型的前面创建一个长方体，并调整成如图 2-256 所示的形态，放在护木模型前后适当位置。

（43）至此，完成刀柄模型的制作，效果如图 2-257 所示。

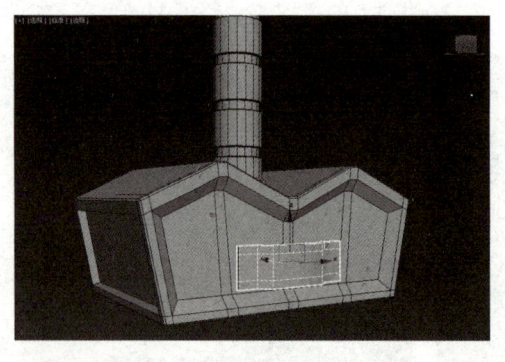

图 2-256　创建长方体并调形

图 2-257　刀柄模型效果

（44）制作刀刃模型。在命令面板上单击 ▓（创建）→ ▓（几何体）→ 长方体 按钮，在顶视图中创建一个长方体，其参数设置如图 2-258 所示。

模块二　基本和高级模型设计

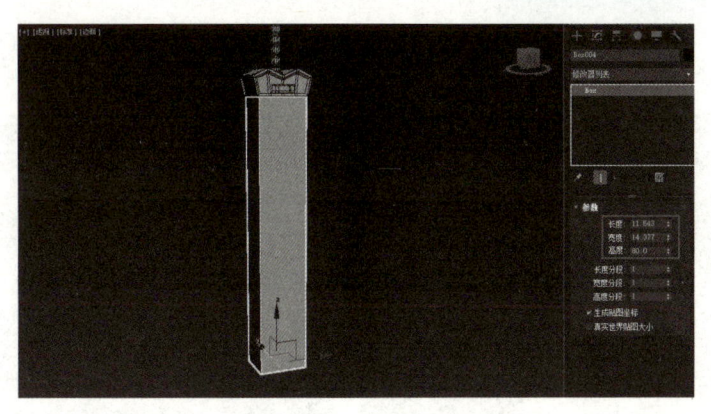

图 2-258　创建长方体

（45）调整模型底部形态。选择长方体模型，单击鼠标右键，在弹出的菜单中执行"转换为："→"转换为可编辑多边形"命令，将其转换为可编辑多边形。按"2"键，进入"边"子对象层级，选择模型底部的两条边，在命令面板上单击 ☑（修改）→"编辑边"卷展栏→ 切角 按钮右侧的 ■（设置）按钮，在弹出的小盒界面中设置合适的边切角量，如图 2-259 所示。

（46）挤出多边形。为了便于操作，按"Alt+Q"组合键，将刀刃模型独立显示。按"4"键，进入"多边形"子对象层级，选择底端两个新面，执行"挤出"命令进行挤出，如图 2-260 所示。

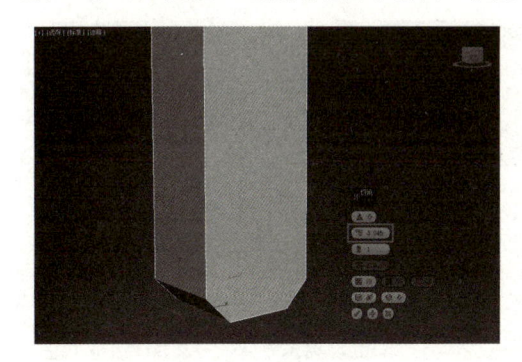

图 2-259　执行"切角"命令 2　　　　　图 2-260　执行"挤出"命令

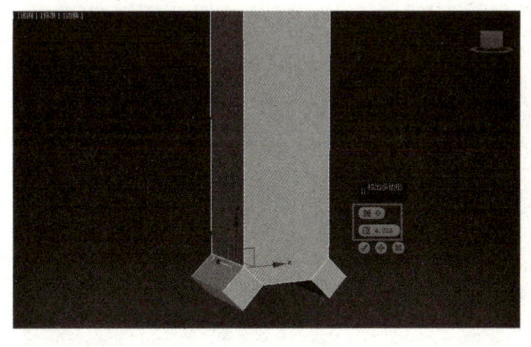

（47）添加分段数。按"2"键，进入"边"子对象层级，选择所有横向边，执行"连接"命令添加两条分段，如图 2-261 所示。

（48）为侧面添加分段数。选择侧面所有横向边，执行"连接"命令添加两段，如图 2-262 所示。

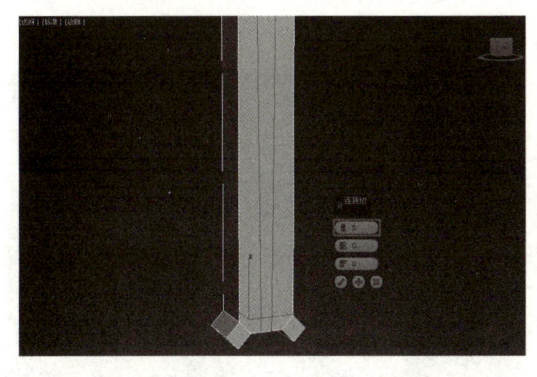

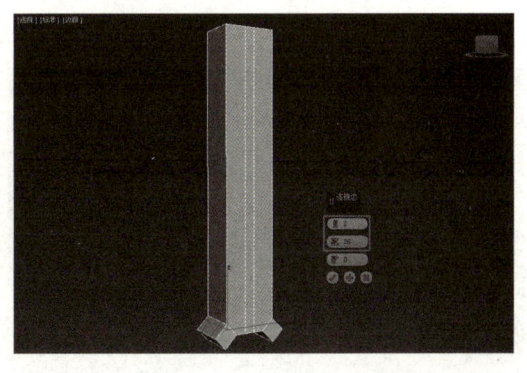

图 2-261　添加分段数 9　　　　　图 2-262　为侧面添加分段数

（49）调整模型形态。按"1"键，进入"顶点"子对象层级，移动相应的顶点，对模型调形，如图 2-263 所示。

099

(50）对模型的边线做切角。按"2"键，进入"边"子对象层级，选择模型边缘的循环边，执行"切角"命令，如图2-264所示。

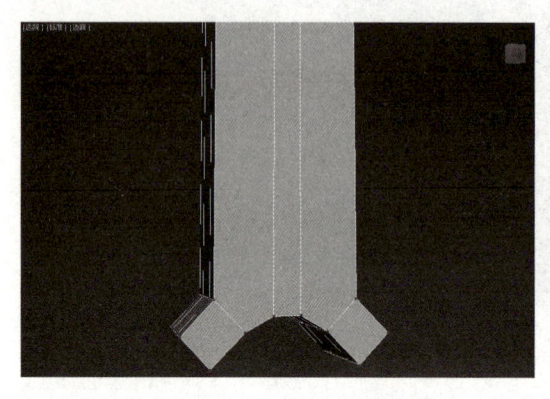

图2-263　调整模型形态

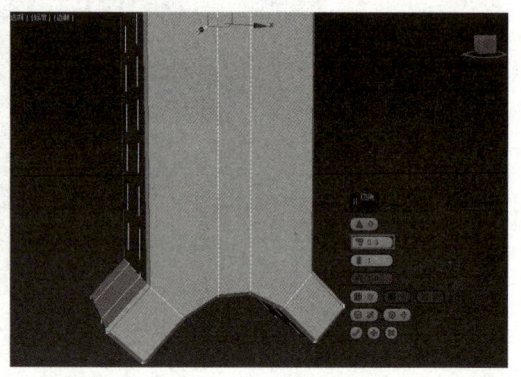

图2-264　执行"切角"命令3

（51）为模型底端添加分段数。选择底端相应的边，执行"连接"命令，为模型底端添加两段，如图2-265所示。

（52）缩放底端模型上的顶点。按"1"键，进入"顶点"子对象层级，选择底端相应的顶点，单击主工具栏中的 （选择并均匀缩放）按钮，沿 XY 面进行缩放，如图2-266所示。

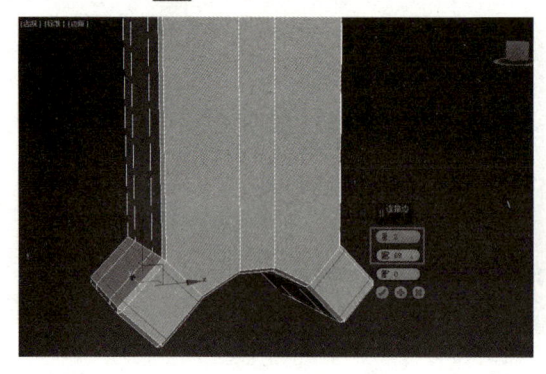

图2-265　执行"连接"命令

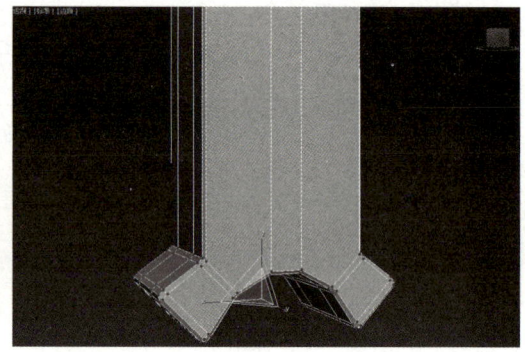

图2-266　缩放底端模型的顶点

（53）继续为模型的横向添加分段数。按"2"键，进入"边"子对象层级，选择模型相应的横向边，执行"连接"命令，如图2-267所示。

（54）继续为模型的横向添加分段数。选择所有的竖向边，执行"连接"命令添加一段，并调整位置，如图2-268所示。

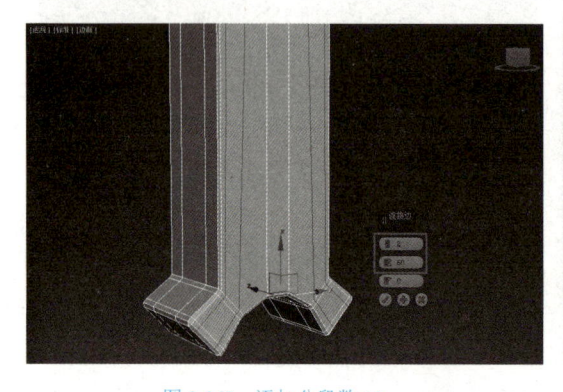

图2-267　添加分段数10

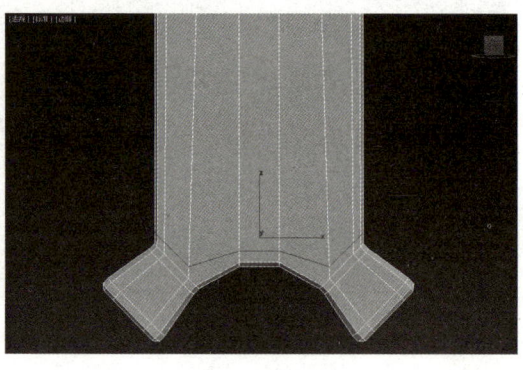

图2-268　添加横向分段数

（55）继续添加分段数。选择相应的边，执行"连接"命令添加一段，如图 2-269 所示。

（56）连接顶点。按"1"键进入"顶点"子对象层级，选择相应的点，在命令面板上单击 ▣ （修改）→"编辑顶点"卷展栏→ 连接 按钮，连接选择的顶点，如图 2-270 所示（注：模型前后面的顶点一起选择，可以在前视图中框选顶点）。

（57）调整剑尖位置的布线，如图 2-271 所示。

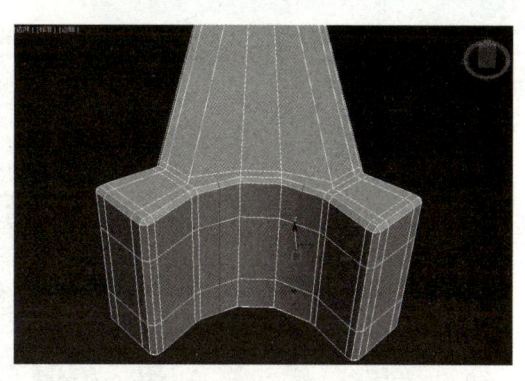

图 2-269　添加分段数 11

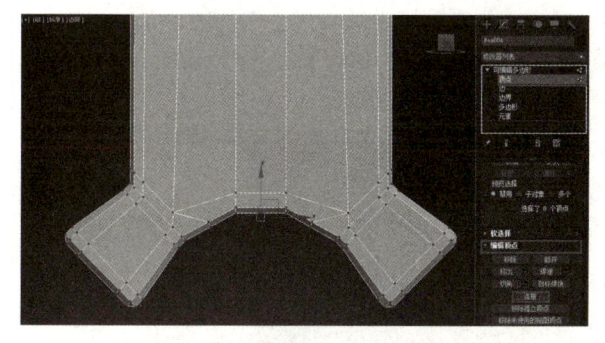

图 2-270　连接顶点

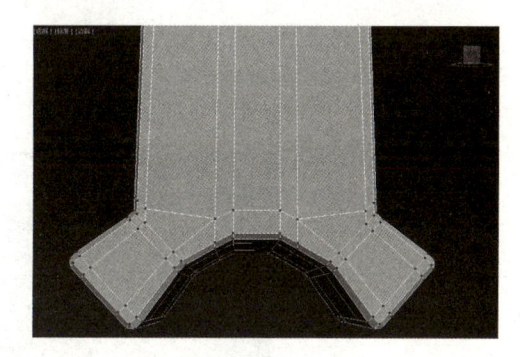

图 2-271　调整剑尖位置的布线

（58）继续为模型的横向添加分段数。选择所有的竖向边，执行"连接"命令添加 4 段，并调整位置。按"1"键进入"顶点"子对象层级，分别选择上面两排顶点，用"选择并均匀缩放"工具将选择的顶点沿 Y 轴压平，如图 2-272 所示。

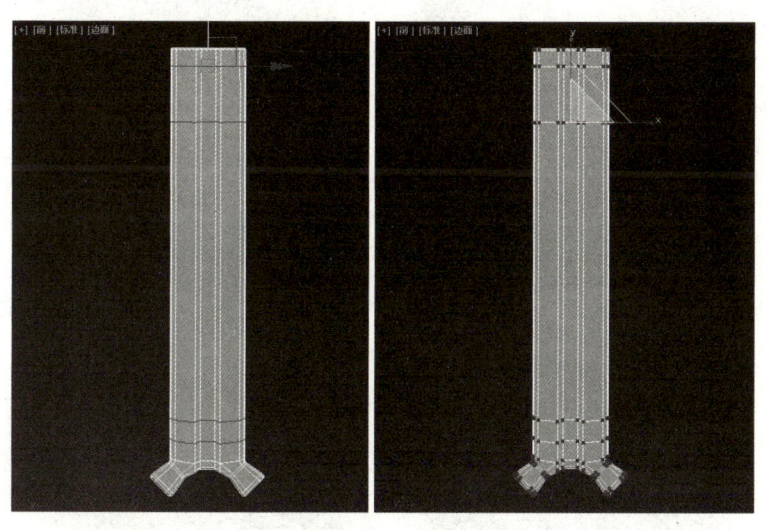

图 2-272　添加分段数并调整

（59）调整剑尖位置的布线，如图 2-273 所示。

（60）挤出多边形。选择如图 2-274 所示的 U 形面，执行"挤出"命令，制作出刀刃的装饰物。后面也做同样的操作。

图 2-273　调整剑尖位置的布线　　　　　　　图 2-274　挤出多边形 6

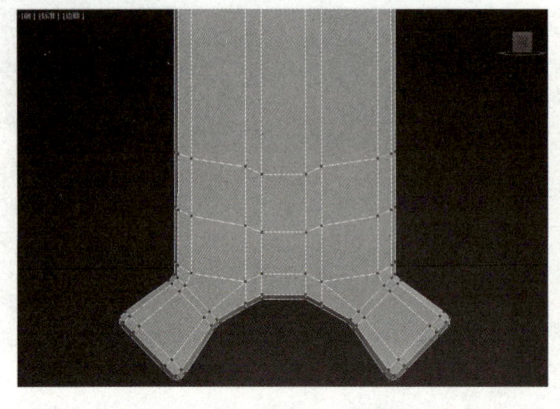

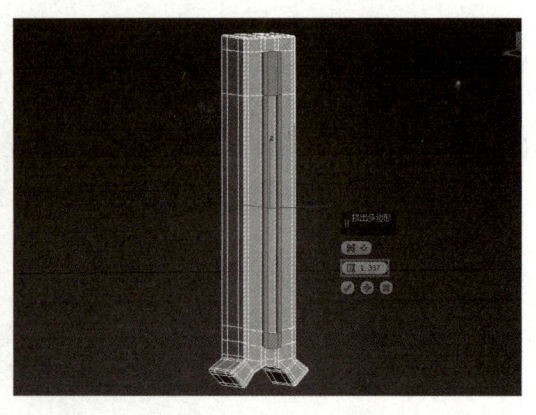

（61）调整刀刃的装饰物。为模型添加分段数，并对挤出部分的顶点进行位置的调整，如图 2-275 所示。

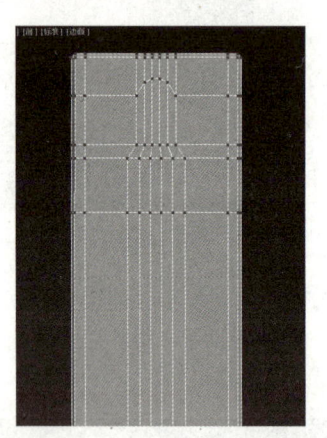

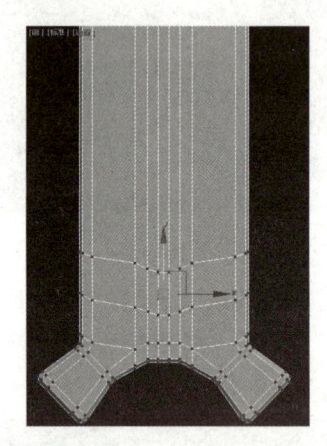

图 2-275　调整刀刃的装饰物

（62）为模型定型。执行"连接""切角"等命令，为模型添加分段数，为模型定型。选择刀刃模型，单击鼠标右键，在弹出的菜单中执行"NURMS 切换"命令，光滑模型后的效果如图 2-276 所示。

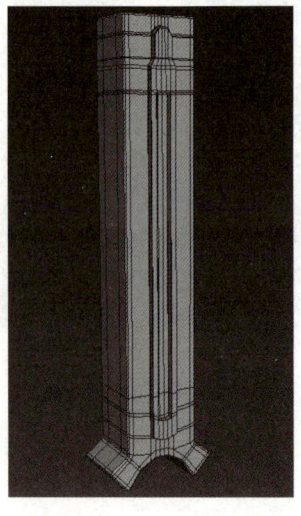

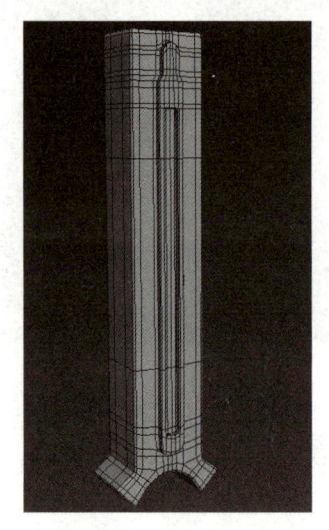

图 2-276　模型定型后的效果

（63）在前视图中选择完成的剑刃模型，单击工具栏中的 （选择并移动）按钮，按"Shift"键拖动模型以进行复制，如图 2-277 所示。

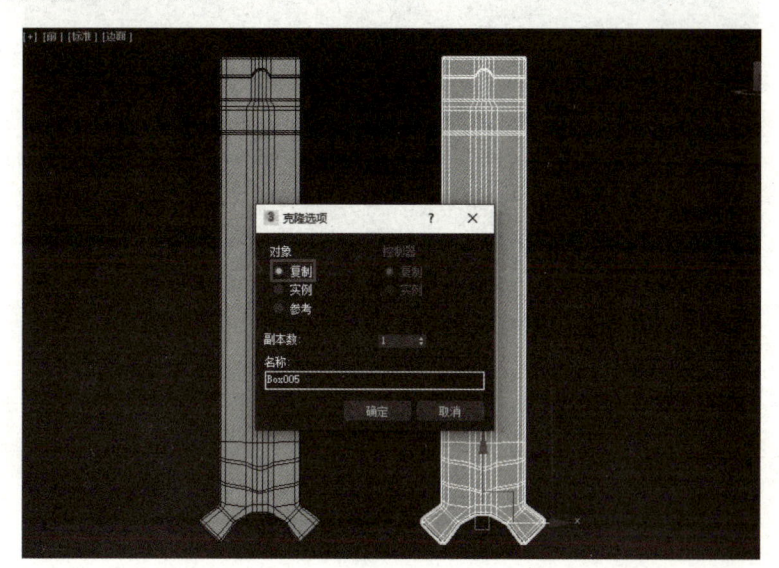

图 2-277　复制刀刃模型

（64）为复制的刀刃模型添加分段数。按"2"键进入"边"子对象层级，选择中间的所有竖向边，执行"连接"命令添加一段，如图 2-278 所示。

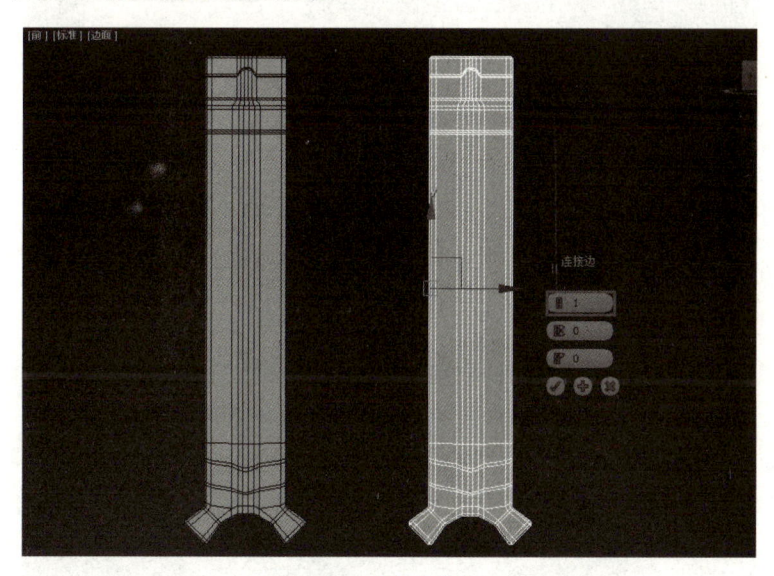

图 2-278　添加分段数 12

（65）按"4"键进入"多边形"子对象层级，选择相应的多边形，按"Delete"键删除所选的多边形，如图 2-279 所示。

（66）调整模型的轴心点位置。按"4"键退出"多边形"子对象层级，在命令面板上执行 ▇（层次）→ 轴 → 仅影响轴 命令，在模型中显示大的坐标轴。在主工具栏中单击 ▇（对齐）按钮或按快捷键"Alt+A"，在视图中单击复制的刀刃，在打开的"对齐当前选择"对话框中，设置选项如图 2-280 所示，将轴心移至模型顶部。

图 2-279 删除多边形

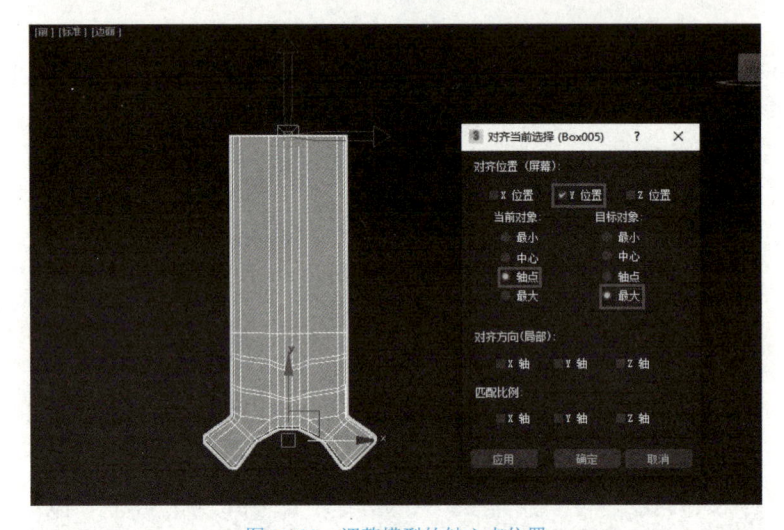

图 2-280 调整模型的轴心点位置

（67）对称模型。退出仅影响轴模式，然后在命令面板上执行"修改"→"对称"命令，参数设置和效果如图 2-281 所示。

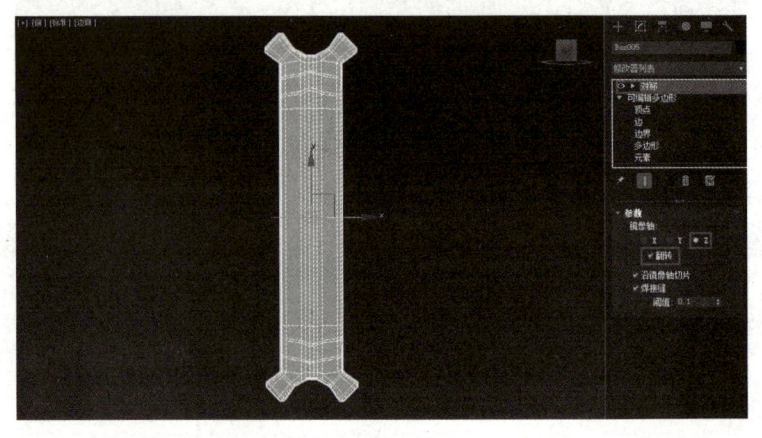

图 2-281 对称模型

模块二 基本和高级模型设计

（68）在复制的刀刃模型上，单击鼠标右键，在弹出的菜单中执行"转换为："→"转换为可编辑多边形"命令，将其转换为可编辑多边形。

（69）调整位置。在主工具栏中的 ![] （角度捕捉切换）按钮上单击鼠标右键，在打开的"栅格和捕捉设置"对话框中，设置角度为 90°。单击 ![] （角度捕捉切换）按钮，切换到角度捕捉状态。单击主工具栏中的 ![] （选择并旋转）按钮，将复制的刀刃模型旋转 90°，并沿 Y 轴向下移动到适当位置，如图 2-282 所示。

图 2-282　调整位置

（70）按"T"键，切换到顶视图。单击主工具栏中的 ![] （选择并均匀缩放）按钮，沿 Y 轴缩小模型至适当大小，如图 2-283 所示。

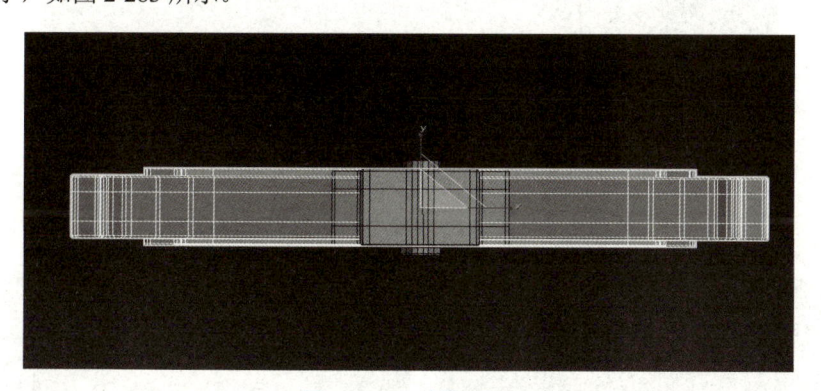

图 2-283　调整模型大小

（71）单击 ![] （孤立当前选择）按钮，退出孤立模式，模型准效果如图 2-284 所示。

（72）制作其他模型。在命令面板上单击 ![] （创建）→ ![] （几何体）→ ![圆柱体] 按钮，在前视图中创建一个圆柱体，并与复制的刀刃模型中心对齐，其参数设置如图 2-285 所示。

（73）调整模型顶底面形态。选择圆柱体模型，单击鼠标右键，在弹出的菜单中执行"转换为："→"转换为可编辑多边形"命令，将其转换为可编辑多边形。按"2"键，进入"边"子对象层级，选择相应的边，执行"连接"命令添加两段，如图 2-286 所示。

（74）按"4"键，进入"多边形"子对象层级，选择圆柱体顶底两个面，执行"挤出"命令，按局部法线类型挤出多边形，如图 2-287 所示。

105

图 2-284　模型准效果

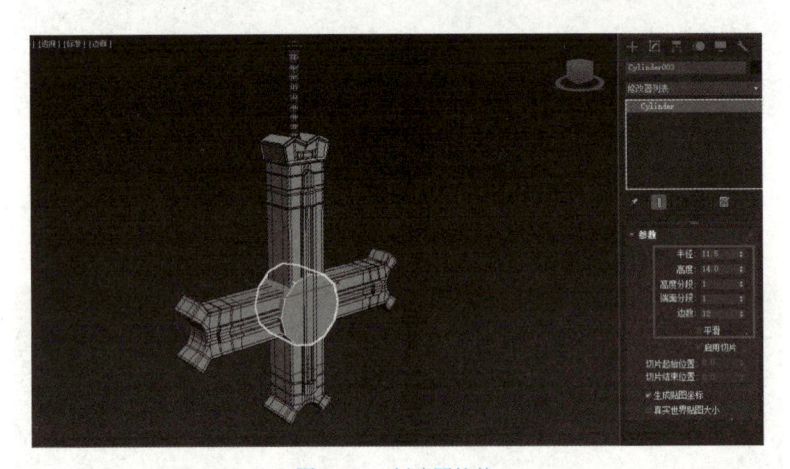

图 2-285　创建圆柱体

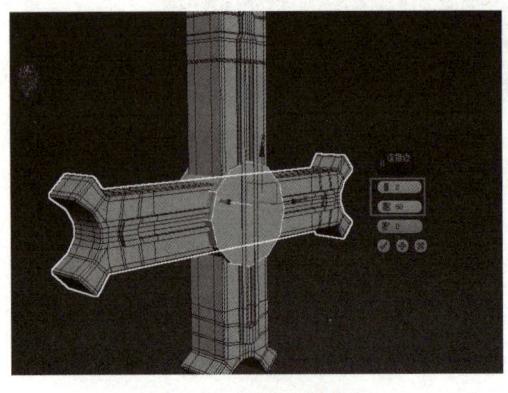

图 2-286　添加分段数 13

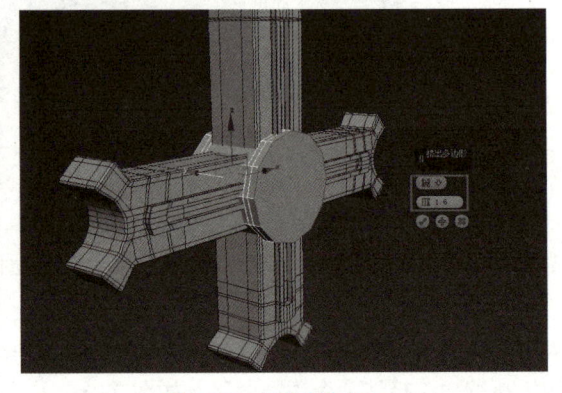

图 2-287　挤出多边形 7

（75）选择挤出的侧面，执行"挤出"命令，如图 2-288 所示。

（76）选择中间的面，在命令面板上单击 →"编辑多边形"卷展栏→ 插入 按钮右

模块二　基本和高级模型设计

侧的▫（设置）按钮，在弹出的小盒界面中设置"插入类型"为组，适当调整数量值，如图2-289所示。

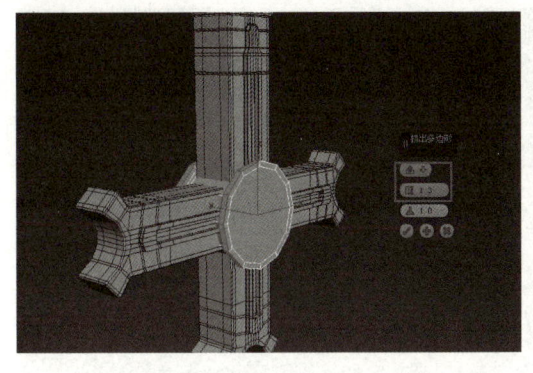

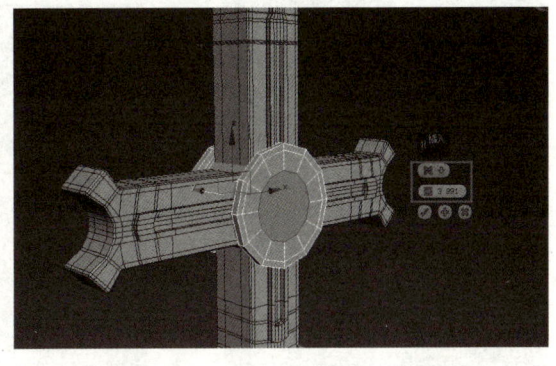

图2-288　挤出多边形8

图2-289　执行"插入"命令2

（77）继续执行"插入"命令。在弹出的小盒界面中，单击✚（应用并继续）按钮再次执行"插入"命令，适当调整数量值，如图2-290所示。

（78）选择新产生的面，执行"挤出"命令，如图2-291所示。

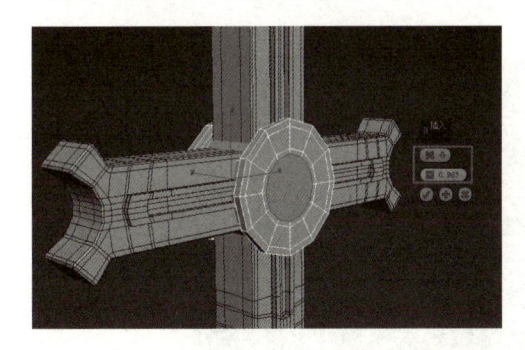

图2-290　继续执行"插入"命令

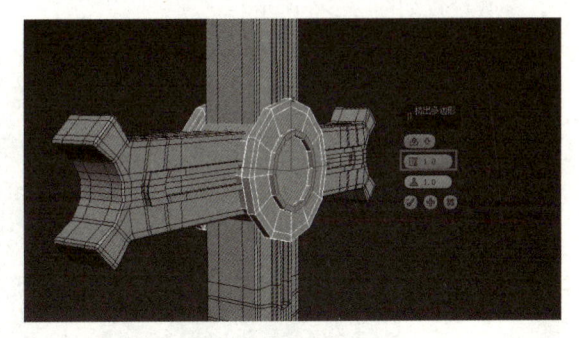

图2-291　挤出多边形9

（79）为模型定型。执行"连接""切角"等命令，为模型添加分段数，为模型定型，如图2-292所示。

（80）选择中间的面，执行"插入"命令，适当调整数值，再将中心圆的圈点向外调整位置，如图2-293所示。

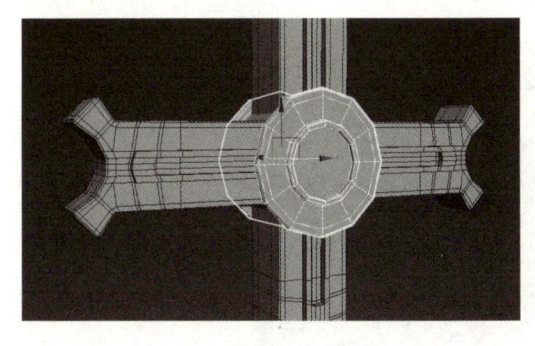

图2-292　模型定型后的效果

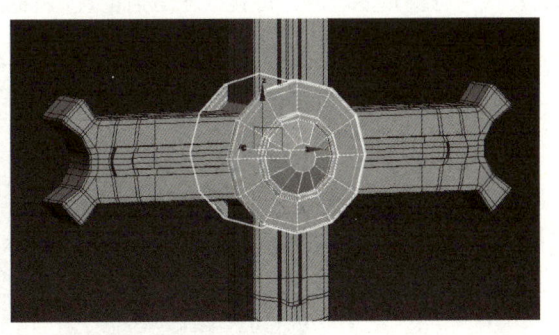

图2-293　执行"插入"命令3

（81）选择圆柱体模型，单击鼠标右键，在弹出的菜单中执行"NURMS切换"命令，光滑模型后的效果如图2-294所示。

（82）选择刀刃模型，按"4"键，进入"多边形"子对象层级，选择刀刃顶端的多边形，按"Shift"

107

键，利用"选择并移动"工具复制选择的多边形，如图2-295所示。

图2-294 光滑后的模型效果

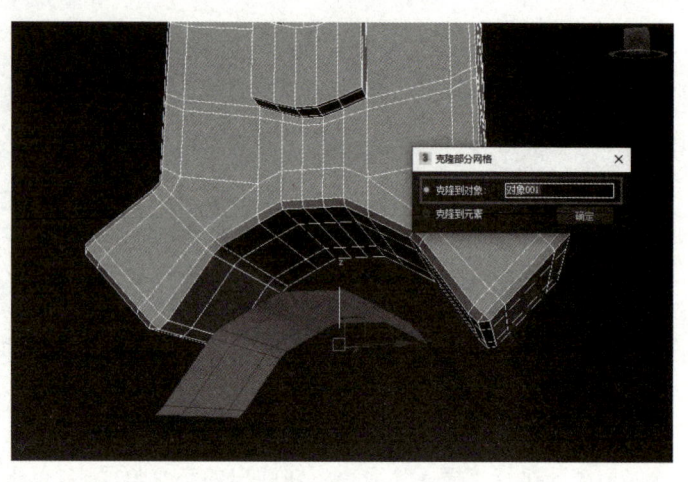

图2-295 复制多边形

（83）按"4"键，退出"多边形"子对象层级。选择新对象，在命令面板上执行"修改"→"壳"命令，参数设置如图2-296所示。

图2-296 执行"壳"命令

（84）选择新模型，单击鼠标右键，在弹出的菜单中执行"转换为："→"转换为可编辑多边形"命令，将其转换为可编辑多边形。将其放在适当位置，调整模型的大小、形态，并给模型定型，如图2-297所示。

图2-297 调整模型位置、大小及结构

（85）编辑材质。按"M"键，打开"Slate材质编辑器"对话框，双击"材质/贴图浏览器"下

模块二　基本和高级模型设计

方"示例窗"中的 01-Default 材质球，设置"漫反射"颜色为深灰色，"高光级别"值为 110，"光泽度"值为 50。在视图中选择模型，在"Slate 材质编辑器"对话框中单击 （将材质指定给选定对象）按钮，将材质赋予模型，如图 2-298 所示。

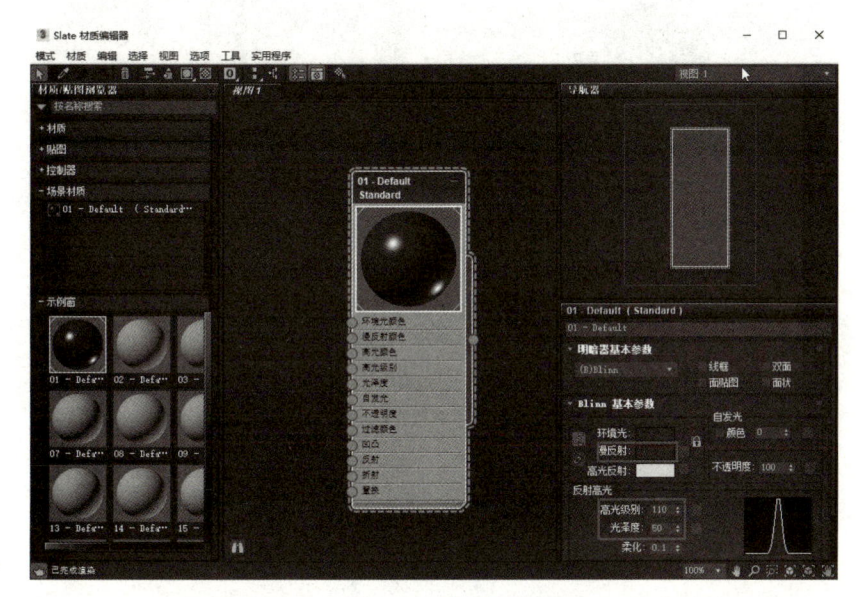

图 2-298　编辑材质

（86）环境和渲染设置。按"8"键打开"环境和效果"对话框，设置背景颜色为灰色。按"F10"键打开"渲染设置：扫描线渲染器"对话框，设置输出宽度为 600，高度为 800，如图 2-299 所示。

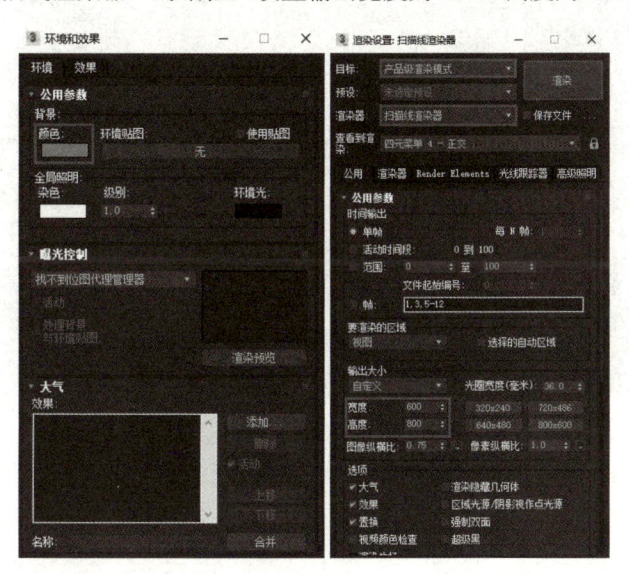

图 2-299　环境和渲染设置

（87）至此，剑士大刀模型制作完成。光滑模型，激活透视口，按"Shift+F"组合键显示安全框，调整视图大小和角度，按"Shift+Q"组合键渲染输出并保存文件，如图 2-300 所示。

（88）下面我们为剑士模型进行素模渲染。模型制作完后，退出光滑模型模式。这里，我们使用高级照明光线跟踪渲染模式，配合 3ds Max 自带的"天光"对场景进行渲染。素模渲染的优势是能够更加细致、准确地表现模型的结构关系。

（89）附加模型。选择任一模型，单击 （修改）→"编辑几何体"卷展栏→ 附加 按钮右侧的■（设置）按钮，在弹出的"附加列表"对话框中选择所有模型，将其附加为一个模型，如图2-301所示。

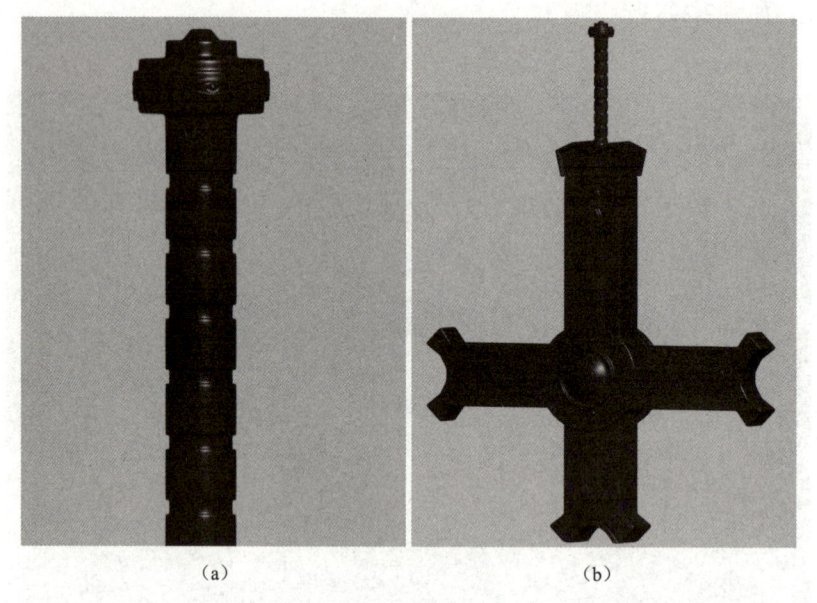

图2-300 剑士大刀效果

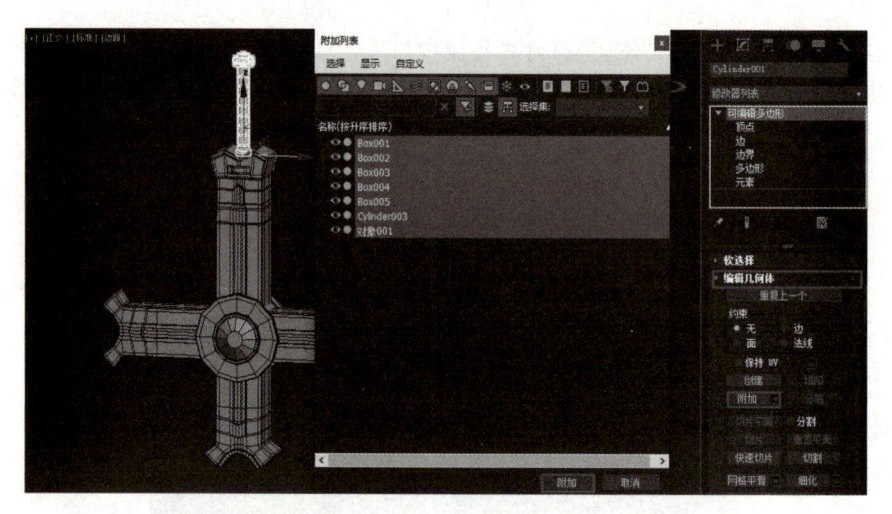

图2-301 附加模型

（90）选择剑士大刀模型，执行"编辑"→"克隆"菜单命令，或按"Ctrl+V"组合键，以"复制"的方式复制剑士大刀模型。选择复制的模型，按"M"键，打开"Slate材质编辑器"对话框，双击02-Default材质球，设置"线框"模式，"漫反射"颜色为黑色，其他参数为默认。展开"扩展参数"展卷栏，设置相应参数，如图2-302所示。在视图中选择复制的模型，单击 ■（将材质指定给选定对象）按钮，将材质赋予模型。

（91）添加"推力"修改器。选择复制的模型，在命令面板上执行"修改"→"推力"命令，设置参数如图2-303所示。

模块二　基本和高级模型设计

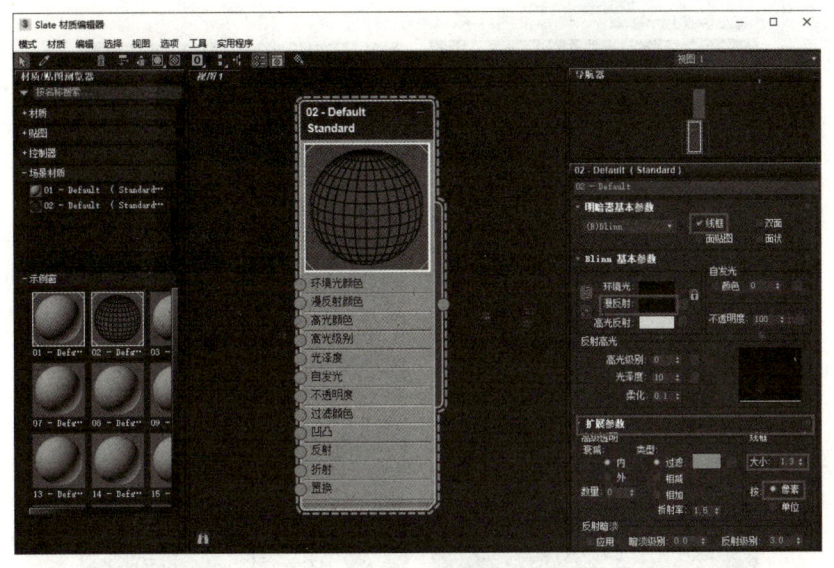

图 2-302　编辑线框材质

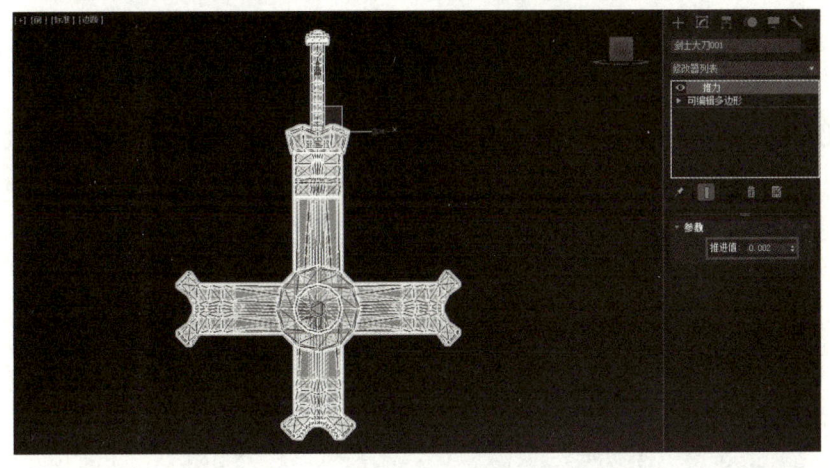

图 2-303　添加"推力"修改器

【提示】

"推力"修改器：可以沿平均顶点法线将对象顶点向外或向内"推力"。这样将产生通过其他途径不能获得的"膨胀"效果。

推进值：以世界单位设置顶点关于对象中心移动的距离。使用正值可将顶点向外移动，而使用负值可将顶点向内移动。

（92）设置天光。在命令面板上单击 ＋ （创建）→ ● （灯光）→ 标准 → 天光 按钮，在前视图上任一位置创建一盏天光。

【提示】

天光："天光"灯光从360°方向向内发射，类似于阴天的天光，由于是反方向向内发射的，所以它没有位置和角度的差异。

当使用默认扫描线渲染器进行渲染时，天光与高级照明（光跟踪器或光能传递）结合使用效果会更佳。

（93）环境和渲染设置。按"8"键打开"环境和效果"对话框，设置背景颜色为浅灰色。按"F10"键打开"渲染设置：扫描线渲染器"对话框，设置输出宽度为600，高度为800，其他设置如图2-304所示。

111

(a)   (b)

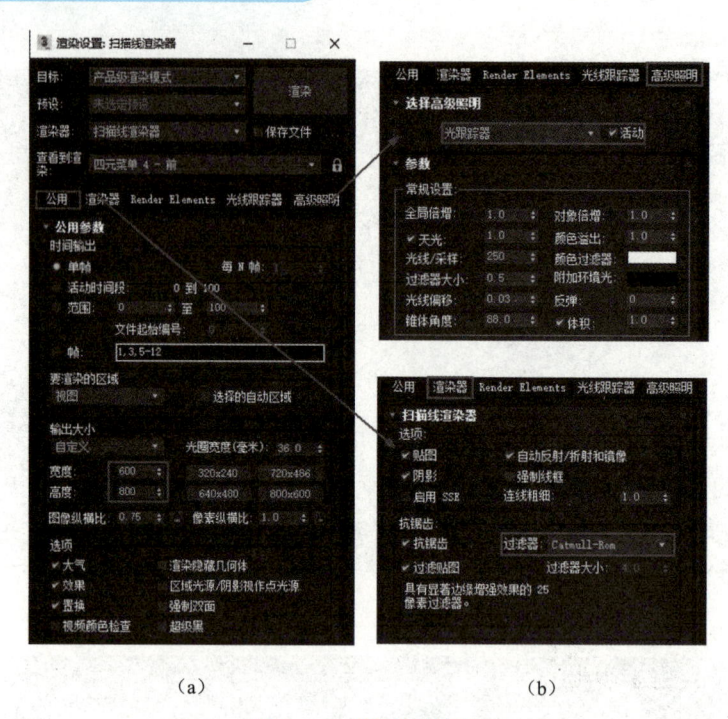

图 2-304　渲染参数设置

（94）至此，剑士大刀素模渲染设置完成。激活透视口，按"Shift+F"组合键显示安全框，调整视图大小和角度，按"Shift+Q"组合键渲染输出并保存文件，如图 2-305 所示。

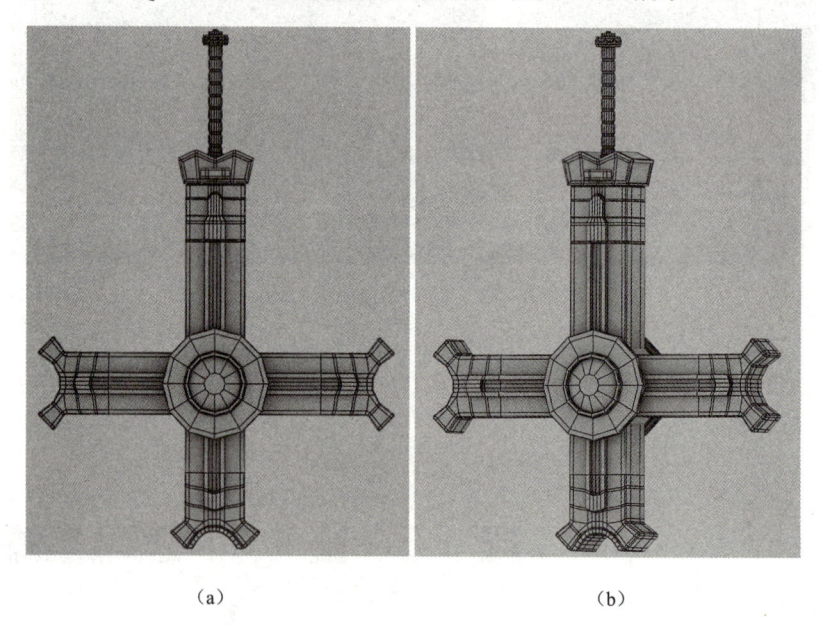

(a)   (b)

图 2-305　剑士大刀素模渲染效果

2.6　本模块小结

本模块主要介绍了 3ds Max 基本建模和高级建模的思路和方法，通过学习，读者可了解三维基本建模和高级模型的制作流程，掌握 3ds Max 基本模型和高级模型的制作方法，并能综合运用各种建模方法制作各种模型，从而为将来从事三维建模师工作奠定基础。

2.7　认证知识必备

一、在线测试

扫码在线测试

二、技能测试题

1．宝箱模型制作

要求：按照所给参考图（图2-306），使用3ds Max软件制作宝箱模型，并赋材质。画面要求高640像素，宽480像素，将文件存储为.max源文件及JPG格式文件。（效果图及贴图素材见素材文件夹）

2．留声机模型制作

要求：按照所给参考图（图2-307），使用3ds Max软件制作留声机模型，并赋材质。画面要求高640像素，宽480像素，将文件存储为.max源文件及JPG格式文件。（效果图及贴图素材见素材文件夹）

图 2-306　宝箱模型

图 2-307　留声机模型

3．斧头模型制作

要求：按照所给参考图（图2-308），使用3ds Max软件制作斧头模型，渲染输出素模效果。画面要求高600像素，宽800像素，将文件存储为.max源文件及JPG格式文件。（效果图及贴图素材见素材文件夹）

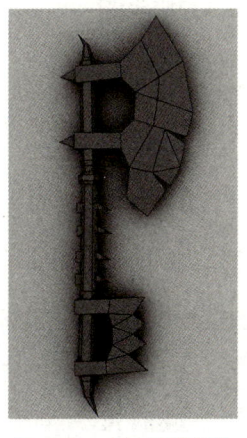

图 2-308　斧头素模效果

模块三

室内外场景设计

在动画片的创作中,动画场景通常是为动画角色的表演服务的,动画场景的设计要展现故事发生的历史背景、文化风貌、地理环境和时代特征,要明确地表达故事发生的时间、地点,还要依据故事情节分为若干个不同的镜头场景,如室内景、室外景、街市、乡村等,场景设计师需要针对每一个镜头的特定内容进行设计与制作。3ds Max 中材质和贴图可以使模型具有真实质感;灯光可以很好地烘托场景气氛,使场具有层次感;摄影机可以确定场景的观察范围和角度,获得人眼真实观看效果。

本模块通过室内外场景案例的制作,详细讲解 3ds Max 材质和贴图、灯光和摄影机的相关知识,进而帮助读者掌握各种室内外三维场景的制作方法和技巧,并能制作各种逼真的室内外场景。

模块导读

模块名称	室内外场景设计
学习目标	知识目标: 1. 掌握 3ds Max 中各种类型材质、贴图的创建和编辑方法 2. 掌握灯光和摄影机的基本知识 3. 掌握各种灯光的作用及其常用参数的功能和使用方法(重点) 4. 掌握各种摄影机的作用及其常用参数的功能和使用方法(重点) 5. 掌握室内外场景模型的制作流程和制作技巧 6. 掌握场景模型 UV 展开技术及贴图的绘制方法和技巧(难点) 7. 掌握室内外场景布光知识和布光方法(难点) 技能目标: 1. 能灵活使用各种建模方法制作室内外场景模型 2. 能合理规划,为各种复杂场景模型展 UV 3. 能灵活使用各种灯光为室内外场景布光 思政目标: 1. 通过对灯光、摄影机的学习,引导激发探索知识本质,逐本求源的科学态度 2. 通过实践演练,引导形成深耕细作、精益求精、专注执着的职业素养
数字化资源	案例素材　电子课件　电子教案　认证知识必备 微课视频 1　3.4 实战演练 1:公园一角 - 模型制作　　4　3.5 实战演练 2:Q 版建筑 - 主体建筑 2 模型制作 2　3.4 实战演练 1:公园一角 - 材质、灯光及渲染输出　　5　3.5 实战演练 2:Q 版建筑 - 其他模型制作 3　3.5 实战演练 2:Q 版建筑 - 主体建筑 1 模型制作　　6　3.5 实战演练 2:Q 版建筑 - 展 UV、贴图绘制、材质、灯光及渲染输出
建议学时:20 学时	

3.1　3ds Max 材质和贴图

材质是三维世界的一个重要概念，是对现实世界中各种材料视觉效果的模拟，这些视觉效果包含颜色、感光特性、反射、折射、透明度、表面粗糙度以及纹理等。材质中的贴图主要用于模拟对象质地、提供纹理图案、反射、折射等效果。在 3ds Max 中创建一个模型，其本身不具备任何表面特征，但通过材质编辑可以模拟出现实世界中的各种视觉效果。

3.1.1　材质编辑器

3ds Max 2020 的材质编辑器有两种模式，即精简材质编辑器和 Slate 材质编辑器。精简材质编辑器继承了 3ds Max 2011 以前版本的模式，如图 3-1 所示；Slate 材质编辑器是 3ds Max 2011 版本以后出现的，该编辑器以一种全新的模式来编辑材质，如图 3-2 所示。

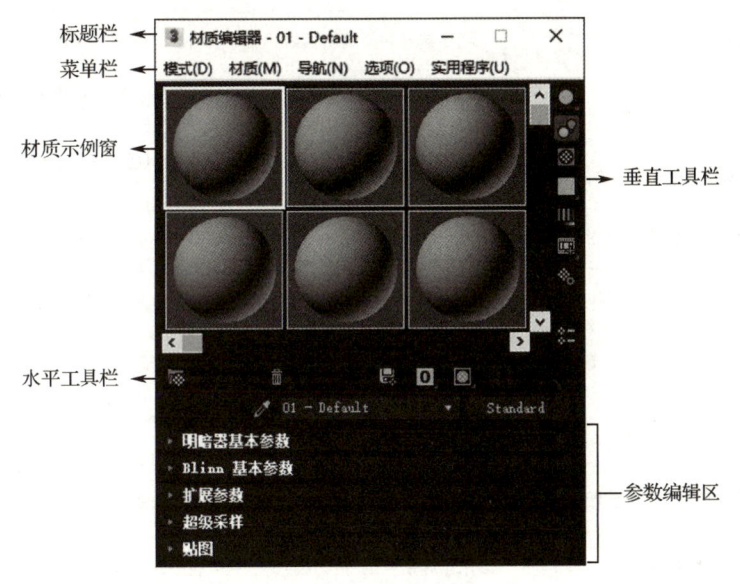

图 3-1　精简材质编辑器

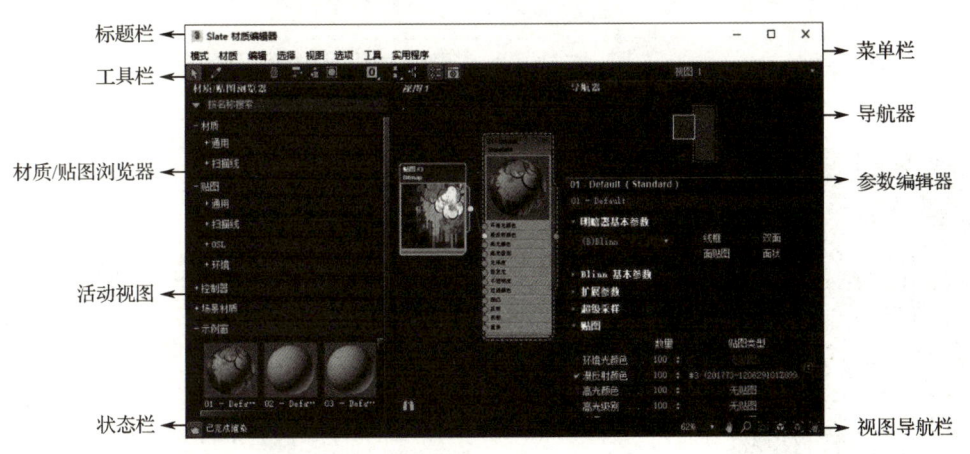

图 3-2　Slate 材质编辑器

执行"渲染"→"材质编辑器"→"精简材质编辑器"或"Slate 材质编辑器"命令，或单击主工具栏中的 ▦（精简材质编辑器）或 ✥（Slate 材质编辑器）按钮或按"M"键，都可以打开相应材质编辑器对话框。下面以"Slate 材质编辑器"模式为例，讲解材质编辑器的使用方法。

"Slate 材质编辑器"（见图 3-2）共分为 9 个部分：标题栏、菜单栏、工具栏、材质/贴图浏览器、活动视图、导航器、参数编辑器、状态栏和视图导航栏。

1. 工具栏

"Slate 材质编辑器"的工具栏，如图 3-3 所示。

图 3-3 工具栏

工具栏中各工具的功能，如表 3-1 所示。

表 3-1 工具栏各工具按钮功能说明

按 钮	功 能 说 明
（选择工具）按钮	用于选择材质编辑器内的命令、材质、贴图、参数等
（从对象拾取材质）按钮	用于从场景中的对象上拾取材质，并将材质显示在 Slate 材质编辑器的活动视图中
（将材质放入场景）按钮	仅当具有与应用到对象的材质同名的材质副本，且编辑该副本以更改材质属性时，该选项才可用。该选项用于更新应用了旧材质的对象
（将材质指定给选定对象）按钮	用于将当前选择的材质应用于场景中当前选择的所有对象上
（视口中显示明暗处理材质）按钮	启用此选项，将使用 3ds Max 软件显示并启用活动材质的所有贴图的视口显示
（在视口中显示真实材质）按钮	启用此选项，将使用硬件显示并启用活动材质的所有贴图的视口显示
（在预览中显示背景）按钮	用于将多颜色的方格背景添加到活动示例窗中，便于查看不透明度、反射、折射等材质效果
布局全部 - 水平 （布局全部 - 垂直）按钮	用于将所有的节点及其子节点按层级关系垂直排列在活动视图中
（布局全部 - 水平）按钮	用于将所有的节点及其子节点按层级关系水平排列在活动视图中
（材质/贴图浏览器）按钮	激活该按钮，"材质/贴图浏览器"将显示在"Slate 材质编辑器"窗口中。默认为激活状态
（参数编辑器）按钮	激活该按钮，"参数编辑器"将显示在"Slate 材质编辑器"窗口中。默认为激活状态

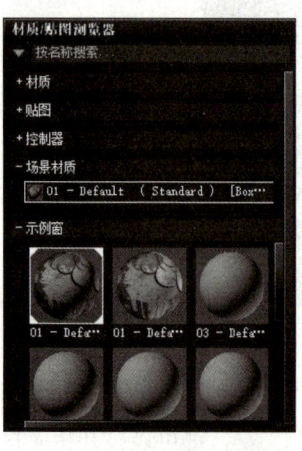

2. 材质/贴图浏览器

默认的材质/贴图浏览器包括按名称搜索、材质、贴图、控制器、场景材质、示例窗 6 个部分，如图 3-4 所示。其中按名称搜索提供了按名称快速查找材质或贴图功能；材质、贴图、控制器用于选择欲为模型添加的材质、贴图或控制器；场景材质用于显示已用于环境或模型的材质及贴图；示例窗包含 24 个"材质示例球"，从材质示例窗中可以直观地看到材质的外观效果。

当在"Slate 材质编辑器"中单击 （将材质指定给选定对象）按钮，该示例窗中的材质便成了同步材质，如图 3-5 所示。同步材质示例窗的四角有白色三角形标记，如果对同步材质进行编辑操作，场景中应用该材质的对象会随之发生变化，不需要再进行重新指定。单击 （视口中显示明暗处理材质）按钮，贴图会在视口中显示出来，示例窗材

图 3-4 材质/贴图浏览器

质名称右下角会呈现红色。材质示例窗共有 4 种状态，如图 3-5 所示，从左到右依次为：使用该材质的对象在场景中被选中（四角为实心白色三角形）、同步材质（四角为轮廓是白色的三角形）、被激活但未被使用的材质（外框为蓝色）和没有被激活的材质。

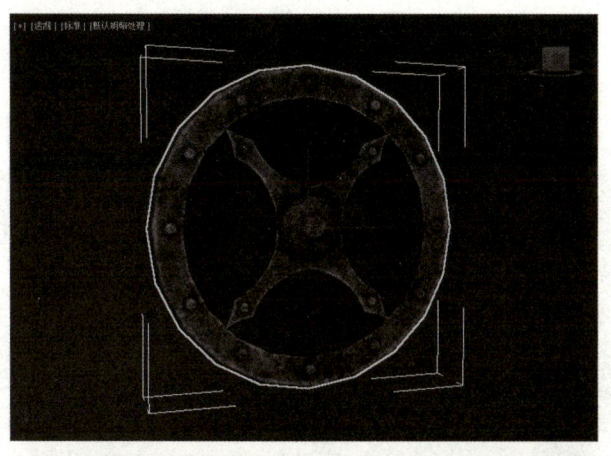

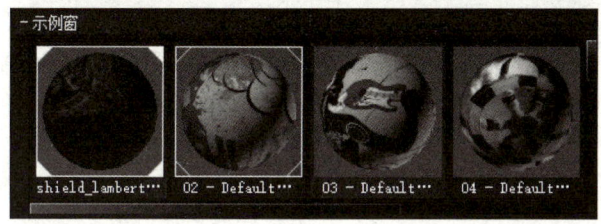

图 3-5 材质示例窗的 4 种状态

3. 参数编辑器

无论何种材质类型，都是通过调整与之相关的"参数"进行编辑的。不同的材质或贴图类型，"参数编辑器"卷展栏中对应的参数类型也会不同。下面以"标准"材质为例介绍各个卷展栏的参数情况。

（1）"明暗器基本参数"卷展栏。明暗器也可称为阴影模式，在 3ds Max 中，对象表面的质感要通过不同的阴影来表现。3ds Max 提供了 8 种明暗器类型，如图 3-6 所示。

材质的渲染方式有线框、双面、面贴图和面状 4 种。启用"双面"复选框，可以使材质出现在模型面的两侧；启用"线框"复选框，将以网格线框的方式来渲染对象；启用"面贴图"复选框，材质将应用到模型的各个面；启用"面状"复选框，模型的每个表面将以平面化进行渲染，忽略各面之间的平滑性。

（2）"Blinn 基本参数"卷展栏。在"Blinn 基本参数"卷展栏中，可对 Blinn 明暗器类型的相关参数进行设置，如图 3-7 所示。

图 3-6 "明暗器基本参数"卷展栏　　　图 3-7 "Blinn 基本参数"卷展栏

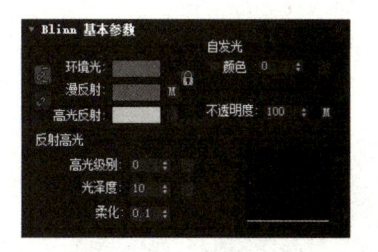

"环境光"也称阴影色，一般由灯光的颜色决定。"漫反射"也称过渡色，它提供模型最主要的色彩。"高光反射"控制对象表面高光区的颜色，一般与"漫反射"相同，只是饱和度更高一些。

"自发光"选项组可以使材质具有自发光效果，常用来制作灯泡等光源模型。当"颜色"选项前面的复选框没有启用时，可以通过颜色后面的单色微调器调整自发光的量。当启用"颜色"选项前的复选框时，可以通过调整颜色创建出带有颜色的自发光效果。

"不透明度"用于控制材质是不透明、半透明还是透明的，值为 100 时，材质完全不透明；当其值为 0 时，材质完全透明。

"反射高光"选项组用于设置材质表面的光亮程度。"高光级别"用于设置反射高光的强度；"光泽度"用于设置反射高光的范围，值越大，高光范围越小；"柔化"用于对反射高光进行柔化处理，使它变得模糊、柔和。通过其右侧的"反光曲线示意图"可以直观地表现高光度和光泽度的变化情况，如图 3-8 所示。

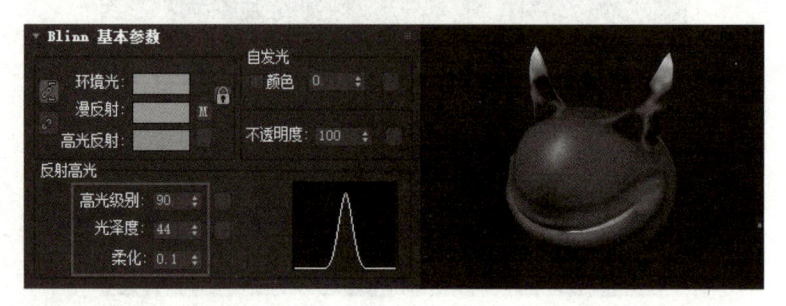

图 3-8 "反射高光"选项组

（3）材质的明暗器类型。前面的内容中提到，材质的明暗器类型包含 8 种，每一种明暗器都有各自的材质特点。"Blinn"明暗器类型是系统默认的类型，下面介绍其他几种类型的明暗器。

Phong 基本参数与 Blinn 相同，但 Phong 具有更明亮的高光，高光部分的形状呈椭圆形，更易表现表面光滑或者带有转折的透明对象，例如玻璃、塑料等。

"各向异性"可以产生椭圆形的高光效果，常用来模拟头发、玻璃或磨沙金属等对象的质感。

"多层"与"各向异性"明暗器效果较为相似，不同之处在于，"多层"明暗器能够提供两个椭圆形的高光，形成更为复杂的反光效果。

"金属"去除了"高光反射"和"柔化"参数值，使"高光级别"和"光泽度"对比很强烈，常用于模拟金属质感的对象。

"Oren-Nayar-Blinn"具有反光度低、对比弱的特点，适用于无光表面，例如纺织品、粗陶、赤土等对象。该明暗器包含附加的"高级漫反射"控件即"漫反射级别"和"粗糙度"，使用它可以生成无光效果。

"Strauss"适用于金属和非金属表面，效果弱于"多层"明暗器，但是"Strauss"明暗器的界面比其他明暗器的简单，易于掌握和编辑，其"光泽度"控制整个高光区的形状；"金属度"通过影响主要和次要高光，使材质更像金属，由于主要依靠高光表现金属程度，需要配合"光泽度"才能更好地发挥作用。

"半透明明暗器"与 Blinn 明暗方式类似，但它还可用于指定半透明对象。半透明对象允许光线穿过，并在对象内部使光线散射。可以使用半透明来模拟被霜覆盖的和被侵蚀的玻璃、半透明胶质物体、厚重的冰块、带有色彩的液体等。

（4）"扩展参数"卷展栏。标准材质的 8 种明暗器的扩展参数都相同。"扩展参数"卷展栏是"基本参数"卷展栏的延伸，包括"高级透明""线框"和"反射暗淡"3 个选项组，如图 3-9 所示。

"高级透明"选项组：用来设置透明材质的不透明度衰减。"内"将从模型边缘向中心增强透明的程度；"外"将从模型中心向边缘增强透明的程度；"数量"用来指定最外或最内的不透明度的数量值。

（5）"超级采样"卷展栏。超级采样功能可以明显改善场景对象的渲染质量，并对材质表面进行抗锯齿计算，但大量的计算会增加渲染时间，所以在最终渲染结果有明显的锯

图 3-9 "扩展参数"卷展栏

齿时再使用它。

（6）"贴图"卷展栏。"贴图"卷展栏包括一个可应用于材质的贴图列表，根据不同的贴图通道可以设置不同的贴图内容，使材质的不同区域产生不同的贴图效果，如图3-10所示。

【提示】

"高光颜色"与"高光级别"及"光泽度"贴图不同的是，它只改变反射高光的颜色，而不改变高光区的强度和面积。

3.1.2 材质类型

在"Slate材质编辑器"对话框中展开"材质"卷展栏内的"通用"卷展栏，可以看到13种材质类型。双击其中的"顶/底"材质类型，这时活动视图中将会出现该材质类型的节点，双击节点的标题栏，即可打开其"参数编辑器"，如图3-11所示。

图3-10 "贴图"卷展栏

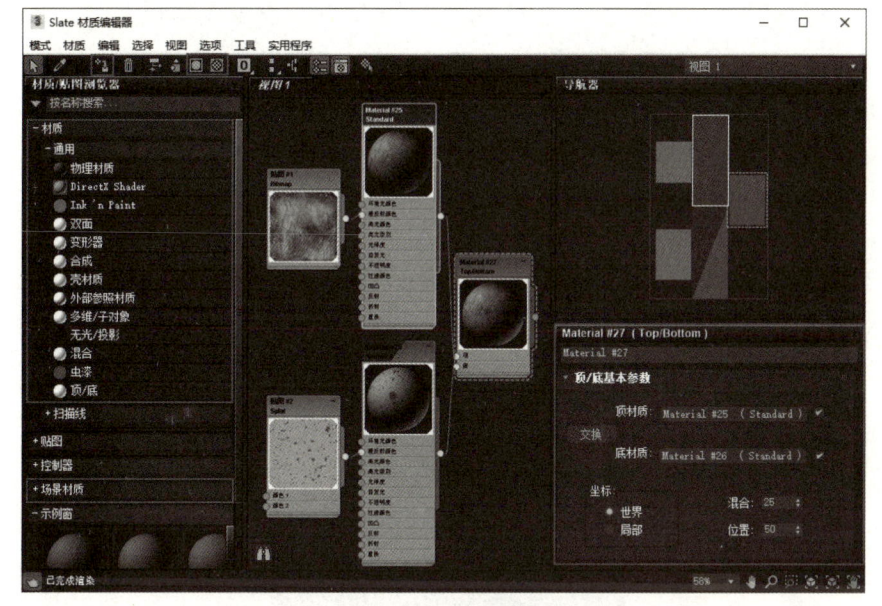

图3-11 "通用"材质类型

在"参数编辑器"中编辑材质，单击 （将材质指定给选定对象）按钮，将材质赋予场景中选择的对象。此时若将活动视图中的节点删除，在"场景材质"卷展栏中将会存储该材质。

下面介绍几种重要且常用的材质类型。

1. "Ink'n Paint"材质

"Ink'n Paint"材质与其他具有仿真效果的材质不同，它提供的是一种带"勾线"的均匀填色方式，主要用于制作卡通渲染效果，如图3-12所示。

2. "双面"材质

"双面"材质可以在对象内外表面分别指定两种不同的材质。该材质适合于一些单面的模型，如纸张、布料等，在材质基本参数中，选择"双面"复选框也可以使对象渲染为双面，但两面是同一种材质，而在现实生活中，单面模型通常两面使用不同的材质，如报纸、钱币等，使用"双面"材质可以很容易实现，如图3-13所示。

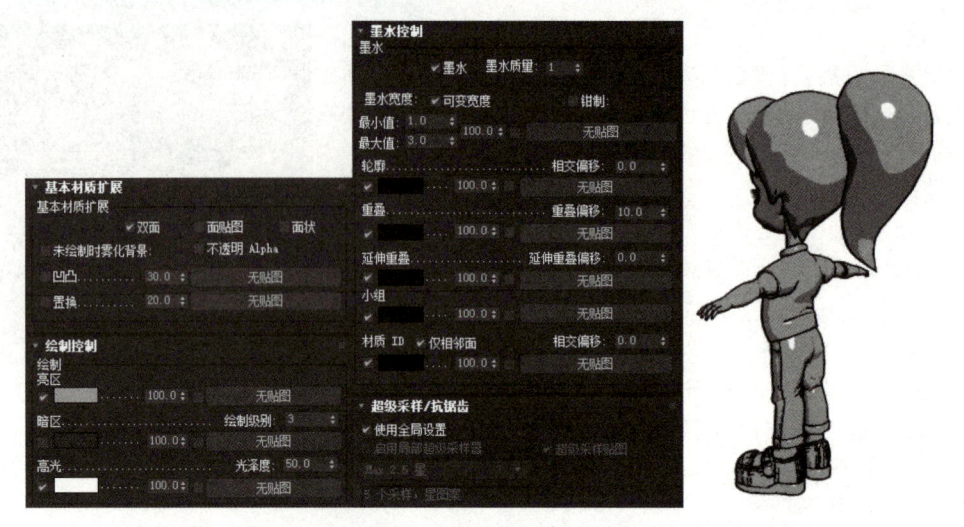

图 3-12 "Ink'n Paint" 材质

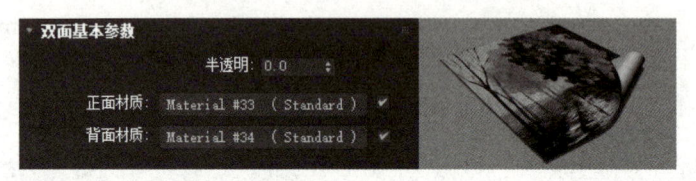

图 3-13 "双面" 材质

3. "合成" 材质

"合成" 材质最多可以将 10 种材质复合在一起，形成一种新材质，如图 3-14 所示。

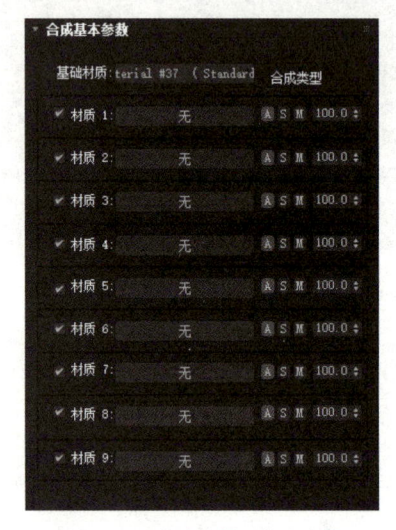

图 3-14 "合成" 材质基本参数

"基础材质"用于指定基础材质，默认为标准材质；"材质 1"至"材质 9"复选框用来控制是否使用该材质。合成方式有 3 种：A 方式使各个材质的颜色依据其不透明度进行相加；S 方式使各个材质的颜色依据其不透明度进行相减；M 方式使各个材质依据其数量进行混合复合。"数值框"用于控制混合的数量，值为 0 时不产生合成效果；值为 100 时，完全进行混合。

4. "多维 / 子对象" 材质

"多维 / 子对象" 材质用于为对象的不同部分设置不同的材质。

为单个模型添加"多维/子对象"材质时，首先需要将对象转换为"可编辑网格"或"可编辑多边形"对象，设置对象各部分的 ID 号，然后根据设置的 ID 为对象指定材质，如图 3-15 所示。

图 3-15 "多维/子对象"材质效果

5."无光/投影"材质

被赋予"无光/投影"材质的对象在渲染后将被隐藏不可见，而被该对象遮挡的对象也将被隐藏不可见，但它不遮挡环境背景。另外，这种材质可以表现出投影或接收投影效果。为如图 3-16 左图所示模型下方的平面赋予"无光/投影"材质后，效果如图 3-16 右图所示。

图 3-16 "无光/投影"材质效果

6."混合"材质

"混合"材质可以将两种材质融合在一起，根据不同的融合度，控制两种材质表现的强度，其基本参数卷展栏如图 3-17 所示。

"材质 1"用于设置上层材质；"材质 2"用于设置下层材质；"交互式"用于在视图中预览选择的子材质。

"遮罩"可以选择遮罩贴图，利用贴图的明暗度来决定两个材质的融合情况。

"混合量"用于调整两个材质的混合百分比。当该参数值为 0 时，只显示材质 1；当该参数值为 100 时，只显示材质 2；当该参数值为 50 时，两种材质以均匀的混合效果出现。

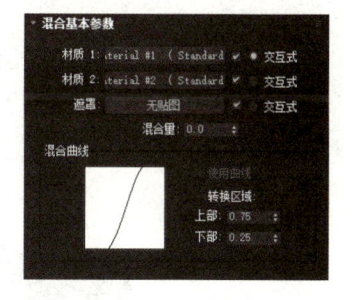

图 3-17 "混合"材质基本参数

"混合曲线"通过使用曲线方式来调节黑白过渡区造成的材质融合的尖锐或柔和程度。

7."虫漆"材质

"虫漆"材质是将一种材质叠加到另一种材质上的混合材质，其中叠加的材质称为"虫漆材质"，被叠加的材质称为"基础材质"，如图 3-18 所示。

8."顶/底"材质

"顶/底"材质可以为对象指定两种不同的材质，一个位于顶部，一个位于底部，中间交界处可以产生浸润效果，其基本参数卷展栏如图 3-19 所示。

"顶/底"材质是根据对象当前选定的坐标系统对应的法线方向来确定对象的"顶"和"底"的，与法线方向（默认为 Z 轴正方向）一致的区域为顶，与法线相反方向的区域为底。

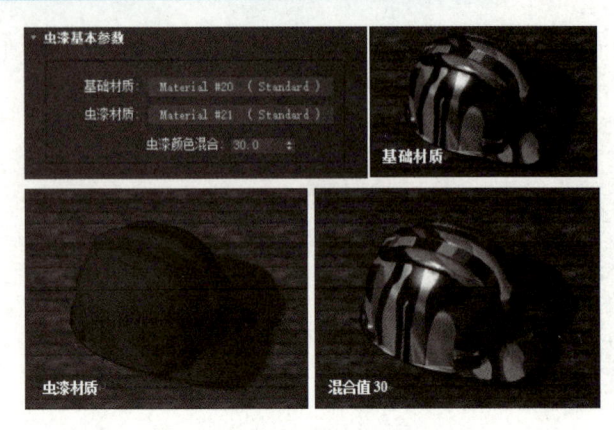

图 3-18 "虫漆"材质

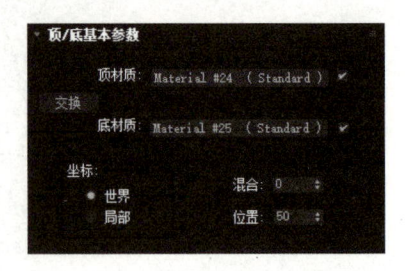

图 3-19 "顶/底"材质基本参数

3.1.3 贴图类型

贴图是表现材质效果的一个重要手段，贴图作为纹理被赋予材质，如木纹、金属等，一张合适的贴图能使材质效果更为逼真。材质贴图可分为 2D（二维）贴图、3D（三维）贴图、"合成器"贴图、"颜色修改器"贴图、反射和折射贴图、环境贴图 6 种类型。

访问贴图可以使用"材质/贴图浏览器"或者创建一个特殊的贴图。在"Slate 材质编辑器"中，默认情况下，该浏览器是一个始终可见的面板，也可以通过在"Slate 材质编辑器"的"贴图"卷展栏中单击"贴图通道"按钮，进入"材质/贴图浏览器"，如图 3-20 所示。

1. 公共参数卷展栏

在"Slate 材质编辑器"中，贴图"坐标""噪波""时间"和"输出"卷展栏是大多数贴图都有的，除此之外，每种类型的贴图都有自己相应的卷展栏。

（1）"坐标"卷展栏。用标准几何体建模时，大多数情况下会自动生成一个基于 UVW 坐标系的贴图坐标，UVW 坐标系与场景中的 XYZ 坐标系是等同的。在创建面板的"参数"卷展栏中，选中"生成贴图坐标"复选框后，将按照系统预定的方式给对象指定贴图坐标。贴图"坐标"卷展栏如图 3-21 所示。

图 3-20 材质/贴图浏览器

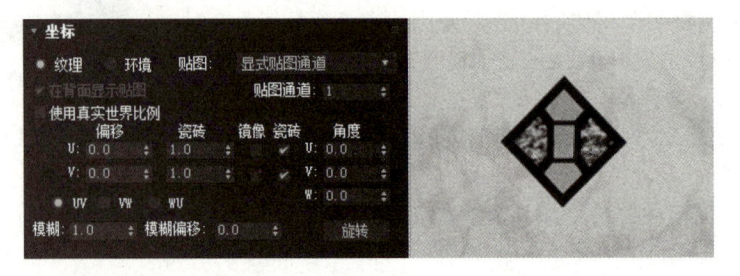

图 3-21 "坐标"卷展栏

"纹理"是将纹理贴图应用于对象表面；"环境"是将贴图作为环境贴图；"偏移"用于改变对象的 UV 坐标，以此调节贴图在物体表面的位置；"瓷砖"用于设置贴图在 UV 方向上重复的数目；"角度"用于设置贴图在 UVW 方向上的旋转角度。

（2）"噪波"卷展栏。通过设置"噪波"卷展栏的各项参数，使贴图在 UV 轴向上的像素产生扭曲。勾选"启用"复选框后设置生效，如图 3-22 所示。

"数量"：控制着分形计算的强度，值为 0.001 时不产生噪波效果，值为 100 时位图将被完全噪化。

"级别"：可设置函数被指定的次数，与"数量"值有紧密联系，"数量"值越大，"级别"值的影响也越强烈。

"大小"：可设置噪波函数相对于几何型的比例，值越大，波形越缓；值越小，波形越碎，取值范围为 0.001 ~ 100。

（3）"时间"卷展栏。"时间"卷展栏可用于控制动态纹理贴图，如 Fic 或 avi 动画开始的时间和播放速度，这使序列贴图在时间上得到更为精确的控制，如图 3-23 所示。

（4）"输出"卷展栏。可以调节贴图输出时的最终效果。

图 3-22 "噪波"卷展栏　　　　　图 3-23 "时间"卷展栏

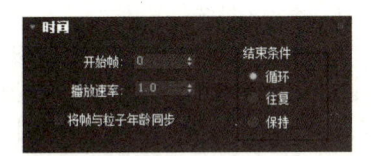

2. 2D 贴图类型

2D 贴图没有深度，它可以包裹到一个对象的表面上，或作为场景背景图像的环境贴图，包括"位图""平铺""棋盘格""漩涡""渐变""渐变坡度"贴图等，其中"位图"是将所选的外部位图图像作为纹理贴图应用，其他的 2D 贴图属于程序纹理。

（1）"位图"贴图。"位图"贴图是最常用的一种贴图类型，可以使用一张位图图像作为贴图，位图贴图支持多种格式，包括 AVI、BMP、DDS、GIF、IFL、JPEG、PNG、PSD、TIFF 等主流图像格式。

（2）"平铺"贴图。"平铺"贴图适用于在对象表面创建各种形式的方格组合图案，如地板、砖墙等。通过在"标准控制"卷展栏中设置贴图类型和在"高级控制"中设置平铺贴图的纹理和平铺次数以及砖缝的纹理或颜色及间距值，控制平铺贴图效果。

（3）"棋盘格"贴图。"棋盘格"贴图可以产生两色的交错图案，也可指定两个贴图进行交错，常用于制作一些格状纹理，或砖墙、地板块等有序的纹理。

（4）"漩涡"贴图。"漩涡"贴图由两种基本的色彩构成整体的图像，其中色彩也可以用位图来代替，产生不同类型的贴图相互融合的效果，该贴图适合创建水的漩涡效果。

（5）"渐变"贴图。"渐变"贴图可以设置对象颜色间过渡的效果，有线性渐变和径向渐变两种类型。通过嵌套"渐变"贴图，可以在对象表面创建无限级别的渐变和图像嵌套效果。

（6）"渐变坡度"贴图。"渐变坡度"贴图与"渐变"贴图相似，都可以产生颜色间的渐变效果，但"渐变坡度"贴图可以通过拖曳"参数面板"颜色条下面的色标复制出多个色标，从而设置任意数量的颜色或贴图。

3. 3D 贴图类型

3D 贴图是产生三维空间图案的程序纹理，包括"细胞""凹痕""衰减""大理石""噪波""波浪""高级木材"贴图等。

（1）"细胞"贴图。"细胞"贴图可以生成用于各种视觉效果的细胞图案，如马赛克、鹅卵石等。

（2）"凹痕"贴图。"凹痕"贴图应用于"漫反射"和"凹凸"贴图通道时，可以在对象的表面上创建凹痕纹理，用来表现路面的凹凸不平或物体风化和腐蚀的效果。

（3）"衰减"贴图。"衰减"贴图可以产生由明到暗的衰减影响，作用于"不透明度""自发光"和"过滤色"贴图通道，主要产生一种透明衰减效果，强的地方透明，弱的地方不透明。

（4）"大理石"贴图。"大理石"贴图适合在对象表面创建类似于大理石的纹理效果，也可用来制作木纹纹理。

（5）"噪波"贴图。"噪波"贴图可以通过两种颜色的随机混合，产生一种噪波效果。该贴图常与"凹凸"贴图通道配合使用，产生对象表面的凹凸效果，常用于柏油路面或磨沙效果的制作。

（6）"波浪"贴图。"波浪"贴图可以产生平面或三维空间中的水波效果，常用于"漫反射""凹凸"贴图通道，创建水纹效果；也可用于"不透明度"贴图通道，创建透明的水纹效果。

（7）"高级木材"贴图。使用"高级木材"贴图可以生成逼真的三维木材纹理。

4. "合成器"贴图类型

"合成器"贴图是将不同贴图按指定方式结合在一起获得的贴图，包括"合成""遮罩""混合"和"RGB 倍增"4 种。

（1）"合成"贴图。"合成"贴图可以将多个贴图组合在一起，通过贴图自身的通道或输出数量来决定彼此间的透明度。

（2）"遮罩"贴图。"遮罩"贴图可以使用一张贴图作为遮罩，透过它来观看上层的贴图效果。遮罩层上白色部分是完全不透明的，越暗的区域越透明，黑色部分完全透明。

（3）"混合"贴图。"混合"贴图用来混合两种贴图或颜色，以获得新的材质。

（4）"RGB 倍增"贴图。"RGB 倍增"贴图主要用于"凹凸"贴图通道，它允许将两种颜色或两张贴图的颜色进行相乘处理，大幅增加图像的对比度。

5. 反射和折射贴图类型

反射和折射贴图用于创建反射和折射贴图，主要有"平面镜""光线跟踪""薄壁折射"和"反射/折射"等贴图类型。

（1）"平面镜"贴图专用于一组共面的表面产生镜面反射效果，它是对"反射/折射"贴图的一个补充。"反射/折射"贴图唯一的缺点是在共面表面无法正确表现反射效果，而"平面镜"贴图可以弥补这一缺陷。

（2）"光线跟踪"贴图与"光线跟踪"材质基本相同，能够真实地反射出材质周围场景中的物体，并在材质表面形成反射效果。

（3）"薄壁折射"贴图主要用于模拟半透明玻璃、放大镜等玻璃的折射效果。

如图 3-24 所示，从左到右依次为使用了"平面镜""光线跟踪""薄壁折射"贴图后的效果。

图 3-24　反射和折射贴图类型效果展示

3.1.4　UVW 展开技术

1. "UVW 展开"修改器

使用"UVW 展开"修改器可以精确地控制纹理贴图，并将纹理贴图准确地绘制到模型的表面。"UVW 展开"修改器适用于模型是非规则形状的，纹理贴图是非规则贴图的情况。在视图中选择对象，然后在修改器列表中执行"UVW 展开"命令，即可打开"UVW 展开"修改器的参数卷展栏，如图 3-25 所示。

（1）"选择"卷展栏

"选择"卷展栏用于选择要使用"UVW 展开"修改器中的其他工具进行操纵的子对象。

(2)"材质 ID"卷展栏

"材质 ID"卷展栏用于为选定的多边形设置材质 ID 或选择与指定的材质 ID 匹配的所有多边形。

(3)"编辑 UV"卷展栏

- 单击 打开 UV 编辑器 按钮，可打开"编辑 UVW"对话框，编辑 UV。
- 单击 视图中扭曲 按钮，启用"视图中扭曲"时，通过在视口中的模型上拖动顶点，每次可以调整一个纹理顶点。执行此操作时，顶点不会在视口中移动，但是编辑器中顶点的移动会导致贴图发生变化。要在调整顶点时看到贴图的变化，则对象必须使用纹理进行贴图并且纹理必须在视口中可见。

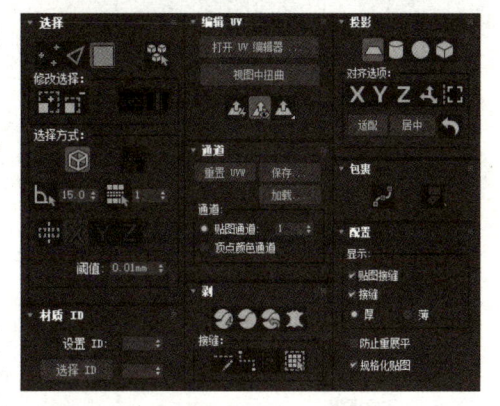

图 3-25 "UVW 展开"修改器的参数卷展栏

- （快速平面贴图）：基于"快速贴图"Gizmo 的方向将平面贴图应用于当前的纹理多边形选择集。通过此工具，可以将选定的纹理多边形"剥离"为单独的簇，随后将使用此卷展栏上指定的对齐方式，根据编辑器的范围缩放该簇。
- （显示快速平面贴图）：启用此选项时，只适用于"快速平面贴图"工具的矩形平面贴图 Gizmo 会显示在视口中选择的多边形的上方。不能手动调整此 Gizmo，但是可以使用相关控件将其重新定位。
- （X/Y/Z/ 平均法线）：从弹出按钮中选择快速平面贴图 Gizmo 的对齐方式：垂直于对象的局部 X 轴、Y 轴或 Z 轴，或者基于多边形的平均法线对齐。需要注意的是，虽然默认显示 X 图标，但此设置的实际默认选择的是"平均法线"。

(4)"通道"卷展栏。

- 重置 UVW：用于在修改器堆栈上将 UVW 坐标还原为先前的状态。
- 保存...：用于将 UVW 坐标保存为 UVW（.uvw）文件。
- 加载...：用于加载一个以前保存的 UVW 文件。
- "通道"组：每个对象最多可拥有 99 个 UVW 贴图坐标通道。默认贴图通道始终为通道 1。每个修改器只能对一个通道进行编辑，要为同一对象上的不同贴图应用不同的贴图坐标，需要使用新的修改器。

(5)"剥"卷展栏。通过"剥"工具可以实现展开纹理坐标的 LSCM（最小二乘法共形贴图）方法，以轻松直观地展平复杂的曲面。通过此卷展栏，可以访问用于展开纹理坐标的"毛皮"方法，以及由"剥"和"毛皮"工具使用的接缝工具。

(6)"投影"卷展栏。使用"投影"卷展栏中的控件可以将四个不同贴图 Gizmo 之一应用和调整到多边形。但要注意的是，当一种投影模式处于活动状态时，可以编辑 Gizmo，但不能更改选择。

- （平面贴图）：用于将平面贴图应用于选定的多边形。选择多边形，单击"平面贴图"按钮，使用变换工具和"对齐选项"工具调整平面 Gizmo，然后再次单击"平面贴图"按钮以退出。
- （柱形贴图）：用于将柱形贴图应用于选定的多边形。选择多边形，单击"柱形贴图"按钮，使用变换工具和"对齐选项"工具调整柱形 Gizmo，然后再次单击"柱形贴图"按钮以退出。
- （球形贴图）：用于将球形贴图应用于当前选定的多边形。选择多边形，单击"球形贴图"按钮，使用变换工具和"对齐选项"工具调整球形 Gizmo，然后再次单击"球形贴图"按钮以退出。

- ▣（长方体贴图）：用于将长方体贴图应用于当前选定的多边形。选择多边形，单击"长方体贴图"按钮，使用变换工具和"对齐选项"工具调整长方体 Gizmo，然后再次单击"长方体贴图"按钮以退出。

"对齐选项"组：使用这些控件可以按程序对齐贴图。

- X/Y/Z（对齐到 X/Y/Z）：用于将贴图 Gizmo 对齐到对象局部坐标系中的 X 轴、Y 轴或 Z 轴。
- （最佳对齐）：用于调整贴图 Gizmo 的位置、方向，根据选择的范围和平均多边形法线缩放使其适合多边形选择。
- （视图对齐）：用于重新调整贴图 Gizm 的方向使其面对活动视口，然后根据需要调整其大小和位置以使其与多边形选择范围相适合。
- 适配：用于将贴图 Gizmo 缩放为多边形选择的范围，并使其居中于所选择的范围，不要更改方向。
- 居中：用于移动贴图 Gizmo，以使它的轴与多边形选择的中心一致。
- （重置贴图 Gizmo）：用于缩放贴图 Gizmo 以适合多边形选择，并将其与对象的局部空间对齐。

（7）"包裹"卷展栏：可以使用这些工具，将规则纹理坐标应用于不规则对象。

- （样条线贴图）：用于将样条线贴图应用于当前选定的多边形。单击该按钮可激活"样条线"模式，在该模式下，可以调整贴图以及编辑样条线贴图。
- （从循环展开条带）：使用对象拓扑可以沿线性路径快速展开几何体。要使用线性路径，需选择与要展开的边平行的边循环，然后单击此按钮。这可能会使纹理坐标产生明显的比例变化，因此通常随后应使用"缩放"工具将它们恢复到 0 到 1 的标准 UV 范围内。

（8）"配置"卷展栏：使用这些设置可以指定修改器的默认设置，包括是否以及如何显示接缝。

2. "编辑 UVW"对话框

在命令面板上单击 （修改）→"UVW 展开"修改器→"编辑 UV"卷展栏→ 打开 UV 编辑器... 按钮，即可打开"编辑 UVW"对话框，如图 3-26 所示。

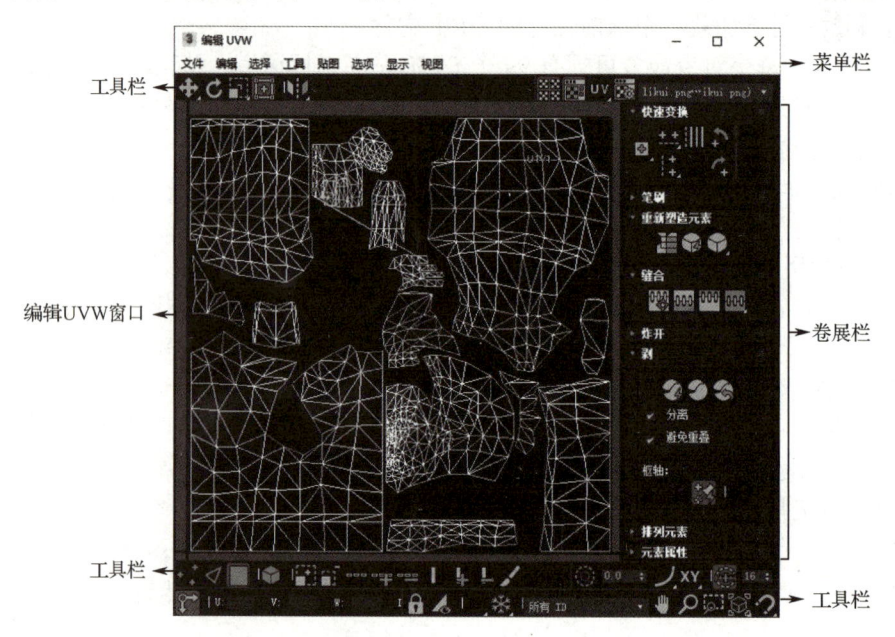

图 3-26 "编辑 UVW"对话框

"编辑 UVW"对话框由菜单栏、编辑 UVW 窗口、三个工具栏（上方一个，下方两个）和右侧的几个卷展栏组成。通过菜单栏可以访问多种"编辑 UVW"功能；通过编辑 UVW 窗口可以编辑 UVW 子对象以调整模型上的贴图；通过工具栏和卷展栏，可以方便地访问用于处理纹理坐标时的常用工具。

3.2　3ds Max 灯光

场景中使用的灯光一般可以分为自然光和人造光两大类。自然光主要用于室外场景，模拟太阳或月亮光源；人造光通常用于室内的场景，模拟人工灯照效果。当然，也有在室内使用自然光的情况，如穿过窗户的日光。同样，也有人造光用于室外的情况，如路灯、激光灯、霓虹灯等。

3.2.1　灯光的种类与创建

3ds Max 中提供了两大类实体光源：光度学灯光和标准灯光。在灯光类型选项栏中默认为"光度学"类型，单击"选项"按钮，可以从弹出的列表中选择"标准"选项。

1. 标准灯光的种类与创建

单击 ➕（创建）→ 💡（灯光）按钮，在灯光类型下拉列表中选择"标准"选项，即可打开标准灯光创建面板，如图 3-27 所示。

（1）聚光灯。聚光灯类似于舞台上的射灯，可以控制照射方向和照射范围，它的照射区域为圆锥状。

聚光灯有两种类型：目标聚光灯和自由聚光灯。

单击 目标聚光灯 按钮，在视口中需要设置灯光的位置按下鼠标左键拖曳，到照射目标位置释放鼠标，即可创建一盏目标聚光灯，如图 3-28 所示。

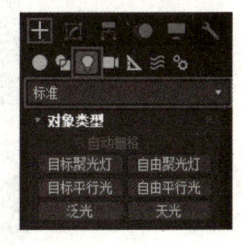

图 3-27　标准灯光创建面板

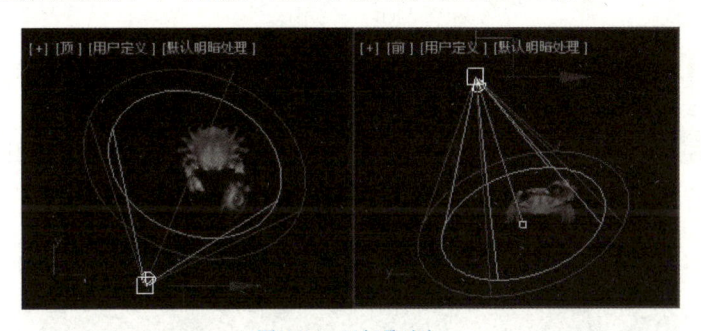

图 3-28　目标聚光灯

自由聚光灯没有目标点，单击 自由聚光灯 按钮后，在视口中单击鼠标即可创建一盏自由聚光灯，如图 3-29 所示。

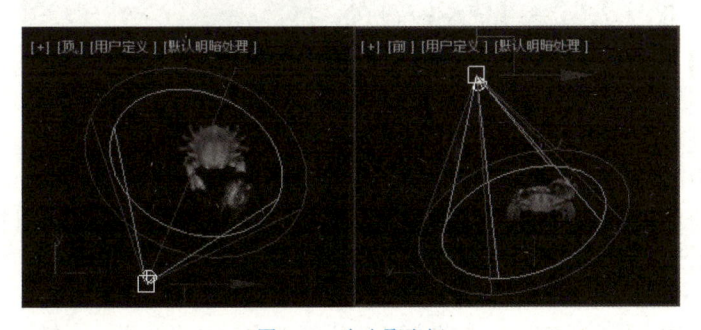

图 3-29　自由聚光灯

（2）平行光。平行光是在一个方向上传播平行的光线，通常用于模拟强大的光线效果，如太阳光、月光等，它的照射区域有圆柱状和长方体状两种。

平行光也有两种类型：目标平行光和自由平行光。目标平行光与目标聚光灯相似，也包括灯光和目标点两个对象，其创建方式也与目标聚光灯相同，如图 3-30 所示。

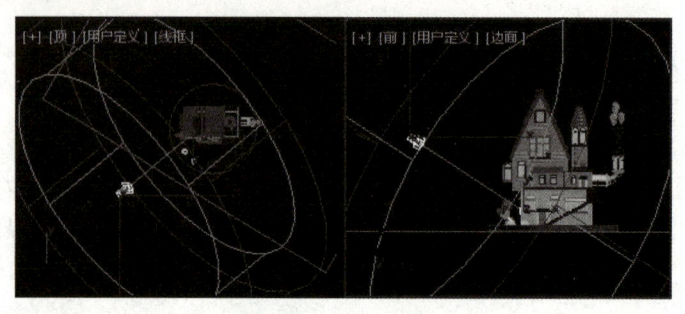

图 3-30　目标平行光

自由平行光与自由聚光灯相似，只有灯光对象，没有目标点，如图 3-31 所示。

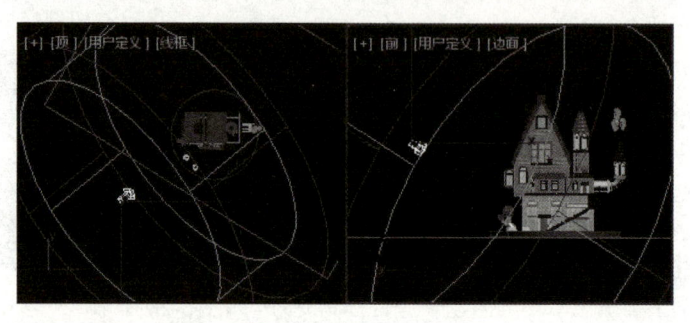

图 3-31　自由平行光

（3）泛光。泛光类似于普通灯泡，它放置得越高照射的范围越大，它在所有方向上传播光线，并且照射的距离非常远，能照亮场景中所有的模型。

单击 泛光 按钮，在任意视口中单击鼠标即可创建泛光。泛光在视口中以菱形块形状显示，如图 3-32 所示。

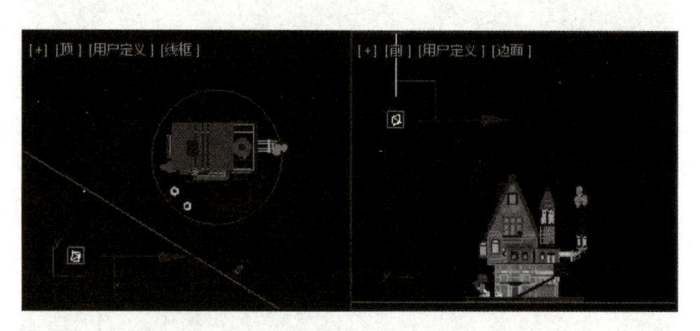

图 3-32　泛光

（4）天光。天光可以用来模拟日光效果，可以自行设置天空的颜色或为其指定贴图。选择该种类型的灯光，在视口中单击鼠标即可创建。

天光可用于天空建模，作为场景上方的圆屋顶。当使用默认扫描线渲染器进行渲染时，天光与高级照明（光跟踪器或光能传递）结合使用效果会更佳。

2．光度学灯光的类型与创建

光度学灯光可以通过控制光度值、灯光颜色等模拟真实的灯光效果。一般和"光能传递"渲染方式配合使用，可以创建具有各种分布和颜色特性灯光，或导入照明制造商提供的特定光度学文件。

在灯光创建面板中，单击灯光类型选项栏，在弹出的下拉列表中选择"光度学"选项，"对象类型"卷展栏中即可显示所有光度学灯光的创建按钮，如图 3-33 所示。单击任何一个灯光按钮，即可在视口中进行创建，创建方法与标准灯光相同。

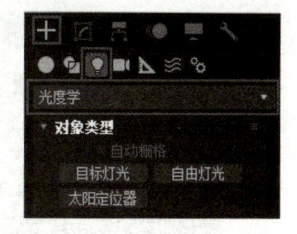

（1）目标灯光。目标灯光具有投射点和目标点，可以分别调整投射点和目标点的位置来设置灯光投射到对象上的方向。该灯光提供了多种分布方式，而且还可以为灯光指定生成阴影的灯光图形，从而改变对象阴影的投射方式。

图 3-33　光度学灯光创建面板

（2）自由灯光。自由灯光与目标灯光唯一的区别是，自由灯光不具备目标点，可以使用 ⟳ （选择并旋转）工具调整灯光的照射方向。

（3）太阳定位器。太阳定位器和物理天空是日光系统的简化替代方案，可为基于物理的现代化渲染器用户提供协调的工作流。

类似于其他可用的太阳光和日光系统，太阳定位器和物理天空使用的灯光遵循太阳在地球上某一给定位置的符合地理学的角度和运动。可以为其选择位置、日期、时间和指南针方向，也可以设置日期和时间的动画。该系统适用于计划中的和现有结构的阴影研究。此外，在设置过程中还需要对"纬度""经度""北向"和"轨道缩放"进行动画设置。

3.2.2　灯光参数

无论是标准灯光还是光度学灯光，其大部分的参数选项都是相同的或相似的，下面以目标聚光灯的参数为例进行介绍。

1. "常规参数"卷展栏

该卷展栏用于启用和禁用灯光、改变灯光类型、设定场景中灯光的照射对象等，如图 3-34 所示。

（1）"灯光类型"选项组。"启用"复选框可以控制灯光的开启或关闭。可以在"启用"右侧的"灯光类型"下拉列表中选择改变当前灯光的类型。

（2）"阴影"选项组。勾选"阴影"选项组中的"启用"，则当前灯光能够产生阴影，如图 3-35 所示为目标聚光灯启用"阴影"前后的效果。

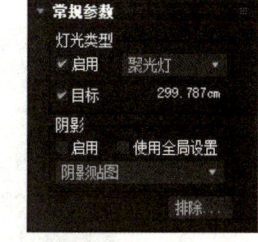

图 3-34　"常规参数"卷展栏

图 3-35　启用"阴影"前后的效果对比

勾选"使用全局设置"复选框，将会把阴影参数应用到场景中的全部投影灯上。

单击"排除"按钮，可以从弹出的"排除/包含"对话框中指定物体是否接受灯光的照明影响和是否投射阴影。

2. "强度/颜色/衰减"参数卷展栏

"强度/颜色/衰减"参数卷展栏用于设置灯光的亮度、颜色以及灯光的衰减情况，如图 3-36 所示。

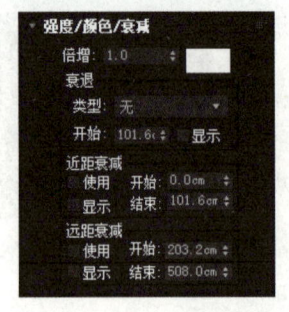

图3-36 "强度/颜色/衰减"参数卷展栏

"倍增"：用于控制灯光的照射强度。右侧颜色块用于设置灯光的颜色。

"衰退"：用于光线的衰减控制。"类型"下拉列表提供了3种衰减方式。其中，"倒数"表示按到灯光的距离进行线性衰减；"平方反比"表示按距离的指数进行衰减，这是真实世界中的灯光衰减计算公式，也是光度学灯光的衰减公式，但它会使场景变得过于黑暗，可以通过提高"倍增"值来弥补。

选中"近距衰减"选项组中的"使用"复选框时，灯光亮度在光源位置到指定"开始"位置之间保持为0，在"开始"位置到"结束"位置之间不断增强，在"结束"位置灯光达到最大值。"显示"复选框用来控制是否在视口中显示近距衰减的范围线框，如图3-37所示。

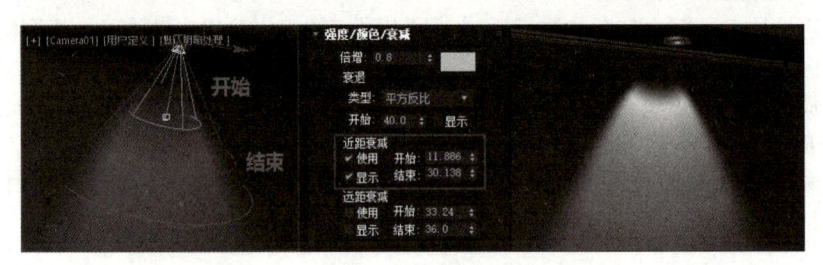

图3-37 "近距衰减"效果

"远距衰减"与"近距衰减"正好相反，从"开始"位置灯光开始衰减，到结束位置灯光亮度降为0，如图3-38所示。

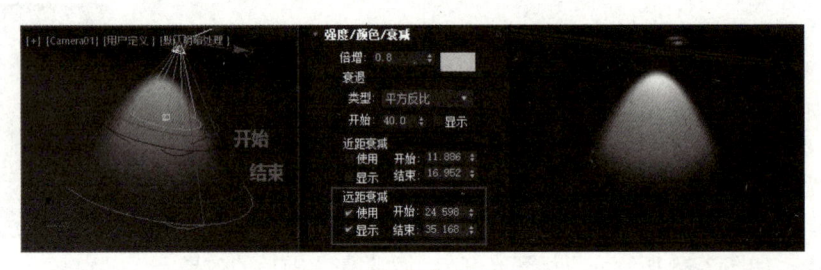

图3-38 "远距衰减"效果

3. "聚光灯参数"卷展栏

当创建了目标聚光灯、自由聚光灯或是以聚光灯方式分布的光度学灯光后，就会出现"聚光灯参数"卷展栏，用于控制灯光的聚光区和衰减区，如图3-39所示。

"显示光锥"复选框：勾选时，可以使聚光灯未被选择时仍然在视口中显示范围框。在范围框中，浅黄色框表示聚光区范围，深黄色框表示衰减区范围。

图3-39 "聚光灯参数"卷展栏

"泛光化"复选框：勾选时，聚光灯既能照亮整个场景，又能产生阴影效果。

"聚光区/光束"：用于调节灯光的聚光区范围。

"衰减区/区域"：用于调节灯光的衰减范围，此范围外的物体将不受任何光照的影响，此范围与"聚光区"之间，光线由强到弱进行衰减变化，如图3-40所示。

"圆形/矩形"单选框：用于设置产生圆形照射区域还是矩

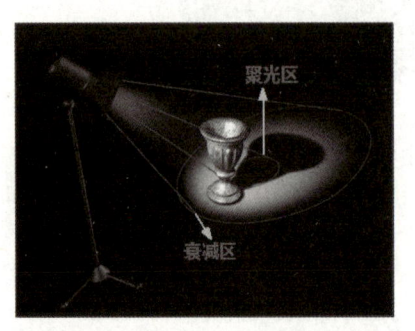

图3-40 聚光区和衰减区

形照射区域，默认为圆形。

4. "阴影参数"卷展栏

"阴影参数"卷展栏，如图 3-41 所示。

"颜色"：可以设置灯光产生的阴影颜色，该选项可以设置动画效果。

"密度"：用于调节阴影的浓度。

"贴图"：启用此选项后，则无论采用什么样的阴影类型，只要使用了贴图，那么贴图将取代阴影的颜色，这样可以产生丰富的效果，增加阴影的灵活性，并且可以模拟复杂的透明对象。

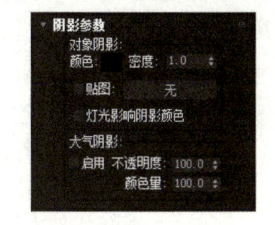

图 3-41 "阴影参数"卷展栏

"灯光影响阴影颜色"：启用此选项后，将灯光颜色与阴影颜色（如果阴影已设置贴图）混合起来，默认设置为禁用状态。

"大气阴影"组：用于设置使大气效果产生阴影，如图 3-42 所示。

图 3-42 "大气阴影"组

"启用"：启用此选项后，灯光可以穿过大气效果产生阴影，默认设置为禁用状态。

"不透明度"：调整阴影的不透明度。此值为百分比，默认设置为 100.0。

"颜色量"：调整大气颜色与阴影颜色混合的量。此值为百分比，默认设置为 100.0。

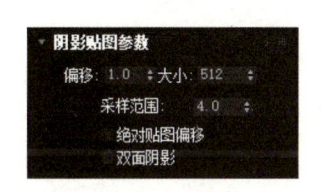

5. "阴影贴图参数"卷展栏

"阴影贴图参数"卷展栏，如图 3-43 所示。

"偏移"：用来调节阴影与阴影投射物体之间的距离。

"大小"：用于指定贴图的分辨率，此值越高，阴影也越清晰。

"采样范围"：用于设置阴影边缘区域的柔和程度，此值越高，边缘越柔和。

图 3-43 "阴影贴图参数"卷展栏

"绝对贴图偏移"：启用此选项后，阴影贴图的偏移未标准化，而是在固定比例的基础上以 3ds Max 单位表示。禁用此选项后，系统将相对于场景的其余部分计算偏移，然后将其标准化为 1.0。提示：在多数情况下，保持"绝对贴图偏移"为禁用状态都会获得极佳效果，这是因为偏移与场景大小实现了内部平衡。

"双面阴影"：启用此选项后，计算阴影时背面将不被忽略。

6. "高级效果"卷展栏

"高级效果"卷展栏，如图 3-44 所示。

"对比度"：调整曲面的漫反射区域和环境光区域之间的对比度。普通对比度设置为 0。增加该值即可增加特殊效果的对比度，例如外部空间刺眼的光。

"柔化漫反射边"：增加该值可以柔化曲面的漫反射部分与环境光部分之间的边缘。这样有助于消除在某些情况下曲面上出现的边缘。

"漫反射"：启用此选项后，灯光将影响对象曲面的漫反射属性。禁用此选项后，灯光在漫反射曲面上没有效果。

图 3-44 "高级效果"卷展栏

"高光反射"：启用此选项后，灯光将影响对象曲面的高光属性。禁用此选项后，灯光在高光属性上没有效果。

"仅环境光"：启用此选项后，灯光仅影响照明的环境光组件。这样可以对场景中的环境光照明进行更详细的控制。启用"仅环境光"后，"对比度""柔化漫反射边""漫反射"和"高光反射"均不可用。

"贴图"：启用该复选框，可以选择一张图片作为投影图，使灯光投影出图片效果。

7. "大气和效果"卷展栏

"大气和效果"卷展栏，如图3-45所示。

"添加"：显示"添加大气或效果"对话框，使用该对话框可以将体积光或镜头效果添加到灯光中。

"删除"：删除在列表中选定的大气或效果。

"大气和效果列表"：显示所有指定给此灯光的大气或效果的名称。

"设置"：使用此选项可以设置在列表中选定的大气或镜头效果。如果该项是大气，单击"设置"按钮显示"环境"面板。如果该项是效果，单击"设置"按钮显示"效果"面板。

8. "光线跟踪阴影参数"卷展栏

当在"常规参数"中选择了"光线跟踪阴影"类型时，会出现如图3-46所示卷展栏。

"光线偏移"：设置阴影与投射阴影物体之间的距离，使用此项可以避免在自身物体上投射阴影。

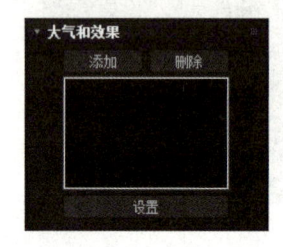

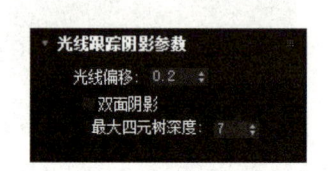

图3-45 "大气和效果"卷展栏　　　图3-46 "光线跟踪阴影参数"卷展栏

9. "区域阴影"卷展栏

当在"常规参数"中选择了"区域阴影"类型时，会出现如图3-47所示卷展栏。

"基本选项"下拉列表中提供了5种产生阴影的方式，包括：简单、长方形灯光、圆形灯光、长方体形灯光和球形灯光。"区域灯光尺寸"选项组中设置的尺寸用来计算区域阴影，它们并不影响实际的灯光对象。

10. "高级光线跟踪参数"卷展栏

当在"常规参数"中选择了"高级光线跟踪"阴影类型时，会出现如图3-48所示卷展栏。

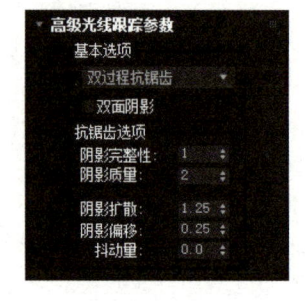

图3-47 "区域阴影"卷展栏　　　图3-48 "高级光线跟踪参数"卷展栏

高级光线跟踪阴影与光线跟踪阴影相似，但是它对阴影具有较强的控制能力，在"优化"卷展栏中可使用其他控件。

11. "优化"卷展栏

"优化"卷展栏为高级光线跟踪阴影和区域阴影的生成提供附加控件，如图3-49所示。

"启用"：当选中此选项后，透明表面将投影彩色阴影，否则，所有的阴影为黑色。

"抗锯齿抑制"：在抗锯齿被触发前允许在透明对象示例间的最大颜色区别。增加该颜色值会降低阴影的敏感度从而造成锯齿缺陷并加快速度，而减少该值可增加敏感度并改善质量。

"超级采样材质"：启用此选项后，当着色超级采样材质只有在 2 次抗锯齿期间才能使用第 1 周期。

"反射/折射"：启用此选项后，当着色反射/折射只有在 2 次抗锯齿期间才能使用第 1 周期。

图 3-49 "优化"卷展栏

"跳过共面面"：避免相邻面互相生成阴影。特别要注意曲面上的终结器，如球体。

"阈值"：相邻面之间的角度，范围为 0.0（垂直）至 1.0（平行）。

3.3 3ds Max 摄影机

摄影机通常是一个场景中必不可少的组成对象，最后完成的静态、动态图像都要在摄影机视图中表现。

创建一个摄影机之后，可以设置视图以显示摄影机的观察点。使用摄影机视图可以调整摄影机进行观看。多个摄影机可以提供相同场景的不同视图。对于摄影机的动画，除了位置变动外，还可以表现焦距、视角、景深等动画效果，自由摄影机可以很好地绑定到运动目标上，随同目标在运动轨迹上一同运动，同时进行跟随和倾斜；也可以把目标摄影机的目标点连接到运动的物体上，表现目光跟随的动画效果；对于室内外建筑的环游动画，摄影机也是必不可少的。

3.3.1 摄影机的种类与创建

3ds Max 中有两种摄影机：物理摄影机和传统摄影机。物理摄影机将场景框架与曝光控制以及对真实世界摄影机进行建模的其他效果相集成。传统摄影机的界面更简单，其中只有较少控件。物理摄影机和传统摄影机可以是目标摄影机也可以是自由摄影机。

单击 ■（创建）→ ■（摄影机）按钮，即可打开摄影机创建面板，如图 3-50 所示。其中物理，代表物理摄影机；目标和自由，代表传统的目标摄影机和自由摄影机。

1. 自由摄影机

自由摄影机用于观察所指方向内的场景内容，多应用于轨迹动画制作。自由摄影机的初始方向是沿着当前栅格的 Z 轴负方向，也就是说，选择顶视图时，摄影机方向垂直向下，选择前视图时，摄影机方向由屏幕向内，单击透视图、用户视图、灯光视图和摄影机视图时，自由摄影机的初始方向垂直向下，沿着世界坐标系统 Z 轴负方向。利用旋转工具可以调节摄影机的方向。

单击摄影机创建面板中的"自由"按钮，在任意视图中单击鼠标，即可生成一个自由摄影机。

图 3-50 摄影机创建面板

2. 目标摄影机

目标摄影机用于观察目标点附近的场景内容，与自由摄影机相比，它更易于定位。只需直接将目标点移动到需要的位置上就可以了。摄影机及其目标点都可以设置动画，从而产生各种有趣的效果。为摄影机和它的目标点设置轨迹动画时，最好先将它们都连接到一个虚拟物体上，然后再对虚拟物体进行动画设置。

单击摄影机创建面板中的"目标"按钮，在任意视图中拖曳鼠标，即可生成一个目标摄影机。可以利用移动工具和旋转工具调整摄影机及目标点的位置和方向。

3. 物理摄影机

物理摄影机创建方法与目标摄影机基本相同，在此不再赘述。摄影机对象在视图中显示为摄影机图标，它们是不被渲染的。

4. 将视图转换为摄影机视图

创建摄影机后可以把任何视图转换成摄影机视图。在视图左上角的视图名称上单击鼠标右键，从弹出的菜单中选择"摄影机"下的摄影机名称，也可以按键盘上的"C"键，即可将当前视图转换为摄影机视图。摄影机视图显示从摄影机中观察到的场景效果。

3.3.2 传统摄影机参数

在视图中创建传统摄影机后，在修改面板中进行相关设置，可以调节传统摄影机视图的显示效果。

1. "参数"卷展栏

"参数"卷展栏，如图3-51所示。

"镜头"用于设定摄影机焦距长度，48mm为标准人眼的焦距，短焦距会造成变形（夸张效果），长焦距用来观测较远的景色且物体不会变形。"视野"用于确定摄影机观察范围。单击"备用镜头"按钮，可以直接选择一种备用镜头设置。单击"类型"下拉列表按钮，可以变换摄影机的类型。选中"显示圆锥体"复选框，可以在未选中此摄影机的情况下，视图中也显示由视野定义的视锥。选中"显示地平线"复选框，在摄影机视图中显示一条深灰色线条，表示视点的水平线。

"环境范围"选项组用于设置环境大气的影响范围，通过下面的近距范围和远距范围确定。

选中"剪切平面"选项组中的"手动剪切"复选框，为摄影机设置一个近点剪切平面和一个远点剪切平面，只有在这两个平面之间的对象才能在摄影机视图中显示或被渲染。

选中"多过程效果"选项组中的"启用"复选框，可在其下面的下拉列表中为摄影机指定景深或运动模糊效果。单击"预览"按钮可以在激活的摄影机视图中预览效果。

"目标距离"用于设置目标摄影机与目标点之间的距离；还可为自由摄影机设置一个不可见的目标点，使其围绕此目标点进行运动。

图3-51 "参数"卷展栏

2. "景深参数"卷展栏

"景深参数"卷展栏，如图3-52所示。

在"焦点深度"选项组中，选中"使用目标距离"复选框，则使用目标摄影机的目标点位置作为聚焦位置；禁用此选项，则以"焦点深度"的值进行摄影机的偏移。

在"采样"选项组中，选中"显示过程"复选框，渲染时虚拟帧缓存器显示多过程效果渲染的过程；禁用此选项，则只显示最终效果；选中"使用初始位置"复选框，在摄影机的最初始位置进行首次渲染。

在"过程混合"选项组中，选中"规格化权重"复选框，将权重规格化，会获得较平滑的结果。禁用此选项，效果会变得清晰一些，但通常颗粒状效果更明显。

图3-52 "景深参数"卷展栏

3.3.3 物理摄影机参数

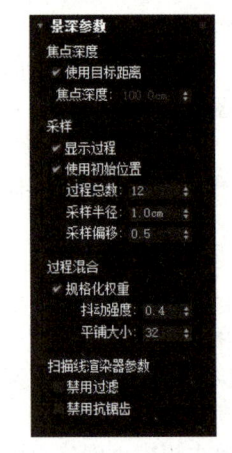

在视图中创建物理摄影机后，在修改面板中进行相关设置，可以调节物理摄影机视图的显示效果。

1. "基本"卷展栏

"基本"卷展栏用于设置摄影机在 3ds Max 视口中的行为，如图 3-53 所示。

"目标"：启用此选项后，摄影机包括目标对象，并与目标摄影机相似，可以通过移动目标设置摄影机的目标。禁用此选项，摄影机的行为与自由摄影机相似，可以通过变换摄影机对象本身设置摄影机的目标。默认设置为启用。

"目标距离"：设置目标与焦平面之间的距离。目标距离会影响聚焦、景深等。

"视口显示"组中的"显示圆锥体"：用于设置摄影机圆锥体的显示方式，有"选定时"（默认设置）、"始终"和"从不"三种设置。选中"显示地平线"选项后，在摄影机视口中将显示地平线，即一条黑色的水平线，如图 3-54 所示，默认设置为禁用。

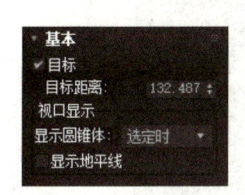

图 3-53 "基本"卷展栏 　　　　图 3-54 物理摄影机视口中的地平线

2. "物理摄影机"卷展栏

"物理摄影机"卷展栏用于设置摄影机的主要物理属性，如图 3-55 所示。

"胶片/传感器"选项组中的"预设值"：用于选择胶片模型或电荷耦合传感器。选项包括 35mm（Full Frame）胶片（默认设置），以及多种行业标准传感器设置。"宽度"：用于手动调整帧的宽度。

"镜头"选项组中的"焦距"：用于设置镜头的焦距。"指定视野"：启用时，可以设置新的视野值（以度为单位）。默认的视野值取决于所选的胶片/传感器预设值。大幅更改视野可导致透视失真。"缩放"：在不更改摄影机位置的情况下缩放镜头。"缩放"提供了一种裁剪渲染图像而不更改任何其他摄影机效果的方式。"光圈"：将光圈设置为光圈数，或"F 制光圈"。此值将影响曝光和景深。光圈数越低，光圈越大并且景深越窄。

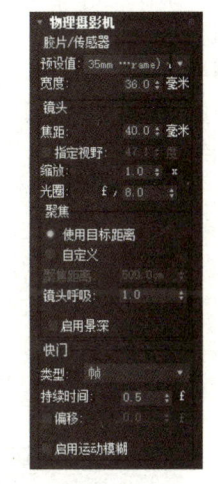

在"聚焦"选项组中选择"使用目标距离"选项，将使用"目标距离"作为焦距。选择"自定义"选项，可以设置焦距。"镜头呼吸"：通过将镜头向焦距方向移动或远离焦距方向来调整视野。"镜头呼吸"值为 0 表示禁用此效果。启用"启用景深"时，摄影机在不等于焦距的距离上生成模糊效果。景深效果的强度基于光圈设置。

图 3-55 "物理摄影机"卷展栏

在"快门"选项组中，"类型"用于选择测量快门速度使用的单位；"持续时间"用于设置快门的速度；启用"偏移"时，指定相对于每帧的开始时间的快门打开时间，更改此值会影响运动模糊；"启用运动模糊"，启用此选项后，摄影机可以生成运动模糊效果。

3. "曝光"卷展栏

"曝光"卷展栏，如图 3-56 所示。

"安装曝光控制"：单击以使物理摄影机曝光控制处于活动状态。如果物理摄影机曝光控制已处于活动状态，则会禁用此按钮，其标签将显示"曝光控制已安装"。

"曝光增益"选项组：用于设置模型胶片速度（或其数字等效值），即曝光增益值。

"白平衡"选项组：用于调整色彩平衡。"光源"：按照标准光源设置色彩平衡。"温度"：以色温的形式设置色彩平衡。"自定义"：用于设置任意色彩平衡。

"启用渐晕"：启用时，渲染模拟出现在胶片平面边缘的变暗效果。

4."散景（景深）"卷展栏

"散景（景深）"卷展栏用于设置景深的散景效果，如图3-57所示。如果景深应用到图像（此设置在"物理摄影机"卷展栏中），出现在焦点之外的图像区域中的图案称为散景效果。这种效果也称为"模糊圈"。在物理摄影机中，镜头的形状影响散景图案。

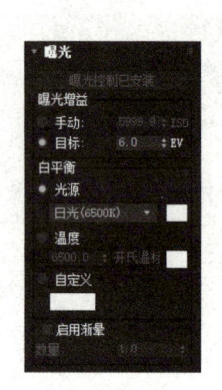

图3-56 "曝光"卷展栏　　　图3-57 "散景（景深）"卷展栏

5."透视控制"卷展栏

"透视控制"卷展栏，用于调整摄影机视图的透视效果，如图3-58所示。

"镜头移动"选项组，用于设置沿水平或垂直方向移动摄影机视图。

"倾斜校正"选项组，用于设置沿水平或垂直方向倾斜摄影机。

"自动垂直倾斜校正"，启用时，将"倾斜校正""垂直"值设置为沿Z轴对齐透视。

6."镜头扭曲"卷展栏

"镜头扭曲"卷展栏，用于向渲染添加扭曲效果，如图3-59所示。

在"扭曲类型"选项组中，"无"表示不应用扭曲；"立方"表示当"数量"值不为零时，将扭曲图像；"纹理"可以设置基于纹理贴图的扭曲图像。

7."其他"卷展栏

"其他"卷展栏用于设置剪切平面和环境范围，如图3-60所示。

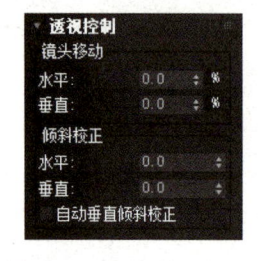

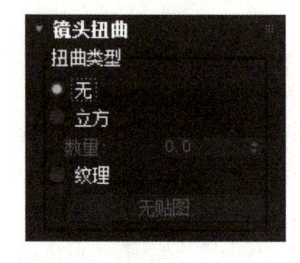

图3-58 "透视控制"卷展栏　　　图3-59 "镜头扭曲"卷展栏　　　图3-60 "其他"卷展栏

3.3.4 从视图创建摄影机

"从视图创建摄影机"会创建其视野与活动的透视视口相匹配的摄影机。同时，它会将视口更改为新摄影机对象的摄影机视口,并使新摄影机成为当前选择。设置方法为:激活"透视"视口,执行"视图"菜单或执行"创建"→"摄影机"菜单命令实现。从"视图"创建物理摄影机时,也可使用"Ctrl+C"快捷键实现,如图 3-61 所示。

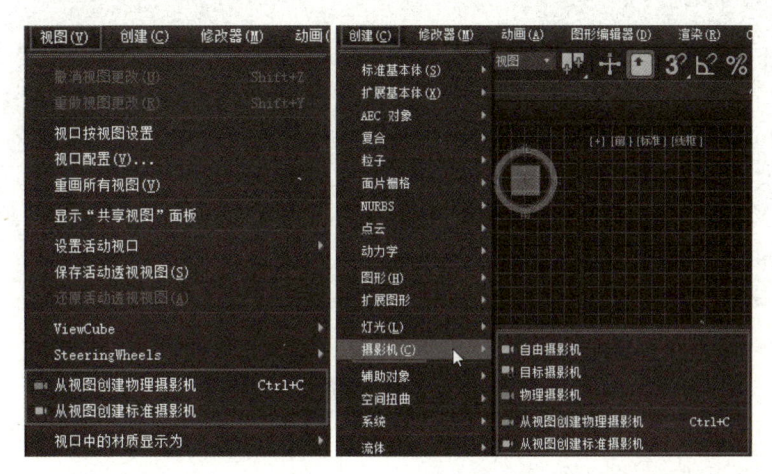

图 3-61　从视图创建摄影机

3.4　实战演练 1——公园一角

本实例通过公园一角的制作,要求掌握 3ds Max 自带的植物和栏杆等内置模型的创建方法和编辑方法;掌握多边形建模中软选择的使用方法;掌握不同材质贴图的创建思路和方法;掌握标准灯光的创建和使用方法;掌握室外场景布光的方法。公园一角效果,如图 3-62 所示。

图 3-62　公园一角效果

操作步骤:

(1) 制作小路和栏杆。启动 3ds Max 软件,在命令面板上单击 ✚（创建）→ ◯（图形）→ 矩形 按钮,在顶视口中绘制一个矩形,其参数设置和形状如图 3-63 所示。

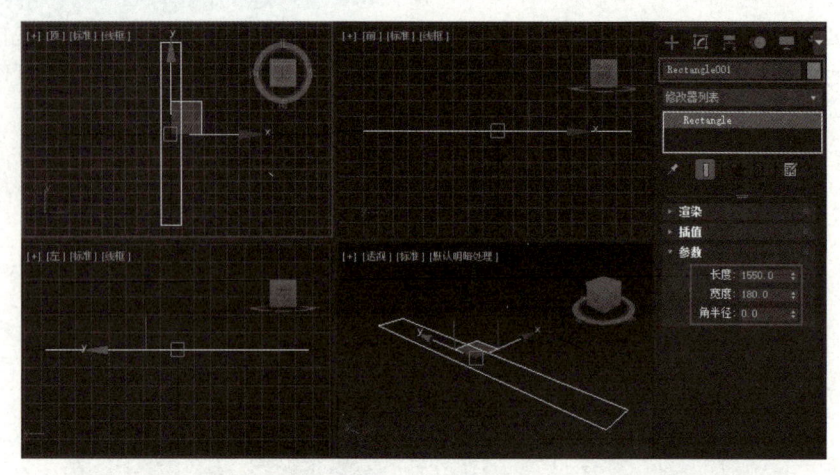

图 3-63　绘制矩形

（2）调整矩形形状。选择矩形，在命令面板上执行 　 "修改"→"修改器列表"→"编辑样条线"命令，按"1"键进入"顶点"子对象层级，单击"几何体"卷展栏中的 优化 按钮，在矩形上单击添加顶点，调整形状，如图 3-64 所示。

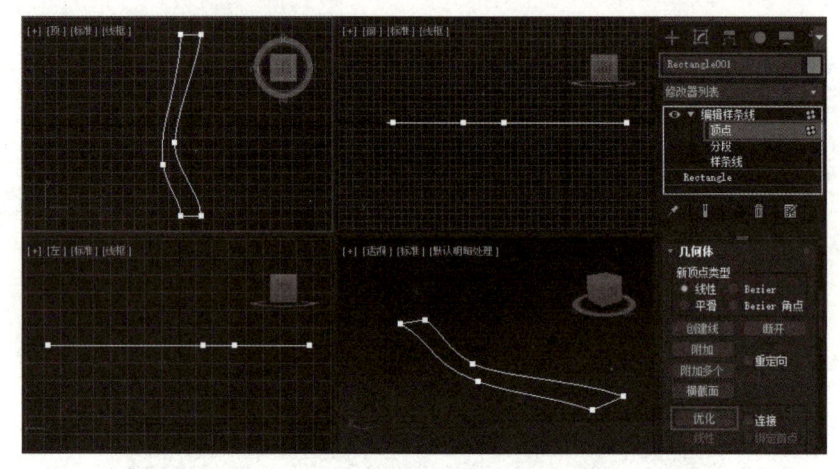

图 3-64　调整矩形形状

（3）复制并分离边。按"2"键进入"分段"子对象层级，在顶视口中，按住"Ctrl"键，选择右侧的边；按住"Shift"键，沿 X 轴正方向拖动，复制出一条边；在 　（修改）命令面板中，单击"几何体"卷展栏中的 分离 按钮，在弹出的"分离"对话框中，将其命名为"路径"，单击 确定 按钮，将复制的边分离为一个独立的样条线对象，作为后面栏杆制作的路径，如图 3-65 所示。

（4）添加"挤出"修改器。再次按"2"键返回对象层级。在命令面板上执行 　"修改"→"修改器列表"→"挤出"命令，设置挤出"数量"值为 10，如图 3-66 所示。

（5）制作栏杆。在命令面板上单击 　（创建）→ 　（几何体）→ AEC 扩展 → 栏杆 按钮，在顶视口中创建一段栏杆。在 　（修改）命令面板中，单击"栏杆"卷展栏中的 拾取栏杆路径 按钮，在视口中单击选择"路径"样条线，设置"分段"数为 30，其他参数设置如图 3-67 所示。

模块三 室内外场景设计

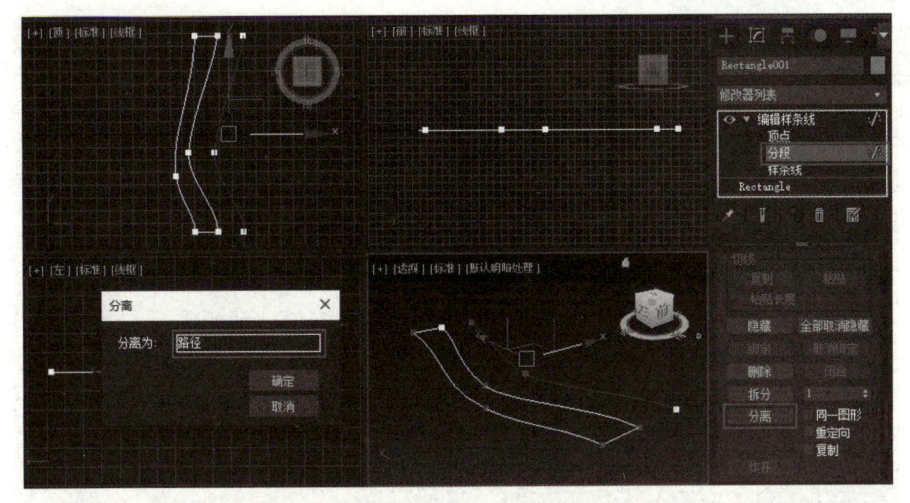

图 3-65 复制并分离边

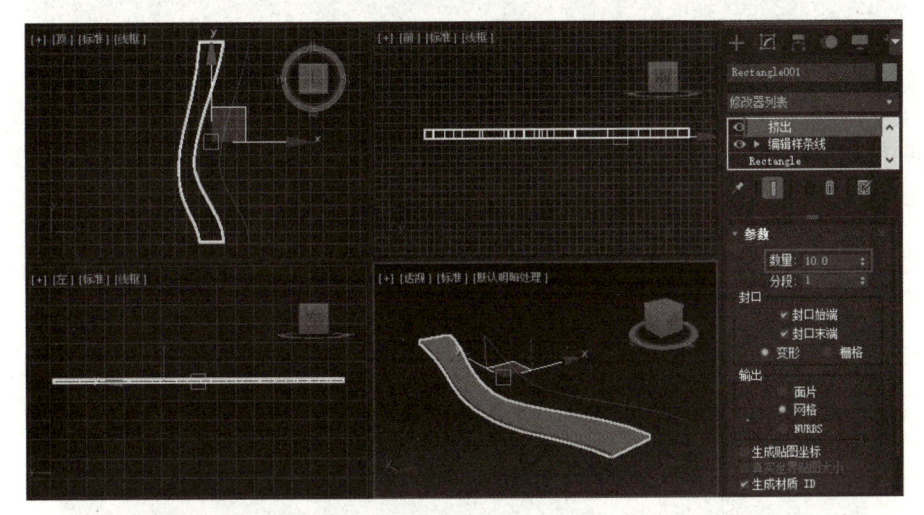

图 3-66 添加"挤出"修改器

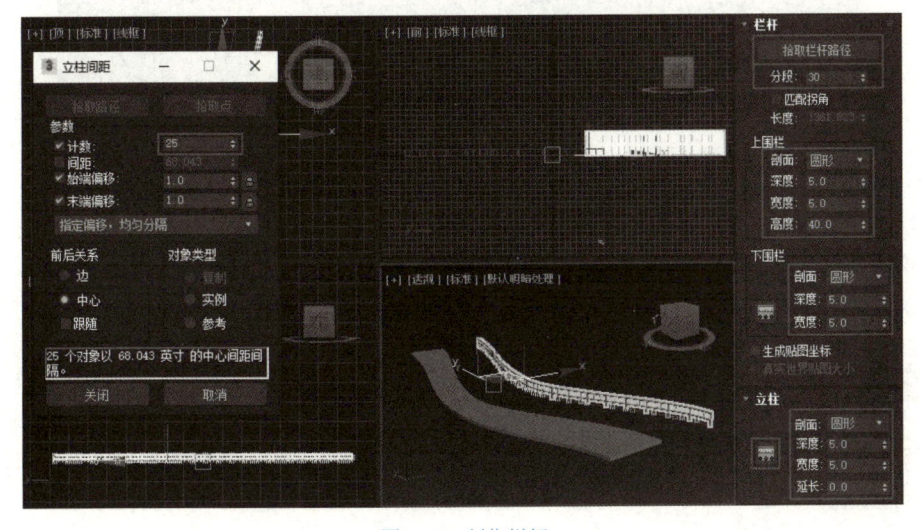

图 3-67 制作栏杆

(6) 制作地面。将栏杆移到小路的边缘，在命令面板上单击 ┿ （创建）→ ◯ （几何体）→ 平面 按钮，在顶视口中创建一个平面，调整平面的位置和角度，设置平面参数，如图 3-68 所示。

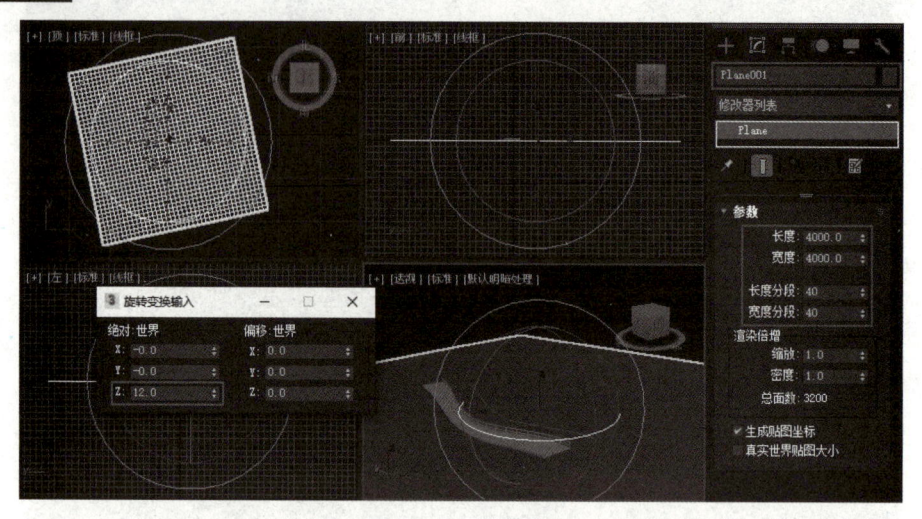

图 3-68　制作地面

(7) 创建目标摄影机。激活透视口，按"Shift+F"组合键，打开安全框，将视口角度和范围调整到适合位置。执行"创建"→"摄影机"→"从视图创建标准摄影机"命令。此时，透视口自动切换为摄影机视口，如图 3-69 所示。

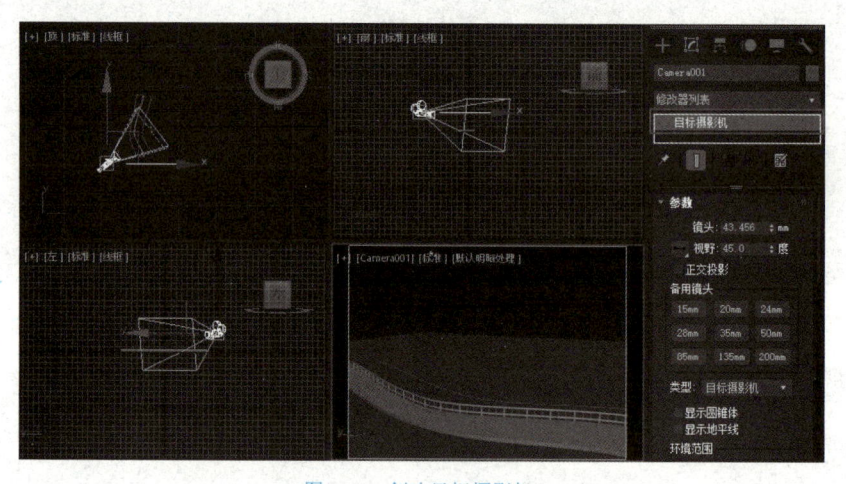

图 3-69　创建目标摄影机

(8) 调整平面形状，制作山峰。选择平面，单击鼠标右键，在弹出的菜单中执行"转换为"→"转换为可编辑多边形"命令，将其转换为可编辑多边形。按"1"键，进入"顶点"子对象层级，打开"软选择"卷展栏，设置"衰减"值为 400，在摄影机视图中选择点，向下移动点，形成凹陷。按此方法继续制作凸起和凹陷，形成画面远处山峰，其参数设置和位置，如图 3-70 所示。

(9) 制作路旁的两个石凳。在命令面板上单击 ┿ （创建）→ ◯ （几何体）→ 扩展基本体 → 切角长方体 按钮，在顶视口中创建一个切角长方体，设置其"长度""宽度""高度""圆角"值分别为 123、37、15、3；用同样的方法再创建一个切角长方体，设置其"长度""宽度""高度""圆角"值分别为 20、25、38、2，作为凳腿，按住"Shift"键拖动，再复制一个凳腿。把石凳成组，并放置到路边。再复制一个石凳，放置在稍远的位置，如图 3-71 所示。

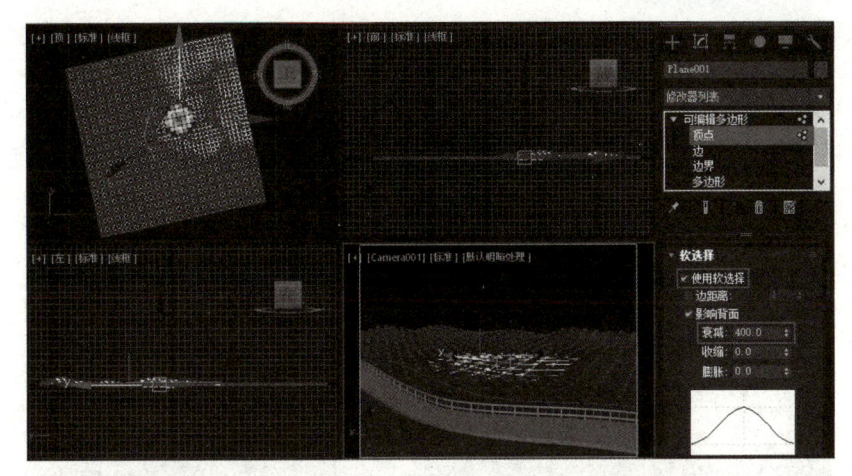

图 3-70 制作远处山峰效果

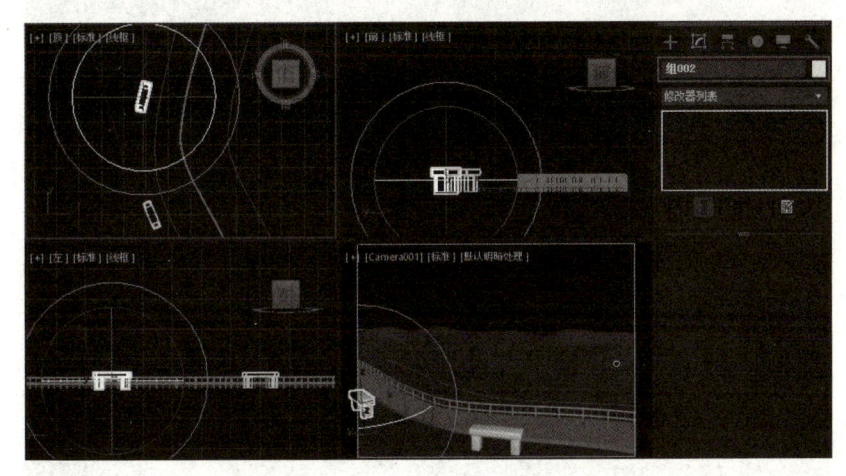

图 3-71 制作路旁的两个石凳

(10) 设置地面材质。按"M"键,打开"Slate 材质编辑器"对话框,双击"材质/贴图浏览器"下方"示例窗"中的 01-Default 材质球,在视图 1 视口中双击该材质的标题栏,打开其参数编辑器。单击"漫反射"右侧的贴图按钮,在弹出的"材质/贴图浏览器"对话框中双击"位图"选项,选择本书素材"dimian.jpg"文件。在贴图"坐标"卷展栏中设 U、V 瓷砖值为 10,将材质赋予地面,如图 3-72 所示。

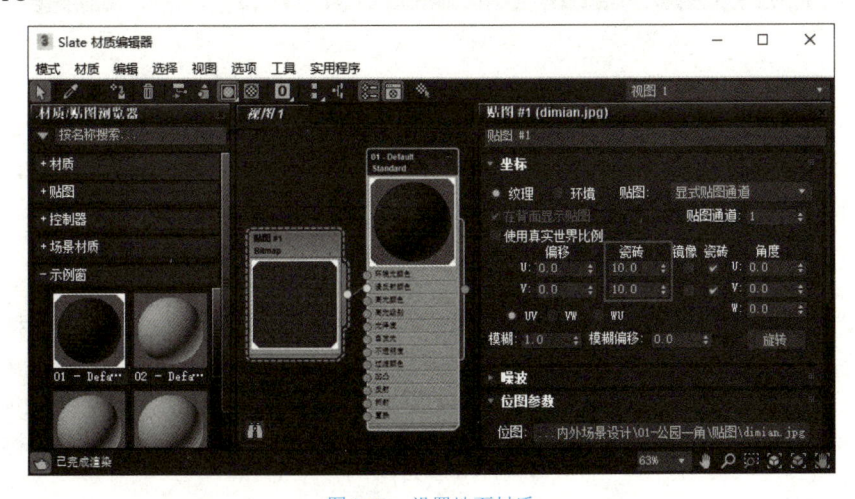

图 3-72 设置地面材质

（11）设置小路材质。选择第二个材质球，用同样的方法为小路模型指定"漫反射"贴图为位图"Stonewl.jpg"。在贴图"坐标"卷展栏中设其 U、V 瓷砖值分别为 2、5。返回上一级，在"贴图"卷展栏中把"漫反射颜色"贴图文件拖动到"凹凸"贴图通道上，设置其数量值为 300，将材质赋予小路，如图 3-73 所示。

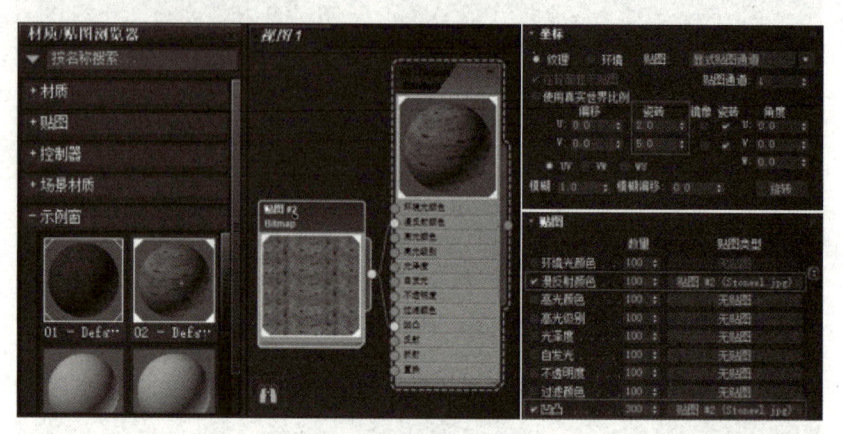

图 3-73 设置小路材质

（12）调整小路材质显示效果。此时小路贴图在模型上显示不正确，选择小路模型，在命令面板上执行 "修改" → "修改器列表" → "UVW 贴图" 命令，设置参数，如图 3-74 所示。

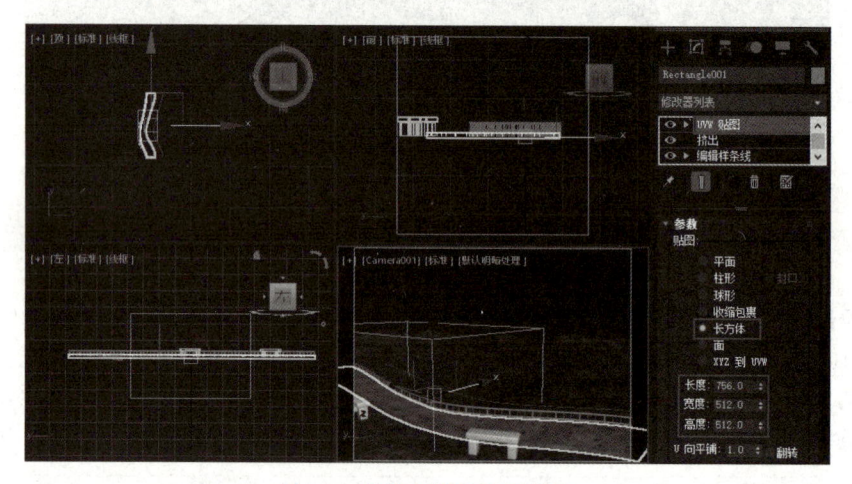

图 3-74 调整小路材质显示效果

（13）设置环境贴图。按"8"键，打开"环境和效果"对话框，单击"环境贴图"按钮，在打开的"材质/贴图浏览器"对话框中双击"位图"选项，选择本书素材"MEADOW1.jpg"文件；按"M"键，打开"Slate 材质编辑器"对话框，在"场景材质"卷展栏中双击"贴图 #3"，在"视图 1"中双击"贴图 #3"的标题栏，在打开的贴图"坐标"卷展栏中设置环境"贴图"坐标为屏幕，如图 3-75 所示。

（14）视口配置。激活透视口，按"Alt+B"组合键，打开"视口配置"对话框，在"背景"选项卡中选择"使用环境背景"选项，单击 确定 按钮。

（15）设置石凳材质。按"M"键，打开"Slate 材质编辑器"对话框，选择第 3 个材质球，设置其"高光级别"值为 14，"光泽度"值为 10；在"贴图"卷展栏中单击"漫反射颜色"右侧的贴图按钮，在打开的"材质/贴图浏览器"对话框中双击"位图"选项，选择本书素材"05480011.jpg"文件。返回上一级，把漫反射贴图文件拖动到"凹凸"贴图通道上，设置其"数量"值为 100。将材质赋予石凳，如图 3-76 所示。

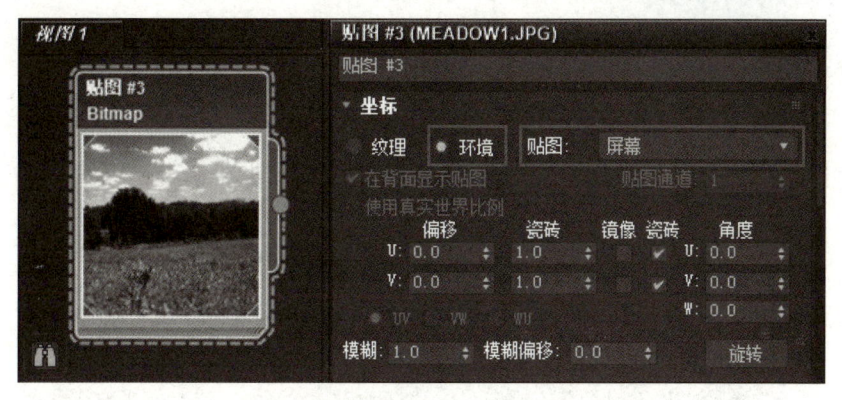

图 3-75 设置环境贴图

（16）设置栏杆材质。按"M"键，打开"Slate 材质编辑器"对话框，选择第 4 个材质球，在"明暗器基本参数"卷展栏中选择"金属"选项，设置"漫反射"颜色值为 RGB（249，242，215），"高光级别"值为 44，"光泽度"值为 79，将材质赋予栏杆，如图 3-77 所示。

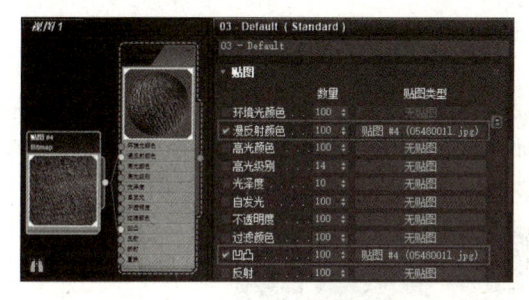

图 3-76 设置石凳材质

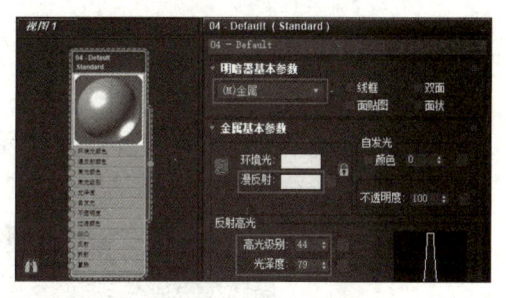

图 3-77 设置栏杆材质

（17）制作植物。在命令面板上单击 ＋（创建）→ ●（几何体）→ AEC 扩展 → 植物 按钮，在顶视口中分别创建蓝色的针松、苏格兰松树、春天的日本樱花、芳香蒜，在 （修改）命令面板中设置参数，调整位置，如图 3-78 所示。

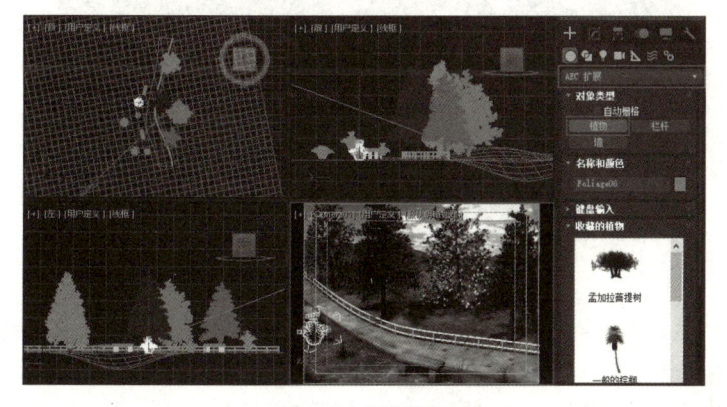

图 3-78 制作植物

（18）设置灯光。在命令面板上单击 ＋（创建）→ （灯光）→ 泛光 按钮，在顶视口中创建一盏泛光灯，作为主光源。在"阴影"组中勾选"启用"复选框，设置阴影类型为"阴影贴图"；设置灯光颜色为 RGB（201，218，221），淡蓝色的光源用于模拟日光效果；设置"倍增"值为 1.78；配合前视口调整其位置。选择主光源，按住"Shift"键拖动复制一盏泛光灯，作为辅助光源，设置灯光颜色为 RGB（255，210，218），"倍增"值为 0.57，如图 3-79 所示。

图 3-79　设置灯光

（19）至此，公园一角模型制作完成，按"Shift+Q"组合键渲染输出并保存文件。

3.5　实战演练 2——Q 版建筑

本实例通过 Q 版建筑的制作，要求掌握 3ds Max 中 Q 版建筑模型制作的一般思路和方法；掌握使用多边形建模制作复杂建筑模型的方法；掌握 3ds Max 中 UV 展分技术和方法；掌握场景布光的方法，进而具备独立制作各种复杂场景的能力。Q 版建筑效果，如图 3-80 所示。

图 3-80　Q 版建筑效果

操作步骤：

（1）制作分析。任何复杂的模型都是由一些简单的模型组合而成的，本案例的 Q 版建筑模型由 3 个主体建筑（1 个两层建筑和 2 个一层建筑）和房屋周围环境模型（地面、栅栏、木桶、指示牌、秋千等）组成。本实战演练从两层建筑开始，逐一完成建筑模型的制作。

（2）单位设置。启动 3ds Max 软件，执行"自定义"→"单位设置（U）…"命令，在打开的"单位设置"对话框中，将"显示单位比例"和"系统单位比例"设置为"厘米"，如图 3-81 所示。

（3）制作二层建筑墙体模型。在命令面板上单击 ➕ （创建）→ ⭕ （几何体）→ 长方体 按钮，在顶视口中创建一个长方体，命名为"建筑 01_墙体"，其参数设置如图 3-82 所示。

（4）转换为可编辑多边形。选择"建筑 01_墙体"模型，单击鼠标右键，在弹出的菜单中执行"转换为："→"转换为可编辑多边形"命令，将其转换为可编辑多边形，如图 3-83 所示。

模块三 室内外场景设计

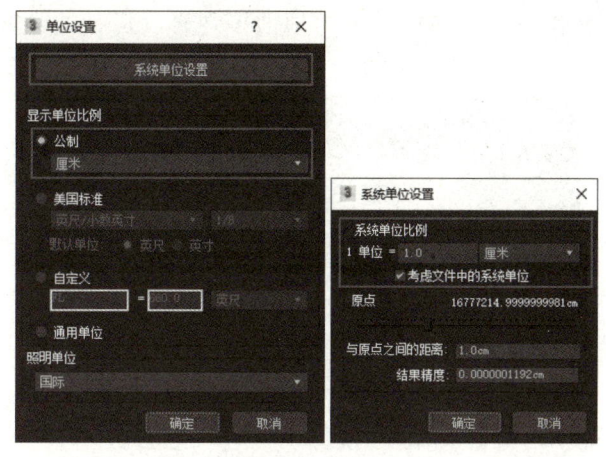

图 3-81 单位设置 3

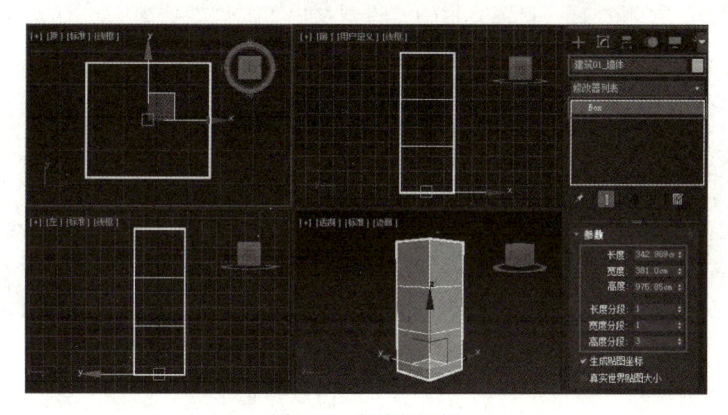

图 3-82 创建长方体

(5) 调整布线,制作屋顶造型。按"1"键进入"顶点"子对象层级,调整布线;使用 ▇ (选择并均匀缩放) 工具,调整层顶形状,如图 3-84 所示。

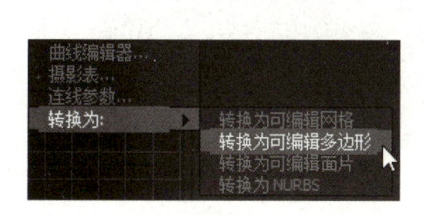

图 3-83 转换为可编辑多边形　　　　　　　　图 3-84 调整布线

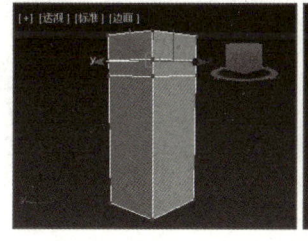

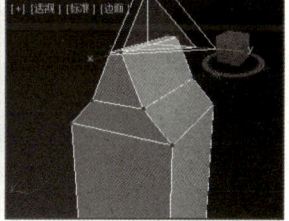

(6) 合并顶点。分别选择顶端两侧的 2 个顶点,执行"编辑几何体"卷展栏下的 ▇ 塌陷 ▇ 命令,合并顶点,如图 3-85 所示。

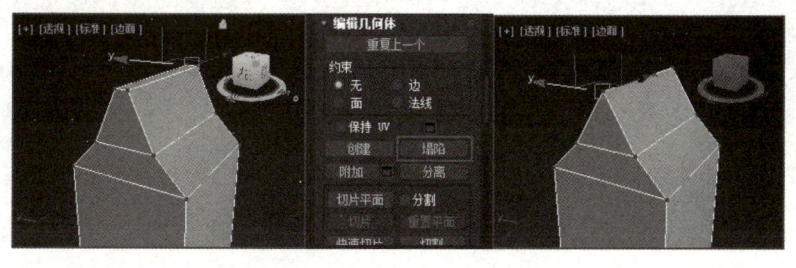

图 3-85 合并顶点

145

(7) 分离多边形，制作屋顶。选择长方体顶面多边形，执行"编辑几何体"卷展栏下的 分离 命令，在弹出的"分离"对话框中，将其命名为"建筑01_屋顶"，如图3-86所示。

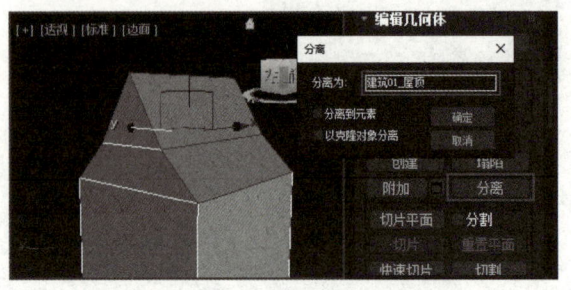

图3-86 分离多边形

(8) 制作屋顶模型。选择分离出来的屋顶模型，按"1"键进入"顶点"子对象层级，调整屋顶形状，使其能够遮挡房屋。按"4"键进入"多边形"子对象层级，选择所有多边形，单击"编辑多边形"卷展栏中 挤出 命令右侧的 （设置）按钮，设置挤出"高度"值为35，如图3-87所示。

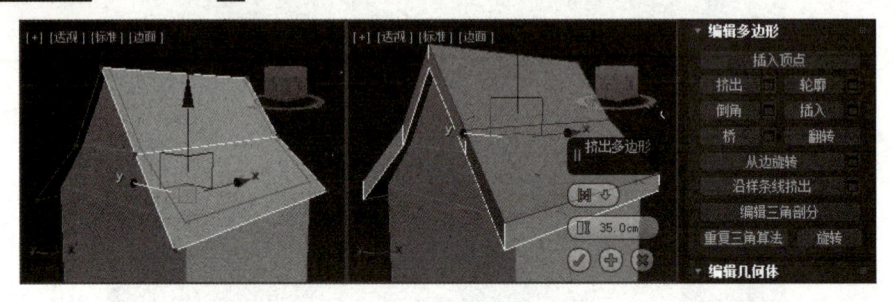

图3-87 制作屋顶模型

(9) 调整屋顶造型。在"顶点"子对象层级下，调整屋顶形状；执行"编辑几何体"卷展栏下的 切割 命令，在两侧下方多边形及底部多边形中切割加线，留出制作屋檐的面，如图3-88所示。

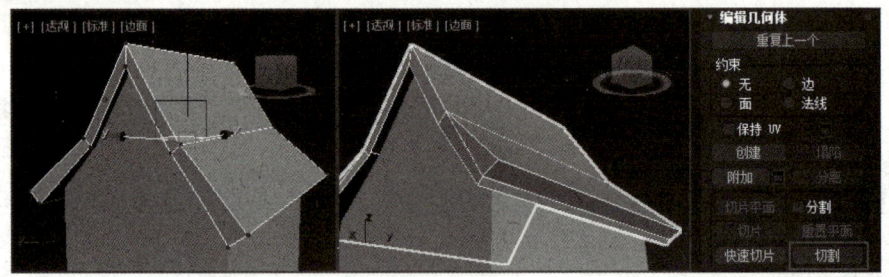

图3-88 调整屋顶造型

(10) 制作屋檐。在左视口中，按"1"键进入"顶点"子对象层级下，使用缩放命令，使前后两侧的顶点对齐；在透视口中，选择底部多边形，单击"编辑多边形"卷展栏中 挤出 命令右侧的 （设置）按钮，设置挤出"高度"值为22；在顶点子对象层级下，调整屋檐形状，如图3-89所示。

图3-89 制作屋檐

（11）制作二层门口造型。选择墙体模型，在"多边形"子对象层级下，选择二层阳台所在的两个多边形，单击"编辑多边形"卷展栏中 插入 命令右侧的 （设置）按钮，设置插入"数量"值为110；在"顶点"子对象层级下，调整门口的大小，如图3-90所示。

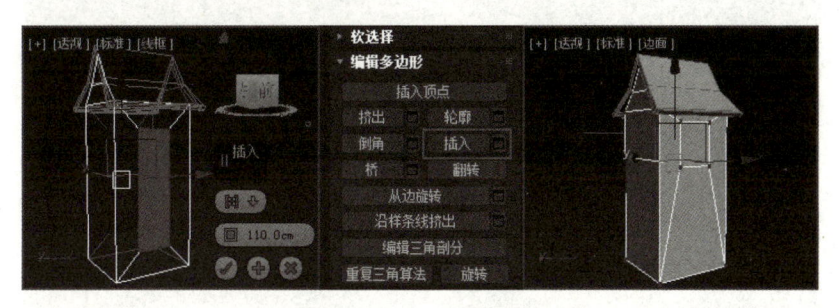

图3-90　制作二层门口造型

（12）挤出墙的厚度。选择两侧门口对应的多边形，同样使用"编辑多边形"卷展栏中的"挤出"命令，设置挤出"高度"为-25；使用"编辑几何体"卷展栏中的"分离"命令，分离选择的多边形，将其命名为"建筑01_门帘"，用于后面制作门帘使用，如图3-91所示。

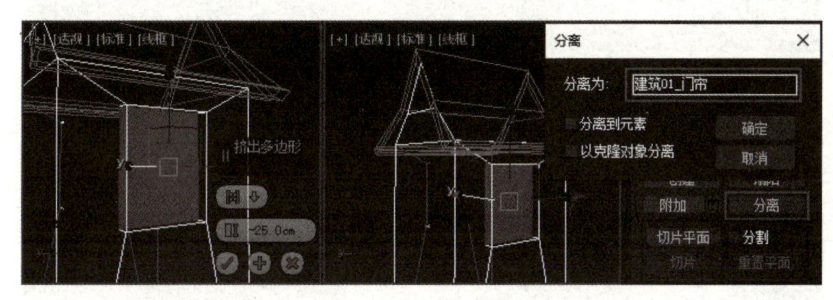

图3-91　挤出墙的厚度

（13）制作二层窗口造型。在命令面板上单击 （创建）→ （图形）→ 圆 按钮，在左视口中绘制一个圆，设置参数，如图3-92所示。

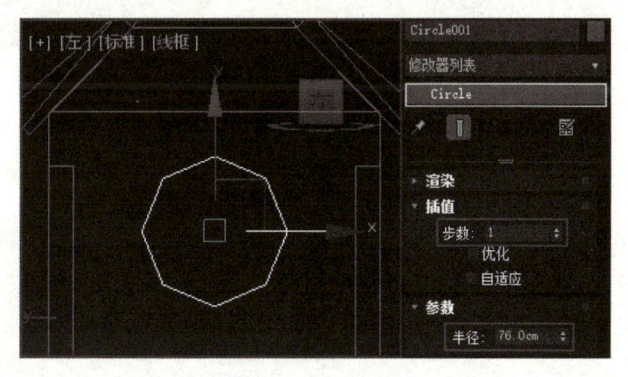

图3-92　绘制一个圆

（14）调整窗口形状。选择创建的圆，单击鼠标右键，在弹出的菜单中执行"转换为："→"转换为可编辑样条线"命令，将其转换为可编辑样条线；在"顶点"子对象层级下，执行"几何体"卷展栏下的 优化 命令，添加一个顶点，调整样条线形状，如图3-93所示。

（15）制作窗口模型。选择墙体模型，在命令面板上单击 （创建）→ （几何体）→ 复合对象 → 图形合并 按钮，在"拾取运算对象"卷展栏中，单击 拾取图形 按钮，在视口中单击选择窗口样条线，如图3-94所示。

图 3-93　调整窗口形状

图 3-94　图形合并

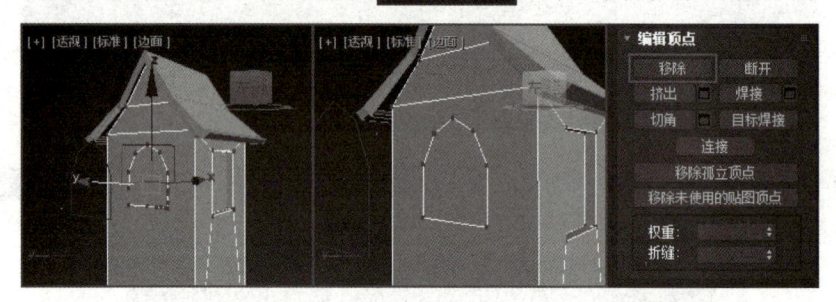

（16）整理窗口顶点。将墙体对象转换为可编辑多边形，按"1"键进入"顶点"子对象层级，选择多余的顶点，执行"编辑顶点"卷展栏中的 移除 命令，移除多余的顶点，如图 3-95 所示。

图 3-95　移除多余的顶点

（17）调整窗口结构。使用"编辑几何体"卷展栏中的"切割"命令，加线，调整窗口布线。隐藏门帘模型，在"多边形"子对象层级下，删除未编辑窗口的多边形和底面多边形，如图 3-96 所示。

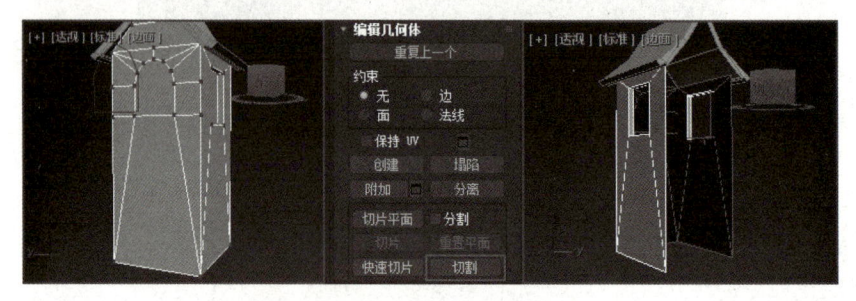

图 3-96　调整窗口结构

（18）复制另一侧的墙体。选择调整好窗口一侧的墙面，按住"Shift"键复制，在弹出的"克隆部分网格"对话框中选择"克隆到元素"选项，放到另外一侧墙面位置；执行"编辑多边形"卷展栏中的 翻转 命令，翻转多边形，如图 3-97 所示。

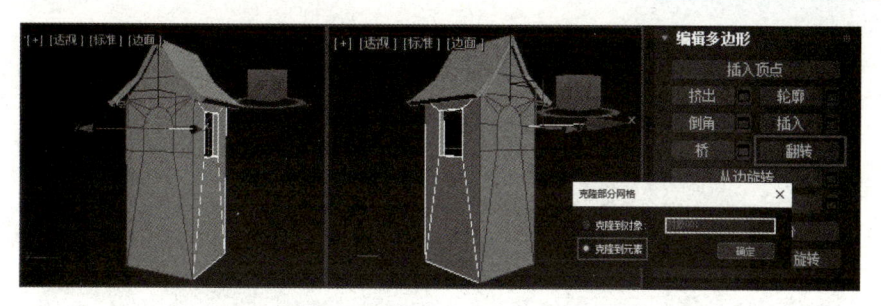

图 3-97　复制另一侧的墙体

（19）挤出窗口深度。选择两侧窗口多边形，执行"挤出"命令，设置挤出"高度"值为 -16.5，如图 3-98 所示。

图 3-98　挤出窗口深度

（20）制作建筑 01 四个角的木框。在顶视口中创建一个长方体，将其命名为"建筑 01_ 木框 1"；将其转换为可编辑多边形，删除顶面和底面；在"顶点"子对象层级下，调整顶部形状，使其符合屋顶造型；再复制 3 个木框，放在其他三个角，如图 3-99 所示。

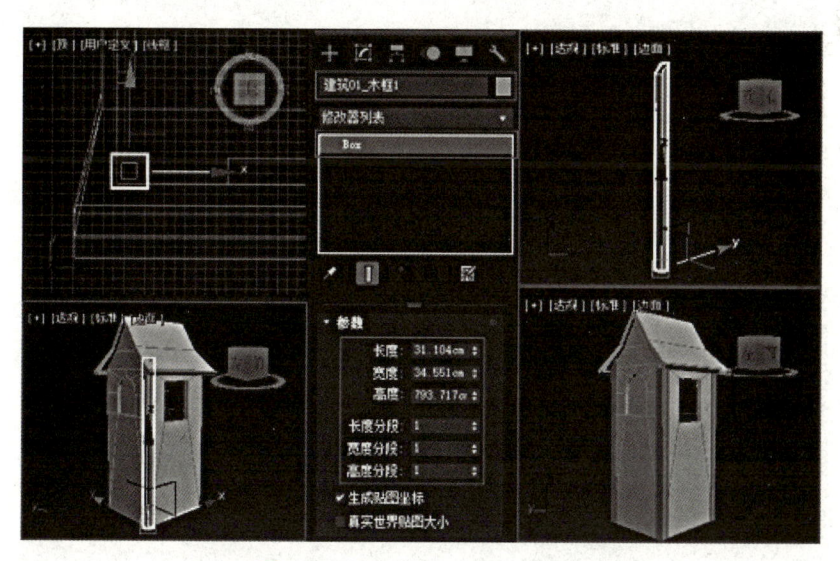

图 3-99　制作建筑 01 四个角的木框

（21）制作墙面上的木框。制作左侧墙面上的木框，在顶视口中创建一个长方体，将其命名为"建筑 01_ 木框 L_001"，调整位置；将其转换为可编辑多边形，删除在墙里侧的面及两侧的端面；复制左侧、右侧和后侧的木框，如图 3-100 所示。

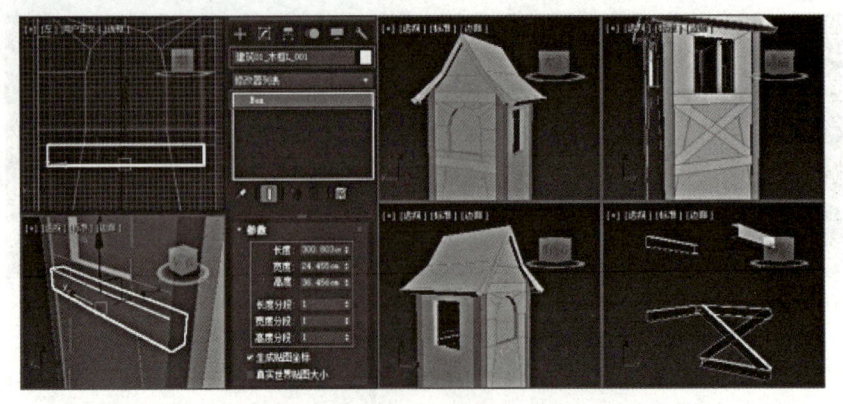

图 3-100 制作墙面上的木框

（22）制作屋顶支架。用同样的方法，制作左侧中间屋顶支架，命名为"建筑 01_ 屋顶支架 001"；并复制左侧其他屋顶支架和右侧屋顶支架，如图 3-101 所示。

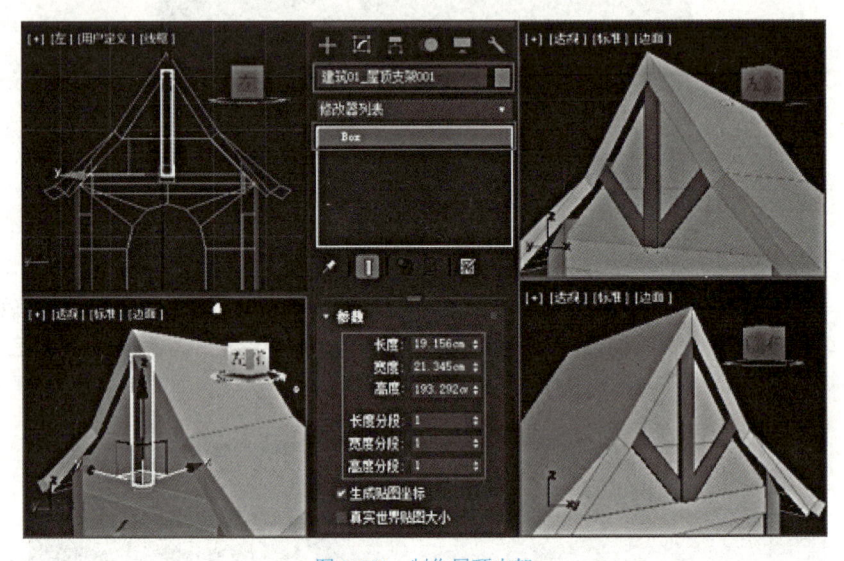

图 3-101 制作屋顶支架

（23）制作一层门和门框。在前视口中创建一个平面，命名为"建筑 01_ 一层门"，调整位置；用前面同样的方法制作门框，如图 3-102 所示。

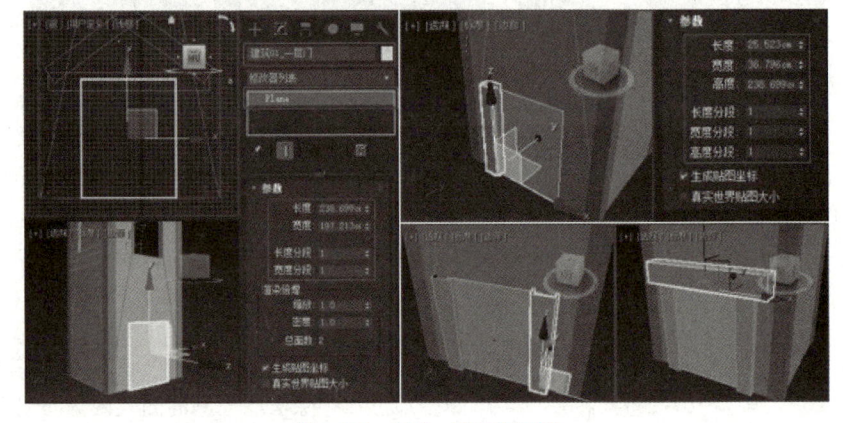

图 3-102 制作一层门和门框

（24）制作二层门帘。在视口中单击鼠标右键，在弹出的菜单中执行"全部取消隐藏"命令，显示隐藏的门帘模型。按"4"键进入"多边形"子对象层级，选择后面的多边形，按"Delete"键删除；按"2"键进入"边"子对象层级，选择上下两条边，单击"编辑边"卷展栏中 连接 命令右侧的 ■（设置）按钮，设置"分段"数为7；进入"多边形"子对象层级，删除一半的多边形，调整形状，如图3-103所示。

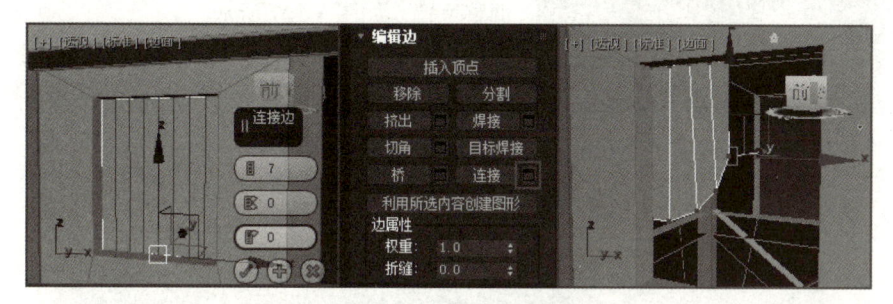

图 3-103　制作二层门帘

（25）调整门帘布线。执行"编辑顶点"卷展栏中的 目标焊接 命令，焊接顶部顶点；选择空悬的顶点和左上角顶点，执行"编辑顶点"卷展栏中的 连接 命令，进行连接，如图3-104所示。

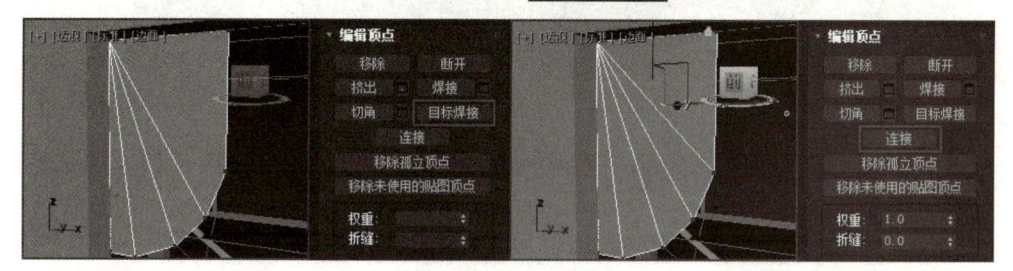

图 3-104　调整门帘布线

（26）制作门帘厚度。在"多边形"子对象层级下，选择门帘多边形，依次执行"编辑多边形"卷展栏中的"挤出"命令和"倒角"命令，制作门帘厚度，并将门帘放在墙厚中间位置，如图3-105所示。

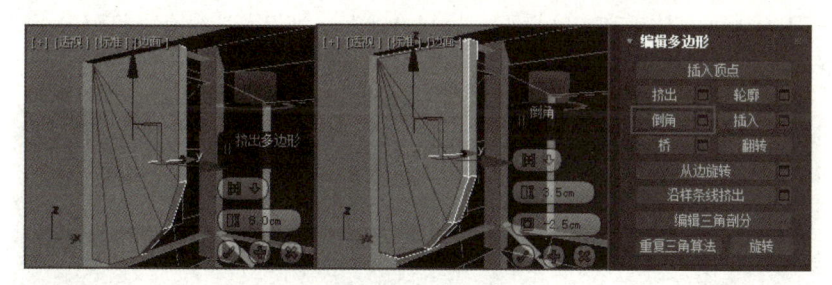

图 3-105　制作门帘厚度

（27）调整门帘结构。单击窗口下方的 ■（孤立当前选择）按钮，将门帘模型孤立显示。在"顶点"子对象层级下，将表面顶端2个顶点与内层顶边对齐；表面左侧2个顶点与内层外边缘对齐；在"多边形"子对象层级下，删除顶端和左侧多边形，如图3-106所示。

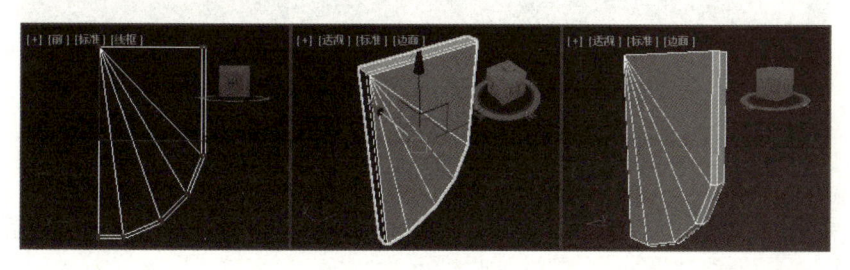

图 3-106　调整门帘结构

（28）复制门帘。将制作好的门帘复制，分别放到门的另一侧及墙另外一侧门的位置。

（29）制作二层阳台地面。使用长方体制作阳台地面，命名为"建筑01_阳台地面"，删除墙体内侧多余的面，调整位置，如图3-107所示。

（30）制作二层阳台扶手。使用长方体制作阳台扶手，命名为"建筑01_阳台扶手"；将其转换为可编辑多边形，选择内侧两边的多边形，执行"挤出"命令，挤出两侧扶手，删除墙内多余的多边形；执行"连接"命令，连接两处拐角的顶点，删除多余的边，优化模型，如图3-108所示。

图3-107 制作阳台地面

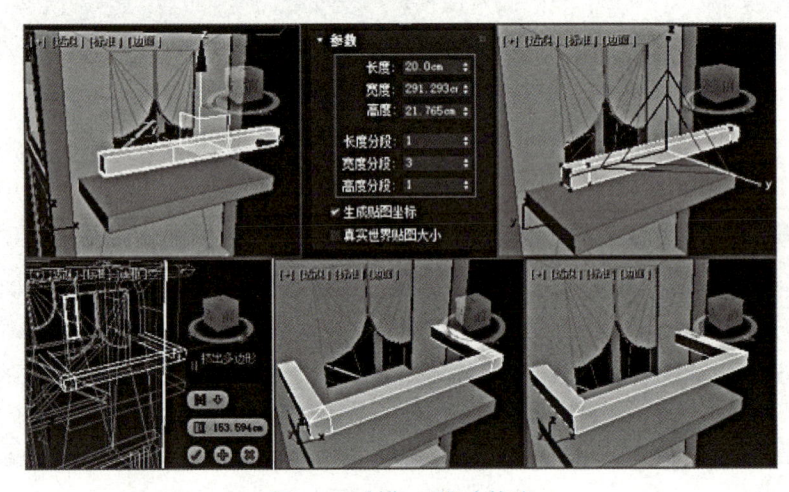

图3-108 制作二层阳台扶手

（31）制作阳台扶手支柱。在顶视口中创建长方体，将其命名为"建筑01_阳台支柱001"。将其转换为可编辑多边形，删除顶底两个端面，调整形状。按住"Shift"拖动复制出其他5个支柱，调整位置；同时选择阳台地面、扶手和支柱模型，执行"组"→"组..."命令，将阳台组成一个组，命名为"建筑01_阳台"；"镜像"复制"建筑01_阳台"组，放在墙的另一侧，如图3-109所示。

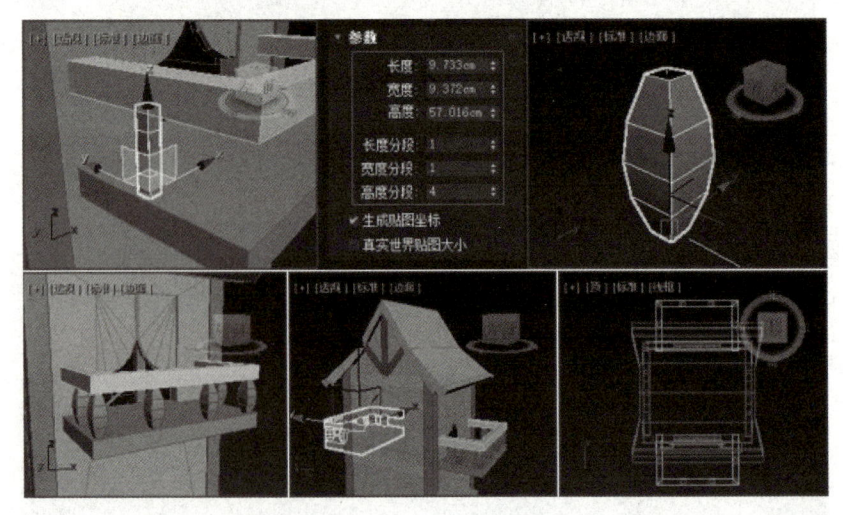

图3-109 制作阳台扶手支柱

（32）制作阁楼。选择二层窗口多边形，按住"Shift"键拖动复制，在弹出的"克隆部分网格"

对话框中选择"克隆到对象"选项，命名为"建筑01_阁楼"；执行命令面板中的 ■（层次）→ 仅影响轴 → 居中到对象 命令，将对象轴心点调整到对象中心位置；调整模型位置及大小，将其放在阁楼位置；按住"Shift"键拖动复制一个该模型，命名为"建筑01_阁楼窗"，用于制作阁楼窗模型，调整其大小和位置，如图3-110所示。

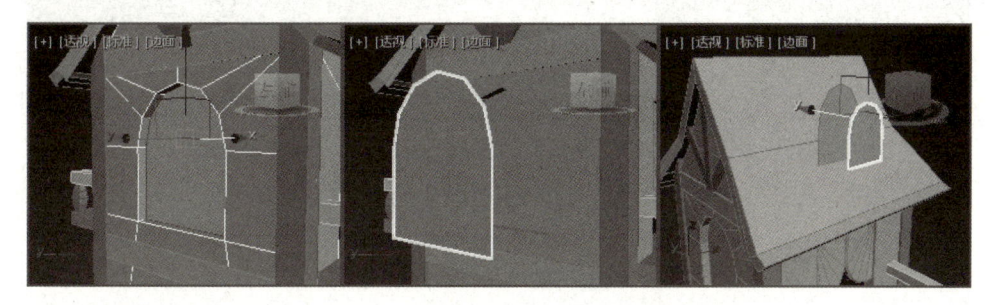

图3-110 制作阁楼

（33）制作阁楼墙体。使用"切割"命令，调整阁楼布线；选择阁楼所有多边形，执行"挤出"命令，挤出阁楼深度；选择阁楼所有顶部多边形，执行"分离"命令，将其分离为对象，命名为"建筑01_阁楼顶"，如图3-111所示。

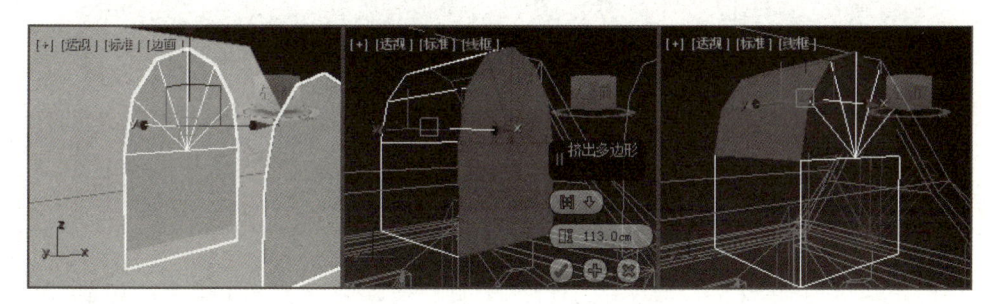

图3-111 制作阁楼墙体

（34）制作阁楼顶。在"顶点"子对象层级下，调整阁楼顶的深度；选择所有多边形，按"局部法线"方向"挤出"阁楼顶的厚度；删除里侧的多边形；选择外侧内边缘的边，执行"挤出"命令，挤出阁楼顶内部面，如图3-112所示。

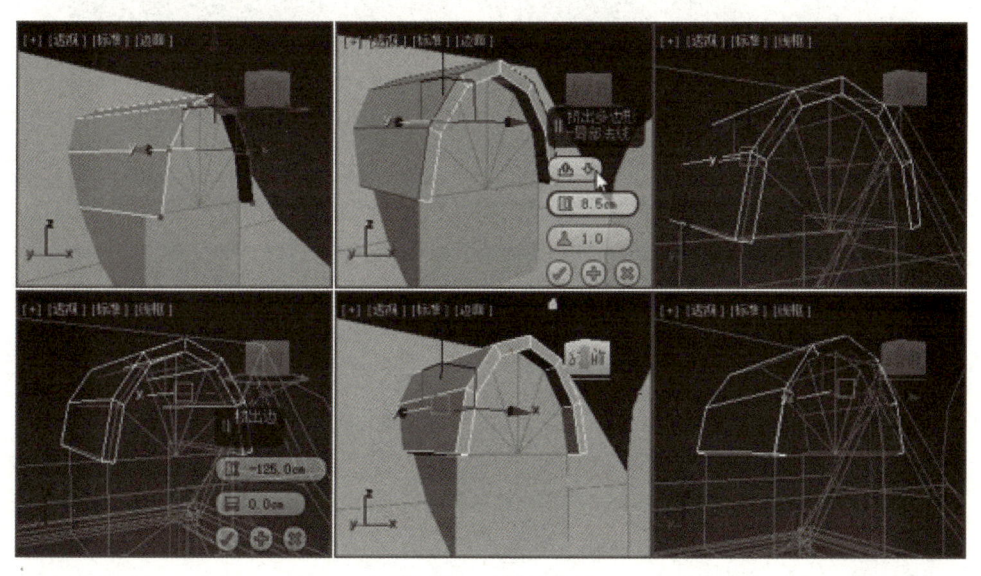

图3-112 制作阁楼顶

（35）制作阁楼窗。选择阁楼窗所有多边形，执行"挤出"命令，挤出窗的厚度；将窗移到适当的位置；同时选择阁楼窗、墙体和阁楼顶模型，执行"组"→"组..."菜单命令，将阁楼组成一个组，命名为"建筑01_阁楼"；"镜像"复制"建筑01_阁楼"组，放在屋顶的另一侧，如图3-113所示。

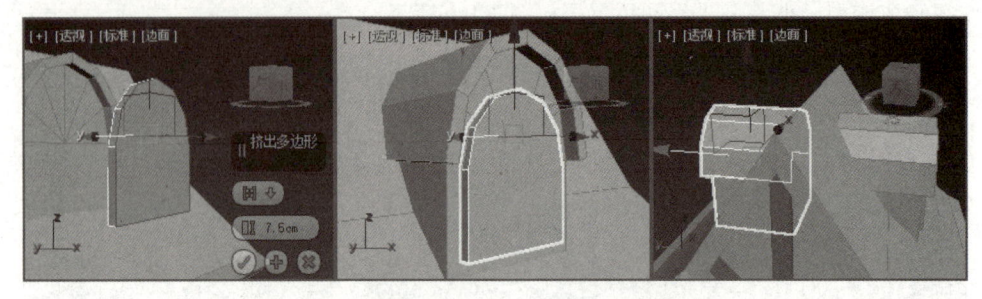

图3-113　制作阁楼窗

（36）制作二层阳台门门框。用制作一层门门框同样的方法，制作二层两侧阳台门门框，如图3-114所示。

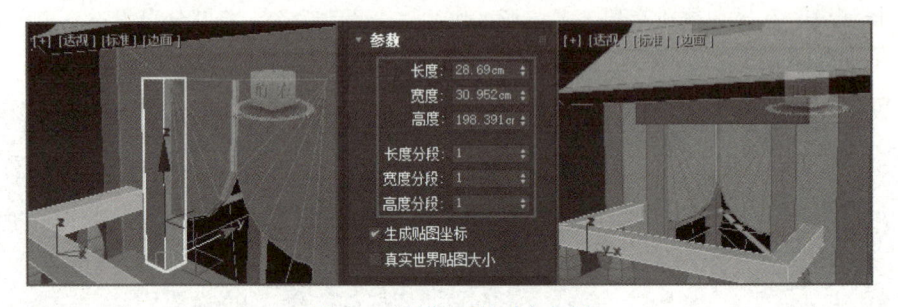

图3-114　制作二层阳台门门框

（37）制作一层入门台阶和屋脊顶。在透视口中创建一个圆柱体，将其转换为可编辑多边形，删除底面，在"顶点"子对象层级下调形，选择多余的边，按"Ctrl+Backspace"组合键删除，调整位置；同样，在透视口中创建一个长方体，调整位置制作屋脊顶，如图3-115所示。

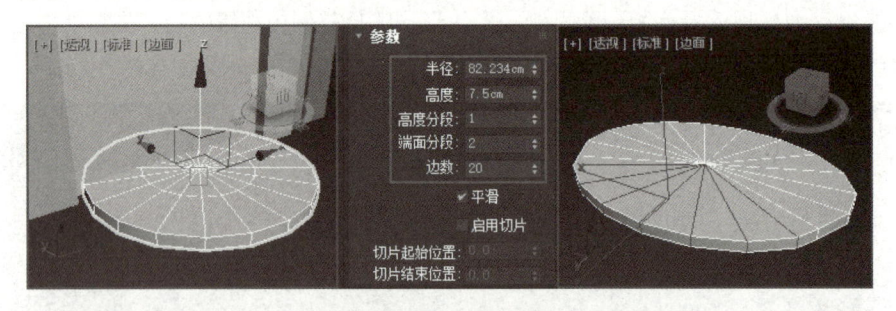

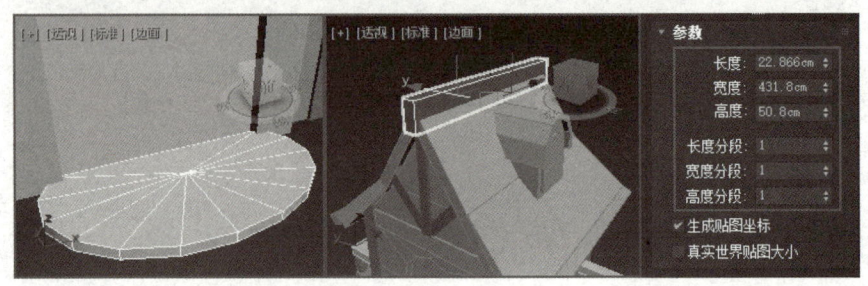

图3-115　制作屋脊顶和一层入门台阶

（38）制作房沿。在顶视口中创建一个长方体，将其转换为可编辑多边形，删除在屋顶内部的多边

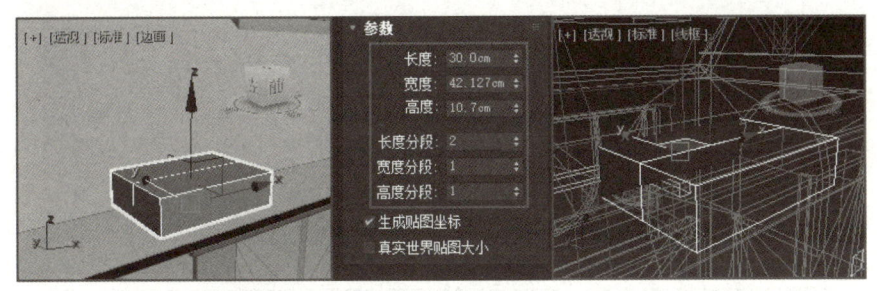

形,如图 3-116 所示。

图 3-116　制作房沿

(39) 塌陷顶点。选择前面上端的两个顶点,使用"塌陷"命令合并顶点;用同样的方法,合并下端的两个顶点,如图 3-117 所示。

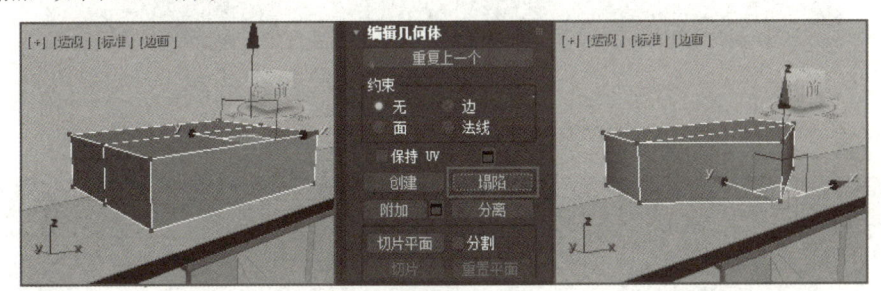

图 3-117　塌陷顶点

(40) 调整房沿形状。在"顶点"子对象层级下,调整房沿形状,放在房沿位置;按住"Shift"键拖动,复制出其他房沿;将所有房沿组成组,"镜像"复制到另外一侧,如图 3-118 所示。

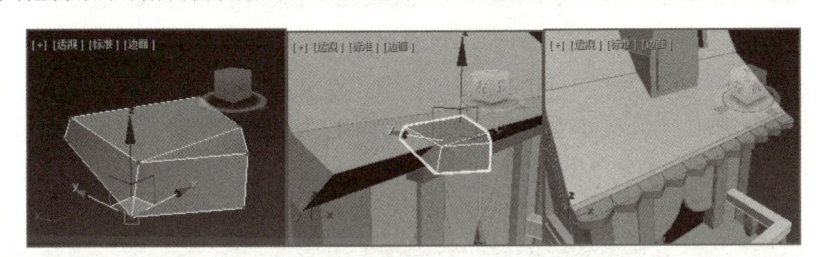

图 3-118　调整房沿形状

(41) 制作灯模型。用前面相似的方法,制作灯模型,如图 3-119 所示。

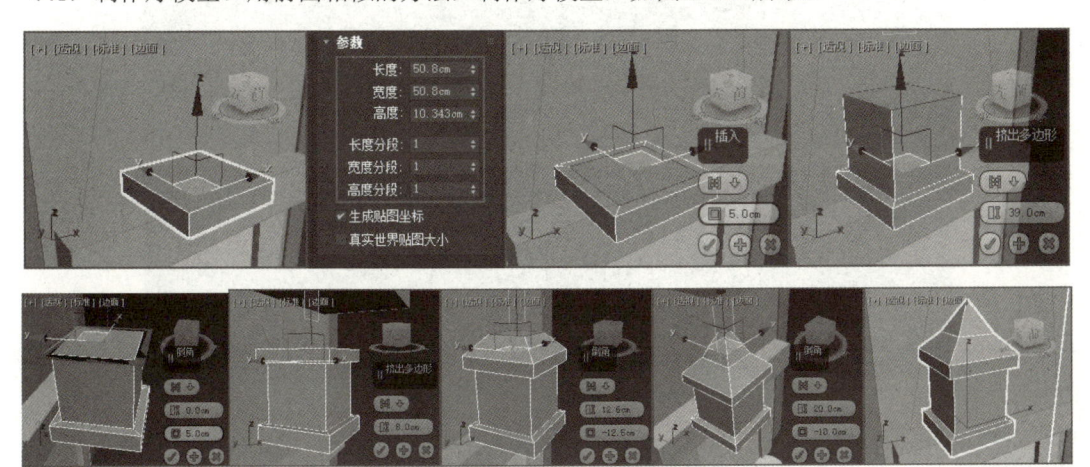

图 3-119　制作灯模型

（42）制作风车模型，制作过程如图 3-120 所示。

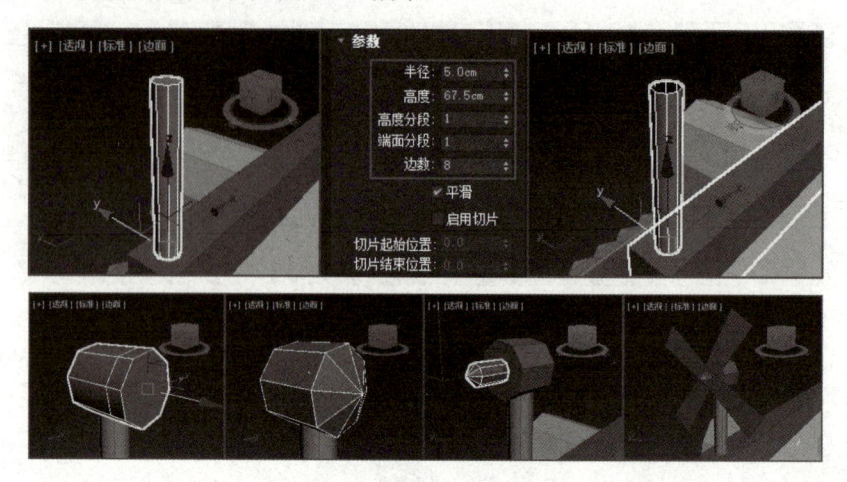

图 3-120　制作风车模型

（43）用相似的方法，制作建筑 01 左侧园门、绿植等模型，如图 3-121 所示。

图 3-121　园门、绿植等模型

（44）制作右侧前方一层建筑，这里称为"建筑 02"。在透视口中创建一个长方体，将其命名为"建筑 02_底座"。隐藏建筑 01 的所有模型，方便操作。将创建的长方体转换为可编辑多边形，调整布线，删除多余的面；执行"倒角"命令挤出凸出的砖块模型；执行"切割"命令调整布线，继续执行"倒角"命令挤出其他凸出的砖块模型；执行"挤出"命令，挤出窗口造型，如图 3-122 所示。

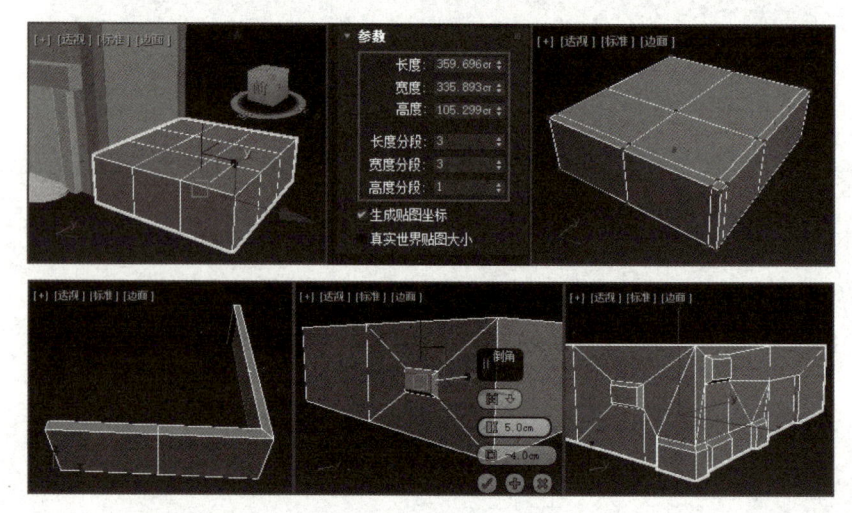

图 3-122　制作建筑 02_底座

（45）制作建筑 02 墙体。在透视口中创建一个长方体，将其命名为"建筑 02_墙体"。将其转换为可编辑多边形,删除左侧和底部面。选择顶面两条边,执行"连续"命令加线,调形;执行"插入""挤出"命令,制作窗框、窗模型;使用与制作建筑 01 二层窗口模型相同的方法制作建筑 02 门口,整理模型,如图 3-123 所示。

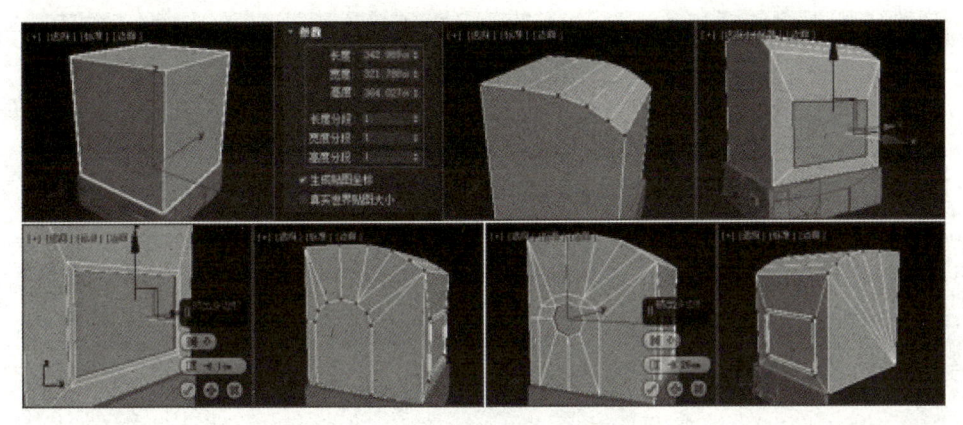

图 3-123　制作建筑 02 墙体

（46）制作门框。选择窗框和窗对应的多边形,执行"分离"命令,将其命名为"建筑 02_窗";用同样的方法选择门对应的多边形,执行"分离"命令,将其命名为"建筑 02_门"。选择门边,按住"Shift"键拖动,挤出多边形;选择挤出的多边形,执行"分离"命令,将其命名为"建筑 02_门框",将其放在合适的位置;执行"挤出"命令,挤出门框的厚度,如图 3-124 所示。

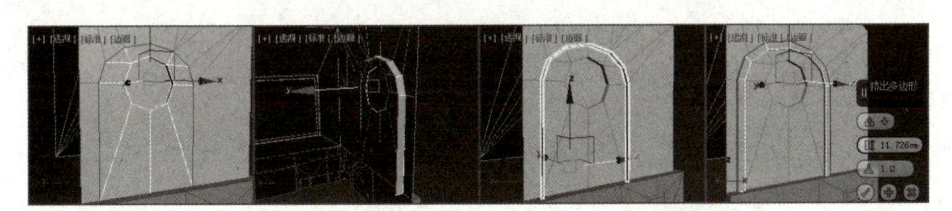

图 3-124　制作门框

（47）制作屋脊。选择屋顶对应屋脊的多边形,使用"分离"命令,将其命名为"建筑 02_屋脊"。执行"连接"命令加线;执行"挤出"命令挤出厚度;选择底部边界,执行"封口"命令封口;调整屋脊形状,如图 3-125 所示。

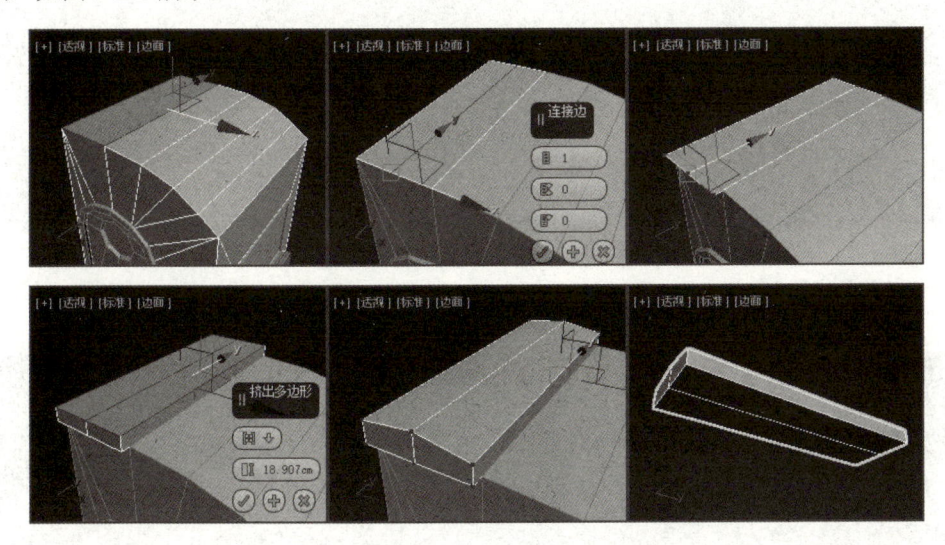

图 3-125　制作屋脊

（48）制作屋顶。选择屋顶其他多边形，执行"分离"命令，将其命名为"建筑 02_屋顶"。选择底边，按住"Shift"拖动，再挤出两个面，调整位置；执行"连接"命令加线；执行"挤出"命令挤出屋顶厚度；调整形状，删除多余的面；执行"切割"命令加线，进一步调整形状，如图 3-126 所示。

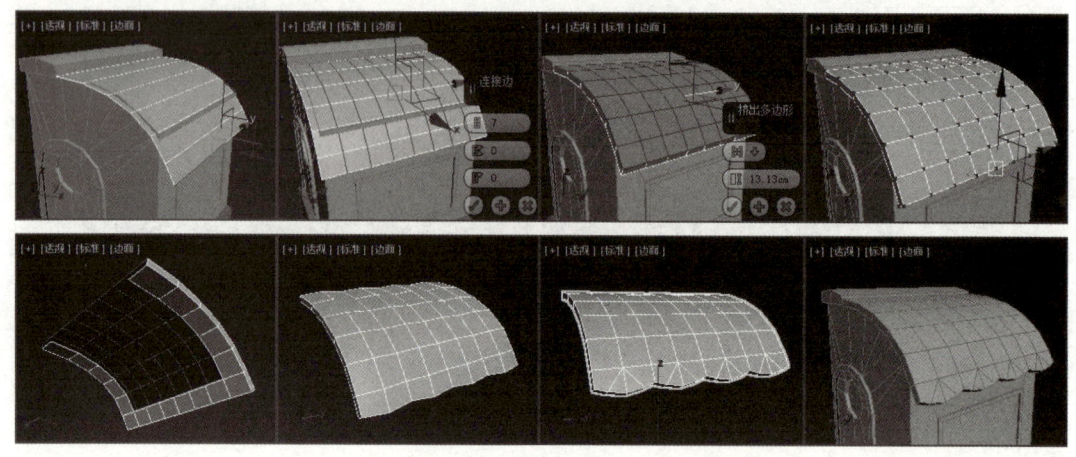

图 3-126　制作屋顶

（49）制作门前台阶。在左视口中，执行"线"命令绘制台阶截面图形；为其添加"挤出"修改器，制作台阶宽度；执行"切割"命令调整布线，将其转换为可编辑多边形，如图 3-127 所示。

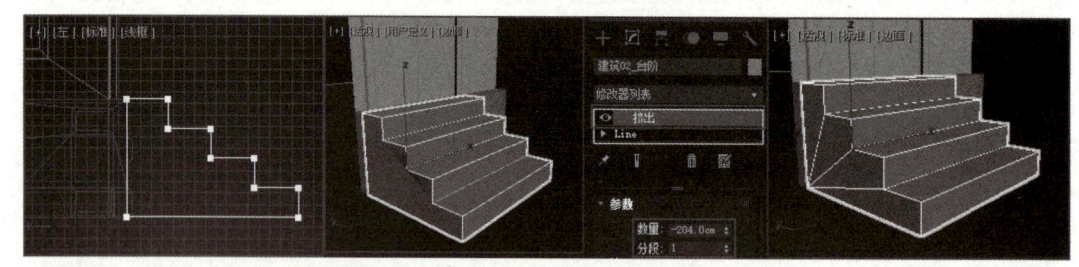

图 3-127　制作门前台阶

（50）制作窗外凉棚。用制作台阶相同的方法，在前视口中绘制凉棚截面图形；为其添加"挤出"修改器，制作凉棚宽度；将其转换为可编辑多边形；使用圆柱体制作凉棚支架，如图 3-128 所示。

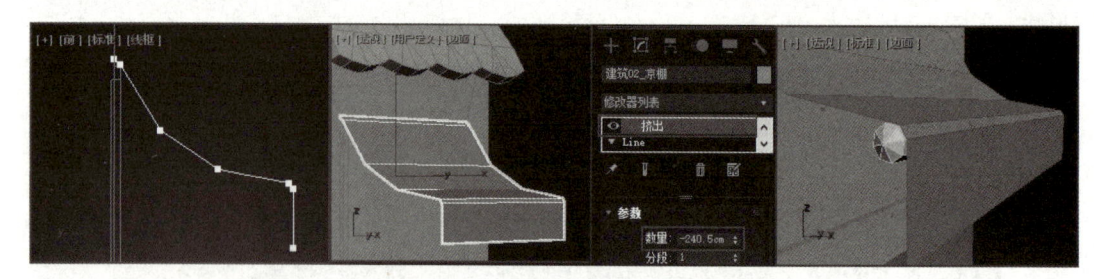

图 3-128　制作窗外凉棚

（51）制作墙角和烟囱。使用长方体制作墙角和烟囱模型，如图 3-129 所示。

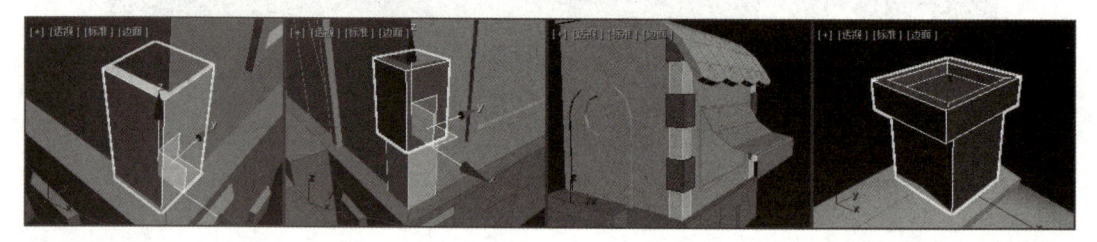

图 3-129　制作墙角和烟囱

模块三　室内外场景设计

（52）用同样的方法，制作门上方装饰、窗下坐墩、台阶上的扶手、门把手、砖块模型，如图3-130所示。

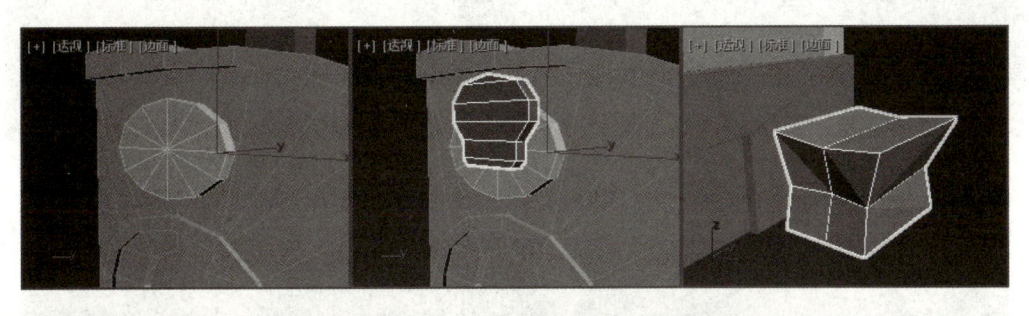

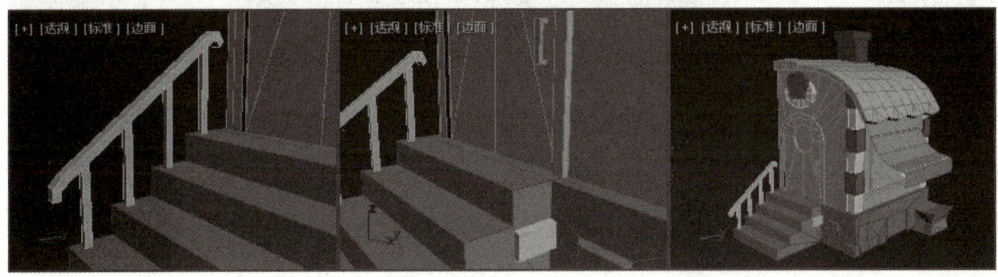

图3-130　制作其他模型

（53）制作右侧后方一层建筑，这里称为"建筑03"。在透视口中创建一个长方体，将其命名为"建筑03_墙体"。隐藏建筑02的所有模型，方便操作。用制作建筑02_墙体、门、窗同样的方法制作建筑03_墙体模型；将门对应的多边形选中，执行"分离"命令，将其命名为"建筑03_门"，如图3-131所示。

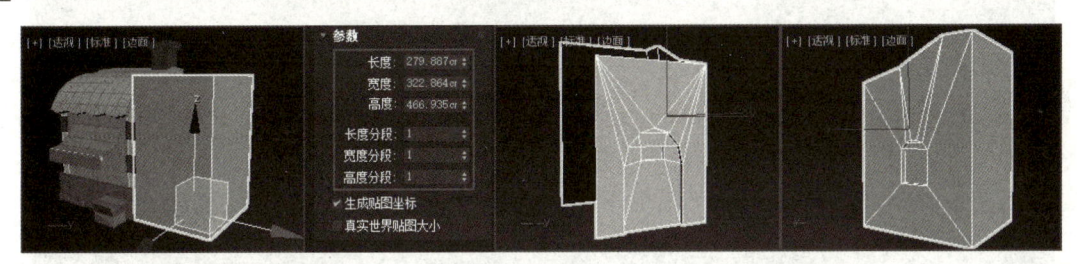

图3-131　制作建筑03_墙体模型

（54）用前面制作模型的方法，依次制作建筑03屋顶、屋脊、烟管、台阶模型，如图3-132所示。

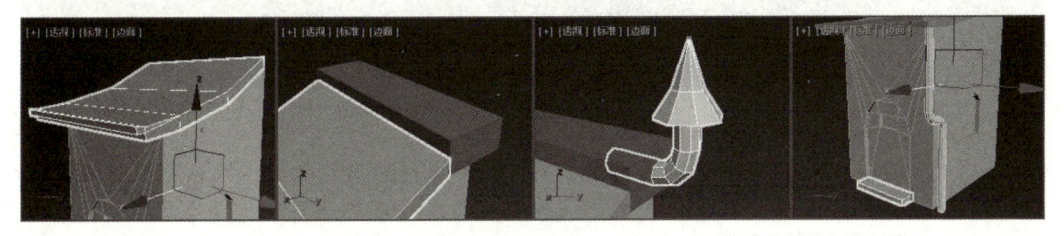

图3-132　屋顶、屋脊、烟管、台阶模型

（55）用前面制作模型的方法，依次制作门上造型、箭、墙角、门（可复制建筑02中的门），如图3-133所示。

（56）制作木桶、栅栏、秋千等模型，如图3-134所示。

（57）制作地面、指示牌和草模型，如图3-135所示。

159

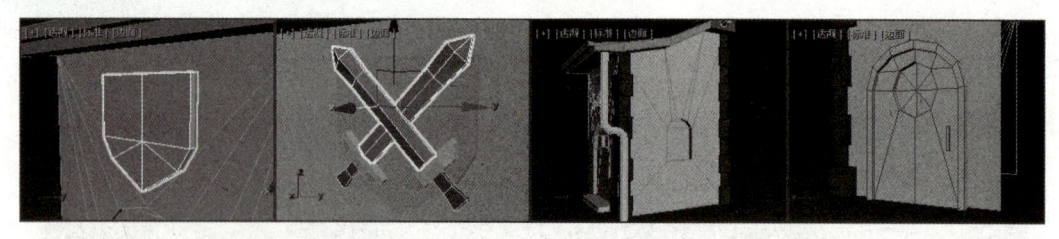

图 3-133　门上造型、箭、墙角、门模型

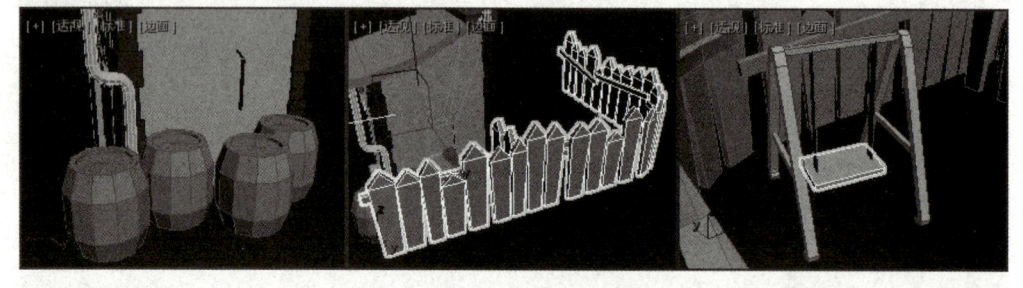

图 3-134　木桶、栅栏、秋千模型

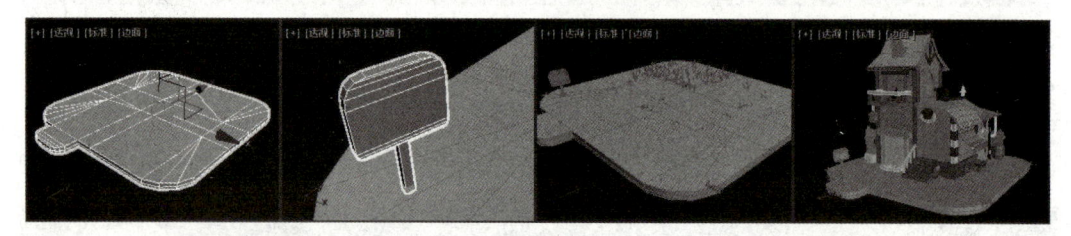

图 3-135　制作地面、指示牌和草模型

（58）场景模型展开 UV 分析。由于场景中的模型较多，按照建筑模型可分为建筑 01、建筑 02、建筑 03 和地面及地面上的模型，兼顾材质的异同，将整个场景模型划分为四个区块，如图 3-136 所示。在实际展开 UV 分析过程中，先将每个模型分别展开，然后按照区块，每个区块整合为一个 UV。

图 3-136　场景模型 UV 分块

（59）为"建筑 01_墙体"展开 UV。注意：为了方便选择和查看效果，为每个模型展开 UV 时，可以将该对象孤立显示。选择"建筑 01_墙体"模型，为其添加"UVW 展开"修改器。单击"编辑 UV"卷展栏中的 打开 UV 编辑器... 按钮，打开"编辑 UVW"对话框。在"多边形"子对象层级下，选择所有多边形，执行"贴图"→"展平贴图..."菜单命令，在弹出的"展平贴图"对话框中，单击"确定"按钮，如图 3-137 所示。

（60）调整 UV。将墙体 4 个面重叠排列在一起；将窗 UV 叠放在一起；将窗和门四边的 UV 调整放在适合的位置，如图 3-138 所示。

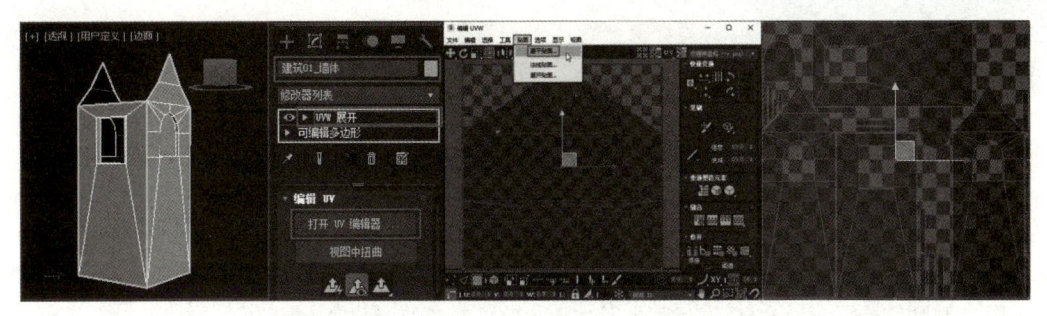

图 3-137　为"建筑 01_墙体"展 UV

(61) 为"建筑 01_屋顶"展开 UV。用同样的方法，为"建筑 01_屋顶"添加"UVW 展开"修改器，单击 打开 UV 编辑器 按钮，打开"编辑 UVW"对话框。在"多边形"子对象层级下，选择所有多边形，单击"UVW 展开"修改器→"投影"→ （平面贴图）按钮，在"对齐"中单击 Z （对齐到 Z）按钮，将选定模型沿 Z 轴投影平面展开，这样可以消除模型默认 UV 中断开的 UV 边，如图 3-139 所示。再次单击 （平面贴图）按钮，结束命令。

(62) 使用"快速剥"命令展开 UV。规划展开方式，屋顶模型左右对称，可从中间分开，左右分别展平。在"边"子对象层级下，选择所有展开边界边，在"编辑 UVW"对话框中，执行"工具"→"断开"命令；然后在"多边形"子对象层级下，选择所有多边形，单击"剥"卷展栏中的 （快速剥）按钮，展开 UV；将展开的 UV 叠放在一起，调整大小和位置，如图 3-140 所示。

图 3-138　调整 UV

图 3-139　为"建筑 01_屋顶"展 UV

图 3-140　使用"快速剥"命令展开 UV

(63) 为建筑 01 门帘展开 UV。为"建筑 01_门帘 001"模型添加"UVW 展开"修改器，打开"编辑 UVW"对话框。查看默认断开的 UV 边，如果默认断开的 UV 边满足展开 UV 需求，可以直接展开。

在"多边形"子对象层级下,选择所有多边形,单击 (快速剥)按钮,展开 UV;用同样的方法,为其他 3 扇门帘展开 UV,调整 UV 大小和位置,如图 3-141 所示。

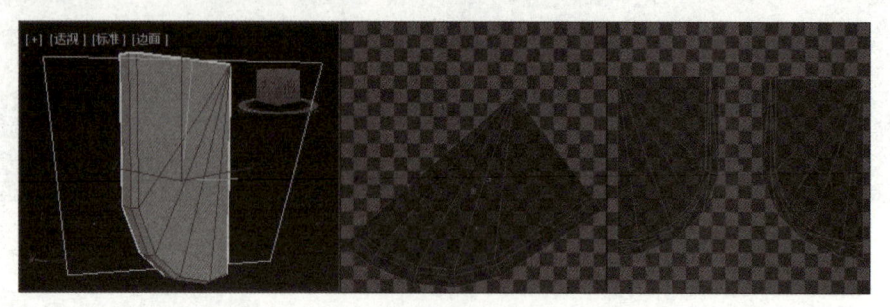

图 3-141 为建筑 01 门帘展开 UV

(64)为一层门展开 UV。为"建筑 01_一层门"添加"UVW 展开"修改器,打开"编辑 UVW"对话框。由于门模型只有一个平面,所以直接调整一下 UV 大小即可,调整时可选择"编辑 UVW"对话框右上角下拉列表中的"CheckerPattern(棋盘格)"选择,配合调整,使模型上显示的棋盘格均为正方形小格子即可,如图 3-142 所示。

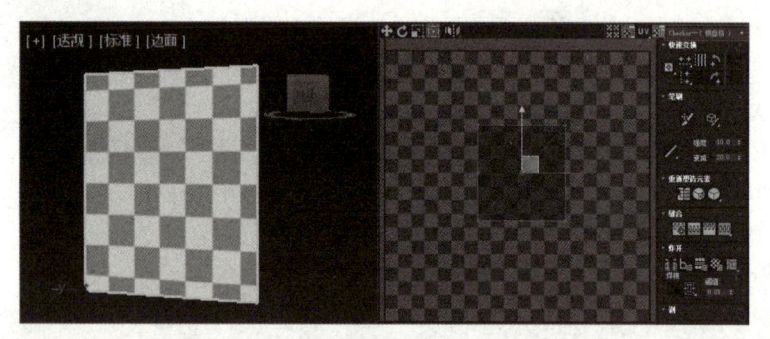

图 3-142 为一层门展开 UV

(65)为一层上方门框模型展开 UV。为"建筑 01_一层门框 T"添加"UVW 展开"修改器,打开"编辑 UVW"对话框。规划展分方式,将不需要断开的 UV 边缝合。选择正面上方的边,执行"工具"→"缝合选定项..."菜单命令,缝合边;用同样的方法,依次缝合正面其他 3 条边;然后在"多边形"子对象层级下,选择所有多边形,单击 (快速剥)按钮,展开 UV,如图 3-143 所示。

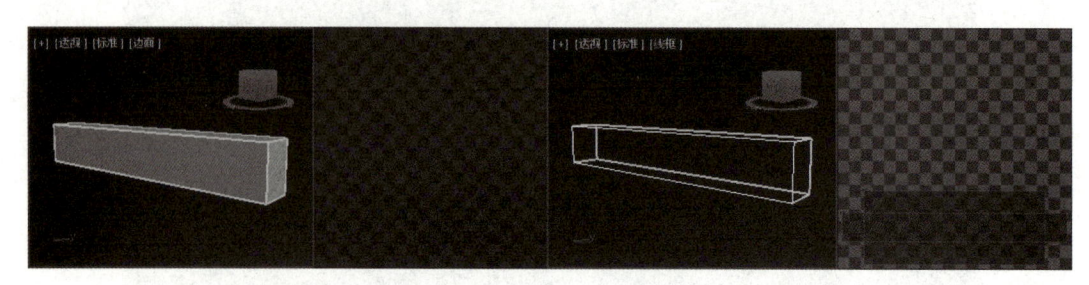

图 3-143 为一层上方门框模型展开 UV

(66)整理一层门及门框 UV。执行"贴图"→"展开贴图"命令,为"建筑 01_一层门框 L"和"建筑 01_一层门框 R"展开 UV,将两者 UV 叠放在一起。选择"门"模型,将其转换为可编辑多边形,执行"附加"命令将 3 个门框附加在一起;再次添加"UVW 展开"修改器,打开"编辑 UVW"对话框,调整 UV 大小和位置,如图 3-144 所示。

模块三 　室内外场景设计

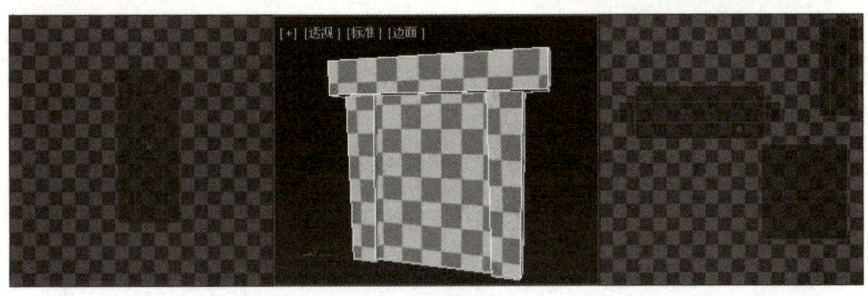

图 3-144　为一层门及门框展开 UV

（67）为阁楼展开 UV。阁楼由阁楼墙体、阁楼顶和阁楼窗组成。规划好展开方法，执行 ![icon]（快速剥）命令依次为阁楼墙体和阁楼窗展开 UV，如图 3-145 所示。

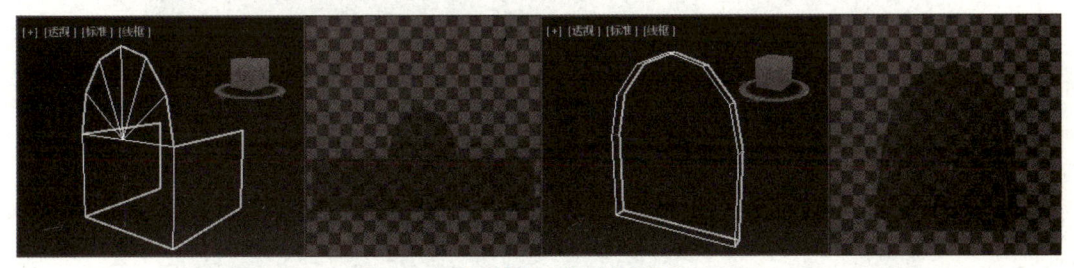

图 3-145　为阁楼墙体和阁楼窗展开 UV

（68）用同样的方法，为阁楼顶展开 UV，在"顶点"子对象层级下，配合使用"快速变换"卷展栏下的工具调整 UV，如图 3-146 所示。

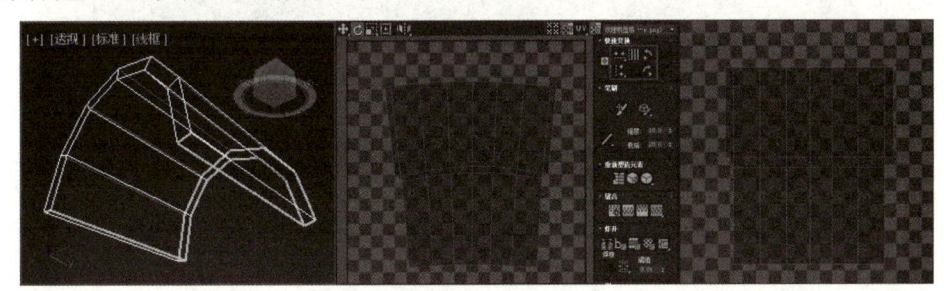

图 3-146　为阁楼顶展开 UV

（69）为其他模型展开 UV 并整合 UV。用同样的方法，为所有木框、阳台、绿植、绿植盆、灯、风车、入门台阶等模型展开 UV；选择其中任一模型将其转换为可编辑多边形，使用"附加"命令将建筑 01 所有模型附加在一起；再次添加"UVW 展开"修改器，打开"编辑 UVW"对话框，调整 UV 大小和位置，如图 3-147 所示。

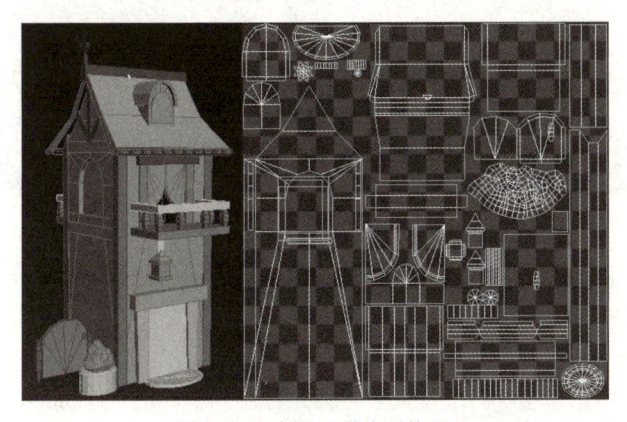

图 3-147　建筑 01 整合后的 UV

163

(70)用同样的方法,为建筑 02 区块展开 UV,如图 3-148 所示。

图 3-148　建筑 02 区块整合后的 UV

(71)用同样的方法,为建筑 03 区块展开 UV,如图 3-149 所示。

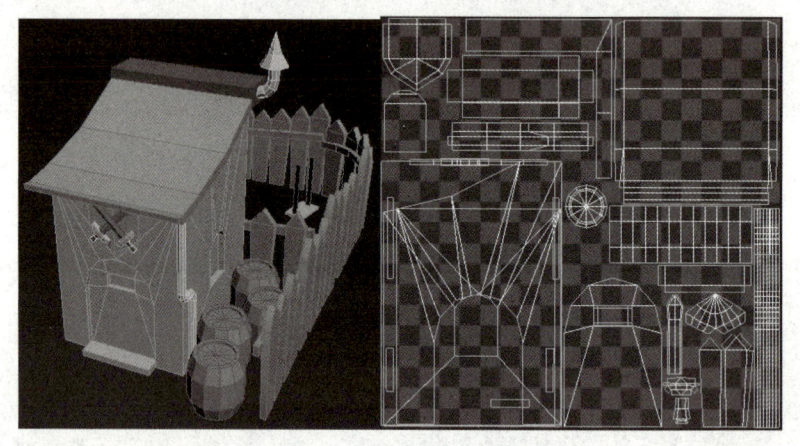

图 3-149　建筑 03 区块整合后的 UV

(72)用同样的方法,为地面、指示牌及草展开 UV,如图 3-150 所示。

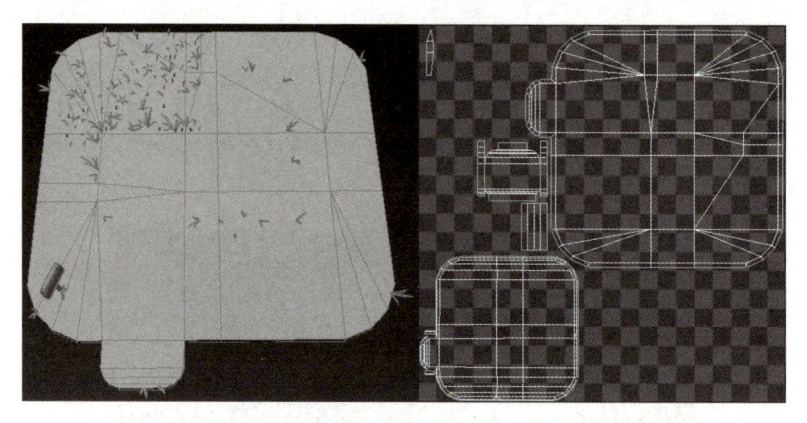

图 3-150　地面、指示牌及草整合后的 UV

(73)渲染建筑 01 区块 UV。选择整合后的建筑 01,在"编辑 UVW"对话框中,选择编辑好的 UV,执行"工具"→"渲染 UVW 模板 ..."菜单命令,在弹出的"渲染 UVs"对话框中,设置"宽度"和"高度"值为 2048 像素,单击"渲染输出"属性后的███按钮,在弹出的"渲染 UV 模板输出文件"对话框中,设置"保存类型"为 PNG,设置 UV 文件名为"建筑 01_UV.png",单击"保存"按钮,返回"渲染 UVs"面板，单击 渲染 UV 模板 按钮，渲染 UV，如图 3-151 所示。

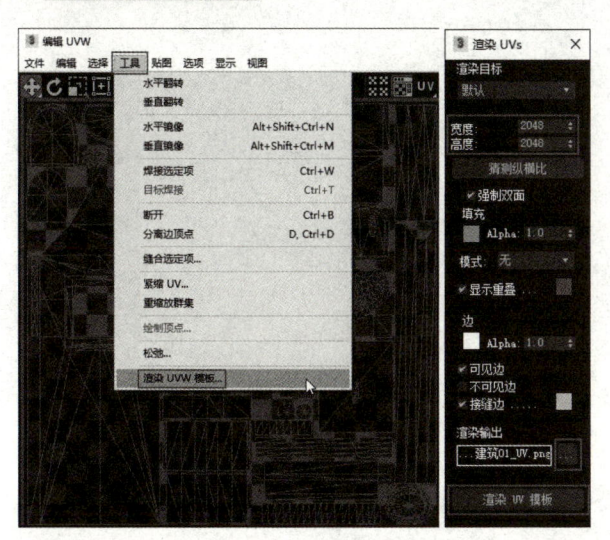

图 3-151　渲染建筑 01 区块 UV

（74）用同样的方法，渲染建筑 02 区块 UV、建筑 03 区块 UV 和第 4 个区块（地面、指示牌、草）UV。

（75）使用 Photoshop 绘制贴图。用 Photoshop 打开"建筑 01_UV.png"文件，将 UV 所在图层重命名为"UV 层"；单击图层面板上的 ▣（锁定透明像素）按钮，设置前景色为黑色，按"Alt+Delete"组合键，填充前景色；在 UV 层下方新建一个图层，填充白色，如图 3-152 所示。

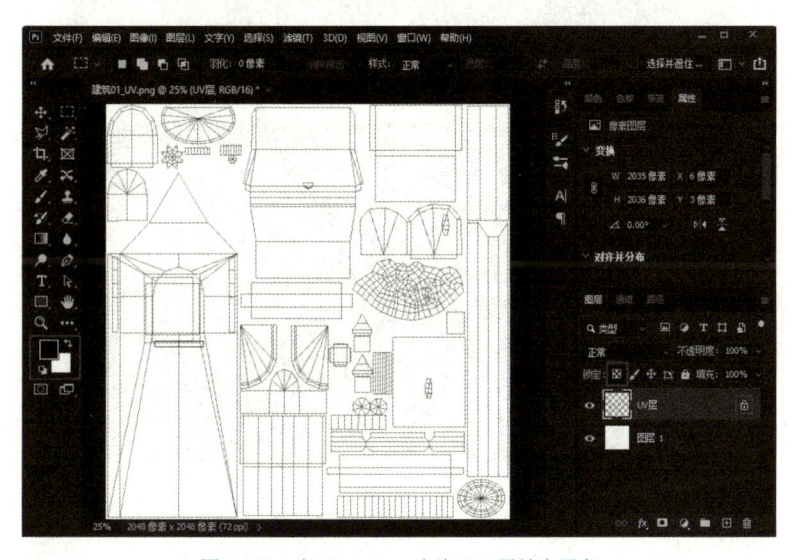

图 3-152　在 Photoshop 中为 UV 层填充黑色

（76）编辑建筑 01 贴图。按照 UV 分布，分别编辑 UV 对应模型的贴图，如图 3-153 所示。

（77）保存贴图。隐藏 UV 层，保存贴图为"建筑 01_贴图.jpg"文件；用同样的方法编辑建筑 02 的 UV，并保存为"建筑 02_贴图.jpg"文件，如图 3-154 所示。

（78）用同样的方法编辑建筑 03 和建筑 04 的 UV，并保存为"建筑 03_贴图.jpg"文件和"建筑 04_贴图.jpg"文件，如图 3-155 所示。

图 3-153 建筑 01 贴图

图 3-154 建筑 01 和建筑 02 贴图

图 3-155 建筑 03 和建筑 04 贴图

（79）设置建筑 01 材质。按"M"键，打开"Slate 材质编辑器"对话框，双击"材质/贴图浏览器"下方"示例窗"中第 1 个空白的材质球，在视图 1 视口中双击该材质的标题栏，打开其参数编辑器。单击"漫反射"右侧的贴图按钮，在弹出的"材质/贴图浏览器"对话框中双击"位图"选项，选择"建筑 01_贴图 .jpg"文件，并将材质赋予建筑 01，如图 3-156 所示。

（80）用同样的方法编辑建筑 02、建筑 03 和建筑 04 材质，并将材质赋予相应模型。

（81）创建平面。在地面下方创建一个平面，用来表现建筑的投影，如图 3-157 所示。

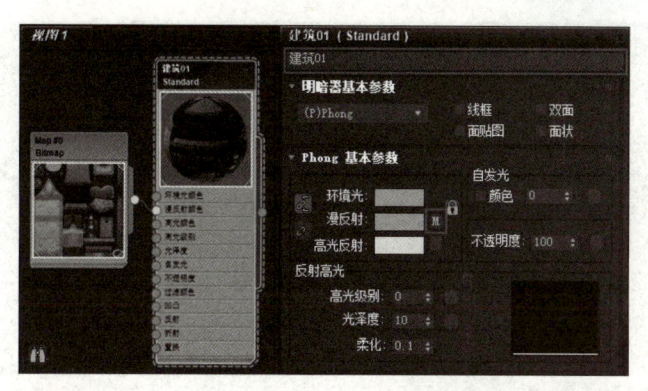

图 3-156 设置建筑 01 材质

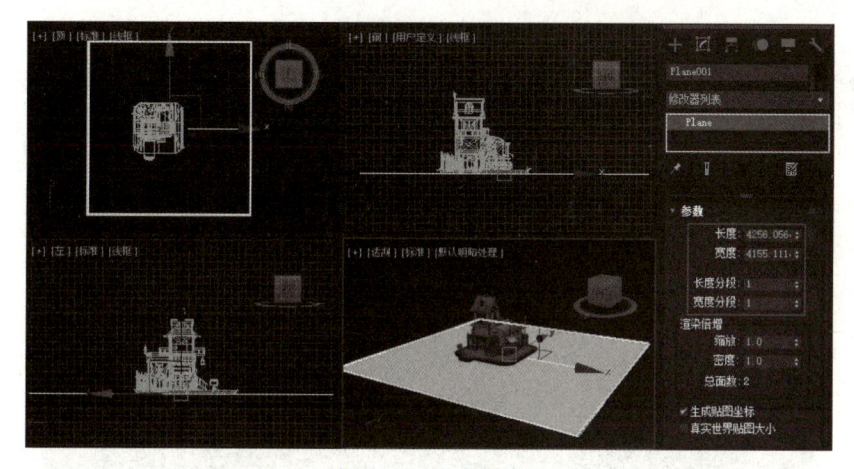

图 3-157 创建平面

（82）设置平面材质。在"Slate 材质编辑器"对话框中，单击"材质"→"通用"按钮，双击 无光/投影 选项，添加"无光/投影"材质，将其赋予平面，如图 3-158 所示。

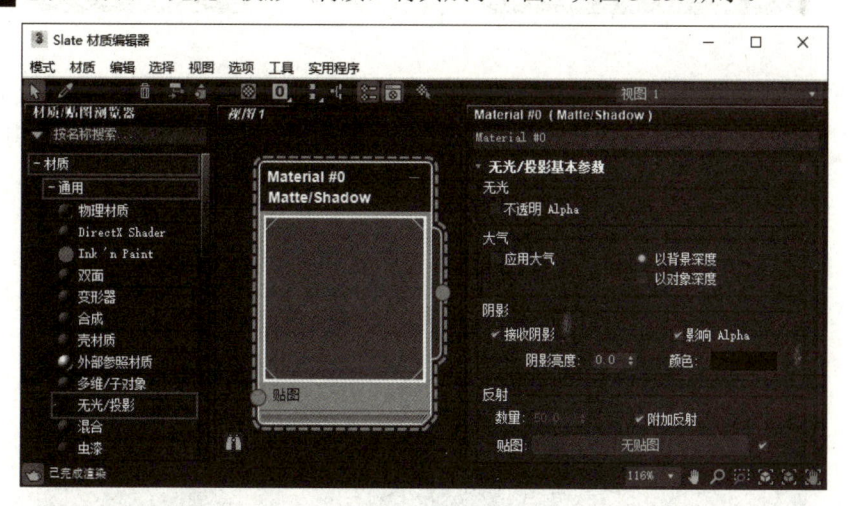

图 3-158 设置平面材质

（83）创建目标摄影机。激活透视口，按"Shift+F"键，打开安全框，将视口角度和范围调整到合适位置。执行"创建"→"摄影机"→"从视图创建标准摄影机"命令。此时，透视口自动切换为摄影机视口，如图 3-159 所示。

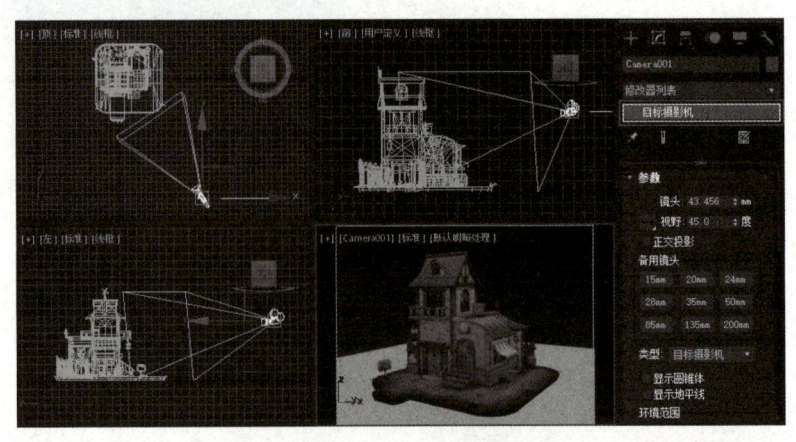

图 3-159　创建目标摄影机

（84）创建主光源。在命令面板上单击 ➕（创建）→ 💡（灯光）→ 目标聚光灯 按钮，在顶视口中创建一盏目标聚光灯。在"阴影"组中勾选"启用"复选框，启用阴影，设置阴影类型为"阴影贴图"；设置灯光"倍增"值为 1.6，颜色为 RGB（238，133，82），调整灯光位置，如图 3-160 所示。

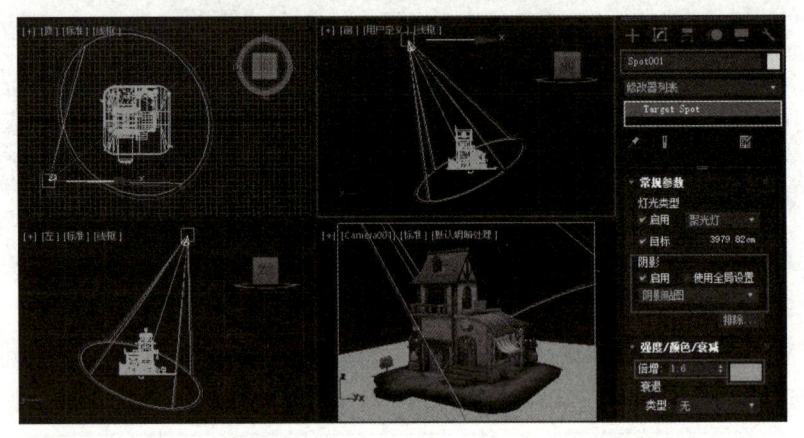

图 3-160　创建主光源

（85）创建辅助光源。选择主光源，按住"Shift"键拖动，复制主光源。调整灯光位置和方向，取消阴影的"启用"勾选，设置灯光的"倍增"值为 0.65，灯光的颜色为 RGB（136，159，218），如图 3-161 所示。

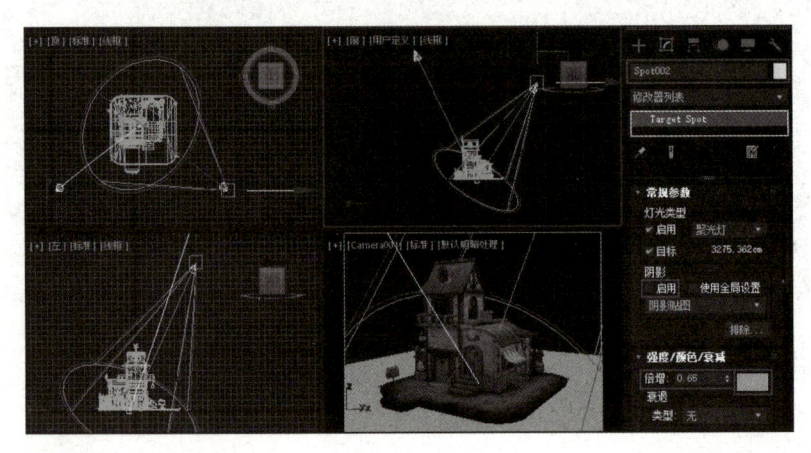

图 3-161　创建辅助光源

（86）创建补充光源。选择主光源，按住"Shift"键拖动，复制主光源。调整灯光位置和方向，取消阴影的"启用"勾选，设置灯光的"倍增"值为1.2，灯光的颜色为RGB（238，133，82），如图3-162所示。

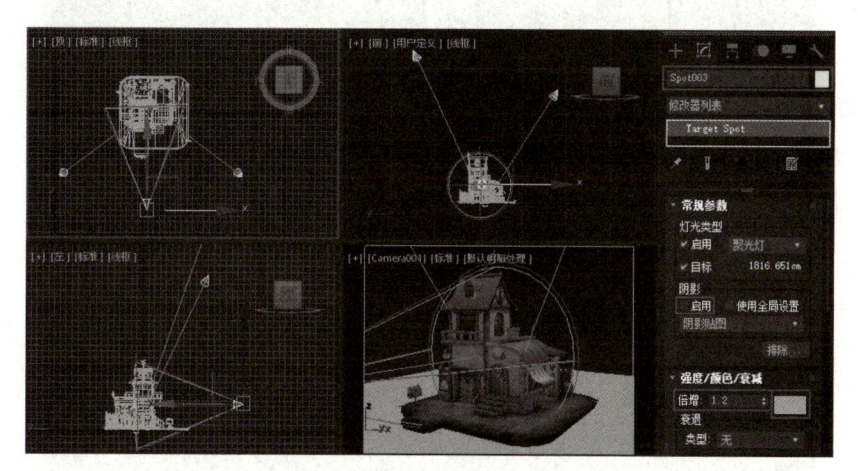

图 3-162　创建补充光源

（87）至此，Q版建筑模型制作完成，按"Shift+Q"组合键渲染输出并保存文件。

3.6　本模块小结

本模块主要介绍了3ds Max中材质编辑器的使用方法，为场景中物体创建、指定材质贴图以及编辑材质、贴图的方法；在3ds Max中创建、调节灯光和摄影机的方法；为场景模型展开UV及贴图绘制的方法与技巧，为读者创作个性场景提供了思路和详尽的知识指导。

3.7　认证知识必备

一、在线测试

扫码在线测试

二、简答题

1. 3ds Max中材质和贴图的作用是什么？

2. 为场景中的球体赋予一张地球贴图，可是贴图中的四周有黑边，请问如何在3ds Max中进行修改让地球正常显示？

3. 写出6种3ds Max中的标准灯光。

三、技能测试题

小酒馆场景模型制作。

要求：按照所给参考图（图3-163），使用3ds Max软件制作小酒馆场景模型，并赋材质。画面要求高640像素，宽480像素，将文件存储为.max源文件及JPG格式文件。（效果图及贴图素材见素材文件夹）

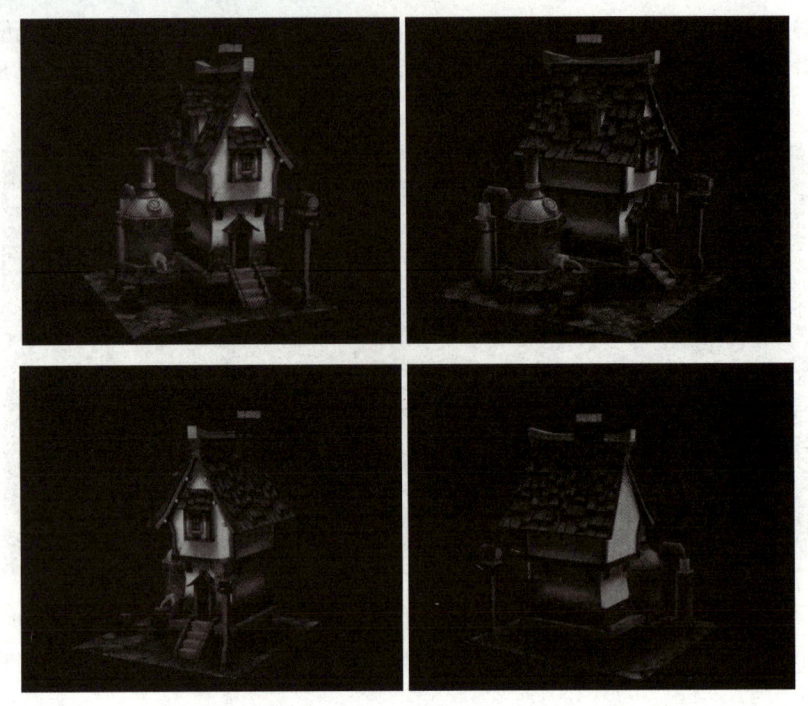

图 3-163　小酒馆场景模型

模块四

基本和高级动画制作

3ds Max 软件提供了大量实用工具来制作和编辑动画，动画是 3ds Max 软件中最重要的功能之一，使用它可以对任何对象和参数进行动画设置，制作出各种逼真的动画效果。

本模块主要学习关键帧动画、轨迹视图动画、约束动画、环境和效果动画、空间扭曲动画、粒子动画和 MassFX 动力学等动画制作知识和制作方法，进而能够熟练掌握 3ds Max 中各种动画的制作方法和制作技巧。

模块导读

模块名称	基本和高级动画制作				
学习目标	知识目标： 1. 了解动画基础知识 2. 掌握关键帧动画、轨迹视图动画、约束动画的知识和制作方法（重点） 3. 掌握环境和效果动画的知识和制作方法（重点） 4. 掌握空间扭曲动画的知识和制作方法（重点） 5. 掌握粒子系统动画的知识和制作方法（难点） 6. 了解 MassFX 动力学动画的知识和制作方法（难点） 技能目标： 1. 能熟练运用自动关键点和设置关键点模式制作关键帧动画 2. 能熟练运用轨迹视图和各种约束控制器制作动画 3. 能熟练运用大气效果制作火、雾等环境效果 4. 能灵活运用空间扭曲命令制作动画 5. 能灵活运用各种粒子系统制作下雨、烟花、爆炸等效果 6. 能灵活使用 MassFX 动力学知识制作动画 思政目标： 1. 通过各种动画知识的讲解，引导激发学生探索知识本质，培养逐本求源的科学态度 2. 通过实践演练，培养学生对每一个作品精耕细作、精益求精的专业精神，以及力争追求每一帧画面无暇的行业准则和社会责任感				
数字化资源	案例素材		电子课件	电子教案	认证知识必备
^^	微课视频				
^^	1	4.2.3 实战演练1——弹药箱展示动画		4	4.5.4 实战演练8——夏日阳光	
^^	2	4.3.5 实战演练4——弹跳节奏动画		5	4.7.3 实战演练10——下雨效果	
^^	3	4.4.3 实战演练5——叉车动画		6	4.7.5 实战演练12——爆炸效果	
建议学时：36 学时				

4.1 动画基础知识

动画是通过把人、物的表情、动作、变化等分解后化成许多动作画幅，然后用摄像机连续拍摄成一系列的画面，这样看起来像是连续变化的图画，就是动画。动画制作是一项非常烦琐的工作，分工极为细致，通常分为前期制作、中期制作和后期制作。3ds Max 作为三维动画制作软件的代表，被广泛应用于广告、影视、建筑设计、工业设计、游戏、虚拟现实等众多领域。本节主要介绍动画的基本原理、动画的分类和动画中的时间与帧等知识，使读者对 3ds Max 动画有个初步了解。

4.1.1 动画的基本原理

动画是将静止的画面变为动态的艺术，动画基本原理与电影、电视一样，都是视觉暂留原理。医学证明人类具有"视觉暂留"的特性，人的眼睛看到一幅画或一个物体后，在 1/24 秒内不会消失。利用这一原理，在一幅画还没有消失前播放下一幅画，就会给人带来一种流畅的视觉变化效果，如图 4-1 所示。

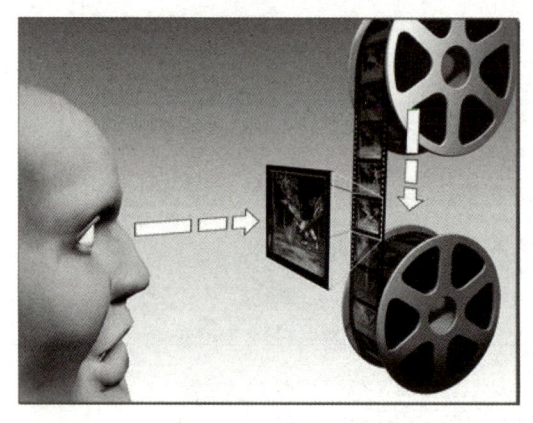

图 4-1 动画基本原理

4.1.2 动画的分类

动画的分类没有统一的标准。按制作技术和手段来区分，动画可分为以手工绘制为主的传统动画和以计算机为主的计算机动画；按空间的视觉效果区分，动画可分为平面动画和三维动画；按传播方式来区分，动画可分为影院动画、电视动画、Web 动画、黏土动画等。

1. 传统动画

传统动画是由传统美术动画电影的制作方法移植而来的。它利用了电影的基本原理，将一张张逐渐变化的并能清晰反映一个连续动态过程的静止画面，经过摄像机逐张（即逐帧）地拍摄编辑，再通过播放系统，使之在屏幕上动起来。

在传统动画的制作过程中，动画师们所面临的主要困难是针对动画故事的具体内容制作大量的帧图像。根据动画的质量要求，一分钟的动画需要 720～1800 帧的独立图像。手工制作动画图像是一个相当庞大而繁重的工作，传统动画工作室为提高工作效率，让艺术家仅绘制在动画过程中起关键作用的帧图像，即关键帧；由制作助理绘制在关键帧之间的过渡动作和画面，即中间帧，如图 4-2 所示，图中 1、2 和 3 表示的是关键帧，其他画面为中间帧。

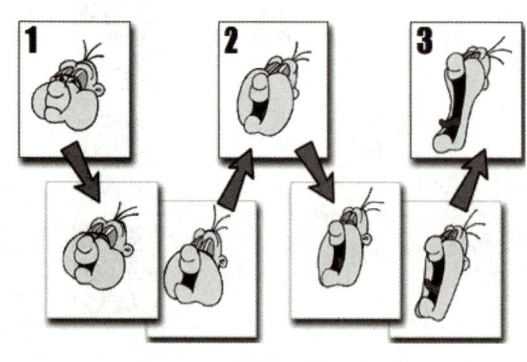

图 4-2 手绘的关键帧和中间帧

绘制了所有关键帧和中间帧之后，需要链接或渲染图像以产生最终图像。

2. 计算机动画

计算机动画是借助计算机动画制作软件来实现的。以 3ds Max 软件为例，它是一个三维动画软件，使用 3ds Max 软件制作动画时，动画设计师首先需要创建记录每个动画序列起点和终点的关键帧，这些关键帧的值称为关键点。3ds Max 软件将计算各个关键点之间的插补值，即中间帧，从而生成完整动画。如图 4-3 所示，图中 1 和 2 为动画师创建的关键帧，其他为动画软件自动生成的中间帧。

3ds Max 几乎可以为场景中的任意参数创建动画，可以设置修改器参数的动画（如"弯曲"角度或"锥化"量）、材质参数的动画（如对象的颜色或透明度）

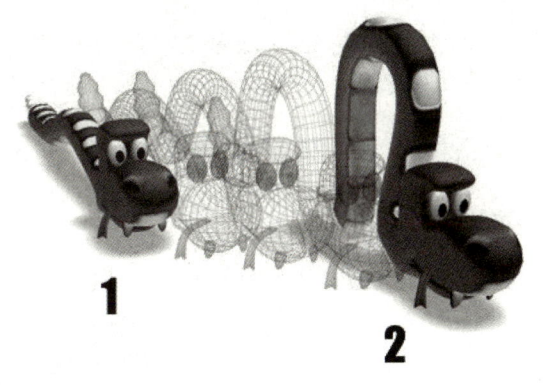

图 4-3　创建的关键帧和软件生成的中间帧

等。指定动画参数之后，渲染器承担着色和渲染每个关键帧的工作，结果是生成高质量的动画。

4.1.3　动画的时间与帧

1. 比较时间和帧

传统动画及早期的计算机动画是严格按照帧到帧逐帧制作动画的，制作的动画在仅是一种格式或者不需要在特定的时间内制作特定效果的情况下，是可行的。然而，随着动画的应用领域和播放媒介的不同，动画需要有不同的播放速度。

在一秒钟内播放的帧的数量，被称为帧速率，用字母 fps 表示，即 frame per second。动画的帧速率并不是一个固定的数值，它取决于播放动画的介质。一般情况下，在录像带上，动画播放的帧速率为 30fps；电影动画播放的帧速率为 24fps；在我国和欧洲大部分国家电视上播放的动画采用 PAL 制，帧速率为 25fps；在美国和日本电视上播放的动画采用的是 NTSC 制式，帧速率为 30fps，如图 4-4 所示。

2. 时间配置

3ds Max 是一个基于时间的动画软件，它测量时间，并存储动画值，内部精度为 1/4800 秒。在 3ds Max 中，通过单击主窗口下方的 （时间配置）按钮，可以打开"时间配置"对话框，通过"时间配置"对话框，可以改变帧速率和时间格式，如图 4-5 所示。

图 4-4　帧速率

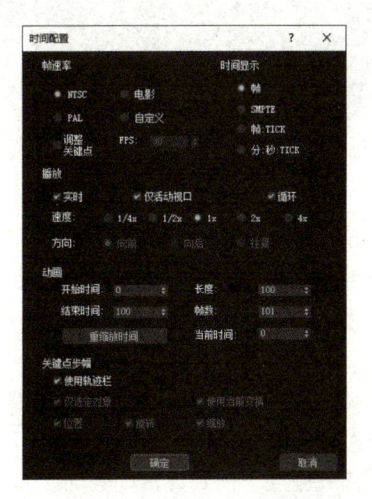

图 4-5　"时间配置"对话框

4.2 关键帧动画

关键帧动画是 3ds Max 最基本的动画类型，本节将详细介绍 3ds Max 中关键帧动画的设置、播放、预览和渲染方法。

4.2.1 关键帧动画的设置

在 3ds Max 中有"自动关键点"和"设置关键点"两种动画设置模式，两种模式的设置可以通过单击 3ds Max 主窗口下方的动画控件中的相应按钮来实现，如图 4-6 所示。

图 4-6 动画控件

1. "自动关键点"模式

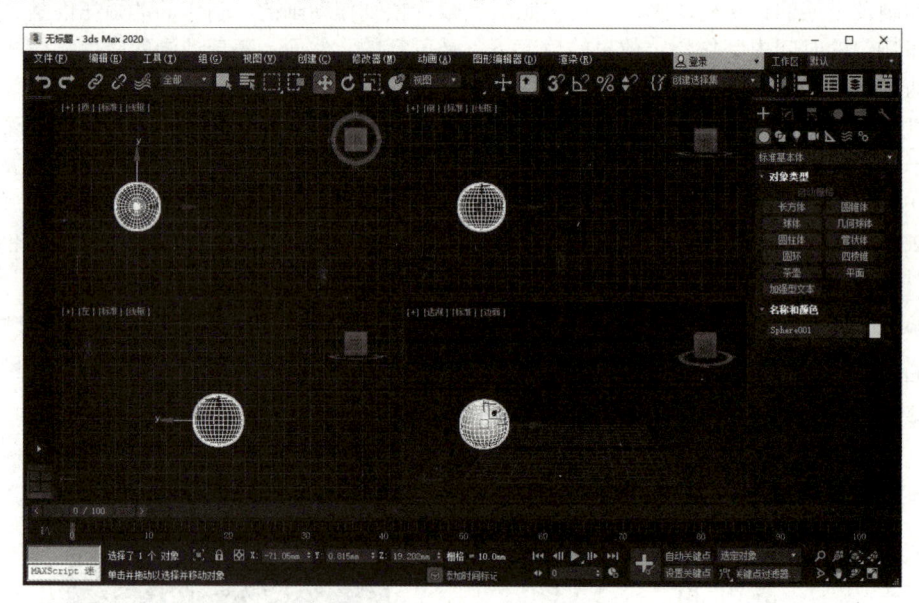

使用"自动关键点"模式制作动画，首先需要单击 自动关键点 按钮，然后将时间滑块拖动到特定时间位置，调整所有需要记录为动画的对象的位置、旋转、缩放或其他可以设置动画的参数，3ds Max 将自动为其创建关键点，从而生成动画。该动画模式的优点是方便快捷，创建的关键点可以进行移动、删除和重新创建关键点等操作。

利用"自动关键点"模式设置动画的步骤：

（1）单击 自动关键点 按钮启用"自动关键点"模式，此时，"自动关键点"按钮、时间滑条和活动视口边框都变成红色以指示处于动画模式，如图 4-7 所示。

图 4-7 启用"自动关键点"模式

（2）将时间滑块拖动到特定时间位置。

（3）执行下列操作之一：变换对象或更改可设置动画的参数。

（4）完成操作后，再单击 自动关键点 按钮，关闭"自动关键点"模式。

2. "设置关键点"模式

在"设置关键点"模式下，需要手动设置每一个关键点，该动画模式的优点在于可以精确地控制动画动作的形态。

利用"设置关键点"模式设置动画的步骤：

（1）单击 设置关键点 按钮启用"设置关键点"模式。

（2）选择要设置关键帧的对象，然后打开"曲线编辑器"或"摄影表"。

（3）在"轨迹视图"菜单栏上执行"视图"→"可设置关键点的图标"命令，然后在控制器窗口中使用"可设置关键点的图标"来确定要设置关键点的轨迹。

（4）单击 按钮，启用"过滤器"以选择要设置关键帧的轨迹，在默认的情况下，位置、旋转和缩放都处于启用状态。

（5）移动时间滑块至时间线上的另一点，然后在命令面板中变换对象或者更改参数以创建动画，在此过程中是不会创建关键帧的，设置完成后需单击 ![] （设置关键点）按钮设置关键点。

（6）关键点是带颜色的编码，它反映了哪些轨迹设置了关键点，哪些没有设置关键点。如果不单击 ![] （设置关键点）按钮，而且移动到时间上的另一点，那么姿势就会丢失。

4.2.2 播放、预览和渲染动画

为了实时、准确地查看动画效果，在正式渲染动画之前可通过播放和创建预览动画功能，查看动画效果。

1. 播放动画

动画设置完毕后，可以通过拖动时间滑块来观察动画。除此之外，还可以使用主界面下方的动画控制区按钮，播放和查看动画效果。动画控制区按钮如图 4-8 所示。

图 4-8　动画控制区按钮

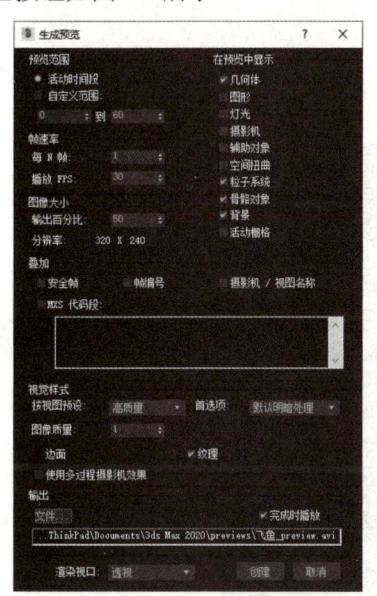

2. 预览动画

为了更好地观察和编辑动画，如果在场景中不能准确地判断动画的播放速度，那么可以将动画生成预览动画。预览动画在渲染时不会考虑模型的材质和灯光效果，可以快速观察到动画结果。

动画设置完毕后，生成预览的步骤为：

（1）执行菜单栏中的"工具"→"预览 - 抓取视口"→"创建预览动画"命令，打开"生成预览"对话框，如图 4-9 所示。

（2）设置预览参数或使用默认值，然后单击 文件... 按钮，弹出"生成动画序列文件"对话框，设置预览文件保存位置、文件名和保存类型，单击 保存(S) 按钮；在弹出的"AVI 文件压缩设置"对话框中选择适合的"压缩器"，如图 4-10 所示。

（3）单击 确定 按钮，在"生成预览"对话框中，单击 创建 按钮，退出该对话框。这时在主界面左下角会出现创建预览进度条，开始生成预览动画，如图 4-11 所示。

（4）生成预览后，会自动播放预览动画，如图 4-12 所示。

图 4-9　"生成预览"对话框

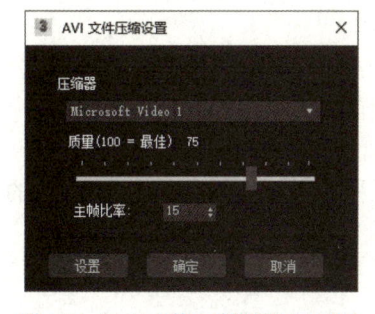

图 4-10　"AVI 文件压缩设置"对话框

图 4-11　创建预览进度条

图 4-12 预览动画效果

3. 渲染输出

预览动画在渲染时是以草图方式显示的，因此看不到灯光、材质等效果。通过渲染操作，可以使用所设置的灯光、所应用的材质及环境设置（如背景和大气）为场景的几何体着色。通过"渲染设置"对话框，可以渲染图像和动画并将它们保存到文件中。渲染的输出将显示在渲染帧窗口中，在该窗口中还可以进行渲染的其他设置。

渲染动画的步骤如下：

（1）激活要进行渲染的视口，单击主工具栏上的 ![图标] （渲染设置）按钮，打开"渲染设置"对话框，如图 4-13 所示。

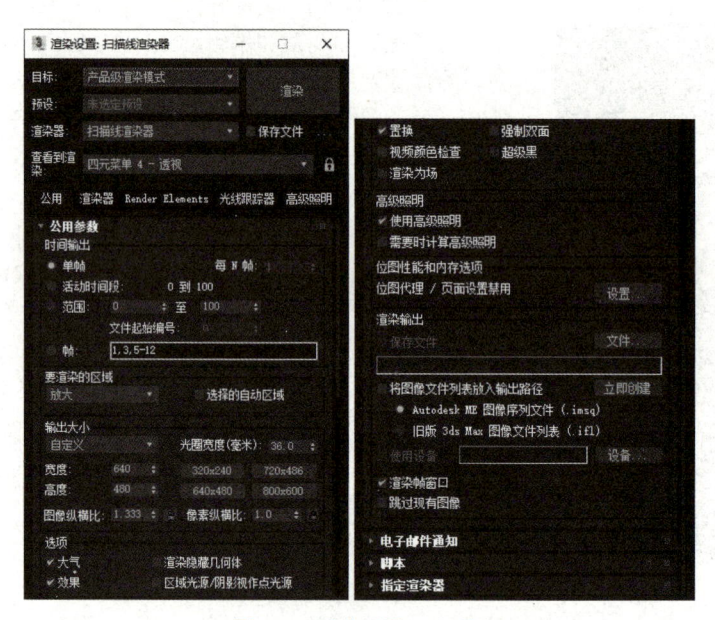

图 4-13 "渲染设置"对话框

（2）在"公用"选项卡下的"时间输出"选项组中，设置时间范围。
（3）在"输出大小"选项组中，设置输出大小。
（4）在"渲染输出"选项组中，单击 ![文件...] 按钮，打开"渲染输出文件"对话框。
（5）在"渲染输出文件"对话框中设置输出文件的名称和保存类型，然后单击 ![保存(S)] 按钮。
（6）单击"渲染设置"对话框上方的 ![渲染] 按钮，开始渲染过程，渲染完毕后，即可在指定的路径播放动画。

4.2.3 实战演练 1——弹药箱展示动画

本实例通过弹药箱展示动画的制作，要求掌握 3ds Max 关键帧动画的设置方法；掌握 3ds Max 关键帧动画的制作方法和技巧；掌握 3ds Max 动画的渲染方法。弹药箱展示动画效果，如图 4-14 所示。

模块四　基本和高级动画制作

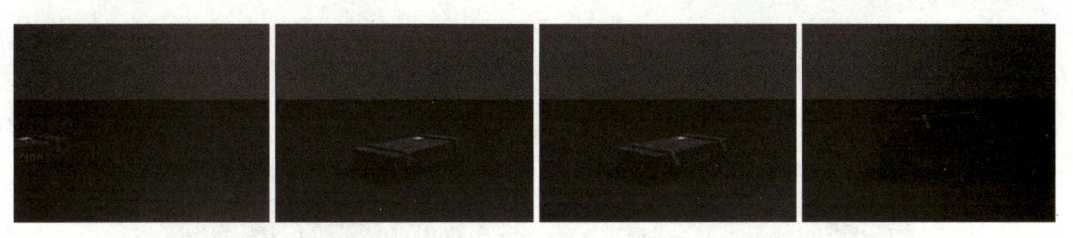

图 4-14　弹药箱展示动画效果

操作步骤：
（1）打开素材文件。启动 3ds Max 软件，打开本书素材"弹药箱.max"文件，如图 4-15 所示。

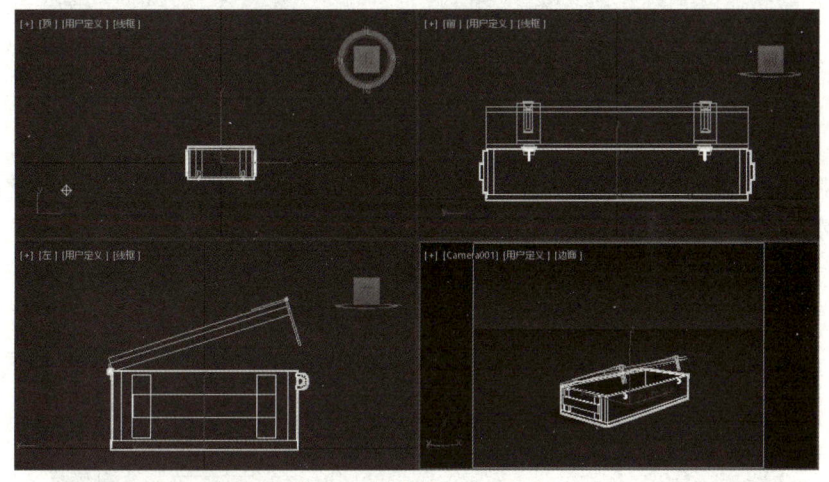

图 4-15　"弹药箱.max"文件

（2）调整"锁板"的轴心点。选择"锁板"对象，在命令面板上单击 ■（层次）| 轴 | ■ 仅影响轴 ■ 按钮，在主工具栏上单击打开 3°（捕捉开关），右击该按钮，在弹出的"栅格和捕捉设置"对话框中，设置捕捉的特征点为"顶点"，调整"锁板"的轴心点，如图 4-16 所示，再次单击 ■ 仅影响轴 ■ 按钮，退出轴心点的调整。

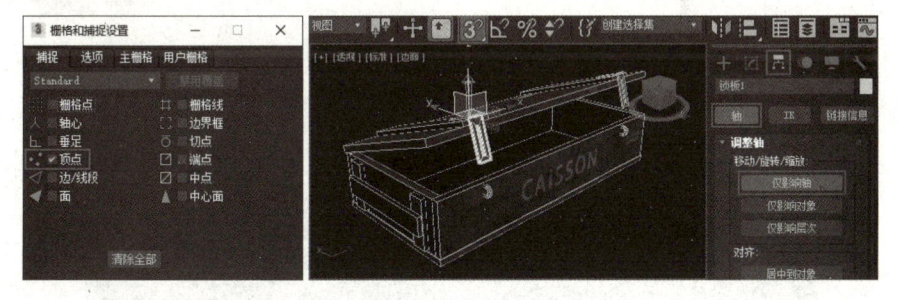

图 4-16　调整"锁板"的轴心点

（3）用同样的方法调整其他对象的轴心点，如图 4-17 所示。

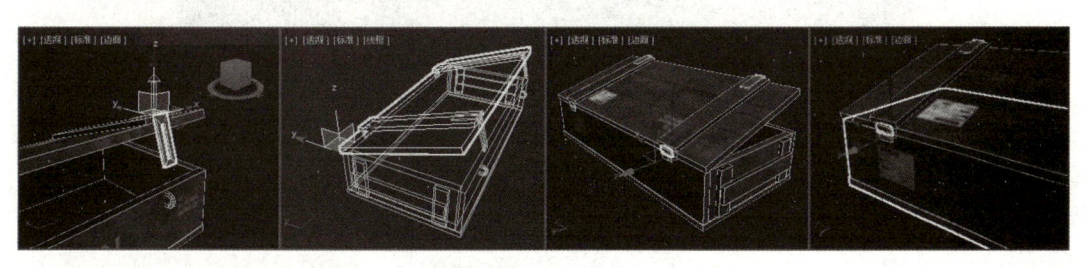

图 4-17　调整其他对象的轴心点

177

（4）设置父子链接。根据动画需要，选择"锁板""折页"等需要与"箱盖"同时实现箱盖打开和关闭的对象，单击主工具栏中的 ⌘ （选择并链接）按钮，在视口中将其拖放到"箱盖"对象上，并设置为箱盖的子对象；用同样的方法，设置"箱盖"和箱盖后方的折页下为"箱体"的子对象，如图4-18所示。

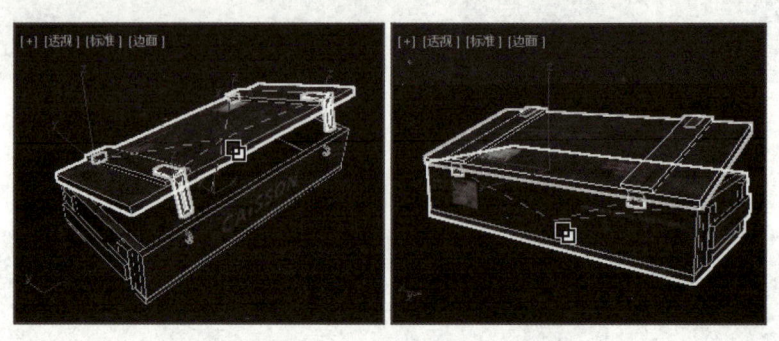

图4-18　设置父子链接

（5）制作弹药箱位置动画。旋转"箱盖"和"锁板"将箱盖和锁板合上，在摄影机视口中将弹药箱放在视口左方外侧，如图4-19所示。

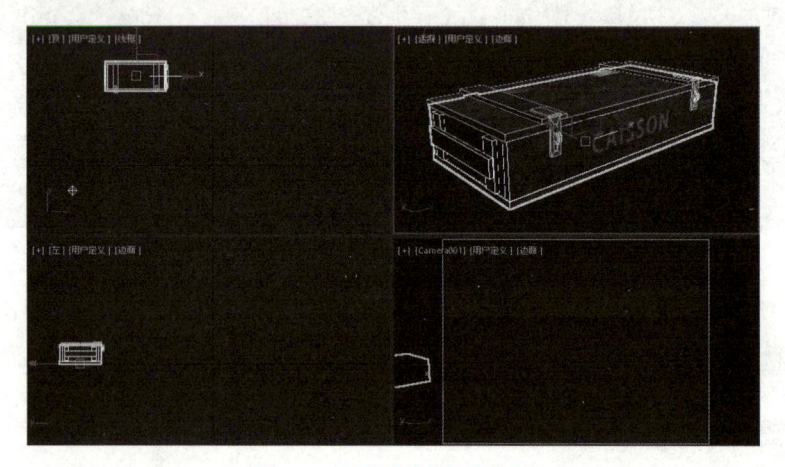

图4-19　调整弹药箱初始状态

（6）在动画控制区单击 自动关键点 按钮，打开"自动关键点"模式记录动画；将时间滑块移动到第20帧，配合在摄影机视口中观察，选择弹药箱"箱体"，把弹药箱移动到摄影机视口中间，如图4-20所示。

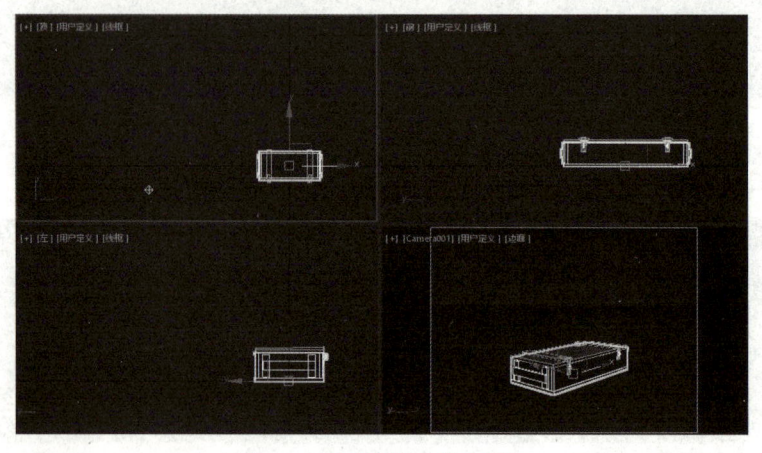

图4-20　弹药箱第20帧的位置

模块四　基本和高级动画制作

（7）制作弹药箱箱盖打开动画。保持"自动关键点"模式打开状态，选择弹药箱箱盖，将时间滑块移动到第 40 帧，在动画控制区单击 ![] （设置关键点）按钮，手动插入一个关键帧；将时间滑块移动到第 55 帧，按"E"键使用"选择并旋转"工具，将箱盖沿 X 轴旋转适当角度，使箱盖处于打开状态，如图 4-21 所示。

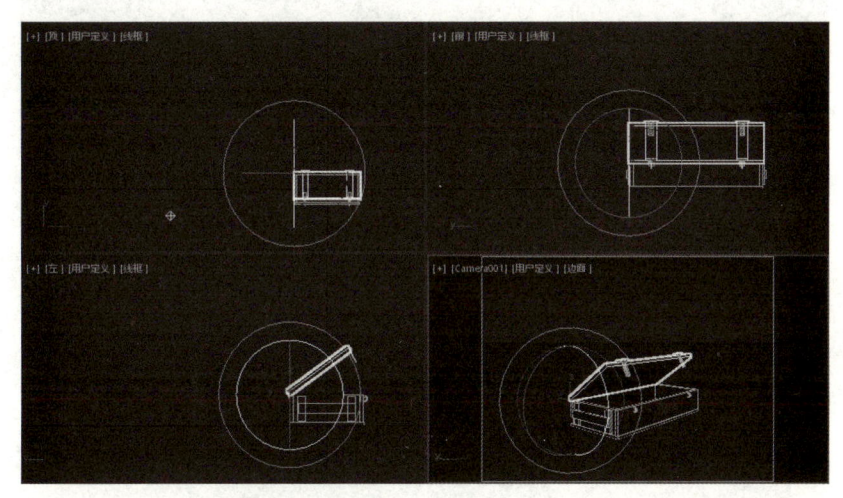

图 4-21　弹药箱箱盖打开动画

（8）制作"锁板"配合动画。保持"自动关键点"模式打开状态，选择两个"锁板"对象，将时间滑块移动到第 25 帧，在动画控制区单击 ![] （设置关键点）按钮，手动插入一个关键帧；将时间滑块移动到第 35 帧，按"E"键，将"锁板"沿 X 轴旋转适当角度，使其可以打开箱盖，如图 4-22 所示。

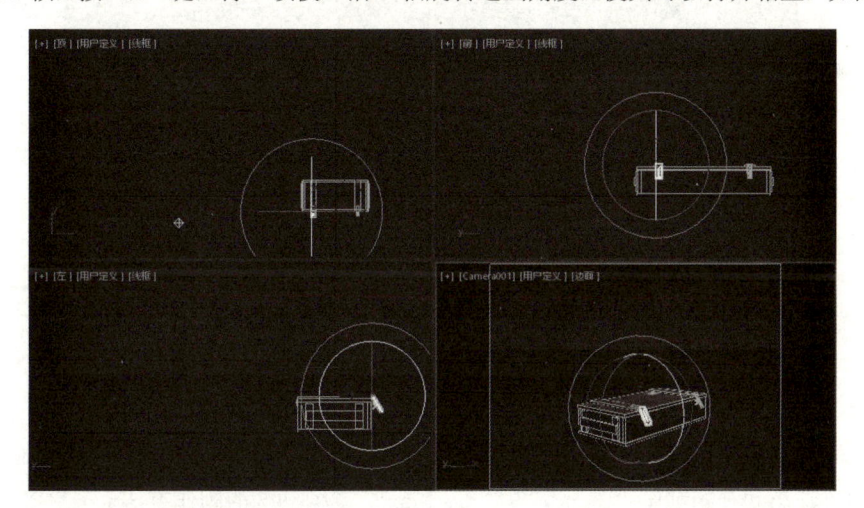

图 4-22　第 35 帧"锁板"状态

（9）将时间滑块移动到第 40 帧，选择"锁板"对象，单击 ![] （设置关键点）按钮，手动插入一个关键帧，保持"锁板"当前状态；将时间滑块移动到第 46 帧，选择"锁板"对象将其沿 X 轴旋转到初始角度，如图 4-23 所示。再次单击 自动关键点 按钮，关闭"自动关键点"模式。

（10）渲染动画。单击主工具栏上的 ![] （渲染设置）按钮，打开"渲染设置"对话框，在"时间输出"选项组中选择"活动时间段"单选按钮；在"要渲染的区域"选项组中，选择"视图"；在"输出大小"选项组中，选择 640x480 大小；在"渲染输出"选项组中，单击 文件... 按钮，打开"渲染输出文件"对话框，选择文件保存的路径，设置"保存类型"为 AVI 文件，文件名为"弹药箱展示动画"，单击 渲染 按钮，输出动画文件，如图 4-24 所示。

179

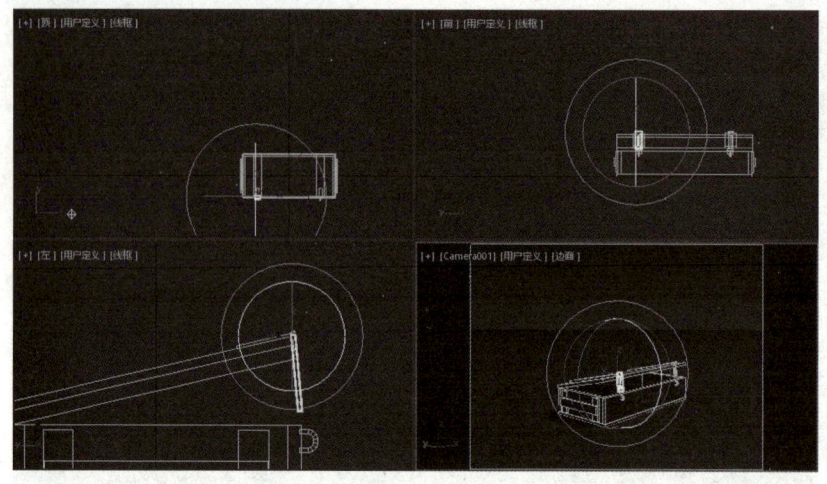

图 4-23　第 46 帧 "锁板" 状态

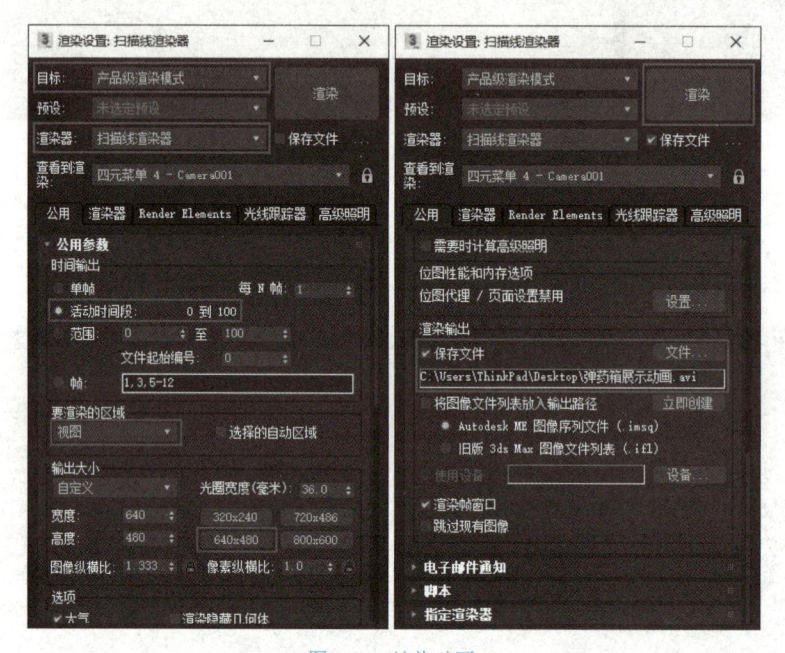

图 4-24　渲染动画

4.2.4　实战演练 2——战车动画

本实例通过战车动画的制作，进一步熟悉 3ds Max 关键帧动画的制作方法；掌握多个对象相互配合动画的制作和编辑方法。战车动画效果，如图 4-25 所示。

图 4-25　战车动画效果

图 4-25　战车动画效果（续）

操作步骤：

（1）打开素材文件。启动 3ds Max 软件，打开本书素材"战车.max"文件，如图 4-26 所示。

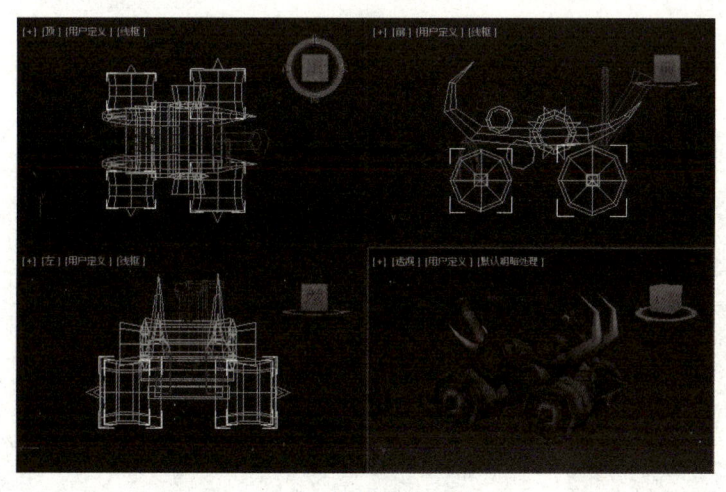

图 4-26　"战车.max"文件

（2）战车运动分析。因为战车需要整体的位移动画、车轮需要旋转和随车身一起运动动画，以及车身在发射炮弹时，需要协调配合动画，所以需要为战车设置合理的父子链接关系。这里，首先创建一个虚拟对象，用于控制整个战车的运动。

（3）创建虚拟对象。在命令面板上单击 ■（创建）→ ■（辅助对象）→ 虚拟对象 按钮，在透视口中创建一个虚拟对象，调整位置，如图 4-27 所示。

图 4-27　创建虚拟对象

（4）设置父子链接。根据动画需要，选择战车所有模型，单击主工具栏中的 ■（选择并链接）按钮，在视口中将其拖放到"虚拟对象"上，设置战车为虚拟对象的子对象；用同样的方法，设置每个车轮的轴为相应车轮的子对象；车身所有模型为车身主对象（Box01）的子对象，如图 4-28 所示。

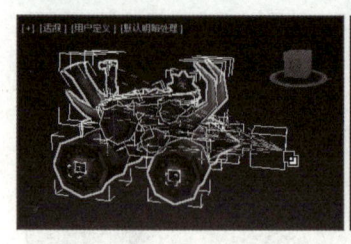

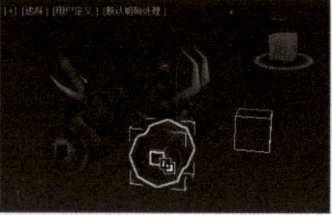

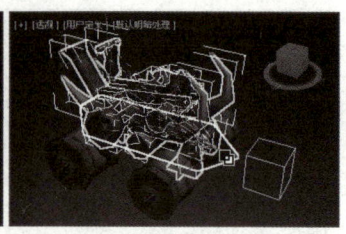

图4-28 设置父子链接

（5）设置动画长度。单击窗口下方的 ![] （时间配置）按钮，在弹出的"时间配置"对话框中设置动画"结束时间"为150帧，单击 确定 按钮，如图4-29所示。

（6）制作车轮旋转动画。选择一个车轮，在动画控制区单击 自动关键点 按钮，打开"自动关键点"模式记录动画；将时间滑块移动到第70帧，使用 ![] （选择并旋转）工具，沿Y轴进行旋转 -720度，如图4-30所示。用同样的方法，制作其他3个车轮旋转动画。

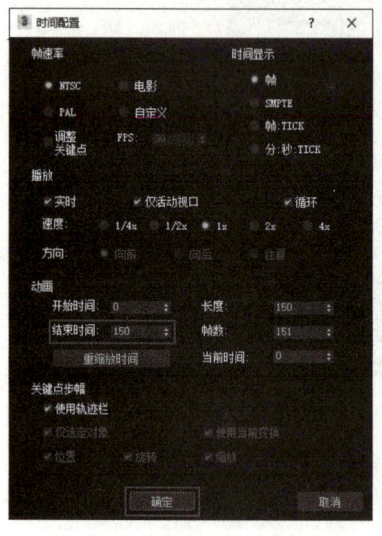

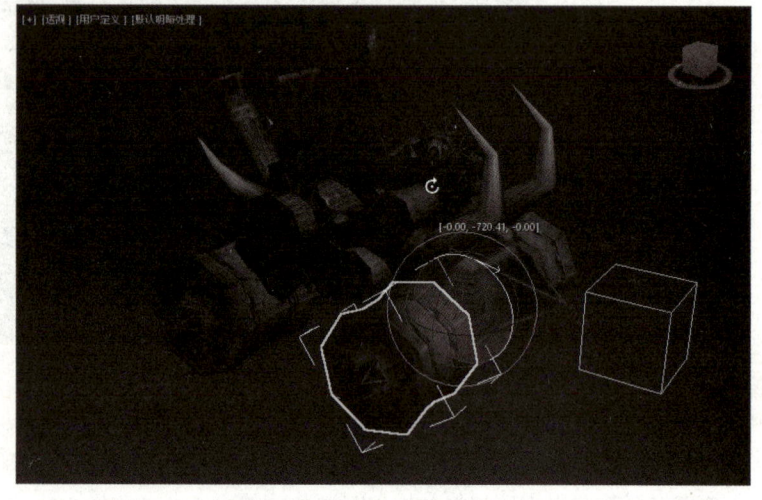

图4-29 设置动画长度　　　　　　图4-30 制作车轮旋转动画

（7）制作战车前进动画。选择虚拟对象，在动画控制区单击 自动关键点 按钮，打开"自动关键点"模式记录动画；将时间滑块移动到第70帧，使用 ![] （选择并移动）工具，沿X轴负方向，使战车向前运动，如图4-31所示。

图4-31 制作战车前进动画

（8）制作发射炮弹动画。在动画控制区单击 自动关键点 按钮，打开"自动关键点"模式记录动画；将时间滑块移动到第70帧，选择"炮弹"和"车身主体"模型，单击 ![] （设置关键点）按钮，插入一个关键帧,如图 4-32 所示。

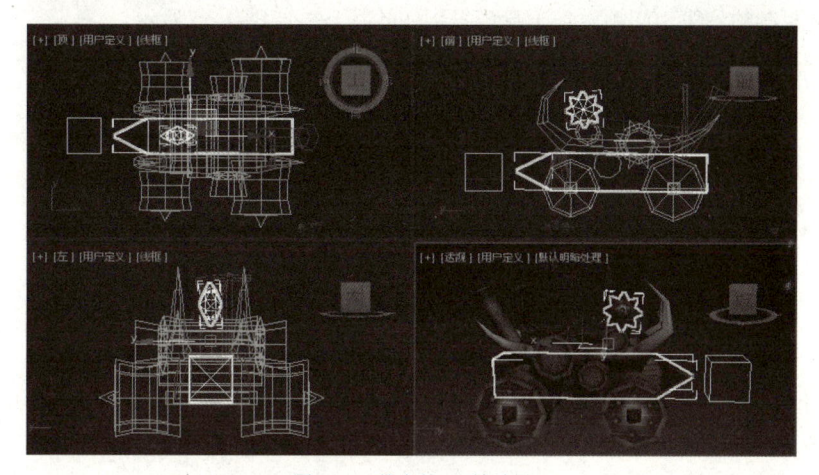

图 4-32　战车第 70 帧效果

(9)制作炮弹发射预备动画。将时间滑块移动到第 90 帧,选择"车身主体"模型,沿 Y 轴旋转 2.5°;选择"炮弹"模型,使其运动到车身另一端,并旋转适当角度,如图 4-33 所示。

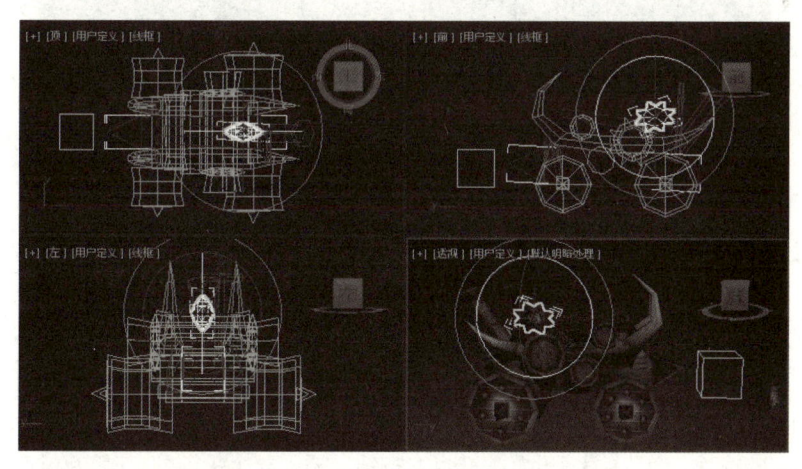

图 4-33　制作炮弹发射预备动画

(10)制作炮弹发发动画。将时间滑块移动到第 95 帧,用同样的方法制作车身向前旋转和运动动画;炮弹向前运动和旋转动画,如图 4-34 所示。

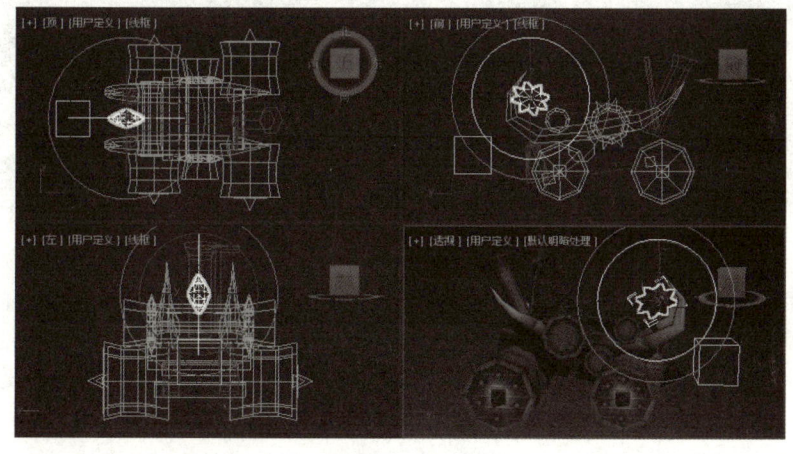

图 4-34　第 95 帧动画效果

（11）制作车身向前运动和恢复动画。在第 98 帧，将车身继续向前移动较小的距离；选择第 70 帧，按住"Shift"键复制帧到第 102 帧，使车身恢复到初始状态，如图 4-35 所示。

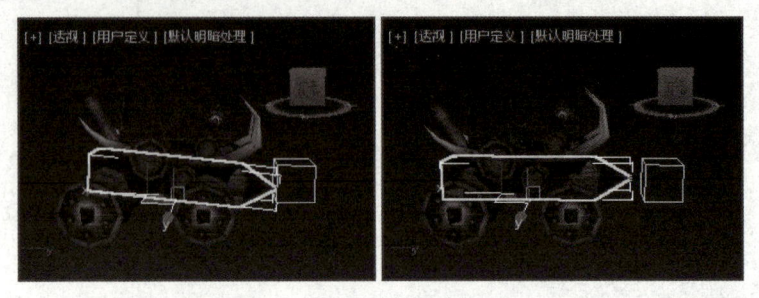

图 4-35　第 98 帧和第 102 帧车身效果

（12）制作炮弹射出动画。分别在第 101、108、115、118、121（与第 115 帧动作相同）帧处，制作炮弹向前旋转运动、着地、平放停止动画，如图 4-36 所示。

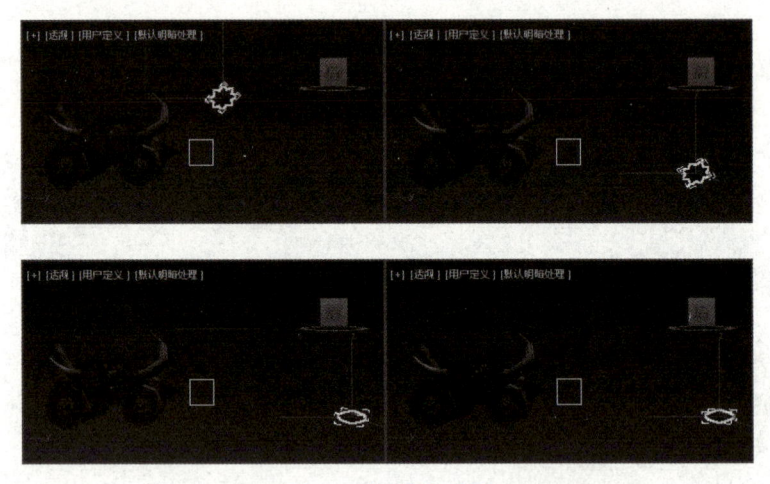

图 4-36　炮弹射出动画

（13）制作前方车轮配合动画。选择前面两个车轮，单击 自动关键点 按钮，打开"自动关键点"模式记录动画；在第 70 帧处，单击 ➕（设置关键点）按钮，插入一个关键帧；在第 90 帧处，使用 ▦（选择并挤压）工具，小幅度拉伸车轮；在第 95 帧处，适度挤压车轮；在第 102 帧处，复制第 70 帧，恢复车轮初始状态。第 70、90、95 帧效果，如图 4-37 所示。

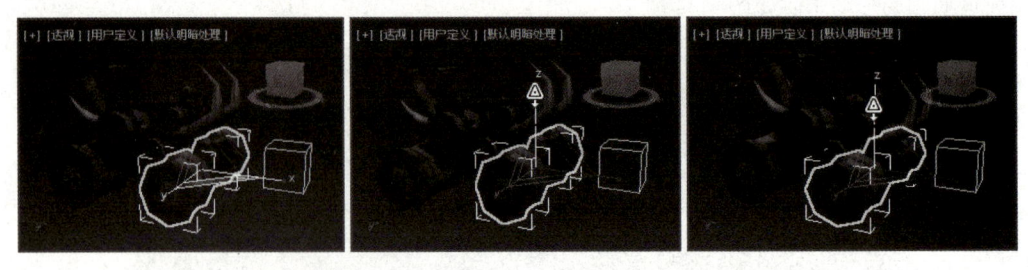

图 4-37　前方车轮配合动画

（14）制作后方车轮配合动画。选择后面两个车轮，单击 自动关键点 按钮，打开"自动关键点"模式记录动画；在第 70 帧处，单击 ➕（设置关键点）按钮，插入一个关键帧；在第 90 帧处，使用 ▦（选择并挤压）工具，小幅度挤压车轮；在第 95 帧处，适度拉伸车轮；在第 102 帧处，复制第 70 帧，恢复车轮初始状态。第 70、90、95 帧效果，如图 4-38 所示。

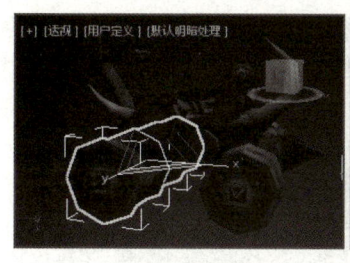

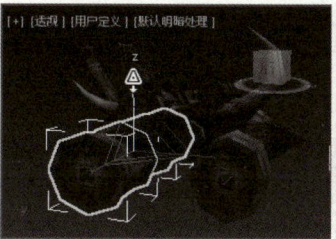

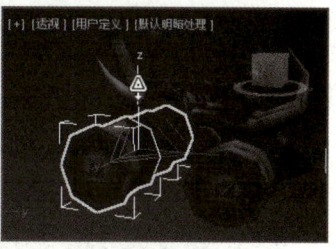

图 4-38　后方车轮配合动画

（15）制作地面。在命令面板上单击 ╋ （创建）→ ○ （几何体）→ 平面 按钮，在顶视口中创建一个平面，设置平面的颜色为深灰色，即 RGB（86，86，86），调整平面方向，并将其放置在战车的下面，如图 4-39 所示。

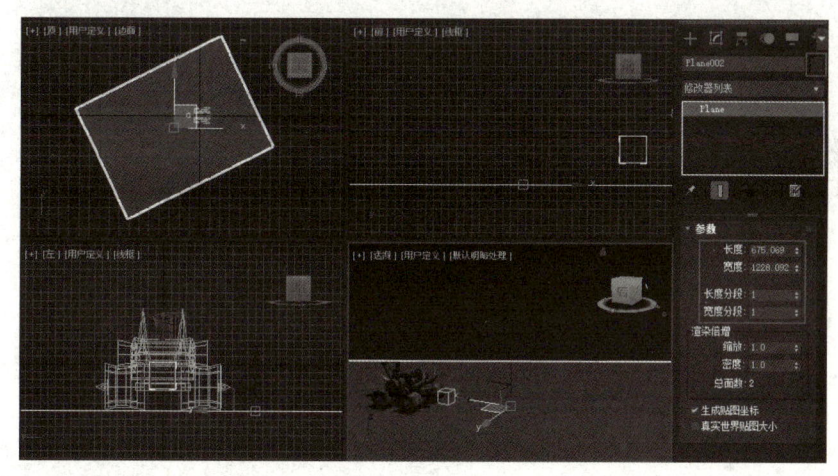

图 4-39　制作地面

（16）创建目标摄影机。激活透视口，按"Shift+F"组合键，打开安全框，将视口角度和范围调整到合适位置，执行"创建"→"摄影机"→"从视图创建标准摄影机"命令。此时，透视口自动切换为摄影机视口，如图 4-40 所示。

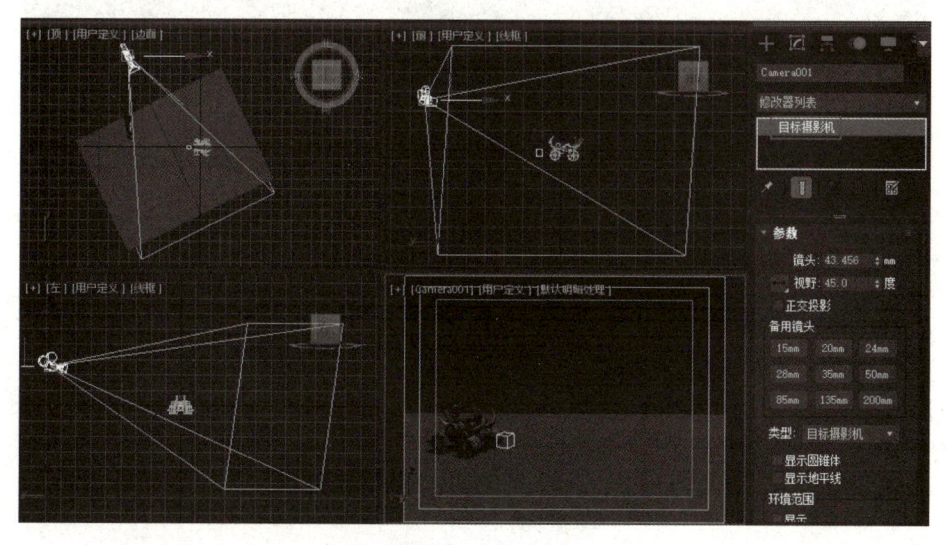

图 4-40　创建目标摄影机

（17）创建主光源。在命令面板上单击 ╋ （创建）→ 💡 （灯光）→ 目标平行光 按钮，在顶视口中创建一盏目标平行光。在"阴影"组中勾选"启用"复选框,启用阴影,设置阴影类型为"阴影贴图";设置灯光颜色为 RGB(229,207,173);在"平行光参数"组中,勾选"泛光化"复选框;调整灯光位置,如图 4-41 所示。

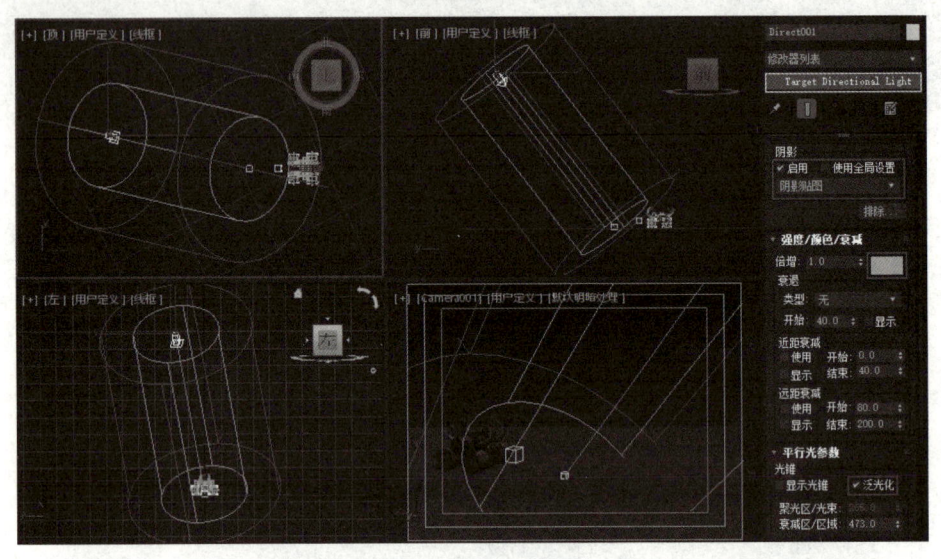

图 4-41 创建主光源

(18)创建辅助光源。选择主光源,按住"Shift"键拖动,复制主光源。调整灯光位置和方向,取消阴影的"启用"勾选,设置灯光的"倍增"值为 0.57、灯光的颜色为 RGB(223,223,235),如图 4-42 所示。

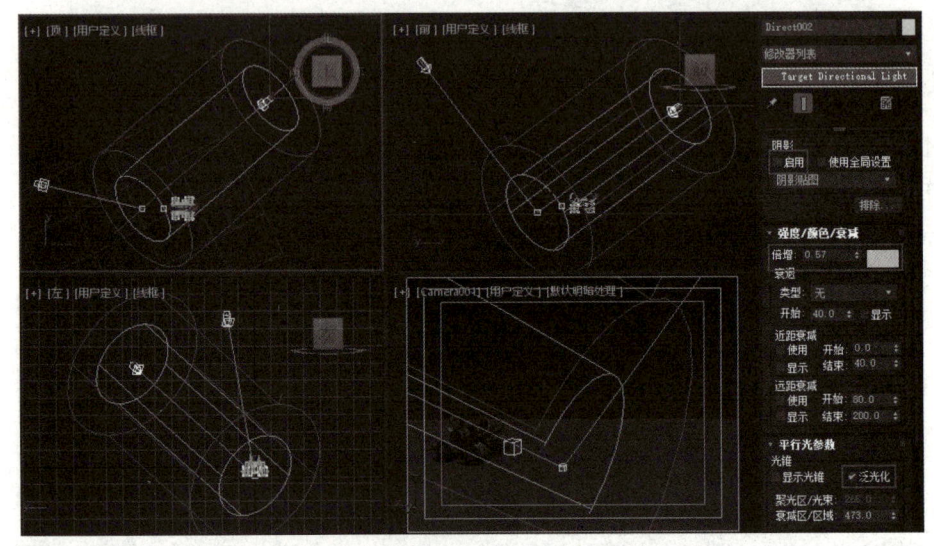

图 4-42 创建辅助光源

(19)渲染动画。单击主工具栏上的 ▼ (渲染设置)按钮,打开"渲染设置"对话框,设置"时间输出"选项为"活动时间段","输出大小"为 640x480 ,文件"保存类型"为 AVI,文件名为"战车动画",输出动画文件。

4.3 轨迹视图动画

轨迹视图是编辑动画的主要工作区域。在轨迹视图中，可以显示场景中的所有对象以及它们的参数列表、相应的动画关键帧；用户可以重新设置所有的动画关键帧，还可以添加各种动画控制器；利用轨迹视图还可以改变对象关键帧范围之外的运动特征，从而产生重复运动。可见，轨迹视图是制作动画时最为重要的帮手之一。

4.3.1 认识轨迹视图界面

轨迹视图提供两种不同的模式："曲线编辑器"和"摄影表"。"曲线编辑器"模式将动画显示为功能曲线，而"摄影表"模式将动画显示为包含关键点和范围的电子表格。在"轨迹视图"对话框中，通过"编辑器"菜单，可以实现两种模式的切换，如图4-43所示。

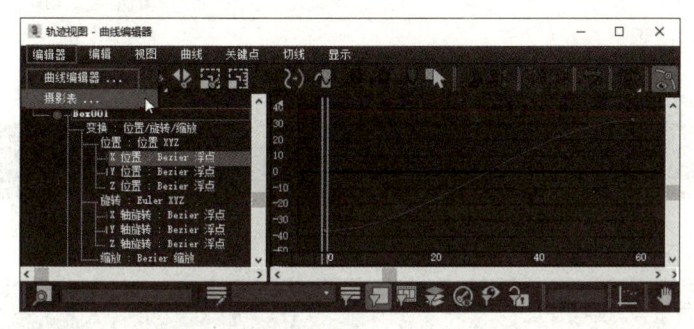

图4-43 "轨迹视图"两种模式的切换

1. 访问轨迹视图——曲线编辑器

在3ds Max中，轨迹视图有多种访问方式，下面介绍几种比较常用的访问方法。

（1）在菜单栏中执行"图形编辑器"→"轨迹视图—曲线编辑器"命令，打开"轨迹视图-曲线编辑器"对话框。

（2）通过单击主工具栏中的 ■（曲线编辑器）按钮，打开"轨迹视图-曲线编辑器"对话框。

（3）通过单击"时间滑块"左侧的 ■（打开迷你曲线编辑器）按钮，打开"轨迹栏"，轨迹栏默认直接停靠在视图区的下方。

（4）在场景中选中一个物体并右击，在弹出的快捷菜单中执行"曲线编辑器…"命令。

（5）如果要进入曲线编辑器可以直接修改物体某个已制作动画的参数，例如，扭曲命令的"角度"，那么可以在修改面板中，将鼠标指针放置在可设置动画参数的数值输入区，右击，在弹出的快捷菜单中选择"在轨迹视图中显示"命令。

2. "轨迹视图"对话框

3ds Max 2020的"轨迹视图"对话框提供了5种布局界面，可以通过在"轨迹视图"对话框的菜单栏或工具栏的空白区域右击，在弹出的快捷菜单中选择"加载布局"命令，载入相应布局，如图4-44所示。

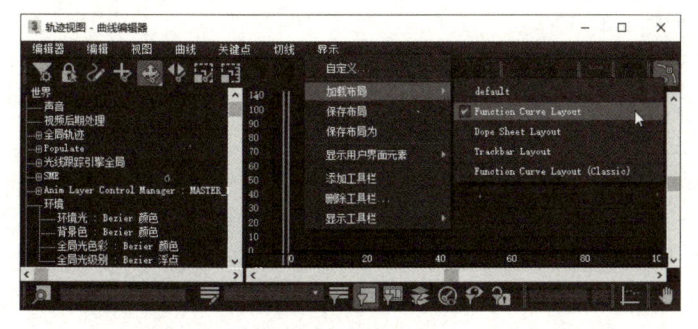

图4-44 加载轨迹视图布局

本书轨迹视图采用 Function Curve Layout（函数曲线布局），其用户界面由菜单栏、工具栏、控制器窗口、关键点窗口等组成，如图 4-45 所示。

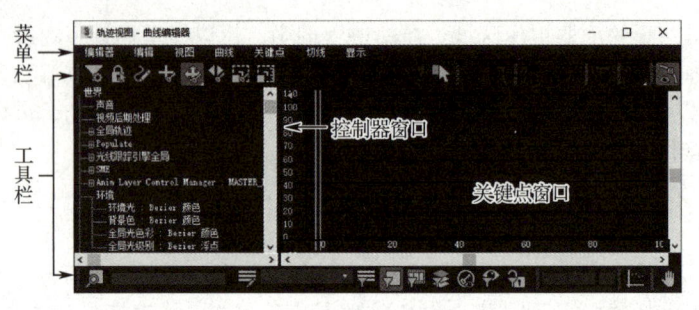

图 4-45　轨迹视图布局用户界面

"菜单栏"：界面的顶部为菜单栏，其显示是上下文形式；"曲线编辑器"和"摄影表"模式的菜单栏略有不同，如图 4-46 所示。

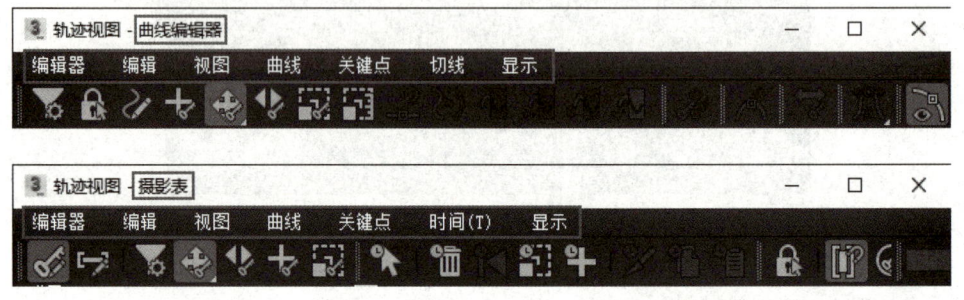

图 4-46　菜单栏

"工具栏"：轨迹视图具有多个用于管理控制器和动画的工具栏，利用它们可以方便地创建和编辑动画。在默认情况下，并不显示所有工具栏。要查看隐藏的工具栏，可以在工具栏之间的空白区域右击，在弹出的快捷菜单中，选择"显示工具栏"命令，然后选择需要显示的工具栏即可。

"控制器窗口"：轨迹视图的左侧为"控制器窗口"，显示场景中所有元素的"层次"列表。每个对象和环境效果及其关联的可设置动画参数都显示在列表中，从该列表中选择条目可更改其动画值。使用手动导航展开或折叠该列表，也可以自动展开以确定窗口中的显示。

"关键点窗口"：轨迹视图的右侧为"关键点窗口"，以图表形式显示随时间变化对应参数应用的变化。"自动关键点"按钮启用时，对任何一个参数所做的任何更改都会显示为轨迹视图右侧的一个关键点。选择关键点可对一个或多个特定关键点应用更改。

4.3.2　认识功能曲线

1. 功能曲线的原理

创建一个茶壶，制作 0～100 帧 X、Z 轴两个方向的位移动画，距离适当即可，然后打开"轨迹视图-曲线编辑器"窗口，如图 4-47 所示。

在视图中可以看到红、绿、蓝三条曲线，分别代表了对象在 X、Y、Z 三个轴上的位置变化。这里，Y 轴只有一条直线，说明对象在 Y 轴上的位置没有发生变化，而红色的 X 轴和蓝色的 Z 轴是两条类似于 S 形的曲线，这是系统默认的自动曲线类型。

【提示】

在默认设置下，进入曲线编辑器后，轨迹视图会自动选中所有具有关键帧的参数，而"关键点窗口"中只会显示被选中的参数所包含的功能曲线。直接通过"自动关键点"模式制作的位移动画，无论是哪个方向，3ds Max 都会在位移的 3 个轴上同时创建关键帧，因此，在当前窗口中看到了 3 个颜色的曲线。

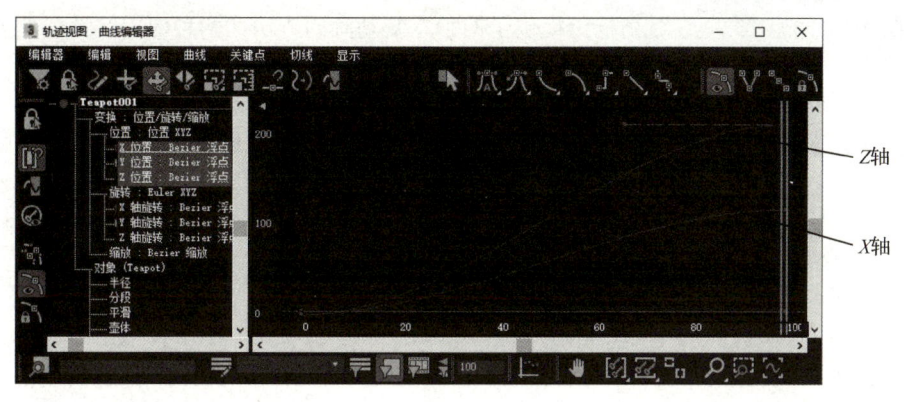

图 4-47 "轨迹视图 - 曲线编辑器"窗口

"关键点窗口"中显示的功能曲线形成了一个完整的二维坐标系统。其中,曲线的横坐标代表时间,纵坐标代表相应参数在相应时间的对应值。

2. 功能曲线的类型

功能曲线的类型可以通过"关键点切线"工具栏进行设置,如图 4-48 所示。

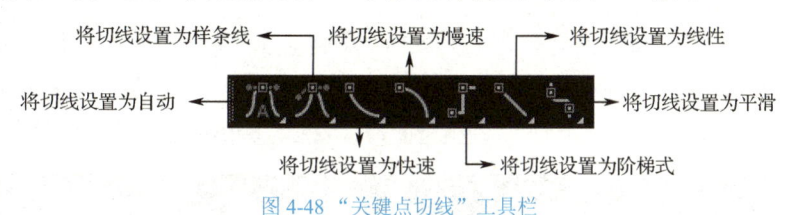

图 4-48 "关键点切线"工具栏

3. 选择和编辑关键点

选择和编辑关键点可以通过"曲线"工具栏实现。默认情况下,"曲线"工具栏不会显示在轨迹视图中。要打开该工具栏,可以在轨迹视图工具栏的空白区域右击,然后执行"显示工具栏"→"曲线:轨迹视图"命令,如图 4-49 所示。

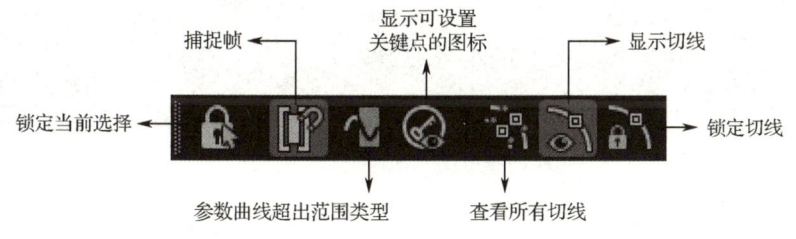

图 4-49 "曲线"工具栏

4.3.3 设置循环运动

在 3ds Max 中可以设置动画的循环运动,该功能对于设置一些规律性动作非常有效,如小球的弹跳、钟摆的往复摆动、风扇转动等动作。这将涉及参数曲线超出范围的问题,可以通过使用轨迹视图中的 （参数曲线超出范围类型）工具指定对象在超出所定义的关键点范围后的行为。

在轨迹视图中选择动画曲线,单击"曲线"工具栏上的 （参数曲线超出范围类型）工具按钮,即可打开"参数曲线超出范围类型"对话框,如图 4-50 所示。

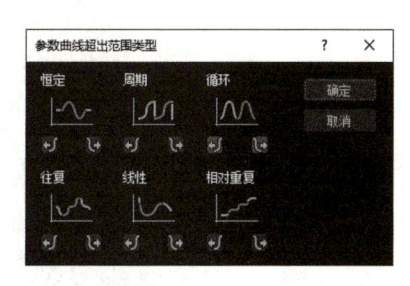

图 4-50 "参数曲线超出范围类型"对话框

"参数曲线超出范围类型"对话框中提供了四种重复动画的方法和两种应用线性值的方法,具体如下:

"恒定"选项:针对所有帧保留范围的起始或结束关键点的值。如果想要在范围的第一个关键点之前或最后一个关键点之后不再使用动画效果,那么可以使用"恒定"。恒定是默认的超出范围类型。

"周期"选项:在一个范围内重复相同的动画。如果第一个关键点和最后一个关键点的值不同,动画会从最后一个关键点到起始关键点显示出一个突然的"跳跃"效果。如果想要重复一个动画但是不需要匹配末端,那么可以使用"周期"。

"循环"选项:在范围内重复相同的动画,但是,如果扩展范围,则会在范围内的最后一个关键点和第一个关键点之间通过插值来创建平滑的循环。

"往复"选项:在范围内重复动画时在向前和向后之间交替。在想要动画切换向前或者向后时,可以使用"往复"。

"线性"选项:在范围末端沿着切线到功能曲线来计划动画的值。如果想要动画以恒定速度进入和离开指定范围,那么可以使用"线性"。

"相对重复"选项:在一个范围内重复相同的动画,但是每个重复会根据范围末端的值有一个偏移。使用"相对重复"来创建在重复时彼此构建的动画。

4.3.4 实战演练3——翻滚的圆柱动画

本实例通过翻滚的圆柱动画的制作,要求掌握3ds Max中参数动画和材质动画的制作方法;掌握3ds Max轨迹视图中曲线类型和曲线超出范围类型的设置方法。翻滚的圆柱动画效果,如图4-51所示。

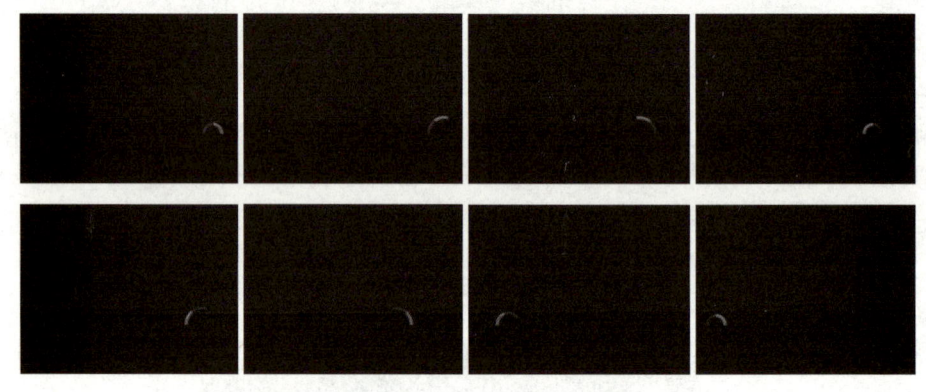

图4-51 翻滚的圆柱动画效果

操作步骤:

(1)单位设置。启动3ds Max软件,执行"自定义"→"单位设置(U)..."菜单命令,在打开的"单位设置"对话框中,将"显示单位比例"和"系统单位比例"设置为"毫米",如图4-52所示。

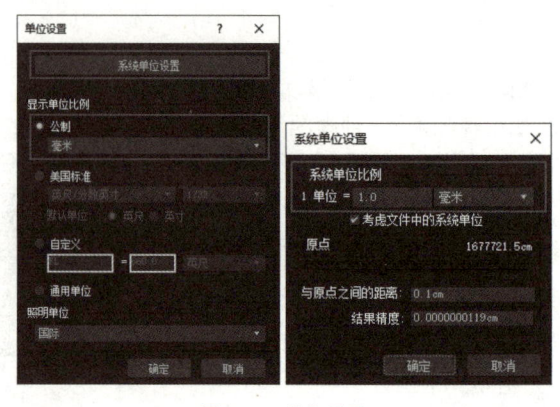

图4-52 单位设置

模块四　基本和高级动画制作

（2）创建圆柱体。在命令面板上单击 ➕（创建）→ ◯（几何体）→ 圆柱体 按钮，在顶视口中创建一个"半径"值为7，"高度"值为100的圆柱体，设置圆柱体的"高度分段"数为20。调整圆柱体的位置到坐标原点处，如图4-53所示。

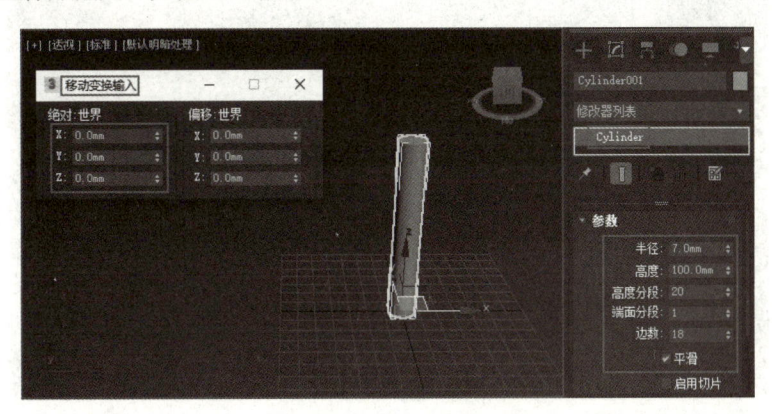

图4-53　创建圆柱体

（3）添加弯曲修改器。选择圆柱体，在命令面板上单击 "修改"→"修改器列表"→"弯曲"命令，设置"角度"值为180，如图4-54所示。

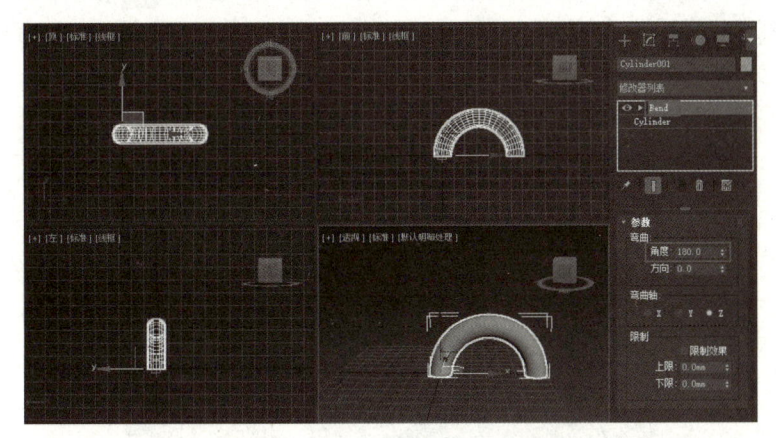

图4-54　添加弯曲修改器

（4）制作圆柱体动画。选择圆柱体，在动画控制区单击 自动关键点 按钮，打开"自动关键点"模式记录动画；将时间滑块移动到第10帧，设置弯曲"角度"值为-180，"方向"值为180，如图4-55所示。

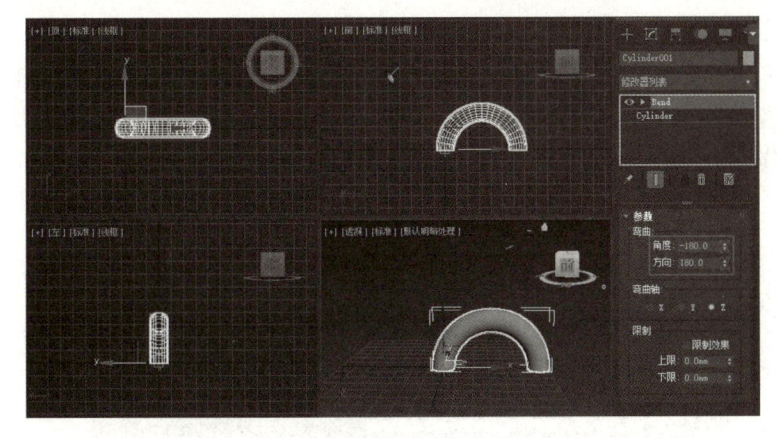

图4-55　制作圆柱体动画

191

（5）调整圆柱体位置。保持动画记录状态，在前视口中沿 X 轴负方向移动圆柱体，将圆柱体右侧端面中心移到坐标原点位置，如图 4-56 所示。

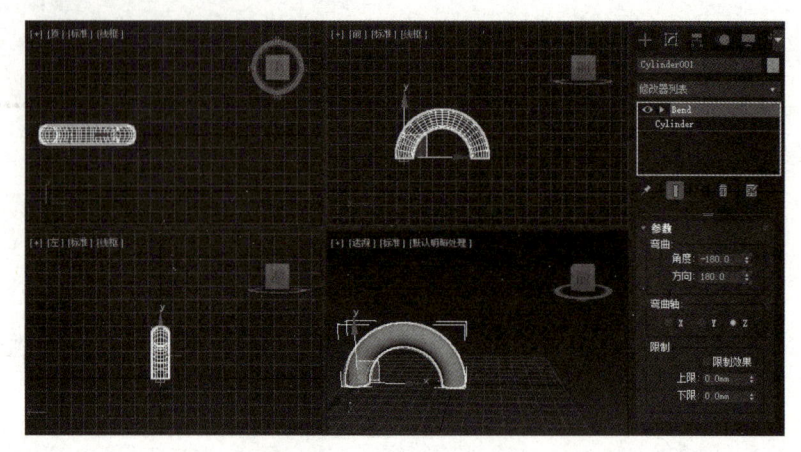

图 4-56　调整圆柱体位置

（6）制作循环动画。再次单击 自动关键点 按钮，关闭动画记录状态。单击主工具栏中的 ■（曲线编辑器）按钮，打开"轨迹视图 - 曲线编辑器"对话框，单击工具栏中的 ■（过滤器）按钮，打开"过滤器"对话框，在"仅显示"组中勾选"动画轨迹"和"选定对象"复选框，将没有动画的轨迹隐藏，如图 4-57 所示。

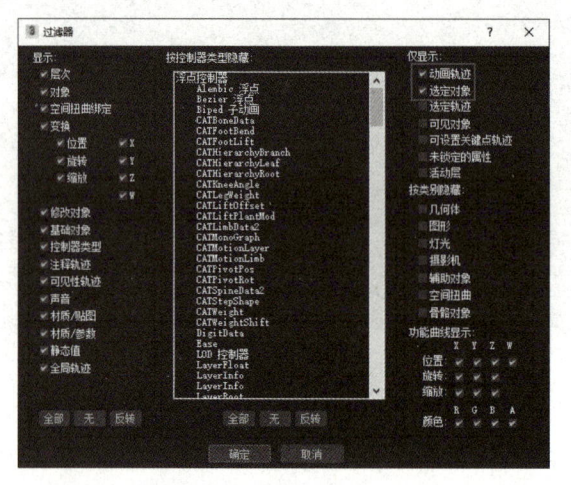

图 4-57　"过滤器"对话框

（7）设置弯曲角度循环动画。保持圆柱体的选中状态，在轨迹视图控制器窗口中，选择弯曲"角度"参数，在工具栏中单击 ■（参数曲线超出范围类型）按钮，打开"参数曲线超出范围类型"对话框，设置参数曲线超出范围类型为"往复"，如图 4-58 所示。

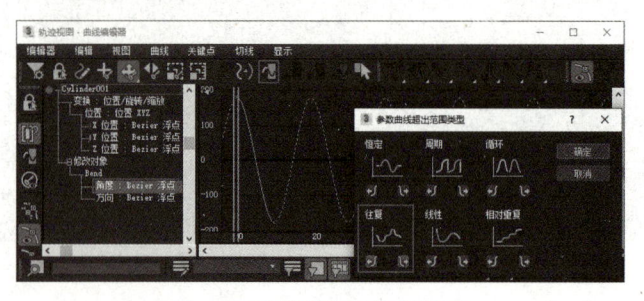

图 4-58　设置弯曲角度循环动画

（8）设置弯曲方向循环动画。用同样的方法设置圆柱体弯曲"方向"的参数曲线超出范围类型为"相对重复"，如图 4-59 所示。

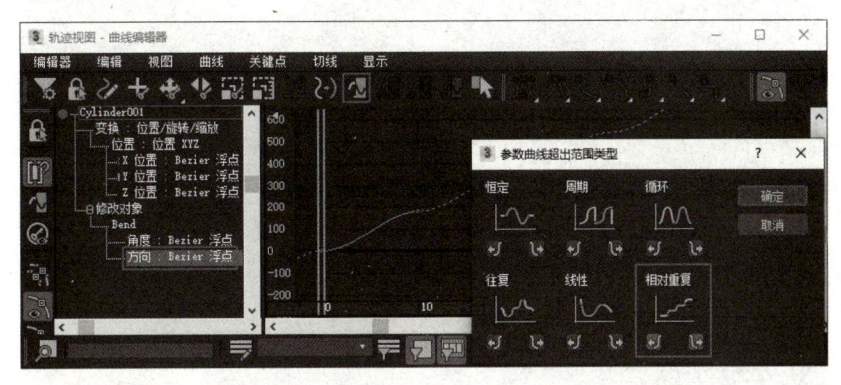

图 4-59　设置弯曲方向循环动画

（9）设置弯曲方向曲线类型。同时选中弯曲方向的两个关键点，单击工具栏中的 ▇（将切线设置为阶梯式）按钮，将弯曲方向曲线类型设置为阶梯式，使弯曲方向每隔 10 帧突增 180°，如图 4-60 所示。

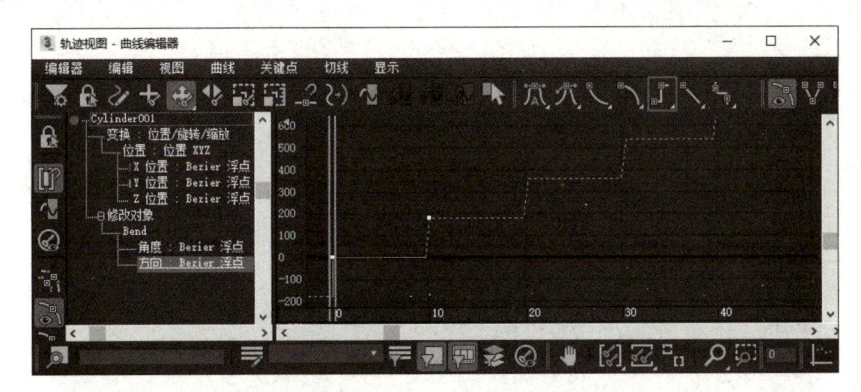

图 4-60　设置弯曲方向曲线类型

（10）设置圆柱体位移循环动画。用同样的方法，设置圆柱体"X 位置"参数的曲线类型为阶梯式，参数曲线超出范围类型为"相对重复"，如图 4-61 所示。至此，完成了圆柱体的翻滚动画制作。

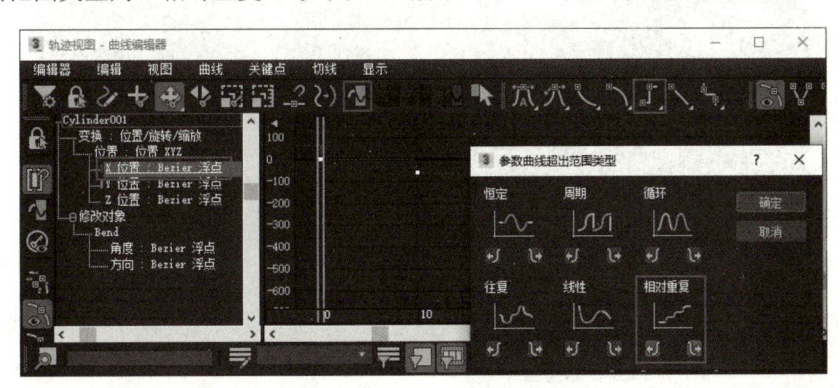

图 4-61　设置圆柱体位移循环动画

（11）设置圆柱体材质。按"M"键，打开"Slate 材质编辑器"对话框，双击"材质 / 贴图浏览器"下方"示例窗"中的 01-Default 材质球，在视图 1 视口中双击该材质的标题栏，打开其参数编辑器，设置"高光级别"值为 53，"光泽度"值为 52，如图 4-62 所示。

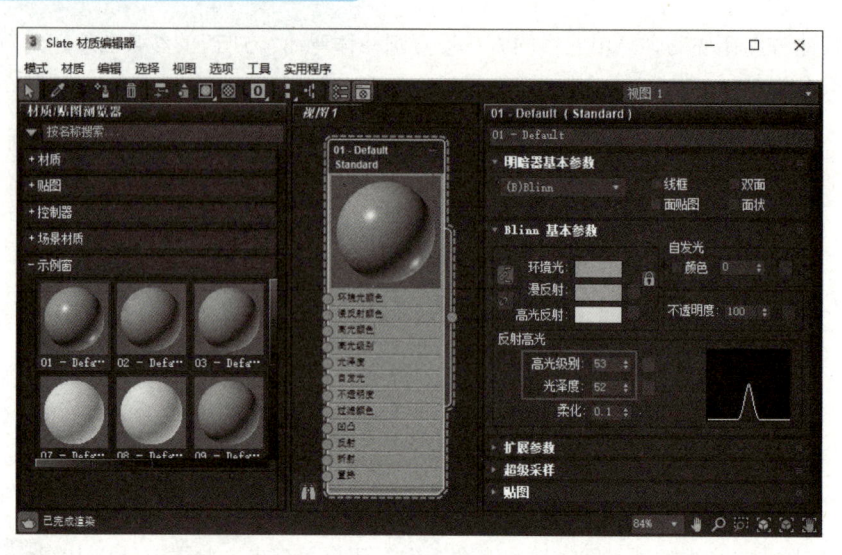

图4-62　设置圆柱体材质

（12）添加漫反射颜色贴图。单击"漫反射"参数右侧的贴图按钮，在打开的"材质/贴图浏览器"对话框中双击"渐变坡度"贴图；单击添加的"渐变坡度"贴图，在其参数卷展栏中，设置左侧色标的颜色值为RGB（30，255，0），右侧色标的颜色值为RGB（202，0，252），为第49帧的位置添加一个色标，使其颜色值与左侧相同，为第50帧的位置添加一个色标，使其颜色值与右侧相同。设置"坐标"卷展栏中的角度"W"值为90，然后单击 ![] （将材质指定给选定对象）按钮和 ![] （视口中显示明暗处理材质）按钮，将材质赋予圆柱体，如图4-63所示。

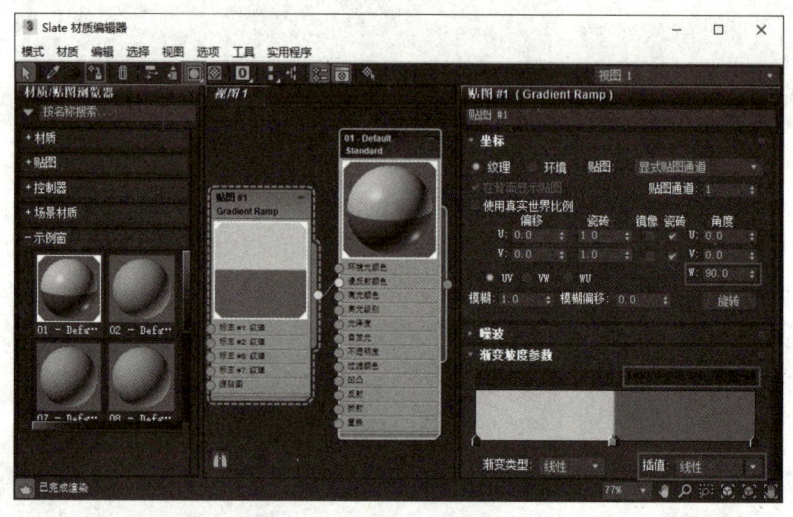

图4-63　添加漫反射颜色贴图

（13）制作材质动画。此时，播放动画发现圆柱体贴图动画显示不正确，需要同样为其设置动画。选择圆柱体，在动画控制区单击 自动关键点 按钮，打开"自动关键点"模式记录动画；将时间滑块移动到第10帧，设置渐变坡度贴图"坐标"卷展栏中的角度"W"值为-90，如图4-64所示。

（14）制作材质循环动画。用与步骤（10）相同的方法，打开轨迹视图，设置圆柱体贴图"W向角度"参数的曲线类型为阶梯式，参数曲线超出范围类型为"相对重复"，如图4-65所示。

（15）制作地面。在命令面板上单击 ![] （创建）→ ![] （几何体）→ 平面 按钮，在顶视口中创建一个平面，调整平面位置，如图4-66所示。

模块四　基本和高级动画制作

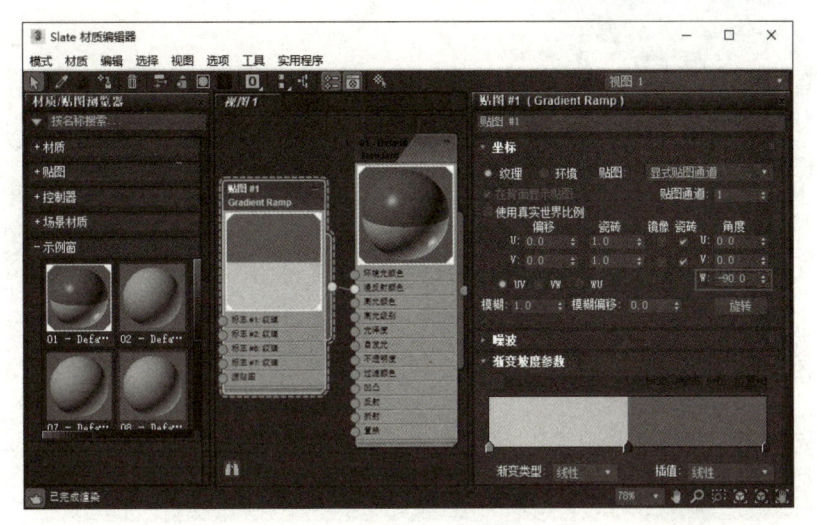

图 4-64　制作材质动画

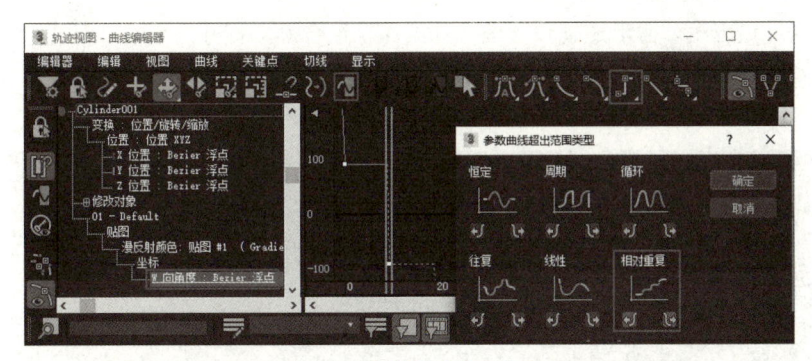

图 4-65　制作材质循环动画

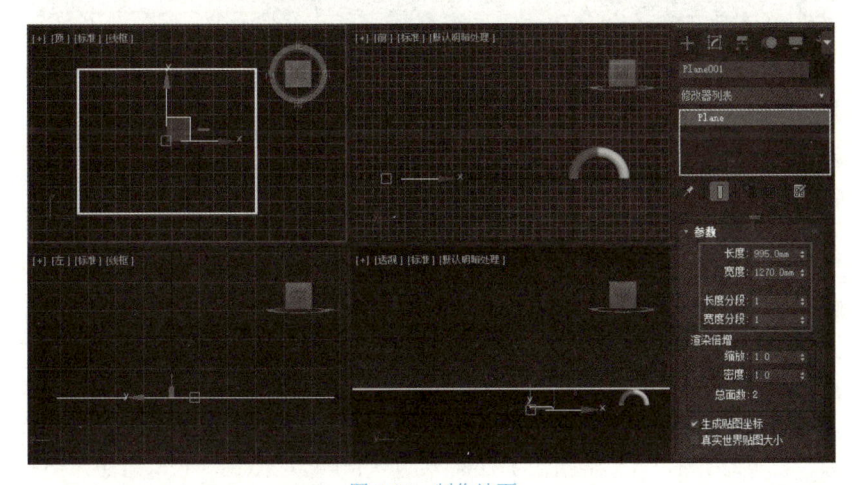

图 4-66　制作地面

（16）设置地面材质。按"M"键，打开"Slate 材质编辑器"对话框，双击"材质/贴图浏览器"下方"示例窗"中的 02-Default 材质球，在视图 1 视口中双击该材质的标题栏，打开其参数编辑器，设置"漫反射"颜色值为 RGB（7，7，7），"高光级别"值为 84，"光泽度"值为 69。在"贴图"卷展栏中单击"反射"贴图通道右侧的贴图按钮，为其添加"光线跟踪"贴图，设置反射"数量"值为 3，将其赋予地面，如图 4-67 所示。

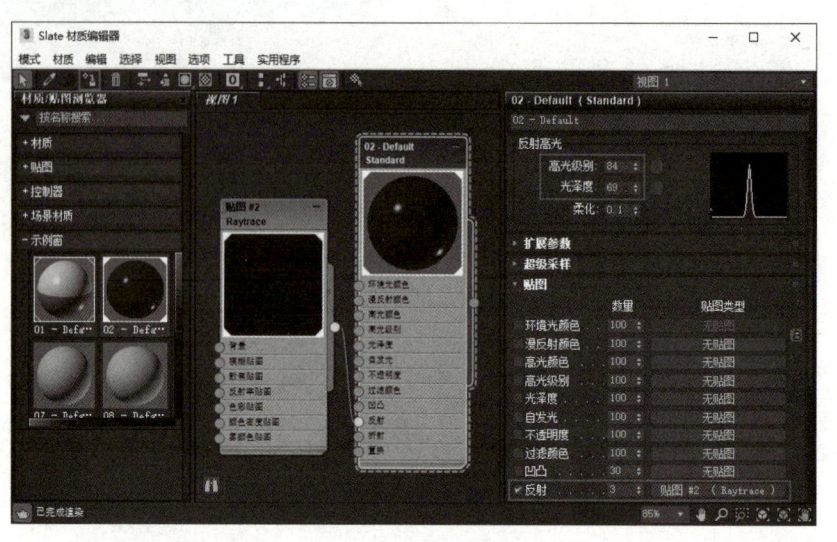

图 4-67　设置地面材质

（17）创建目标摄影机。激活透视口，按"Shift+F"组合键，打开安全框，将视口角度和范围调整到合适位置，执行"创建"→"摄影机"→"从视图创建标准摄影机"命令。此时，透视口自动切换为摄影机视口，如图 4-68 所示。

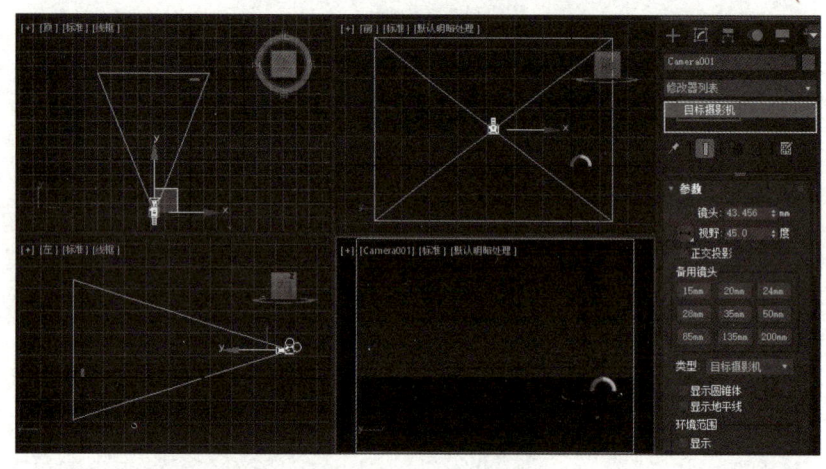

图 4-68　创建目标摄影机

（18）创建主光源。在命令面板上单击 ＋（创建）→ （灯光）→ 目标聚光灯 按钮，在顶视口中创建一盏目标聚光灯。在"阴影"组中勾选"启用"复选框，启用阴影，设置阴影类型为"阴影贴图"；设置灯光颜色为 RGB（97，114，92）；在"聚光灯参数"组中，设置"聚光区/光束"值为 60，"衰减区/区域"值为 80；调整灯光位置，如图 4-69 所示。

（19）创建辅助光源。选择主光源，按住"Shift"键拖动，复制主光源。调整灯光位置，取消阴影的"启用"勾选，设置灯光的"倍增"值为 0.68，灯光的颜色为 RGB（126，130，158），调整灯光的聚光区和衰减区大小，如图 4-70 所示。

（20）渲染动画。单击主工具栏上的 （渲染设置）按钮，打开"渲染设置"对话框，设置"时间输出"选项为"活动时间段"，"输出大小"为 640×480 ，文件"保存类型"为 AVI，文件名为"翻滚的圆柱"，输出动画文件。

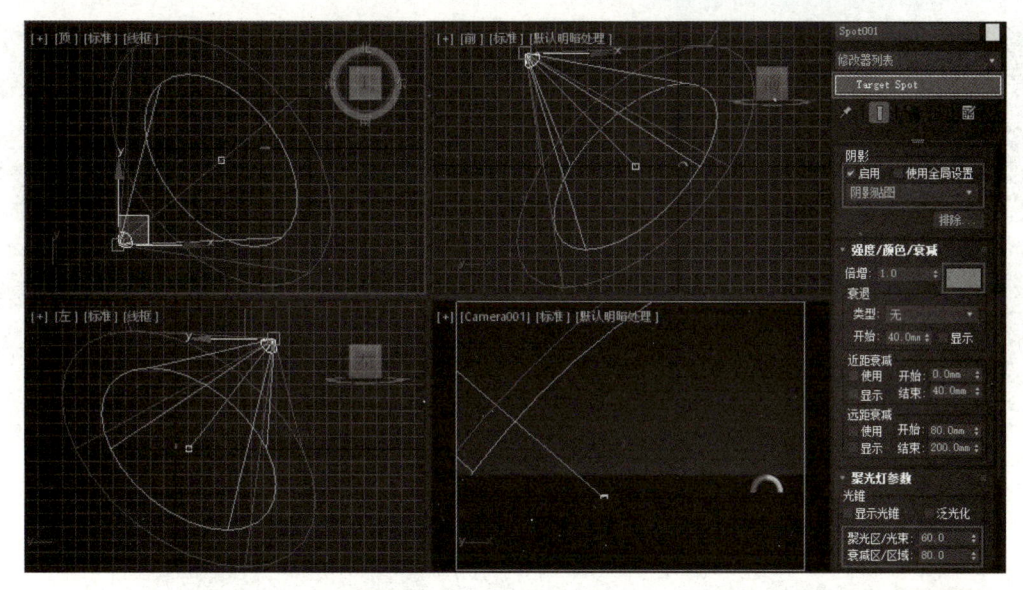

图 4-69　创建主光源

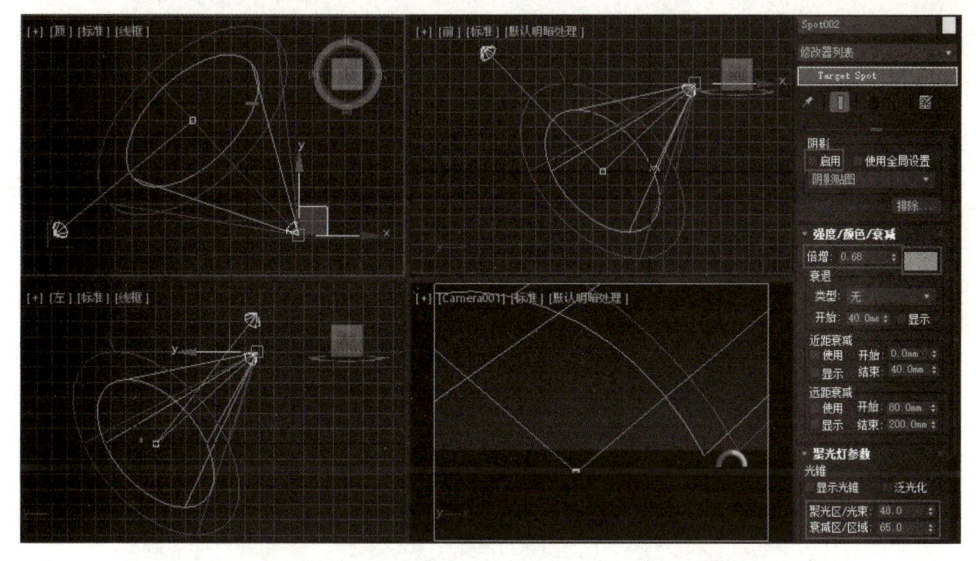

图 4-70　创建辅助光源

4.3.5　实战演练 4——弹力球弹跳节奏动画

本实例通过弹力球弹跳节奏动画的制作，要求掌握 3ds Max 中通过动画时间和轨迹视图调整动画节奏的方法，进一步掌握曲线超出范围类型在动画中的应用方法。弹力球弹跳节奏动画效果，如图 4-71 所示。

操作步骤：

（1）打开素材文件。启动 3ds Max 软件，打开本书素材"弹力球弹跳节奏动画.max"文件，如图 4-72 所示。

（2）整理模型。选择弹力球模型主体，将其转换为可编辑多边形。在命令面板上单击 （修改）→"编辑几何体"卷展栏→ 附加 命令右侧的 （附加列表）按钮，在弹出的"附加列表"对话框中，选择"Sphere002"模型，使其合为一个物体，如图 4-73 所示。

197

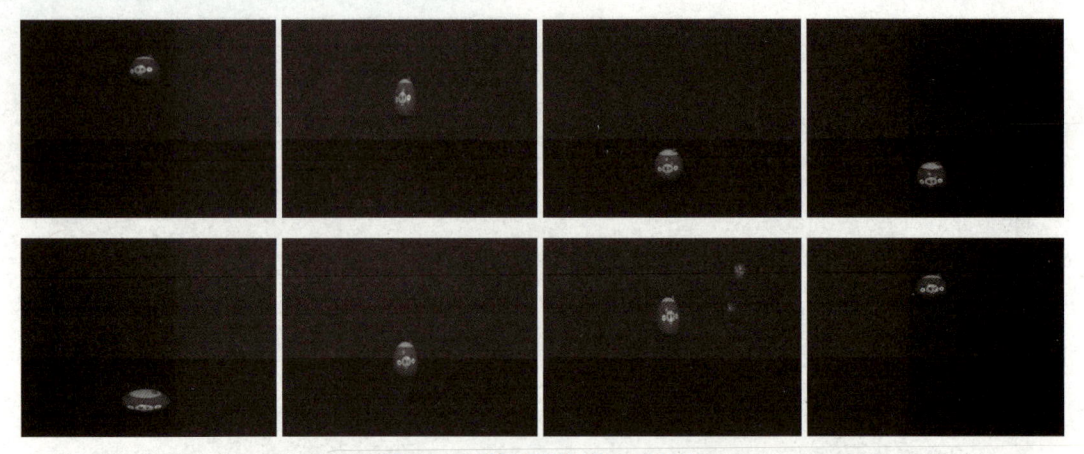

图 4-71 弹力球弹跳节奏动画效果

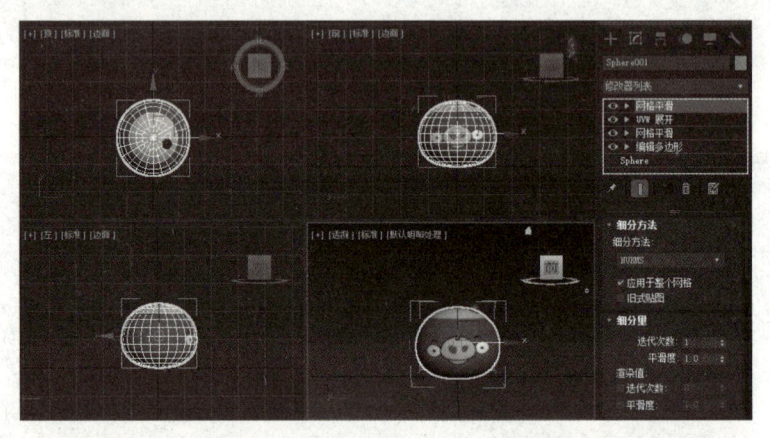

图 4-72 "弹力球弹跳节奏动画 .max"文件

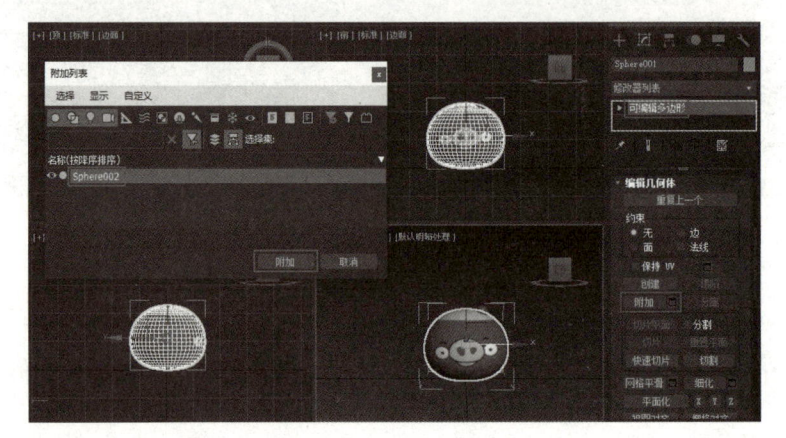

图 4-73 整理模型

(3) 调整模型轴心点。在命令面板上单击 ▇ (层次) → 轴 → 仅影响轴 按钮，在主工具栏上单击打开 ▇ (捕捉开关)，右击该按钮，在弹出的"栅格和捕捉设置"对话框中，设置捕捉的特征点为"顶点"，调整模型的轴心点到底面中心，如图4-74所示，再次单击 仅影响轴 按钮，退出轴心点的调整。

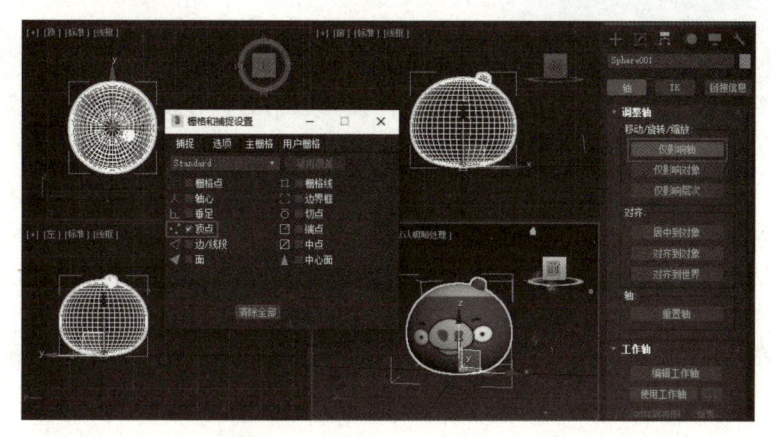

图 4-74 调整对象轴心点

（4）调整模型大小和位置。使用 ![图标]（选择并均匀缩放）命令，适当缩小模型；使用 ![图标]（选择并移动）命令，适当调整模型的位置，如图 4-75 所示。

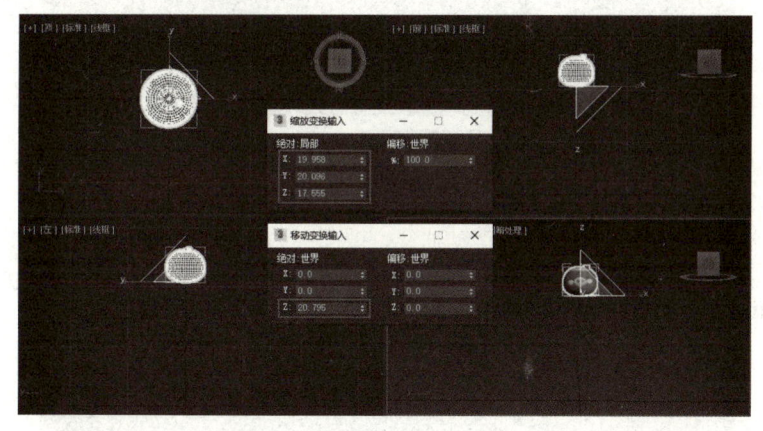

图 4-75 调整模型大小和位置

（5）制作弹力球弹跳动画。单击 ![图标]（时间配置）按钮，打开"时间配置"对话框，设置动画"结束时间"为 150。选择弹力球模型，在动画控制区单击 自动关键点 按钮，打开"自动关键点"模式记录动画，单击 ![图标]（设置关键点）按钮，插入一个关键帧；将时间滑块移动到第 15 帧，设置模型 Z 轴的坐标值为 0，单击 ![图标]（设置关键点）按钮，插入一个关键帧，如图 4-76 所示。

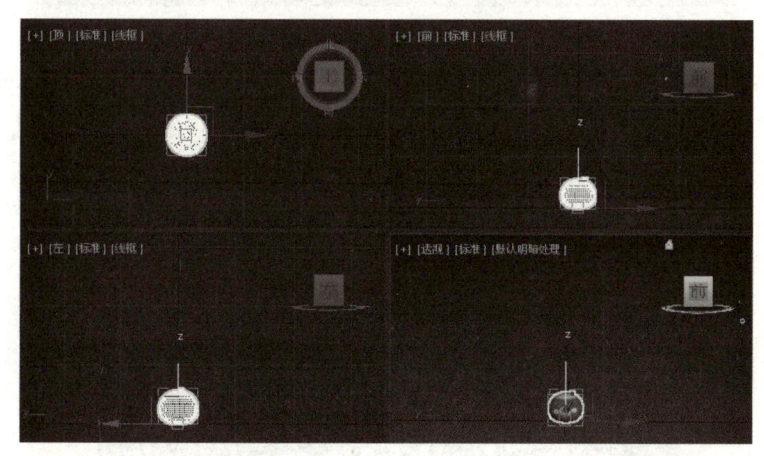

图 4-76 制作弹力球落地动画

【提示】

由于在"自动关键点"模式下只为模型发生变化的参数记录动画,即本例此处只会记录位置动画。而本例弹力球模型后面还需要添加变形动画,因此,为减少后续制作动画的复杂度,此处通过设置关键点模式,为弹力球所有变换参数记录关键帧。

(6)复制帧。再次单击 自动关键点 按钮关闭动画记录状态,在时间线上单击选择第 0 帧,按住"Shift"键拖动,将第 0 帧复制到第 30 帧,此时完成了一次完整的弹力球弹跳动画制作。

(7)制作弹力球弹跳循环动画。选择弹力球,单击主工具栏中的 ⌇(曲线编辑器)按钮,打开"轨迹视图 – 曲线编辑器"对话框。在轨迹视图控制器窗口中,选择"Z 位置"参数,在工具栏中单击 ⌇(参数曲线超出范围类型)按钮,打开"参数曲线超出范围类型"对话框,设置参数曲线超出范围类型为"循环",如图 4-77 所示。

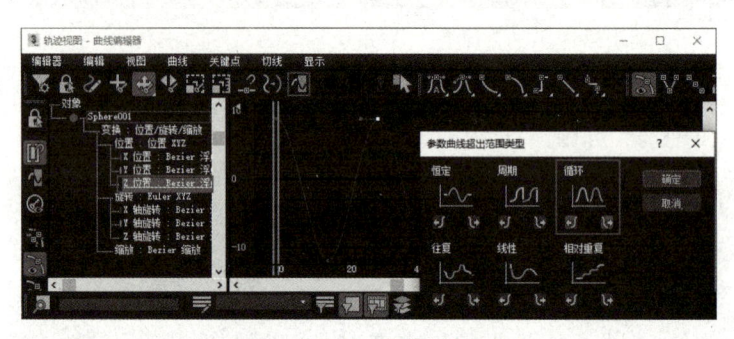

图 4-77　制作弹力球弹跳循环动画

(8)调整曲线切线斜率。调整弹力球运动曲线,改变弹力球运动规律,使弹力球向下做加速运动,向上做减速运动。在轨迹视图中,曲线的切线斜率越大,物体运动速度越快;曲线的切线斜率越小,物体运动速度越慢。据此,分别选择各个关键点,调整曲线的切线斜率,如图 4-78 所示。

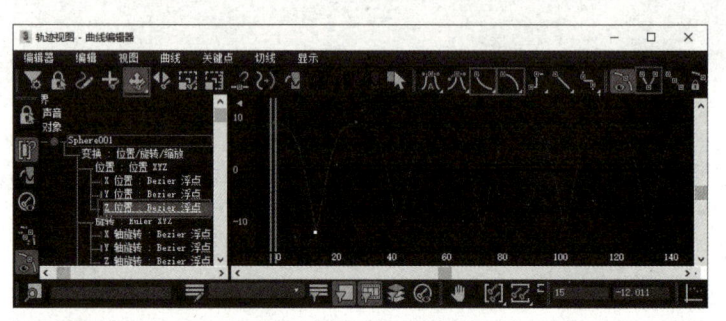

图 4-78　调整曲线切线斜率

(9)制作弹力球着地时的挤压变形动画。在时间线上单击选择第 15 帧,按住"Shift"键拖动,将第 15 帧分别复制到第 13 帧和第 17 帧,使弹力球在第 13 帧到第 17 帧之间为在地面不动状态,如图 4-79 所示。

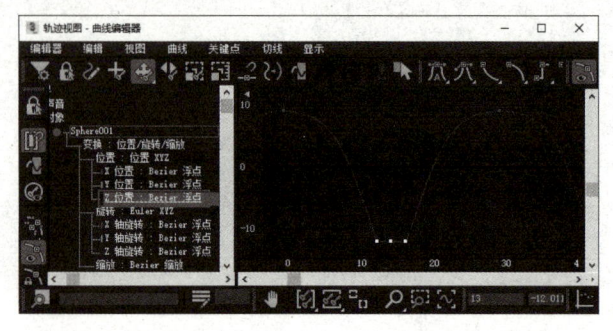

图 4-79　复制帧

将时间滑块移动到第 15 帧，选择弹力球模型，在动画控制区单击 自动关键点 按钮，打开"自动关键点"模式记录动画，在透视口使用 ![] （选择并挤压）工具，沿 Z 轴适度挤压弹力球，如图 4-80 所示。

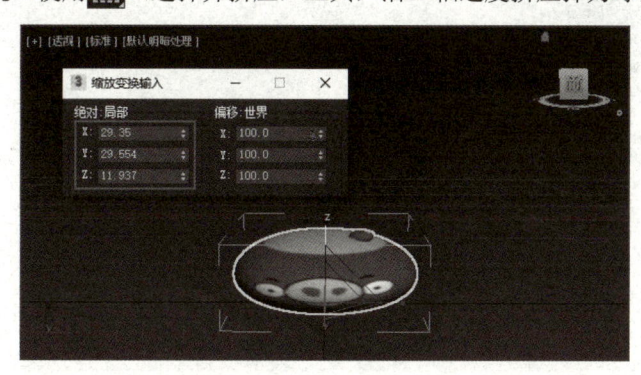

图 4-80　挤压弹力球

（10）制作弹力球空中变形动画。用同样的方法，在第 0 帧使弹力球向左旋转一定角度；在第 30 帧使弹力球向右旋转一定角度；在第 9 帧使用 ![] （选择并挤压）工具，沿 Z 轴适度挤压弹力球，并将位置向上移动适当距离；在第 21 帧同样使用 ![] （选择并挤压）工具，沿 Z 轴适度挤压弹力球，并将位置向上移动适当距离，增加弹力球在空中的悬停时间，第 0、30、9、21 帧状态，如图 4-81 所示。

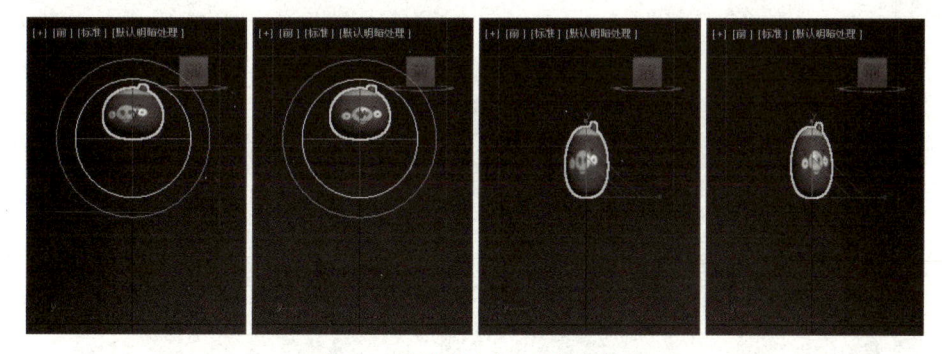

图 4-81　制作弹力球空中变形动画

（11）设置变形循环动画。用步骤（7）同样的方法，设置"缩放"参数的参数曲线超出范围类型为"循环"，如图 4-82 所示。

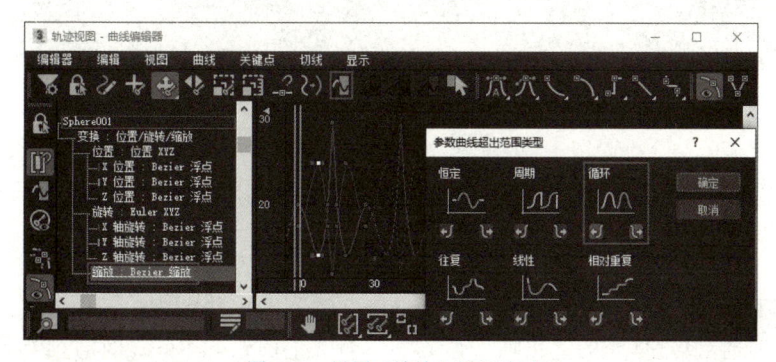

图 4-82　设置"缩放"循环动画

（12）用同样的方法设置"X 轴旋转""Y 轴旋转"和"Z 轴旋转"参数的参数曲线超出范围类型为"往复"，完成弹力球动画的制作。

（13）制作地面。在命令面板上单击 ![+] （创建）→ ![○] （几何体）→ 平面 按钮，在顶视口中创建一个平面，调整平面位置，如图 4-83 所示。

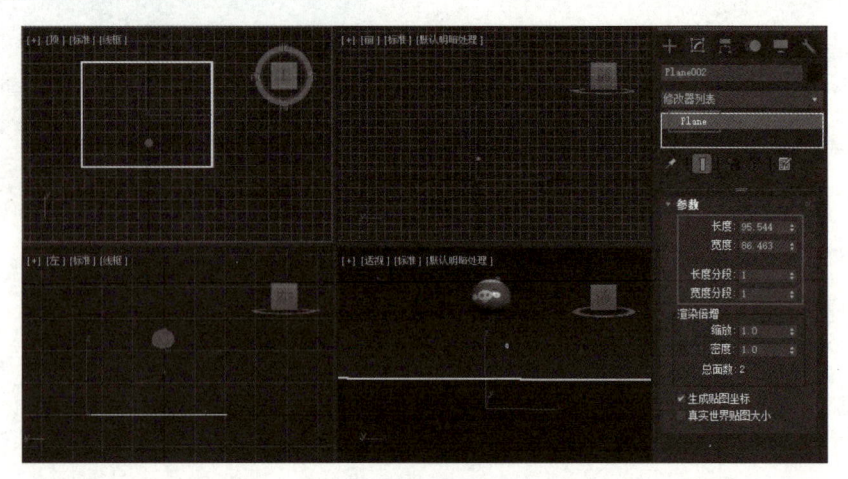

图 4-83　制作地面

（14）设置地面材质。按"M"键，打开"Slate 材质编辑器"对话框，双击"材质 / 贴图浏览器"下方"示例窗"中的 02-Default 材质球，在视图 1 视口中双击该材质的标题栏，打开其参数编辑器，设置"漫反射"颜色值为 RGB（7，7，7），"高光级别"值为 65，"光泽度"值为 60，将其赋予地面。

（15）创建目标摄影机。激活透视口，按"Shift+F"键，打开安全框，将视口角度和范围调整到合适位置，执行"创建"→"摄影机"→"从视图创建标准摄影机"命令。此时，透视口自动切换为摄影机视口，如图 4-84 所示。

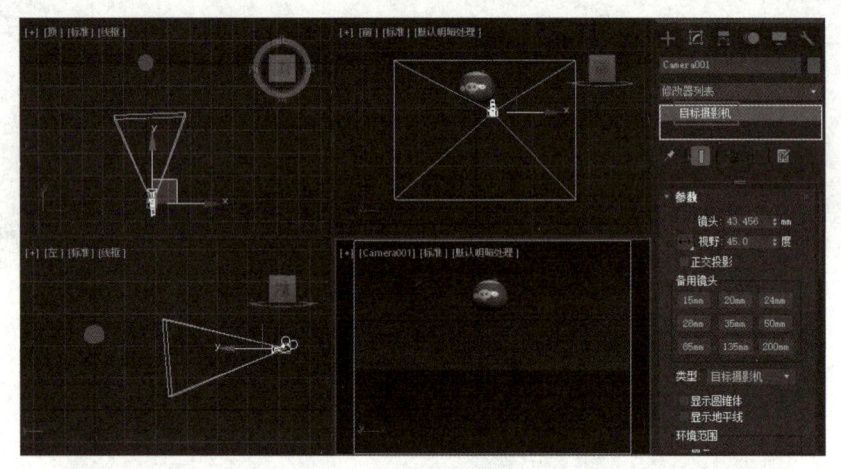

图 4-84　创建目标摄影机

（16）创建主光源。在命令面板上单击 ![+] （创建）→ ![灯光] （灯光）→ ![目标聚光灯] 按钮，在顶视口中创建一盏目标聚光灯。在"阴影"组中勾选"启用"复选框，启用阴影，设置阴影类型为"阴影贴图"；设置灯光颜色为 RGB（173，147，138）；在"聚光灯参数"组中，设置"聚光区 / 光束"值为 55，"衰减区 / 区域"值为 65；调整灯光位置，如图 4-85 所示。

（17）创建辅助光源。选择主光源，按住"Shift"键拖动，复制主光源。调整灯光位置，取消阴影的"启用"勾选，设置灯光的"倍增"值为 0.7，灯光的颜色为 RGB（151，149，198），如图 4-86 所示。

（18）渲染动画。单击主工具栏上的 ![图标] （渲染设置）按钮，打开"渲染设置：扫描线渲染器"对话框，设置"时间输出"选项为"活动时间段"，"输出大小"为 ![640x480] ，文件"保存类型"为 AVI，文件名为"弹力球弹跳节奏动画"，输出动画文件。

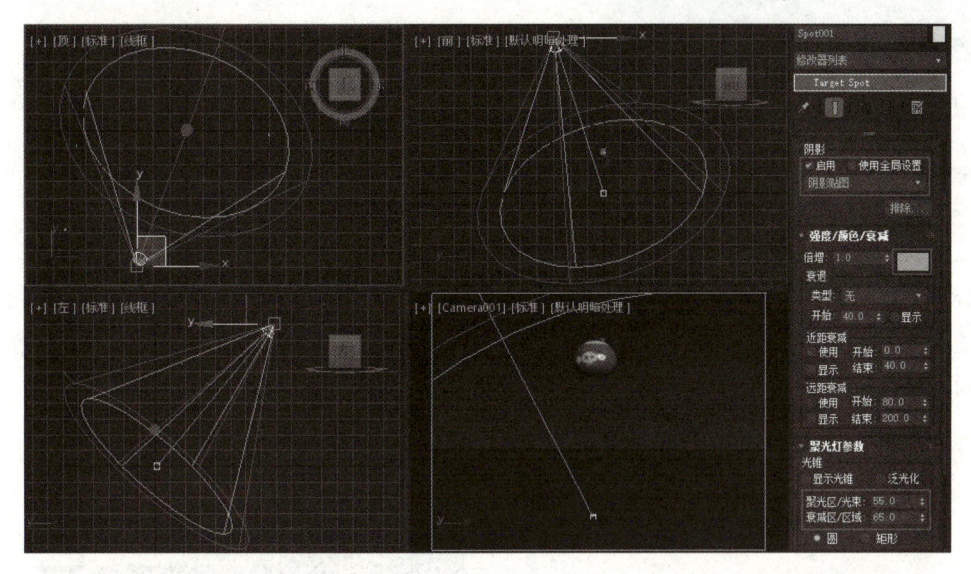

图 4-85　创建主光源

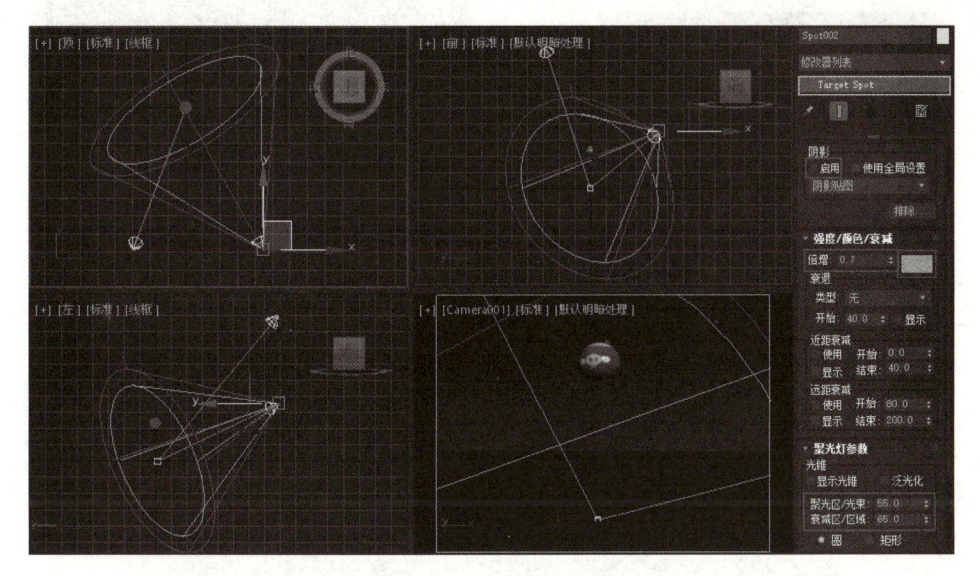

图 4-86　创建辅助光源

4.4　约束动画

　　动画约束是一种可以自动化动画过程的控制器的特殊类型。它通过与另一个对象绑定关系，来控制另一个对象的位置、旋转或缩放。实现动画约束，至少需要两个对象，即一个被约束对象和至少一个约束对象。约束对象可以对被约束对象施加特定的动画限制。例如，如果要迅速设置飞机沿着预定跑道起飞的动画，就可以使用路径约束来限制飞机的运动路径。

　　动画约束控制器主要控制物体的"位置""旋转"和"缩放"这三种变换属性。"位置"控制项的默认控制器是"位置 XYZ"控制器；"旋转"控制项的默认控制器是"Euler XYZ"控制器；"缩放"控制项的默认控制器是"Bezier 缩放"控制器。

4.4.1 添加动画约束控制器

在 3ds Max 中给对象添加动画约束控制器主要有以下三种方法。

1. 使用菜单命令添加

选择被约束对象，执行"动画"→"约束"菜单命令，在弹出的菜单中选择适合的约束类型即可为对象添加相应的动画约束，如图 4-87 所示。

2. 使用"运动"命令面板添加

选择被约束对象，在命令面板上单击 ◎（运动）→"指定控制器"卷展栏，根据需要添加动画约束，在显示窗口内选择"位置""旋转""缩放"四个选项中的一个，然后单击 （指定控制器）按钮，打开"指定位置控制器"对话框，在该对话框中选择动画约束控制器，如图 4-88 所示。

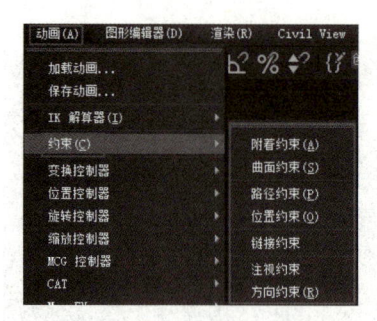

图 4-87　使用菜单命令添加　　　　图 4-88　使用"运动"命令面板添加

3. 在"轨迹视图 – 曲线编辑器"对话框中添加

单击主工具栏上的 （曲线编辑器）按钮，打开"轨迹视图 – 曲线编辑器"对话框，在工具空白位置右击，打开"控制器"工具栏，选择对象相应变换属性，单击"控制器"工具栏中的 （指定控制器）按钮，在打开的"指定位置控制器"对话框中选择相应的动画约束控制器即可，如图 4-89 所示。

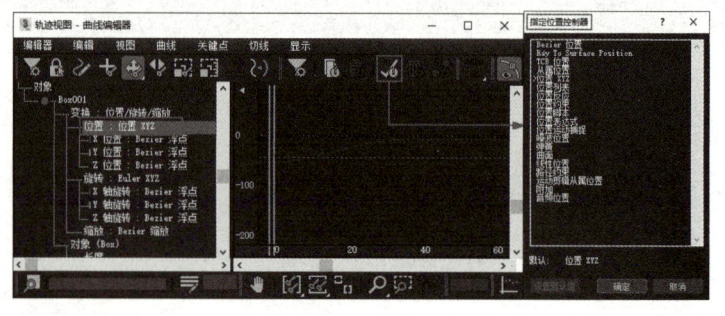

图 4-89　在"轨迹视图 – 曲线编辑器"对话框中添加

4.4.2 常用的动画约束控制器

动画约束控制器能够实现动画的自动化，它可以将一个物体的变换运动通过绑定关系约束到其他物体上，使被约束的物体按照约束的方式或范围进行运动。3ds Max 中共有 7 种常用的动画约束控制器："附着约束""曲面约束""路径约束""位置约束""链接约束""注视约束"和"方向约束"。

（1）"附着约束"：是一种位置约束，它将一个对象的位置附着到另一个对象的表面上。目标对象不用必须是网格，但必须能够转化为网格。"附着约束"常用于设置水面漂浮动画等。

（2）"曲面约束"：一个对象在另外一个对象表面上运动，如制作山坡上滚落的轮胎、在地球上定位的天气符号等。

（3）"路径约束"：使用路径约束可限制对象的移动，包括使其沿样条线移动，或在多个样条线之间以平均间距进行移动，常用于设置飞行器飞行动画、摄像机漫游动画等。

（4）"位置约束"：通过"位置约束"可以根据目标对象的位置或若干对象的加权平均位置对某一对象进行定位。

（5）"链接约束"：可以用来创建对象与目标对象之间彼此链接的动画，它可以使对象继承目标对象的位置、旋转以及缩放属性，还可以使一个子对象在不同的时间拥有不同的父对象，常用于设置传递动画。

（6）"注视约束"：用于控制对象的方向，使它一直注视另外一个或多个对象。它还会锁定对象的旋转，使对象的一个轴指向目标对象或目标位置的加权平均值。

（7）"方向约束"：用于使某个对象的方向朝着目标对象的方向或若干目标对象的平均方向。

4.4.3 实战演练 5——叉车动画

本实例通过叉车动画的制作，要求掌握 3ds Max 中通过链接约束制作物体搬运动画的方法；掌握 3ds Max 中连线参数的功能和使用方法。叉车动画效果，如图 4-90 所示。

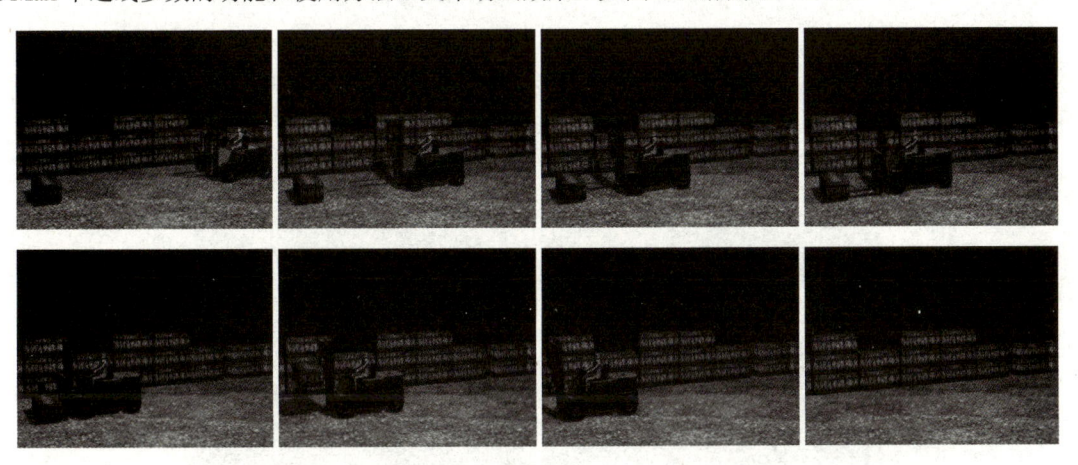

图 4-90 叉车动画效果

操作步骤：

（1）打开素材文件。启动 3ds Max 软件，打开本书素材"叉车 .max"文件，如图 4-91 所示。

图 4-91 "叉车 .max"文件

（2）动画分析。在叉车动画中，需要叉车整体做位移动画，而四个车轮和叉子除需要跟随车身一起做位移动画外，四个车轮还要做旋转动画，叉车的叉子还需要做上下移动动画。所以这里，将四个车轮和叉子设为车身的子物体；车轮的旋转需要跟车身位移距离相匹配，所以使用"连线参数"功能，将车身位置参数与车轮旋转参数进行关联。

（3）设置链接关系。为了方便调整视角，观察场景，右键激活摄影机视口，按"P"键将其切换为透视口。单击选择叉车的叉子，按住"Ctrl"键单击加选择四个车轮，再单击主工具栏中的 🔗 （选择并链接）按钮，按住鼠标左键将选中的物体拖放在车身主体上，放开鼠标，完成父子链接关系的创建，如图 4-92 所示。

图 4-92　设置链接关系

（4）创建车轮与车身的连线参数。选择左前轮，右击，在弹出的菜单中选择"连线参数"命令，在弹出的菜单中选择"变换"→"旋转"→"Y 轴旋转"选项，如图 4-93 所示。

图 4-93　选择左前轮参数

（5）用虚线连接叉车主体，在之后弹出的菜单中选择"变换"→"位置"→"Y 位置"选项，如图 4-94 所示。

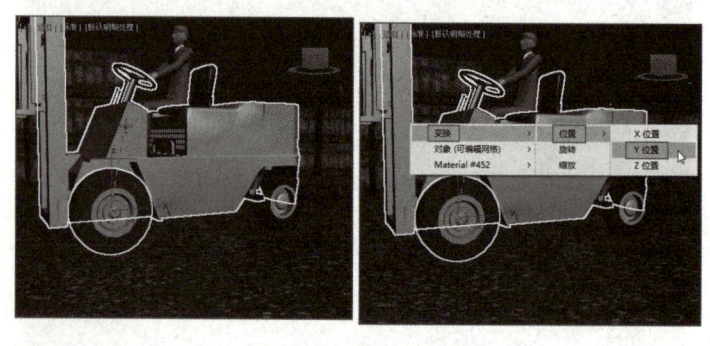

图 4-94　选择车身参数

模块四　基本和高级动画制作

（6）在弹出的"参数关联#1"对话框中，设置"表达式::左前轮::Y_轴旋转"为"-Y_位置/628"，依次单击 ← （单向连接：右参数控制左参数）按钮和 连接 按钮（单击后该按钮变为 更新 ），建立参数关联，如图 4-95 所示。单击"关闭"按钮，关闭窗口完成操作。

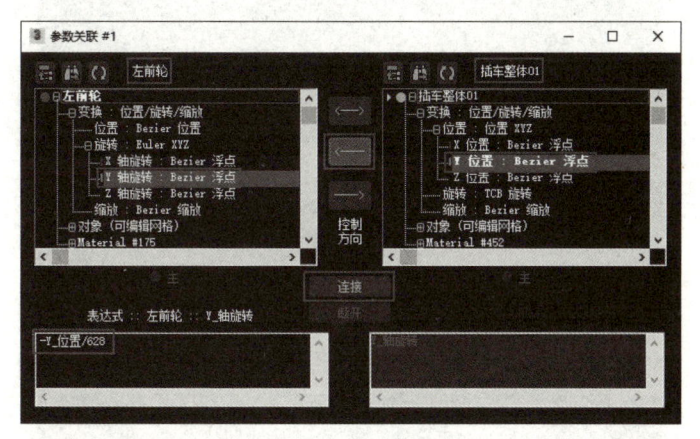

图 4-95　设置参数关联

【提示】

使用"连线参数"可以连接视口中的任意两个对象参数，这样，调整一个参数就会自动更改另一个参数。这样可以在指定的对象参数之间设置单向和双向连接，或者用包含所需参数的虚拟对象控制任意数量的对象。通过关联参数可以直接设置自定义约束，灵活应用可以有效提高动画制作效率。

（7）用同样的方法，建立右前轮"Y 轴旋转"与插车整体"Y 位置"的参数关联；左后轮和右后轮"X 轴旋转"与插车整体"Y 位置"的参数关联，如图 4-96 所示。

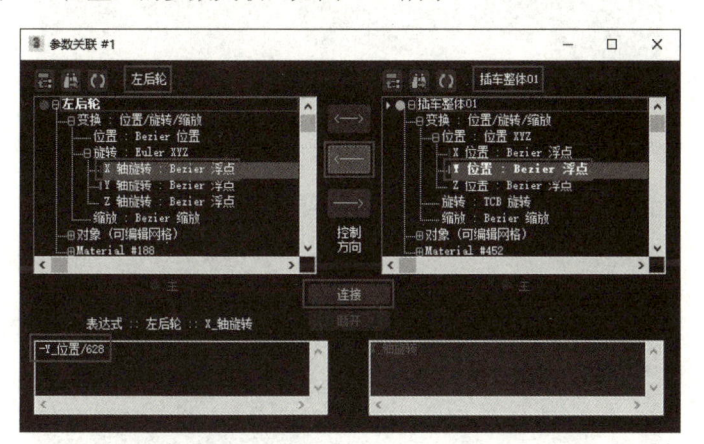

图 4-96　左后轮与插车整体的参数关联

（8）制作叉车动画。选择叉车主体，在动画控制区单击 自动关键点 按钮，打开"自动关键点"模式记录动画；将时间滑块移动到第 60 帧，沿 Y 轴负方向移动叉车，使叉车叉子与叉车前方地面货物边缘对齐，如图 4-97 所示。

（9）保持"自动关键点"模式记录动画状态，选择叉子模型，在第 60 帧处，单击 ➕ （设置关键点）按钮，插入一个关键帧；将时间滑块移动到第 80 帧，沿 Z 轴负方向向下移动叉子，使叉子着地，如图 4-98 所示。

（10）继续保持"自动关键点"模式记录动画状态，选择叉车主体，将时间滑块移动到第 100 帧，按"K"键插入一个关键帧，再将时间滑块移动到第 120 帧，沿 Y 轴负方向移动叉车，使叉车叉子插入货物下方，如图 4-99 所示。

207

图 4-97　制作叉车向前运动动画

图 4-98　制作叉子向下运动动画

图 4-99　叉车在第 120 帧处状态

（11）保持"自动关键点"模式记录动画状态，选择叉子模型，在第 120 帧处，单击 按钮，插入一个关键帧；将时间滑块移动到第 140 帧，沿 Z 轴正方向向上移动叉子，移动到适当高度，如图 4-100 所示。

图 4-100　叉子在第 140 帧处状态

（12）保持"自动关键点"模式记录动画状态，选择叉车主体，在第 140 帧处，单击 ➕（设置关键点）按钮，插入一个关键帧；将时间滑块移动到第 180 帧，沿 Y 轴负方向移动叉车，使叉车驶出画面，如图 4-101 所示。

图 4-101　第 180 帧处画面效果

（13）设置货物链接约束。再次单击 自动关键点 按钮关闭动画记录状态，选择地面的货物模型，在命令面板上单击 ⊙（运动）→"指定控制器"卷展栏，在显示窗口内选择"变换:位置/旋转/缩放"项，然后单击 ✎（指定控制器）按钮，在打开的"指定变换控制器"对话框中，选择"链接约束"，如图 4-102 所示。

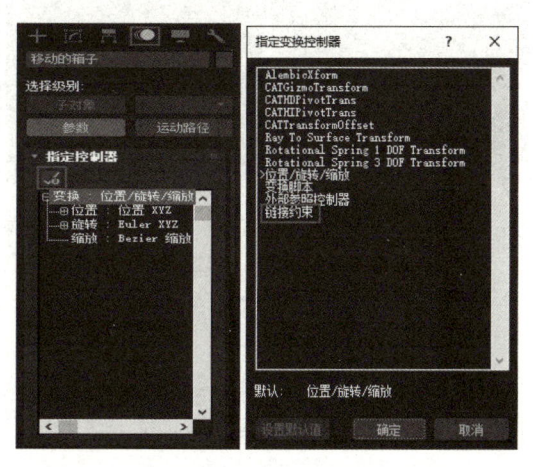

图 4-102　设置货物链接约束

（14）设置链接参数。选择货物模型，在"链接参数"卷展栏中，将时间滑块移动到第 0 帧处，单击 链接到世界 按钮；将时间滑块移动到第 120 帧处，单击 添加链接 按钮，在视口中选择"叉子"模型，实现叉车搬运货物动画效果，如图 4-103 所示。

图 4-103 设置链接参数

（15）渲染动画。单击激活透视口，按"C"键切换为摄影机视口。单击主工具栏上的 （渲染设置）按钮，打开"渲染设置"对话框，设置"时间输出"选项为"活动时间段"，"输出大小"为 640x480 ，文件"保存类型"为 AVI，文件名为"叉车动画"，输出动画文件。

4.4.4 实战演练 6——四足走动画

本实例通过四足走动画的制作，要求掌握 3ds Max 中位置约束在动画中的应用方法；掌握动力学对象—弹簧在动画中的应用方法。四足走动画效果如图 4-104 所示。

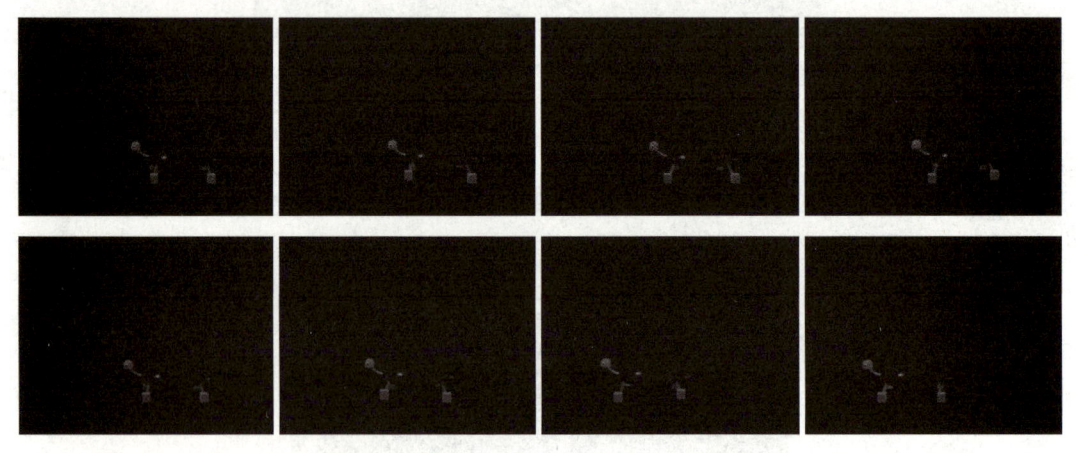

图 4-104 四足走动画效果

操作步骤：

（1）打开素材文件。启动 3ds Max 软件，打开本书素材"四足走动画.max"文件，如图 4-105 所示。

（2）制作左前脚动画。选择左前脚，在动画控制区单击 自动关键点 按钮，打开"自动关键点模式"记录动画；将时间滑块移动到第 20 帧，沿 X 轴负方向向前移动一步的距离，如图 4-106 所示。

模块四　基本和高级动画制作

图 4-105　"四足走动画 .max"文件

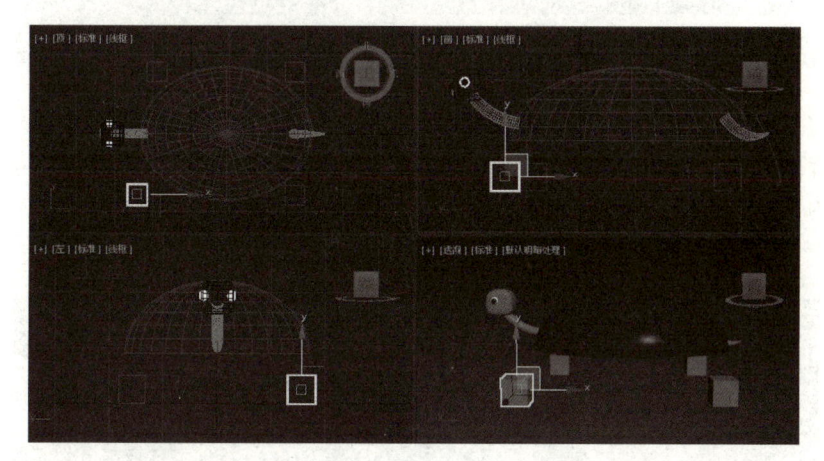

图 4-106　左前脚向前迈出一步

（3）将时间滑块移动到第 10 帧，沿 Y 轴正方向向上移出抬脚的高度，如图 4-107 所示。

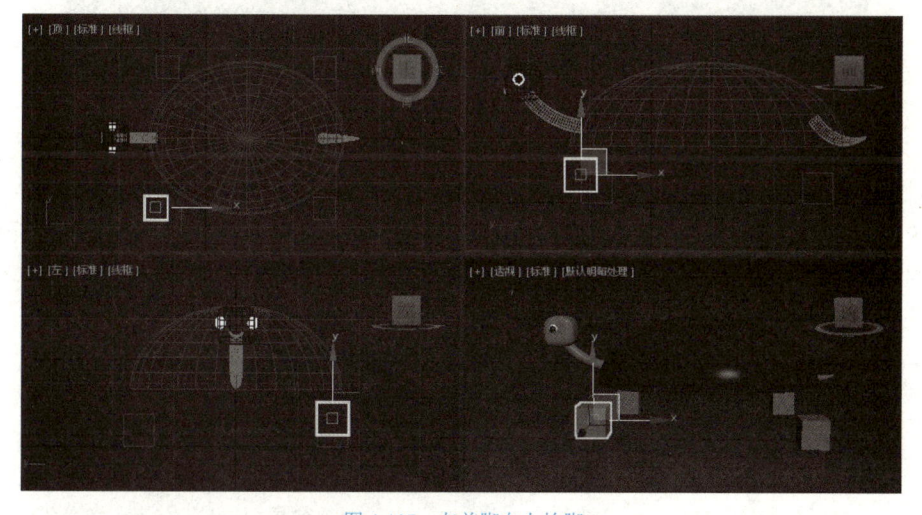

图 4-107　左前脚向上抬脚

（4）将时间滑块移动到第 40 帧，单击 ✚（设置关键点）按钮，插入一个关键帧，留出换脚走的时间。
（5）调整左前脚迈步曲线并设置循环动画。再次单击 自动关键点 按钮关闭动画记录状态，选择左前脚，单击主工具栏中的 ∿（曲线编辑器）按钮，打开"轨迹视图 – 曲线编辑器"对话框。选择"Z 位置"参数，同时选中第 0 帧和第 20 帧两个关键点，单击工具栏中的 ↘（将切线设置为快速）按钮，使左前脚在抬起时较慢，落地时较快；在工具栏中单击 ⌒（参数曲线超出范围类型）按钮，打开"参数曲

211

线超出范围类型"对话框,设置参数曲线超出范围类型为"循环",如图4-108所示。

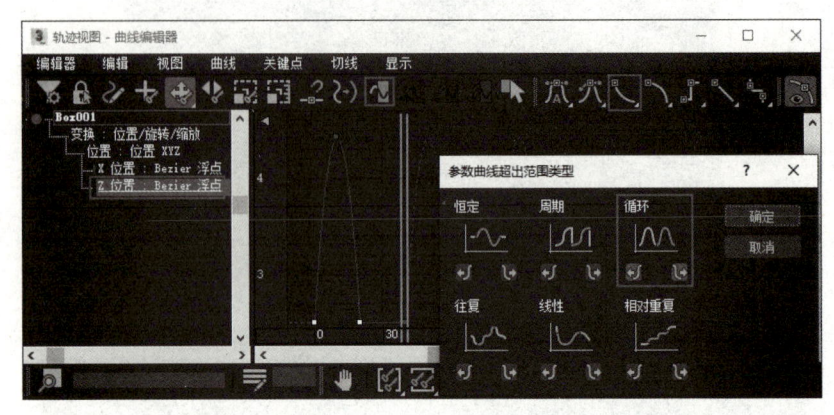

图4-108 调整左前脚迈步动画

(6)用同样的方法,选择"X位置"参数,在"参数曲线超出范围类型"对话框中设置参数曲线超出范围类型为"相对重复",如图4-109所示。

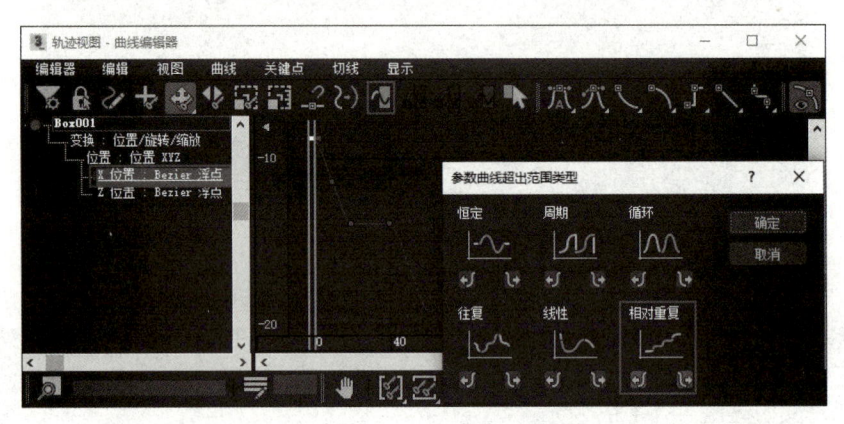

图4-109 设置"X位置"参数

(7)复制其他三只脚。将除左前脚以外的其他三只脚删除,将左前脚分别复制到其他三只脚的位置。分别选择左后脚和右前脚,选择其时间线上的所有关键点,往后移动20帧,如图4-110所示。至此,完成脚动画的制作。

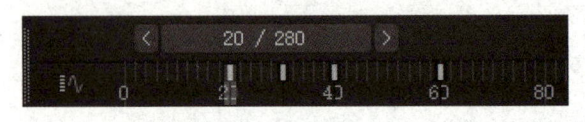

图4-110 移动关键点

(8)为身体添加位置约束。选择身体模型,在命令面板上单击 ●(运动)→"指定控制器"卷展栏,在显示窗口内选择"位置:Bezier位置"项,然后单击 (指定控制器)按钮,在打开的"指定位置控制器"对话框中,选择"位置约束",如图4-111所示。

(9)设置位置约束参数。在"位置约束"卷展栏中,单击 添加位置目标 按钮,在视口中单击左前脚对象,然后勾选"保持初始偏移"复选框,继续分别单击其他三只脚,使身体跟随四只脚位置移动而移动,右击,结束目标对象的添加,如图4-112所示。

模块四 基本和高级动画制作

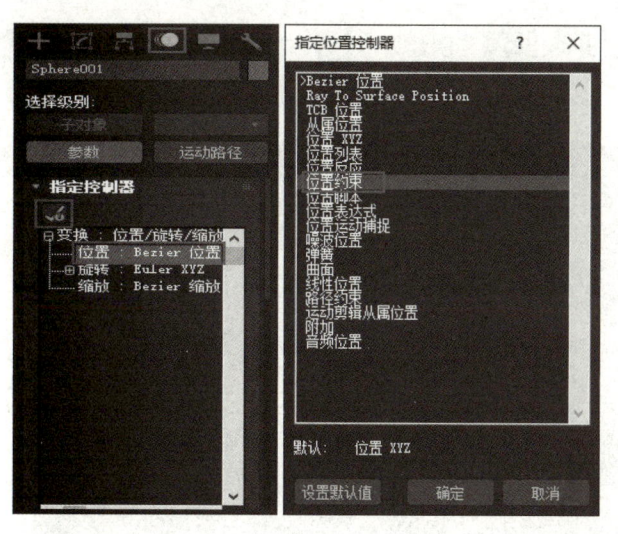

图 4-111 为身体添加位置约束

图 4-112 设置位置约束参数

（10）为乌龟添加弹簧腿。首先创建虚拟对象，用于确定腿在身体上的位置。将时间滑块移动到第 0 帧的位置，在命令面板上单击 ✚（创建）→ ◣（辅助对象）→ 虚拟对象 按钮，在顶视口中创建一个虚拟对象，调整位置，如图 4-113 所示。

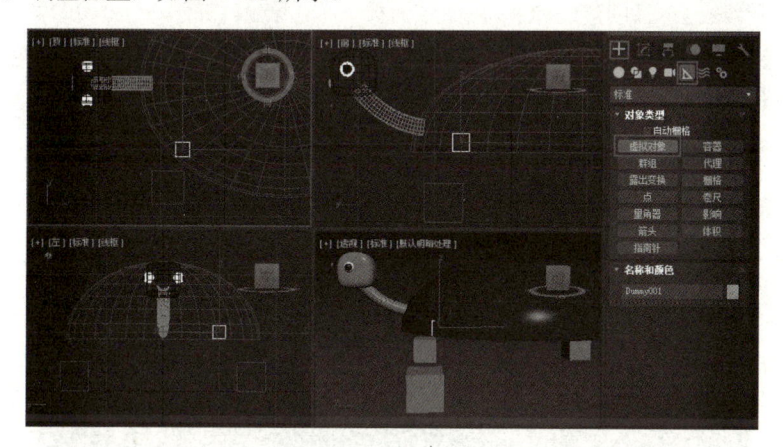

图 4-113 创建虚拟对象

（11）复制虚拟对象。选择创建的虚拟对象，按住"Shift"键拖动，复制出其他三个虚拟对象，并调整位置，如图 4-114 所示。

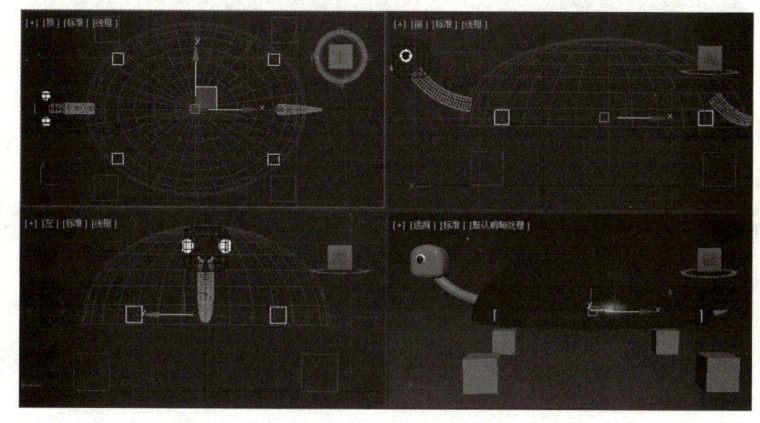

图 4-114 复制虚拟对象

213

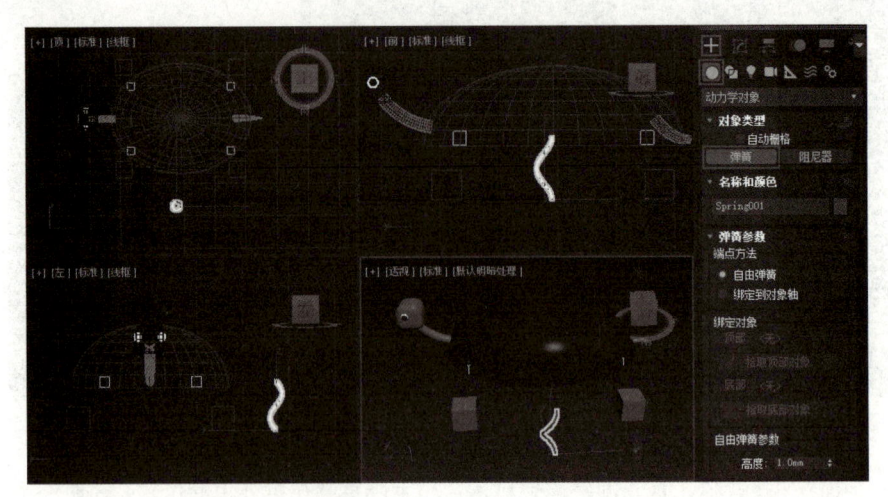

（12）创建弹簧对象。在命令面板上单击 ➕（创建）→ ⭕（几何体）→ 动力学对象 → 弹簧 按钮，在透视口中创建一个弹簧，如图4-115所示。

图4-115　创建弹簧对象

（13）设置弹簧参数。选择创建的弹簧，在命令面板上单击 （修改）→"弹簧参数"卷展栏，设置"端点方法"为"绑定到对象轴"，弹簧"直径"为2mm，"圈数"为18，"段数/圈数"为16，"线框形状"为圆形线框，"直径"为0.298mm，"边数"为6，如图4-116所示。

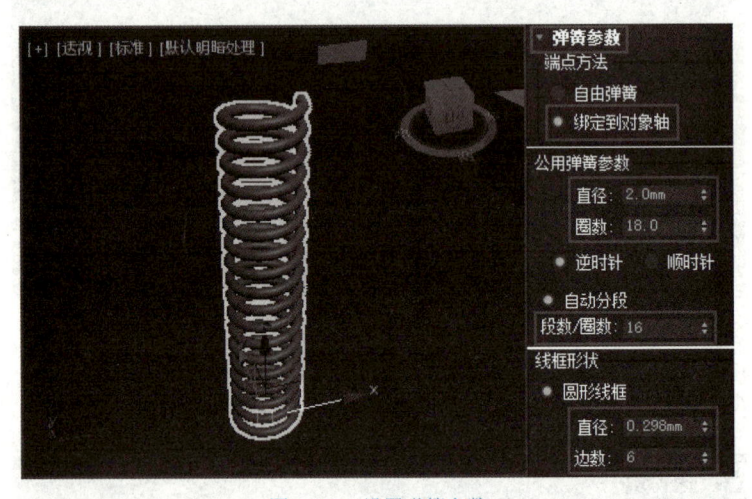

图4-116　设置弹簧参数

（14）复制弹簧并设置绑定对象。按"M"键打开材质编辑器，将"01-Default"材质赋予弹簧。按住"Shift"键拖动，再复制三个弹簧。选择弹簧001，在"弹簧参数"卷展栏中单击 拾取顶部对象 按钮，在视口中单击选择虚拟对象001；单击 拾取底部对象 按钮，在视口中单击选择左前脚对象。用同样的方法，设置其他三个弹簧的顶部对象和底部对象，如图4-117所示。至此，完成乌龟走路动画的制作。

（15）制作地面。在命令面板上单击 ➕（创建）→ ⭕（几何体）→ 平面 按钮，在顶视口中创建一个平面，调整平面位置，如图4-118所示。

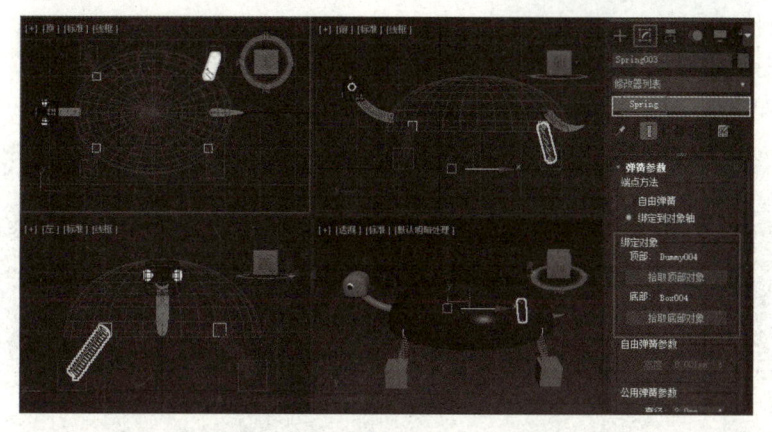

图 4-117　复制弹簧并设置绑定对象

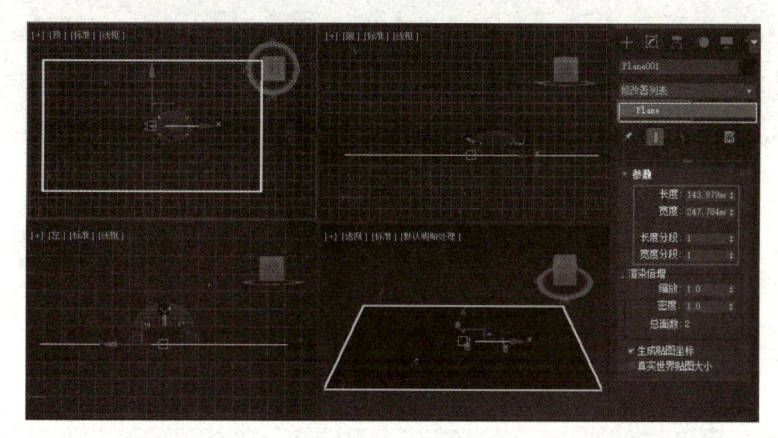

图 4-118　制作地面

（16）设置地面材质。按"M"键，打开"Slate 材质编辑器"对话框，双击"材质/贴图浏览器"下方"示例窗"中的 03-Default 材质球，在视图 1 视口中双击该材质的标题栏，打开其参数编辑器，设置"漫反射"颜色值为 RGB（0，2，0），"高光级别"值为 75，"光泽度"值为 65。在"贴图"卷展栏中单击"反射"贴图通道右侧的贴图按钮，为其添加"光线跟踪"贴图，设置"反射"数量值为 3，将其赋予地面，如图 4-119 所示。

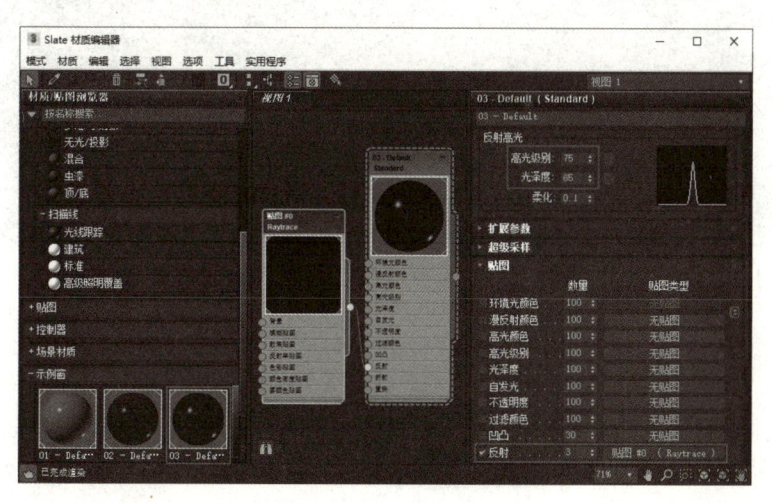

图 4-119　设置地面材质

（17）创建目标摄影机。激活透视口，按"Shift+F"组合键，打开安全框，将视口角度和范围调整到适合位置，执行"创建"→"摄影机"→"从视图创建标准摄影机"命令。此时，透视口自动切换为摄影机视口，如图4-120所示。

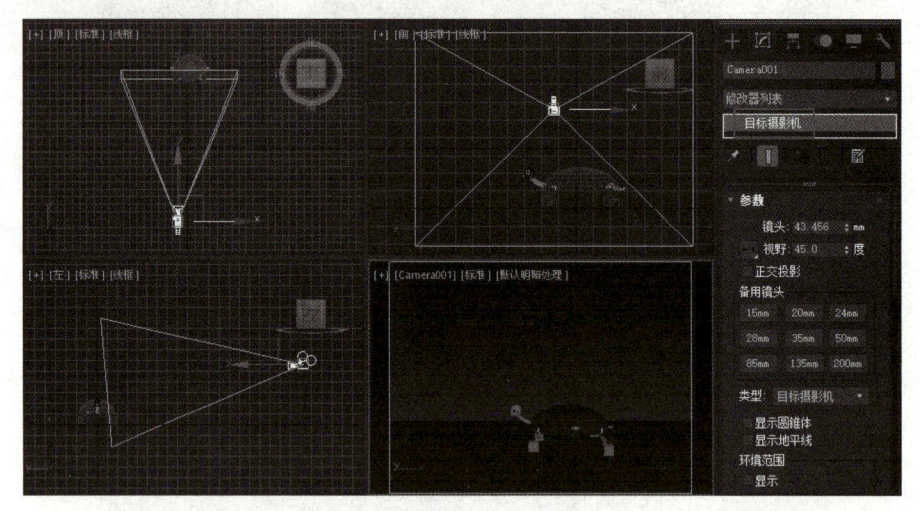

图4-120　创建目标摄影机

（18）创建主光源。在命令面板上单击 ![] （创建）→ ![] （灯光）→ ![目标聚光灯] 按钮，在顶视口中创建一盏目标聚光灯。在"阴影"选项组中勾选"启用"复选框，启用阴影，设置阴影类型为"阴影贴图"；在"聚光灯参数"选项组中，设置"聚光区/光束"值为100，"衰减区/区域"值为120；调整灯光位置，如图4-121所示。

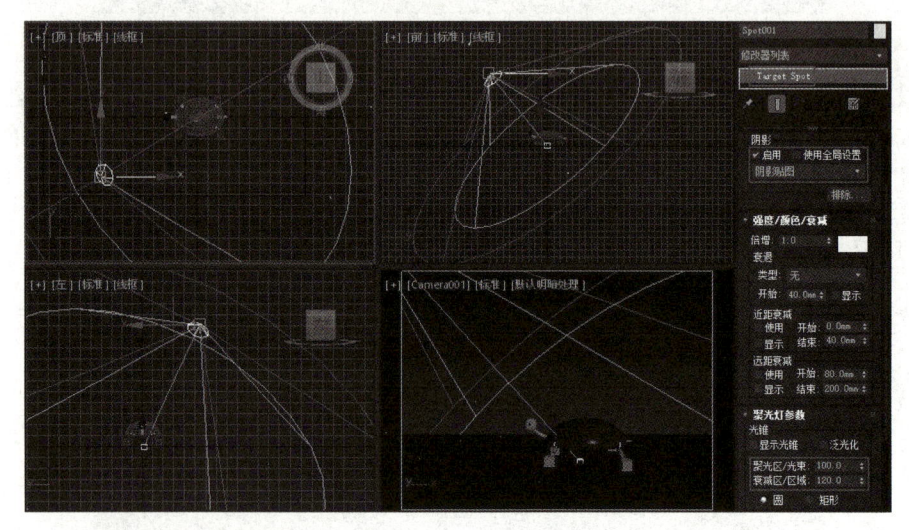

图4-121　创建主光源

（19）创建辅助光源。选择主光源，按住"Shift"键拖动，复制主光源。调整灯光位置，取消阴影的"启用"勾选，设置灯光的"倍增"值为0.65，如图4-122所示。

（20）渲染动画。单击主工具栏上的 ![] （渲染设置）按钮，打开"渲染设置"对话框，设置"时间输出"选项为"活动时间段"，"输出大小"为 ![640x480] ，文件"保存类型"为AVI，文件名为"四足走动画"，输出动画文件。

模块四　基本和高级动画制作

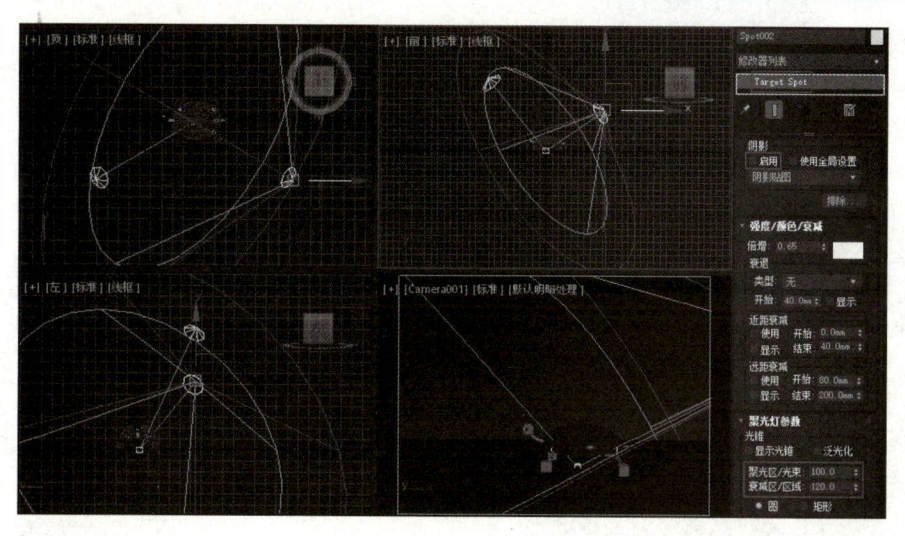

图 4-122　创建辅助光源

4.5　环境和效果动画

对于一个场景来说，如果材质和灯光是决定视觉效果的重要因素，那么环境和效果同样是一个不可忽视的因素。在合适的场景中使用适当的环境和效果能使场景显得更加真实。本节将主要介绍环境和效果的设置及具体应用。

4.5.1　环境特效

环境特效在 3ds Max 动画中有着不可轻视的作用，它和建模、灯光、材质等同样重要，良好的环境设置可以使作品更加富有真实感和艺术性。在 3ds Max 中，专门有一个环境编辑器，用来制作各种环境特效，如火效果、雾效果和体积光等。这些特效都需要和其他功能配合使用才能发挥作用。例如，环境贴图要和材质编辑器共同编辑；雾效果和摄影机的范围有关；体积光和灯光的属性相连；火效果必须借助大气装置才能产生。

在 3ds Max 中，执行"渲染"→"环境..."菜单命令或按"8"键，即可打开"环境和效果"对话框，如图 4-123 所示。

1. 火效果

在 3ds Max 中使用"火效果"可以生成动画的火焰、烟雾和爆炸效果，还可以制作篝火、火炬、火球、烟云和星云等。使用火效果需要与大气装置配合使用，只有在大气装置限定的范围内才能产生火效果，并且，火效果只能在透视口和摄影机视口中才能被渲染，在正交视口和用户视口中不能被渲染。

按"8"键，打开"环境和效果"对话框，在"大气"卷展栏中单击 添加... 按钮，打开"添加大气效果"对话框，选择"火效果"，单击 确定 按钮，在"环境和

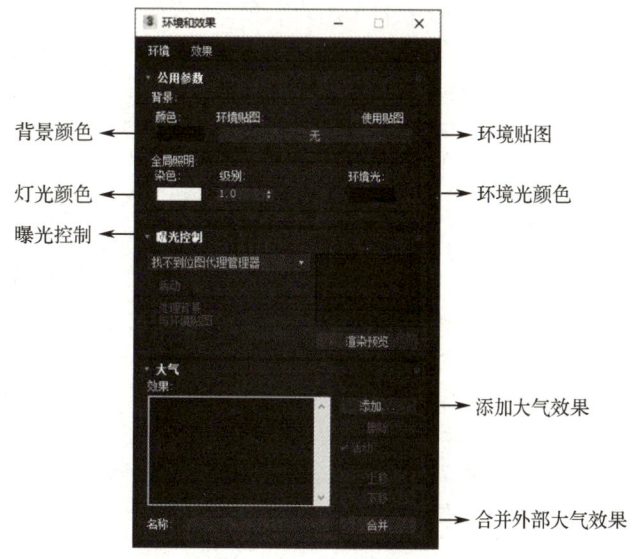

图 4-123　"环境和效果"对话框

效果"对话框中，就会出现"火效果参数"卷展栏，如图 4-124 所示。

（1）"Gizmos"选项组：必须为火效果指定大气装置，才能渲染火效果。"Gizmos"选项组用于选择大气装置。在"火效果参数"卷展栏中单击 拾取 Gizmo 按钮，在视口中单击拾取大气装置，在大气装置范围内即可产生火效果，如图 4-125 所示。

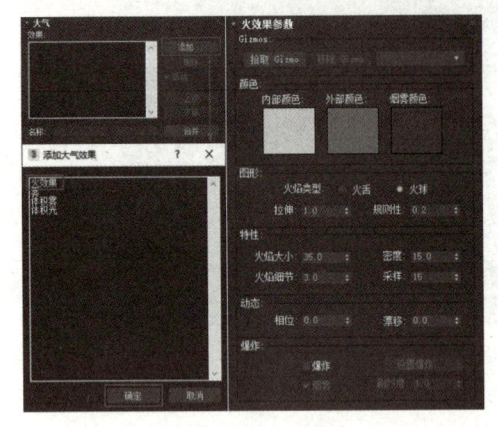

图 4-124 "火效果参数"卷展栏　　　　　　图 4-125 火效果示例

（2）"颜色"选项组：用于设置火焰效果的颜色，单击三个颜色显示窗可以设置火焰内部颜色、外部颜色及烟雾颜色。

（3）"图形"选项组：用于控制火焰的形状、拉伸和填充情况。

"火焰类型"包括火舌和火球两种。火舌为火苗的形状，一般用于表现篝火、火把、烛火、喷射火焰等火焰效果；火球的形状为蓬松的圆球，一般用于表现爆炸、恒星等效果。

"拉伸"：用于设置沿着大气线框 Z 轴方向拉伸火焰的程度。

"规则性"：用于设置火焰填充大气装置的程度，取值范围是 0.0 ～ 1.0。

（4）"特性"选项组：用于设置火焰的大小和细节。

"火焰大小"：用于设置每个单独火焰的大小，它也与大气装置的大小有关。

"火焰细节"：用于控制每个火焰的边缘精细度，取值范围是 0 ～ 10。较小的值产生模糊但较为光滑的效果，较大的值会产生更为精细、边缘尖锐的效果。

"密度"：用于设置火焰的亮度和不透明度，它也受大气装置大小的影响。值越大，火焰中心亮度越高。

"采样"：用于设置效果的采样率。值越高，生成的结果越准确，渲染所需的时间也越长。

（5）"动态"选项组：用于设置火焰的涡流和上升。

"相位"：用于控制更改火焰效果的速率。

"漂移"：用于设置火焰沿着火焰装置的 Z 轴移动的渲染方式，值是上升量（单位数）。

（6）"爆炸"选项组：使用该选项组中的参数可以自动设置爆炸动画。

"爆炸"：打开爆炸选项，根据相位值动画自动设置爆炸火焰大小、密度和颜色。

"设置爆炸"：显示"设置爆炸相位曲线"对话框。输入开始时间和结束时间，然后单击"确定"按钮，相位值自动为典型的爆炸效果设置动画。

"烟雾"：控制爆炸是否产生烟雾效果。

"剧烈度"：设置相位参数的燃烧效果，大于 1.0 的值可以产生快速的燃烧效果，小于 1.0 的值可以产生较慢的燃烧效果。

在"爆炸"选项组中勾选"爆炸"和"烟雾"，在"动态"选项组中，制作"相位"动画，即可实现火球爆炸效果。

2. 雾效

雾效是营造气氛的有力手段，常用来表现空气中的灰尘和烟雾效果，有标准雾和分层雾两种类型。

一般与摄影机配合使用，使场景看起来更具有层次感和深度感，如图4-126所示。

需要注意的是，只有摄影机视口或透视视口中才能渲染雾效果，正交视口或用户视口不会渲染雾效果。按"8"键，打开"环境和效果"对话框，在"大气"卷展栏中单击 添加... 按钮，打开"添加大气效果"对话框，选择"雾"，单击 确定 按钮，在"环境和效果"对话框中，就会出现"雾参数"卷展栏，如图4-127所示。

（1）"雾"选项组：用于设置雾的颜色、贴图、雾化背景等效果。单击雾颜色显示窗可以设置雾的颜色。

图4-126 添加到场景中的雾

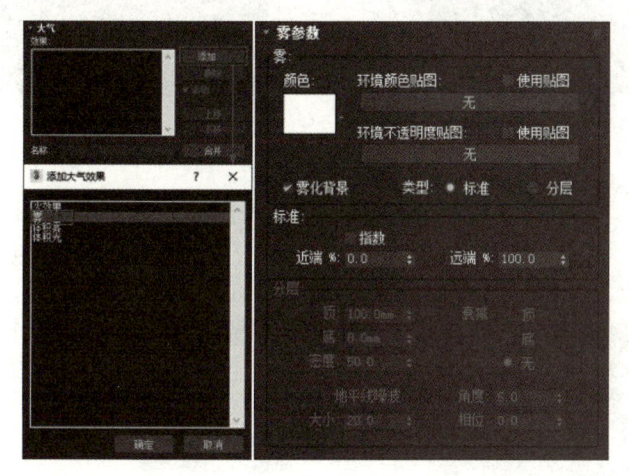

图4-127 "雾参数"卷展栏

（2）"标准"选项组：用于设置标准雾的参数。

"指数"：勾选该复选框时，雾的密度随着距离以指数方式增加，场景中带有透明效果的对象将与雾很好地混合；未勾选该复选框时，雾的密度随距离以线性方式增加。

"近端％"：设置雾在近距范围的密度（"摄影机环境范围"参数）。

"远端％"：设置雾在远距范围的密度（"摄影机环境范围"参数）。

在"标准"选项组中，分别设置"近端％"和"远端％"雾的参数，如图4-128所示。

图4-128 标准雾效果

（3）"分层"选项组：可以使雾在上限和下限之间变薄或变厚。通过向列表中添加多个雾，可以使雾包含多层。因为可以设置所有雾参数的动画，所以也可以设置雾上升和下降、更改密度和颜色的动画，并添加地平线噪波。

"顶/底"：用于设置雾层的上限和下限（使用世界单位）。

"密度"：用于设置雾的总体密度。

"衰减（顶/底/无）"：添加指数衰减效果，使密度在雾范围的"顶"或"底"减小到0。

"地平线噪波"：启用地平线噪波系统。"地平线噪波"仅影响雾层的地平线，增加真实感。噪波参数将由"大小""角度"和"相位"值决定。

在"分层"选项组中，可以通过对参数的设置来产生分层雾效果，如图4-129所示。

图4-129　分层雾效果

3. 体积雾

体积雾可以使场景产生密度不同的雾，制作各种云、雾、烟的效果，并且可以控制雾的颜色和浓淡等。通过体积雾可以创造出云、烟流动的画面效果，如图4-130所示。

需要注意的是只有摄影机视口或透视视口中才能渲染体积雾效果，正交视口或用户视口不会渲染体积雾效果。按"8"键，打开"环境和效果"对话框，在"大气"卷展栏中单击 添加 按钮，打开"添加大气效果"对话框，选择"体积雾"，单击 确定 按钮，在"环境和效果"对话框中，就会出现"体积雾参数"卷展栏，如图4-131所示。

图4-130　添加到场景中的体积雾

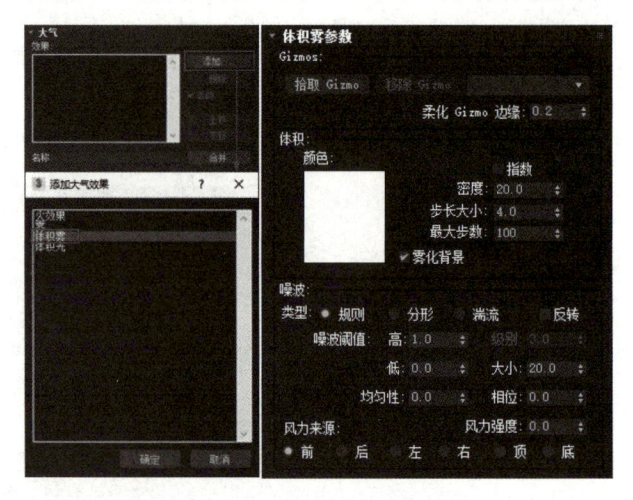

图4-131　"体积雾参数"卷展栏

（1）"Gizmos"选项组：默认情况下，体积雾填满整个场景。可以选择Gizmo（大气装置）包含雾。Gizmo可以是球体、长方体、圆柱体或这些几何体的特定组合。

（2）"体积"选项组：用于控制体积雾的基本通用参数。

"密度"：用于设置体积雾的密度。

"步长大小"：用于确定雾采样的粒度，即雾的"细度"。步长值较大，会使雾变粗糙（到了一定程度，将会变为锯齿）。

"最大步数"：用于限制采样量，以便雾的计算不会永远执行。如果雾的密度较小，此选项尤其有用。

"雾化背景"：用于设置体积雾效果是否应用于场景背景。

（3）"噪波"选项组：用于对体积雾的噪波和风力效果进行控制。

"类型"：系统提供了3种噪波，噪波的效果从低到高分别为规则、分形和湍流。

"噪波阈值"：限制噪波的效果，取值范围为 0～1.0。当噪波值在最高阈值和最低阈值之间时，生成的体积雾密度变化过渡比较平稳。

"级别"：用于设置噪波迭代应用的次数。范围为 1～6，包括小数值。只有"分形"或"湍流"噪波才启用。

"大小"：用于确定烟卷或雾卷的大小。值越小，卷越小。

"均匀性"：用于调节雾的分散程度。

"相位"：用于控制风的种子。如果"风力强度"的设置也大于 0，那么体积雾会根据风向产生动画；如果没有"风力强度"，那么雾将在原处涡流。

"风力强度"：用于控制烟雾远离风向（相对于相位）的速度。如果相位没有设置动画，那么无论风力强度有多大，烟雾都不会移动。

"风力来源"：用于定义风来自于哪个方向。

4. 体积光

体积光是基于场景中灯光对象的范围产生类似雾、烟等效果。体积光提供了使用粒子填充光束的功能，使得渲染时可以清晰地看到光柱或光环的形状，如图 4-132 所示。

需要注意的是，只有摄影机视口或透视视口中才能渲染体积光效果，正交视口或用户视口不会渲染体积光效果。按"8"键，打开"环境和效果"对话框，在"大气"卷展栏中单击 添加... 按钮，打开"添加大气效果"对话框，选择"体积光"，单击 确定 按钮，在"环境和效果"对话框中就会出现"体积光参数"卷展栏，如图 4-133 所示。

图 4-132 添加体积光的场景

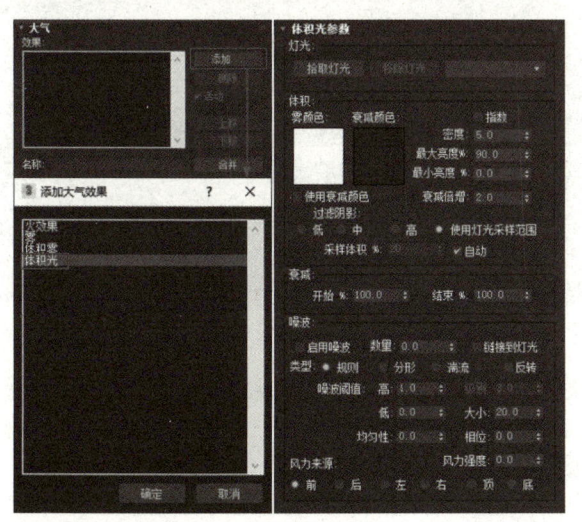

图 4-133 "体积光参数"卷展栏

（1）"灯光"选项组：用于为体积光添加灯光。

（2）"体积"选项组：用于调整体积光的颜色、浓度等。

4.5.2 效果特效

在 3ds Max 中可以添加一些后期合成效果，这些效果都集中在 3ds Max"环境和效果"对话框的"效果"选项卡中，利用"效果"选项卡的"效果"卷展栏可指定和管理这些渲染效果。

"效果"选项卡中的内容类似于前面介绍的大气效果。当需要添加一个效果时，可以通过单击"效果"卷展栏中的 添加... 按钮，在打开的"添加效果"对话框中选择需要的效果，如图 4-134 所示。下面介绍几种常用的效果。

1."镜头效果"

通常用于创建与摄影机相关的真实渲染效果，例如光晕、光环、射线、自动二级光斑、手动二级光斑、星形和条纹。添加"镜头效果"后的场景，如图 4-135 所示。

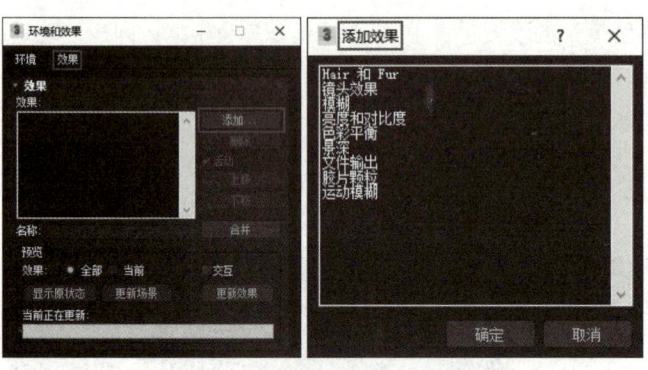

图 4-134 "添加效果"对话框

图 4-135 添加"镜头效果"后的场景

"镜头效果参数"卷展栏，如图 4-136 所示。

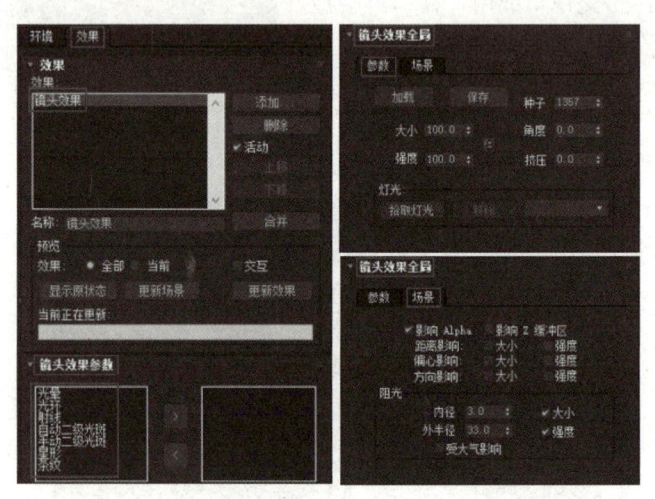

图 4-136 "镜头效果"参数卷展栏

（1）"光晕"镜头效果：用于在指定对象的周围添加光环。例如，对于爆炸粒子系统，给粒子添加光晕使它们看起来好像更明亮而且更热。

（2）"光环"镜头效果：该效果是环绕源对象中心的环形彩色条带。

（3）"射线"镜头效果：该效果是从源对象中心发出的明亮的直线，为对象提供亮度很高的效果。

（4）"自动二级光斑"镜头效果：该效果是可以正常看到的一些小圆，沿着与摄影机位置相对的轴从镜头光斑源中发出。这些光斑由灯光从摄影机中不同的镜头元素折射而产生。随着摄影机的位置相对于源对象更改，二级光斑也随之移动。

（5）"手动二级光斑"镜头效果：该效果是单独添加到镜头光斑中的附加二级光斑。这些二级光斑可以附加也可以取代自动二级光斑。

（6）"星形"镜头效果：该效果比"射线"镜头效果要大，由 0 到 30 个辐射线组成，而不像射线由数百个辐射线组成。在实际制作时，"星形"镜头效果常与"射线"镜头效果配合使用，用"射线"镜头效果制作细微的光线，用"星形"镜头效果制作主要的光芒。

（7）"条纹"镜头效果：该效果是穿过源对象中心的条带。在现实世界使用摄像机拍摄时，使用失真镜头拍摄场景时会产生"条纹"镜头效果。

2. 模糊

可以通过三种不同的方法使图像变模糊：均匀型、方向型和径向型。模糊效果根据"像素选择"面板中所做的选择应用于各个像素。可以使整个图像变模糊，使非背景场景元素变模糊，按亮度值使图像变模糊，或使用贴图遮罩使图像变模糊。

"模糊参数"卷展栏，如图 4-137 所示。

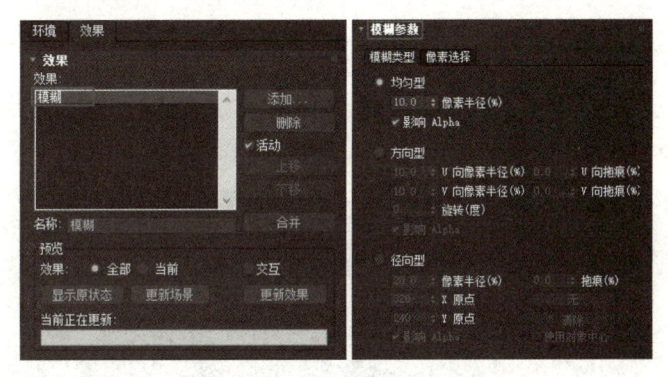

图 4-137　"模糊参数"卷展栏

模糊能提供很多真实的效果，在"模糊参数"卷展栏中，设置不同的模糊类型和不同的参数将产生各种不同的模糊效果，如图 4-138 所示。

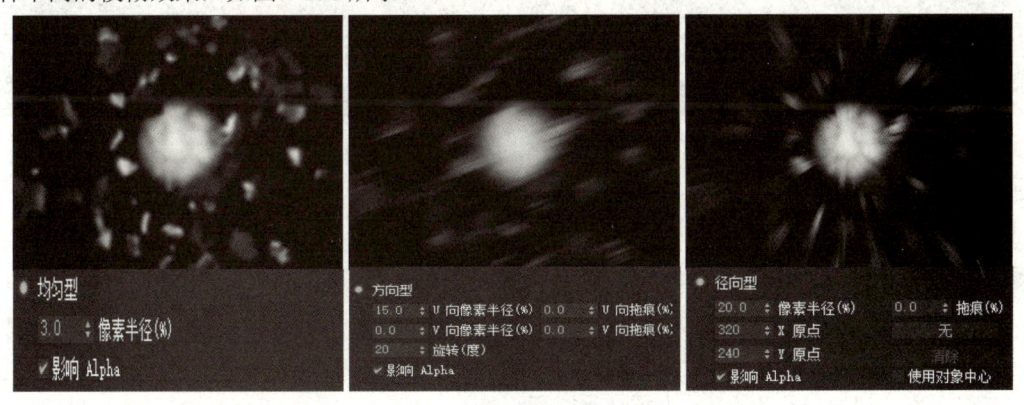

图 4-138　各种模糊效果

3. 亮度和对比度

该效果可以调整图像的对比度和亮度。它可以用于将渲染场景对象与背景图像或动画进行匹配。其参数卷展栏如图 4-139 所示。

4. 色彩平衡

该效果可以通过独立控制 RGB 通道操纵相加 / 相减颜色，其参数卷展栏如图 4-140 所示。

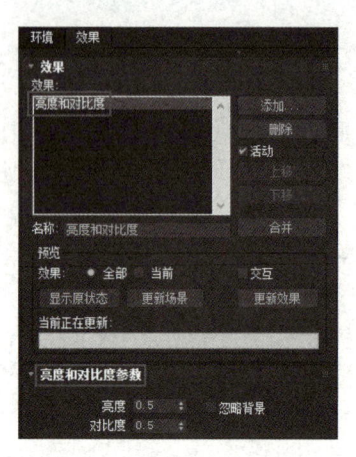

图 4-139 "亮度和对比度参数"卷展栏 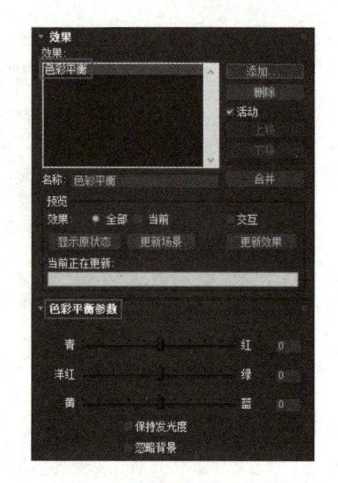　　　　　图 4-140 "色彩平衡参数"卷展栏

4.5.3 实战演练 7——林中篝火

本实例通过林中篝火动画的制作，要求掌握 3ds Max 环境效果中火效果在动画中的应用方法；掌握火参数调整方法及火动画的制作方法。林中篝火效果，如图 4-141 所示。

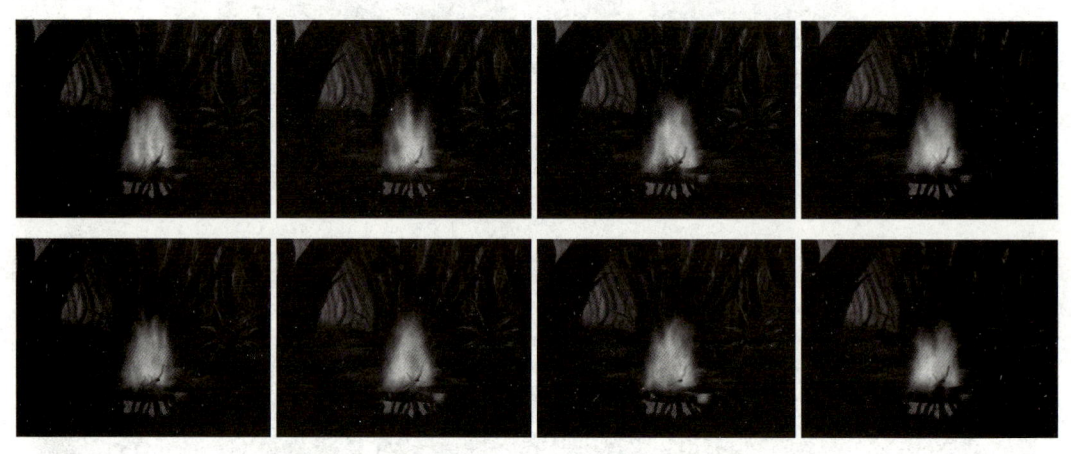

图 4-141　林中篝火效果

操作步骤：

（1）创建平面作为地面。启动 3ds Max 软件，在命令面板上单击 ＋ （创建）→ ◯ （几何体）→ 平面 按钮，在顶视口中创建一个"长度"和"宽度"均为 500 的平面，如图 4-142 所示。

（2）创建几何球体制作木炭模型。在命令面板上单击 ＋ （创建）→ ◯ （几何体）→ 几何球体 按钮，在顶视口中创建一个"半径"值为 3，"分段"值为 2，"基点面类型"为二十面体的几何球体；将其转换为可编辑网格，调整形状和位置，如图 4-143 所示。

（3）制作炭火堆。选择前面创建的几何球体，按住"Shift"键拖动复制，调整其形状、大小和位置；用同样的方法继续复制 16 个，将其摆放成炭火堆，如图 4-144 所示。

（4）制作木棍。在命令面板上单击 ＋ （创建）→ ◯ （几何体）→ 圆锥体 按钮，在顶视口中创建一个圆锥体，其参数设置如图 4-145 所示。

（5）添加噪波修改器。选择圆锥体，在命令面板上执行 ┌ （修改）→ 修改器列表 → "噪波"命令，设置噪波参数，调整木棍的角度和位置，如图 4-146 所示。

模块四 基本和高级动画制作

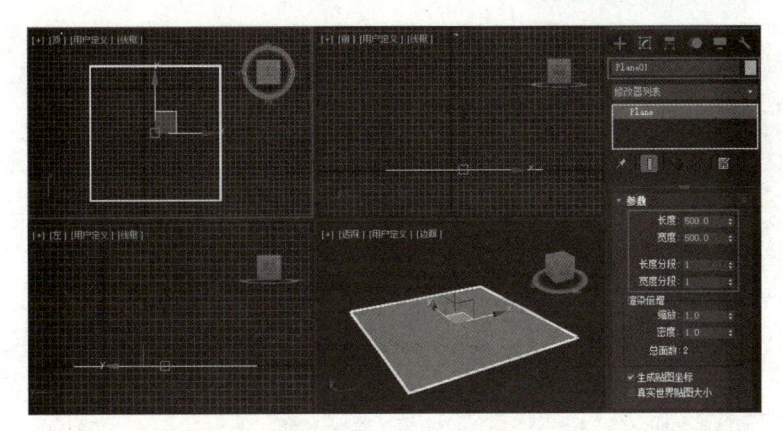

图 4-142 创建平面

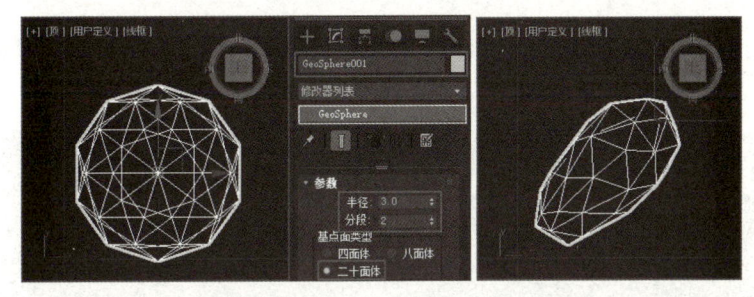

图 4-143 创建几何球体制作木炭模型

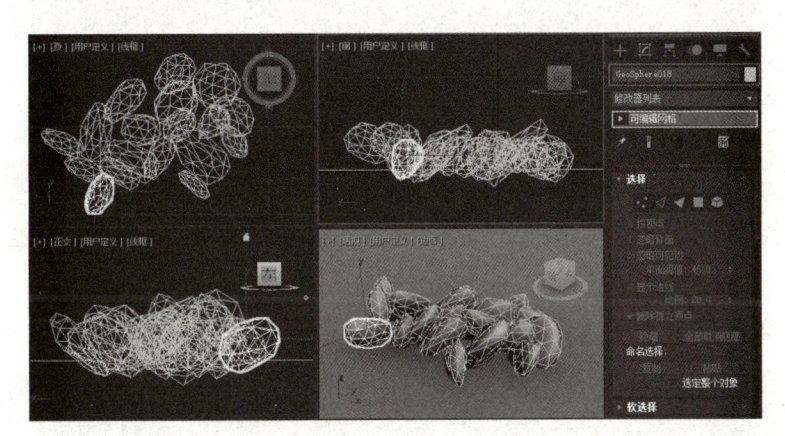

图 4-144 制作炭火堆

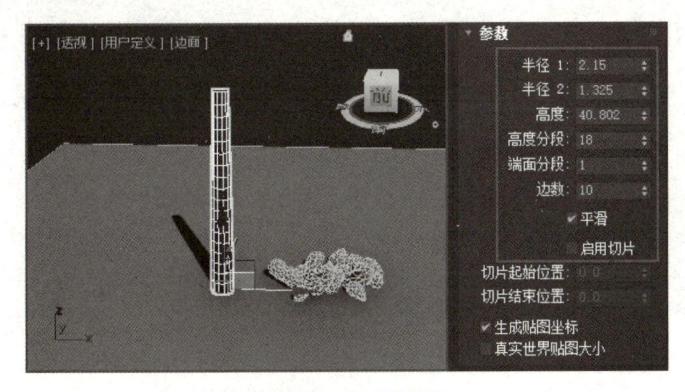

图 4-145 创建圆锥体

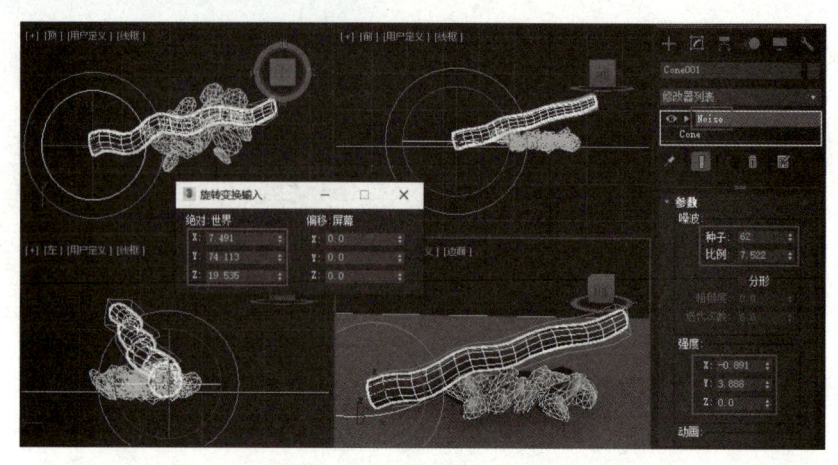

图 4-146 添加噪波修改器

（6）复制木棍。按住"Shift"键拖动复制木棍，调整圆锥体和噪波参数，使木棍形状各异，调整位置，如图 4-147 所示。

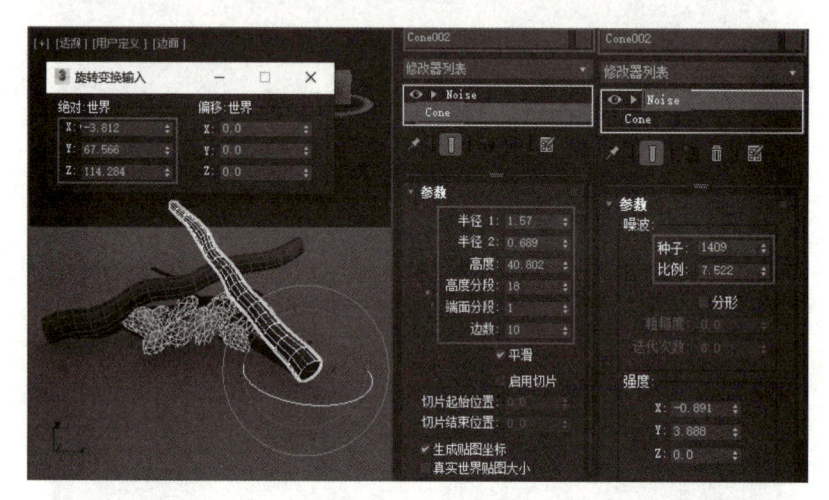

图 4-147 复制木棍

（7）制作柴堆。用同样的方法，继续复制其他木棍，调整其参数、位置和角度，如图 4-148 所示。

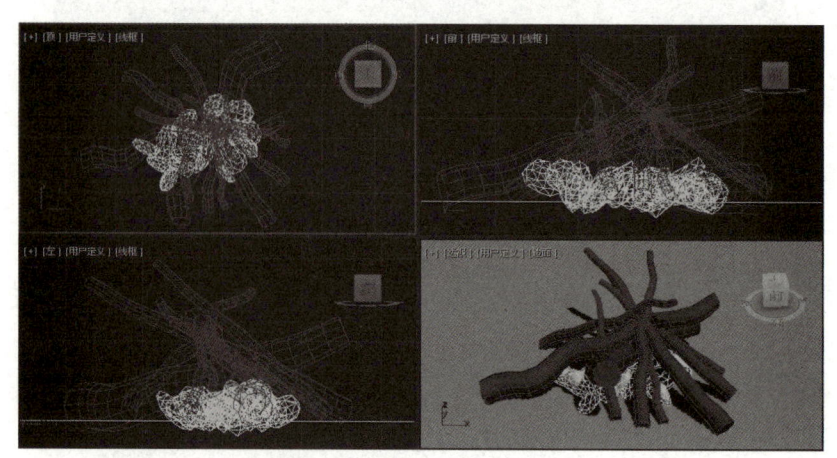

图 4-148 制作柴堆

（8）设置木炭材质。按"M"键，打开"Slate 材质编辑器"对话框，在"示例窗"中双击添加一个空白的材质球，将其命名为"木炭"。双击该材质的标题栏，在打开的参数编辑器中设置其"自发光"值为100，"高光级别"和"光泽度"值为0；单击"漫反射"后面的贴图按钮，为其添加"噪波"贴图。在"噪波参数"卷展栏中设置"噪波类型"为湍流，"大小"值为25，"颜色#1"的值为RGB（223，46，28），"颜色#2"的值为RGB（249，243，74），将其赋予所有木炭模型，如图4-149所示。

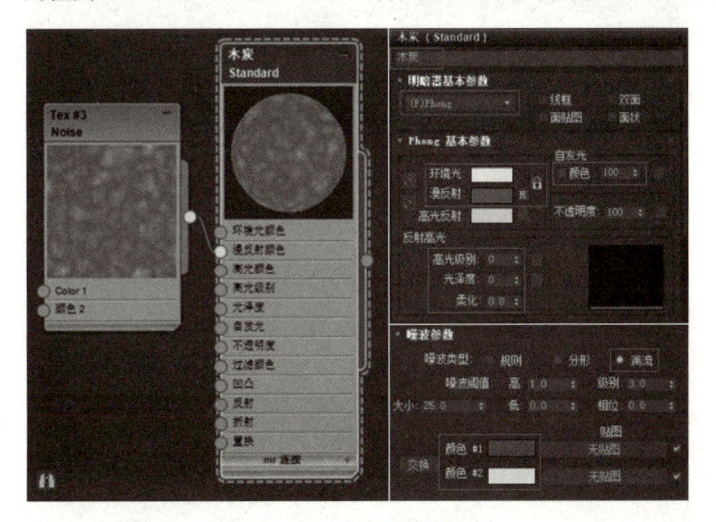

图4-149 设置木炭材质

（9）设置木棍材质。用同样的方法，在"Slate 材质编辑器"对话框中继续添加一个空白的材质球，命名为"木材质"。设置其"高光级别"值为5，"光泽度"值为25；在"贴图"卷展栏中单击"漫反射颜色"贴图通道右侧的贴图按钮，在打开的"材质/贴图浏览器"对话框中双击"位图"选项，在打开的"选择位图图像文件"对话框中选择本书素材"树皮01.jpg"文件；在"漫反射颜色"贴图通道上按住鼠标左键，将"漫反射颜色"贴图以"实例"方式复制到"凹凸"贴图通道上，并设置其"数量"值为90，如图4-150所示。

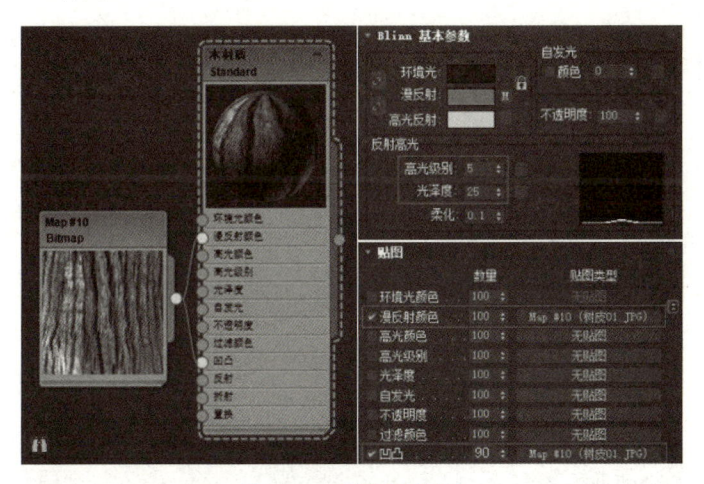

图4-150 设置木棍材质

（10）调整木棍贴图效果。单击"漫反射颜色"贴图通道右侧的贴图按钮，在打开的贴图"坐标"卷展栏中设置"瓷砖"和"镜像"参数，将其赋予所有木棍模型，如图4-151所示。

（11）添加环境贴图。按"8"键，打开"环境和效果"对话框，单击"环境贴图"按钮，在打开的"材质/贴图浏览器"对话框中双击"位图"选项，在打开的"选择位图图像文件"对话框中选择本书素材"环境.jpg"文件；按"M"键，打开"Slate 材质编辑器"对话框，在"场景材质"卷展栏中双击"贴图#1"，在"视图1"中双击"贴图#1"的标题栏，在打开的贴图"坐标"卷展栏中设置环境"贴图"坐标为屏幕,如图4-152所示。

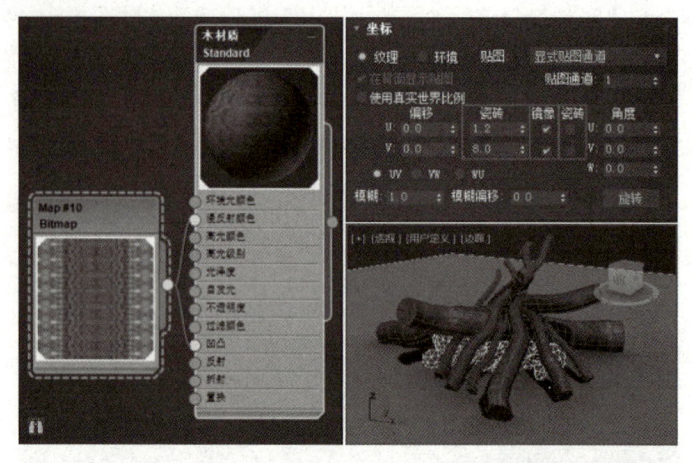

图4-151 调整木棍贴图效果

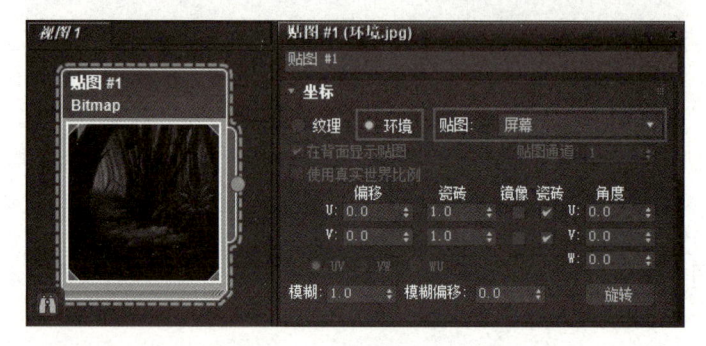

图4-152 添加环境贴图

(12) 设置平面材质。在"Slate 材质编辑器"对话框中,单击展开"材质"→"通用"材质列表,双击 无光/投影 选项,添加"无光/投影"材质,将其赋予平面,如图4-153所示。

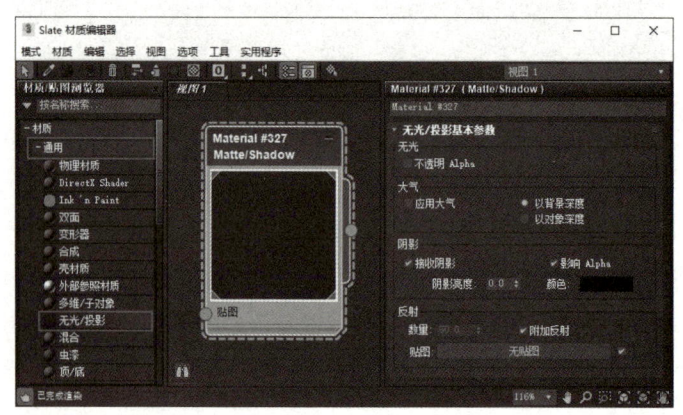

图4-153 设置平面材质

【提示】

使用"无光/投影"材质可将整个对象(或面的任何子集)转换为显示当前背景色或环境贴图的无光对象。

注:无光/投影效果仅在渲染场景之后才可见,在视口中不可见。

(13) 视口配置。激活透视口,按"Alt+B"组合键,打开"视口配置"对话框,在"背景"选项卡中选择"使用环境背景"选项,单击 确定 按钮。

(14)创建目标摄影机。激活透视口,按"Shift+F"组合键,打开安全框,将视口角度和范围调整到适合位置,执行"创建"→"摄影机"→"从视图创建标准摄影机"命令。此时,透视口自动切换为摄影机视口,如图4-154所示。

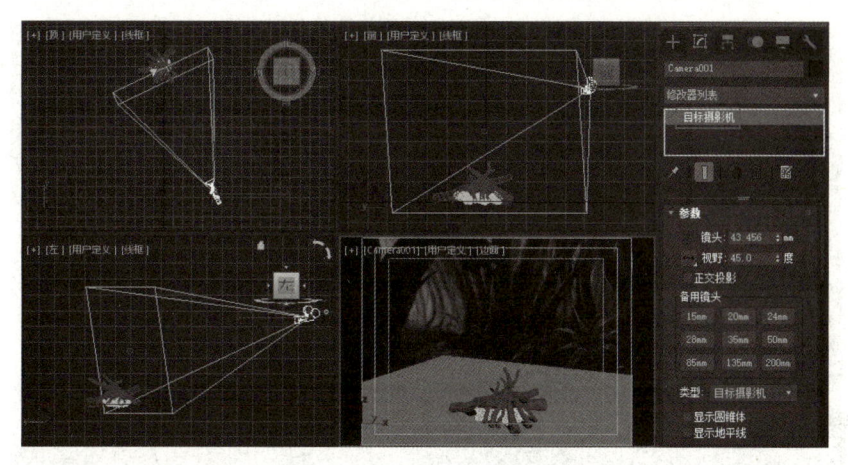

图4-154 创建目标摄影机

(15)制作火效果。在命令面板上单击 ➕（创建）→ ◣（辅助对象）→ 大气装置 ▼ → 球体Gizmo 按钮,在顶视口中创建一个球体大气装置,勾选"半球"复选框,调整位置和大小,如图4-155所示。

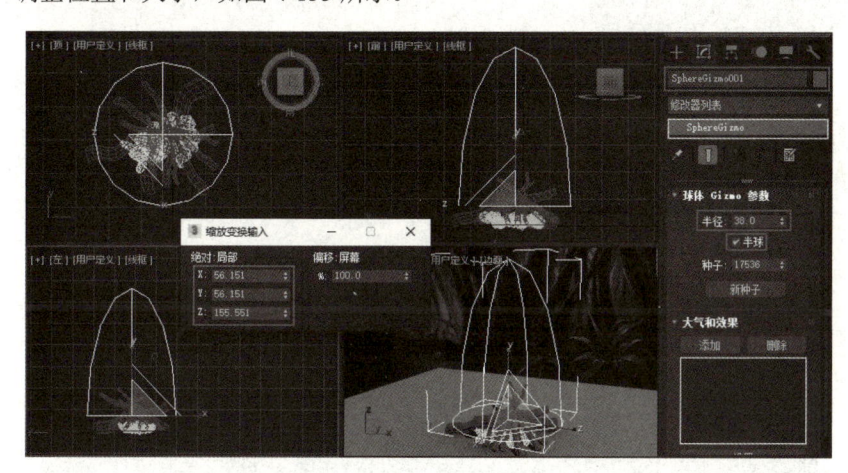

图4-155 创建大气装置

(16)添加火效果。在"大气和效果"卷展栏中,单击"添加"按钮,在弹出的"添加大气"对话框中选择"火效果",如图4-156所示。

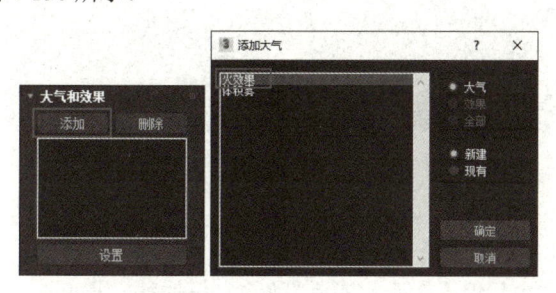

图4-156 添加火效果

（17）设置火参数。选择添加的火效果，单击"设置"按钮，打开"环境和效果"对话框，在"火效果参数"卷展栏中，设置"火焰类型"为火舌；"拉伸"值为0.8，"规则性"值为0.2；"火焰大小"值为16，"火焰细节"值为5，"密度"值为45，"采样"值为20。按"Shift+Q"组合键渲染，查看当前效果，如图4-157所示。

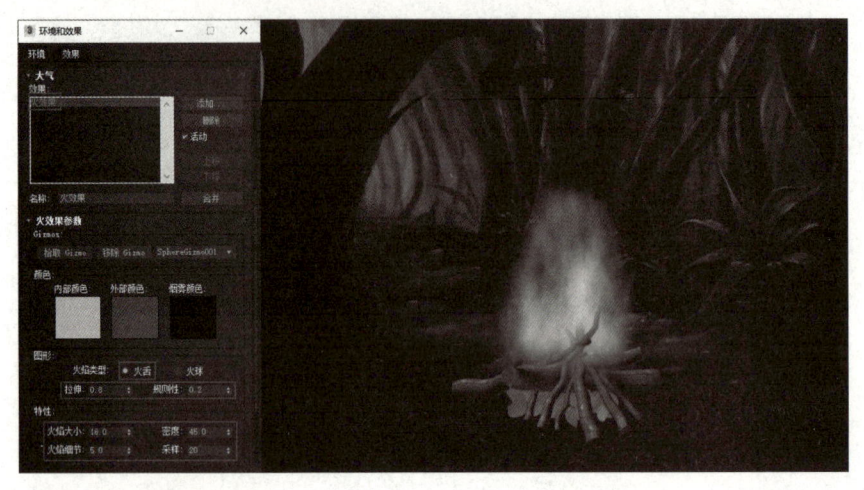

图 4-157　设置火参数

（18）设置火焰动画。在动画控制区单击 自动关键点 按钮，打开"自动关键点"模式记录动画；将时间滑块移动到第300帧，设置动态组中"相位"值为300，"漂移"值为200，如图4-158所示。再次单击 自动关键点 按钮，关闭动画记录状态。

图 4-158　设置火焰动画

（19）创建主光源。在命令面板上单击 ＋ （创建）→ 💡（灯光）→ 目标聚光灯 按钮，在顶视口中创建一盏目标聚光灯。在"阴影"组中勾选"启用"复选框，启用阴影，设置阴影类型为"阴影贴图"；设置灯光"倍增"值为1.2，颜色为RGB（154，51，0）；在"聚光灯参数"组中，设置"聚光区/光束"值为25.7，"衰减区/区域"值为34.7；调整灯光位置，如图4-159所示。

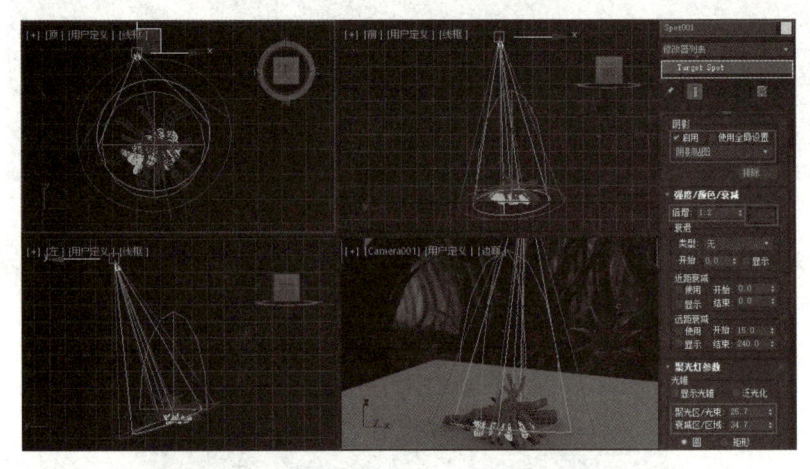

图 4-159　创建主光源

（20）调整主光源阴影参数。在"阴影参数"卷展栏中设置"密度"值为0.9；在"大气阴影"选项组中勾选"启用"复选框，设置"不透明度"和"颜色量"值均为50；在"阴影贴图参数"卷展栏中设置"偏移"值为4，"大小"值为256，勾选"绝对贴图偏移"复选框；按"Shift+Q"组合键渲染，查看当前效果，如图 4-160 所示。

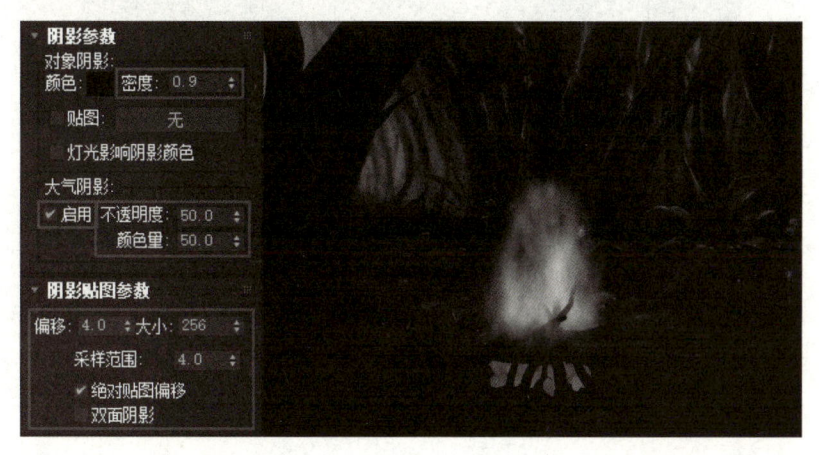

图 4-160　调整主光源阴影参数

（21）创建辅助光源。此处创建辅助光源，用于表现木炭及火光照亮效果。在命令面板上单击 ➕（创建）→ 💡（灯光）→ 泛光 按钮，在顶视口中创建一盏泛光灯。设置灯光"倍增"值为 4.26，颜色为 RGB（227，100，50）；在"远距衰减"组中勾选"使用"和"显示"复选框，设置"开始"值为 5，"结束"值为 35。调整灯光位置，如图 4-161 所示。

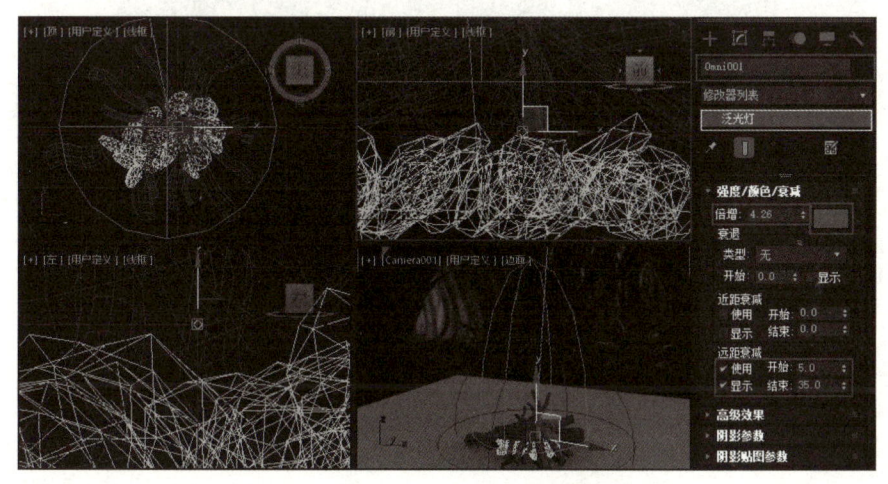

图 4-161　创建辅助光源

（22）制作泛光灯倍增参数动画。在动画控制区单击 自动关键点 按钮，打开"自动关键点"模式记录动画；将时间滑块移动到第 24 帧，设置泛光灯"倍增"值为 0.792。再用同样的方法依次设置第 47 帧"倍增"值为 3.781，第 78 帧"倍增"值为 2.32，第 118 帧"倍增"值为 6.527，第 142 帧"倍增"值为 2.729，第 175 帧"倍增"值为 2.889，第 194 帧"倍增"值为 5.044，第 216 帧"倍增"值为 3.558，第 240 帧"倍增"值为 4.26，完成火光忽明忽暗闪烁效果的设置。

（23）制作木炭材质动画。保持自动关键点模式记录动画状态，按"M"键打开"Slate 材质编辑器"对话框，双击打开"木炭"材质"漫反射颜色"贴图通道的"噪波"贴图，将时间滑块移动到第 100 帧，设置"噪波参数"卷展栏中"相位"值为 4，如图 4-162 所示。

（24）调整动画曲线。再次单击 自动关键点 按钮，关闭动画记录状态。单击主工具栏中的 📈（曲线编辑器）按钮，打开"轨迹视图 - 曲线编辑器"对话框，选择"材质编辑器材质"→"木炭"→"贴图"→"漫反射颜色"→"相位"参数，在工具栏中单击 📉（参数曲线超出范围类型）按钮，打开"参数曲线超出范围类型"对话框，设置参数曲线超出范围类型为"线性"，如图 4-163 所示，制作出木炭燃烧动画效果。

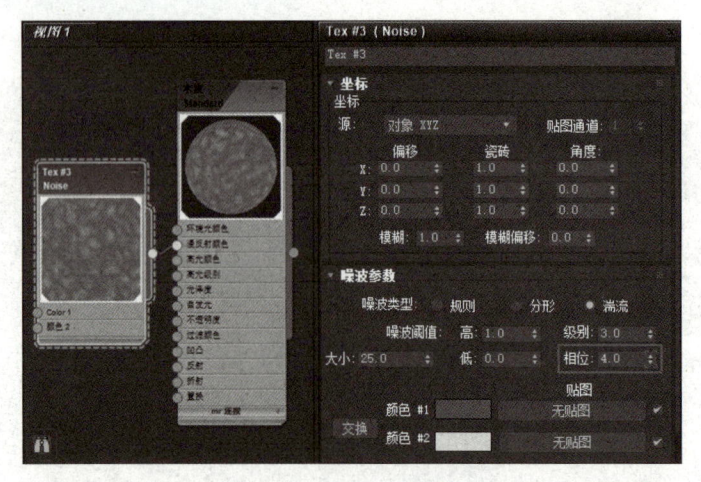

图 4-162　制作木炭材质动画

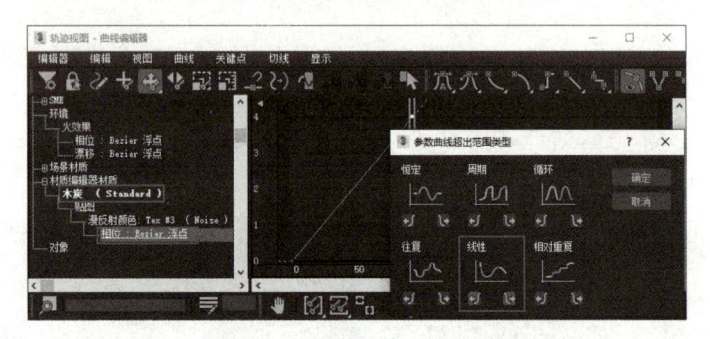

图 4-163　调整动画曲线

（25）渲染动画。单击主工具栏上的 按钮，打开"渲染设置"对话框，设置"时间输出"选项为"活动时间段"，"输出大小"为 640x480，文件"保存类型"为 AVI，文件名为"林中篝火"，输出动画文件。

4.5.4　实战演练 8——夏日阳光

本实例通过夏日阳光效果的制作，要求掌握 3ds Max 渲染效果中光晕、光环、射线、自动二级光斑等镜头效果类型的调整和应用方法，并能将渲染效果灵活应用到动画中。夏日阳光效果如图 4-164 所示。

图 4-164　夏日阳光效果

操作步骤：

（1）设置环境贴图。启动 3ds Max 软件，按"8"键，打开"环境和效果"对话框，单击"环境贴图"按钮，在打开的"材质/贴图浏览器"对话框中双击"位图"选项，在打开的"选择位图图像文件"对话框中选择本书素材"树林.jpg"文件；按"M"键，打开"Slate 材质编辑器"对话框，在"场景材质"卷展栏中双击"贴图 #0"，在"视图 1"中双击"贴图 #0"的标题栏，在打开的贴图"坐标"卷展栏中设置环境"贴图"坐标为屏幕，如图 4-165 所示。

图 4-165　设置环境贴图

（2）视口配置。激活透视口，按"Alt+B"组合键，打开"视口配置"对话框，在"背景"选项卡中选择"使用环境背景"选项，单击"确定"按钮。

（3）创建目标摄影机。激活透视口，按"Shift+F"组合键，打开安全框，将视口角度和范围调整到适合位置，执行"创建"→"摄影机"→"从视图创建标准摄影机"命令。此时，透视口自动切换为摄影机视口，在"参数"卷展栏中勾选"显示圆锥体"复选框，方便查看创建物体与摄影机的位置关系，如图 4-166 所示。

图 4-166　创建目标摄影机

（4）创建光源。在命令面板上单击 ➕ （创建）→ 💡（灯光）→ 泛光 按钮，在顶视口中创建一盏泛光灯，调整灯光位置，如图 4-167 所示。

（5）添加镜头效果。按"8"键，打开"环境和效果"对话框，单击"效果"选项卡，在"效果"卷展栏中单击"添加"按钮，打开"添加效果"对话框，选择"镜头效果"，单击"确定"按钮，添加镜头效果，如图 4-168 所示。

图 4-167 创建一盏泛光灯

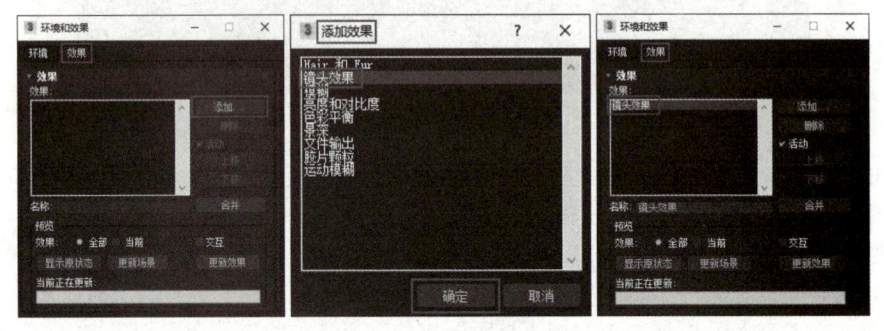

图 4-168 添加镜头效果

（6）添加"光晕"效果。在"镜头效果参数"卷展栏中双击"光晕"，添加"光晕"效果；在"镜头效果全局"卷展栏中，单击 拾取灯光 按钮，在视口中单击泛光灯，拾取灯光；在"光晕元素"卷展栏中，设置"大小"值为25，"强度"值为120，如图4-169所示。

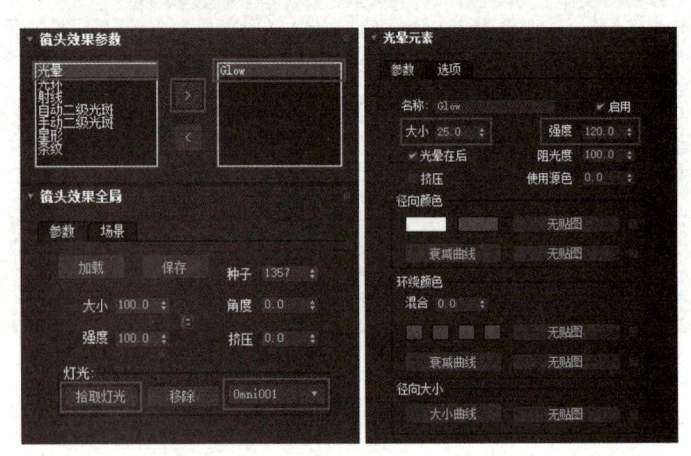

图 4-169 添加"光晕"效果

（7）添加"光环"效果。用同样的方法添加"光环"效果，在"光环元素"卷展栏中设置"大小"值为20，"强度"值为85，"厚度"值为5，如图4-170所示。

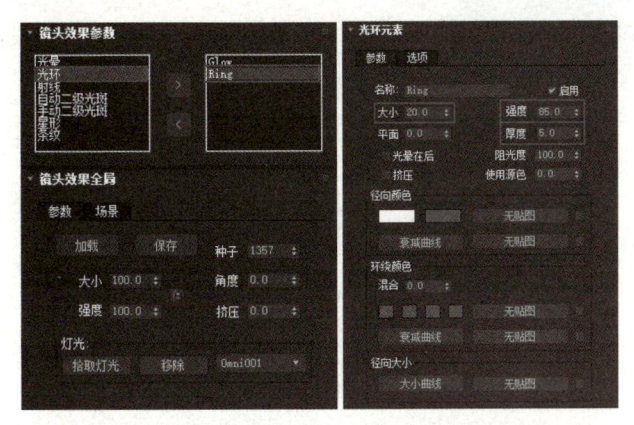

图 4-170　添加"光环"效果

（8）添加"射线"效果。用同样的方法添加"射线"效果，在"射线元素"卷展栏中设置"大小"值为 200，"强度"值为 32；单击"径向颜色"选项组中的 衰减曲线 按钮，在弹出的"径向衰减"对话框中，单击工具栏中的 ✥ （添加点）按钮，在曲线上单击添加两个点。单击 ✥ （移动）按钮，切换到移动工具，选择曲线中的第 1 个点，设置值为 0；选择第 2 个点，设置位置为 0.05，值为 0；选择第 3 个点，设置位置为 0.12，值为 1，如图 4-171 所示。

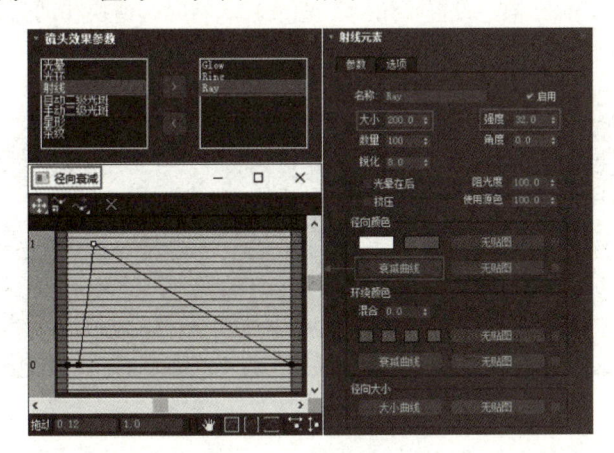

图 4-171　添加"射线"效果

（9）添加"自动二级光斑"效果。用同样的方法添加"自动二级光斑"效果，在"自动二级光斑元素"卷展栏中设置"最小值"为 5，"最大值"为 20，"强度"值为 120，如图 4-172 所示。

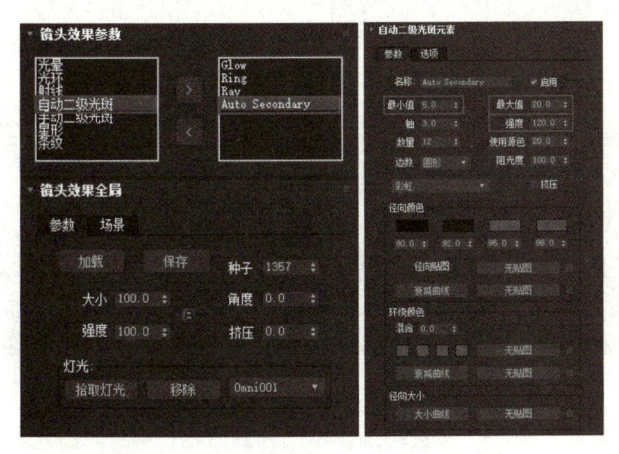

图 4-172　添加"自动二级光斑"效果

(10)渲染查看当前效果。单击激活摄影机视口,按"Shift+Q"组合键渲染,效果如图4-173所示。

图4-173 渲染查看当前效果

(11)制作"镜头效果全局"的"角度"参数动画。设置动画时间长度为200帧,在动画控制区单击 自动关键点 按钮,打开"自动关键点"模式记录动画;将时间滑块移动到第40帧,设置"角度"值为30;将时间滑块移动到第80帧,设置"角度"值为10;将时间滑块移动到第200帧,设置"角度"值为0,如图4-174所示(注:此处在轨迹视图中查看,便于查看动画设置情况)。

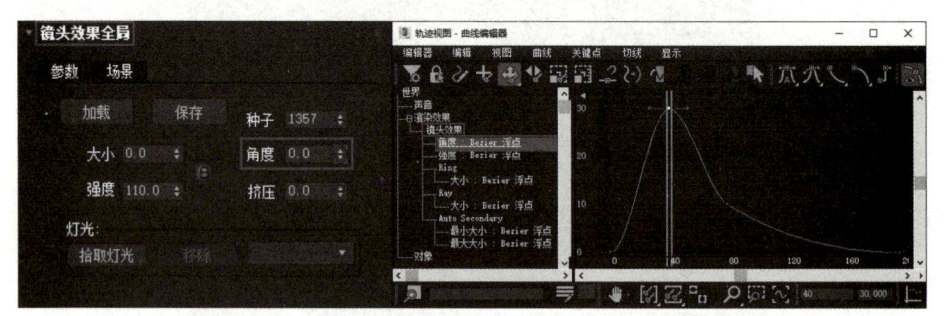

图4-174 制作"镜头效果全局"的"角度"参数动画

(12)制作"镜头效果全局"的"强度"参数动画。保持"自动关键点"模式记录动画状态,将时间滑块移动到第0帧,设置"强度"值为110,将时间滑块移动到第20帧,设置"强度"值为105;将时间滑块移动到第40帧,设置"强度"值为110;将时间滑块移动到第100帧,单击 ✚ (添加关键点)按钮,插入一个关键帧。在工具栏中单击 ↻ (参数曲线超出范围类型)按钮,打开"参数曲线超出范围类型"对话框,设置参数曲线超出范围类型为"循环",如图4-175所示。

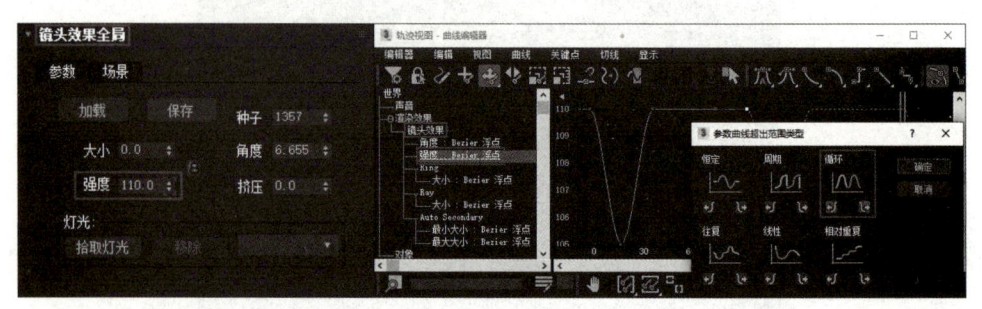

图4-175 制作"镜头效果全局"的"强度"参数动画

(13)制作"光环"效果"大小"参数动画。用同样的方法,将时间滑块移动到第20帧,设置"大小"值为25;将时间滑块移动到第60帧,设置"大小"值为20;设置参数曲线超出范围类型为"循环",

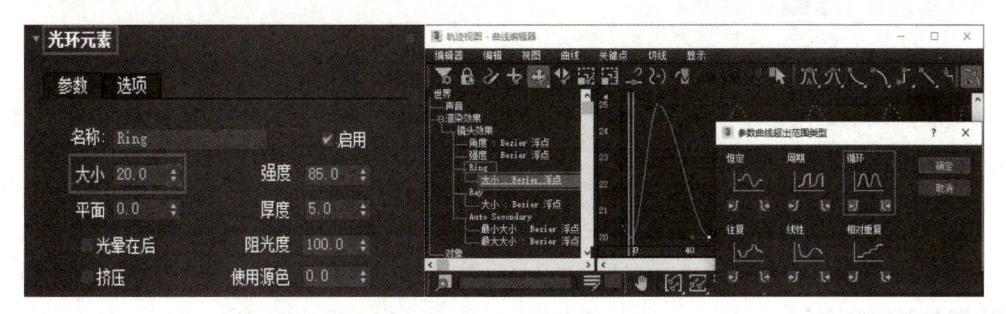

如图 4-176 所示。

图 4-176 制作"光环"效果"大小"参数动画

（14）制作"射线"效果"大小"参数动画。用同样的方法，将时间滑块移动到第 35 帧，设置"大小"值为 200；将时间滑块分别移动到第 0 帧和第 70 帧，设置"大小"值为 150；设置参数曲线超出范围类型为"循环"，如图 4-177 所示。

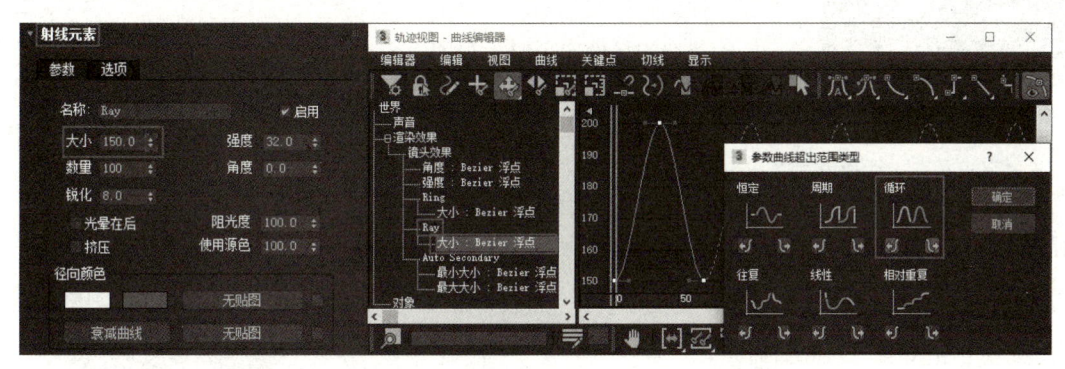

图 4-177 制作"射线"效果"大小"参数动画

（15）制作"自动二级光斑"效果"最小值"和"最大值"参数动画。用同样的方法，将时间滑块移动到第 40 帧，设置"最小值"为 8，"最大值"为 25；将时间滑块移动到第 60 帧，设置"最小值"为 5，"最大值"为 20；设置参数曲线超出范围类型为"循环"，如图 4-178 所示。再次单击 自动关键点 按钮，关闭动画记录状态。

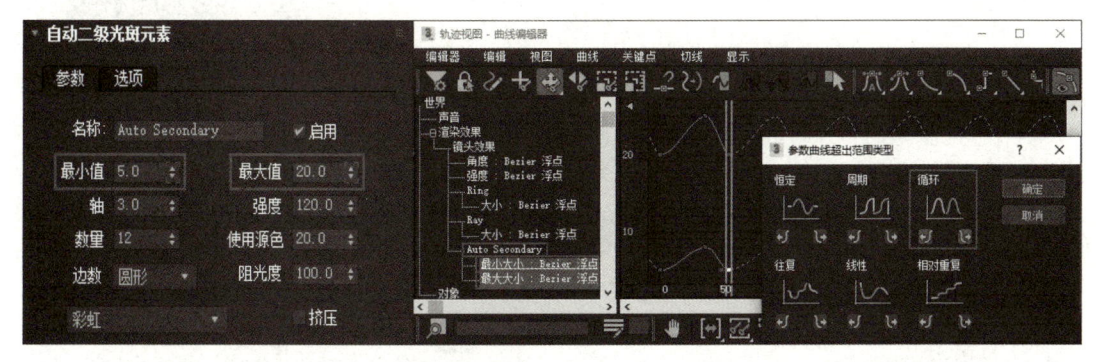

图 4-178 制作"自动二级光斑"效果"最小值"和"最大值"参数动画

（16）渲染动画。单击主工具栏上的 （渲染设置）按钮，打开"渲染设置"对话框，设置"时间输出"选项为"活动时间段"，"输出大小"为 640×480，文件"保存类型"为 AVI，文件名为"夏日阳光"，输出动画文件。

4.6 空间扭曲动画

空间扭曲是影响其他对象外观的不可渲染对象。它能够创建使其他对象变形的力场，从而创建出涟漪、波浪和风吹等效果。空间扭曲的行为方式类似于修改器，只不过空间扭曲影响的是世界空间，而几何体修改器影响的是对象空间。

4.6.1 创建和使用空间扭曲

在实际应用中，空间扭曲与编辑修改器相类似，但是两者还是有一定差异的：典型的编辑修改器是应用于单独的对象，而空间扭曲可以同时应用于多个对象并可以用于世界坐标系。

1. 创建空间扭曲

单击命令面板上的 ![] （创建）→ ![] （空间扭曲）按钮，在下拉列表中有 5 种空间扭曲类型，如图 4-179 所示。

创建空间扭曲对象时，视图中会显示一个线框来表示它。可以像对其他 3ds Max 对象那样改变空间扭曲。空间扭曲的位置、旋转和缩放会影响其作用。

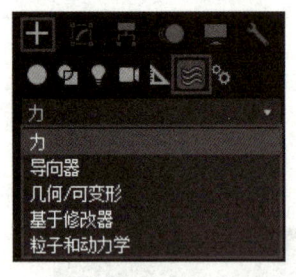

图 4-179 空间扭曲类型

2. 空间扭曲和支持的对象

空间扭曲中有一些类型是专门用于可变形对象上的，如基本几何体、网格、面片和样条线，还有一些类型是专门用于粒子系统的，如"喷射"粒子和"雪"粒子等。

在命令面板上，"力""导向器""几何/可变形"和"粒子和动力学"类别中的每个空间扭曲都有一个标记为"支持的对象类型"的卷展栏。该卷展栏列出了可以和扭曲绑定在一起的对象类型，如图 4-180 所示。

3. 使用空间扭曲

空间扭曲只会影响和它绑定在一起的对象，扭曲绑定显示在对象修改器堆栈的顶端，空间扭曲总在所有变换或修改器之后应用。

当把多个对象和一个空间扭曲绑定在一起时，空间扭曲的参数会平等地影响所有对象。不过，每个对象距空间扭曲的距离或者它们相对于扭曲的空间方向可以改变扭曲的效果。由于存在该空间效果，因此只要在扭曲空间中移动对象就可以改变扭曲的效果。

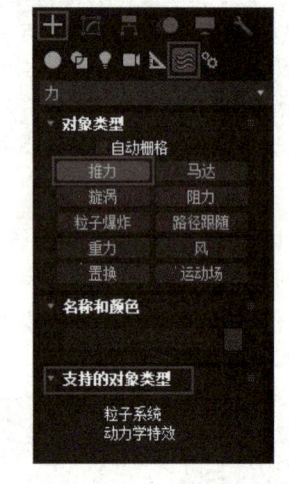

图 4-180 "支持对象类型"卷展栏

在一个或多个对象上可以使用多个空间扭曲，多个空间扭曲会按照应用它们的顺序显示在对象的堆栈中。要使用空间扭曲，一般遵循以下步骤：

（1）创建空间扭曲。

（2）把对象和空间扭曲绑定在一起。单击主工具栏上的 ![] （绑定到空间扭曲）按钮，然后在空间扭曲和对象之间拖动。空间扭曲不具有在场景上的可视效果，除非把它和对象、系统或选择集绑定在一起。

（3）调整空间扭曲的参数。

（4）使用"移动""旋转"或"缩放"变换空间扭曲。变换操作通常会直接影响绑定的对象。

4.6.2 空间扭曲的类型

在 3ds Max 中空间扭曲有"力""导向器""几何/可变形""基于修改器""粒子和动力学"5 种类型。其中，力主要用于影响粒子系统；导向器主要用于使粒子偏转；几何/可变形主要用于使几何体变形；

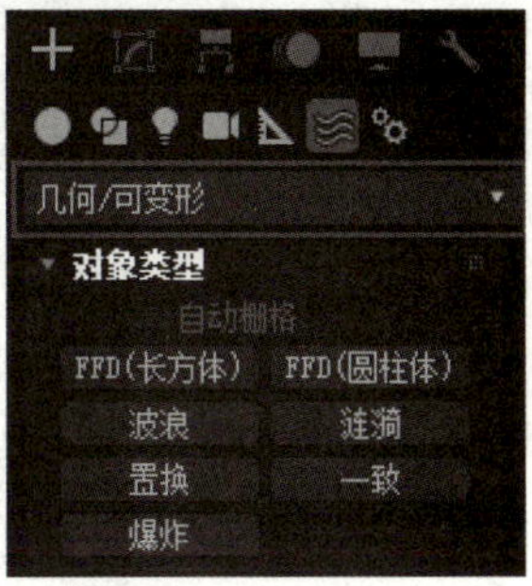

基于修改器是对象修改器的空间扭曲形式；粒子和动力学仅包含向量场空间扭曲，专用于 character studio 群组模拟。

这里主要介绍相对而言在实际中应用较多又具有典型性的"几何/可变形"类型空间扭曲，它包括 FFD（长方体）、FFD（圆柱体）、波浪、涟漪、置换、一致和爆炸，如图 4-181 所示。

（1）FFD（长方体）。该空间扭曲是类似于 FFD 修改器的长方体形状的晶格 FFD 对象，它提供了一种通过调整晶格的控制点使对象发生变形的方法。

图 4-181　"几何/可变形"类型空间扭曲

（2）FFD（圆柱体）。该空间扭曲与"FFD（圆柱体）"与"FFD（长方体）"空间扭曲类似，只是它在晶格中使用柱形控制点阵列。

（3）波浪。该空间扭曲可以在整个世界空间中创建线性波浪。它影响几何体和产生作用的方式与波浪修改器相同。

（4）涟漪。该空间扭曲可以在整个世界空间中创建同心波纹，它影响几何体和产生作用的方式与涟漪修改器相同。

（5）置换。该空间扭曲以力场的形式推动和重塑对象的几何外形。

（6）一致。该空间扭曲修改绑定对象的方法是按照空间扭曲图标所指示的方向推动其顶点，直至这些顶点碰到指定目标对象，或从原始位置移动到指定距离。

（7）爆炸。该空间扭曲能把对象炸成许多单独的面。

4.6.3　实战演练 9——广告文字动画

本实例通过广告文字动画的制作，要求掌握 3ds Max 中空间扭曲的使用方法；掌握"爆炸""波浪"等空间扭曲在动画中的应用方法；掌握文字显隐动画的制作方法。广告文字动画效果，如图 4-182 所示。

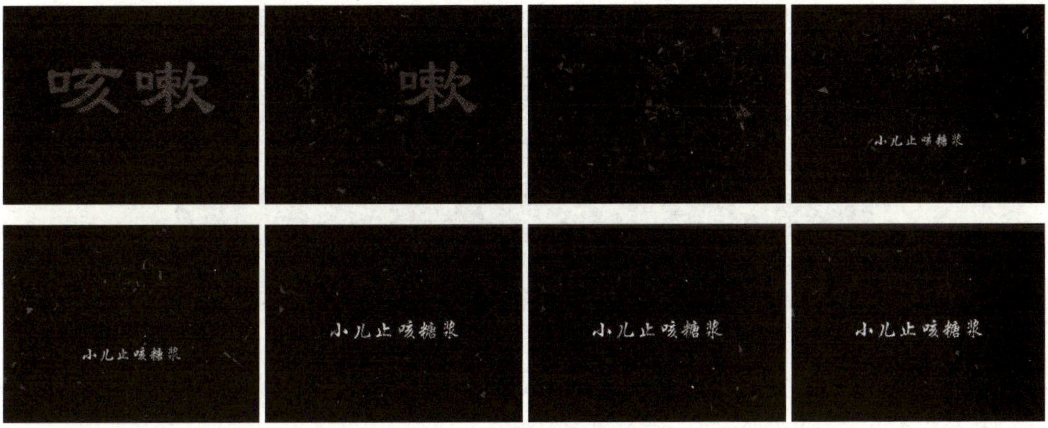

图 4-182　广告文字动画效果

操作步骤：

（1）单位设置。启动 3ds Max 软件，选择"自定义"→"单位设置（U）…"菜单命令，在打开的"单位设置"对话框中，将"显示单位比例"和"系统单位比例"设置为"毫米"，如图 4-183 所示。

（2）创建文本。在命令面板上单击 ➕ （创建）→ （图形）→  文本 按钮，在前视口中创建文本"咳"，设置"字体"为隶书，"大小"为 100，如图 4-184 所示。

（3）用同样的方法创建文本"嗽"，参数设置与"咳"相同。在"咳嗽"文本下方创建广告词"小儿止咳糖浆"，设置"字体"为华文行楷，"大小"为 20，调整文字位置，如图 4-185 所示。

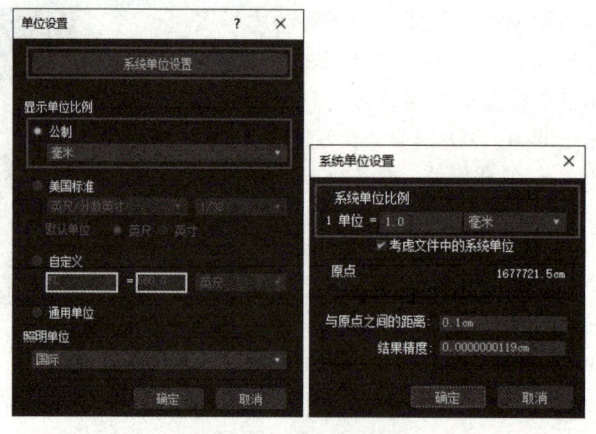

图 4-183　单位设置

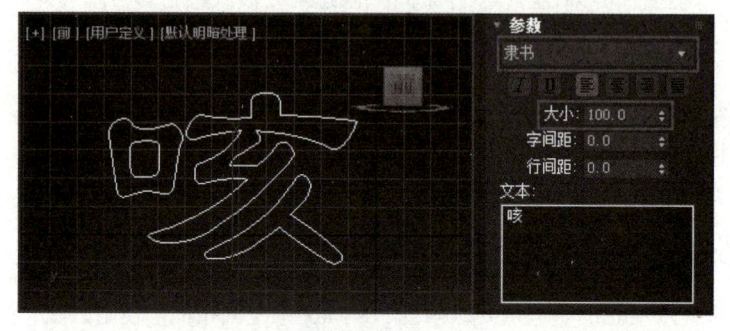

图 4-184　创建文本

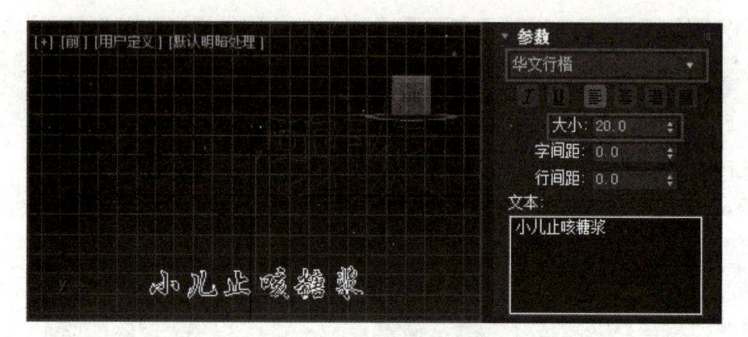

图 4-185　创建广告词

（4）为"咳"添加"倒角"修改器。选择"咳"字，在命令面板上单击 "修改"→"修改器列表"→"倒角"命令，设置倒角参数，如图 4-186 所示。

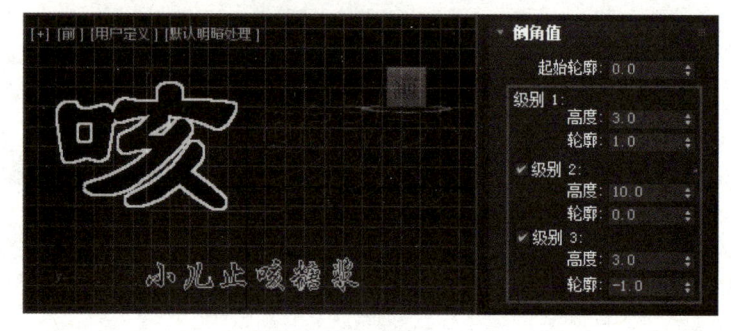

图 4-186　添加"倒角"修改器

(5)用同样的方法,为"嗽"添加同样的"倒角"修改器。

(6)为广告词添加"挤出"修改器。选择广告词,在命令面板上单击 "修改"→"修改器列表"→"挤出"命令,设置挤出参数,如图4-187所示。

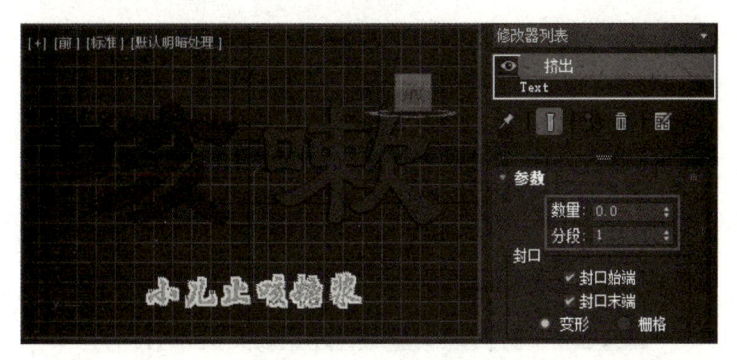

图4-187 添加"挤出"修改器

(7)设置文字材质。按"M"键,打开"Slate材质编辑器"对话框,在"示例窗"中双击添加一个空白的材质球。双击该材质的标题栏,在打开的参数编辑器中设置其"漫反射"颜色值为RGB(242,0,0),"自发光"值为40,"高光级别"值为50,"光泽度"值为25,如图4-188所示。

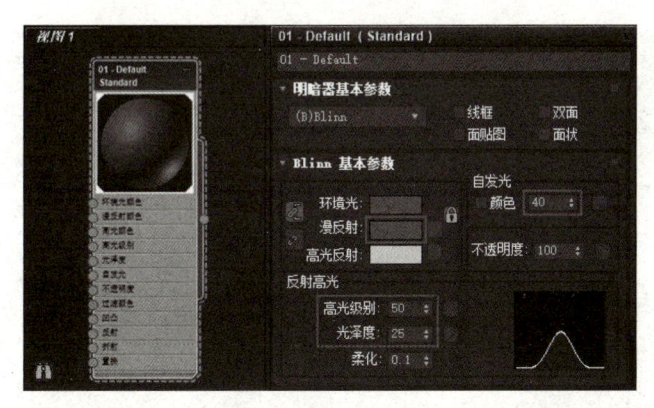

图4-188 设置文字材质

(8)添加贴图。在"贴图"卷展栏中单击"凹凸"贴图通道右侧的贴图按钮,在打开的"材质/贴图浏览器"对话框中双击"噪波"选项,设置"噪波类型"为湍流,"大小"为1;用同样的方法,为"反射"贴图通道添加"光线跟踪"贴图,设置反射"数量"值为20,如图4-189所示,并将材质赋予"咳"和"嗽"两字。

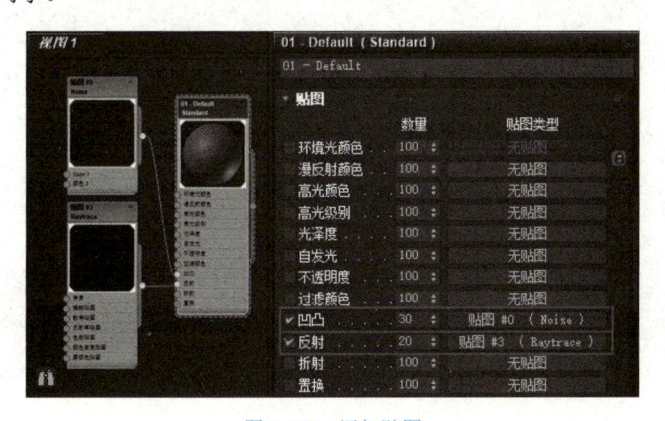

图4-189 添加贴图

（9）设置广告词材质。在"示例窗"中的"01–Default"材质球上按住鼠标左键拖动，将其复制到"02–Default"材质球上，双击打开复制的材质球，将其重命名为"02–Default"，设置其"漫反射"颜色值为RGB（255，255，0），将其赋予广告词，如图4-190所示。

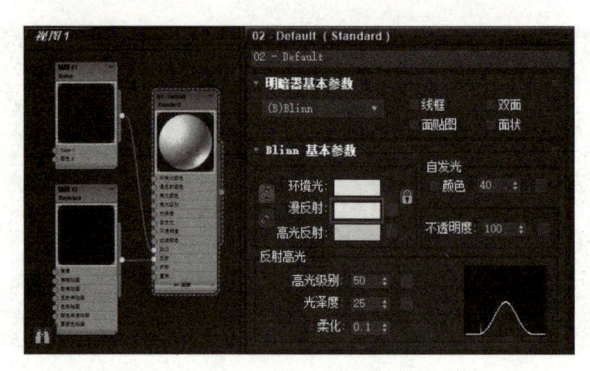

图4-190　设置广告词材质

（10）创建目标摄影机。激活透视口，按"Shift+F"组合键，打开安全框，将视口角度和范围调整到适合位置，执行"创建"→"摄影机"→"从视图创建标准摄影机"命令。此时，透视口自动切换为摄影机视口，如图4-191所示。

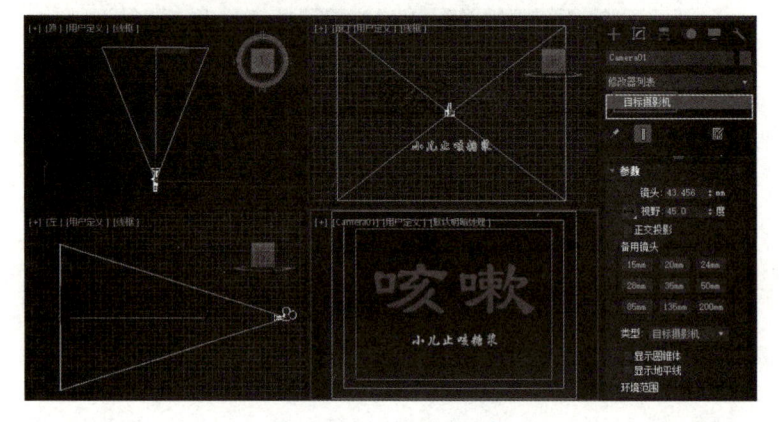

图4-191　创建目标摄影机

（11）制作爆炸效果。在命令面板上单击 ➕（创建）→ 〰️（空间扭曲）→ 几何/可变形 ▼ → 爆炸 按钮，在顶视口中创建两个爆炸对象，分别与两个文字中心对齐，如图4-192所示。

图4-192　创建爆炸对象

模块四　基本和高级动画制作

（12）设置爆炸参数。分别选择第 1 个和第 2 个爆炸对象，在修改面板中设置爆炸参数，如图 4-193 所示。

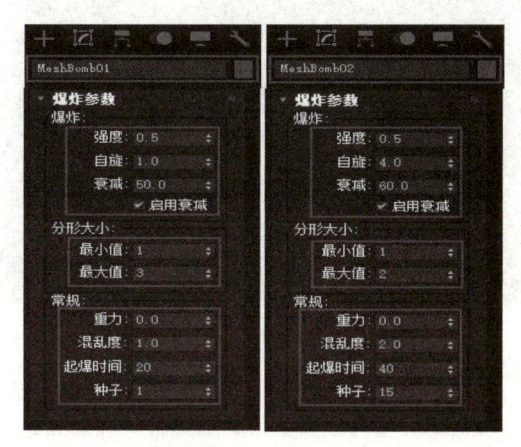

图 4-193　设置爆炸参数

（13）绑定到空间扭曲。在主工具栏上单击 ![图标] （绑定到空间扭曲）按钮，在视口中将光标放在"咳"字上，按住鼠标左键将其拖放到爆炸 1 对象上，释放鼠标，将"咳"字绑定到爆炸 1 空间扭曲上。同用样的方法，将"嗽"字绑定到爆炸 2 空间扭曲上，实现文字爆炸效果。

（14）制作广告词可见性动画。选择广告词对象，执行"图形编辑器"→"轨迹视图 - 摄影表 ..."菜单命令，打开"轨迹视图 - 摄影表"对话框，执行"编辑"→"可见性轨迹"→"添加"菜单命令，为广告词添加"可见性"轨迹，如图 4-194 所示。

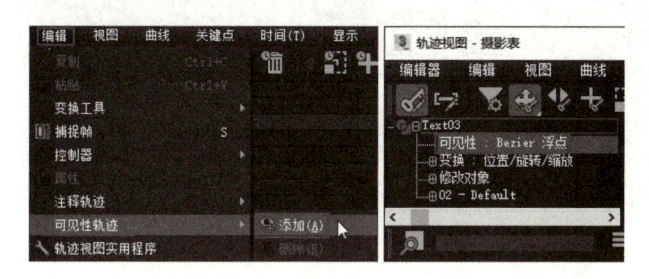

图 4-194　添加"可见性"轨迹

（15）制作广告词淡入动画。将时间滑块移动到第 40 帧，在工具栏上单击 ![图标] （添加 / 移除关键点）按钮，为可见性添加一个关键点，设置值为 0；将时间滑块移动到第 100 帧，再添加一个关键点，设置值为 1，完成广告词淡入动画的制作，如图 4-195 所示。

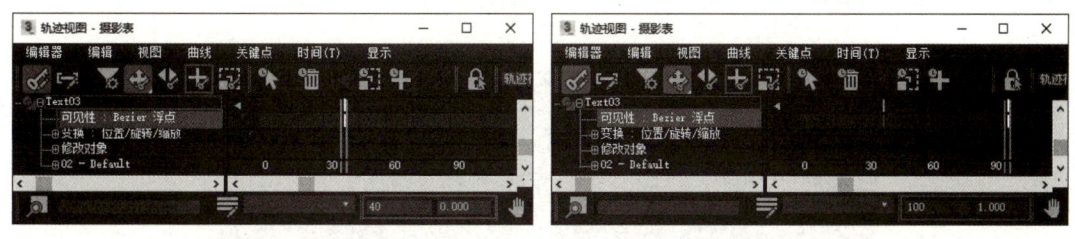

图 4-195　制作广告词淡入动画

（16）制作广告词波浪字动画。在命令面板上单击 ![图标] （创建）→ ![图标] （空间扭曲）→ ![几何/可变形] → ![波浪] 按钮，在前视口中创建一个波浪对象，沿 Y 轴旋转 90°，并使波浪空间扭曲与广告词中心对齐，如图 4-196 所示。

243

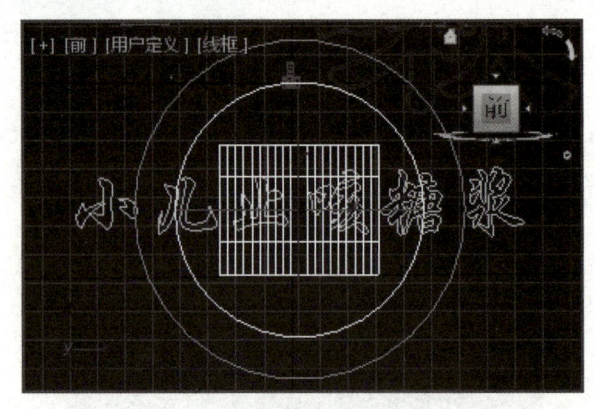

图 4-196 创建"波浪"空间扭曲

(17) 绑定到空间扭曲。在主工具栏上单击 ≋（绑定到空间扭曲）按钮，在视口中将光标放在广告词上，按住鼠标左键将其拖放到波浪空间扭曲上，释放鼠标，将广告词绑定到波浪空间扭曲上。

(18) 制作波浪"相位"动画。选择"波浪"空间扭曲，将时间滑块移动到第 0 帧，设置"相位"值为 0；将时间滑块移动到第 90 帧，设置"相位"值为 0；将时间滑块移动到第 260 帧，设置"相位"值为 4。在"轨迹视图 - 曲线编辑器"中选择所有关键点，设置曲线类型为"线性"，如图 4-197 所示。

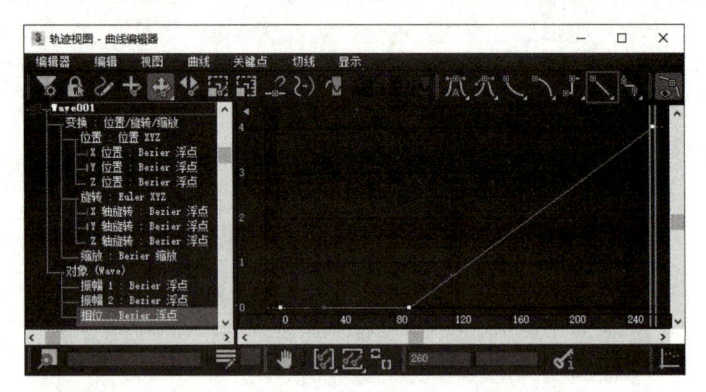

图 4-197 制作波浪"相位"动画

(19) 制作波浪"振幅"动画。选择"波浪"空间扭曲，将时间滑块移动到第 0 帧，设置"振幅 1"和"振幅 2"值为 0；将时间滑块移动到第 90 帧，设置"振幅 1"和"振幅 2"值为 0；将时间滑块移动到第 108 帧，设置"振幅 1"和"振幅 2"值为 2.35；将时间滑块移动到第 240 帧，设置"振幅 1"和"振幅 2"值为 2.35；将时间滑块移动到第 260 帧，设置"振幅 1"和"振幅 2"值为 0。在"轨迹视图 - 曲线编辑器"中选择所有关键点，设置曲线类型为"线性"，如图 4-198 所示。

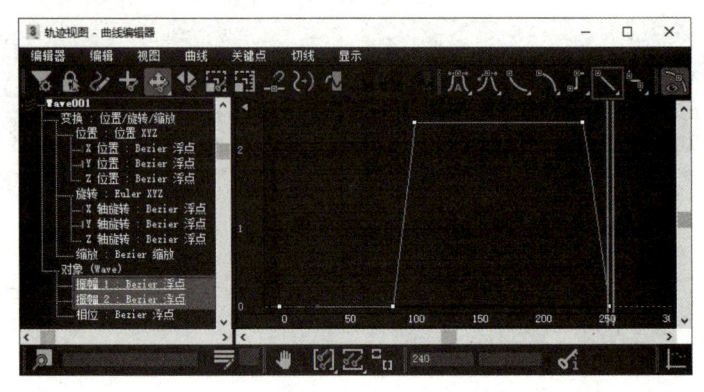

图 4-198 制作波浪"振幅"动画

(20) 制作广告词位置和大小动画。同时选中广告词和波浪空间扭曲，在动画控制区单击 `自动关键点` 按钮，打开"自动关键点"模式记录动画。将时间滑块移动到第 120 帧，单击 `+`（设置关键点）按钮，插入一个关键帧；将时间滑块移动到第 200 帧，在透视口中将选中对象沿 Z 轴向上移动到视口中间；沿 X 轴向里旋转 10 度；等比例适当放大，如图 4-199 所示。再次单击 `自动关键点` 按钮，关闭动画记录状态。

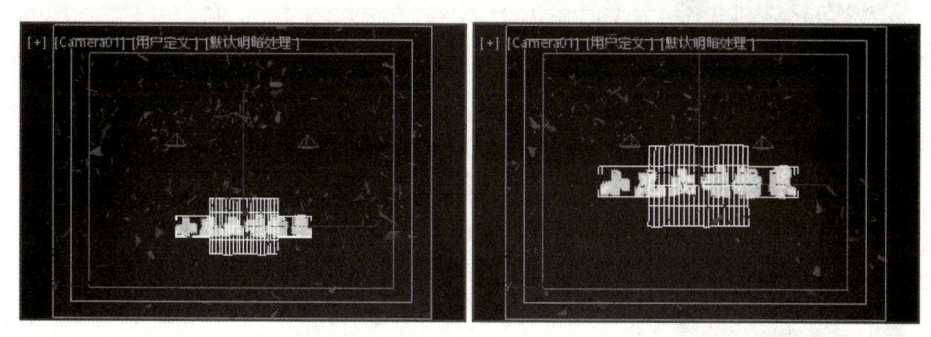

图 4-199　制作广告词位置和大小动画

(21) 渲染动画。单击主工具栏上的 `渲染设置` 按钮，打开"渲染设置"对话框，设置"时间输出"选项为"活动时间段"，"输出大小"为 `640x480`，文件"保存类型"为 AVI，文件名为"广告文字动画"，输出动画文件。

4.7　粒子系统动画

粒子系统在 3ds Max 中是一个相对独立的、功能强大的动画设置工具，通过粒子系统可以完成云、雨、雪、烟雾、烟火、爆炸等其他动画设置方法难以实现的动画效果。在 3ds Max 中提供了两种不同类型的粒子系统：非事件驱动粒子系统和事件驱动粒子系统。

4.7.1　非事件驱动粒子系统

在非事件驱动粒子系统中，粒子通常在动画过程中显示一致的属性，它为随时间生成粒子子对象提供了相对简单直接的方法。在 3ds Max 中有 6 种内置非事件驱动粒子系统，即喷射、雪、超级喷射、暴风雪、粒子阵列和粒子云。

1. "喷射"粒子系统

"喷射"粒子系统可以模拟雨、喷泉等效果，其可编辑参数较少，只能使用有限的粒子形态，无法实现粒子爆炸、繁殖等特殊运动效果。其参数卷展栏如图 4-200 所示。

其主要参数功能如下：

(1)"粒子"组："视口计数"用于设置在给定帧处，视口中可以显示的最大粒子数；"渲染计数"用于设置一个帧在渲染时可以显示的最大粒子数；"水滴大小"用于设置粒子的大小；"速度"用于设置每个粒子离开发射器时的初始速度；"变化"用于设置改变粒子的初始速度和方向；"水滴、圆点或十字叉"用于设置粒子在视口中的显示方式。

(2)"渲染"组：用于设置渲染时粒子的形态。"四面体"：将粒子渲染为长四面体，它提供水滴的基本模拟效果。"面"：将粒子渲染为正方形面，其宽度和高度等于"水滴大小"。

(3)"计时"组："开始"用于设置第一个出现粒子的帧的编号；"寿命"用于设置每个粒子的寿命（以帧数计），粒子的生命周期结束时它就会消失；"出生速率"用于设置每个帧产生的新粒子数。

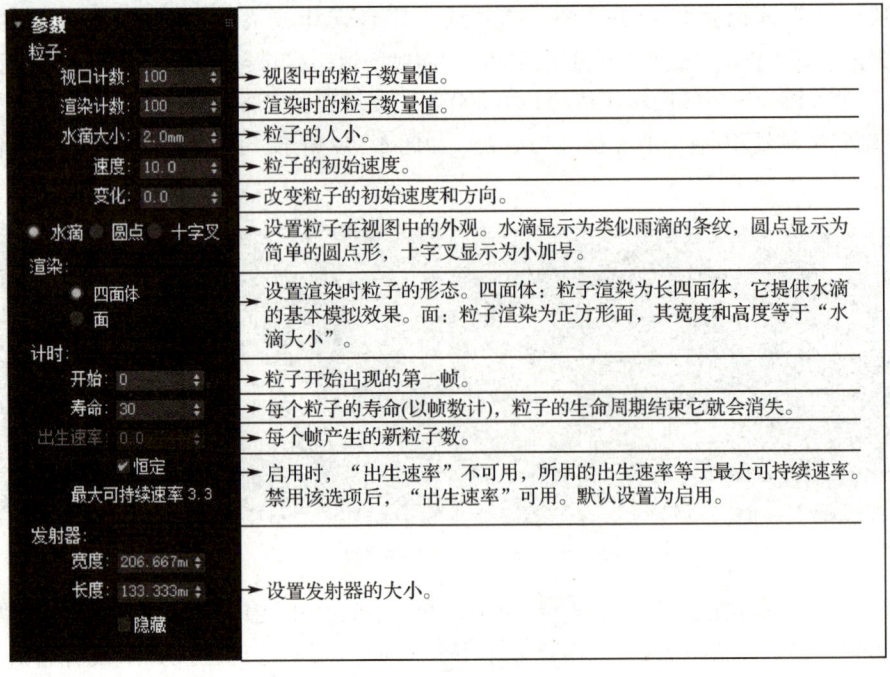

图 4-200 "喷射"粒子参数卷展栏

2. "雪"粒子系统

"雪"粒子系统与"喷射"粒子系统相似,不同之处在于离开发射器后,"雪"粒子能够翻转地穿过空间,而喷射粒子的方向保持恒定。"雪"粒子系统主要用于模拟下雪效果,结合材质还可以制作出烟雾、彩色纸屑等效果。"雪"粒子系统的参数与喷射粒子相似,下面只对不同参数进行说明,相同参数功能不再赘述。

(1)"翻滚":雪花粒子的随机旋转量。参数范围为从 0 到 1。参数为 0 时,雪花不旋转;参数为 1 时,雪花旋转得最快。每个粒子的旋转轴随机生成。

(2)"翻滚速率":雪花的旋转速度。"翻滚速率"的值越大,雪花旋转越快。

(3)"渲染":设置渲染时粒子的形态,包括"六角形""三角形"和"面"三种。

3. "超级喷射"粒子系统

"超级喷射"粒子系统与"喷射"粒子系统相似,但其功能更为复杂,可以设置粒子的运动继承和繁殖等参数。它主要用来从一个点向外发射粒子流,以产生线形或锥形的粒子群形态。它既可以发射标准几何体,也可以发射其他的关联替代物体。通过参数控制可以实现喷射、拖尾、拉长、气泡晃动、自旋等多种特殊效果,常用来制作飞机喷火、潜艇喷水、机枪扫射、水管喷水、喷泉和瀑布等特殊效果。

(1)"基本参数"卷展栏。"基本参数"卷展栏如图 4-201 所示。

其主要参数功能如下:"轴偏离"用于设置粒子发射时的运动方向与发射轴的角度;"扩散"用于设置粒子发射时从发射方向所散开的角度;"平面偏离"用于设置粒子发射时的运动方向与发射平面的角度;"扩散"用于设置粒子喷射时从发射器平面散开的角度,以产生空间的喷射效果。

(2)"粒子生成"卷展栏。"粒子生成"卷展栏可以设置粒子产生的数量、速度、时间、粒子的运动方式及不同时间内粒子的大小等,其卷展栏如图 4-202 所示。

其主要参数功能如下:

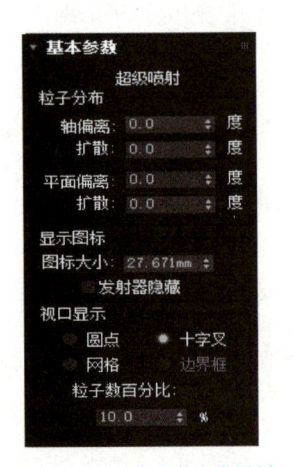

图 4-201 "基本参数"卷展栏

- "粒子数量"组：用于设置粒子的数量。"使用速率"用于设置在每一帧产生的粒子数。"使用总数"用于设置在粒子系统的整个生命周期中产生粒子的总数。
- "粒子运动"组："速度"用于设置粒子产生时的初始速度；"变化"用于设置以速度值的百分比变化量来改变的初始速度。
- "粒子计时"组："发射开始"用于设置粒子发射开始的时间帧；"发射停止"用于设置粒子停止发射的时间帧；"显示时限"用于设置发射到多少帧粒子时将不再显示在视口中，但这不影响粒子的实际效果；"寿命"用于设置每个粒子从产生到消亡所经历的时间；"变化"用于设置每个粒子寿命的变化值。
- "粒子大小"组："大小"用于设置粒子的大小；"变化"用于设置每个粒子的大小可以从标准值变化的百分比值；"增长耗时"用于设置粒子从极小的尺寸增长到正常尺寸所经历的时间间隔；"衰减耗时"用于设置粒子从正常尺寸萎缩到其 1/10 大小所经历的时间间隔。

（3）"粒子类型"卷展栏。"粒子类型"卷展栏用来设置粒子的类型、形状以及粒子所赋贴图的类型，"标准粒子"类型卷展栏如图 4-203 所示。

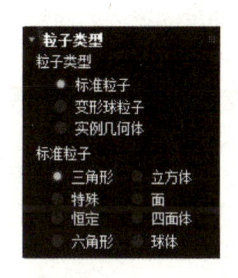

图 4-202 "粒子生成"卷展栏　　　图 4-203 "标准粒子"类型卷展栏

当粒子类型为"变形球粒子"时，其参数卷展栏如图 4-204 所示。

其主要参数功能如下："变形球粒子"类型可以把粒子生成黏性球体，它像水银一样靠近时会彼此融合。这些粒子需要的渲染时间长，可以模拟水和液体。"张力"用于设置粒子球的紧密程度，值越大，粒子越小，也不易融合；"变化"用于设置粒子张力值上下浮动可变化的百分比值。

其粒子类型为"实例几何体"时其参数卷展栏如图 4-205 所示。其主要参数功能如下：单击"拾取对象"按钮，可以从视图中单击选择一个对象；"动画偏移关键点"用于设置粒子的动画对象是如何生成动画的；单击"材质来源"按钮，可以设置获取材质的对象，包括"图标"和"实例几何体"两种。

（4）"旋转和碰撞"卷展栏。"旋转和碰撞"卷展栏用来设置粒子的旋转及运动模糊效果，并控制粒子间的碰撞，其卷展栏如图 4-206 所示。

图 4-204 "变形球粒子"类型卷展栏

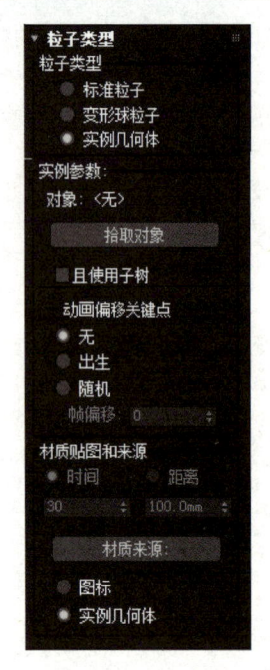

图 4-205 "实例几何体"类型卷展栏 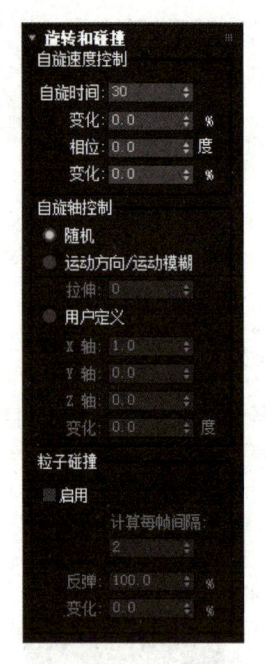　　　　图 4-206 "旋转和碰撞"卷展栏

其主要参数功能如下：

● "自旋速度控制"组："自旋时间"用于设置粒子旋转一周所需要的帧数；"变化"（第一个）用于设置自旋时间变化的百分比值；"相位"用于设置粒子的初始旋转角度；"变化"（第二个）用于设置粒子相位变化的百分比值。

● "自旋轴控制"组："随机"用于设置每个粒子的自旋轴是随机的；"运动方向/运动模糊"用于设置围绕由粒子移动方向形成的向量旋转粒子；选中"用户定义"选项，可以指定粒子绕每个轴的旋转度数。

（5）"对象运动继承"卷展栏。"对象运动继承"卷展栏用于设置粒子发射器的运动对粒子运动的影响程度，其卷展栏如图 4-207 所示。

其主要参数功能如下："影响"用于设置粒子跟随发射器运动的紧密程度，值为 100 时粒子会紧密跟随；"倍增"用于设置发射器运动影响粒子运动的量；"变化"用于设置倍增值变化的百分比值。

（6）"气泡运动"卷展栏。"气泡运动"卷展栏主要用于设置粒子模拟气泡和泡沫等物体的运动效果，其卷展栏如图 4-208 所示。

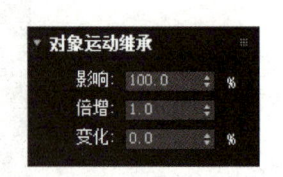

图 4-207 "对象运动继承"卷展栏 　　　　图 4-208 "气泡运动"卷展栏

（7）"粒子繁殖"卷展栏。"粒子繁殖"卷展栏用于设置粒子在死亡或碰撞后的繁殖，其卷展栏如图 4-209、图 4-210 所示。

模块四　基本和高级动画制作

图 4-209 "粒子繁殖"卷展栏 1

图 4-210 "粒子繁殖"卷展栏 2

其主要参数功能如下：

● "粒子繁殖效果"组：选中"碰撞后消亡"选项时，表示粒子在碰撞到绑定的空间扭曲对象后消亡；选中"碰撞后繁殖"选项，表示粒子碰撞到绑定的空间扭曲对象后，会按下面的繁殖值繁殖；选中"消亡后繁殖"选项，表示粒子的生命结束后会按下面的"繁殖数目"进行繁殖；选择"繁殖拖尾"选项，表示粒子在运动的每一帧后都会产生一个新个体，沿其运动轨迹运动。"繁殖数目"用于设置一次繁殖产生的新个体数目；"影响"用于设置在所有粒子中，有多少百分比的粒子发生繁殖作用；"倍增"用于设置按该设置数目进行繁殖数的成倍增长；"变化"用于设置倍增值在每一帧发生变化的百分比值。

● "方向混乱"组："混乱度"用于设置新粒子在其父粒子方向上的变化值。

● "速度混乱"组："因子"用于设置新粒子相对于父粒子速度的百分比变化范围；选择"继承父粒子速度"选项，繁殖的新粒子除受速度因子影响外，还继承父粒子的速度；选择"使用固定值"选项，会将"因子"值作为设置值，而不是作为随机应用的范围。

4. "粒子阵列"粒子系统

"粒子阵列"可以选择自定义的物体作为粒子，利用粒子阵列可以轻松地创建出气泡、碎片或熔岩等特效。其参数与"超级喷射"粒子相似，下面只对不同参数进行说明，相同参数功能不再赘述。

（1）"基本参数"卷展栏，如图 4-211 所示。其主要参数功能如下："拾取对象"，单击此按钮，用于拾取发射器。"粒子阵列"自身不能发射粒子，必须选择其他对象用作粒子发射器。"粒子分布"组，通过选择下方的选项确定标准粒子在基于对象的发射器曲面上最初的分布方式。

（2）"粒子生成"卷展栏。

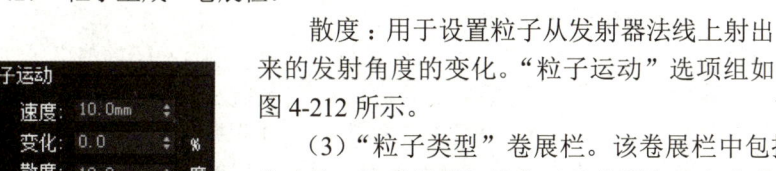

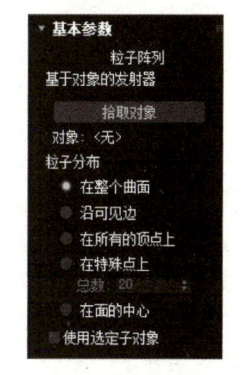

散度：用于设置粒子从发射器法线上射出来的发射角度的变化。"粒子运动"选项组如图 4-212 所示。

图 4-211 "基本参数"卷展栏

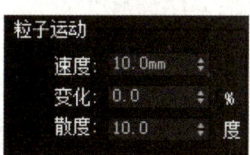

图 4-212 "粒子运动"选项组

（3）"粒子类型"卷展栏。该卷展栏中包括一种新的粒子类型，即对象碎片。这种类型把选定对象分裂为几个碎片，其卷展栏如图 4-213 所示。其主要参数功能如下："厚度"用于设置每个碎片的厚度；选择"所有面"

249

选项，表示将分布对象所有的三角面分离，炸成碎片；选择"碎片数目"选项，表示通过其下方的"最小值"来设置碎片的块数。

5. "暴风雪"粒子系统

"暴风雪"粒子系统主要用于从一个平面向外发射粒子，从发射平面上产生的粒子在落下时将不断旋转、翻滚。它们可以是标准几何体、变形球粒子或实例几何体。暴风雪的名称并非强调它的猛烈，而是指它的功能强大，不仅可用于普通雪景的制作，还可以用于表现火花迸射、气泡上升、开水沸腾、漫天飞花和烟雾升腾等特殊效果。其参数卷展栏与"超级喷射"粒子系统基本相同，在此不再赘述。

6. "粒子云"粒子系统

"粒子云"粒子系统用于创建类似体积雾效果的粒子群，使用该粒子系统，能够将粒子限定在一个长方体、球体、圆柱体或从场景中拾取对象的外形设置的范围内。在默认状态下，粒子保持静止状态，用户可以自定义粒子的运动速度和方向，利用这一特点，可以设置一群游动的鱼或一队行进的士兵之类规则运动的对象群。其参数卷展栏与"超级喷射"粒子系统基本相同，在此不再赘述。

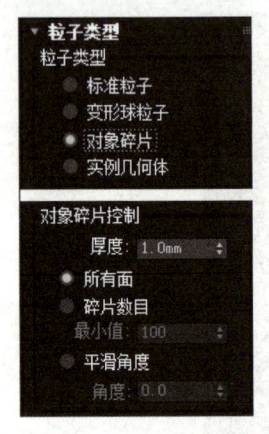

图 4-213 "对象碎片控制"卷展栏

4.7.2 事件驱动粒子系统

事件驱动粒子系统又称为"粒子流"，它是一种多功能且强大的 3ds Max 粒子系统。它使用一种称为"粒子视图"的特殊对话框通过事件驱动粒子。在"粒子视图"中，可将一定时期内描述粒子属性（如形状、速度、方向等）的单独操作符合并到称为事件的组中。每个操作符都提供一组参数，其中大多数参数可以用于设置动画，以更改事件期间的粒子行为。随着事件的发生，"粒子流"会不断地计算列表中的每个操作符，并相应更新粒子系统。

1. 创建粒子流

在命令面板上单击 ➕（创建）→ ⬤（几何体）→ 粒子系统 ▼ → 粒子流源 按钮，在顶视口中按住鼠标拖动，创建一个"粒子流源"粒子发射器，其参数卷展栏如图 4-214 所示。

2. "粒子视图"对话框

"粒子视图"提供了用于创建和修改"粒子流"中的粒子系统的主用户界面。单击"设置"卷展栏中的 粒子视图 按钮或按快捷键"6"，即可打开"粒子视图"对话框，如图 4-215 所示。

图 4-214 "粒子流源"参数卷展栏

粒子视图主要组成部分的功能如下：

（1）菜单栏：提供了用于编辑、选择、调整视图以及分析粒子系统的功能。

（2）事件显示：包含描述粒子系统的粒子图表，并提供修改粒子系统的功能。粒子系统包含一个或多个相互关联的事件，每个事件包含具有一个或多个操作符和测试的列表。操作符和测试统称为动作。

在"粒子视图"的事件显示中，粒子流源系统中的第一个事件始终是全局事件，其内容影响系统中的所有粒子。它与"粒子流源"图标拥有相同的名称。

默认情况下，全局事件包含一个"渲染"操作符，该操作符指定系统中所有粒子的渲染属性。可以在此添加其他操作符，如"材质""显示"和"速度"，并让它们可以全局使用。

第二个事件又称为出生事件，因为它必须包含"出生"操作符。"出生"操作符应位于出生事件的顶部，并且不应出现在其他位置。默认的出生事件还包含许多操作符，它们局部操作以指定粒子在此事件中的属性。

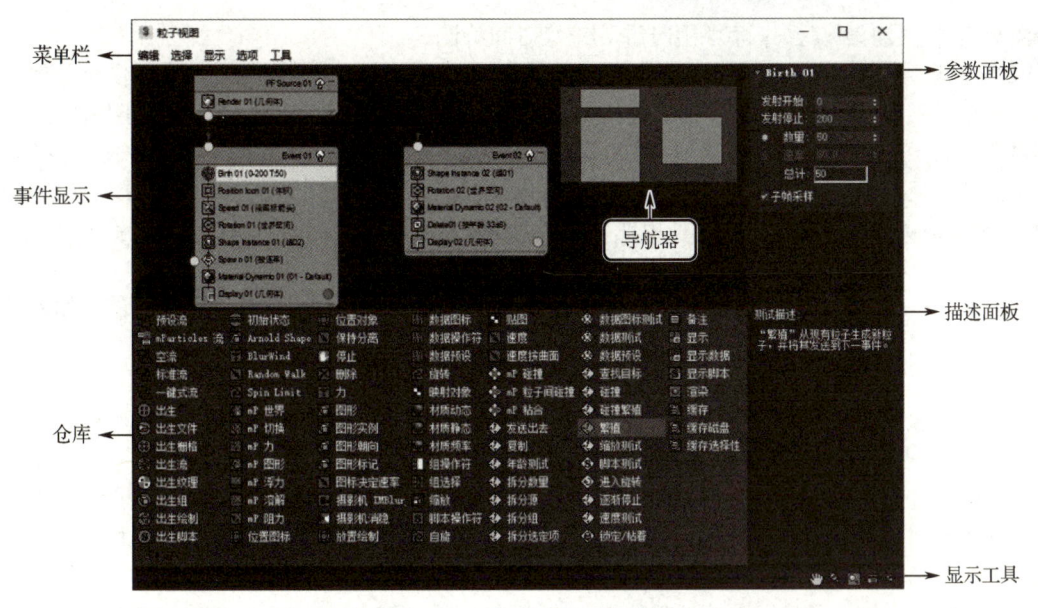

图 4-215 "粒子视图"对话框

（3）参数面板：包含多个参数卷展栏，用于查看和编辑任何选定动作的参数。基本功能与 3ds Max 命令面板上的卷展栏的功能相同。

（4）描述面板：用于显示高亮显示的仓库项目的简短描述。

（5）显示工具：可以平移和缩放事件显示窗口。

（6）仓库：包含所有"粒子流"动作，以及几种默认的粒子系统。

3. "仓库"的内容

仓库的内容可划分为三个类别：操作符、测试和流，如图 4-216 所示。

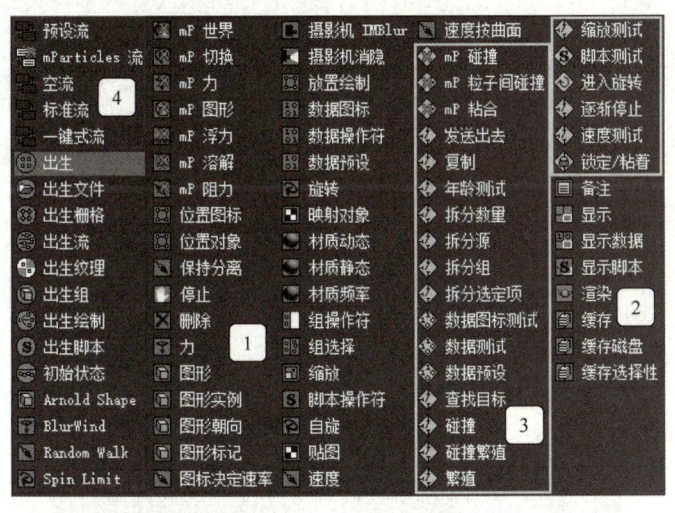

图 4-216 粒子流的"仓库"

（1）操作符。操作符是粒子系统的基本元素，它的主要作用是用来连接操作符到事件，以指定粒子在一段时间内的速度、方向、形状等基本特征。操作符驻留在"粒子视图"仓库内的两个组中，并按字母顺序显示在每个组中。每个操作符的图标都有一个蓝色背景，但"出生"操作符例外，它具有绿色背景。在图 4-216 中，数字 1 标识的区域为第一组操作符，它们是直接影响粒子行为的操作符，如旋旋、贴图等。数字 2 标识的区域为第二组操作符，其中包含提供多个工具功能的操作符："缓存"操作符，用于优化粒子系统播放；"显示"操作符，用于确定粒子在视口中如何显示；"注释"操作符，用于添加注释;"渲染"(操作符),用于指定渲染时间特性。

(2)测试。在图 4-216 中,数字 3 标识的区域为测试。测试粒子是否满足一个或多个条件。通过测试判断结果:真——送下一个事件;假——停留在本事件(注:一定要将测试放在事件的结尾)。如果测试未与另一个事件关联,那么所有粒子均将保留在该事件中。可以在一个事件中使用多个测试;第一个测试检查事件中的所有粒子,第一个测试之后的每个测试只检查保留在该事件中的粒子。其中,"繁殖"测试不实际执行测试,只是使用现有粒子创建新粒子,将新粒子的测试结果设置为真值,这样使粒子自动有资格重定向到另一个事件。

(3)流。在图 4-216 中,数字 4 标识的区域为流。"流"提供了用于创建不同种类的初始粒子系统设置的快捷方式。

"预设流":用于将以前保存的"粒子流"设置合并到当前场景中。

"空流":提供粒子系统的起始点,该粒子系统由包含渲染操作符的单个全局事件组成。这样可以完全从头构建一个系统,而不必首先删除由"标准流"系统提供的默认操作符。

"标准流"(系统默认):提供由包含渲染操作符的全局事件组成的粒子系统的起始点,其中的全局事件与包含"出生""位置""速度""旋转""图形"以及"显示"操作符的出生事件相关联。该系统与将粒子流图标添加到视口中时 3ds Max 自动创建的系统相同。

"一键式流":提供了粒子系统的起始点,该粒子系统使用 Maya nCache 文件格式的缓存外部粒子数据。流包含"出生文件"操作符、用于为粒子指定材质的"材质静态"操作符、"图形"操作符和"显示"操作符。

4.7.3 实战演练 10——下雨效果

本实例通过下雨效果的制作,要求掌握 3ds Max 中喷射粒子的功能和使用方法;掌握使用喷射粒子制作下雨效果的方法;掌握雨材质的编辑方法。下雨效果,如图 4-217 所示。

图 4-217 下雨效果

操作步骤:

(1)设置环境贴图。启动 3ds Max 软件,按"8"键,打开"环境和效果"对话框,单击"环境贴图"按钮,在打开的"材质/贴图浏览器"对话框中双击"位图"选项,在打开的"选择位图图像文件"对话框中选择本书素材"背景.jpg"文件;按"M"键,打开"Slate 材质编辑器"对话框,在"场景材质"卷展栏中双击"贴图 #0",在"视图 1"中双击"贴图 #0"的标题栏,在打开的贴图"坐标"卷展栏中设置环境"贴图"坐标为屏幕,如图 4-218 所示。

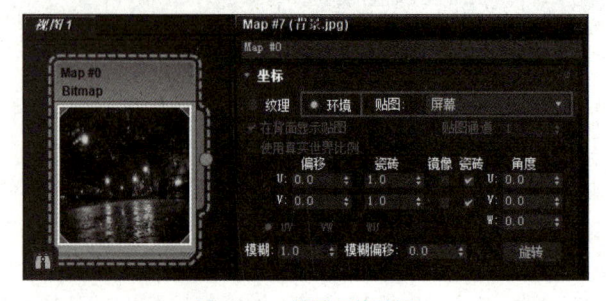

图 4-218 设置环境贴图

（2）视口配置。激活透视口，按"Alt+B"组合键，打开"视口配置"对话框，在"背景"选项卡中选择"使用环境背景"选项，单击 确定 按钮。

（3）创建喷射粒子系统。在命令面板上单击 ＋ （创建）→ ○ （几何体）→ 粒子系统 → 喷射 按钮，在顶视口中按住鼠标拖动，创建一个喷射粒子发射器。参照背景图，旋转适当的角度；设置粒子参数，如图4-219所示。

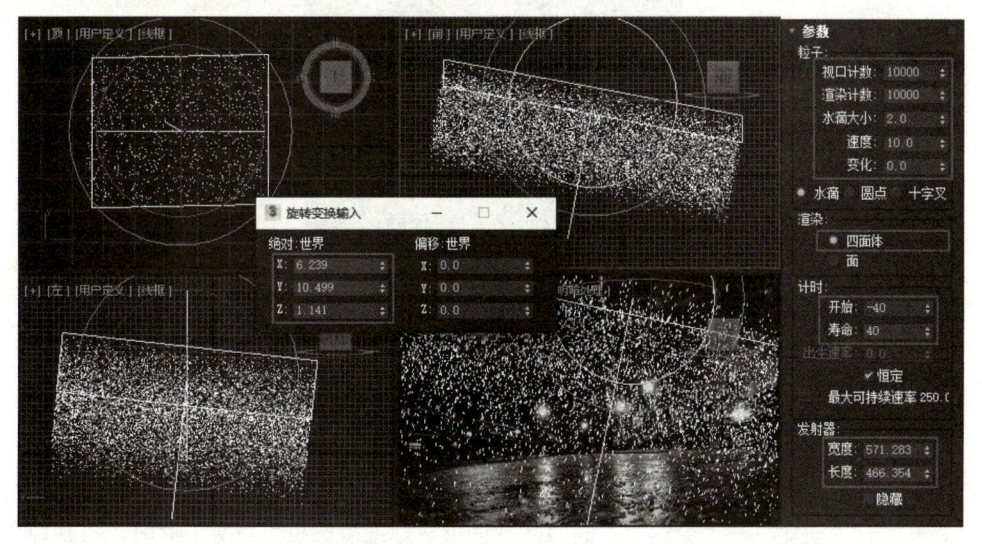

图4-219 创建喷射粒子系统

（4）设置雨材质。按"M"键，打开"Slate材质编辑器"对话框，在"示例窗"中双击添加一个空白的材质球。双击该材质的标题栏，在打开的参数编辑器中设置其"漫反射"颜色值为白色，"自发光"值为50，"高光级别"值为60，"光泽度"值为60；在"扩展参数"卷展栏中设置"衰减"为"外"，"数量"值为100；单击工具栏中的 ▦ （在预览中显示背景）按钮，方便查看材质的透明效果。将材质赋予喷射粒子，如图4-220所示。

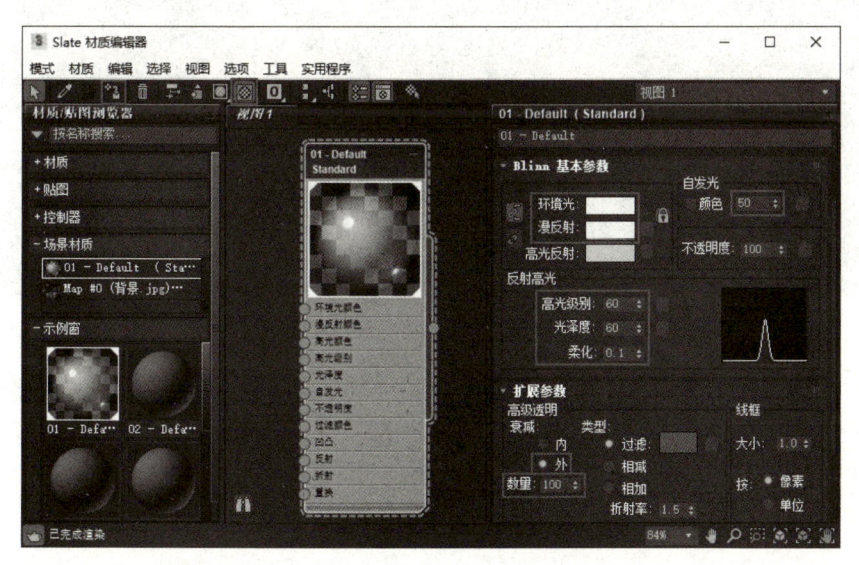

图4-220 设置雨材质

（5）设置运动模糊效果。选择喷射粒子发射器，右击，在弹出的菜单中选择"对象属性"命令，在打开的"对象属性"对话框中，勾选"运动模糊"组中的"启用"复选框，选择"图像"单选项，设置"倍增"值为1.5，如图4-221所示。

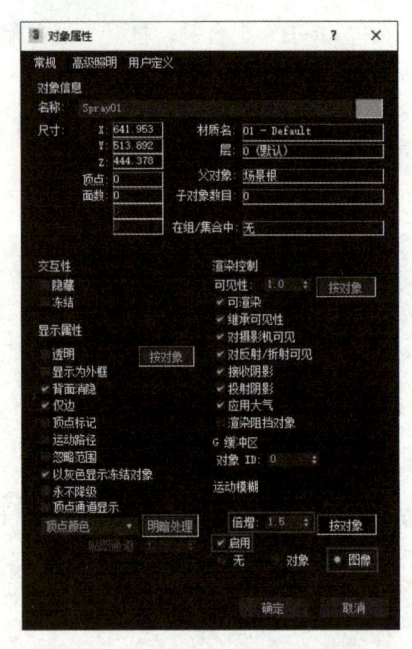

图 4-221 设置运动模糊效果

（6）创建目标摄影机。激活透视口，按"Shift+F"组合键，打开安全框，将视口角度和范围调整到适合位置，执行"创建"→"摄影机"→"从视图创建标准摄影机"命令。此时，透视口自动切换为摄影机视口，如图 4-222 所示。

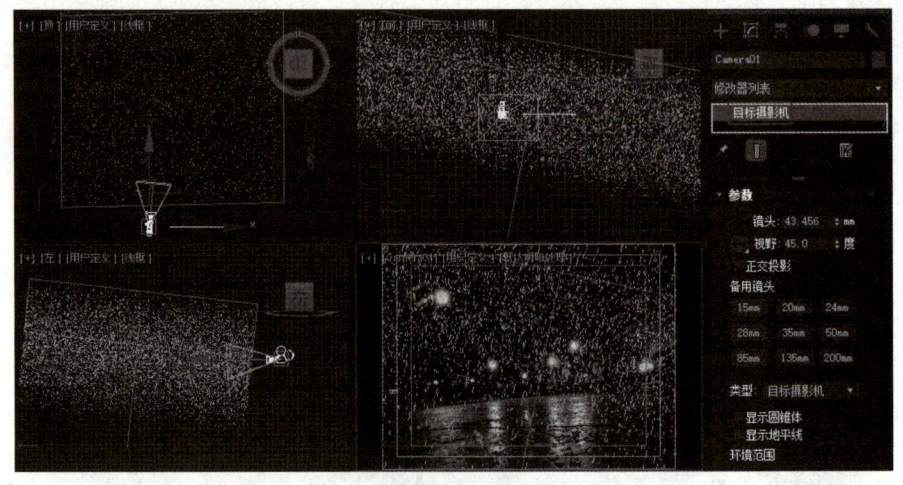

图 4-222 创建目标摄影机

（7）渲染动画。单击主工具栏上的 （渲染设置）按钮，打开"渲染设置"对话框，设置"时间输出"选项为"活动时间段"，"输出大小"为 640x480，文件"保存类型"为 AVI，文件名为"下雨效果"，输出动画文件。

4.7.4 实战演练 11——烟花效果

本实例通过烟花效果的制作，要求掌握 3ds Max 中超级喷射粒子的功能和使用方法；掌握使用超级喷射粒子制作烟花效果的方法；掌握烟花材质的编辑方法；掌握使用视频后期处理添加和编辑镜头效果的方法，并能将其灵活应用到动画制作中。烟花效果，如图 4-223 所示。

模块四　基本和高级动画制作

图 4-223　烟花效果

操作步骤：

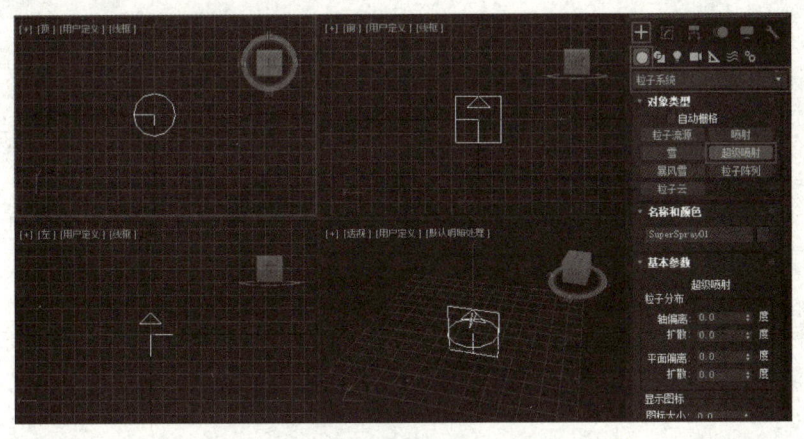

（1）制作球形炸开烟花效果。启动 3ds Max 软件，在命令面板上单击 ➕（创建）→ ◯（几何体）→ 粒子系统 → 超级喷射 按钮，在顶视口中按住鼠标拖动，创建一个超级喷射粒子发射器，如图 4-224 所示。

图 4-224　创建超级喷射粒子发射器

（2）设置粒子参数。选择创建的超级喷射粒子发射器，在命令面板中单击 （修改）命令，打开修改面板，设置超级喷射粒子参数，如图 4-225 所示。

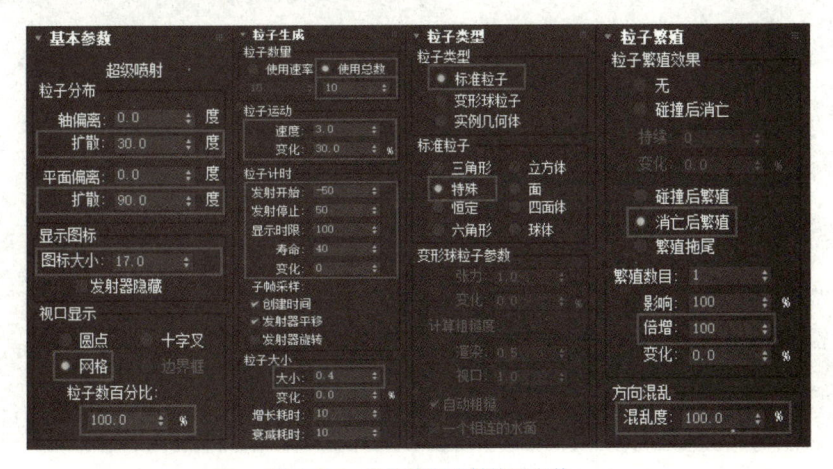

图 4-225　设置超级喷射粒子参数

255

（3）此时，超级喷射粒子第 30 帧的效果，如图 4-226 所示。

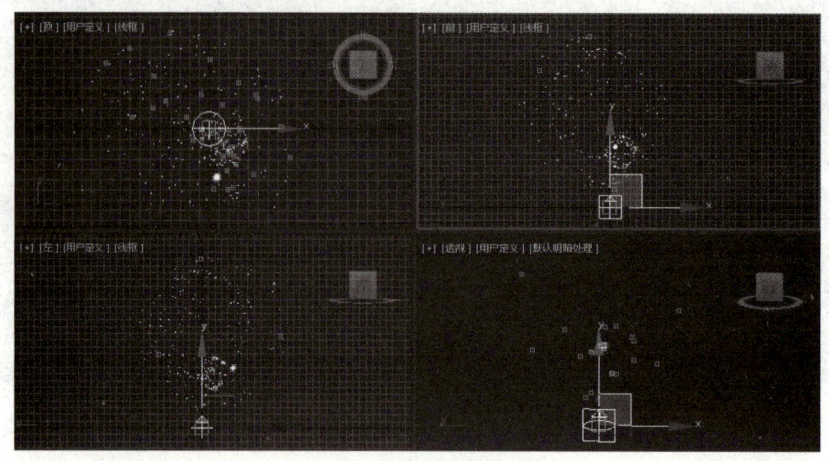

图 4-226　第 30 帧的效果

（4）制作拖尾烟花效果。用同样的方法，在顶视口中再创建一个超级喷射粒子发射器，设置粒子参数，如图 4-227 所示。

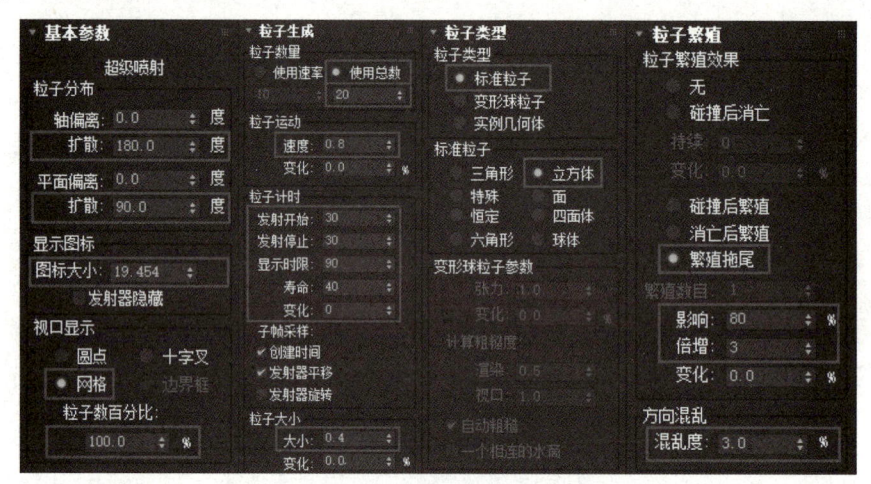

图 4-227　拖尾烟花参数

（5）此时，超级喷射粒子第 70 帧的效果，如图 4-228 所示。

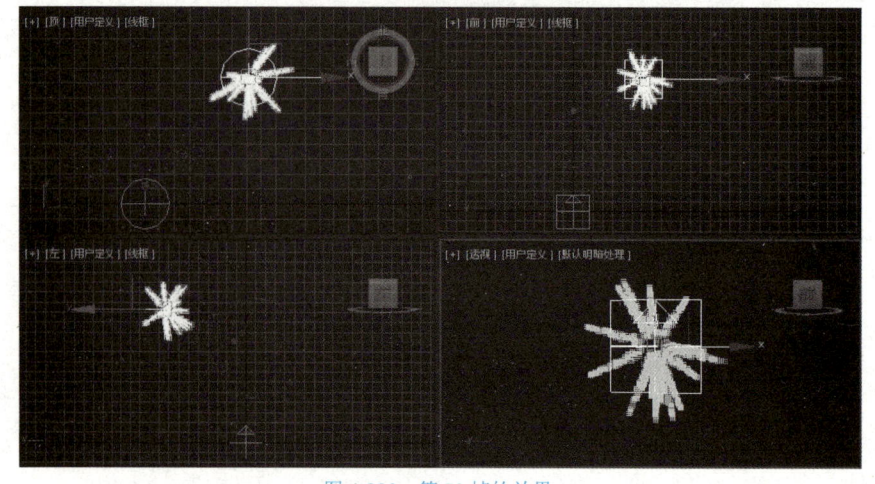

图 4-228　第 70 帧的效果

（6）创建重力。在命令面板上单击 ➕（创建）→ ⬤（几何体）→ 〰（空间扭曲）→ [力] → [重力] 按钮，在顶视口中创建一个重力系统。单击主工具栏上的 ❇（绑定到空间扭曲）按钮，将重力与第二个超级喷射粒子绑定到一起，设置重力参数，此时第 70 帧效果，如图 4-229 所示。

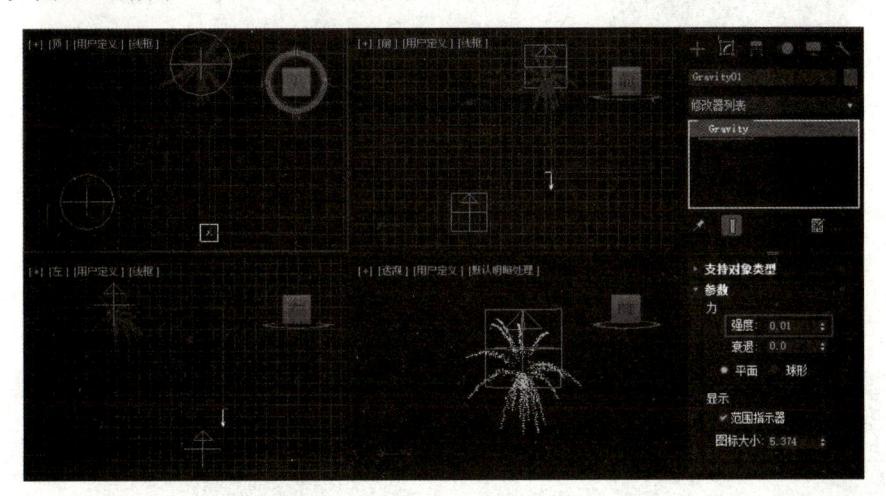

图 4-229　创建重力

（7）设置环境贴图。启动 3ds Max 软件，按"8"键，打开"环境和效果"对话框，单击"环境贴图"按钮，在打开的"材质/贴图浏览器"对话框中双击"位图"选项，在打开的"选择位图图像文件"对话框中选择本书素材"背景.jpg"文件；按"M"键，打开"Slate 材质编辑器"对话框，在"场景材质"卷展栏中双击"贴图 #0"，在"视图 1"中双击"贴图 #0"的标题栏，在打开的贴图"坐标"卷展栏中设置环境"贴图"坐标为屏幕，如图 4-230 所示。

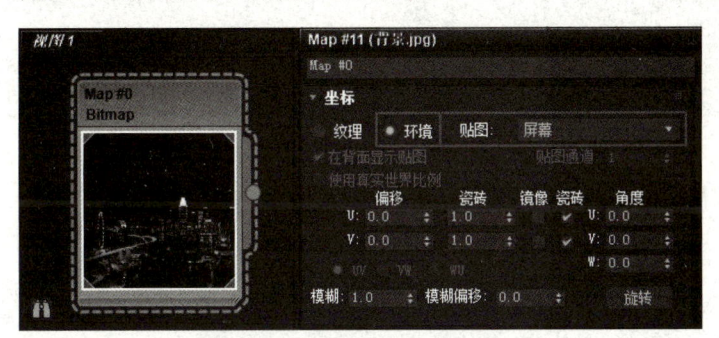

图 4-230　设置环境贴图

（8）视口配置。激活透视口，按"Alt+B"组合键，打开"视口配置"对话框，在"背景"选项卡中选择"使用环境背景"选项，单击 [确定] 按钮。

（9）创建目标摄影机。激活透视口，按"Shift+F"组合键，打开安全框，将视口角度和范围调整到适合位置，执行"创建"→"摄影机"→"从视图创建标准摄影机"命令。此时，透视口自动切换为摄影机视口，如图 4-231 所示。

（10）复制拖尾烟花。调整前面两个超级喷射粒子发射器的位置，在顶视口中选择创建的第二个超级喷射粒子发射器，按住"Shift"键拖动，复制一个超级喷射粒子发射器，设置粒子"发射开始"和"发射停止"值为 10，调整位置，如图 4-232 所示。

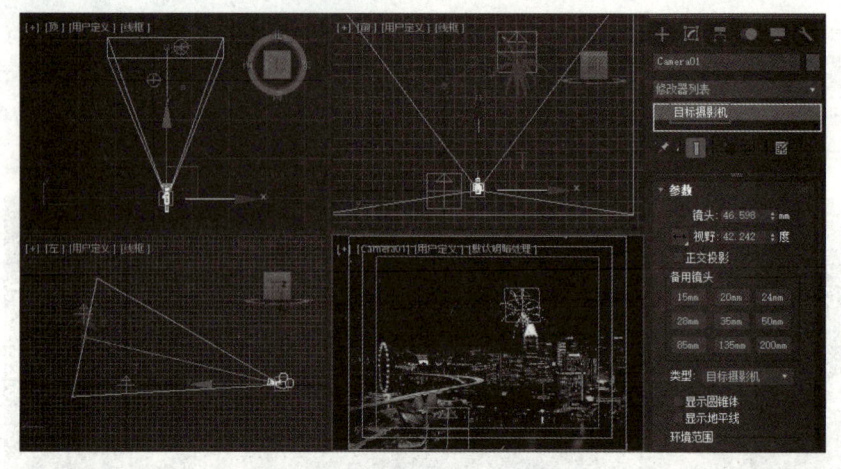

图 4-231 创建目标摄影机

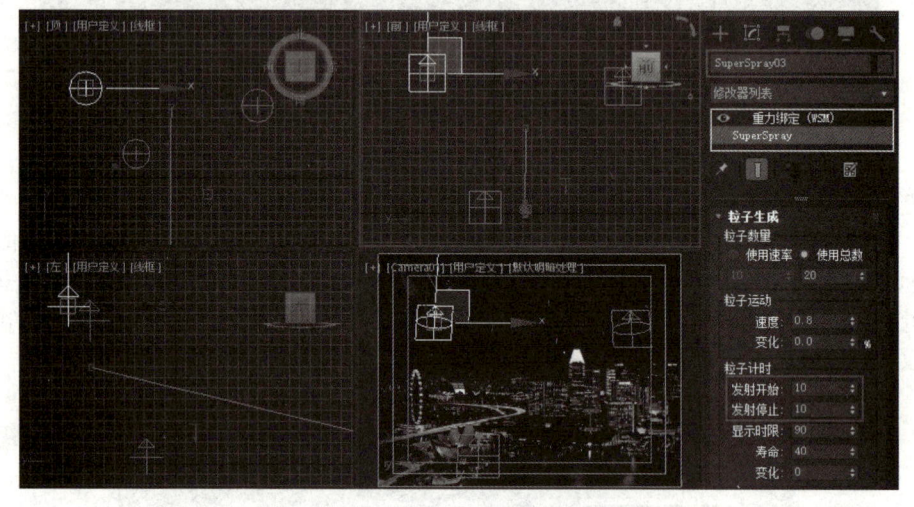

图 4-232 第三个超级喷射粒子发射器

（11）再次复制拖尾烟花。用同样的方法再复制一个超级喷射粒子发射器，设置粒子"发射开始"和"发射停止"值为 20，调整位置，如图 4-233 所示。

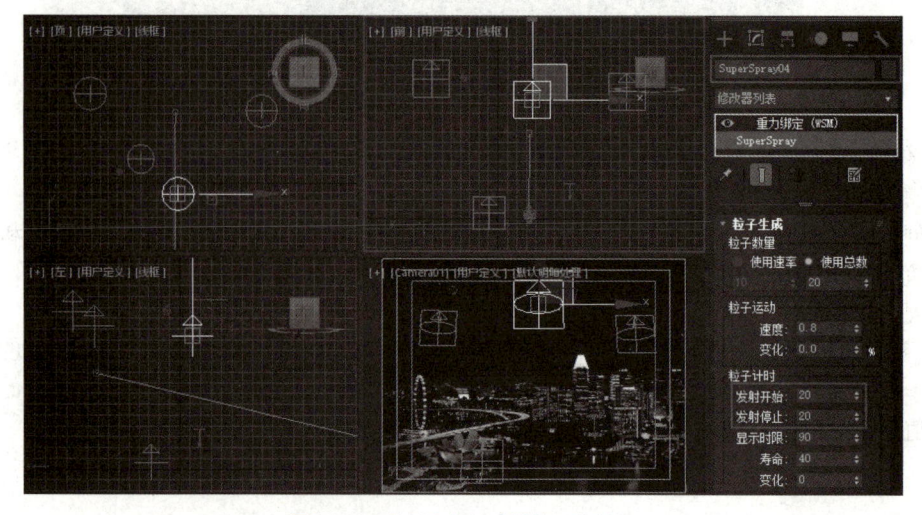

图 4-233 第四个超级喷射粒子发射器

（12）设置烟花 1 材质。按"M"键，打开"Slate 材质编辑器"对话框，在"示例窗"中双击添加第一个空白材质球。双击该材质的标题栏，在打开的参数编辑器中设置其"自发光"值为 100；在"贴图"卷展栏中单击"漫反射颜色"贴图通道右侧的贴图按钮，在打开的"材质/贴图浏览器"对话框中双击"粒子年龄"贴图选项，其参数设置如图 4-234 所示，并将此材质赋予超级喷射粒子 1。

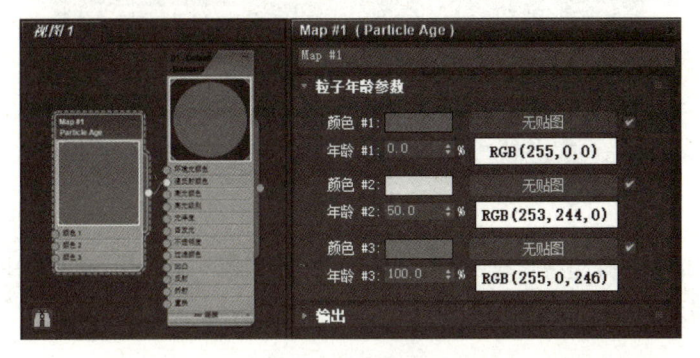

图 4-234　设置烟花 1 材质

（13）设置烟花 2 材质。在"示例窗"中的"01–Default"材质球上按住鼠标左键拖动，将其复制到"02–Default"材质球上，双击打开复制的材质球，将其重命名为"02–Default"，修改"粒子年龄"参数，并将其赋予超级喷射粒子 2，如图 4-235 所示。

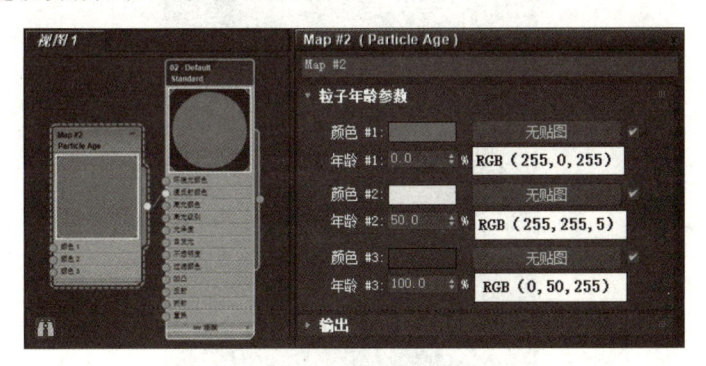

图 4-235　设置烟花 2 材质

（14）设置烟花 3 材质。用同样的方法，在"示例窗"中的"01–Default"材质球上按住鼠标左键拖动，将其复制到"03–Default"材质球上，双击打开复制的材质球，将其重命名为"03–Default"，修改"粒子年龄"参数，并将其赋予超级喷射粒子 3，如图 4-236 所示。

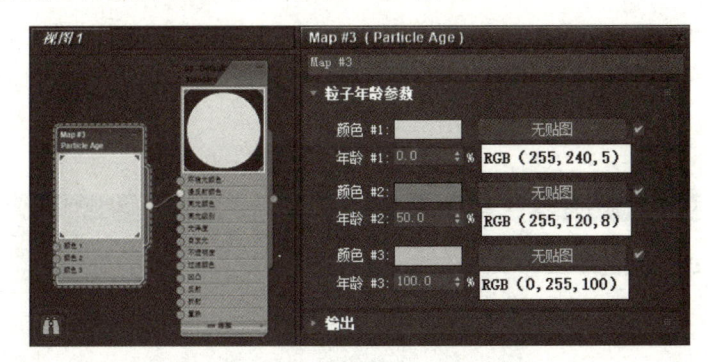

图 4-236　设置烟花 3 材质

（15）设置烟花 4 材质。用同样的方法，在"示例窗"中的"01–Default"材质球上按住鼠标左键拖动，将其复制到"04–Default"材质球上，双击打开复制的材质球，将其重命名为"04–Default"，修改"粒子年龄"参数,并将其赋予超级喷射粒子 4,如图 4-237 所示。

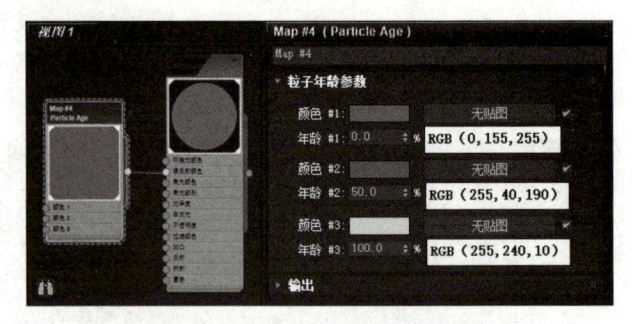

图 4-237　设置烟花 4 材质

(16) 设置对象 ID。选择超级喷射粒子 1,按住"Ctrl"键单击加选,同时选中四个超级喷射粒子,右击,在弹出的菜单中选择"对象属性"命令,在打开的对话框中设置"对象 ID"值为 1,如图 4-238 所示。

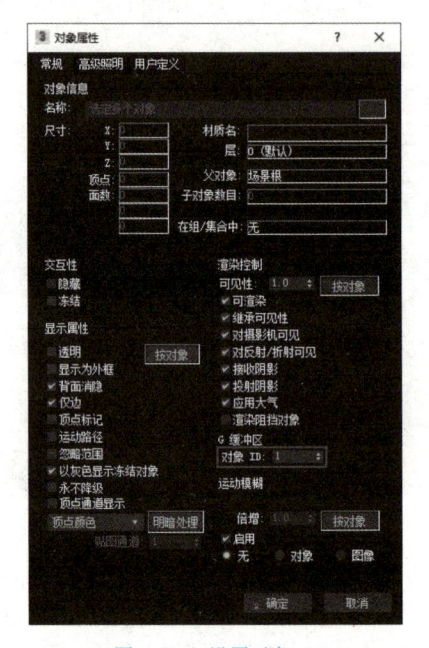

图 4-238　设置对象 ID

(17) 为粒子添加光晕效果。执行"渲染"→"视频后期处理…"菜单命令,在打开的"视频后期处理"对话框中,单击工具栏中的 （添加场景事件）按钮,在弹出的"添加场景事件"对话框中,选择"Camera01"视图,结果如图 4-239 所示。

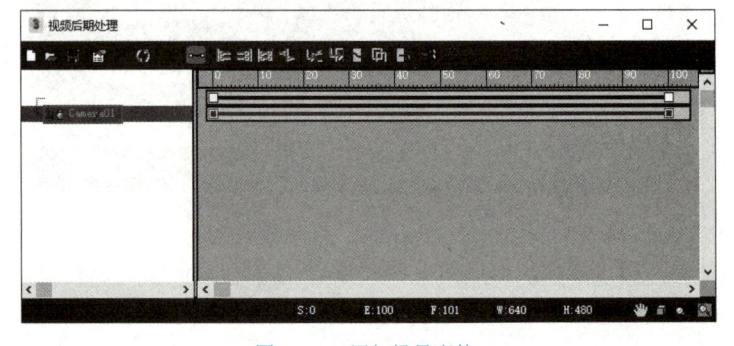

图 4-239　添加场景事件

模块四　基本和高级动画制作

（18）添加图像过滤事件。在"视频后期处理"对话框左侧"队列"列表的空白位置单击，不要选中队列中已经添加的事件，然后单击工具栏中的 ▨ （添加图像过滤事件）命令按钮，在弹出的"添加图像过滤事件"对话框中，选择"过滤器插件"下拉列表中的"镜头效果光晕"命令，结果如图 4-240 所示。

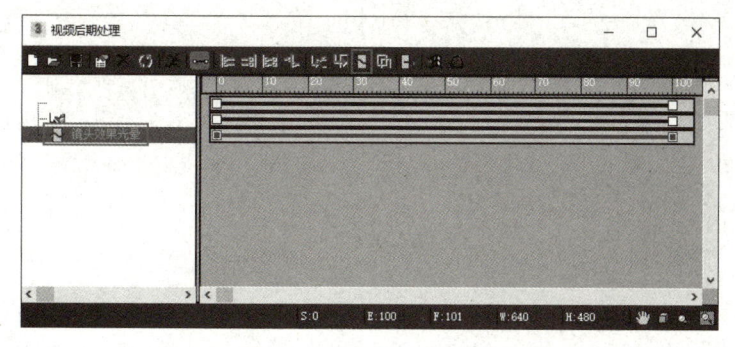

图 4-240　添加图像过滤事件

（19）设置镜头效果参数。在队列列表中双击"镜头效果光晕"图像过滤事件，在弹出的"编辑过滤事件"对话框中，单击 设置... 命令按钮，在弹出的"镜头效果光晕"对话框中，依次单击 VP 队列 、 预览 按钮，并在"属性"选项卡中设置属性，将时间滑块拖到第 51 帧处，单击 更新 按钮，效果如图 4-241 所示。

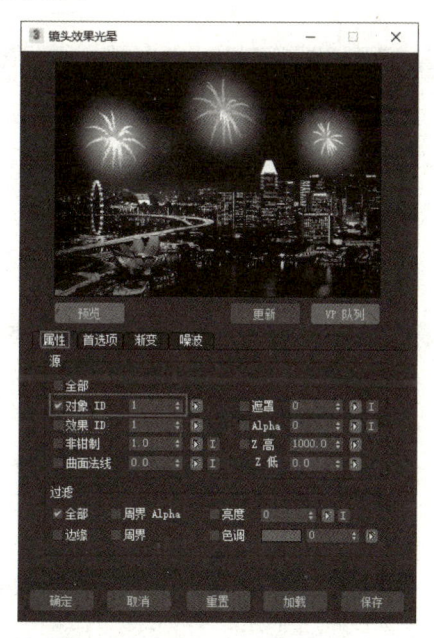

图 4-241　第 51 帧镜头效果光晕效果

（20）在"首选项"选项卡中，设置"效果"选项组中的"大小"值为 0.5，在"噪波"选项卡中，勾选"红""绿""蓝"复选框，如图 4-242 所示。

（21）添加图像输出事件。单击工具栏上的 ▨ （添加图像输出事件）命令按钮，在弹出的"添加图像输出事件"对话框中，单击 文件... 按钮，在弹出的"为视频后期处理输出选择图像文件"对话框中，将文件命名为"烟花效果"，保存类型为 AVI，如图 4-243 所示。

261

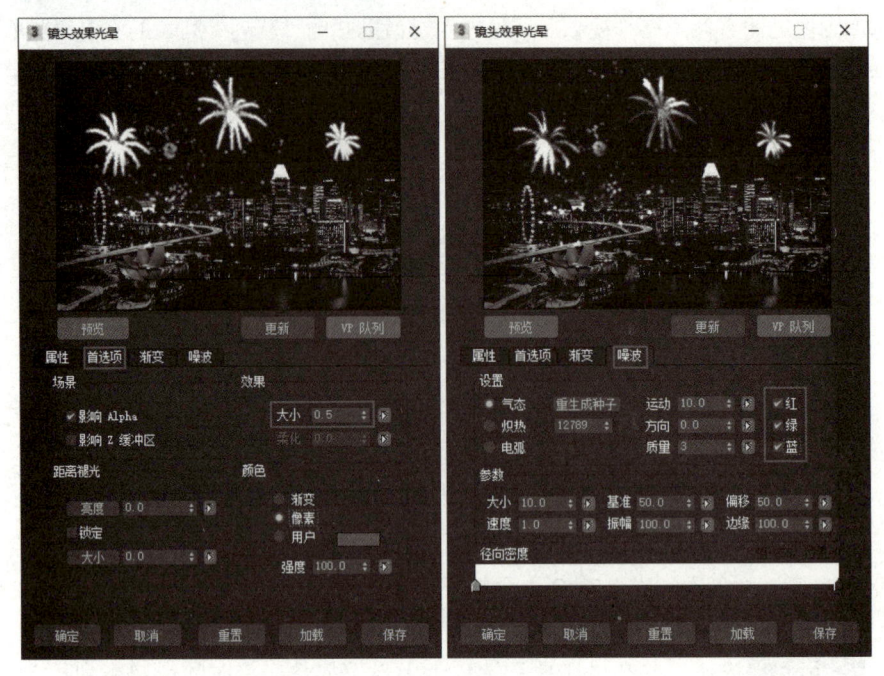

图 4-242　设置镜头效果其他参数

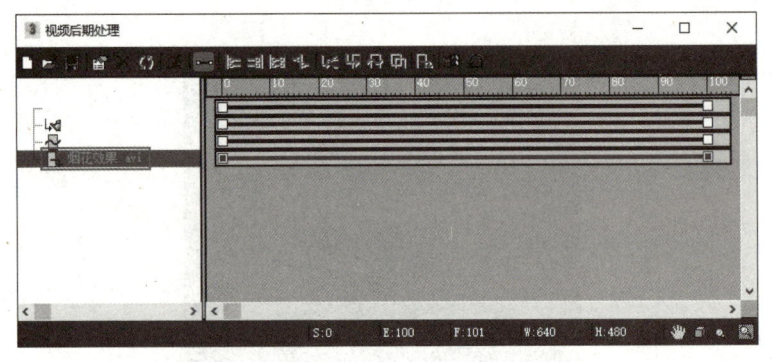

图 4-243　添加图像输出事件

（22）输出动画文件。单击工具栏上的 按钮，在弹出的"执行视频后期处理"对话框中，选中"范围"单选按钮，设置输出尺寸为 640×480，单击 按钮，输出动画。

4.7.5　实战演练 12——爆炸效果

本实例通过爆炸效果的制作，要求掌握 3ds Max 中粒子阵列的功能和使用方法；掌握使用粒子阵列制作爆炸效果的方法；掌握粒子阵列在动画中的应用方法。爆炸效果，如图 4-244 所示。

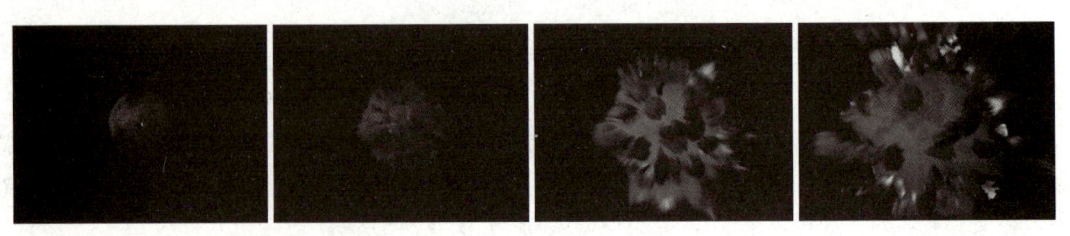

图 4-244　爆炸效果

模块四　基本和高级动画制作

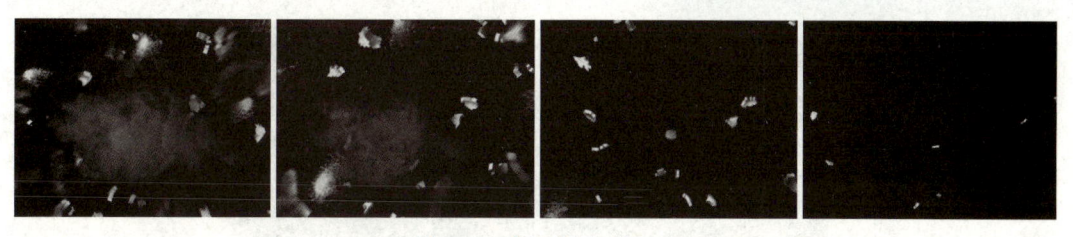

图 4-244　爆炸效果（续）

操作步骤：
（1）打开素材文件。启动 3ds Max 软件，打开本书素材"爆炸效果.max"文件，如图 4-245 所示。

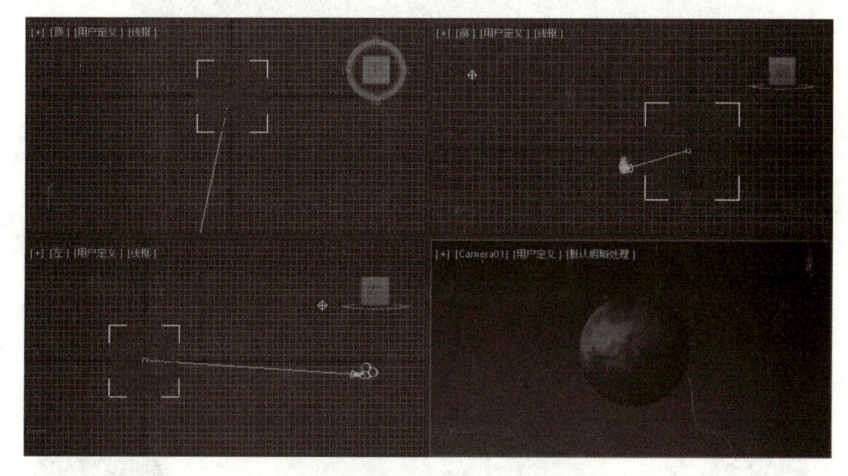

图 4-245　打开素材"爆炸效果.max"文件

（2）制作爆炸效果。在命令面板上单击 ＋ （创建）→ ● （几何体）→ 粒子系统 → 粒子阵列 按钮，在前视口中按住鼠标拖动，创建一个粒子阵列发射器，如图 4-246 所示。

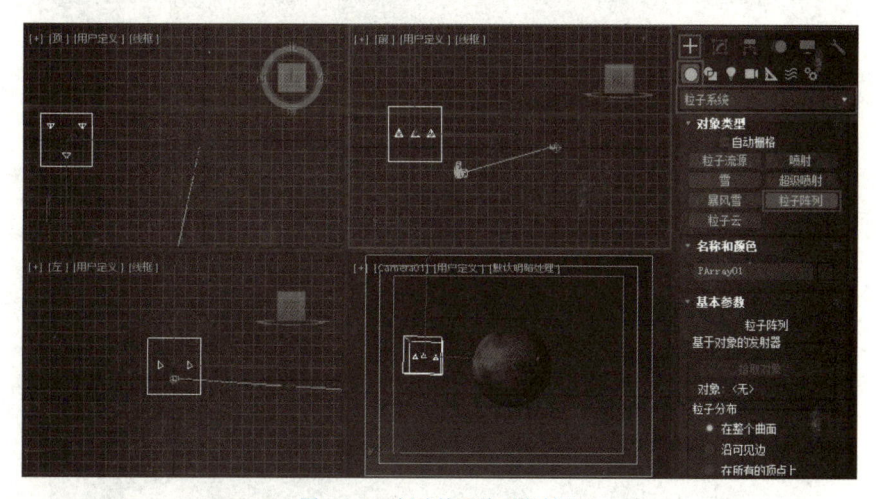

图 4-246　创建粒子阵列发射器

（3）设置粒子参数。选择创建的粒子阵列，在命令面板中单击 （修改）命令，打开修改面板，单击"基本参数"卷展栏中的 拾取对象 按钮，在视口中拾取星球作为粒子发射器。设置"视口显示"为"网格"；在"粒子类型"参数卷展栏中，设置"粒子类型"为"对象碎片"，碎片"厚度"为 10，"碎片数目"最小值为 80；在"材质贴图和来源"选项组中单击"拾取的发射器"单选按钮，并单击 材质来源: 按钮，如图 4-247 所示。

263

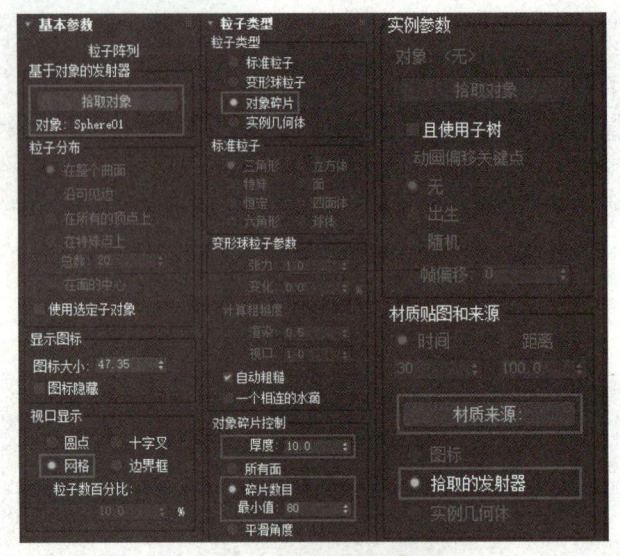

图 4-247 设置"粒子阵列"参数

（4）此时，将时间滑块移动到第 6 帧，查看效果如图 4-248 所示。

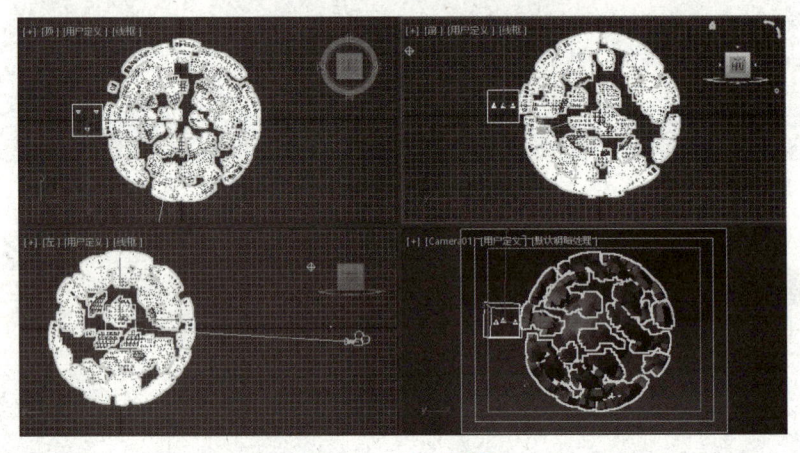

图 4-248 第 6 帧效果

（5）设置"粒子生成"参数。将时间滑块移动到第 18 帧，"粒子生成"参数设置及效果如图 4-249 所示。

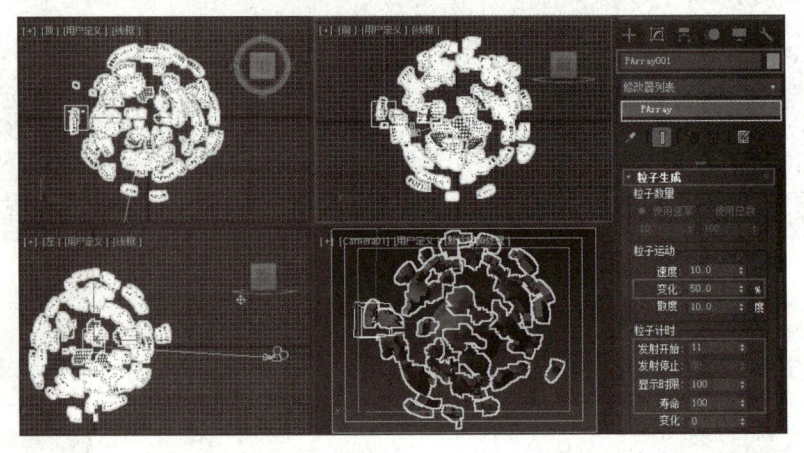

图 4-249 "粒子生成"参数及效果

模块四　基本和高级动画制作

（6）设置粒子阵列其他参数。在"旋转和碰撞"参数卷展栏中设置"自旋时间"值为50；在"对象运动继承"参数卷展栏中设置"影响"值为0%，如图4-250所示。

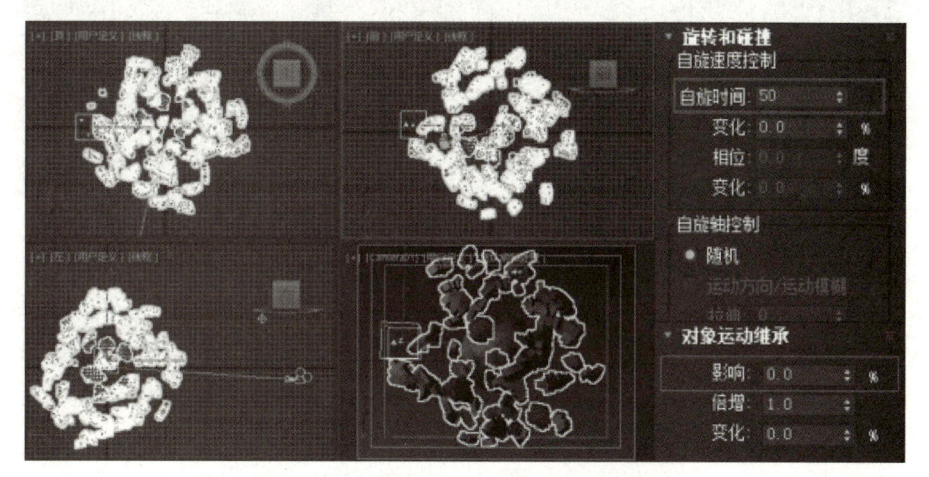

图4-250　设置粒子阵列其他参数

（7）制作星球可见性动画。在动画控制区单击 自动关键点 按钮，进入"自动关键点"模式。在第11帧处，选择"星球"并右击，在弹出的菜单中选择"对象属性"命令，在弹出的"对象属性"对话框中，设置其"渲染控制"组中的"可见性"属性值为0，如图4-251所示。

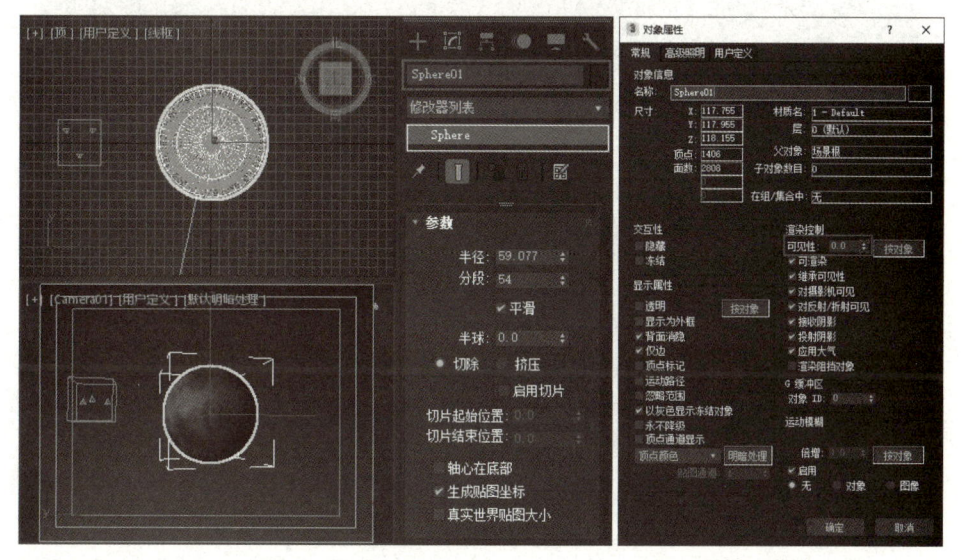

图4-251　设置第11帧星球可见性

（8）用同样的方法，在第0帧处设置"星球"的"可见性"属性值为1。在第0帧处右击，在弹出的菜单中选择"Sphere01：可见性"命令，在弹出的"Sphere01：可见性"对话框中，设置"输出"切线为阶梯式，使星球在爆炸的瞬间变为不可见，如图4-252所示。再次单击 自动关键点 按钮关闭动画记录状态。

（9）制作爆炸火光和烟雾效果。此处用材质实现，在前视口中创建一个适当大小的"平面"，设置其"长度分段"和"宽度分段"值为1，如图4-253所示。

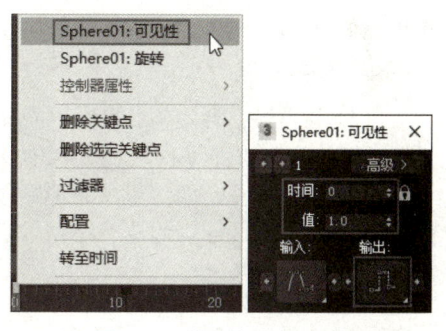

图4-252　第0帧星球可见性

265

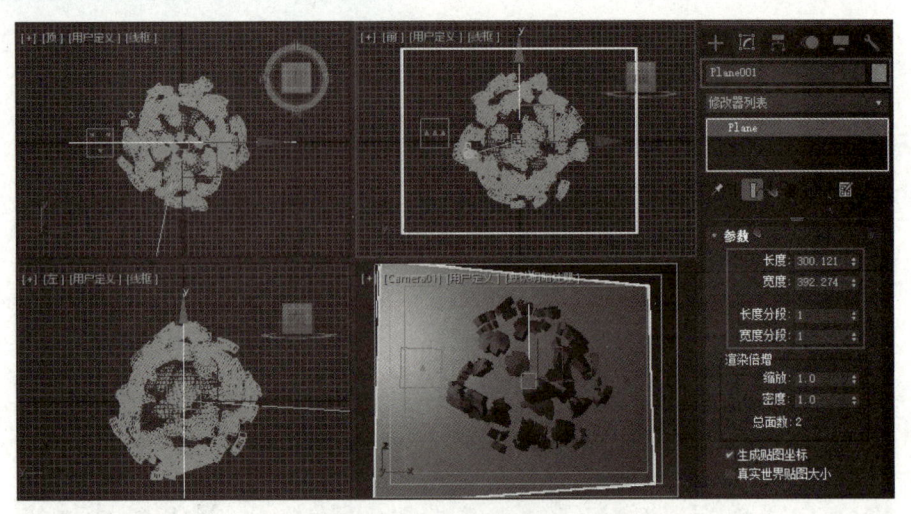

图 4-253 创建一个平面

（10）将平面对齐到摄影机视口。激活摄影机视口，选择"平面"对象，在主工具栏上选择"对齐"工具组中的 ▦（对齐到视图）命令，在弹出的"对齐到视图"对话框中，选择"对齐 Z"单选按钮，调整平面大小，使其与摄影机视口大小相匹配，如图 4-254 所示。

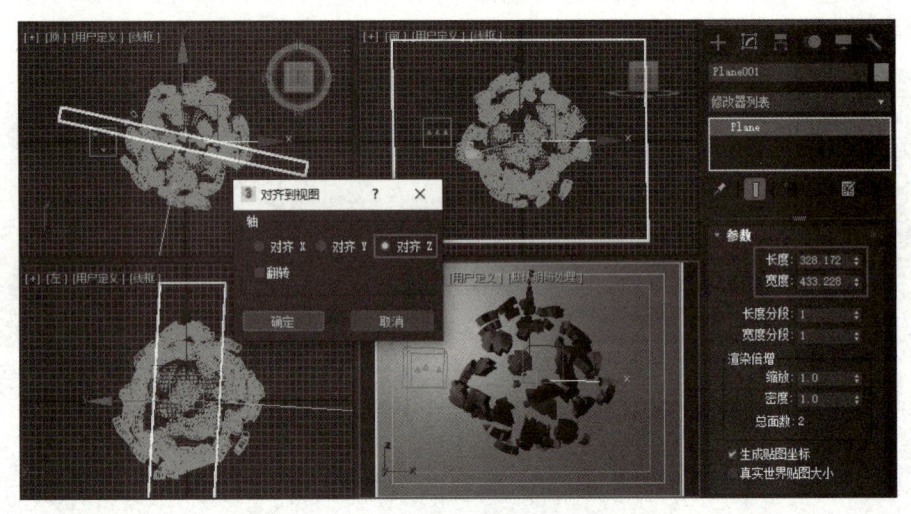

图 4-254 将平面对齐到摄影机视口

（11）编辑平面材质。按"M"键，打开"Slate 材质编辑器"对话框，在"示例窗"中双击第三个空白的材质球。双击该材质的标题栏，在打开的参数编辑器中单击"漫反射"右侧的贴图按钮，在打开的"材质/贴图浏览器"对话框中双击"位图"选项，在打开的"选择位图图像文件"对话框中选择本书素材"EXP_PICS\EXPC00000.jpg"文件，并勾选"序列"复选框，最后单击 打开(O) 按钮，如图 4-255 所示。

（12）设置贴图开始帧。单击"漫反射"贴图按钮，进入其参数卷展栏，单击打开"时间"卷展栏，设置"开始帧"的值为 11，如图 4-256 所示。

（13）设置"不透明度"贴图通道贴图。用同样的方法，为"不透明度"贴图通道设置贴图文件"EXP_PICS\ EXPO00000.jpg"，勾选"序列"复选框；设置其"时间"卷展栏的"开始帧"值为 11，如图 4-257 所示。

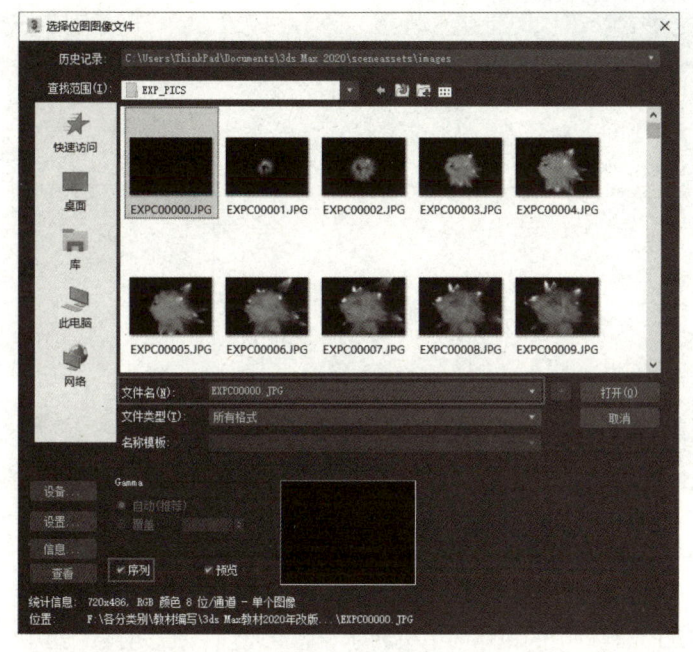

图 4-255 设置"漫反射"贴图

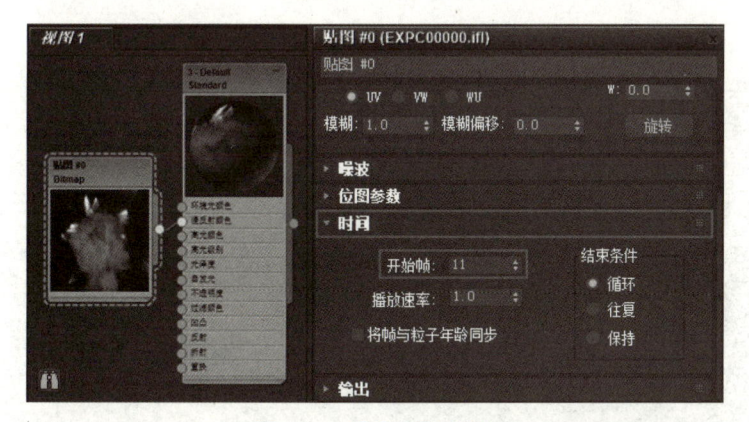

图 4-256 设置贴图开始帧

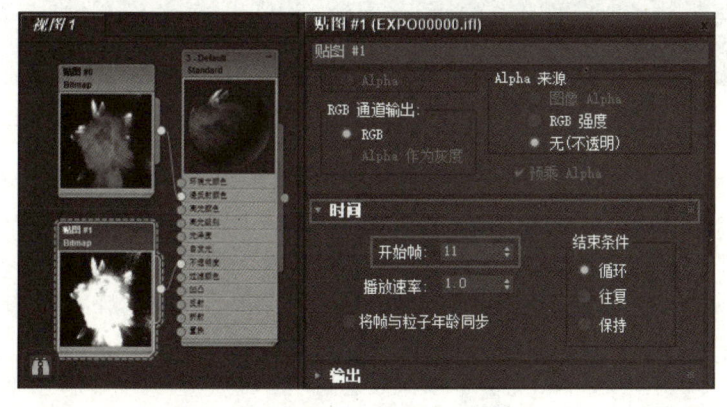

图 4-257 设置"不透明度"贴图

(14) 将该材质赋予平面,第 20 帧的效果如图 4-258 所示。

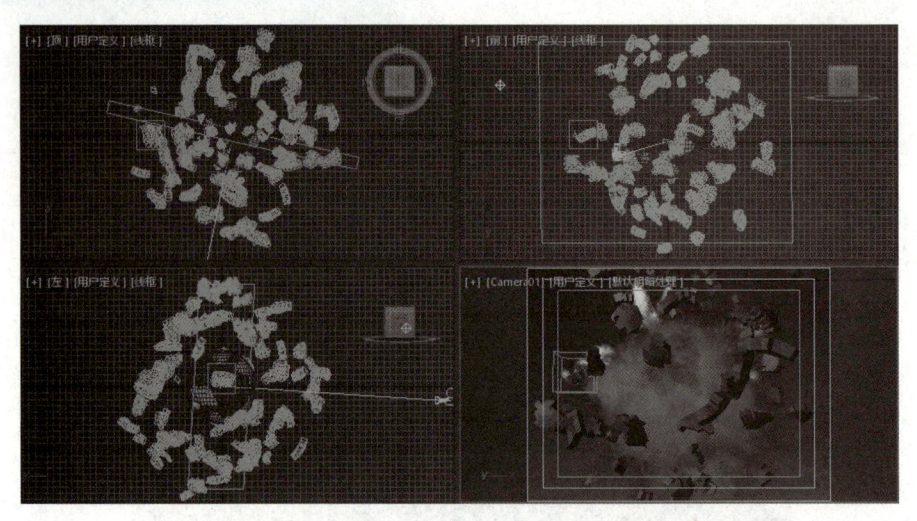

图 4-258　第 20 帧的效果

（15）创建灯光，模拟碎片被火光照亮的效果。在命令面板上单击 ![+]（创建）→ ![灯光图标]（灯光）→ ![泛光] 按钮，在顶视口中的星球的中央创建一盏泛光灯。在"阴影"组中勾选"启用"复选框，启用阴影，设置阴影类型为"阴影贴图"；设置灯光"倍增"值为 3，颜色为 RGB（255，180，0），如图 4-259 所示。

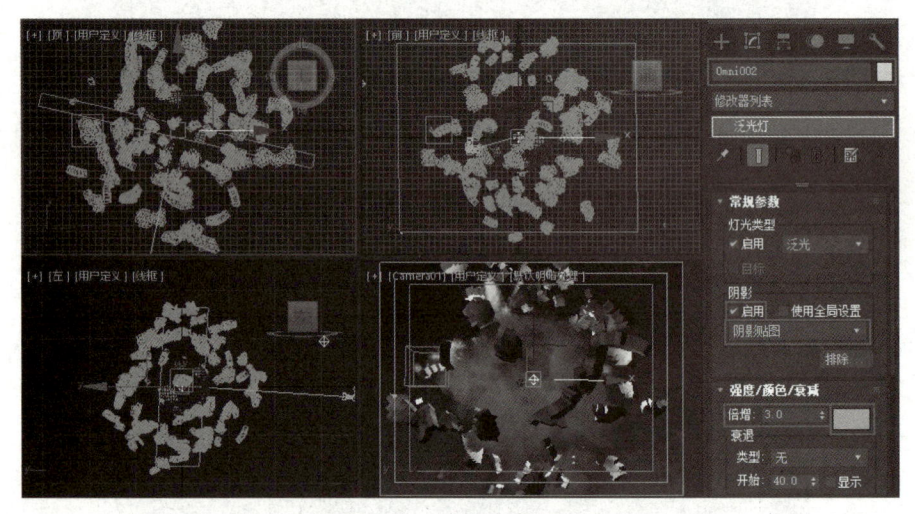

图 4-259　创建灯光

（16）设置运动模糊。选择碎片，右击，在弹出的菜单中选择"对象属性"命令，在弹出的"对象属性"对话框中，选择"运动模糊"组中的"图像"单选按钮，如图 4-261 所示。

（17）设置模糊持续时间。选择"渲染"→"渲染设置"命令，在弹出的"渲染设置"对话框中选择"渲染器"选项卡，设置"图像运动模糊"组中的"持续时间（帧）"值为 1.5，增大模糊度，如图 4-262 所示。

（18）渲染动画。单击主工具栏上的 ![图标]（渲染设置）按钮，打开"渲染设置"对话框，设置"时间输出"选项为"活动时间段"，"输出大小"为 640x480，文件"保存类型"为 AVI，文件名为"爆炸效果"，输出动画文件。

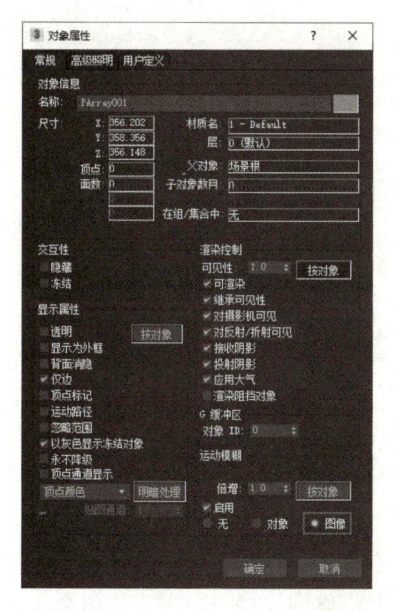

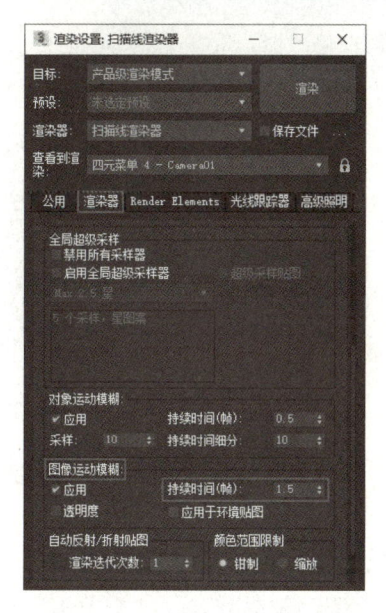

图 4-261　设置运动模糊　　　　　　　　图 4-262　设置模糊持续时间

4.7.6　实战演练 13——落叶效果

本实例通过落叶效果的制作，要求掌握 3ds Max 中暴风雪粒子的功能和使用方法；掌握使用暴风雪粒子制作落叶效果的方法；掌握用实例替代粒子的方法，并能将其灵活应用到动画制作中。落叶效果，如图 4-263 所示。

图 4-263　落叶效果

操作步骤：

（1）制作树叶模型。启动 3ds Max 软件，在命令面板上单击 ➕（创建）→ ⬤（几何体）→ 平面 按钮，在顶视口中创建一个平面，设置平面"长度"值为 10，"宽度"值为 8，"长度分段"值为 4，"宽度分段"值为 11，如图 4-264 所示。

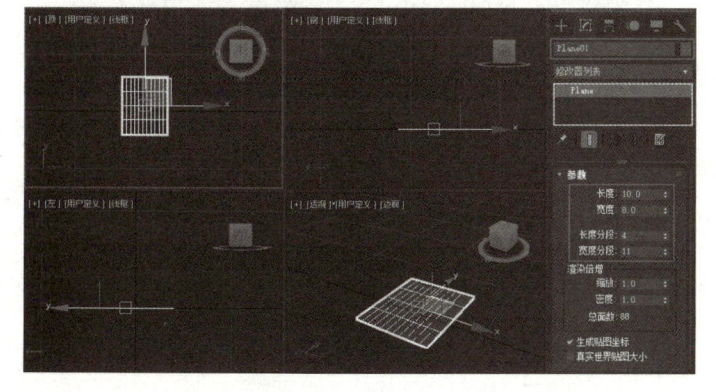

图 4-264　创建一个平面

（2）添加弯曲修改器。选择平面，在命令面板上单击 ，"修改"→"修改器列表"→"弯曲"命令，设置"角度"值为-86，"方向"值为10，如图4-265所示。

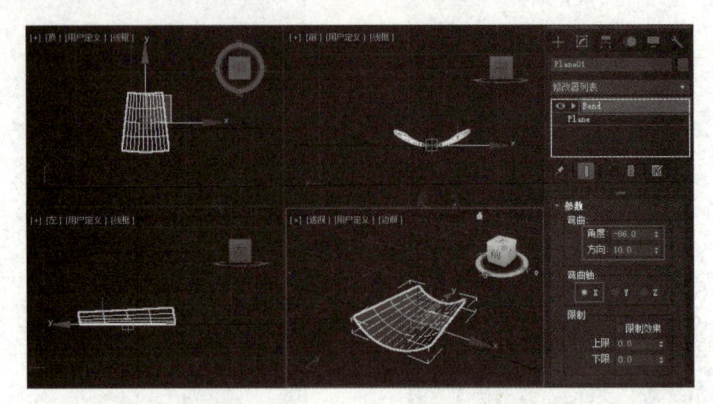

图 4-265　添加弯曲修改器

（3）设置树叶材质。按"M"键，打开"Slate 材质编辑器"对话框，在"示例窗"中双击第一个空白的材质球。双击该材质的标题栏，在打开的参数编辑器中设置"自发光"值为100，"高光级别"和"光泽度"值为0；单击"漫反射"右侧的贴图按钮，在打开的"材质/贴图浏览器"对话框中双击"位图"选项，在打开的"选择位图图像文件"对话框中选择本书素材"树叶.png"文件；用同样的方法，在"不透明度"贴图按钮上单击，为其添加本书素材"树叶黑白.jpg"文件，并将材质赋予树叶模型，如图4-266所示。

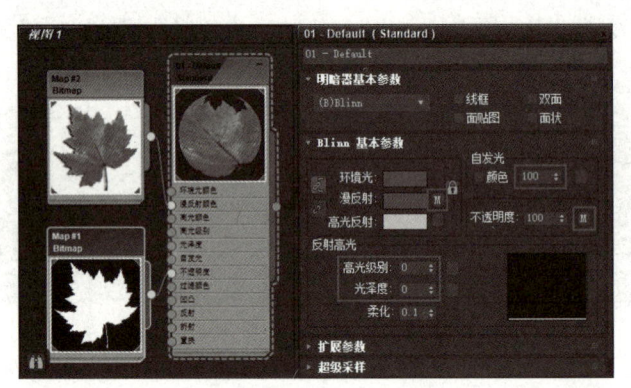

图 4-266　设置树叶材质

（4）赋予材质后的树叶模型效果，如图4-267所示。

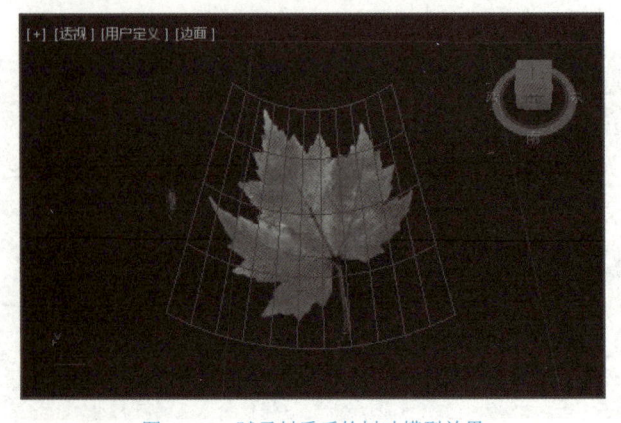

图 4-267　赋予材质后的树叶模型效果

模块四　基本和高级动画制作

（5）创建暴风雪粒子系统。在命令面板上单击 ╋（创建）→ ◯（几何体）→ 粒子系统 ▼ → 暴风雪 按钮，在顶视口中按住鼠标拖动，创建一个暴风雪粒子发射器，粒子参数设置如图4-268所示。

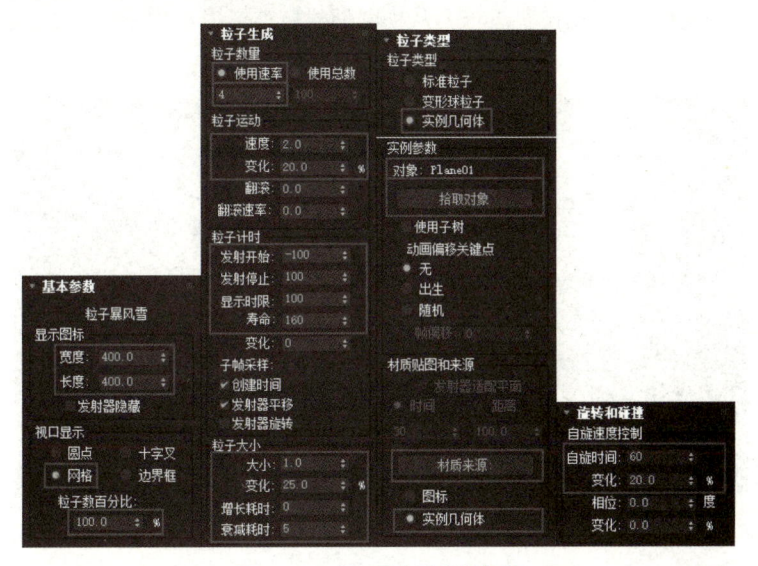

图4-268　暴风雪粒子参数设置

（6）此时，粒子效果如图4-269所示。

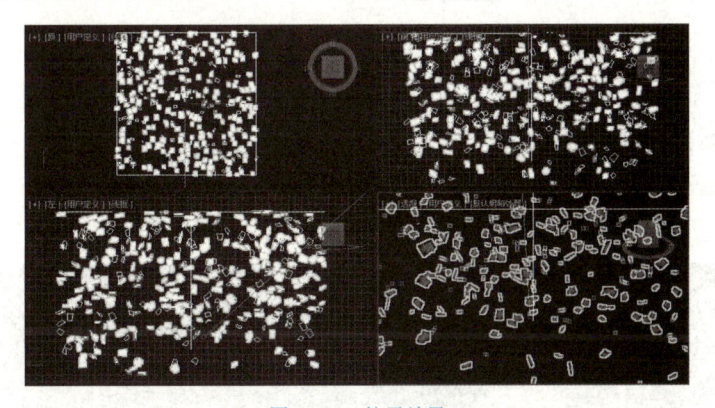

图4-269　粒子效果

（7）设置环境贴图。按"8"键，打开"环境和效果"对话框，单击"环境贴图"按钮，在打开的"材质/贴图浏览器"对话框中双击"位图"选项，在打开的"选择位图图像文件"对话框中选择本书素材"背景.jpg"文件；按"M"键，打开"Slate材质编辑器"对话框，在"场景材质"卷展栏中双击"贴图#5"，在"视图1"中双击"贴图#5"的标题栏，在打开的贴图"坐标"卷展栏中设置环境"贴图"坐标为屏幕，如图4-270所示。

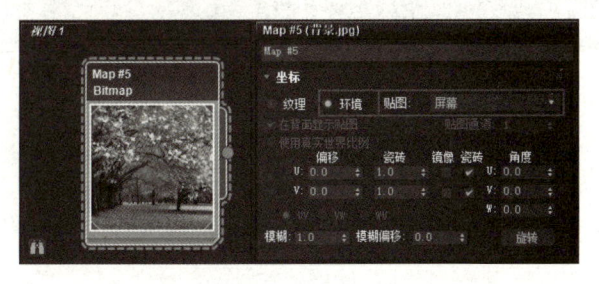

图4-270　设置环境贴图

271

(8) 视口配置。激活透视口，按"Alt+B"组合键，打开"视口配置"对话框，在"背景"选项卡中选择"使用环境背景"选项，单击 确定 按钮。

(9) 创建目标摄影机。激活透视口，按"Shift+F"组合键，打开安全框，将视口角度和范围调整到适合位置，执行"创建"→"摄影机"→"从视图创建标准摄影机"命令。此时，透视口自动切换为摄影机视口，如图 4-271 所示。

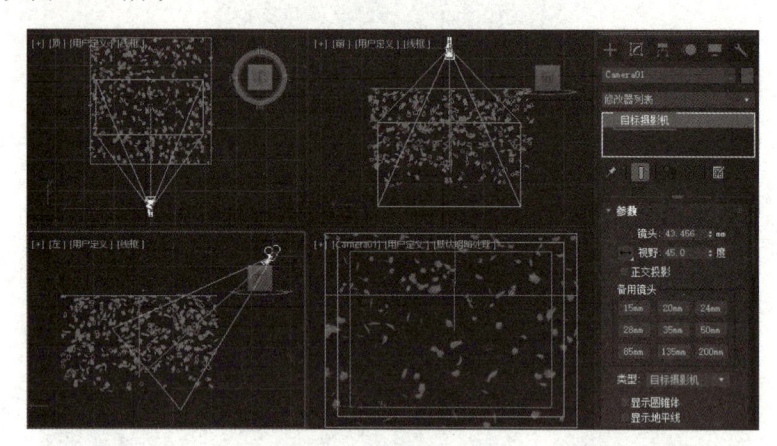

图 4-271　创建目标摄影机

(10) 渲染动画。单击主工具栏上的 （渲染设置）按钮，打开"渲染设置"对话框，设置"时间输出"选项为"活动时间段"，"输出大小"为 640x480 ，文件"保存类型"为 AVI，文件名为"落叶效果"，输出动画文件。

4.7.7　实战演练 14——字符雨效果

本实例通过字符雨效果的制作，要求掌握 3ds Max 中粒子流粒子系统的功能和使用方法；掌握使用粒子流粒子系统制作字符雨效果的方法，并能够熟练使用粒子视图制作各种特效动画。字符雨效果，如图 4-272 所示。

图 4-272　字符雨效果

操作步骤：

(1) 创建文本。启动 3ds Max 软件，在命令面板上单击 （创建）→ （图形）→ 文本 按钮，在前视口中创建一个文本"0"，设置其"字体"为微软雅黑，"大小"为 100，如图 4-273 所示。

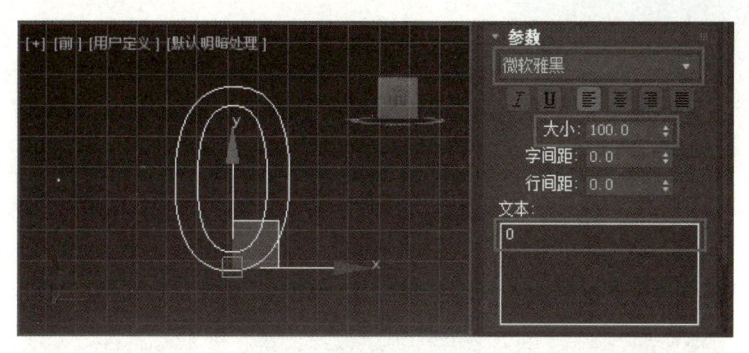

图 4-273　创建文本 0

（2）设置文本渲染参数。选择创建的文本，在 ![] （修改）命令面板中，单击展开"渲染"卷展栏，设置参数，如图 4-274 所示。

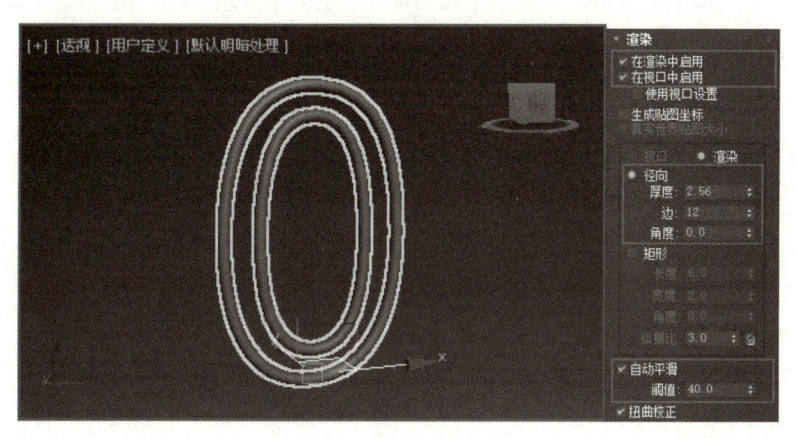

图 4-274　设置文本渲染参数

（3）创建文本组 001。用同样的方法，创建数字"1"～"9"共 9 个文本。同时选中这 10 个文本，执行"组"→"组..."菜单命令，在打开的"组"对话框中，将其命名为"组 001"，如图 4-275 所示。

图 4-275　创建文本组 001

（4）创建第二组中的文本 0。用同样的方法，在前视口中创建一个"0"文本。选择创建的文本，在命令面板上执行"修改"→"修改器列表"→"挤出"命令，设置挤出"数量"值为 0，如图 4-276 所示。

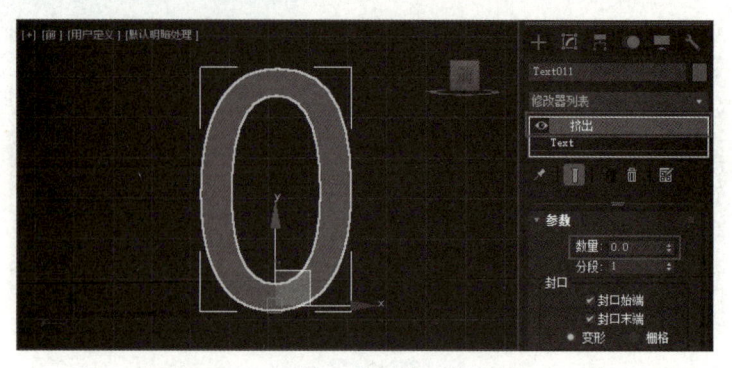

图 4-276　创建第二组中的文本 0

（5）创建文本组 002。用同样的方法，创建数字"1"～"9"共 9 个文本。同时选中这 10 个文本，选择"组"→"组..."菜单命令，在打开的"组"对话框中，将其命名为"组 002"，如图 4-277 所示。

图 4-277　创建文本组 002

（6）设置动画时间长度。单击动画控制区中的 ![] （时间配置）按钮，在弹出的"时间配置"对话框中设置动画"长度"值为 160。

（7）创建粒子系统。在命令面板上单击 ![] （创建）→ ![] （几何体）→ 粒子系统 ▼ → 粒子流源 按钮，在顶视口中按住鼠标拖动，创建一个粒子流源粒子发射器，设置参数，如图 4-278 所示。

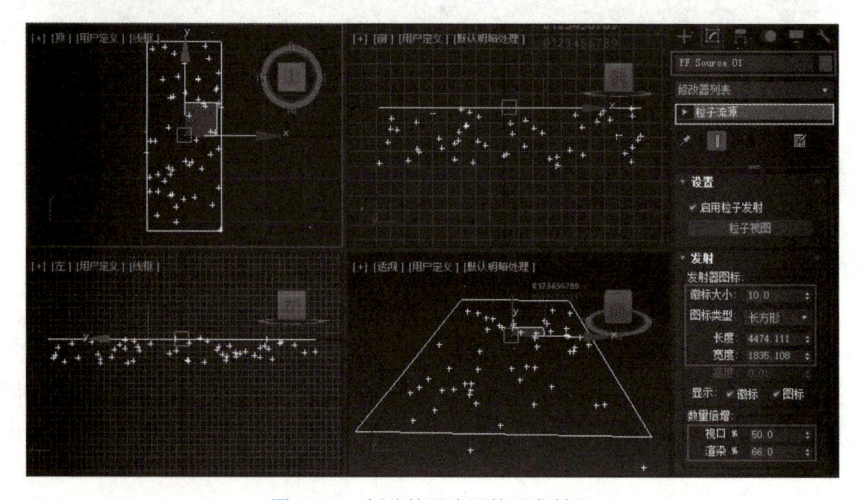

图 4-278　创建粒子流源粒子发射器

模块四　基本和高级动画制作

（8）设置出生参数。单击"设置"参数卷展栏中的　　粒子视图　　按钮，打开"粒子视图"对话框，设置"出生"参数，如图 4-279 所示。

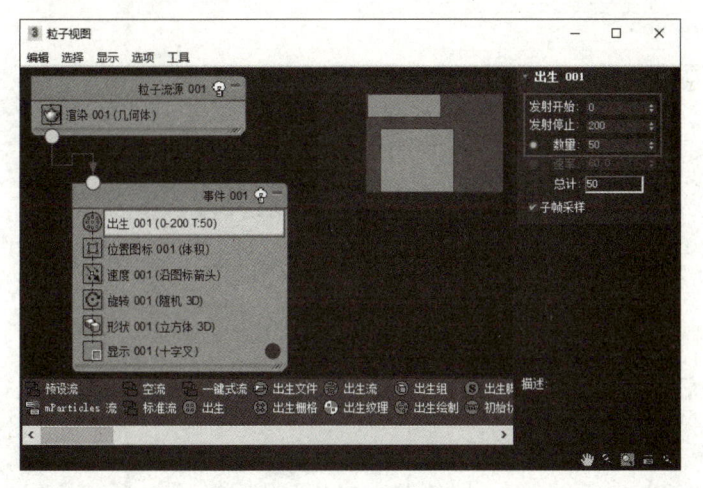

图 4-279　设置出生参数

（9）设置粒子形状。在"粒子视图"的仓库中选择"图形实例（001（组 002））"操作符，替代"事件 001"中的"形状 001"操作符，设置参数，如图 4-280 所示。

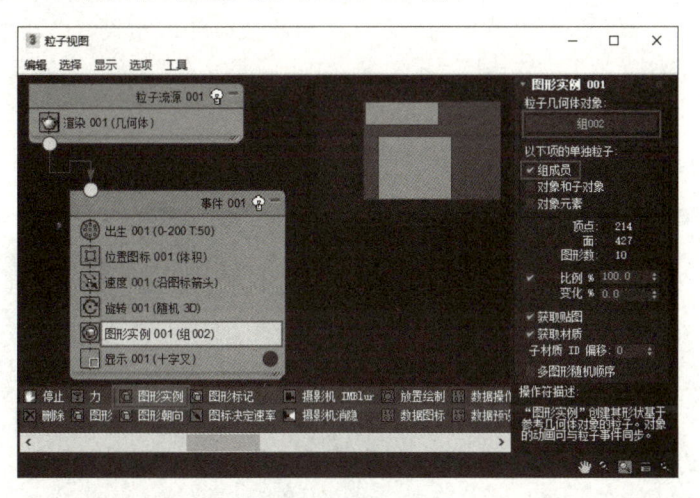

图 4-280　设置粒子形状

（10）继续设置事件 001 中的粒子参数。在"粒子视图"中设置"事件 001"的"速度""旋转""显示"属性，如图 4-281 所示。

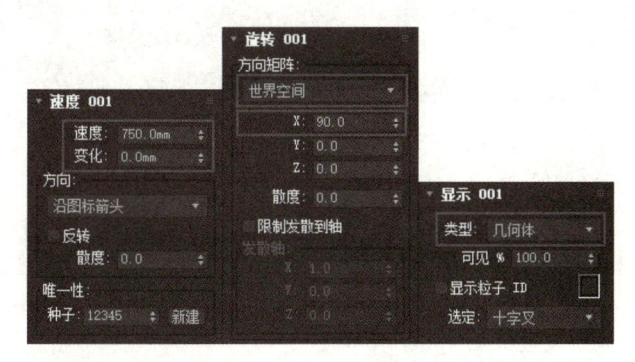

图 4-281　设置事件 001 中的粒子参数

275

（11）为组 002 粒子编辑材质。按"M"键，打开"Slate 材质编辑器"对话框，在"示例窗"中双击第一个空白的材质球，将其设为"多维/子对象"材质类型，其参数设置如图 4-282 所示。

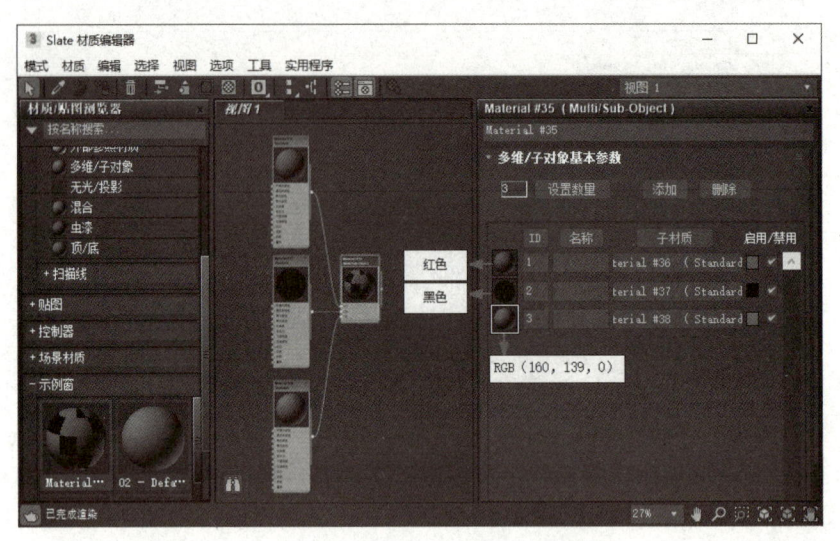

图 4-282　为组 002 粒子编辑材质

（12）为粒子指定材质。在"粒子视图"的仓库中选择"材质动态（001（Material#35））"操作符，将其添加到"事件 001"中"显示"操作符的上方，在"材质动态 001"卷展栏中，单击"指定材质"按钮，在弹出的"材质/贴图浏览器"中，选择"示例窗"中上面编辑的"多维/子对象"材质，其参数设置如图 4-283 所示。

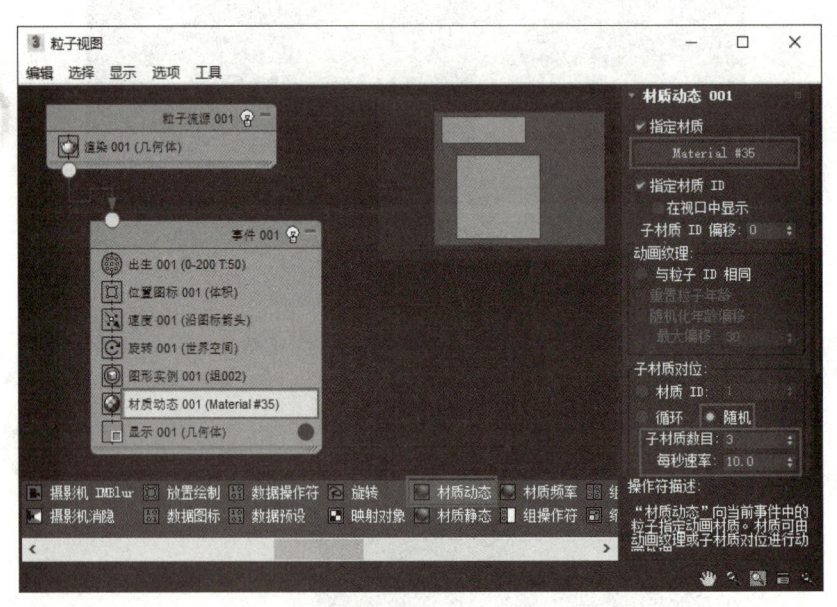

图 4-283　为粒子指定材质

（13）添加"繁殖"测试符。在"粒子视图"的仓库中选择"繁殖（001（按速率））"操作符，将其添加到"事件 001"中"材质动态"操作符的上方，其参数设置如图 4-284 所示。

（14）创建事件 002。在"粒子视图"的仓库中选择"图形实例（002（组 001））"操作符，将其拖放到"事件显示"窗口的空白位置，创建"事件 002"。设置其"显示"操作符的显示"类型"为"几何体"，"图形实例"参数设置如图 4-285 所示。

模块四　基本和高级动画制作

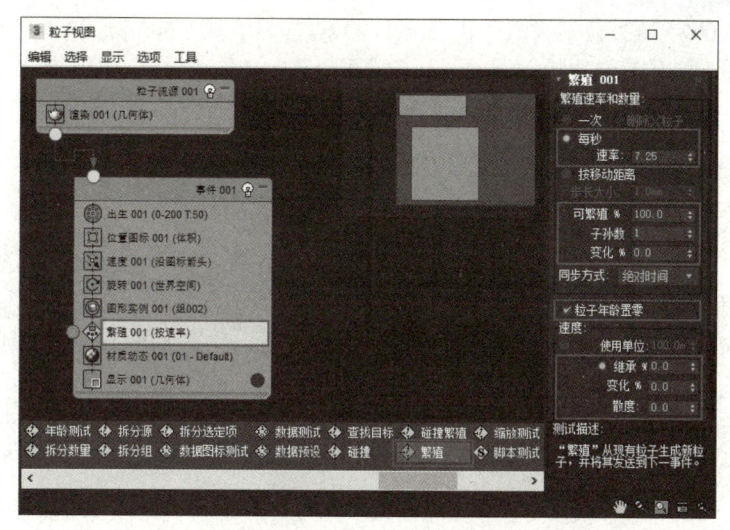

图 4-284　添加"繁殖"测试符

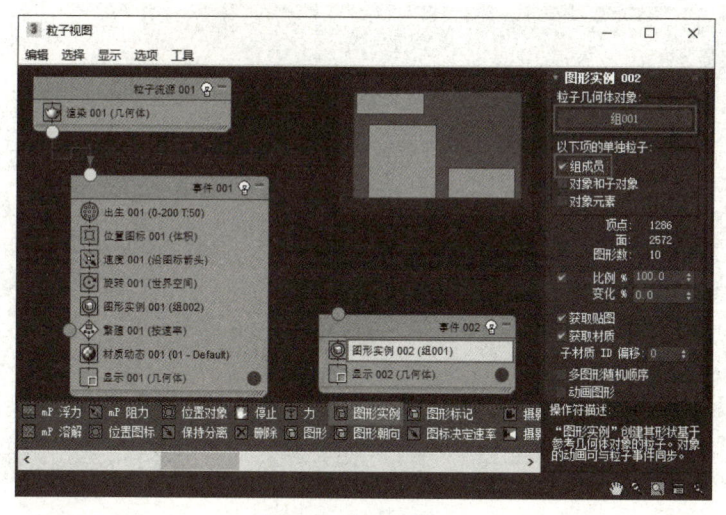

图 4-285　创建事件 002

（15）为组 001 粒子编辑材质。按"M"键，打开"Slate 材质编辑器"对话框，在"示例窗"中双击第二个空白的材质球，设置其"漫反射"颜色值为 RGB（0,152,18），为其"不透明度"贴图通道添加"粒子年龄"贴图，如图 4-286 所示。

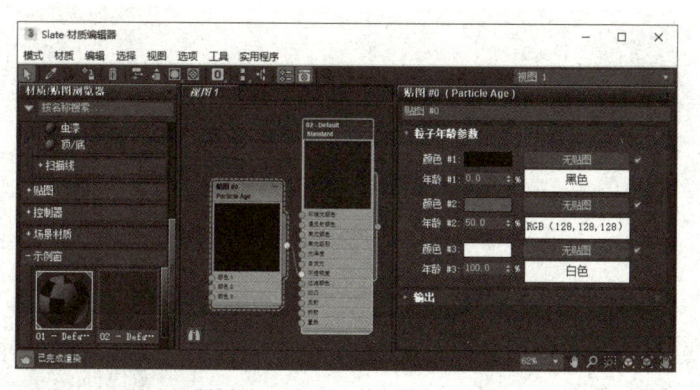

图 4-286　为组 001 粒子编辑材质

277

（16）编辑事件 002。在"粒子视图"中，用同样的方法，为"事件 002"添加"旋转""材质动态""删除"操作符。"旋转"操作符参数设置同前；为"材质动态"操作符指定上面编辑的材质；设置"删除"操作符"移除"选项为"按粒子年龄"，"寿命"值为 33，"变化"值为 8，如图 4-287 所示。

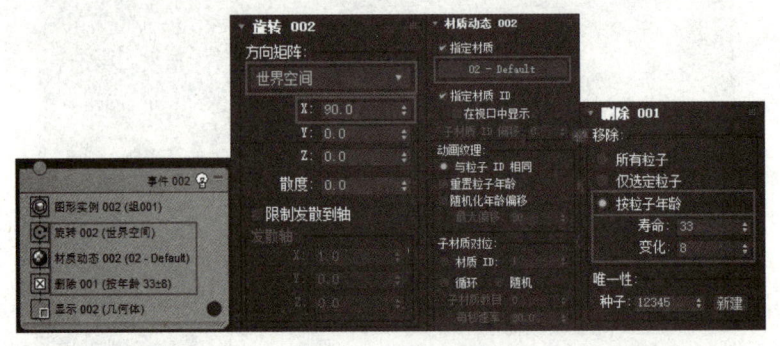

图 4-287　编辑事件 002

（17）连接事件。将"事件 002"与"繁殖"操作符相连接，如图 4-288 所示。

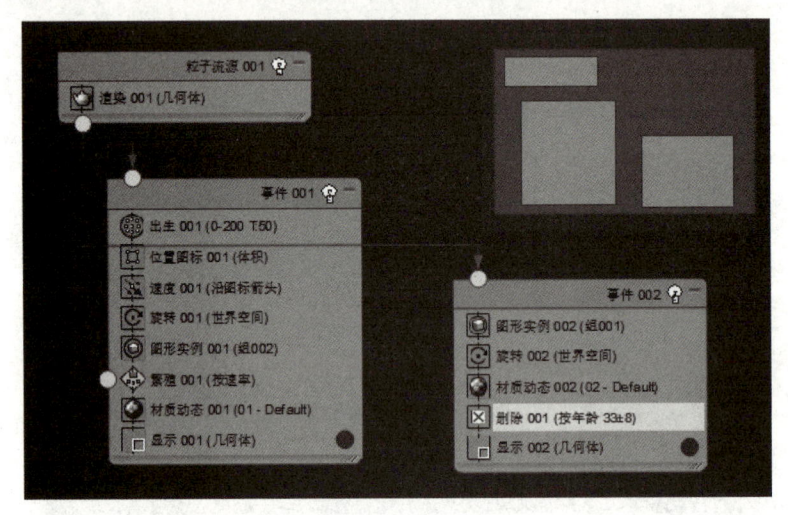

图 4-288　连接事件

（18）创建目标摄影机。激活透视口，按"Shift+F"键，打开安全框，将视口角度和范围调整到适合位置，选择"创建"→"摄影机"→"从视图创建标准摄影机"命令。此时，透视口自动切换为摄影机视口，如图 4-289 所示。

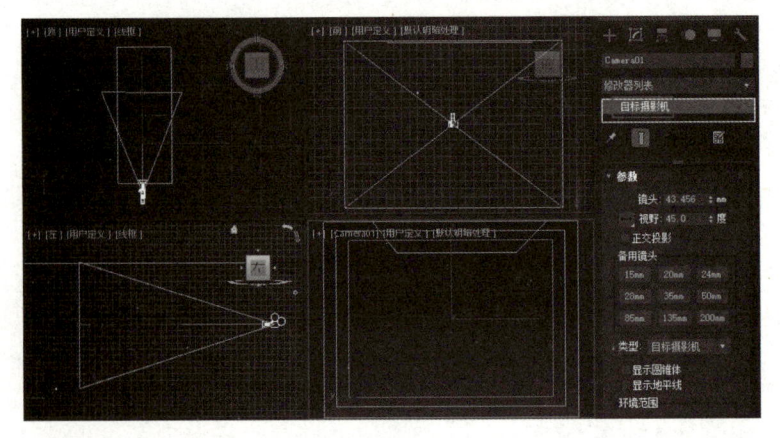

图 4-289　创建目标摄影机

（19）制作摄影机动画。选择目标摄影机，在动画控制区单击 自动关键点 按钮，打开"自动关键点"模式记录动画；将时间滑块移动到第 160 帧，在顶视口中制作摄影机向前推镜动画，如图 4-290 所示。再次单击 自动关键点 按钮关闭动画记录状态。

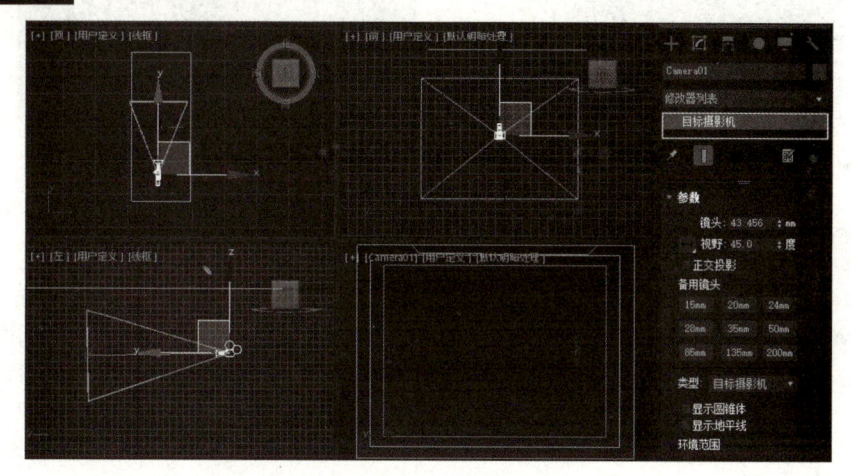

图 4-290　制作摄影机动画

（20）渲染动画。设置环境贴图"STARS01.tga"；单击主工具栏上的 （渲染设置）按钮，打开"渲染设置"对话框，设置"时间输出"选项为"活动时间段"，"输出大小"为 640x480 ，文件"保存类型"为 AVI，文件名为"字符雨效果"，输出动画文件。

4.8　MassFX 动力学动画

3ds Max 的 MassFX 提供了用于为项目添加真实物理模拟的工具集，使用它可以模拟真实世界中诸如物体间相互碰撞、风吹窗帘等用普通动画制作方法难以真实表现的动画效果。

4.8.1　认识 MassFX 工具栏

使用 MassFX 最便捷的方法就是使用 MassFX 工具栏，MassFX 工具栏中提供了用于快速访问动力学最常用的命令。可以通过在主工具栏的空白位置单击鼠标右键，在弹出的快捷菜单中选择"MassFX 工具栏"命令，打开 MassFX 工具栏，如图 4-291 所示。

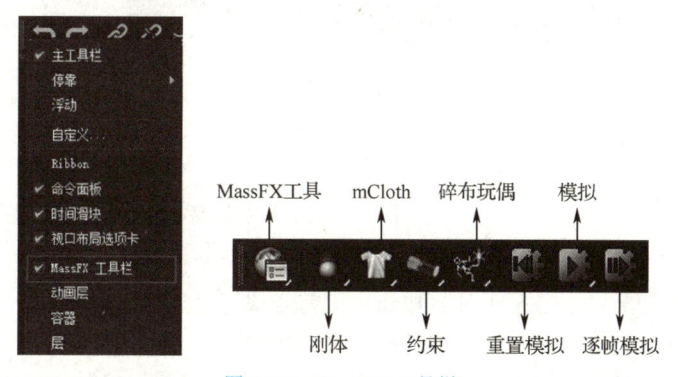

图 4-291　MassFX 工具栏

"MassFX 工具"弹出按钮：使用此弹出按钮上的按钮，可以直接访问"MassFX 工具"对话框的不同面板，如图 4-292 所示。

"刚体"弹出按钮：使用这些命令可以将未实例化的 MassFX 刚体修改器应用到每个选定对象，

并将"刚体类型"设置为"动力学"/"运动学"/"静态"类型，如图 4-293 所示。

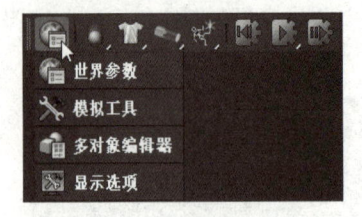

图 4-292 "MassFX 工具"弹出按钮

图 4-293 "刚体"弹出按钮

"mCloth"弹出按钮：使用这些命令可以将 mCloth 修改器应用到对象或从对象中移除修改器，如图 4-294 所示。

"约束"弹出按钮：这些命令用于创建 MassFX 约束辅助对象。调用命令之前，选择两个对象以表示受约束影响的刚体。选择的第一个对象将用作约束的父对象，而第二个对象用作子对象。第一个对象不能是静态刚体，而第二个对象不能是静态或运动学刚体。如果选定的对象没有应用 MassFX 刚体修改器，将打开一个确认对话框，用于为对象应用修改器，如图 4-295 所示。

图 4-294 "mCloth"弹出按钮

"碎布玩偶"弹出按钮：使用这些控件，可以使骨骼系统或 Character Studio Biped 参与 MassFX 模拟，或从模拟中移除角色。选择角色中的任一骨骼或关联的蒙皮网格，然后选择"碎布玩偶"命令，它会影响整个系统，如图 4-296 所示。

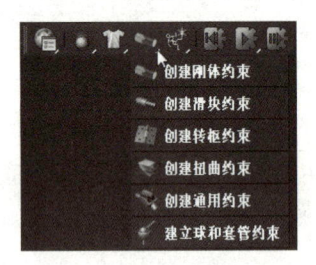

图 4-295 "约束"弹出按钮

图 4-296 "碎布玩偶"弹出按钮

模拟控件：位于工具栏上最后位置的三个按钮，是用于控制模拟的按钮和弹出按钮，如图 4-297 所示。

图 4-297 模拟控件

4.8.2 认识"MassFX 工具"对话框

通过"MassFX 工具"对话框，可以访问在 3ds Max 中创建物理模拟的大多数常规设置和控件。它包含"世界参数""模拟工具""多对象编辑器"和"显示选项"四个选项卡式面板。可以通过在 MassFX 工具栏上单击 （MassFX 工具）按钮直接打开或通过选择"动画"→"MassFX"→"实用程序"→"显示 MassFX 工具"菜单命令打开，如图 4-298 所示。

"世界参数"面板：提供在 3ds Max 中创建物理模拟的全局设置和控件。这些设置会影响模拟中的所有对象。

"模拟工具"面板：包含用于控制模拟和访问工具（例如 MassFX 资源管理器）的按钮。

"多对象编辑器"面板：用于为模拟中的对象（刚体和约束）指定局部动态设置。这些设置与"修改"面板上刚体修改器或约束辅助对象的对应设置之间的主要区别在于："多对象编辑器"面板可用于同时为所有选定对象设置属性，而"修改"面板设置一次仅能用于一个对象。

"显示选项"面板：包含用于切换物理网格视口显示的控件以及用于调试模拟的 MassFX 可视化工具。

4.8.3 使用刚体

刚体是物理模拟中的对象，其形状和大小不会更改。例如，如果场景中的圆柱体变成了刚体，那么它可能会反弹、滚动和四处滑动，但无论施加了多大的力，它都不会弯曲或折断。

1. 创建刚体

通过将 MassFX 刚体修改器应用到对象来创建刚体，主要有以下三种方法。

方法 1：使用 MassFX 工具栏

先选择对象，然后从 MassFX 工具栏上的弹出按钮中选择适当的刚体类型。

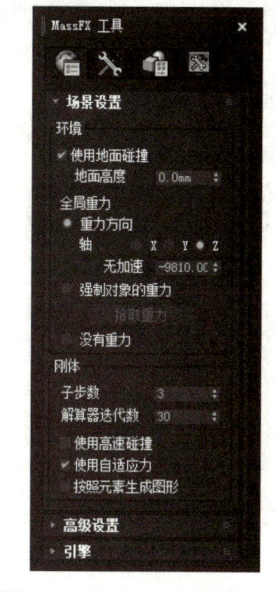

图 4-298 "MassFX 工具"对话框

方法 2：使用 MassFX 刚体修改器

选择对象，在命令面板上单击 "修改"→"修改器列表"→"对象空间修改器"→"MassFX RBody"修改器，创建刚体对象。

方法 3：使用菜单命令

选择对象，选择"动画"→"MassFX"→"刚体"子菜单命令，将选定项设置为动力学、运动学或静态刚体。

2. 刚体的类型

在 3ds Max 中刚体有如下三种类型。

（1）动力学：该动态对象的运动完全由模拟控制。这种类型的刚体受重力、力空间扭曲和被模拟中其他对象（包括布料对象）撞击而产生的力的作用。

（2）运动学：运动学刚体对象可以使用标准方法设置动画，它可以影响模拟中的动态对象，但不会受动态对象的影响。在模拟过程中，运动学刚体对象可以随时切换为动力学刚体对象。

（3）静态：静态刚体对象与运动学刚体对象相似，但不能对其设置动画。同时，它可以是凹面的，这一点与动力学和运动学刚体对象不同。静态刚体对象可以用作容器、墙、障碍物等物体。

3. MassFX 刚体修改器

在场景中创建刚体修改器后，可以在"修改"面板上调整其设置，下面对其几个主要参数卷展栏进行详细介绍。

（1）"刚体属性"卷展栏，如图 4-299 所示。

"刚体类型"：设置选定刚体的模拟类型，包括"动态""运动学"和"静态"。

图 4-299 "刚体属性"卷展栏

"直到帧"：如果启用此选项，那么 MassFX 会在指定帧处将选定的运动学刚体转换为动力学刚体。仅在"刚体类型"设置为"运动学"时可用。这意味着可以使用标准方法设置对象的动画，并将"刚体类型"设置为"运动学"，使其以动画方式执行，直至到达指定帧。在该点，它将变为动力学对象并受完整 MassFX 模拟力的约束。

"烘焙" / "取消烘焙"：将刚体的模拟运动转换为标准动画关键帧，以便进行渲染，仅应用于动力学刚体。如果选定刚体已完成烘焙，则该按钮的标签将变为"取消烘焙"，单击该按钮可以移除关键帧并使刚体恢复为"动态"状态。

"使用高速碰撞"：启用此选项，"高速碰撞"设置将应用于选定刚体。

"在睡眠模式下启动"：启用此选项，刚体将使用世界睡眠设置以睡眠模式开始模拟。这表示，在受到未处于睡眠状态的刚体的碰撞之前，它不会移动。例如，要模拟多米诺骨牌游戏，应在睡眠模式下启动除第一个以外的所有多米诺骨牌。

"与刚体碰撞"：启用（默认设置）此选项后，刚体将与场景中的其他刚体发生碰撞。

（2）"物理材质"卷展栏：用于控制刚体在模拟中与其他元素的交互方式：质量、摩擦力、反弹力等，如图 4-300 所示。

"网格"：使用下拉列表选择要更改其材质参数的刚体的物理图形。默认情况下，所有物理图形都使用名为"（对象）"的公用材质设置。只有"覆盖物理材质"复选框处于启用状态的物理图形才会显示在该列表中。

"预设值"：从列表中选择一个预设，以指定所有的物理材质属性。要使用场景中其他刚体的设置，先单击 按钮，然后选择场景中的刚体。

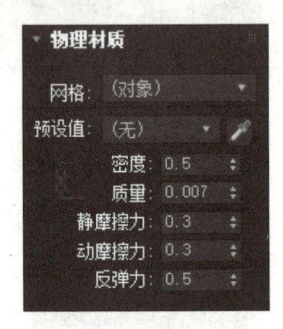

图 4-300 "物理材质"卷展栏

"密度"：设置刚体的密度，度量单位为 g/cm³（克每立方厘米）。这是国际单位制（kg/m³）中等价度量单位的千分之一。

"质量"：设置刚体的质量，度量单位为 kg（千克）。

"静摩擦力"：设置两个刚体开始互相滑动的难度系数。

"动摩擦力"：设置两个刚体保持互相滑动的难度系数。

"反弹力"：设置对象撞击到其他刚体时反弹的轻松程度和高度。

（3）"物理图形"卷展栏：使用此卷展栏可以编辑在模拟中指定给某个对象的物理图形，如图 4-301 所示。

"修改图形"列表：显示组成刚体的所有物理图形。高亮显示列表中的物理图形，以便对其进行重命名、删除、复制和粘贴操作，以及更改其网格参数或影响其变换。

"图形类型"：物理图形类型，其应用于"修改图形"列表中高亮显示的项。

"图形元素"：使"修改图形"列表中高亮显示的图形适合从"图形元素"列表中选择的元素。

"转换为自定义图形"：单击该按钮时，将基于高亮显示的物理图形在场景中创建一个新的可编辑网格对象，并将物理图形类型设置为"自定义"。

"覆盖物理材质"：默认情况下，刚体中的每个物理图形使用在"物理材质"卷展栏上设置的材质。但是，如果使用的是由多个物理图形组成的复杂刚体，则需要为某些物理图形使用不同的设置。在此情况下，可以启用"覆盖物理材质"。

图 4-301 "物理图形"卷展栏

"显示明暗处理外壳"：启用时，将物理图形作为明暗处理视口中的明暗处理实体对象（而不是线框）进行渲染。

4.8.4 使用 MassFX 布料

MassFX 工具集的一个重要部分是 mCloth。mCloth 是一种特殊版本的布料修改器，通过它，布料对象可以完全参与物理模拟，既影响模拟中其他对象的行为，也受到这些对象行为的影响。

1. 创建 mCloth 对象

将对象设置为 mCloth 对象，同样也可以使用 MassFX 工具栏、"mCloth"修改器和"动画"→"MassFX"→"布料"菜单命令三种方法，与创建刚体方法基本相同，在此不再赘述。

2. mCloth 修改器

在场景中创建 mCloth 修改器后，可以在"修改"面板上调整其设置，下面对其中几个主要参数卷展栏进行详细介绍。

（1）"mCloth 模拟"卷展栏，如图 4-302 所示。

"布料行为"：确定 mCloth 对象如何参与模拟。"动态"：mCloth 对象的运动会影响模拟中其他对象的运动，但其也受这些对象运动的影响。"运动学"：mCloth 对象的运动会影响模拟中其他对象的运动，但不受这些对象运动的影响。

"直到帧"：启用时，MassFX 会在指定帧处将选定的运动学布料转换为动力学布料。

"烘焙"/"取消烘焙"：烘焙可以将 mCloth 对象的模拟运动转换为标准动画关键帧进行渲染。

"继承速度"：启用时，mCloth 对象可通过使用动画从堆栈中的 mCloth 对象下面开始模拟。

"动态拖动"：不使用动画即可模拟，且允许拖动布料以设置其姿势或测试行为。

（2）"捕获状态"卷展栏，如图 4-303 所示。

图 4-302 "mCloth 模拟"卷展栏　　图 4-303 "捕获状态"卷展栏

"捕捉初始状态"：将所选 mCloth 对象缓存的第一帧更新到当前位置。

"重置初始状态"：将所选 mCloth 对象的状态还原为应用修改器堆栈中的 mCloth 之前的状态。

"捕捉目标状态"：抓取 mCloth 对象的当前变形，并使用该网格来定义三角形之间的目标弯曲角度。

"重置目标状态"：将默认弯曲角度重置为堆栈中 mCloth 下面的网格。

"显示"：显示布料的当前目标状态，即所需的弯曲角度。

（3）"纺织品物理特性"卷展栏，如图 4-304 所示。

"预设"组："加载"用于打开"mCloth 预设"对话框，从保存的文件中加载"纺织品物理特性"设置。"保存"用于打开一个小对话框，用于将"纺织品物理特性"设置保存到预设文件。

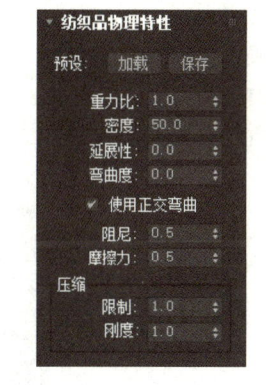

图 4-304 "纺织品物理特性"卷展栏

"重力比"：使全局重力处于启用状态时重力的倍增。此项可模拟效果，如湿布料或重布料。

"密度"：布料的权重，以 g/cm³ 为单位。此参数主要在布料与其他动力学刚体发生碰撞时产生影响。布料质量与其碰撞的刚体质量的比例决定其对其他刚体运动的影响程度。

"延展性"：拉伸布料的难易程度。

"弯曲度"：折叠布料的难易程度。

"使用正交弯曲"：计算弯曲角度，而不是弹力。

"阻尼"：布料的弹性，影响在摆动或捕捉回后其还原到基准位置所经历的时间。

"摩擦力"：布料在其与自身或其他对象碰撞时抵制滑动的程度。

"压缩"组："限制"表示布料边可以压缩或折皱的程度。"刚度"表示布料边抵制压缩或折皱的程度。

4.8.5 实战演练 15——投球动画

本实例通过投球动画的制作，要求掌握 3ds Max 中 MassFX 动力学系统中刚体的功能和使用方法；掌握 MassFX 工具栏和 MassFX 工具对话框的使用方法；能熟练使用 MassFX 动力学系统中的刚体制作各种碰撞动画。投球动画效果如图 4-305 所示。

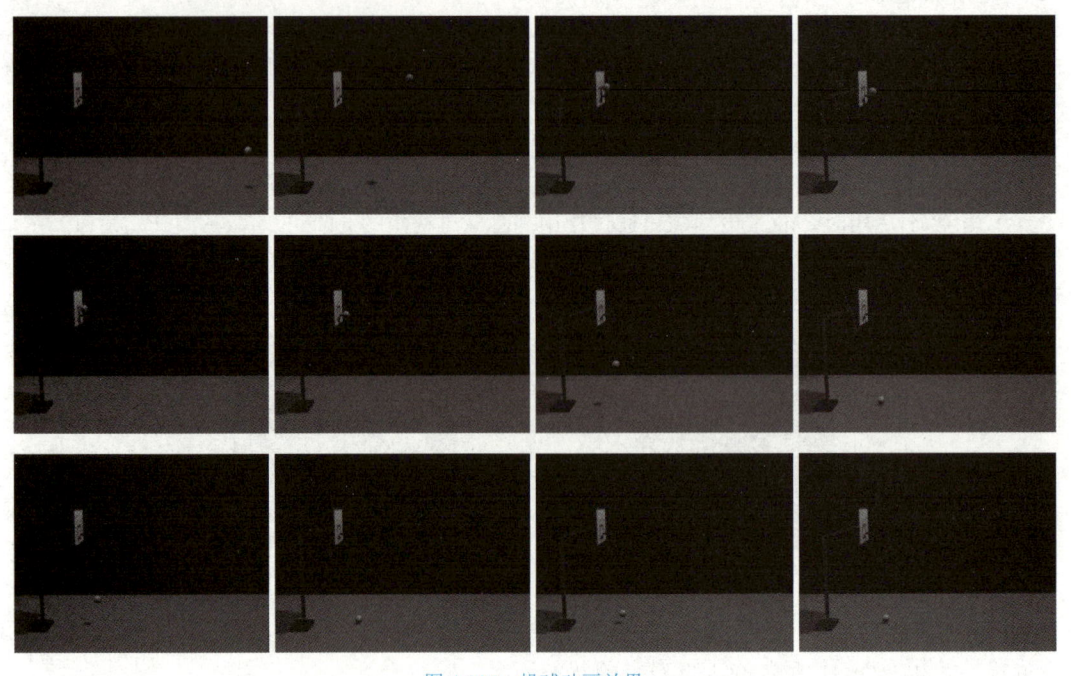

图 4-305　投球动画效果

操作步骤：

（1）单位设置。启动 3ds Max 软件，执行"自定义"→"单位设置（U）..."菜单命令，在打开的"单位设置"对话框中，将"显示单位比例"和"系统单位比例"设置为"毫米"，如图 4-306 所示。

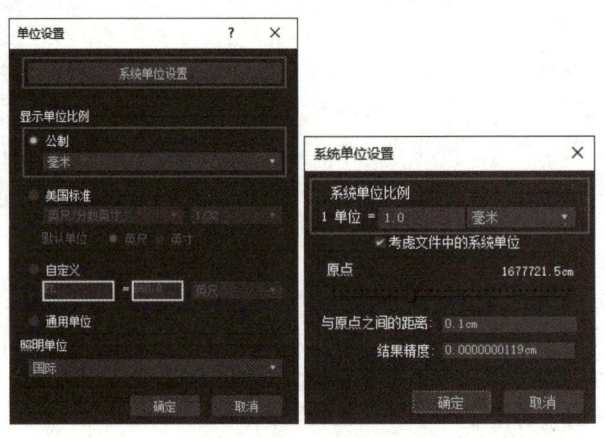

图 4-306　单位设置

（2）创建平面作为地面。在命令面板上单击 ➕（创建）→ ●（几何体）→ 平面 按钮，在顶视口中创建一个"长度"值为 6000，"宽度"值为 12000 的平面，如图 4-307 所示。

模块四　基本和高级动画制作

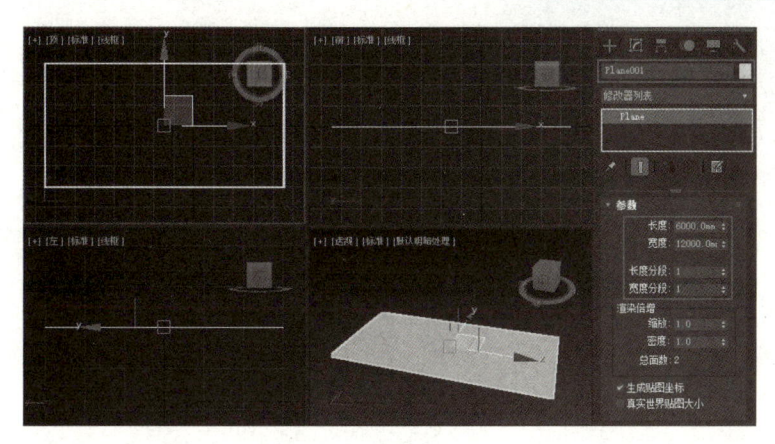

图 4-307　创建平面

（3）创建球体。用同样的方法，在顶视口中创建一个"半径"值为 123 的球体，调整位置，如图 4-308 所示。

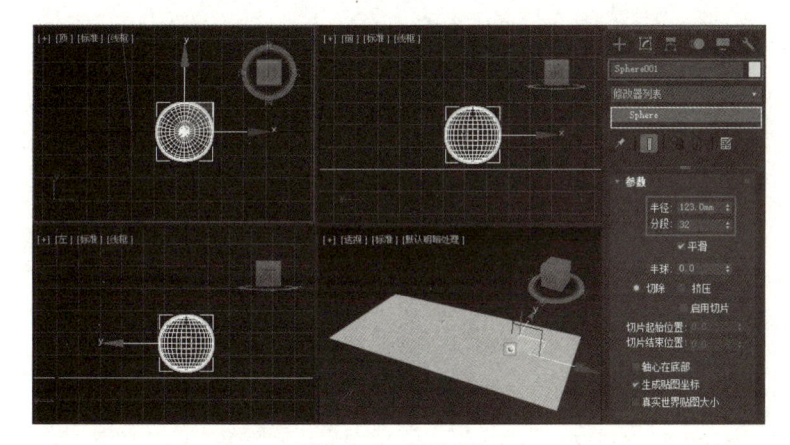

图 4-308　创建球体

（4）制作篮板。用前面同样的方法，在左视口中创建一个长方体，作为篮板；篮板高度为 3240，如图 4-309 所示。

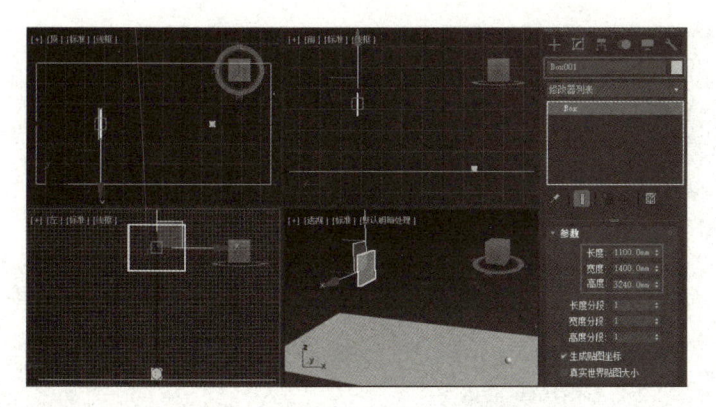

图 4-309　创建篮板

（5）制作篮球架支架。使用"线"命令，在前视口中绘制线，在其"渲染"卷展栏中，启用"在渲染中启用"和"在视口中启用"；设置线截面为"矩形"，设置其"长度"和"宽度"值为 100，如图 4-310 所示。

285

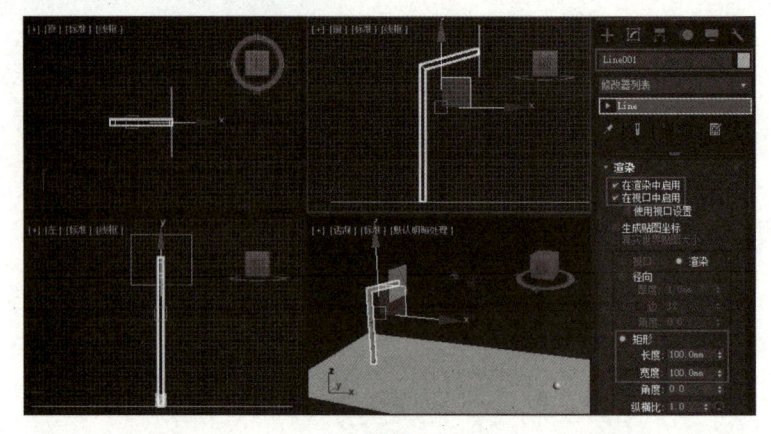

图 4-310 制作篮球架支架

（6）制作篮球架底座。在篮球架支架下方创建一个长方体作为底座；选择创建的支架，将其转化为可编辑多边形，使用"附加"命令，与底座附加为一个物体，如图 4-311 所示。

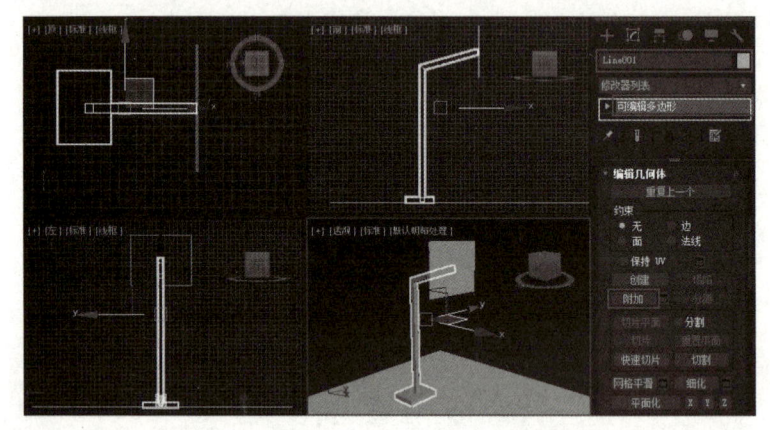

图 4-311 制作篮球架底座

（7）制作篮框。在顶视口中创建一个圆环体，设置其"半径 1"值为 215，"半径 2"值为 20，调整位置，如图 4-312 所示。

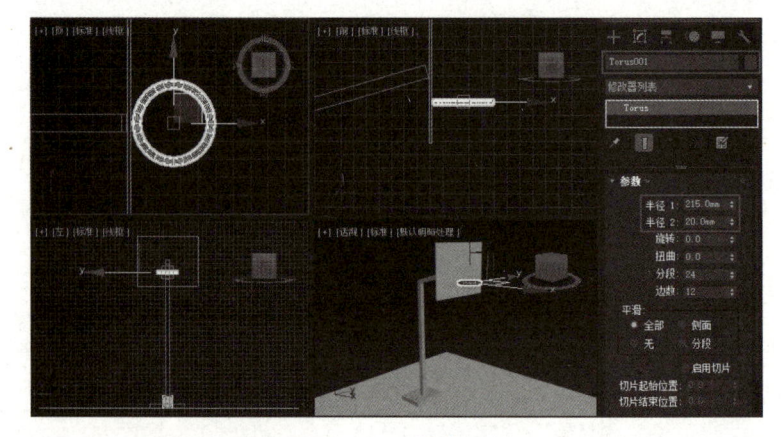

图 4-312 制作篮框

（8）设置材质。为篮板模型指定"篮板.jpg"贴图；其他模型，可按喜好设置相应颜色，完成效果，如图 4-313 所示。

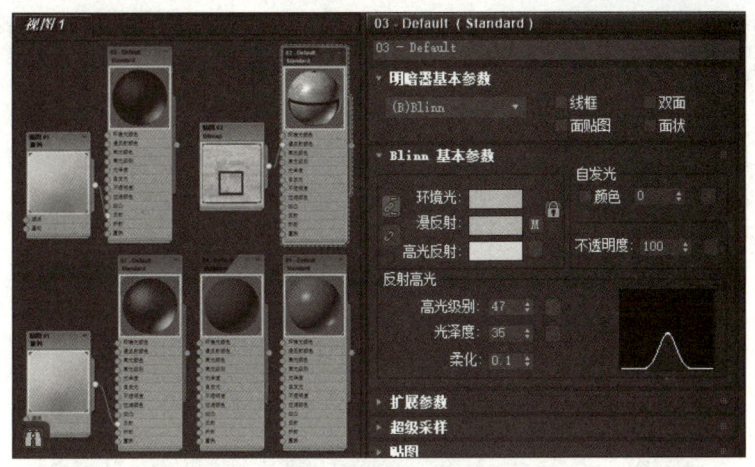

图 4-313 设置材质

（9）创建目标摄影机。激活透视口，按"Shift+F"组合键，打开安全框，将视口角度和范围调整到适合位置，执行"创建"→"摄影机"→"从视图创建标准摄影机"命令。此时，透视口自动切换为摄影机视口，如图 4-314 所示。

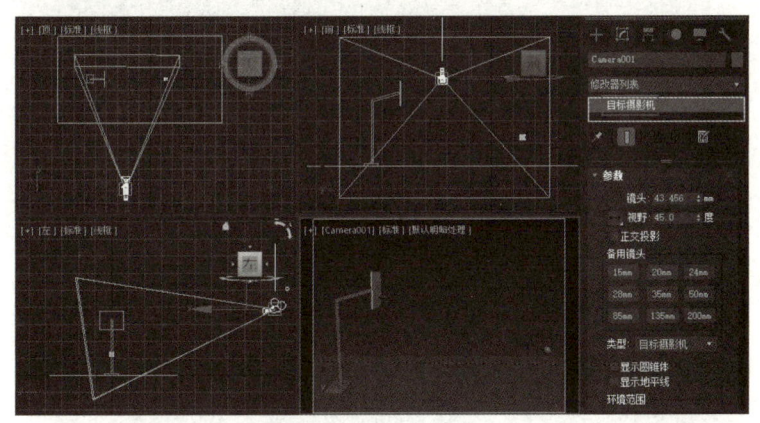

图 4-314 创建目标摄影机

（10）创建主光源。在命令面板上单击 ➕（创建）→ 💡（灯光）→ 目标聚光灯 按钮，在顶视口中创建一盏目标聚光灯。在"阴影"组中勾选"启用"复选框，启用阴影，设置阴影类型为"阴影贴图"；在"聚光灯参数"组中，设置"聚光区/光束"值为75，"衰减区/区域"值为90；调整灯光位置，如图 4-315 所示。

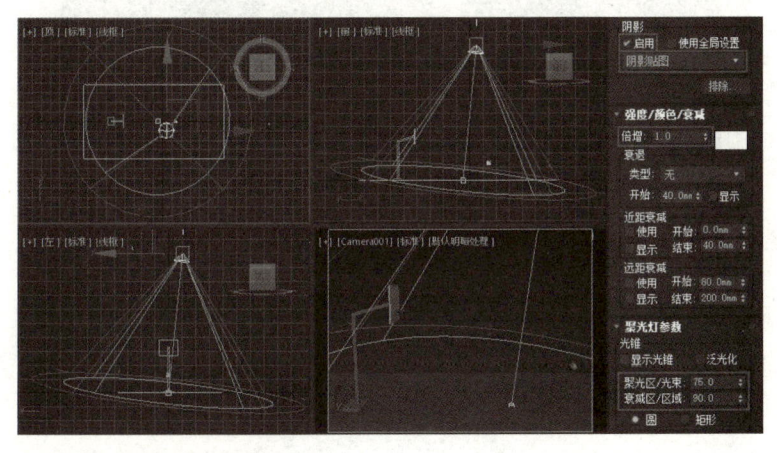

图 4-315 创建主光源

（11）创建辅助光源。选择主光源，按住"Shift"键拖动，复制主光源。调整灯光位置，取消阴影的"启用"勾选，设置灯光的"倍增"值为 0.61；在"聚光灯参数"组中，设置"聚光区 / 光束"值为 85，"衰减区 / 区域"值为 110，如图 4-316 所示。

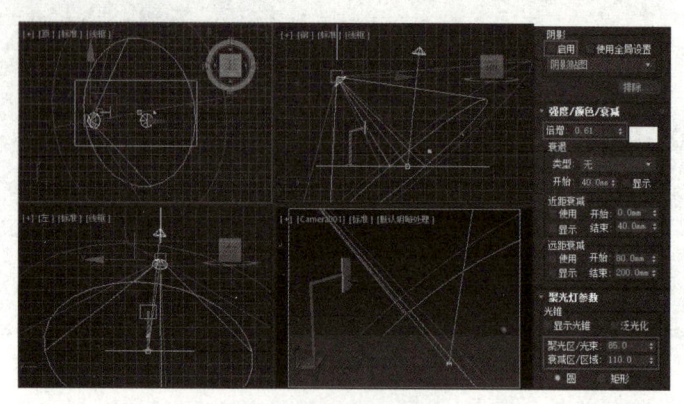

图 4-316　创建辅助光源

（12）制作篮球动画。调整篮球的位置，距离地面高度为 1270，如图 4-317 所示。

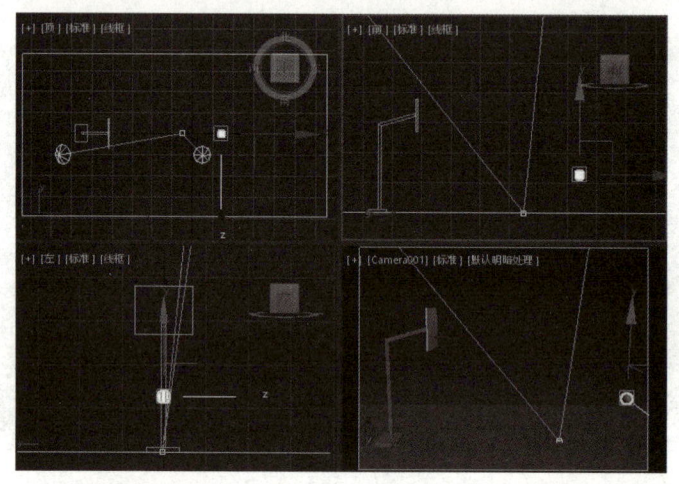

图 4-317　调整篮球的位置

（13）在动画控制区单击 自动关键点 按钮，打开"自动关键点"模式记录动画；将时间滑块移动到第 10 帧，将篮球向前向上移动一定距离，如图 4-318 所示。再次单击 自动关键点 按钮，关闭动画记录状态。

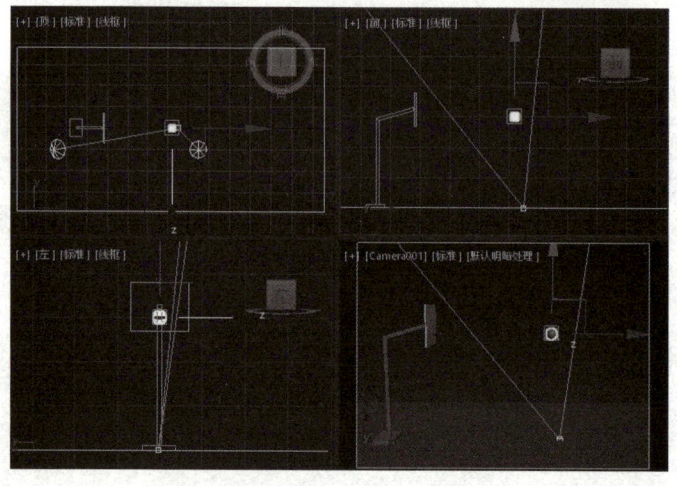

图 4-318　制作篮球动画

模块四　基本和高级动画制作

（14）设置刚体对象。同时选择"地面""篮球架""篮板"和"篮框"，在"MassFX 工具栏"中单击"将选定项设置为静态刚体"命令，将其指定为静态刚体，如图 4-319 所示。

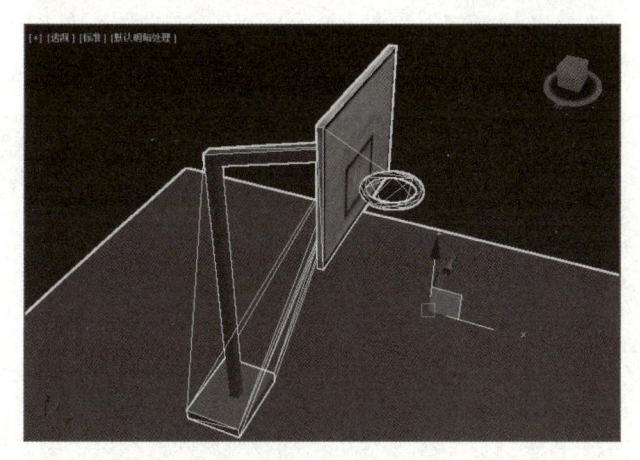

图 4-319　设置刚体对象

（15）设置物理网格类型。默认指定对象为刚体后，其物理网格类型为"凸面"。这样篮球无法投入篮框，故同时选择"篮框"和"篮球支架"模型，在"MassFX 工具"对话框的"多对象编辑器"选项卡的"物理网格"卷展栏中设置"网格类型"为"原始"，如图 4-320 所示。

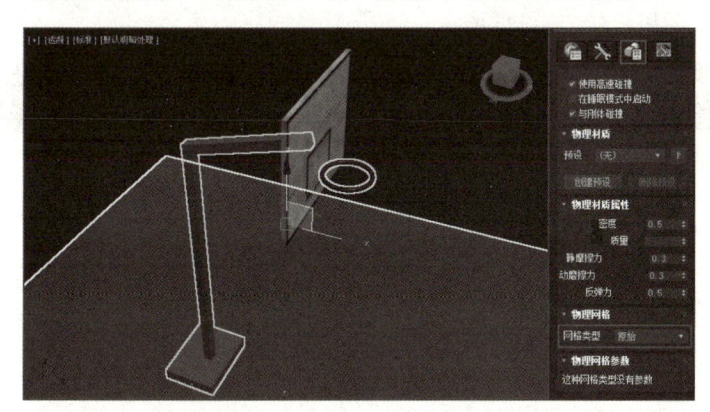

图 4-320　设置物理网格类型

（16）设置篮球刚体类型。选择篮球模型，在"MassFX 工具栏"中单击"将选定项设置为运动学刚体"命令，将其指定为运动学刚体；在 ■（修改）命令面板中，勾选"直到帧"复选框，设置值为 8，如图 4-321 所示。

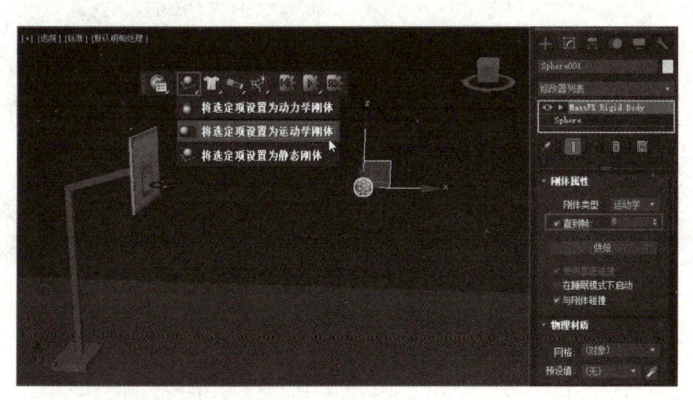

图 4-321　设置篮球刚体类型

289

（17）生成动画关键帧。单击"MassFX 工具栏"中的 ▶（模拟）按钮，查看动画效果。如果没有达到理想效果，那么单击 ◀（重置模拟）按钮，调整篮球动画效果，再次模拟。重复前面的操作，直到达到理想效果。最后在 ☑（修改）命令面板中单击"刚体属性"卷展栏中的 烘焙 按钮，使动力学动画生成关键帧动画，如图 4-322 所示。

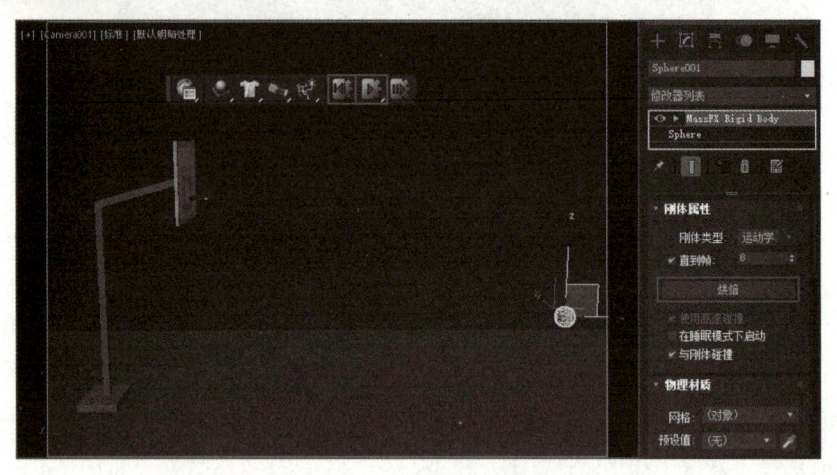

图 4-322　生成动画关键帧

（18）此时时间轴效果，如图 4-323 所示。

图 4-323　时间轴效果

（19）渲染动画。单击主工具栏上的 ▼（渲染设置）按钮，打开"渲染设置"对话框，设置"时间输出"选项为"活动时间段"，"输出大小"为 640x480，文件"保存类型"为 AVI，文件名为"投球动画"，输出动画文件。

4.8.6　实战演练 16——床单建模

本实例通过床单模型的制作，要求掌握 3ds Max 中 MassFX 动力学系统中 mCloth 的功能和使用方法；掌握 mCloth 参数调整方法；能熟练使用 mCloth 制作各种逼真的布料模型。床单模型效果，如图 4-324 所示。

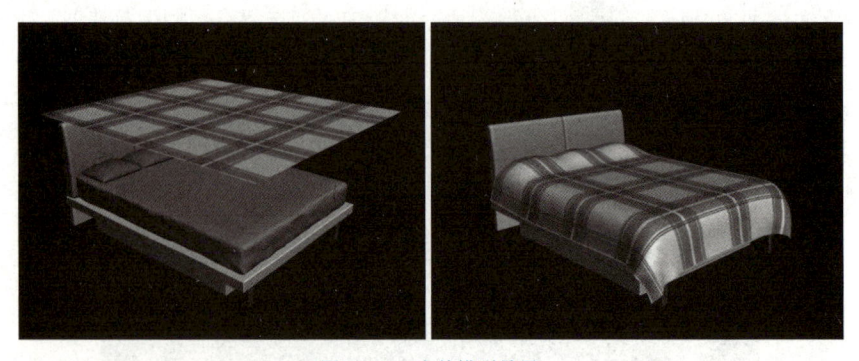

图 4-324　床单模型效果

操作步骤：

（1）打开素材文件。启动 3ds Max 软件，打开本书素材"床单-初始.max"文件，如图 4-325 所示。

模块四　基本和高级动画制作

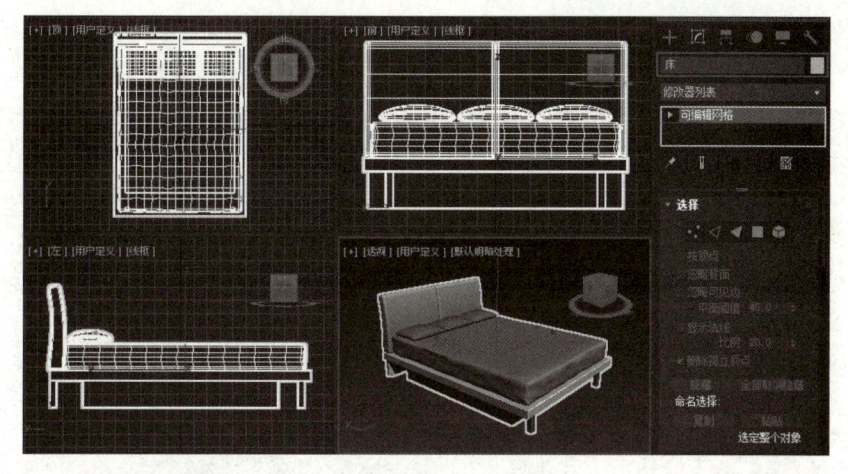

图 4-325 "床单 - 初始 .max"文件

（2）创建床单模型。在命令面板上单击 ➕（创建）→ ⬤（几何体）→ 平面 按钮，在顶视口中创建一个平面，设置参数，调整平面的位置，如图 4-326 所示。

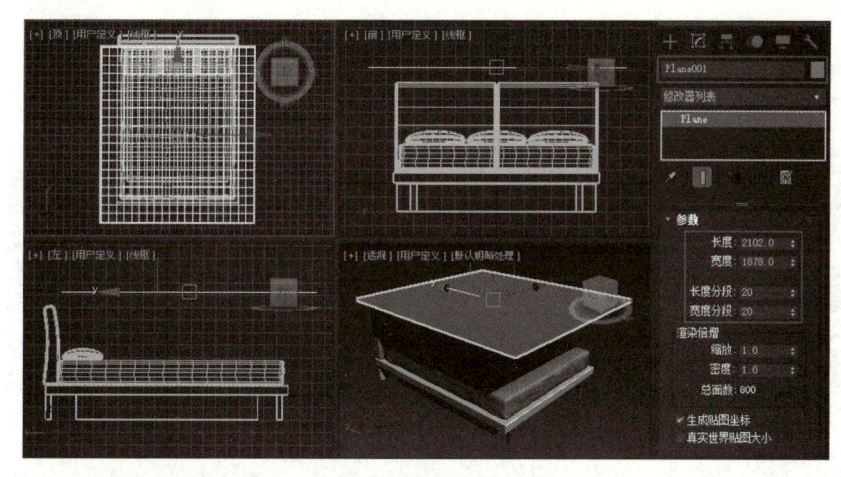

图 4-326　创建床单模型

（3）设置床单材质。按"M"键，打开"Slate 材质编辑器"对话框，在"示例窗"中双击添加一个空白的材质球。双击该材质的标题栏，在打开的参数编辑器中，单击"漫反射"右侧的贴图按钮，在打开的"材质 / 贴图浏览器"对话框中双击"位图"选项，在打开的"选择位图图像文件"对话框中选择本书素材"床单 .jpg"文件，并将其赋予床单模型，如图 4-327 所示。

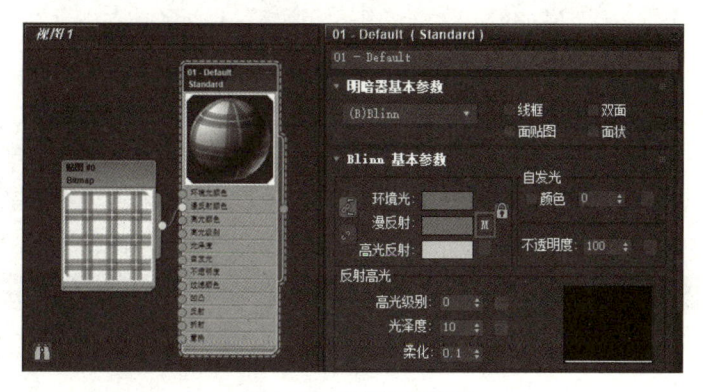

图 4-327　设置床单材质

291

（4）设置刚体对象。选择床模型，在"MassFX 工具栏"中单击"将选定项设置为静态刚体"命令；在 （修改）命令面板的"物理图形"卷展栏中设置"图形类型"为"原始的"，如图 4-328 所示。

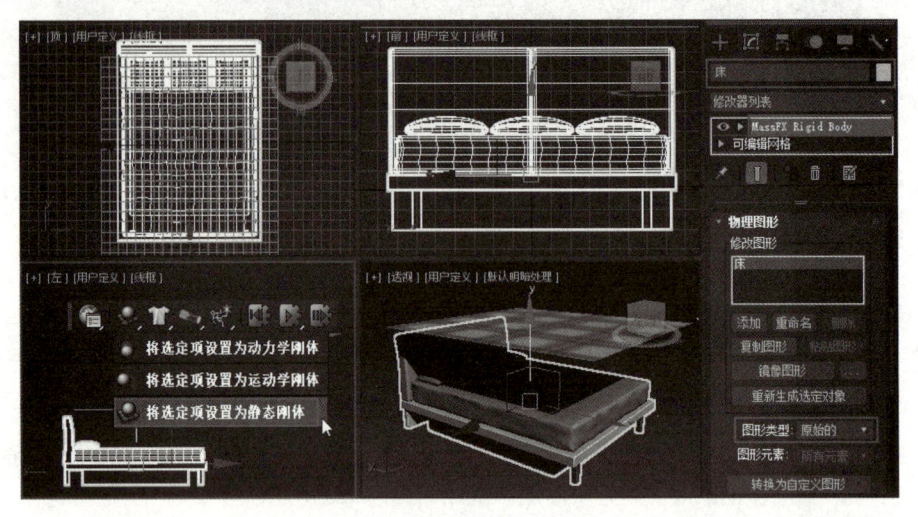

图 4-328　设置刚体对象

（5）设置 mCloth 对象。选择平面模型，在"MassFX 工具栏"中单击"将选定对象设置为 mCloth 对象"命令，如图 4-329 所示。

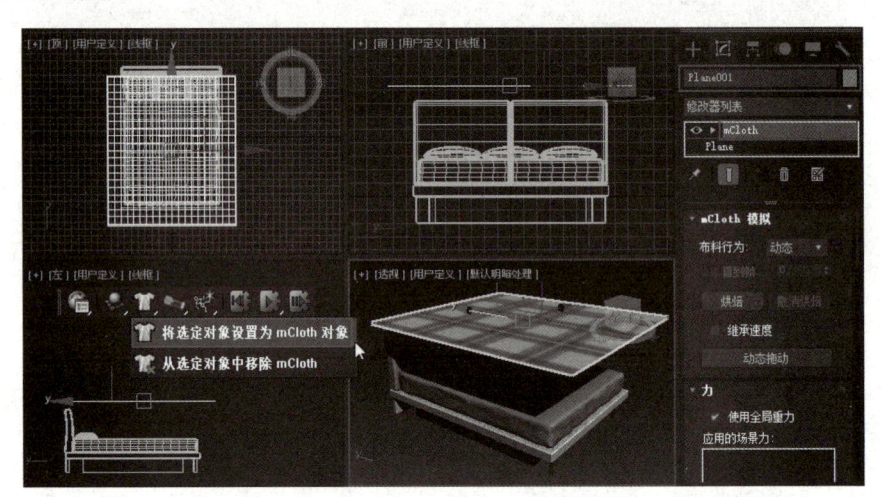

图 4-329　设置 mCloth 对象

（6）设置 mCloth 参数。在"MassFX 工具栏"中单击 （MassFX 工具）按钮，打开"MassFX 工具"对话框，在"世界参数"选项卡的"场景设置"卷展栏中取消"使用地面碰撞"的勾选；在 （修改）命令面板的"纺织品物理特性"卷展栏中设置布料参数，如图 4-330 所示。

（7）动力学模拟，并捕捉初始状态。选择平面，单击"MassFX 工具栏"中的 （模拟）按钮，查看床单效果，如果没有达到理想效果，比如床单离床头太近，发生卷曲、折边等，可以单击 （重置模拟）按钮，调整床单位置，再次模拟；当床单达到一定位置时，可以再次单击 （模拟）按钮，停止模拟，并单击 （修改）命令面板中"捕获状态"卷展栏中的 捕捉初始状态 按钮，记录当前状态，如图 4-331 所示。

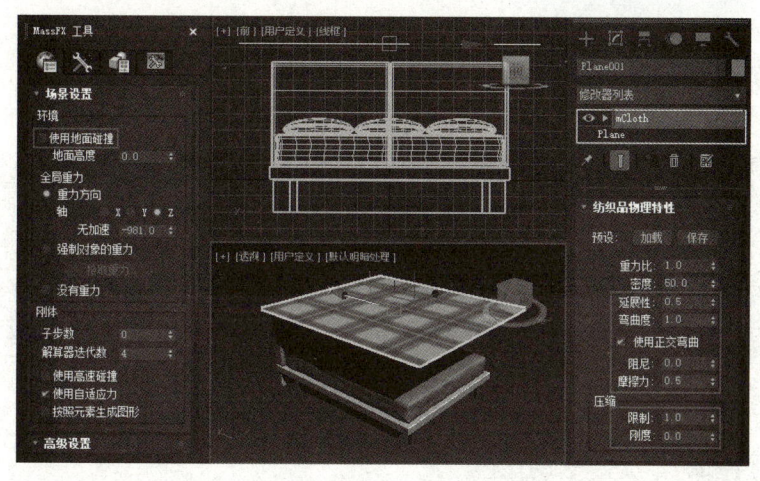

图 4-330 设置 mCloth 参数

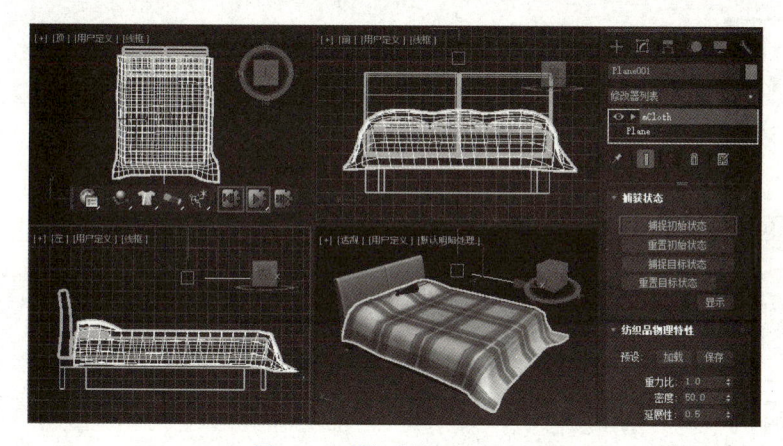

图 4-331 模拟并捕捉初始状态

(8) 继续模拟，并捕捉目标状态。选择平面，单击 ▇ （重置模拟）按钮，回到捕捉初始状态；再次单击 ▇ （模拟）按钮，直到达到床单的理想状态，再次单击 ▇ （模拟）按钮，停止模拟，并单击 ▇ （修改）命令面板中"捕获状态"卷展栏中的 ▇捕捉目标状态▇ 按钮，记录目标状态，并单击 ▇显示▇ 按钮，显示捕捉的目标状态，如图 4-332 所示。

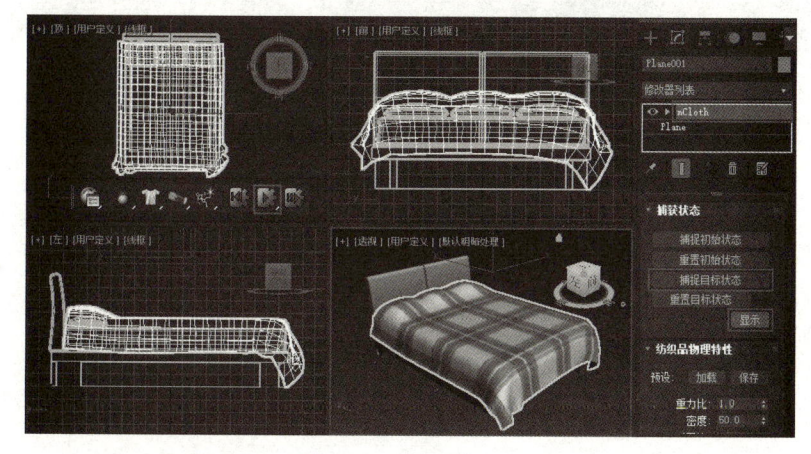

图 4-332 捕捉目标状态

（9）添加"壳"修改器。选择床单对象，在命令面板上单击 [修改] （修改）→ 修改器列表 →"壳"命令，设置其"外部量"值为2，制作床单的厚度，如图4-333所示。

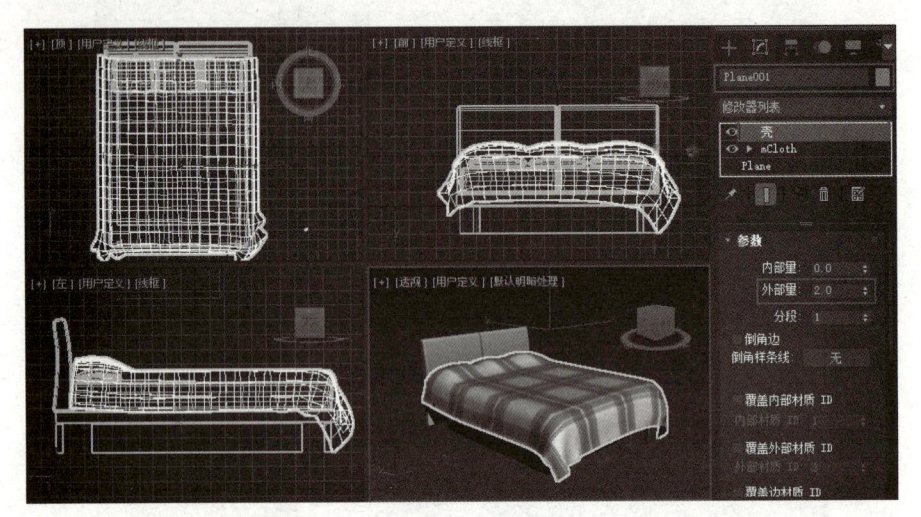

图4-333 制作床单的厚度

（10）添加"网格平滑"修改器。选择床单对象，在命令面板上单击 [修改] （修改）→ 修改器列表 →"网格平滑"命令，使床单更为平滑自然，如图4-334所示。

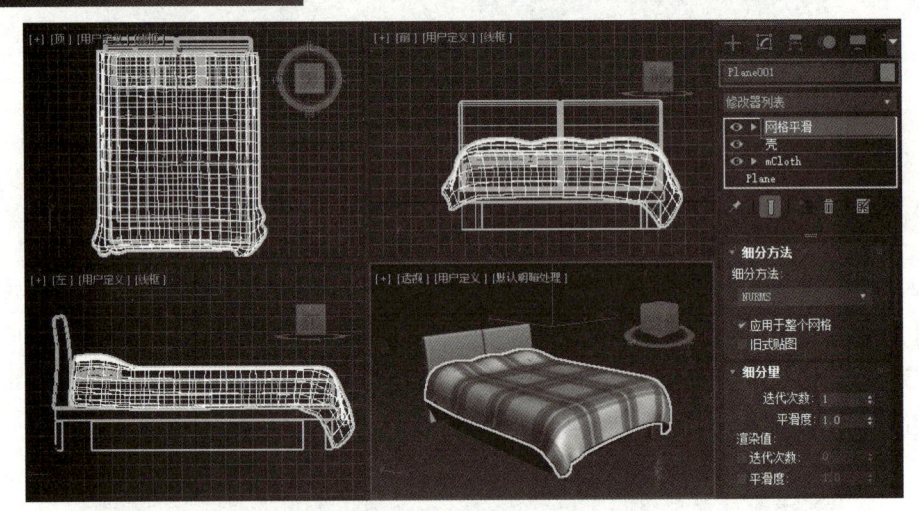

图4-334 添加"网格平滑"修改器

（11）至此，床单模型制作完成，按"Shift+Q"键渲染输出并保存文件。

4.8.7 实战演练17——飘动的旗帜

本实例通过制作飘动的旗帜动画，要求掌握3ds Max中MassFX动力学系统中mCloth的使用方法；掌握mCloth顶点约束的方法；掌握mCloth场景力的添加方法；能熟练使用mCloth制作各种布料动画。飘动的旗帜动画效果，如图4-335所示。

图 4-335 飘动的旗帜动画效果

操作步骤：

（1）打开素材文件。启动 3ds Max 软件，打开本书素材"旗帜.max"文件，如图 4-336 所示。

（2）创建圆环模型。在命令面板上单击 ➕（创建）→ ⬤（几何体）→ 圆环 按钮，在左视口中创建一个合适大小的圆环，设置参数，调整圆环的位置，如图 4-337 所示。

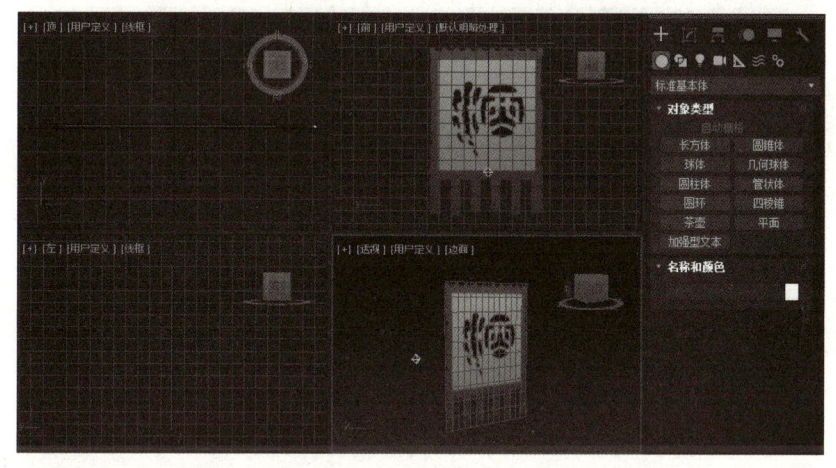

图 4-336 "旗帜.max"文件

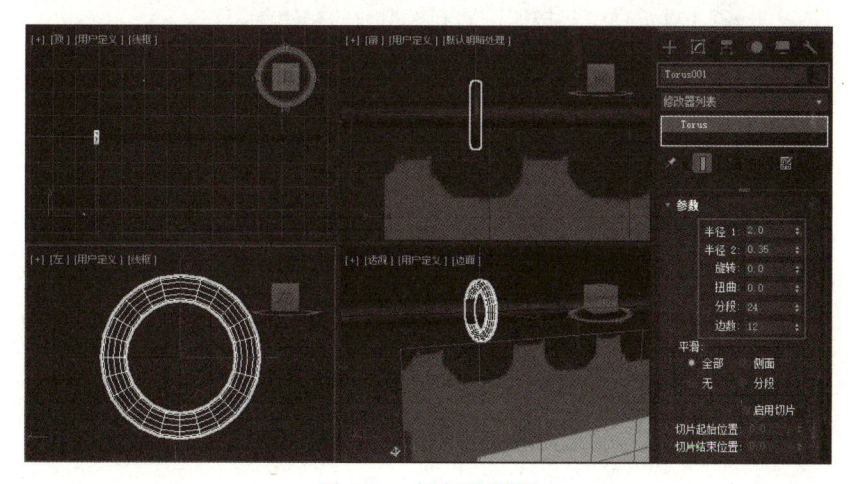

图 4-337 创建圆环模型

(3)复制圆环。选择创建的圆环,按住"Shift"键拖动,复制出 4 个相同圆环,放到适合的位置,如图 4-338 所示。

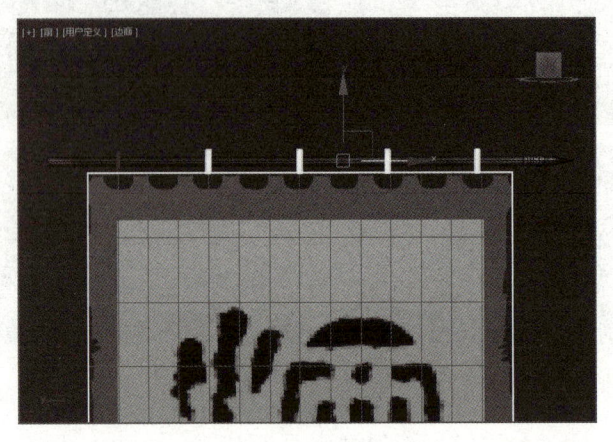

图 4-338 复制圆环

(4)设置 mCloth 对象。选择平面模型,在"MassFX 工具栏"中单击"将选定对象设置为 mCloth 对象"命令,如图 4-339 所示。

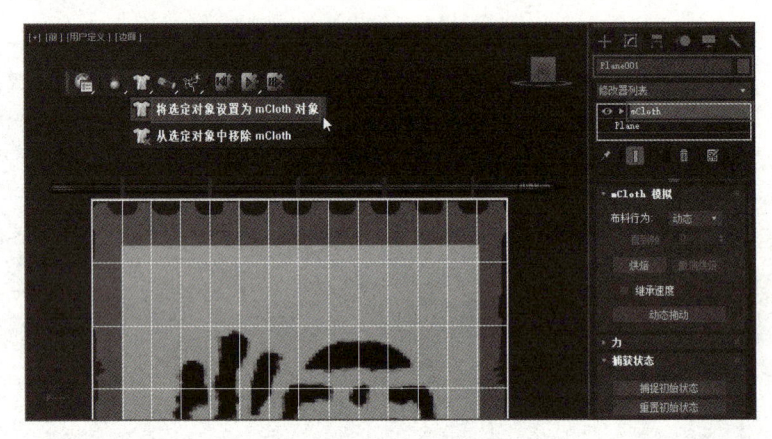

图 4-339 设置 mCloth 对象

(5)模拟查看效果。单击"MassFX 工具栏"中的 ▶(模拟)按钮,此时发现旗帜会落到栅格上,如图 4-340 所示。单击 ◀(重置模拟)按钮,回到模拟前的初始状态。

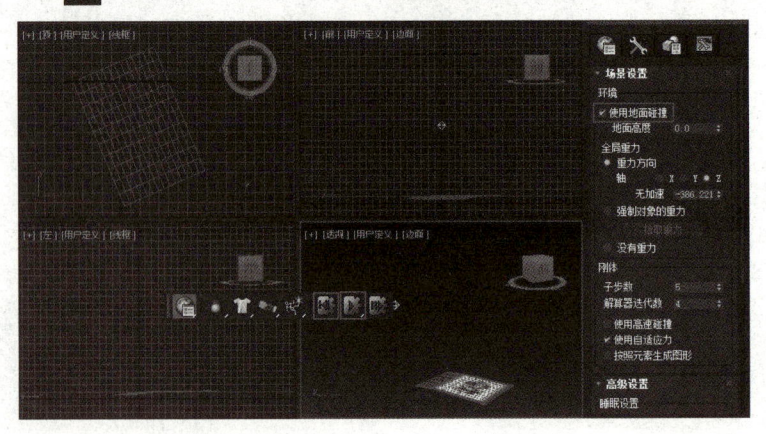

图 4-340 模拟查看效果

模块四　基本和高级动画制作

（6）设定组。选择平面，在命令面板上单击 ☑（修改）→"mCloth"→"顶点"，进入"顶点"子层对象层级，选择平面上方左侧3个顶点，单击"组"卷展栏中的 设定组 按钮，在打开的"设定组"对话框中，使用默认名称"组001"，如图4-341所示。

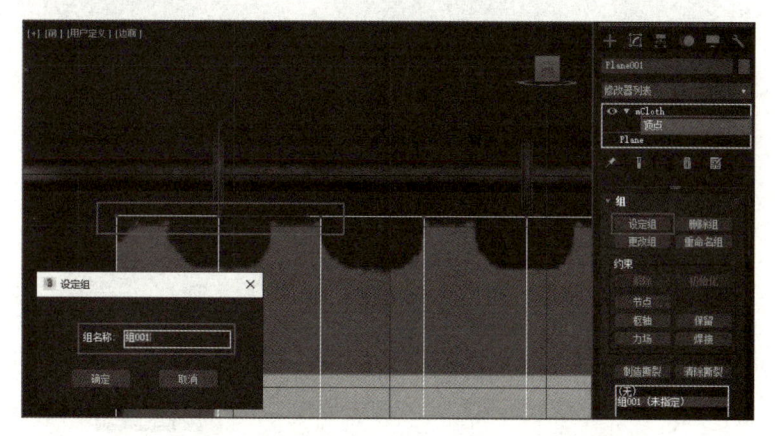

图4-341　设定组

（7）设置约束节点。单击"组"卷展栏下"约束"选项组中的 节点 按钮，在视口中选择与其对应的"圆环001"，如图4-342所示。

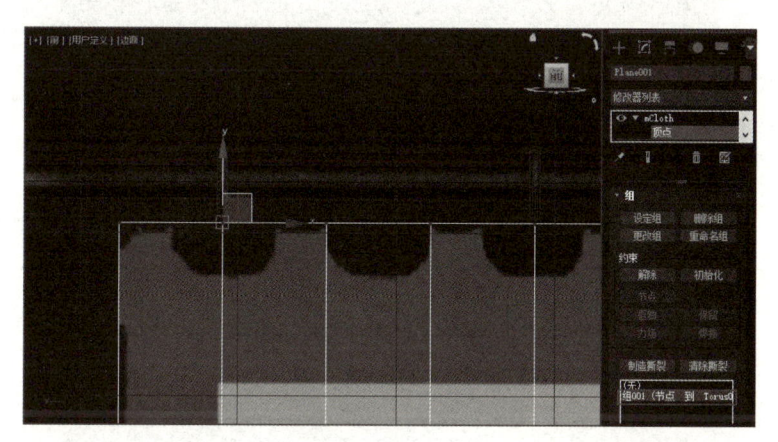

图4-342　设置约束节点

（8）用同样的方法，为平面顶端其他顶点，每3个一组，设定组，并与相对应的圆环建立节点约束，如图4-343所示。再次单击"顶点"返回对象层级，此时，可再次模拟查看效果。

图4-343　完成所有顶点的节点约束

（9）创建"风"空间扭曲。在命令面板上单击 ➕（创建）→ ≋（空间扭曲）→ 风 按钮，在前视口中创建一个"风"空间扭曲，调整其参数和位置，如图4-344所示。

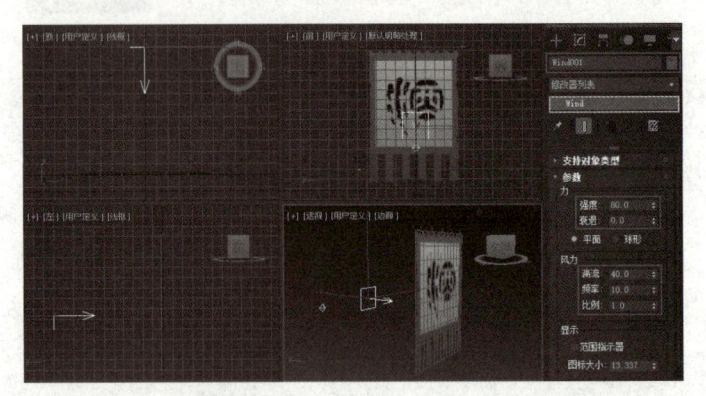

图4-344 创建"风"空间扭曲

（10）为mCloth添加风力。选择平面，单击"力"卷展栏下方的 添加 按钮，在视口中单击"风"空间扭曲，添加"风"对象，如图4-345所示。

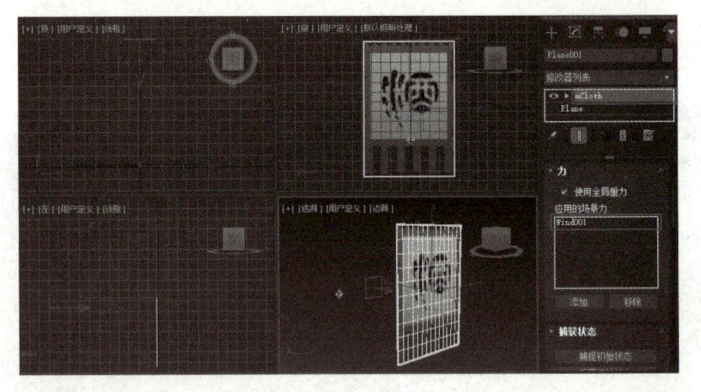

图4-345 为mCloth添加风力

（11）设置mCloth参数。选择平面，在"纺织品物理特性"卷展栏中设置布料参数，如图4-346所示。

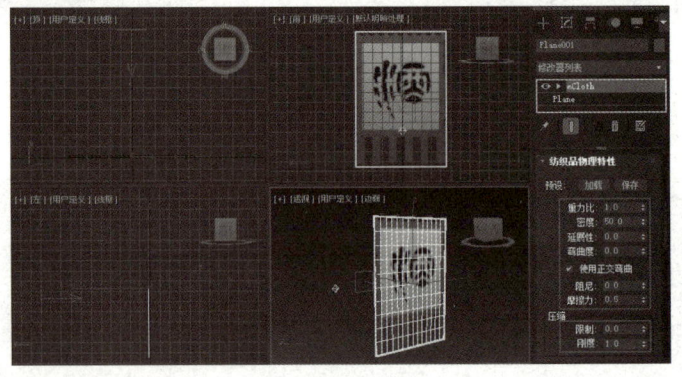

图4-346 设置mCloth参数

（12）设置子步数。在"MassFX工具"对话框的"场景设置"卷展栏的"刚体"选项组中，设置"子步数"为5，如图4-347所示。注意：使用的"子步数"值越高，生成的碰撞和约束结果就越精确，但会降低性能。

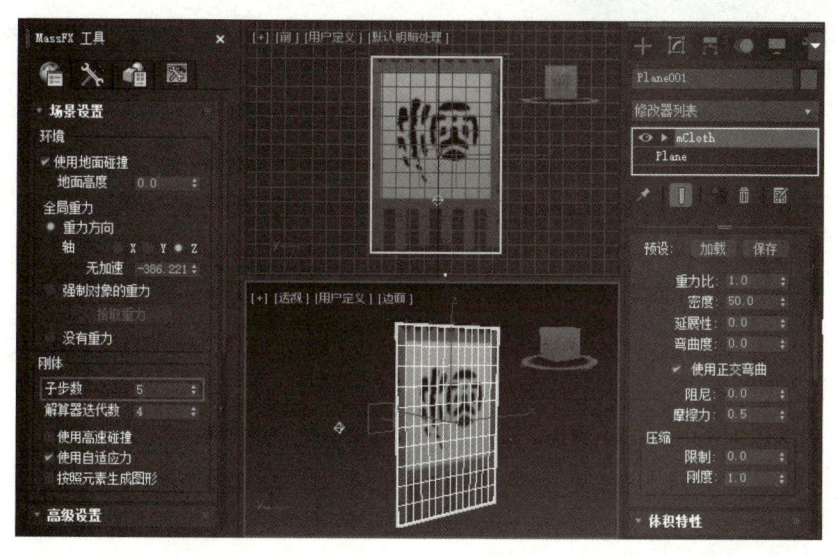

图 4-347 设置子步数

（13）生成动画关键帧。单击"MassFX 工具栏"中的 ▶（模拟）按钮，查看 mCloth 动画效果。然后，单击 ◀（重置模拟）按钮，恢复模拟前的初始状态。最后在 ◢（修改）命令面板中单击"mCloth 模拟"卷展栏中的 烘焙 按钮，使 mCloth 动画生成关键帧动画，如图 4-348 所示。

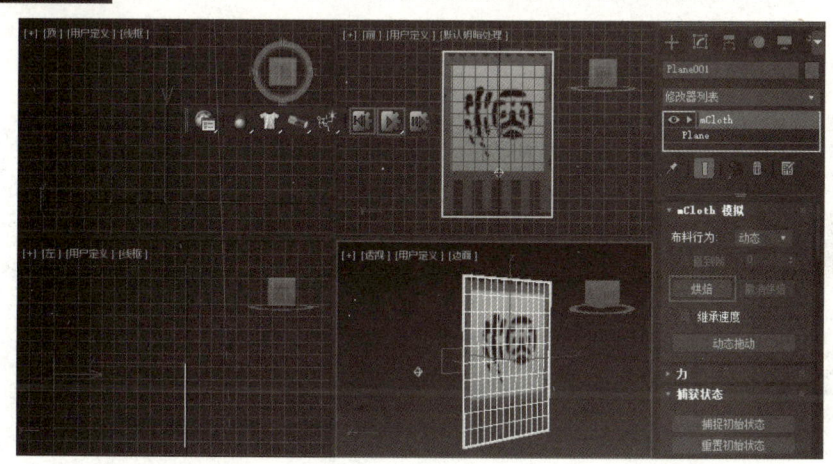

图 4-348 生成动画关键帧

（14）此时时间轴效果，如图 4-349 所示。

图 4-349 时间轴效果

（15）渲染动画。激活透视图，按"C"键切换到摄影机视图。单击主工具栏上的 ▦（渲染设置）按钮，打开"渲染设置"对话框，设置"时间输出"选项为"活动时间段"，"输出大小"为 640x480 ，文件"保存类型"为 AVI，文件名为"飘动的旗帜"，输出动画文件。

4.9　本模块小结

本模块主要介绍了 3ds Max 基本和高级动画制作工作流程和技术，主要包括关键帧动画、轨迹视图动画、约束动画、环境和效果动画、空间扭曲动画、粒子系统动画和 MassFX 动力学动画制作技术。通过学习本模块，读者可以了解三维基本和高级动画的制作流程，掌握 3ds Max 的基本和高级动画的制作方法和技巧，并能综合运用各种动画制作方法进行三维动画设计与制作。

4.10　认证知识必备

一、在线测试

扫码在线测试

二、简答题

1．什么是传统动画和计算机动画？
2．简述路径约束动画的制作方法。
3．自由摄影机与目标摄影机有什么区别？自由摄影机在使用上有什么特点？

三、技能测试题

1．火炬动画制作（见图 4-350）。

要求：参照给定动画效果，使用 3ds Max 软件制作火炬动画。设置输出动画文件大小为高 640 像素，宽 480 像素；将文件存储为 .max 源文件和 .avi 视频格式文件（动画效果及素材见素材文件夹）。

图 4-350　火炬动画

2．晨雾效果制作（见图 4-351）。

要求：参照给定效果图，使用 3ds Max 软件制作晨雾效果。设置输出动画文件大小为高 640 像素，宽 480 像素；将文件存储为 .max 源文件和 .jpg 格式文件（晨雾效果及素材见素材文件夹）。

图 4-351　晨雾效果

3. 下雪动画制作（见图 4-352）。

要求：参照给定动画效果，使用 3ds Max 软件制作下雪动画。设置输出动画文件大小为高 640 像素，宽 480 像素；将文件存储为 .max 源文件和 .avi 视频格式文件（动画效果及素材见素材文件夹）。

图 4-352　下雪动画

4. 火焰拖尾动画制作（见图 4-353）。

要求：参照给定动画效果，使用 3ds Max 软件制作火焰拖尾动画。设置输出动画文件大小为高 640 像素，宽 480 像素；将文件存储为 .max 源文件和 .avi 视频格式文件（动画效果及素材见素材文件夹）。

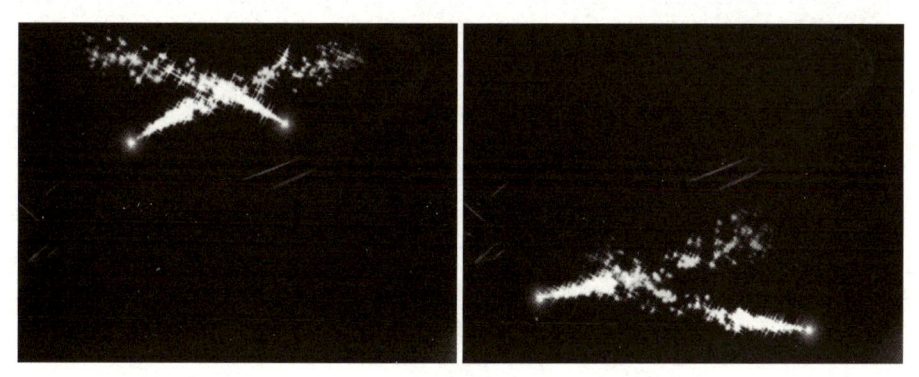

图 4-353　火焰拖尾

5. 飘动的旗帜动画制作（见图 4-354）。

要求：参照给定动画效果，使用 3ds Max 软件制作飘动的旗帜动画。设置输出动画文件大小为高 640 像素，宽 480 像素；将文件存储为 .max 源文件和 .avi 视频格式文件（动画效果及素材见素材文件夹）。

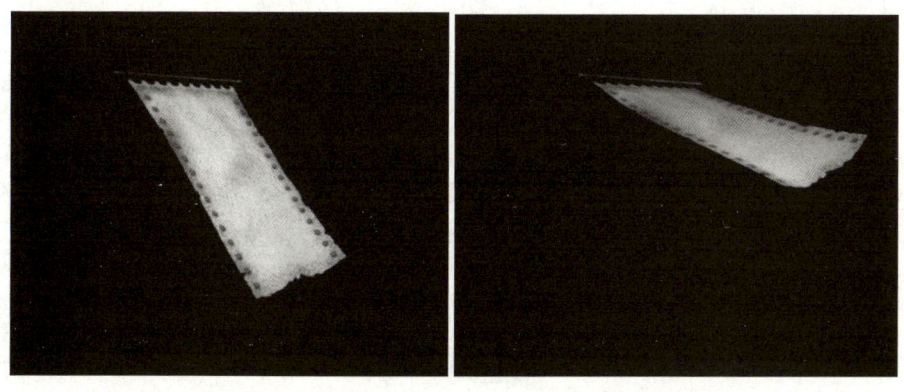

图 4-354　飘动的旗帜

模块五 室内漫游动画

3ds Max 在建筑装潢设计领域有着悠久的应用历史，利用 3ds Max 可以快速方便地制作出逼真的室内外效果图，使用其动画功能可以制作任意建筑和室内漫游动画。

本模块通过制作一个现代客厅漫游动画，详细介绍室内场景建模、材质编辑、布光方法、摄影机漫游动画设置方法，使读者掌握室内漫游动画的制作流程和方法。

模块导读

模块名称	室内漫游动画		
学习目标	知识目标： 1. 了解室内漫游动画的制作流程 2. 掌握使用单面建模法制作房屋框架的方法 3. 掌握各种建模法在家具建模中的应用（重点） 4. 掌握建筑及家具材质编辑方法（重点） 5. 掌握室内布光思路和方法（难点） 6. 掌握摄影机漫游动画制作的思路和方法（重点）		
	技能目标： 1. 能灵活使用各种建模方法制作室内场景和家具模型 2. 能熟练为各种模型设置和编辑各种材质 3. 能熟练使用各种灯光为室内场景布光 4. 能熟练为场景添加摄影机，并制作场景漫游动画		
	思政目标： 1. 通过项目全流程制作，培养知识综合运用能力，树立"守正创新"的思想意识 2. 通过项目制作，从做中学、做中感、做中悟，使学生在实践项目中潜移默化地受到正确价值观的引导		
数字化资源	案例素材	电子课件　电子教案	认证知识必备
	微课视频			
	1　5.1 客厅漫游动画项目描述		4　5.4 合并家具
	2　5.2 客厅框架的制作		5　5.5 设置灯光
	3　5.3 家具的制作		6　5.6 设置摄影机漫游动画
建议学时：12 学时			

5.1 客厅漫游动画项目描述

本场景是一个现代、温馨的客厅空间，有两个南向的落地窗，采光比较好，所以采用白天的日光来表现场景中午强烈的阳光效果。实现过程从客厅框架制作着手，依次完成场景建模、家具制作、材质编辑、灯光布置、摄影机漫游动画制作，进而掌握室内漫游动画制作的整个流程和方法。客厅静态效果，如图 5-1 所示。

图 5-1 客厅静态效果

5.2 客厅框架的制作

在建立客厅框架的时候，使用的是单面建模，使用此方法可以在渲染中避免阴影漏光现象发生。这种建模方法可以提高渲染的速度。

5.2.1 实战演练 1——制作墙体

操作步骤：

（1）单位设置。启动 3ds Max 软件，执行"自定义"→"单位设置（U）…"菜单命令，在打开的"单位设置"对话框中，将"显示单位比例"和"系统单位比例"设置为"毫米"，如图 5-2 所示。

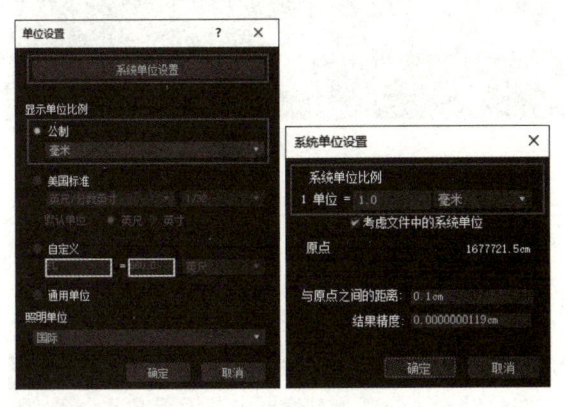

图 5-2 单位设置

（2）创建长方体。在命令面板上单击 ＋ （创建）→ ● （几何体）→ 长方体 按钮，在顶视口中创建一个长方体，其参数设置如图 5-3 所示。

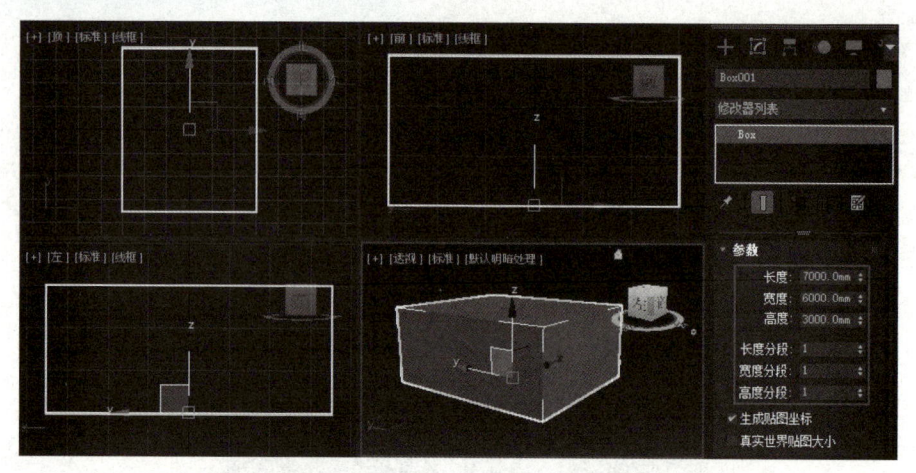

图 5-3 创建长方体

【提示】

为了便于观察,在透视图中选择长方体,按"F4"键,显示线框;按"J"键,隐藏选中物体时显示的白色支架,这样可以更清楚地查看物体的结构。

(3)设置背面消隐,以便看到长方体的内部。选择长方体,单击鼠标右键,在弹出的快捷菜单中执行"转换为:"→"转换为可编辑多边形"命令,将其转换为可编辑多边形。按"5"键,进入 (元素)子对象层级,在视口中单击长方体,选择长方体元素对象,在命令面板上执行 (修改)→"编辑元素"卷展栏→ 翻转 命令,翻转法线,如图5-4所示。

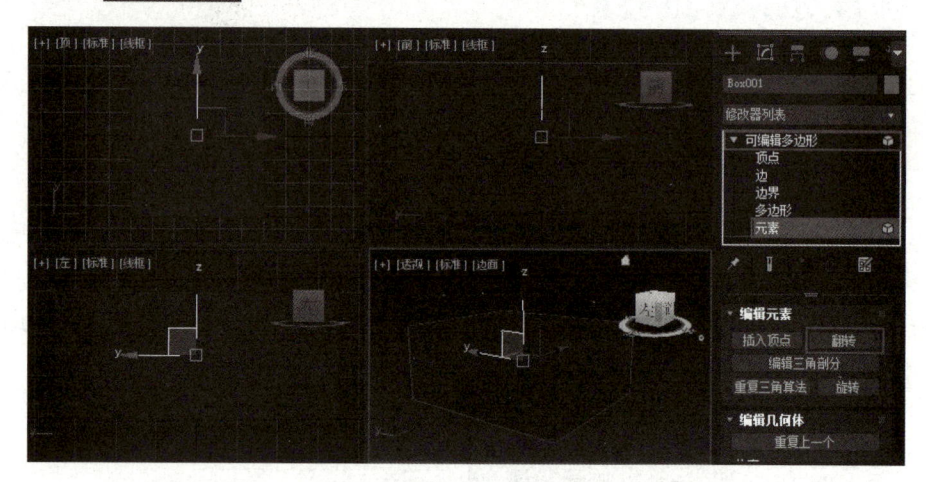

图 5-4 翻转法线

按"5"键,退出 (元素)子对象层级,此时,看到长方体显示为黑色。选择长方体,单击鼠标右键,在弹出的快捷菜单中选择"对象属性(P)…"命令,在弹出的"对象属性"对话框中,勾选"显示属性"组中的"背面消隐"选项,此时效果如图5-5所示。

(4)制作窗口。选择长方体,按"4"键,进入 (多边形)子对象层级,在透视口中选择前面的多边形,按"Delete"键删除;选择后面的多边形,在命令面板上执行 (修改)→"编辑几何体"卷展栏→ 分离 命令,在弹出的"分离"对话框中,设置名称为"窗口",如图5-6所示。

(5)再次按"4"键,退出"多边形"子对象层级。选择分离出来的多边形,按"2"键,进入 (边)子对象层级,在透视口中选择垂直的两条边,在命令面板上单击 (修改)→"编辑边"卷展栏→ 连接 命令右侧的 (设置)按钮,在弹出的小盒界面中设置"分段"为1。用同样的方法,选择所有水平边,使用连接命令,设置"分段"为4,如图5-7所示。

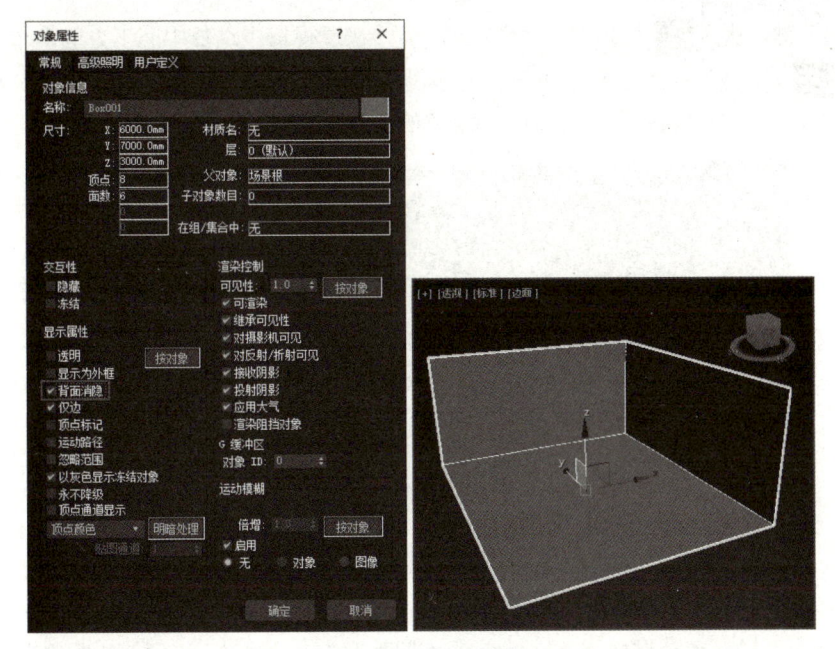

图 5-5 设置背面消隐

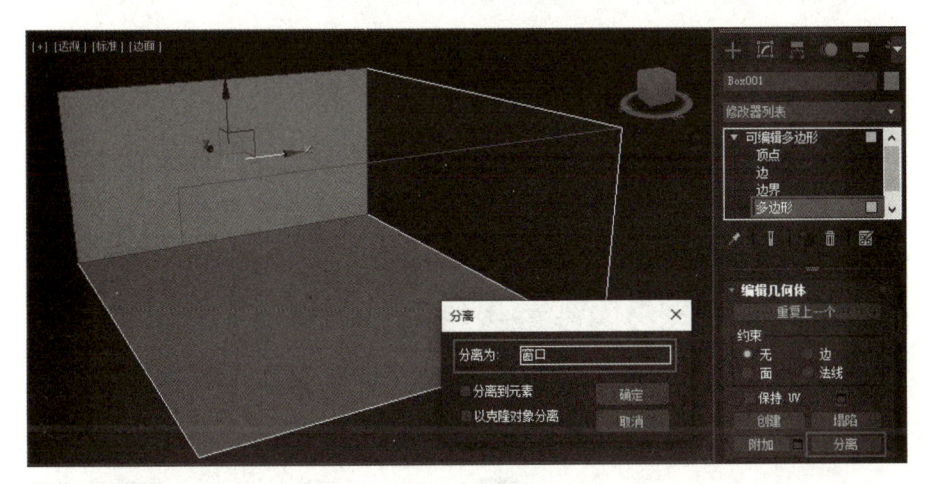

图 5-6 分离多边形

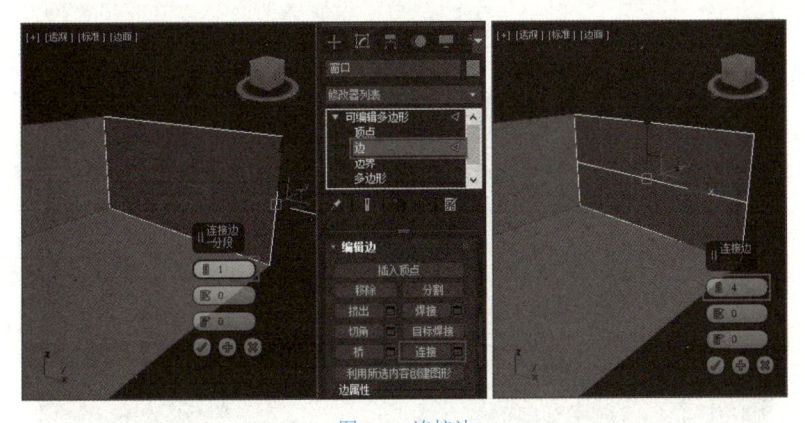

图 5-7 连接边

（6）按"4"键，进入 ■（多边形）子对象层级，在透视口中选择中间下方的两个多边形，在命令面板上单击 ■（修改）→"编辑多边形"卷展栏→ 挤出 命令右侧的 ■（设置）按钮，在弹出的小盒界面中设置挤出的"高度"为-240（即墙体的厚度），如图5-8所示。

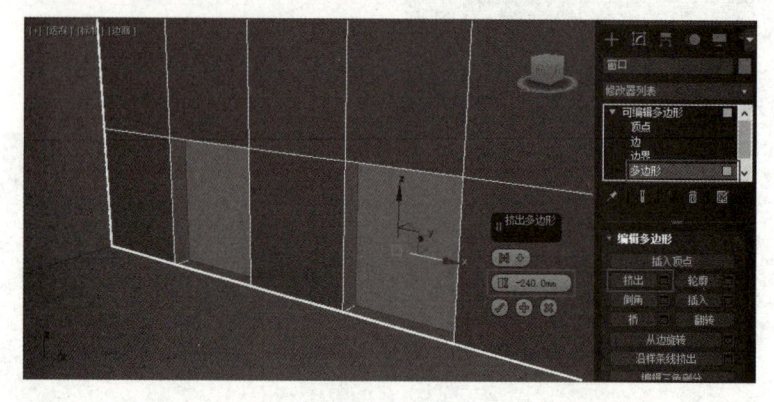

图5-8 挤出多边形

（7）调整窗口高度。按"1"键，进入 ■（顶点）子对象层级，在左视口中选择上面的一排顶点，按"F12"键，在打开的"移动变换输入"对话框中设置"绝对:世界"中"Z"的数值为2800，如图5-9所示。

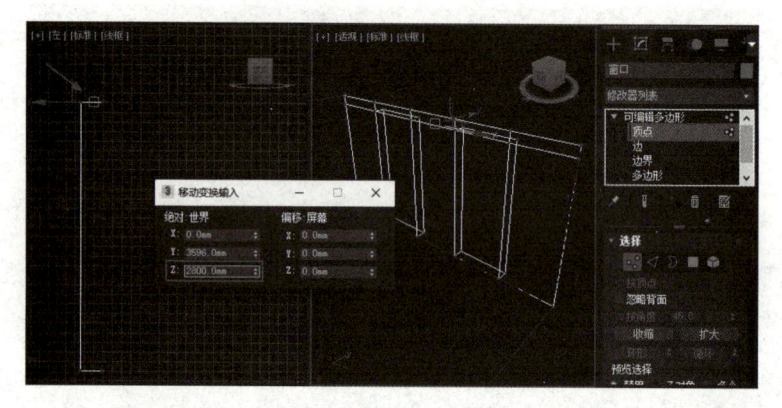

图5-9 调整窗口高度

（8）创建参考矩形。在命令面板上执行 ■（创建）→ ■（图形）→ 矩形 命令，在顶视口中创建两个矩形，作为调整窗口大小的参考。设置大矩形大小为240×2400，小矩形大小为240×360，如图5-10所示。

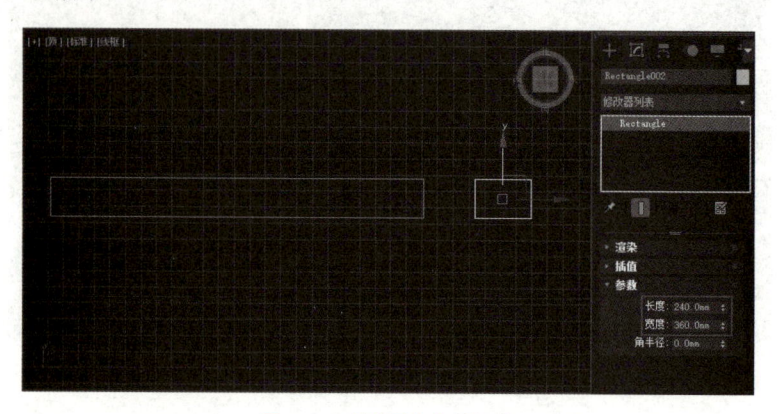

图5-10 创建两个参考矩形

（9）调整窗口大小。按"S"键，打开捕捉开关。在主工具栏 3（捕捉开关）上单击鼠标右键，在弹出的"栅格和捕捉设置"对话框中，勾选"顶点"。使用"顶点"捕捉，将矩形放置在适合的位置，如图 5-11 所示。

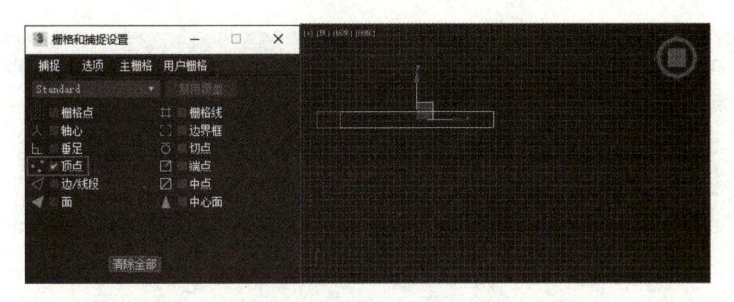

图 5-11　调整参考矩形位置

选择"窗口"模型，按"1"键进入（顶点）子对象层级，调整窗口大小；用同样的方法，调整另一侧窗口的大小，如图 5-12 所示。再次按"1"键，退出"顶点"子对象层级。删除两个参考矩形，完成两个落地窗的制作。

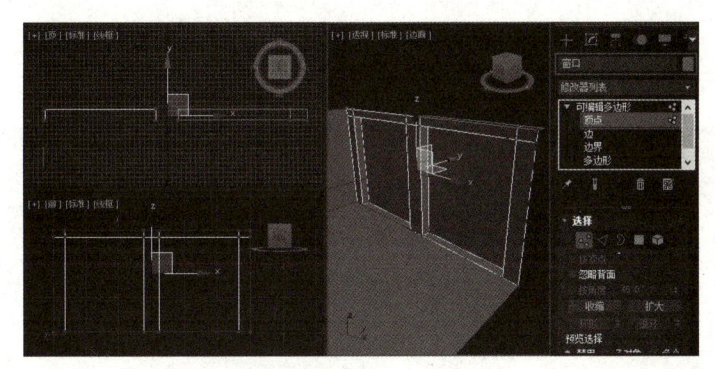

图 5-12　调整窗口大小

5.2.2　实战演练 2——制作窗框

操作步骤：

（1）分离窗框多边形。选择"窗口"模型，按"4"键，进入（多边形）子对象层级，选择挤出的两个面，在命令面板上执行（修改）→"编辑几何体"卷展栏→ 分离 命令，在弹出的"分离"对话框中，设置名称为"窗框"。为了方便观察，按"Alt+Q"组合键，将分离的窗框模型孤立显示，如图 5-13 所示。

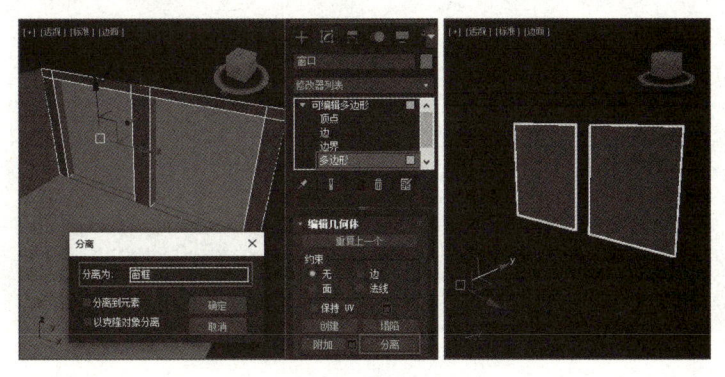

图 5-13　分离窗框多边形

（2）制作窗框边框。按"2"键，进入 ◁ （边）子对象层级，在透视口中选择水平的 4 条边，在命令面板上单击 （修改）→"编辑边"卷展栏→ 连接 命令右侧的 （设置）按钮，在弹出的小盒界面中设置"分段"为 1，如图 5-14 所示。

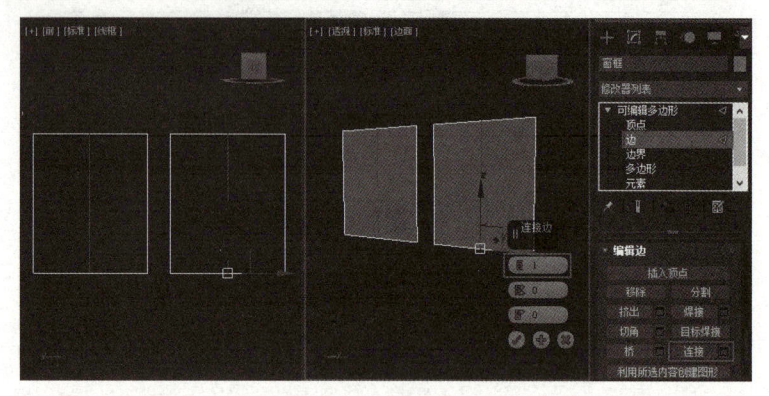

图 5-14　制作窗框边框

（3）选择中间增加的两条边，单击"编辑边"卷展栏"切角"命令右侧的"设置"按钮，在弹出的小盒界面中设置"边切角量"为 30；用同样的方法，选择其他 4 条垂直边，执行"切角"命令，设置"边切角量"为 70，如图 5-15 所示。

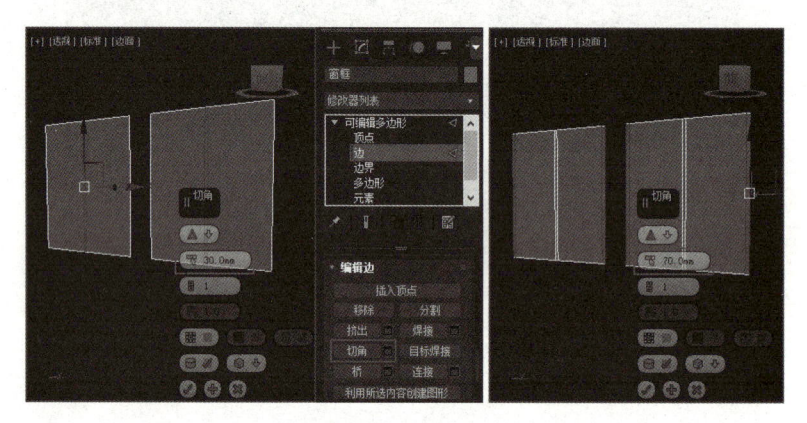

图 5-15　执行"切角"命令

（4）用同样的方法，选择上下两侧的水平边，执行"切角"命令，设置"边切角量"为 70，如图 5-16 所示。

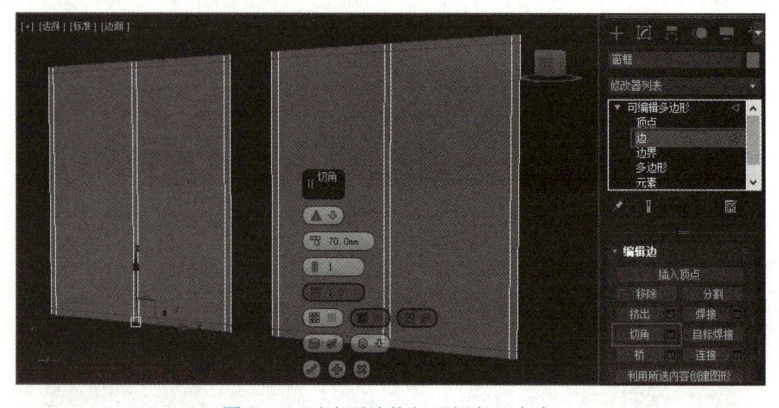

图 5-16　对水平边执行"切角"命令

模块五　室内漫游动画

（5）挤出窗框厚度。按"4"键，进入 ■（多边形）子对象层级，选择中间 4 个大多边形，在命令面板上单击 ■（修改）→"编辑多边形"卷展栏→ 挤出 命令右侧的 ■（设置）按钮，在弹出的小盒界面中设置挤出的"高度"为 -70（即窗框的厚度）。按"Delete"键，删除挤出的多边形，如图 5-17 所示。

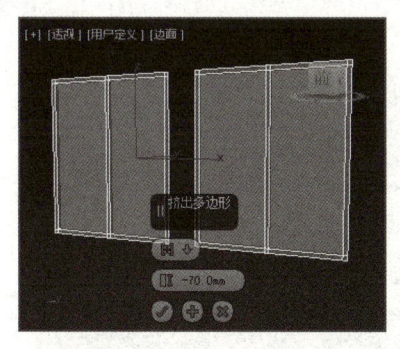

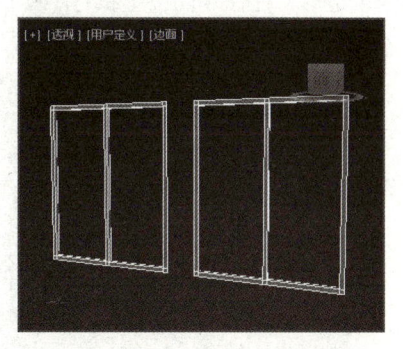

图 5-17　挤出窗框厚度

（6）调整窗框位置。单击视口下方的 ■（孤立当前选择）按钮，退出孤立显示模式。选择窗框模型，由于窗框模型是分离出来的对象，所以轴心在长方体的中间位置，为方便调整位置，首先调整其轴心位置。在命令面板上单击 ■（层次）→ 仅影响轴 → 居中到对象 按钮，将轴心调到模型中心位置，然后，将窗框位置调整到墙体中间位置，如图 5-18 所示。

图 5-18　调整窗框位置

（7）创建窗帘盒。为了方便管理，将分离出来的墙体与原墙体附加为一体。在顶视口中创建一个长方体，作为窗帘盒，设置参数和位置如图 5-19 所示。

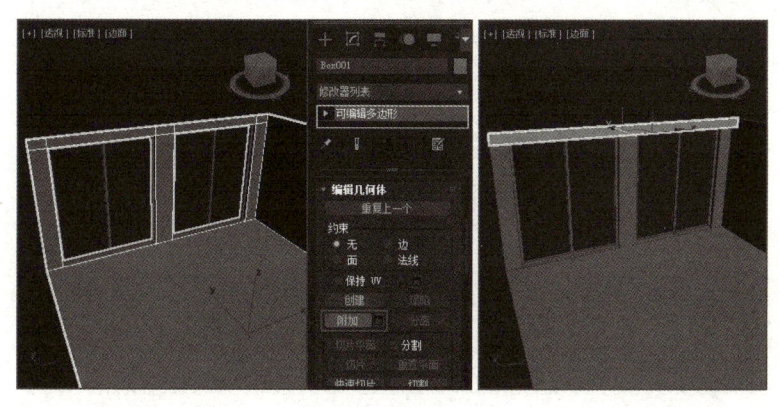

图 5-19　创建窗帘盒

309

5.2.3 实战演练 3——制作装饰墙

操作步骤：

（1）分离装饰墙面。选择墙体，按"4"键，进入 ■（多边形）子对象层级，在透视口中选择左侧作为装饰墙的多边形，在命令面板上执行 ■（修改）→"编辑几何体"卷展栏→ 分离 命令，在弹出的"分离"对话框中，设置名称为"装饰墙"，如图 5-20 所示。

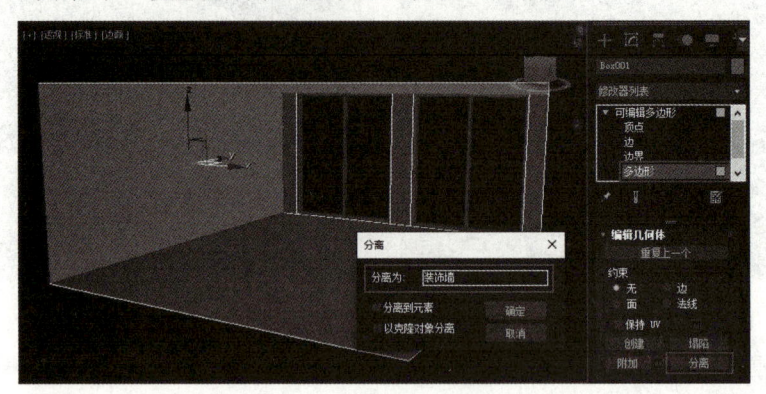

图 5-20　分离装饰墙面

（2）添加边。选择装饰墙，按"2"键，进入 ■（边）子对象层级，在透视口中选择两条水平边，在命令面板上单击 ■（修改）→"编辑边"卷展栏→ 连接 命令右侧的 ■（设置）按钮，在弹出的小盒界面中设置"分段"为 20，如图 5-21 所示。

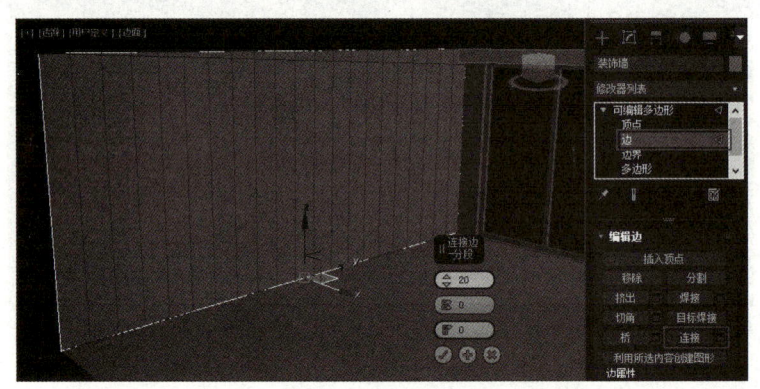

图 5-21　添加边

（3）切角边。保持边的选中状态，单击"编辑边"卷展栏→ 切角 命令右侧的 ■（设置）按钮，在弹出的小盒界面中设置"边切角量"为 60，如图 5-22 所示。

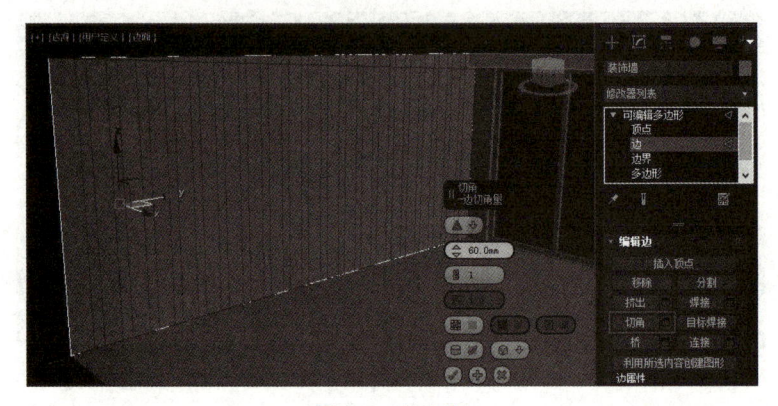

图 5-22　切角边

(4)制作装饰墙凹凸造型。按"4"键,进入 ■（多边形）子对象层级,在透视口中选择所有多边形,在命令面板上单击 ■（修改）→"编辑多边形"卷展栏→ 挤出 命令右侧的 ■（设置）按钮,在弹出的小盒界面中设置挤出的"高度"为20;用同样的方法,选择所有大多边形,执行"挤出"命令,设置挤出"高度"为20,如图5-23所示。

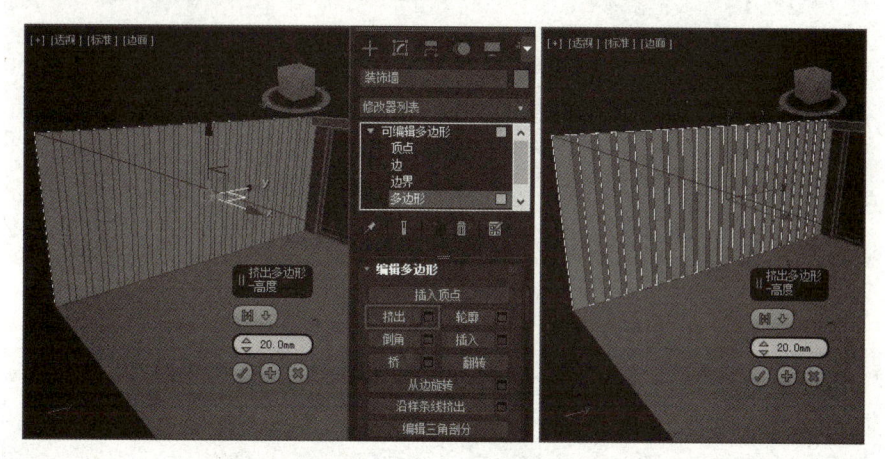

图 5-23　制作装饰墙凹凸造型

(5)制作装饰板。在装饰墙上,制作一个长度和高度为400mm,厚度为20mm,深度为200mm的楼梯状装饰板。按"S"键打开捕捉开关,在主工具栏的 ■（捕捉开关）按钮上,右击,打开"栅格和捕捉设置"对话框,在"主栅格"选项卡中,设置"栅格间距"为400mm,设置捕捉"栅格点",使用"线"命令,绘制装饰板路径。按"3"键,进入 ■（样条线）子对象层级,设置"轮廓"为20mm。为其添加"挤出"修改器,设置"数量"值为200mm,如图5-24所示。

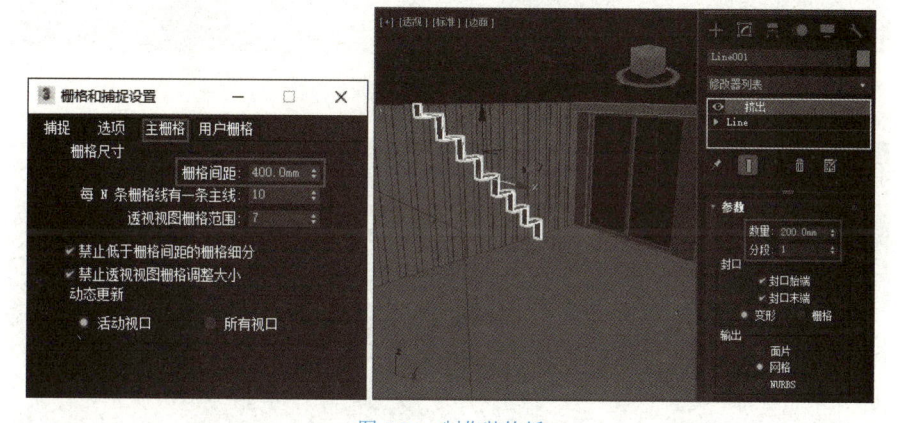

图 5-24　制作装饰板

(6)制作装饰物。使用"线"命令,绘制装饰物轮廓;使用"车削"修改器,制作装饰物造型,如图5-25所示。

(7)制作背景板。在命令面板上单击 ■（创建）→ ●（几何体）→ 平面 按钮,在前视口中创建一个平面作为背景板,其参数设置如图5-26所示。

(8)创建目标摄影机。在顶视口中创建一个目标摄影机,设置"视野"值为73,激活透视口,按"C"键将透视口转换为摄影机视口,如图5-27所示。

图 5-25　制作装饰物

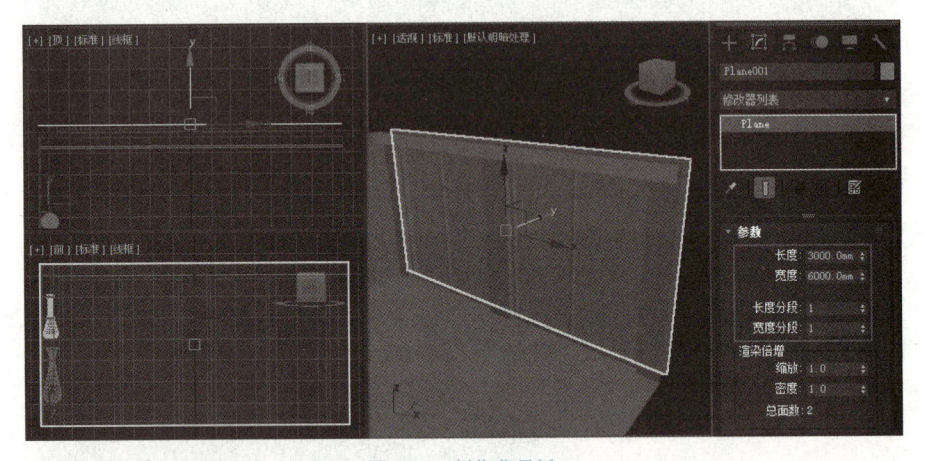

图 5-26　制作背景板

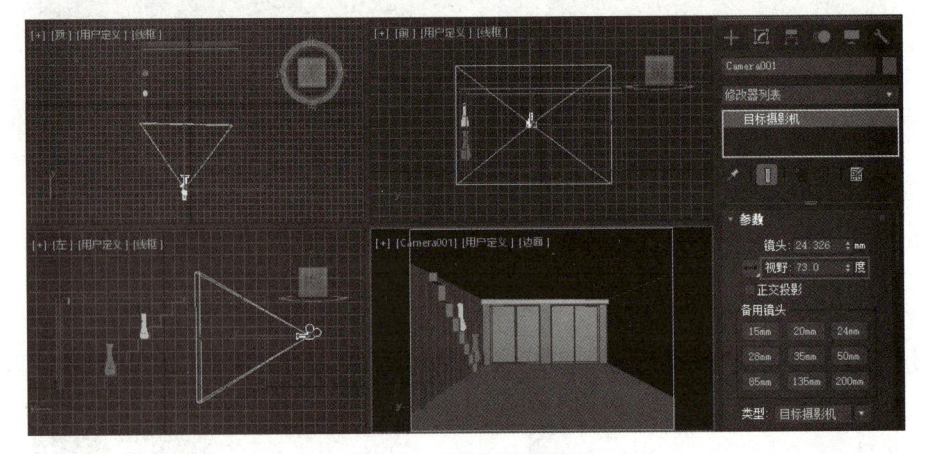

图 5-27　创建目标摄影机

5.2.4　实战演练 4——设置材质

操作步骤：

（1）设置墙体和窗帘盒材质。按"M"键，打开"Slate 材质编辑器"对话框，双击"材质/贴图浏览器"下方"示例窗"中的 01-Default 材质球，在视图 1 视口中双击该材质的标题栏，打开其参数编辑器，单击"漫反射"右侧的颜色块，设置颜色值为 RGB（246，246，246）。然后，单击 ![btn] （将材质指定给选定对象）按钮，将材质赋予墙体和窗帘盒造型。

（2）设置装饰墙材质。用同样的方法，双击"示例窗"中 02-Default 材质球，双击其标题栏，打开参数编辑器，设置"漫反射"颜色值为 RGB（35，124，160），"自发光"值为 20，"高光级别"值为 46，"光泽度"值为 37，如图 5-28 所示。

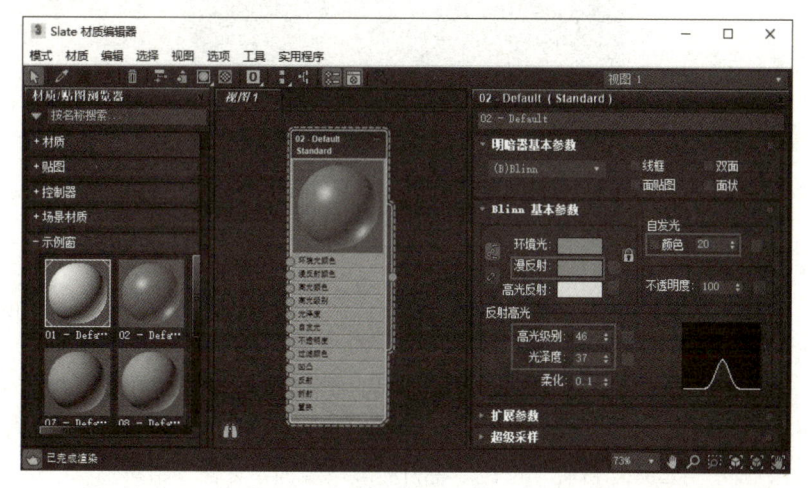

图 5-28　设置装饰墙基本参数

（3）添加"凹凸"贴图。在"贴图"卷展栏中单击"凹凸"贴图通道右侧的贴图按钮，在打开的"材质/贴图浏览器"对话框中双击"位图"选项，在打开的"选择位图图像文件"对话框中选择本书素材"木纹.jpg"文件，设置凹凸"数量"值为 136。单击"凹凸"贴图按钮，打开贴图参数卷展栏，设置"坐标"参数，如图 5-29 所示。

（4）添加"反射"贴图。在"凹凸"贴图通道上按住鼠标左键，将"凹凸"贴图以"实例"方式复制到"反射"贴图通道上，并设置其"数量"值为 100。然后单击 ![btn] （将材质指定给选定对象）按钮和 ![btn] （视口中显示明暗处理材质）按钮，将材质赋予装饰墙和装饰板造型，如图 5-30 所示。

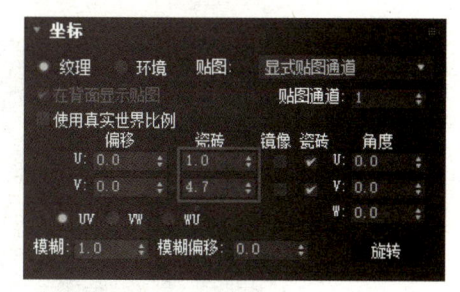

图 5-29　设置"凹凸"贴图坐标参数

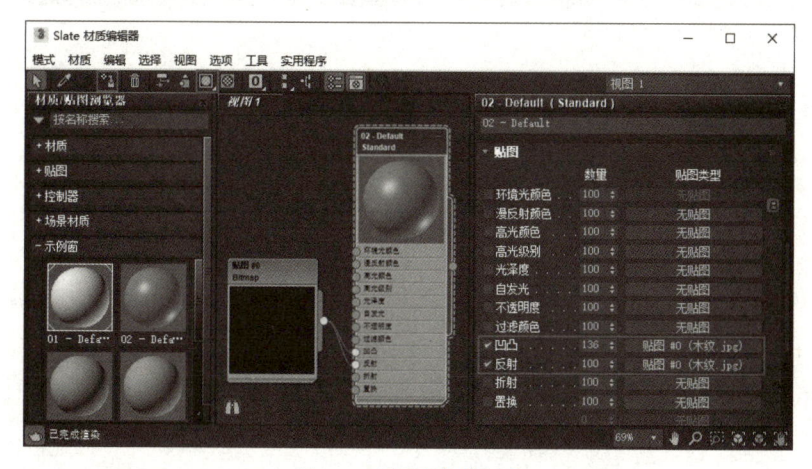

图 5-30　设置装饰墙材质

(5)设置地面材质。在"示例窗"中双击 03-Default 材质球,双击其标题栏,打开参数编辑器,设置"高光级别"值为 44,"光泽度"值为 34。用前面同样的方法,设置"漫反射"贴图为"地板 .jpg"文件,设置其贴图"坐标"参数,如图 5-31 所示。

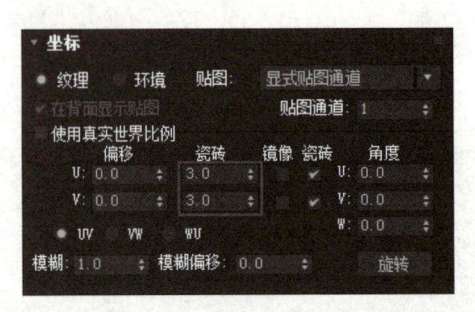

图 5-31 设置地面贴图参数

(6)添加"凹凸"贴图。在"漫反射"贴图通道上按住鼠标左键,将"漫反射"贴图以"实例"方式复制到"凹凸"贴图通道上,并设置其"数量"值为 6。

(7)添加"反射"贴图。单击"反射"贴图通道右侧的贴图按钮,在打开的"材质/贴图浏览器"对话框中双击"光线跟踪"选项,设置反射"数量"值为 15。然后单击 (将材质指定给选定对象)按钮和 (视口中显示明暗处理材质)按钮,将材质赋予地面,如图 5-32 所示。

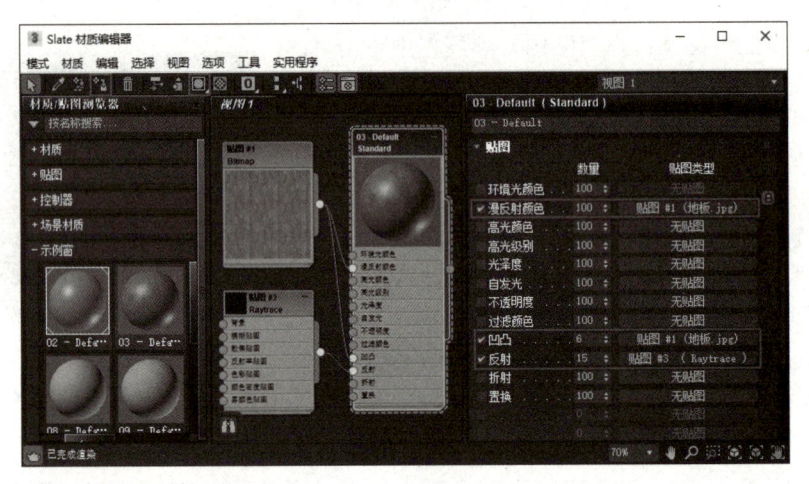

图 5-32 设置地面材质

(8)设置背景板材质。在"示例窗"中双击 04-Default 材质球,双击其标题栏,打开参数编辑器,设置"自发光"值为 100。用前面同样的方法,设置"漫反射"贴图为"窗景 .jpg"文件,然后单击 (将材质指定给选定对象)按钮和 (视口中显示明暗处理材质)按钮,将材质赋予背景板,如图 5-33 所示。

(9)完善效果。为了照亮墙壁,可临时打一盏泛光灯。此时渲染,可以看到地面中反射了背景板贴图,这样不符合客观实际。下面,对地面材质进行调整,双击打开地面"反射"贴图通道中的"光线跟踪"贴图,在"光线跟踪器参数"卷展栏中,单击 局部排除... 按钮,在打开的"排除/包含"对话框中,选择 Plane001,从地面材质反射中去除背景板贴图,按"Shift+Q"组合键渲染,查看效果,如图 5-34 所示。

图 5-33　设置背景板材质

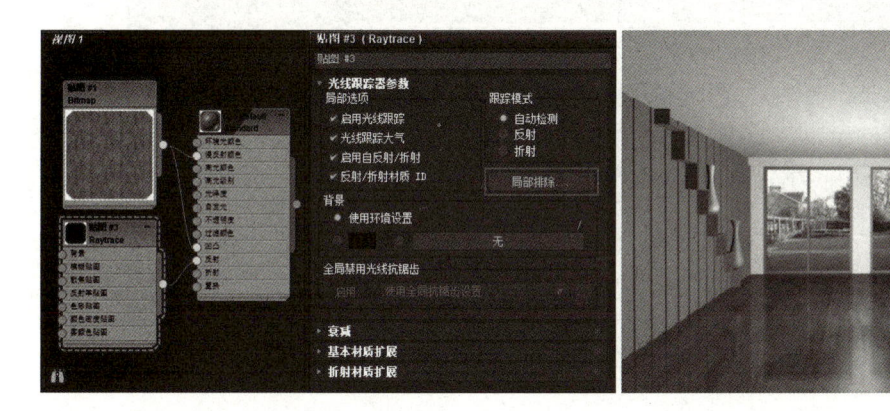

图 5-34　去除地面中的背景板贴图

（10）按"Ctrl+S"组合键，保存文件。

5.3　家具的制作

下面以单人沙发、L 型沙发制作为例，介绍家具模型的制作方法。

5.3.1　实战演练 5——单人沙发的制作

操作步骤：

（1）单位设置。启动 3ds Max 软件,选择"自定义"→"单位设置（U）..."菜单命令,在打开的"单位设置"对话框中，将"显示单位比例"和"系统单位比例"设置为"毫米"，如图 5-35 所示。

（2）创建长方体。在命令面板上单击 ![+]（创建）→ ![○]（几何体）→ ![长方体]按钮，在顶视口中创建一个长方体，其参数设置如图 5-36 所示。

（3）制作扶手和靠背。选择长方体，单击鼠标右键，在弹出的快捷菜单中执行"转换为:"→"转换为可编辑多边形"命令，将其转换为可编辑多边形。按"4"键，进入 ![■]（多边形）子对象层级，在透视口中选择顶部边缘的 12 个多边形，在命令面板上单击 ![修改]（修改）→ "编辑多边形"卷展栏→ ![挤出] 命令右侧的 ![■]（设置）按钮，挤出 4 次，挤出的高度分别设置为 20、120、120 和 20,如图 5-37 所示。

315

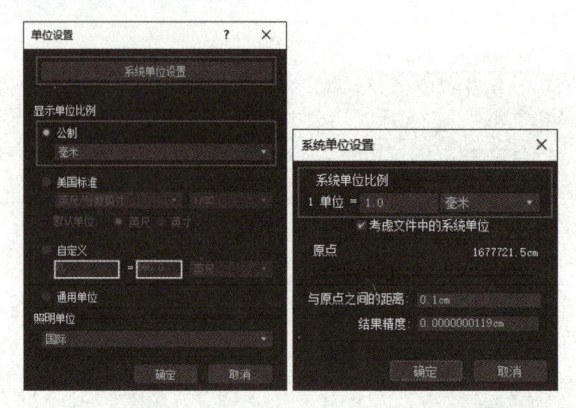

图 5-35 单位设置

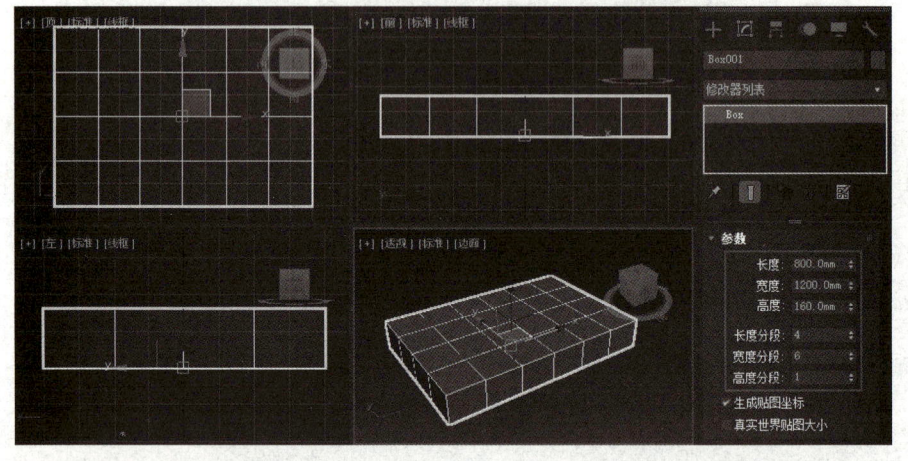

图 5-36 创建长方体

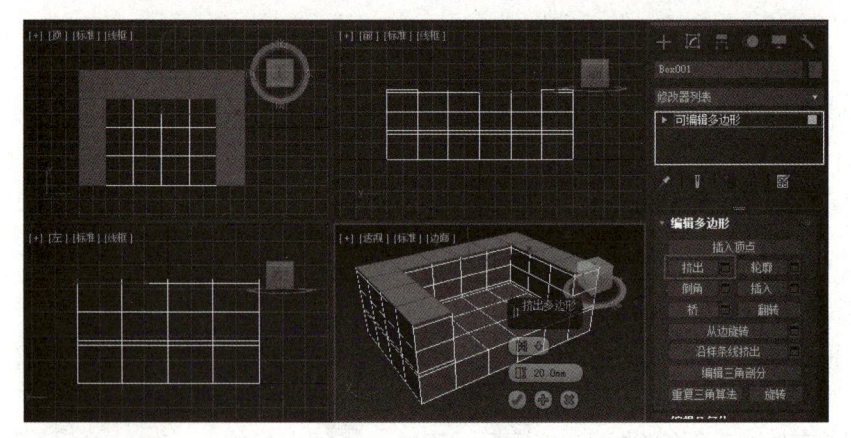

图 5-37 制作扶手和靠背

（4）制作沙发底座。选择沙发底座多边形，单击"倒角"命令右侧的"设置"按钮，在弹出的小盒界面中设置倒角"高度"为 20，倒角"轮廓"为 -10，如图 5-38 所示。

模块五 室内漫游动画

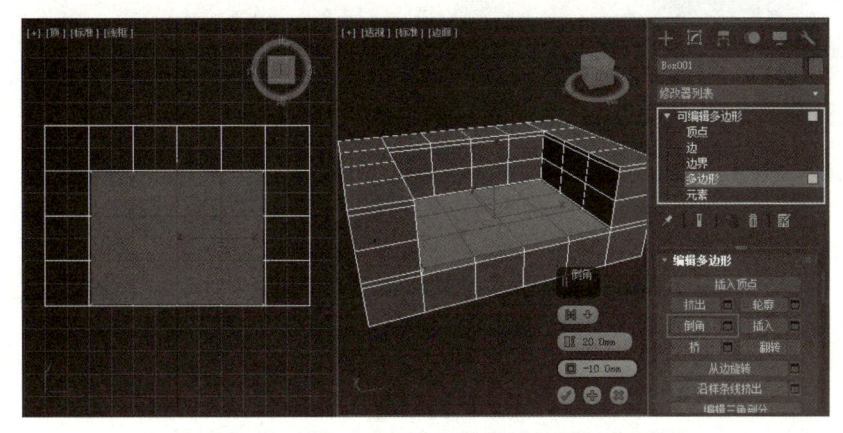

图 5-38 制作沙发底座

（5）制作沙发边的凹槽。按"2"键，进入 ◁ （边）子对象层级，选择沙发所有制作凹槽的边。在命令面板上单击 ☑ （修改）→"编辑边"卷展栏→ 挤出 命令右侧的 ▫ （设置）按钮，在弹出的小盒界面中设置挤出"高度"为 -10，"宽度"为 5，如图 5-39 所示。

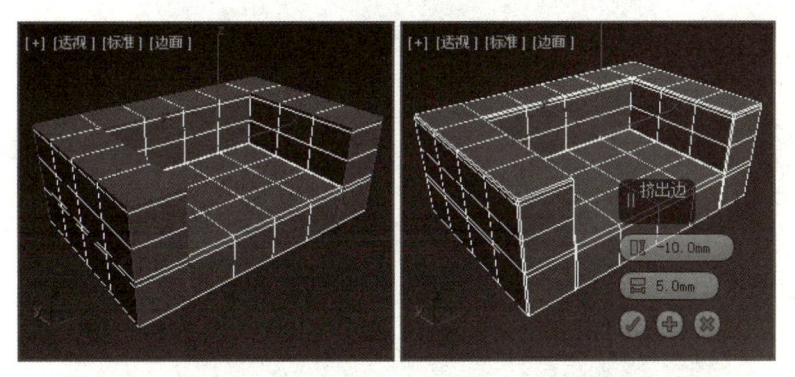

图 5-39 制作沙发边的凹槽

（6）查看平滑效果。在"细分曲面"卷展栏中，勾选"使用 NURMS 细分"选项，设置"迭代次数"为 1，查看平滑效果，如图 5-40 所示。

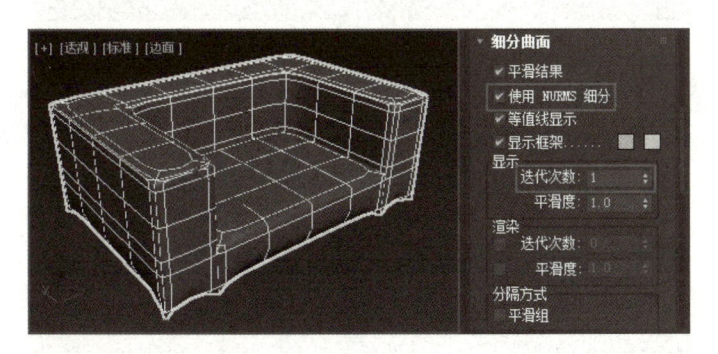

图 5-40 查看平滑效果

（7）从上面的效果看，平滑效果并不理想，需要在平滑过渡处增加分段，调整效果。首先，取消"细分曲面"卷展栏中"使用 NURMS 细分"选项的勾选，退出平滑效果。在命令面板上执行 ☑ （修改）→"编辑几何体"卷展栏→ 快速切片 命令，在需要定型的位置加线，如图 5-41 所示。

317

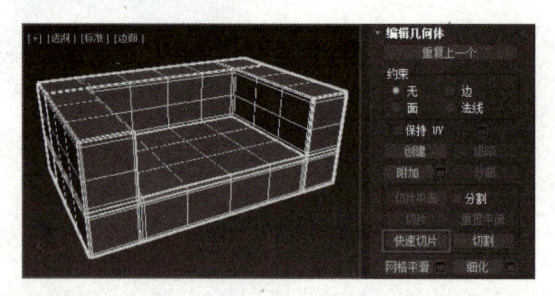

图 5-41　使用"快速切片"命令加线

（8）加线后，再次启用"细分曲面"卷展栏中的"使用 NURMS 细分"选项，查看平滑效果，如图 5-42 所示。

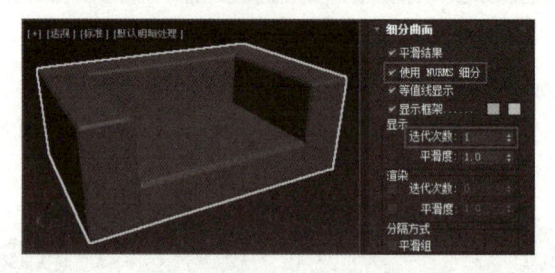

图 5-42　加线后的平滑效果

（9）制作沙发下层。在命令面板上单击 ➕（创建）→ ⬤（几何体）→ 切角长方体 按钮，在顶视口中创建一个切角长方体，其参数设置如图 5-43 所示。

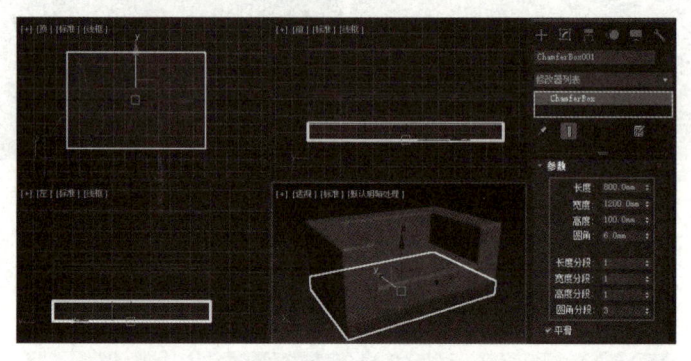

图 5-43　制作沙发下层

（10）制作沙发腿。在命令面板上单击 ➕（创建）→ ⬤（几何体）→ 切角长方体 按钮，在顶视口中创建一个切角长方体，其参数设置如图 5-44 所示。

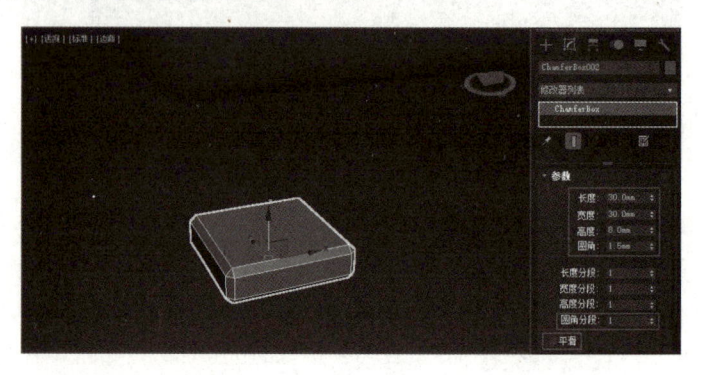

图 5-44　制作沙发腿

（11）复制切角长方体。按住"Shift"键拖动，复制一个切角长方体，修改参数后放在上面，如图 5-45 所示。

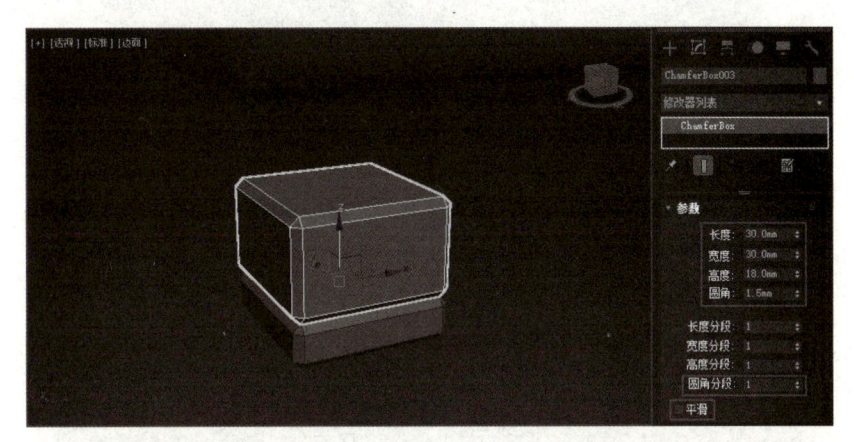

图 5-45　复制切角长方体

（12）复制沙发腿。选择创建的两个切角长方体，执行"组"→"组（G）..."菜单命令，将其组成组，命名为"沙发腿"，再复制三个，放在如图 5-46 所示的位置。

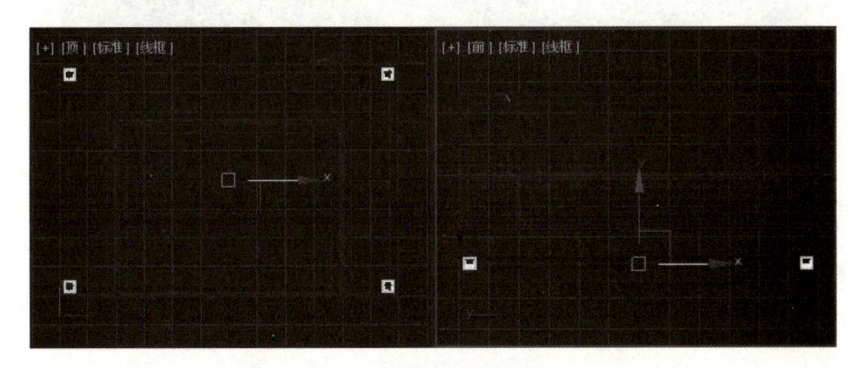

图 5-46　复制沙发腿

（13）制作沙发靠垫。在命令面板上单击 ➕ （创建）→ ⬤ （几何体）→ 长方体 按钮，在前视口中创建一个长方体，其参数设置如图 5-47 所示。

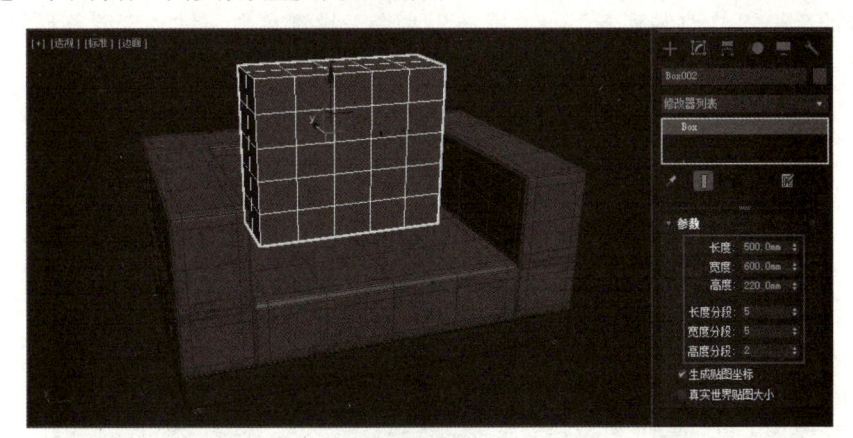

图 5-47　制作沙发靠垫

（14）设置平滑效果。选择长方体，单击鼠标右键，在弹出的快捷菜单中执行"转换为："→"转换为可编辑多边形"命令，将其转换为可编辑多边形。在"细分曲面"卷展栏中，勾选"使用 NURMS 细分"选项，设置"迭代次数"为 1，查看平滑效果，如图 5-48 所示。

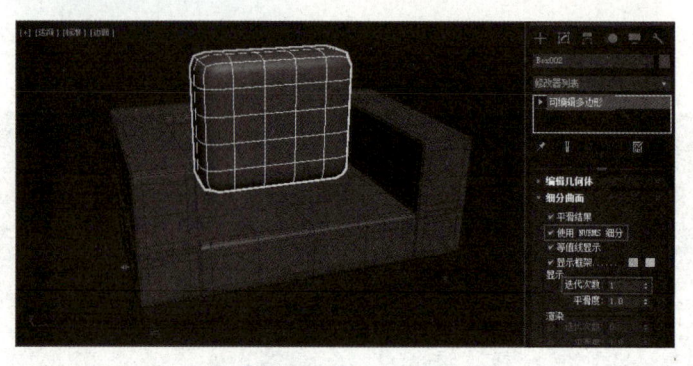

图 5-48　设置平滑效果

（15）调整靠垫形状。按"1"键，进入 ■■ （顶点）子对象层级，在顶视口中选择左右两侧的顶点，沿 Y 轴进行缩放；在左视口中选择上下两端的顶点，沿 X 轴进行缩放，效果如图 5-49 所示。

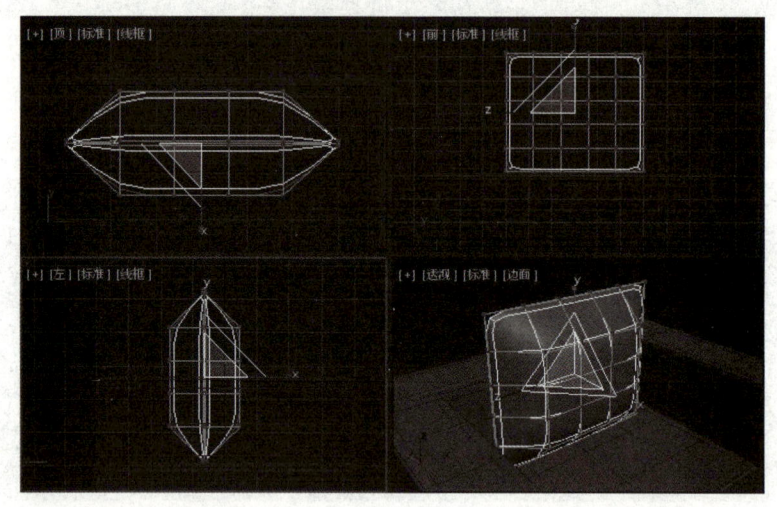

图 5-49　调整靠垫形状

（16）进一步调整靠垫形状。选择四角的顶点，使用缩放工具，等比例缩放；使用移动工具进行局部调整，调整时要注意观察现实生活中的靠垫形状；旋转，调整靠垫角度；然后在命令面板上执行 ■■ "修改"→"修改器列表"→"噪波"命令，设置参数，进一步调整形状，如图 5-50 所示。

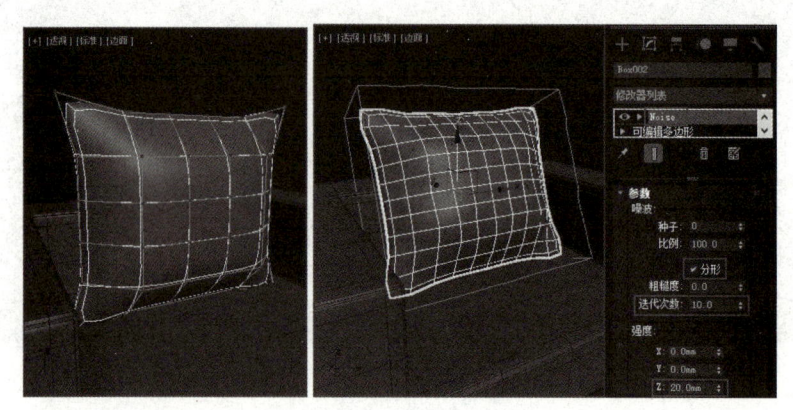

图 5-50　进一步调整靠垫形状

（17）按"Ctrl+S"键，将文件保存为"单人沙发 .max"文件。

5.3.2 实战演练 6——L 型沙发的制作

L 型沙发的制作方法与单人沙发的制作方法基本相同，只需在制作过程中注意控制好沙发的尺寸和比例即可。

操作步骤：

（1）单位设置。启动 3ds Max 软件，执行"自定义"→"单位设置（U）..."菜单命令，在打开的"单位设置"对话框中，将"显示单位比例"和"系统单位比例"设置为"毫米"，如图 5-51 所示。

（2）创建长方体。在命令面板上单击 ➕（创建）→ ◯（几何体）→ 长方体 按钮，在顶视口中创建一个长方体，其参数设置如图 5-52 所示。

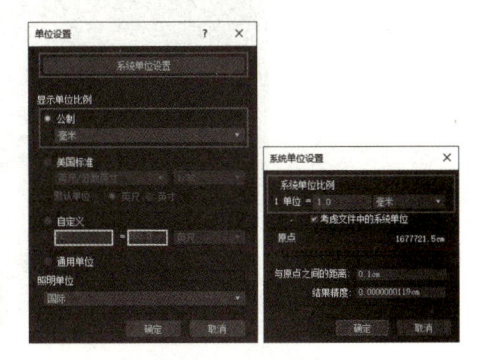

图 5-51 单位设置

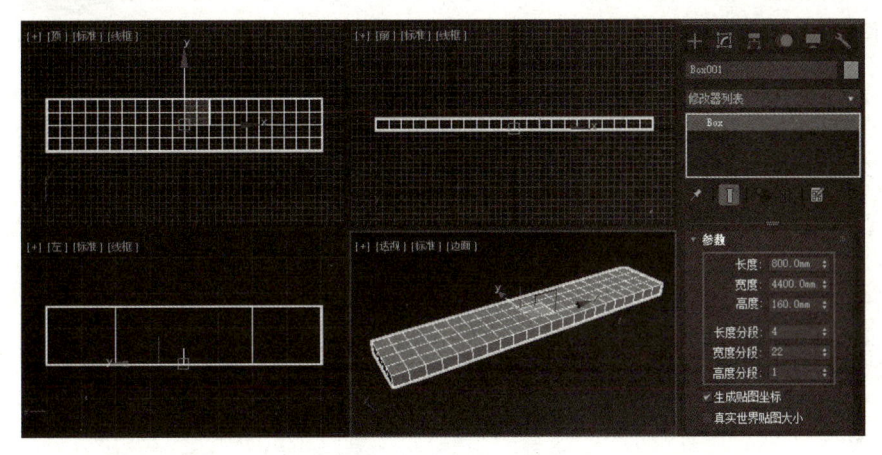

图 5-52 创建长方体

（3）制作扶手和靠背。选择长方体，单击鼠标右键，在弹出的快捷菜单中执行"转换为："→"转换为可编辑多边形"命令，将其转换为可编辑多边形。按"4"键，进入 ▪（多边形）子对象层级，在透视口中选择顶部边缘的 28 个多边形，在命令面板上单击 （修改）→"编辑多边形"卷展栏→ 挤出 命令右侧的 ▫（设置）按钮，挤出 4 次，挤出的高度分别设置为 20、120、120 和 20，如图 5-53 所示。

（4）挤出 L 型。选择 L 型对应的 5 个多边形，单击"编辑多边形"卷展栏" 挤出 "命令右侧的"设置"按钮，挤出 3 次，挤出的高度分别设置为 400、400 和 200，如图 5-54 所示。

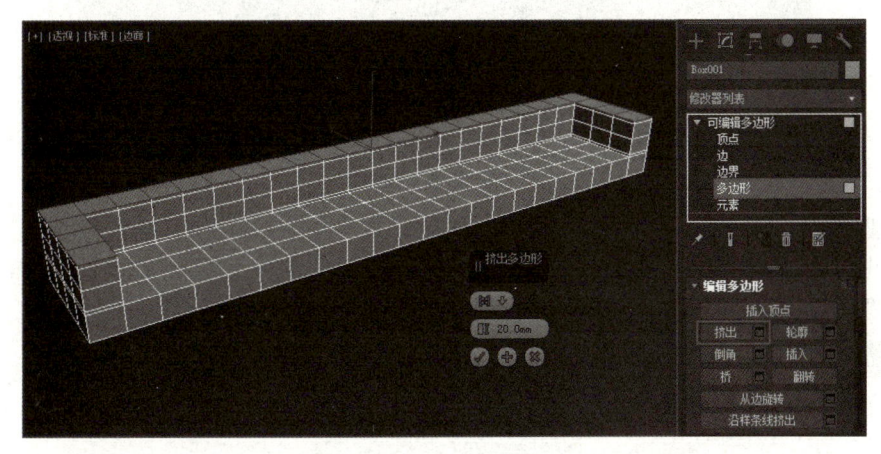

图 5-53 制作扶手和靠背

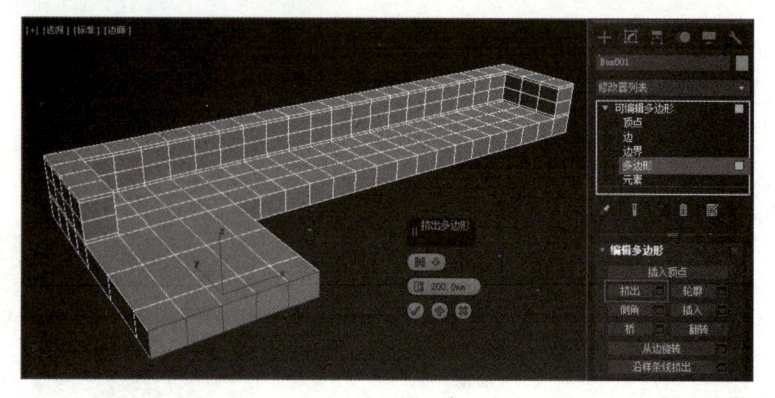

图 5-54　挤出 L 型

（5）制作 L 型沙发底座。首先制作 L 型对应的底座，选择相应多边形，单击 倒角 命令右侧的 ■（设置）按钮，在弹出的小盒界面中设置倒角"高度"为 20，倒角"轮廓"为 –10，如图 5-55 所示。

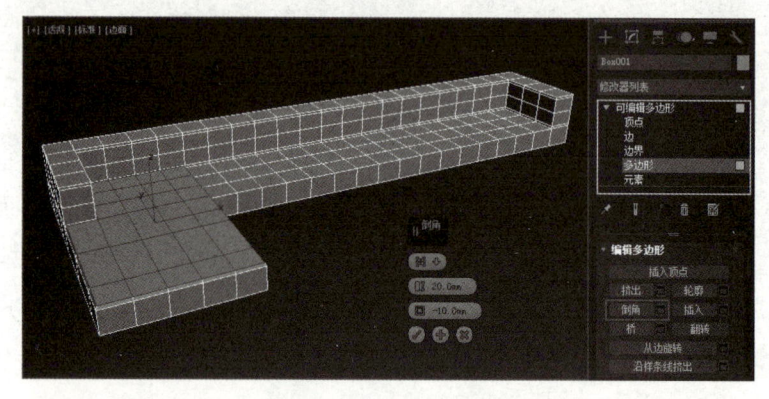

图 5-55　制作 L 型沙发底座

（6）制作其他 4 个沙发底座，制作方法同步骤（5），效果如图 5-56 所示。

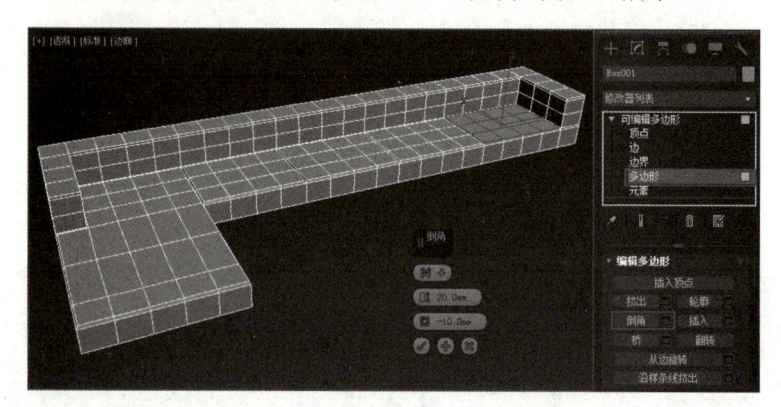

图 5-56　沙发底座效果

（7）L 型沙发细节及其他部分的制作方法同单人沙发，效果如图 5-57 所示。
（8）合并模型。执行"文件"→"导入"→"合并（M）…"菜单命令，在弹出的"合并文件"对话框中选择"单人沙发.max"文件，单击 打开(O) 按钮。在弹出的"合并-单人沙发.max"对话框中，选择 全部(A) ，然后单击 确定 按钮，将单人沙发和靠垫合并到 L 型沙发场景中。复制沙发靠垫，并将其摆放到 L 型沙发适合位置，如图 5-58 所示。

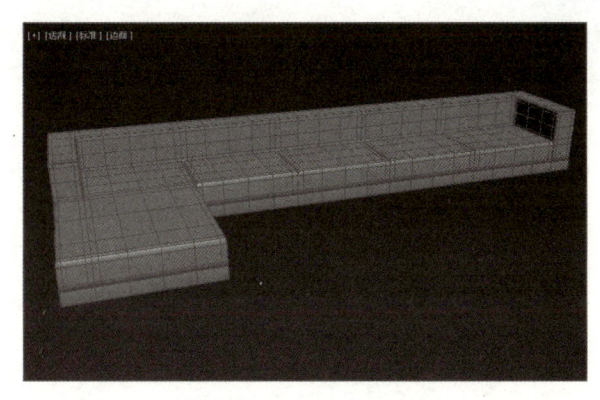

图 5-57　L 型沙发整体效果

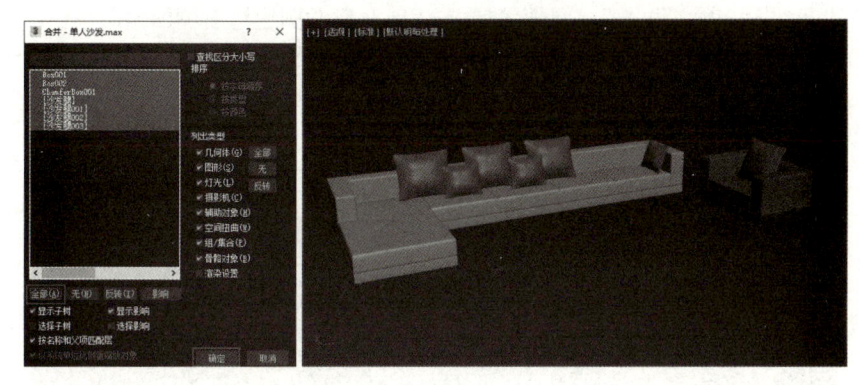

图 5-58　合并模型

5.3.3　实战演练 7——设置沙发和靠垫材质

操作步骤：

(1) 设置沙发材质。按"M"键,打开"Slate 材质编辑器"对话框,双击"材质 / 贴图浏览器"下方"示例窗"中的 01-Default 材质球,在视图 1 视口中双击该材质的标题栏,打开其参数编辑器,设置"自发光"值为 23。在"贴图"卷展栏中单击"漫反射颜色"贴图通道右侧的贴图按钮,在打开的"材质 / 贴图浏览器"对话框中双击"衰减"贴图;单击添加的"衰减"贴图,在其参数卷展栏中,设置上面的贴图为本书素材"布纹 .jpg"文件,如图 5-59 所示。

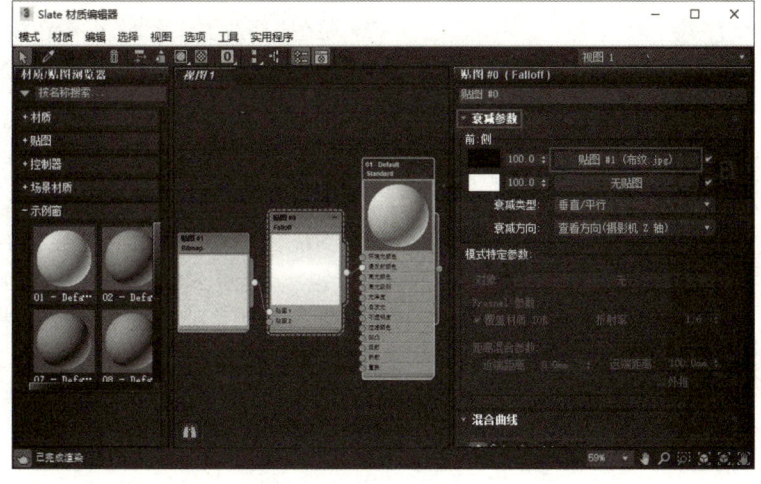

图 5-59　设置沙发材质

（2）调整添加的位图。单击上面的贴图按钮，打开其参数卷展栏，设置"坐标"卷展栏中的"模糊"值为 0.5，使贴图变得更清晰，如图 5-60 所示。

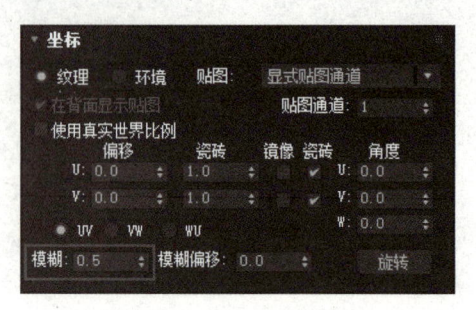

图 5-60　调整添加的位图

（3）添加凹凸贴图。在"贴图"卷展栏中单击"凹凸"贴图通道右侧的贴图按钮，在打开的"材质/贴图浏览器"对话框中双击"位图"选项，在打开的"选择位图图像文件"对话框中选择本书素材"纹理 .jpg"文件，设置凹凸"数量"值为 120，如图 5-61 所示。然后单击 （将材质指定给选定对象）按钮和 （视口中显示明暗处理材质），将材质赋予沙发模型。

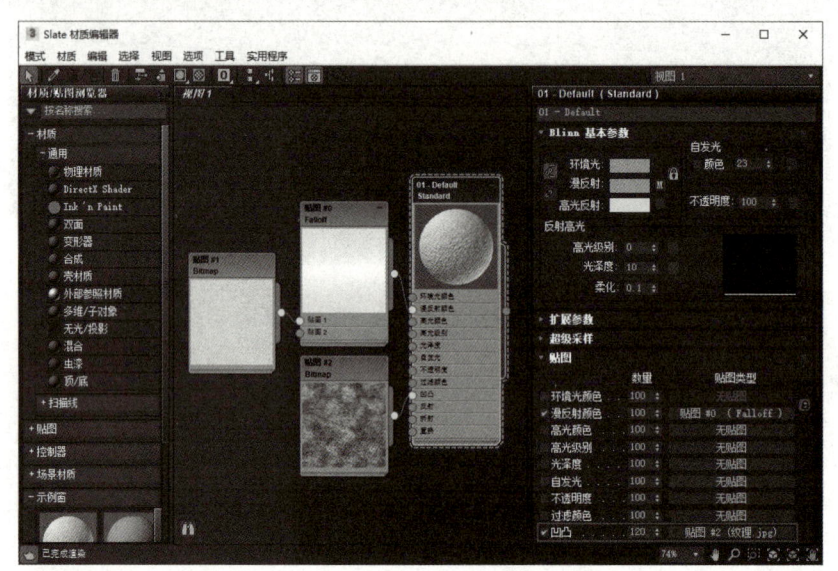

图 5-61　添加凹凸贴图

（4）添加"UVW 贴图"修改器。此时，贴图在模型上有拉伸变形，为解决此问题，选择沙发模型，在命令面板上执行 "修改"→"修改器列表"→"UVW 贴图"命令，设置参数，如图 5-62 所示。

（5）设置红色靠垫材质。用同样的方法，双击"示例窗"中的 02-Default 材质球，双击其标题栏，打开参数编辑器，设置"漫反射"颜色值为 RGB（161，0，0）。在"贴图"卷展栏中单击"凹凸"贴图通道右侧的贴图按钮，在打开的"材质/贴图浏览器"对话框中双击"位图"选项，在打开的"选择位图图像文件"对话框中选择本书素材"布纹凹凸 .jpg"文件，设置凹凸"数量"值为 200。然后单击 （将材质指定给选定对象）按钮和 （视口中显示明暗处理材质）按钮，将材质赋予红色靠垫，如图 5-63 所示。

图 5-62　添加"UVW 贴图"修改器

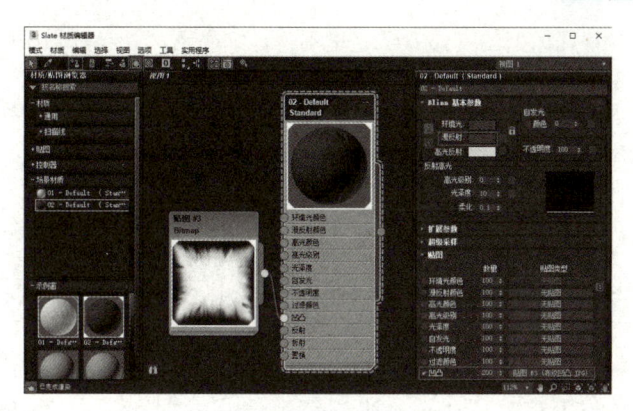

图 5-63　设置红色靠垫材质

(6) 设置白色靠垫材质。在"示例窗"中将 02-Default 材质球拖动到 03-Default 材质球上，复制材质，双击复制的材质球，双击其标题栏，打开参数编辑器，将其重命名为 03-Default，设置"漫反射"颜色贴图为"欧式布纹 .jpg"。然后单击 ▦（将材质指定给选定对象）按钮和 ▦（视口中显示明暗处理材质）按钮，将材质赋予白色靠垫，如图 5-64 所示。

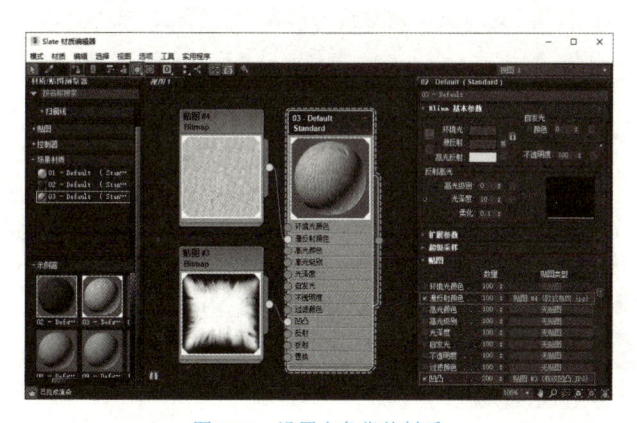

图 5-64　设置白色靠垫材质

(7) 设置沙发腿材质。在"示例窗"中双击 04-Default 材质球，双击其标题栏，打开参数编辑器，设置"漫反射"颜色值为 RGB（150，150，150）。在"贴图"卷展栏中设置"反射"贴图为"CHROMIC.jpg"，设置反射"数量"值为 95。然后单击 ▦（将材质指定给选定对象）按钮和 ▦（视口中显示明暗处理材质）按钮，将材质赋予沙发腿，如图 5-65 所示。

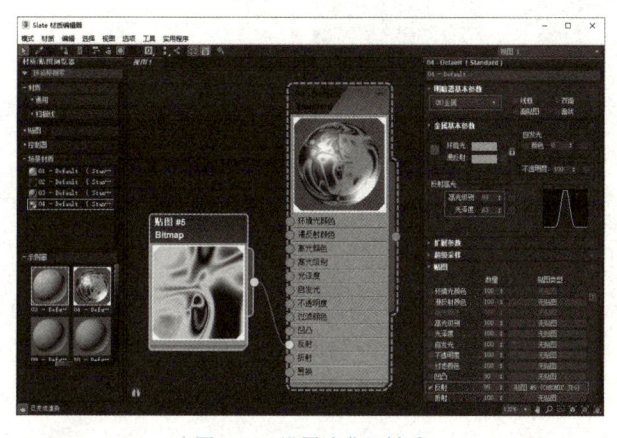

图 5-65　设置沙发腿材质

（8）制作茶几模型。茶几模型的制作方法这里不再详细介绍，最终效果如图 5-66 所示。

图 5-66　制作茶几模型

（9）按"Ctrl+S"组合键，将文件保存为"组合沙发.max"文件。

5.4　合并家具

操作步骤：
（1）打开客厅场景文件。执行"文件"→"打开"菜单命令，打开"室内场景模型.max"文件。
（2）合并组合沙发模型。执行"文件"→"导入"→"合并..."菜单命令，在弹出的"合并文件"对话框中，选择"组合沙发.max"文件，单击 打开(O) 按钮。在弹出的"合并-组合沙发.max"对话框中，单击 全部(A) 按钮，再单击 确定 按钮。在弹出的"重复名称"对话框中，勾选"应用于所有重复情况"复选框和 自动重命名 按钮，如图 5-67 所示。

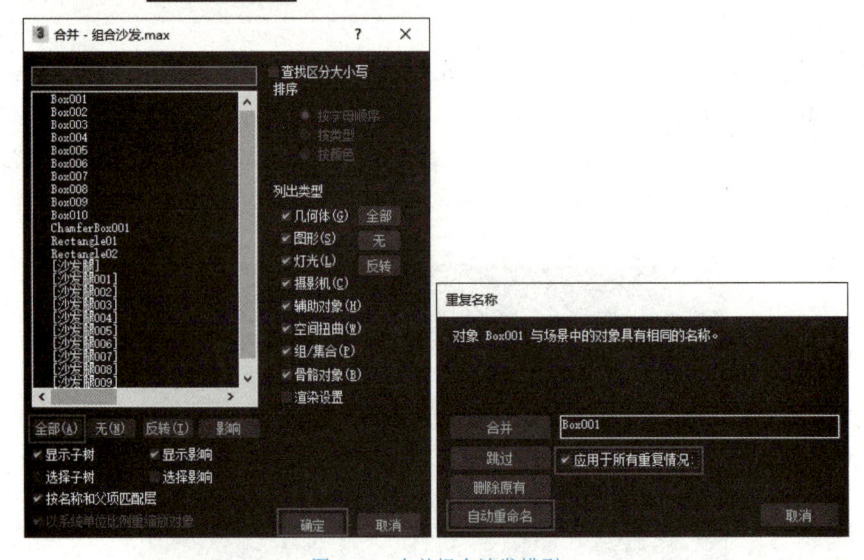

图 5-67　合并组合沙发模型

（3）放置合并的组合沙发。执行"组"→"组..."菜单命令，在弹出的"组"对话框中，设置组名为"组合沙发"，使用移动、旋转、缩放命令，将组合沙发放在合适的位置，如图 5-68 所示。

模块五　室内漫游动画

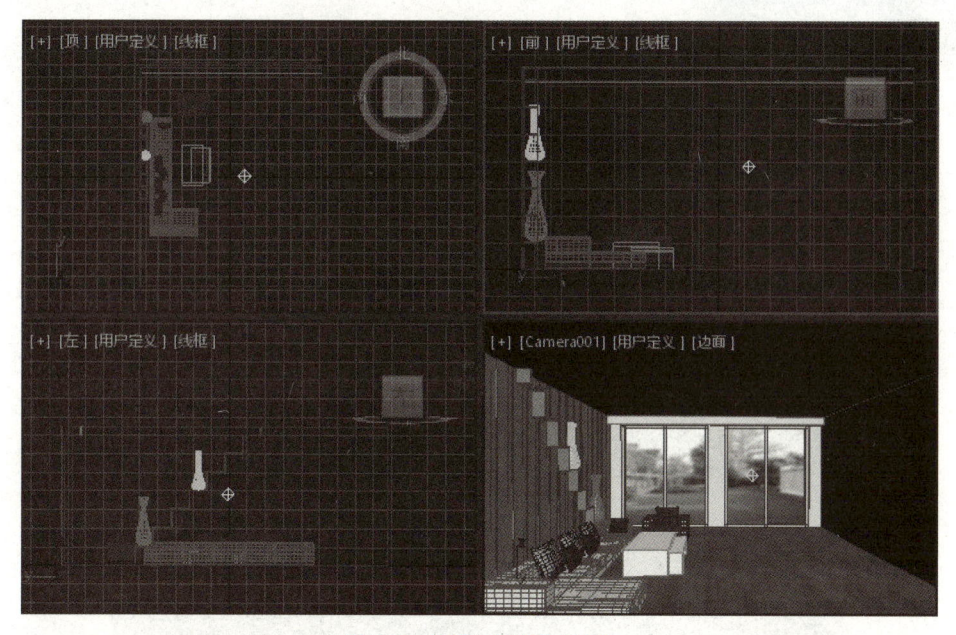

图 5-68　放置合并的组合沙发

（4）合并其他模型。用同样的方法将其他家具模型合并到场景中，并放置在合适位置，如图 5-69 所示。

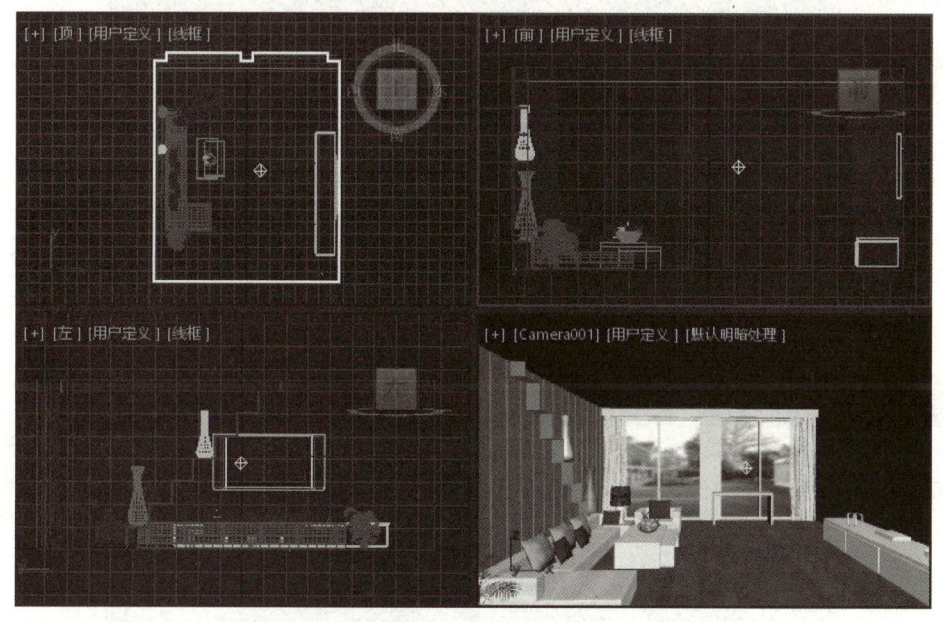

图 5-69　合并其他模型

5.5　设置灯光

这个场景主要表现中午的阳光效果，阳光比较强烈，有刺眼的感觉。下面开始在场景中设置不同的灯光以模拟真实的光照效果。

操作步骤：

（1）使用灯阵为室内布光。在命令面板上单击 ![+] （创建）→ ![灯] （灯光）→ 标准

→ 泛光 按钮，在前视口中创建一盏泛光灯，参数及灯光位置如图 5-70 所示。

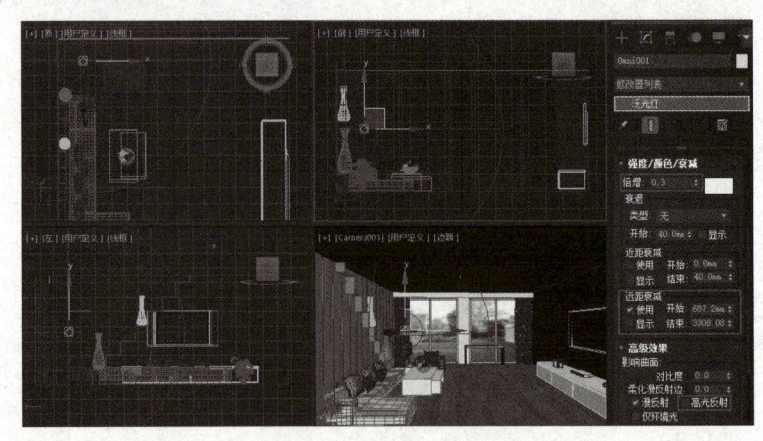

图 5-70 参数及灯光设置（创建一盏泛光灯）

（2）复制泛光灯。在顶视口中，以实例方式复制泛光灯，效果及灯光位置如图 5-71 所示。

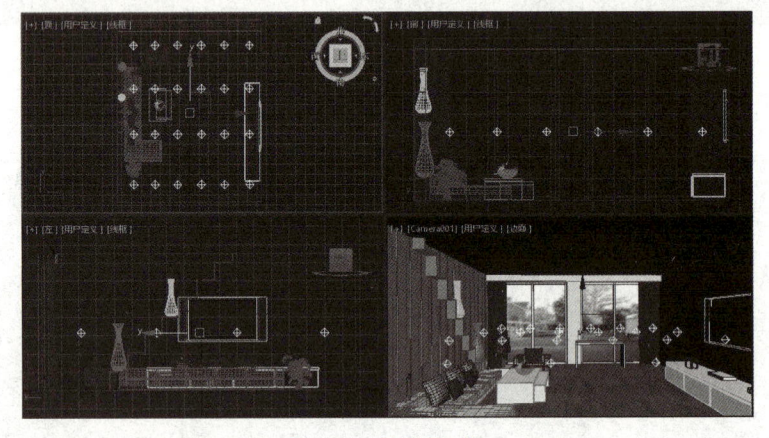

图 5-71 复制泛光灯

（3）创建目标平行光。在命令面板上单击 ![] （创建）→ ![] （灯光）→ 标准 → 目标平行光 按钮，在顶视口中创建一盏目标平行光，用来模拟太阳光，在前视口中调整灯光位置。勾选"启用"阴影，设置阴影类型为"区域阴影"；设置灯光"倍增"值为 1，颜色为 RGB（255，206，237）。单击 排除... 按钮，排除作为窗景的平面，如图 5-72 所示。

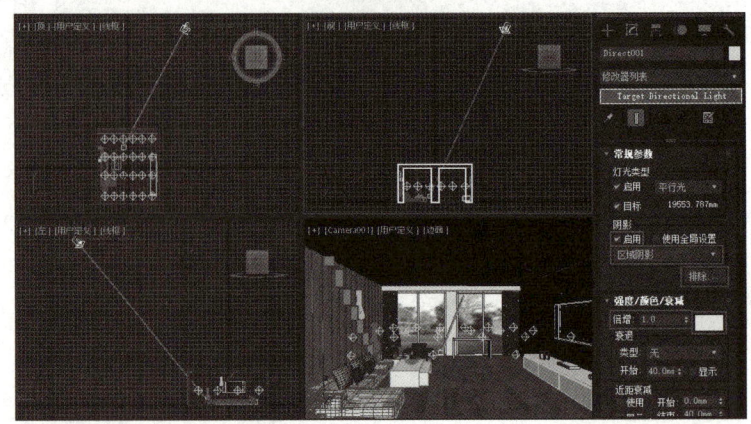

图 5-72 创建目标平行光

模块五　室内漫游动画

（4）设置平行光参数。进一步调整平行光参数和阴影参数，如图 5-73 所示。

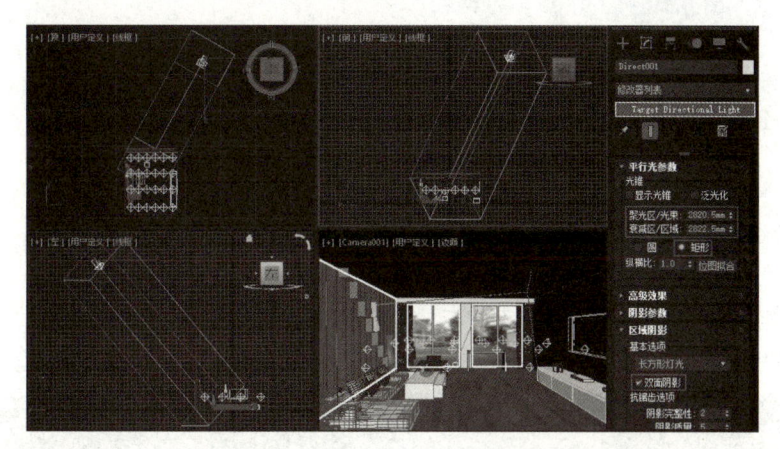

图 5-73　设置平行光参数

（5）创建照亮窗口的目标聚光灯。在命令面板上单击 ➕（创建）→ 💡（灯光）→ 标准 → 目标聚光灯 按钮，在左视口中创建一盏目标聚光灯，其参数设置和灯光位置如图 5-74 所示。

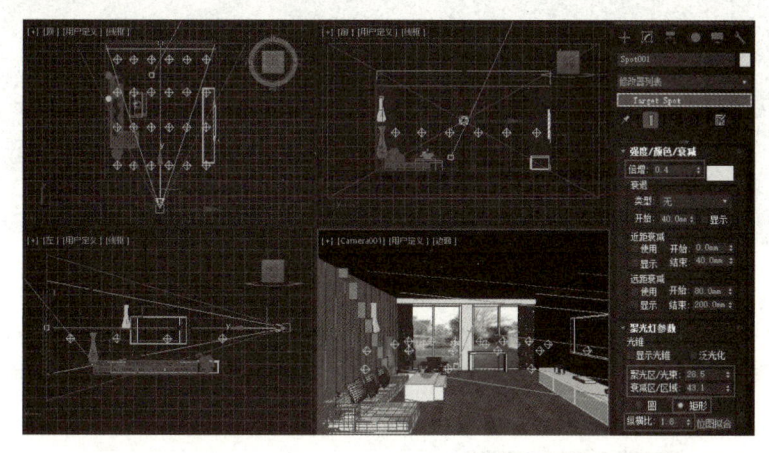

图 5-74　创建目标聚光灯

（6）至此灯光设置完毕，客厅静态效果如图 5-75 所示。

图 5-75　客厅静态效果

329

5.6 设置摄影机漫游动画

摄影机漫游动画的原理是摄影机沿路径运动。摄影机在制作运动拍摄时存在着很多技巧,如,将摄影机捆绑到一个运动的物体上,从而可以实现运动拍摄;或者将目标点锁定到一个运动物体上,实现跟踪拍摄等。

操作步骤:

(1)设置动画长度。单击主界面下方的 ![] (时间配置)按钮,在弹出的"时间配置"对话框中设置动画"长度"为 200。

(2)绘制摄影机运动路径。在顶视口中绘制一条如图 5-76 所示的曲线,并在前视口中调整其高度到 1400~1500mm 之间。

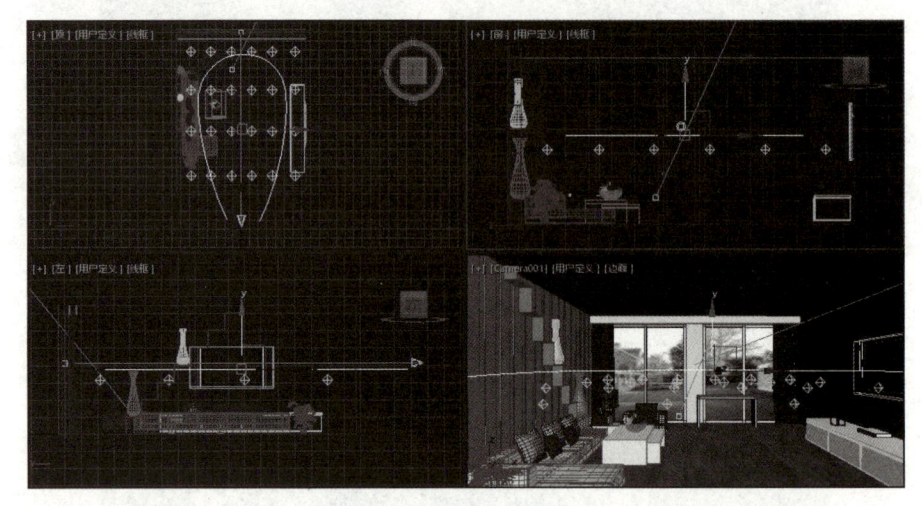

图 5-76 绘制摄影机运动路径

(3)为摄影机添加路径约束。选择摄影机,单击命令面板上的 ![] (运动)标签,进入运动面板,展开"指定控制器"卷展栏,选择其中的"位置"选项,单击左上角的 ![] (指定控制器)按钮,在打开的"指定位置控制器"对话框中选择"路径约束"控制器,如图 5-77 所示。

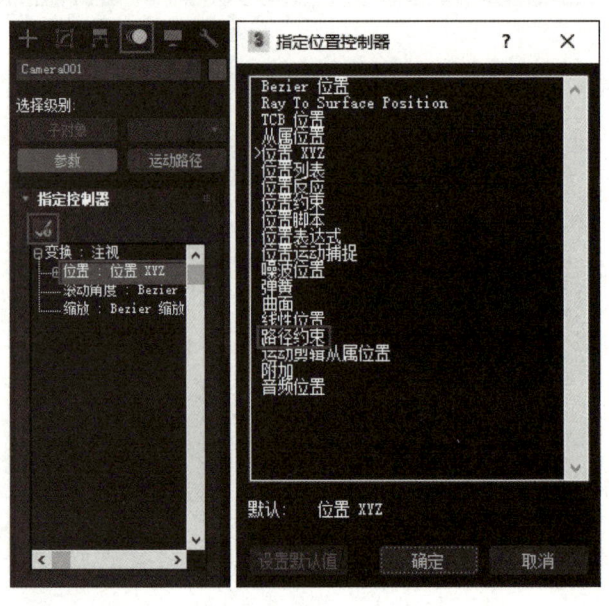

图 5-77 为摄影机添加路径约束

（4）设置路径参数。在"路径参数"卷展栏中，单击 添加路径 按钮，并在视口中选择曲线路径，使摄影机沿曲线路径运动，进而完成摄影机漫游动画制作。

（5）渲染输出动画。在主工具栏中单击 （渲染设置）按钮，在弹出的"渲染设置"对话框中，设置"目标："为"产品级渲染模式"，"渲染器："为"扫描线渲染器"，并将文件保存为"室内漫游动画.avi"，然后单击 渲染 按钮，渲染输出动画，动画效果如图 5-78 所示。

图 5-78　室内漫游动画效果

5.7　本模块小结

在建筑装饰装修效果中，漫游动画已得到广泛应用，通过漫游动画，可以全面观察室内或室外场景。本模块主要从室内模型的创建、材质编辑、灯光的设置及摄影机动画设置等方面来介绍室内漫游动画的制作流程和制作技巧。通过客厅漫游动画的制作，读者可以掌握室内漫游动画的制作思路，为将来从事建筑漫游动画及相关工作奠定基础。

5.8　认证知识必备

一、在线测试

扫码在线测试

二、简答题

1．简述三维动画的制作流程。
2．简述如何制作摄影机漫游动画。

三、技能测试题

滑雪度假村漫游动画制作。

要求：为给定建筑模型（图 5-79）规划环境，赋予材质并完成其漫游动画制作（建筑模型文件及素材见素材文件夹）。

图 5-79　建筑模型

模块六 影视广告片头动画

影视动画广泛应用于影视片头、企业宣传片、公益广告，具有广泛的社会接受度。本模块通过详细介绍影视片头、广告动画中建模、材质编辑、灯光及摄像机的设置、特效制作及后期处理等相关知识，让读者了解三维影视广告动画的制作流程及方法，并掌握三维建模及特效在三维影视动画中的具体应用。

本模块以香港聆动科技数码影业集团广告片头动画作品为载体，训练学生影视广告片头动画制作的能力和视频后期处理中分镜头制作的能力，通过完成两个分镜头和在视频后期处理中分镜头合成，能够胜任动画制作及影视后期合成工作，为其发展奠定基础。

模块导读

模块名称	影视广告片头动画
学习目标	知识目标： 1. 了解影视广告片头动画的制作流程和方法 2. 掌握三维影视广告片头动画中特殊建模及特效的制作方法（重点） 3. 掌握轨迹视图的使用方法及具体应用（难点） 4. 掌握三维影视广告动画中常用材质的编辑方法（重点） 5. 掌握视频后期处理中的几种特效的应用（难点） 技能目标： 1. 能灵活使用各种建模方法制作场景模型 2. 能合理设计广告镜头及切换方法 3. 能运用视频后期处理添加技术为场景添加特效，并渲染输出 思政目标： 1. 通过项目全流程制作，培养学生知识综合运用能力，树立诚实守信、遵守行业规范和准则、追求原创的科学态度 2. 通过项目制作，从做中学、做中感、做中悟，培养学生的创新意识和精益求精的工匠精神
数字化资源	案例素材　　电子课件　　电子教案　　认证知识必备
建议学时：12学时	

6.1　影视广告片头动画——香港聆动科技片头动画介绍

1. 制作分析

香港聆动科技数码影业集团广告片头动画是用两个分镜头完成了整个片头的制作。分镜头的切换在视频后期处理中用轨迹叠加进行合成，镜头间的"闪白"效果通过 Background（背景）颜色的变化完成；文字、色块等的淡入淡出在 Track View（轨迹视图）的 Visibility（可见）轨迹线中设置。

2. 动画分镜头设计

香港聆动科技数码影业集团广告片头动画由两个分场景组成，从设计手法上更突出片头的视觉效果和震撼力；从技术处理上主要突出三维影视广告片头中特殊建模、特技及后期处理。分镜头场景一设计效果如图 6-1 所示。

图 6-1　分镜头一效果

分镜头场景二设计效果如图 6-2 所示。

图 6-2　分镜头二效果

6.2　制作分镜头场景一

制作分镜头场景一中的主题色块、辅助文字、线条和主题文字的三维效果及动画，并在视频后期处理中为主题文字添加发光效果。

6.2.1　实战演练 1——主题色块建模

操作步骤：

（1）重置系统。启动 3ds Max 软件，执行"文件"→"重置（R）"菜单命令，重置系统。

模块六 影视广告片头动画

（2）创建主题色块。在命令面板上单击 ➕（创建）→ ◯（几何体）→ **平面** 按钮，在左视口中创建一个平面，命名为"主题色块"，其参数设置如图6-3所示。

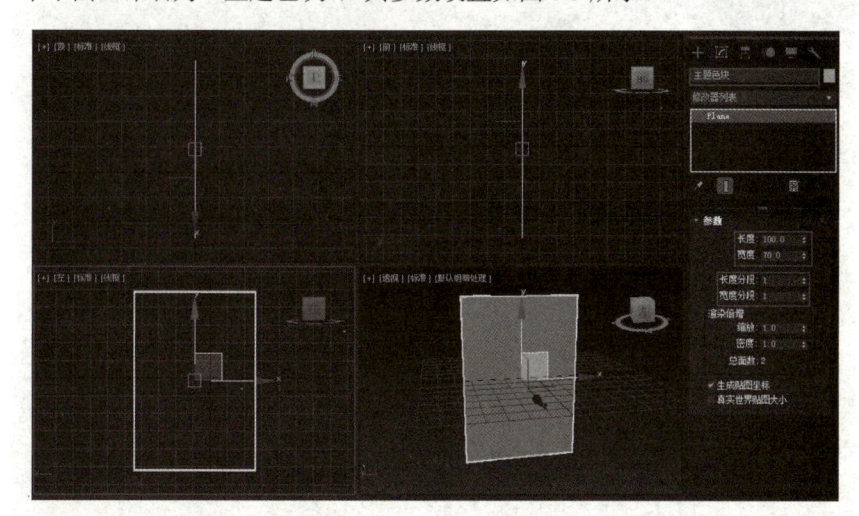

图6-3 创建平面

（3）创建主题色块轮廓。选择"主题色块"，在命令面板上执行 （修改）→"编辑网格"命令，按"2"键，进入 （边）子对象层级，在左视口中选择"主题色块"平面物体的4条边，然后在命令面板上单击"编辑几何体"卷展栏→ **由边创建图形** 按钮，在弹出的对话框中输入生成二维图形的名称"主题色块轮廓"，选择生成二维图形的类型为线性，如图6-4所示。

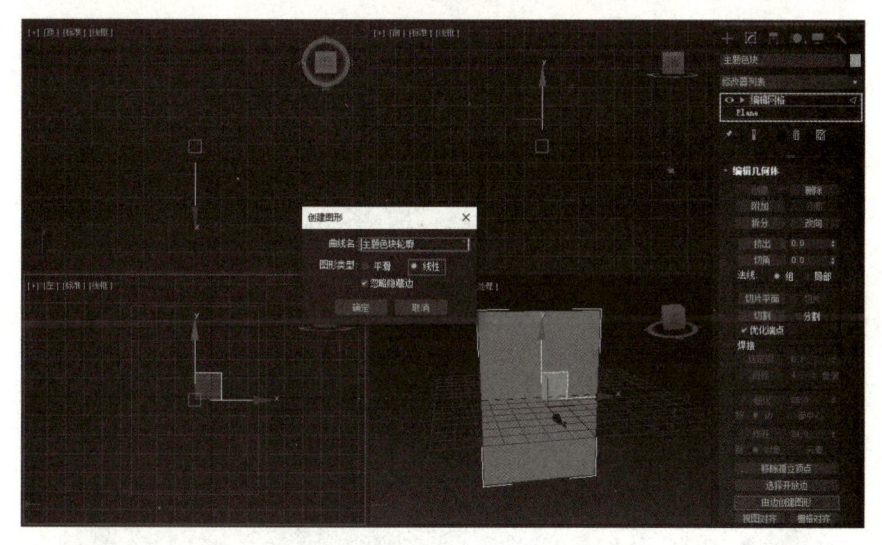

图6-4 由边创建图形

（4）选择"主题色块轮廓"二维图形，在命令面板上单击 （修改）→"渲染"卷展栏，设置参数如图6-5所示。

（5）选择"主题色块"平面物体和"主题色块轮廓"二维图形，将它们组成组，组名为"主题色块01"。

（6）复制主题色块01。在前视口中选择"主题色块01"，选择"工具"→"阵列"菜单命令，在弹出的对话框中设置参数如图6-6所示，将"主题色块01"沿 X 轴向右进行复制，间距为15个单位。

图6-5 设置渲染参数

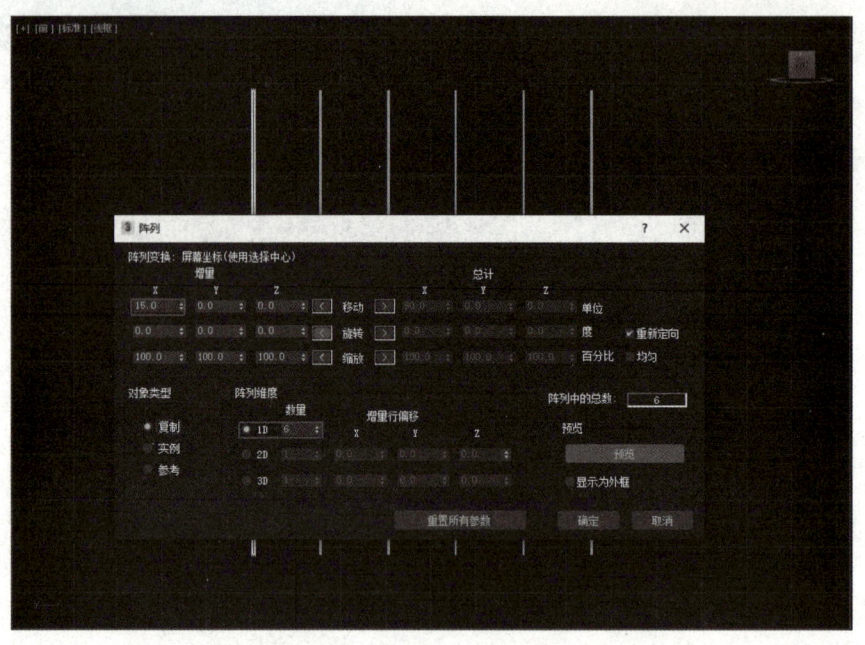

图 6-6 阵列复制"主题色块 01"

（7）选择"主题色块 01"，在前视口中，按住键盘上的"Shift"键，单击主工具栏中的 ![] "旋转"按钮，沿 Z 轴旋转 90°复制 1 个物体，系统自动命名为"主题色块 07"，将其移至其他主题色块物体顶部，并沿 X 轴将其缩放到如图 6-7 所示的大小宽度。

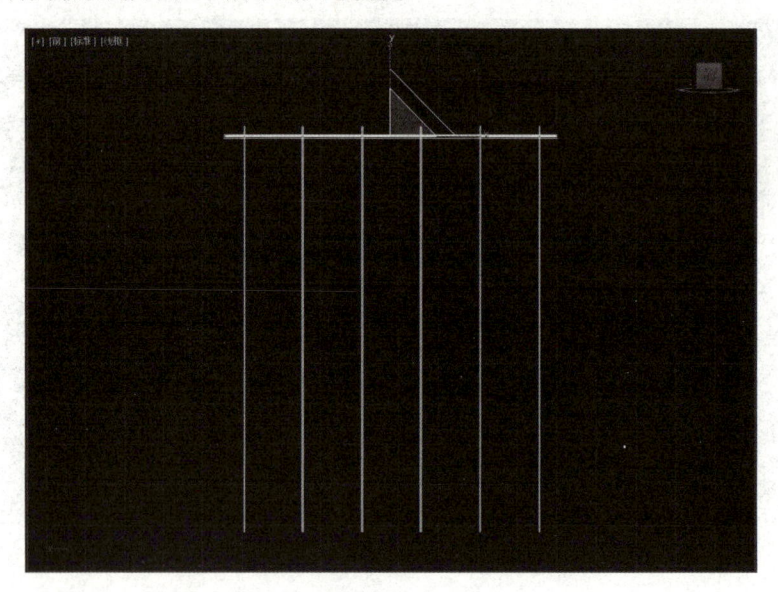

图 6-7 旋转复制"主题色块 01"

（8）复制"主题色块 07"至其他主题色块的底部，如图 6-8 所示。

（9）创建辅助色块。在命令面板上单击 ![] （创建）→ ![] （几何体）→ ![平面] 按钮，在顶视口中创建一个平面，长度为 10，宽度为 215。用同样的方法再次创建一个长度为 5，宽度为 215 的一个平面，如图 6-9 所示。

（10）选择刚创建的 2 个平面,进行群组,组名为"辅助色块组 01"。在前视口中,将其移到 6 个"主题色块"的顶部，如图 6-10 所示。

模块六　影视广告片头动画

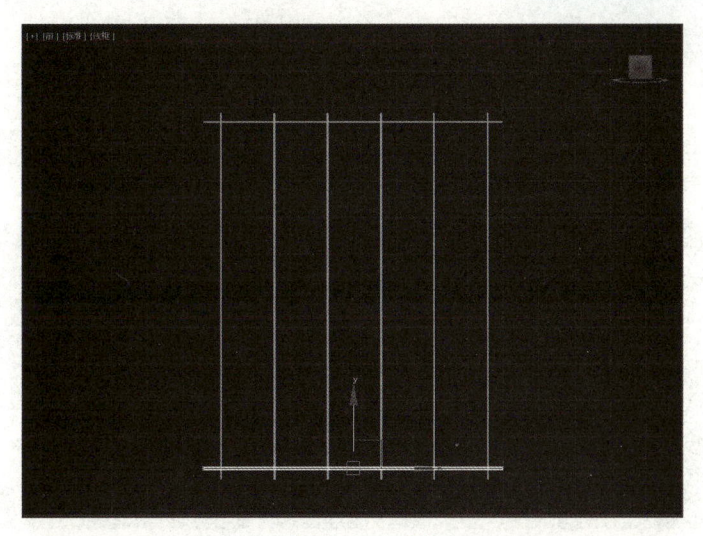

图 6-8　复制"主题色块 07"

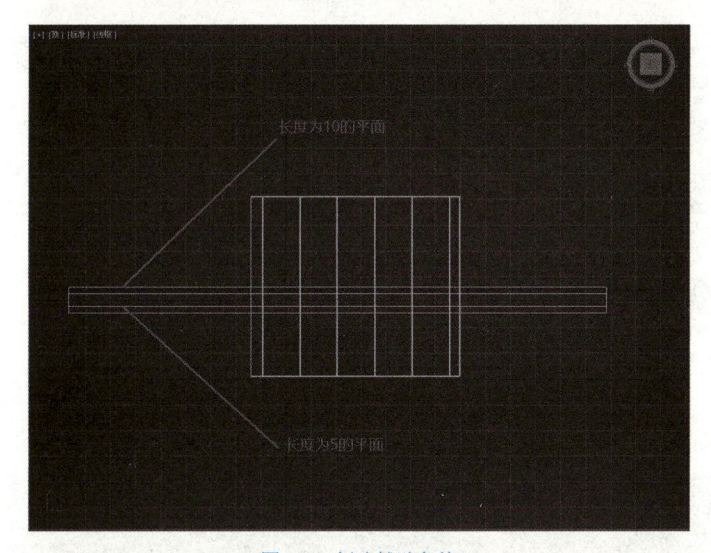

图 6-9　创建辅助色块

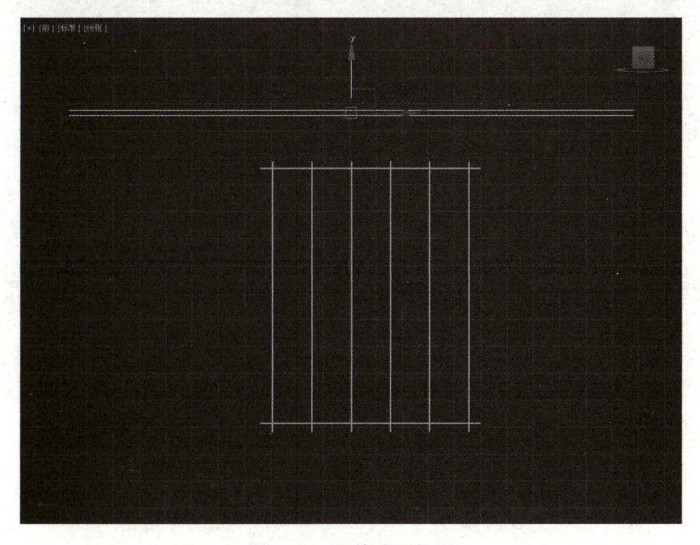

图 6-10　调整平面位置

6.2.2 实战演练 2——制作辅助背景文字和线条

操作步骤：

（1）创建辅助线条。在命令面板上单击 ➕（创建）→ ◯（图形）→ 线 按钮，在前视口中创建长为 1800 个单位的一条直线，取名为"辅助线条 01"，如图 6-11 所示。

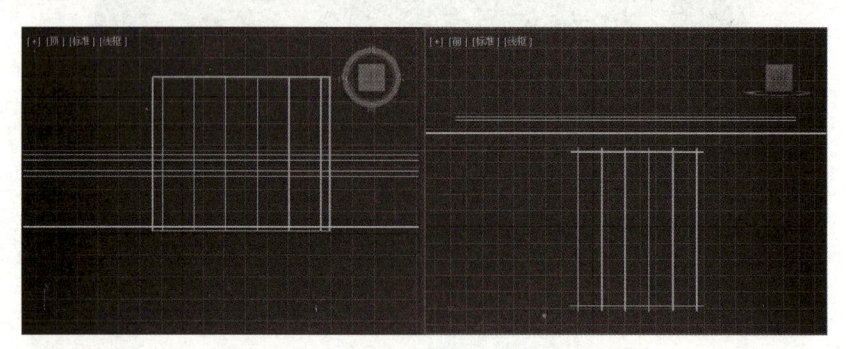

图 6-11　创建辅助线条

（2）选择刚创建的线条，在命令面板上单击 ◯（修改）→"渲染"卷展栏，设置参数如图 6-12 所示。

（3）创建辅助数字。在命令面板上单击 ➕（创建）→ ◯（图形）→ 文本 按钮，在文本输入框内输入"01"一组数字（大约 14 个），字体大小为 2.25，字间距为 9.5，字体为方正综艺简体，在前视口中创建文本，并命名为"辅助数字"。在左视口中对直线和字进行局部放大，调整直线和字的位置，如图 6-13 所示。

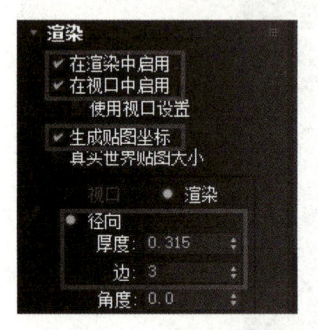

图 6-12　设置渲染参数

（4）选择"辅助数字"，在命令面板上执行 ◯（修改）→"挤出"命令，设置挤出的"数量"为 0。

（5）选择"辅助线条 01"和"辅助数字"物体，按住"Shift"键，单击 ✥ 按钮，在前视口中沿 Y 轴向下复制出"辅助线条 02"和"辅助数字 01"，如图 6-14 所示。

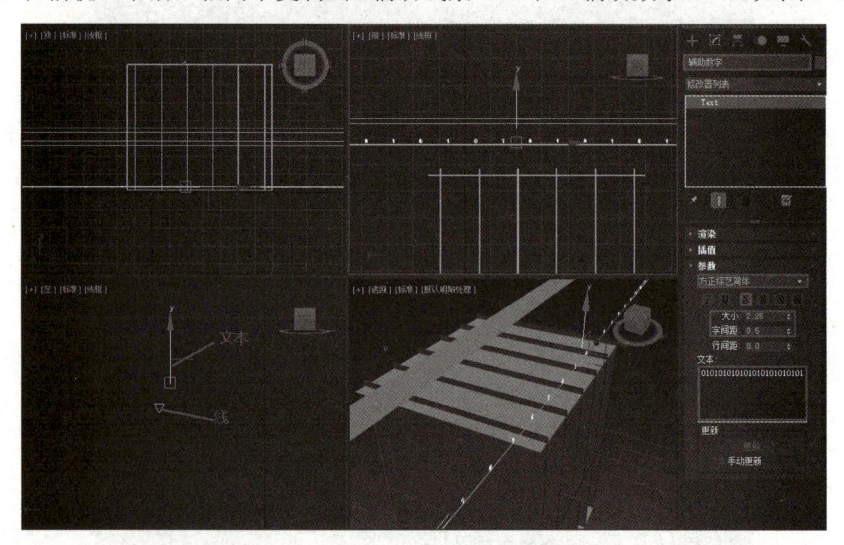

图 6-13　创建辅助数字

（6）创建辅助文字。在命令面板上单击 ➕（创建）→ ◯（图形）→ 文本 按钮，在文本输入框内输入"香港聆动科技数码影业集团"，字体大小为 2.25，字间距为 15，字体为方正综艺简体，在前视口中创建文本,并命名为"辅助文字",如图 6-15 所示。

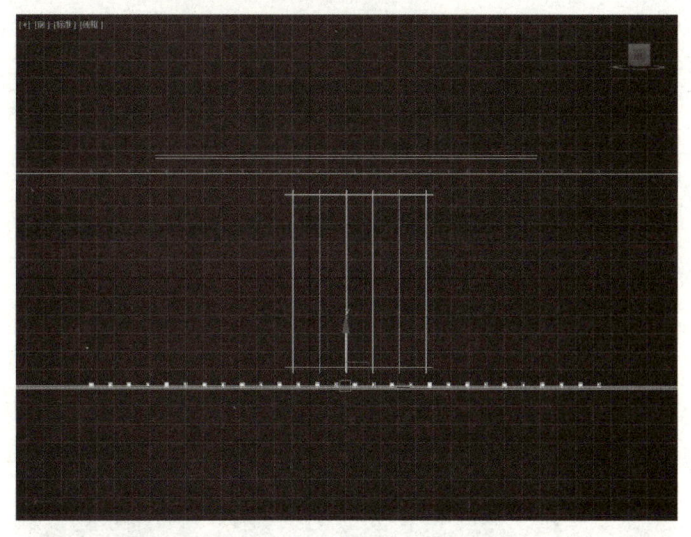

图 6-14 复制"辅助线条 01"和"辅助数字"

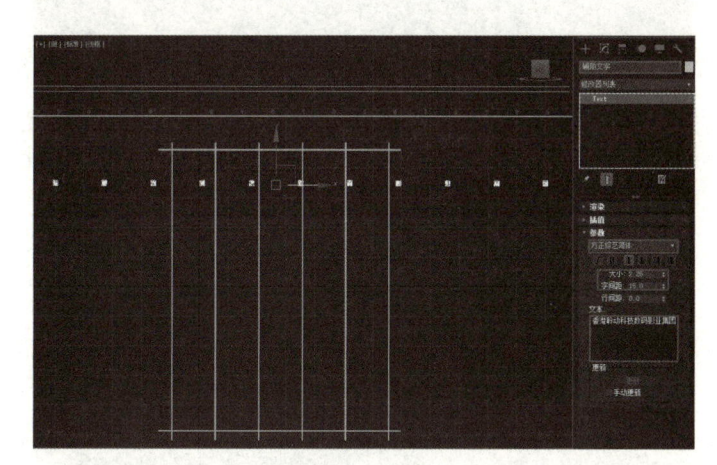

图 6-15 创建辅助文字

(7)选择"辅助文字",在命令面板上单击 (修改)→"挤出"命令,设置挤出的"数量"为 4。在左视口中将辅助文字移到 6 个"主题色块"的后面,如图 6-16 所示。

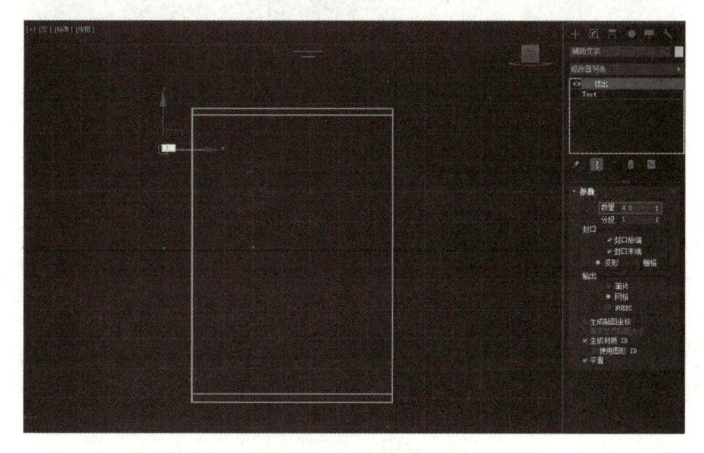

图 6-16 添加"挤出"修改器并调整位置

6.2.3 实战演练 3——制作主题文字、主题色块、辅助文字和线条

操作步骤：

（1）在命令面板上单击 ➕（创建）→ ◉（图形）→ 文本 按钮，在文本输入框内输入"聆动科技"，字体大小为 6，字间距为 5.5，字体为方正综艺简体，在前视口中创建文本，并命名为"聆动科技"，如图 6-17 所示。

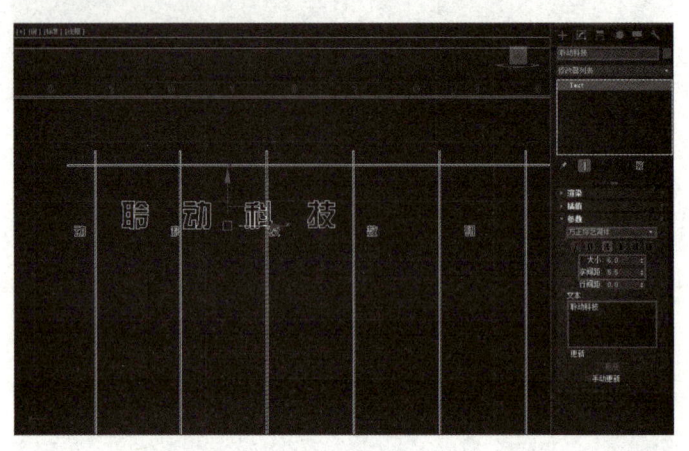

图 6-17 创建主题文字

（2）用上一步的方法继续创建文字"ling dong ke ji"，字体大小为 1.5，字间距为 0.3，字体为方正综艺简体，放在"聆动科技"下面。汉字和拼音要对齐，可用空格来控制，如图 6-18 所示。

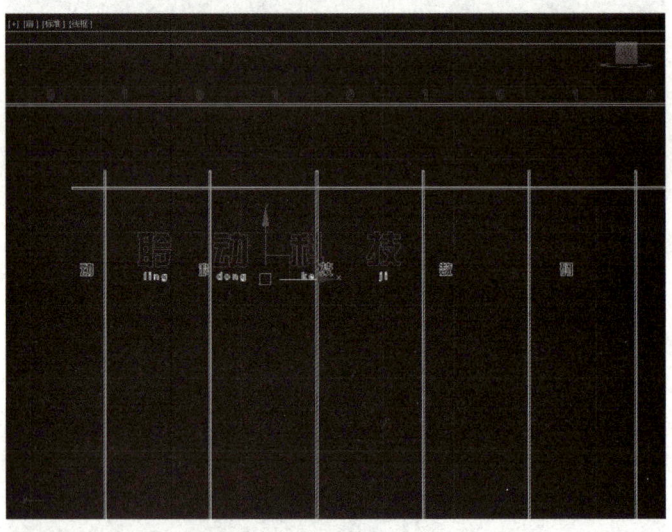

图 6-18 创建文本

（3）选择两个文本，进行群组，命名为"主题文字 01"。

（4）选择"主题文字 01"，在命令面板上执行 ◫（修改）→"挤出"命令，设置挤出的"数量"为 0。

（5）用同样的方法创建文字"创意无限"和"chuang yi wu xian"文字，参数设置同"聆动科技"和"ling dong ke ji"，并群组，命名为"主题文字 02"。

（6）选择"主题文字 02"，在命令面板上单击 ◫（修改）→"挤出"命令，设置挤出的"数量"为 0。调整主题文字的位置，最终效果如图 6-19 所示。

模块六　影视广告片头动画

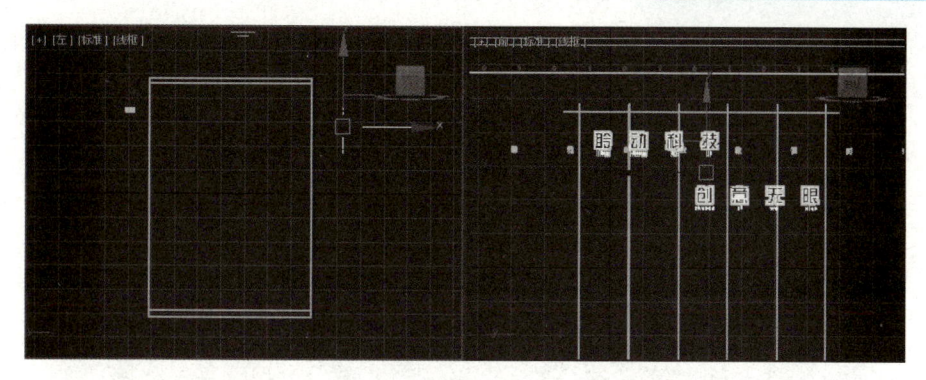

图 6-19　调整主题文字的位置

6.2.4　实战演练 4——主题色块、辅助文字、线条和主题文字材质

操作步骤：

（1）设置主题色块和辅助数字材质。按"H"键，打开"从场景选择"对话框，按住"Ctrl"键在窗口中依次选择"主题色块 01"至"主题色块 08"、"辅助数字"和"辅助数字 01"10 个物体，单击"确定"按钮。

按"M"键，打开"Slate 材质编辑器"对话框，双击"材质/贴图浏览器"下方"示例窗"中的 01-Default 材质球，在视图 1 视口中双击该材质的标题栏，打开其参数编辑器，命名为"主题色块材质"。单击"漫反射"右侧的颜色块，设置颜色值为 RGB（255，25，0），自发光为 100，不透明度为 50，勾选"双面"复选框，参数设置如图 6-20 所示。然后，单击 （将材质指定给选定对象）按钮，将材质赋予场景中选择的物体。

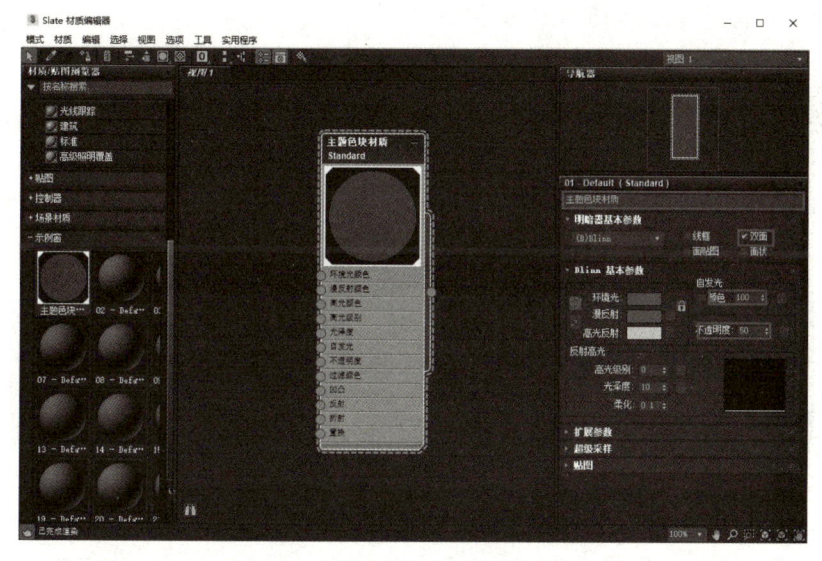

图 6-20　设置主题色块和辅助数字材质

（2）设置文字材质。按"H"键，打开选择窗口，按住"Ctrl"键在窗口中依次选择"主题文字 01""主题文字 02""辅助文字"3 个物体，单击"确定"按钮。

用步骤（1）中同样的方法，双击"示例窗"中 02-Default 材质球，双击其标题栏，打开参数编辑器，命名为"主题文字材质"。设置"漫反射"颜色值为 RGB（255，255，255），自发光为 100，如图 6-21 所示。然后，单击 （将材质指定给选定对象）按钮，将材质赋予场景中选择的物体。

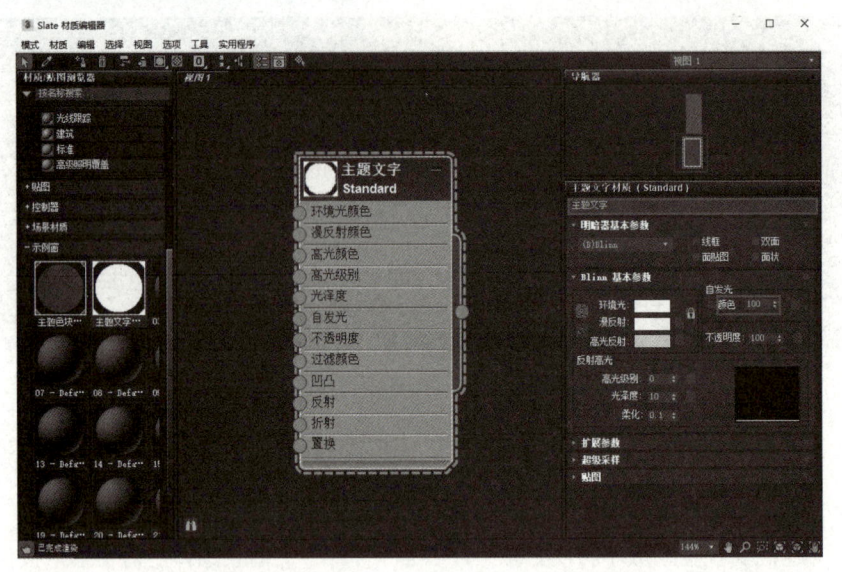

图 6-21　设置文字材质

（3）设置辅助线条材质。按"H"键，打开选择窗口，按住"Ctrl"键在窗口中依次选择"辅助线条 01"和"辅助线条 02"2 个物体，单击"确定"按钮。

选择 03-Default 材质球，命名为"辅助线条材质"，设置"漫反射"的颜色值为 RGB（255，255，255），自发光为 100。

（4）添加"渐变"贴图。在"贴图"卷展栏中单击"不透明"贴图通道右侧的贴图按钮,在打开的"材质/贴图浏览器"对话框中双击"渐变"贴图，参数设置如图 6-22 所示。然后，单击 （将材质指定给选定对象）按钮，将材质赋予场景中选择的物体。

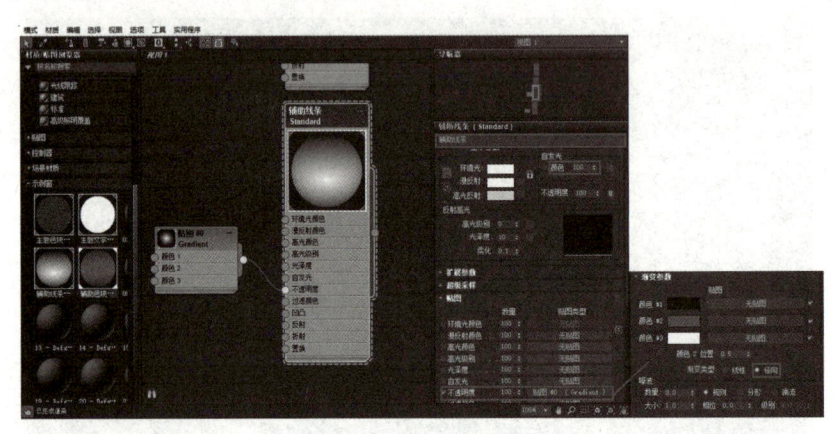

图 6-22　添加"渐变"贴图 1

（5）设置辅助色块组材质。在"示例窗"中双击 04-Default 材质球，双击其标题栏，命名为"辅助色块组材质"，设置漫反射的颜色值为 RGB（255，115，0），自发光为 100，不透明度为 15，勾选"双面"复选框。

（6）添加"渐变"贴图。在"贴图"卷展栏中单击"不透明"贴图通道右侧的贴图按钮,在打开的"材质/贴图浏览器"对话框中双击"渐变"贴图，在"渐变参数"卷展栏中，设置颜色 1 和颜色 3 为黑色，颜色 2 为白色。返回材质顶层，设置"不透明"的数值为 60，如图 6-23 所示。然后，单击 （将材质指定给选定对象）按钮，将材质赋予场景中辅助色块组 001。

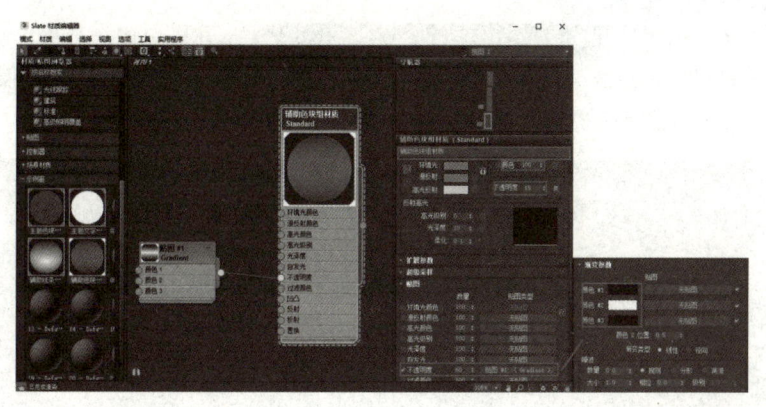

图 6-23　添加"渐变"贴图 2

（7）设置扩展参数。打开"扩展参数"卷展栏，选择"相加"单选按钮，添加在透明对象后面的颜色，如图 6-24 所示。

（8）对透视图做适当调整，按"Shift+Q"组合键渲染透视图，效果如图 6-25 所示。

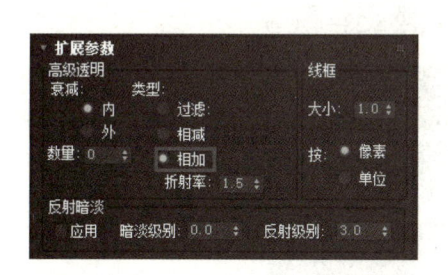

图 6-24　设置扩展参数

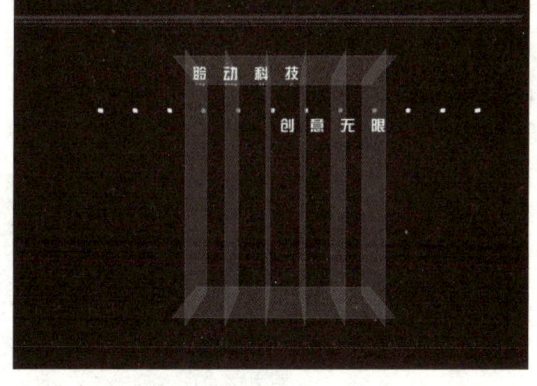

图 6-25　渲染效果

（8）按"Ctrl+S"组合键，保存文件。

6.2.5　实战演练 5——设置灯光、摄影机和动画

操作步骤：

（1）设置灯光。在命令面板上单击 ➕（创建）→ 💡（灯光）→ 泛光 按钮，在前视口中创建一盏泛光灯，调整灯光位置，如图 6-26 所示。

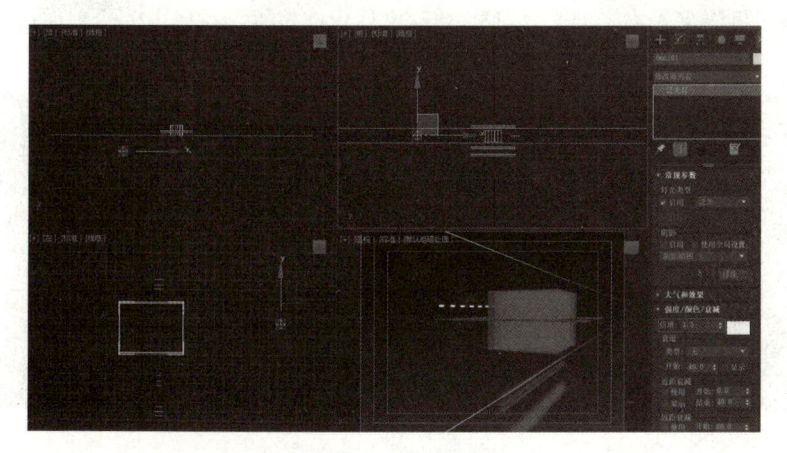

图 6-26　创建泛光灯

（2）选择"泛光灯 01"，在 ▼强度/颜色/衰减 卷展栏中设置"倍增"为 1.5。

（3）设置目标摄影机。在命令面板上单击 + （创建）→ ■ （摄影机）→ 目标 按钮，在顶视口中创建摄影机。设置摄影机的"视角"为 45.951，位置如图 6-27 所示。

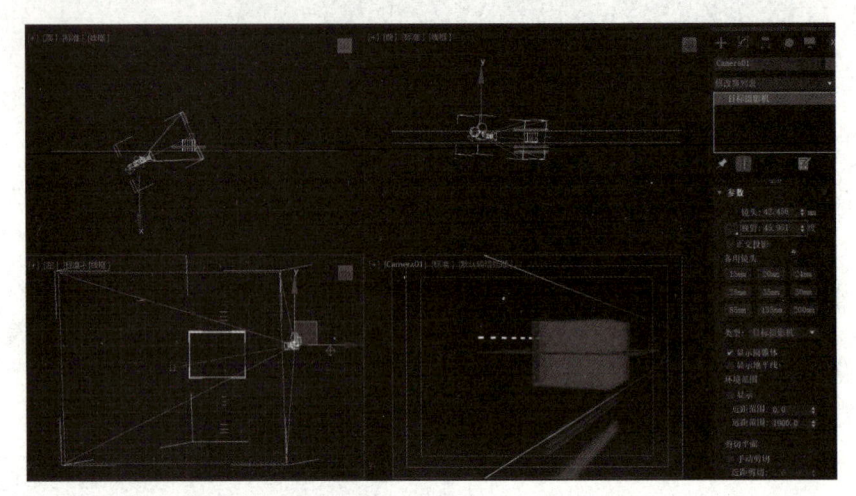

图 6-27 创建摄影机

（4）激活透视口，按键盘上的"C"键，将透视口切换成摄影机视口。再次按"Shift+F"组合键，打开摄影机安全框。按"Shift+Q"组合键渲染输出，效果如图 6-28 所示。

图 6-28 渲染效果

（5）设置摄影机动画。选择摄影机，将时间滑块移到第 75 帧，单击动画控制区 自动关键点 按钮，在顶视口中将摄影机沿 X 轴水平向右移到如图 6-29 所示的位置，再单击 自动关键点 按钮，关闭动画记录状态。

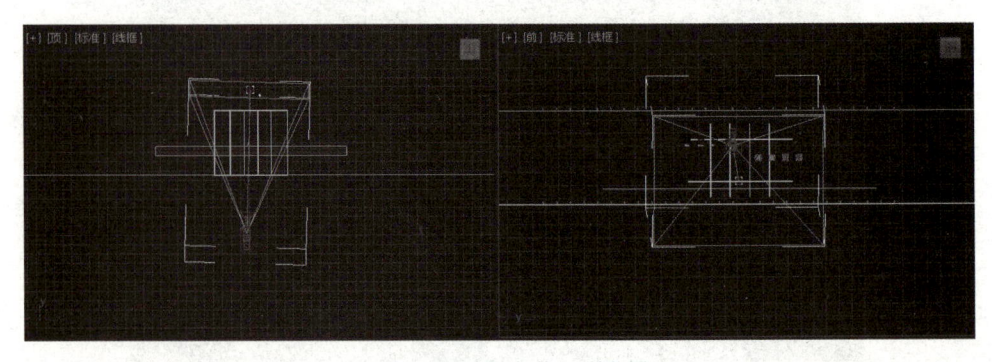

图 6-29 设置摄影机第 75 帧位置

模块六　影视广告片头动画

（6）将时间滑块移到第 105 帧处，单击动画控制区 自动关键点 按钮，将摄影机沿 Y 轴垂直向下移到如图 6-30 所示的位置。

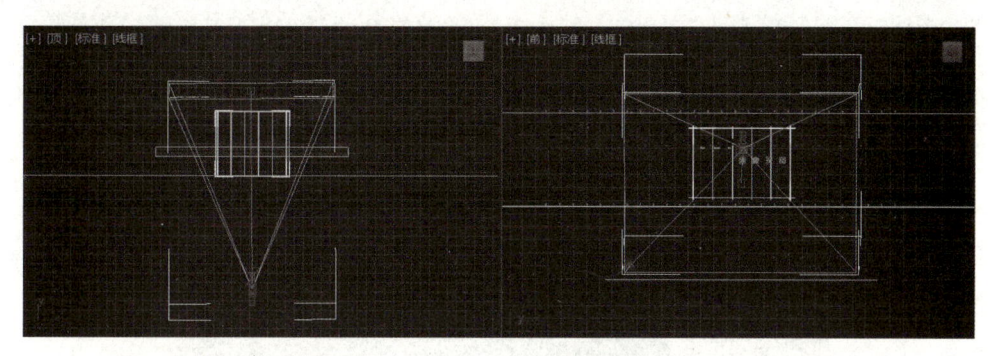

图 6-30　设置摄影机第 105 帧位置

（7）将时间滑块移到第 135 帧处，单击动画控制区 自动关键点 按钮，将摄影机沿 Y 轴垂直向下移到如图 6-31 所示的位置。

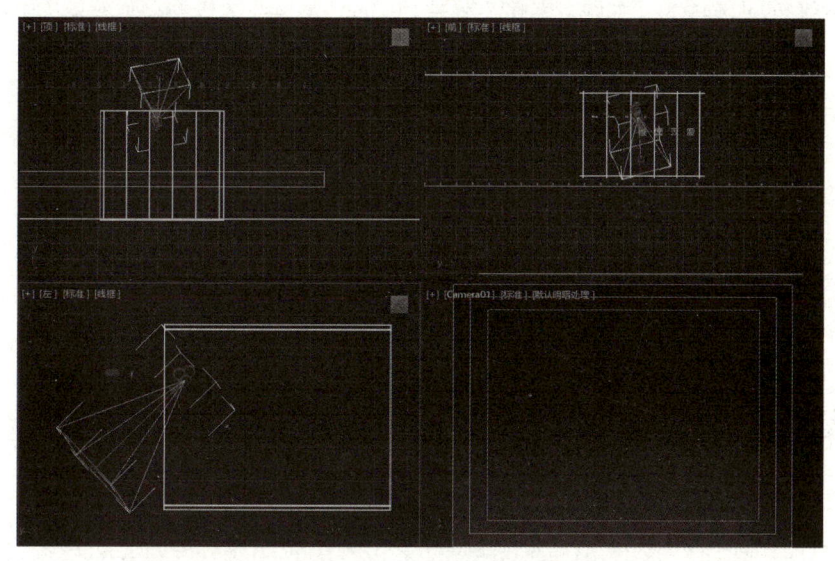

图 6-31　设置摄影机第 135 帧位置

（8）单击主工具栏中的 ![] （曲线编辑器）按钮，打开"轨迹视图 - 曲线编辑器"对话框。在轨迹视图控制器窗口中，打开 Camera01|"变换"项，选择"滚动角度"项，单击轨迹视窗工具栏上的 ![]（添加关键帧）按钮，在窗口右侧的"滚动角度"轨迹线第 105 帧和第 135 帧处创建关键帧。分别在两个关键帧处单击鼠标右键，设置第 105 帧处的"值"为 0，第 135 帧处的"值"为 20，如图 6-32 所示。

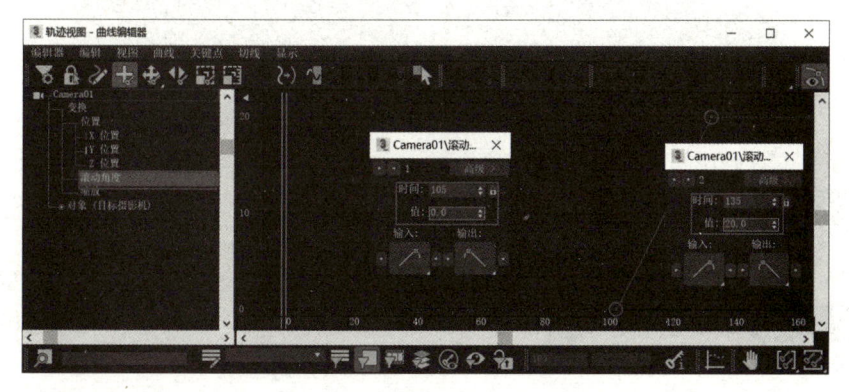

图 6-32　设置摄影机视角旋转 20 度

（9）在轨迹视图控制器窗口中，选择并展开"主题文字 01"项，单击菜单"编辑"→"可见性轨迹"→"添加"命令，在"主题文字 01"项的轨迹中新添加一个"可见性"轨迹，单击工具栏上的 ![] （添加关键帧）按钮，在窗口右侧的"可见性"轨迹线第 55 帧和第 60 帧处创建关键帧。设置第 55 帧处的"值"为 0，第 60 帧处的"值"为 1，如图 6-33 所示。

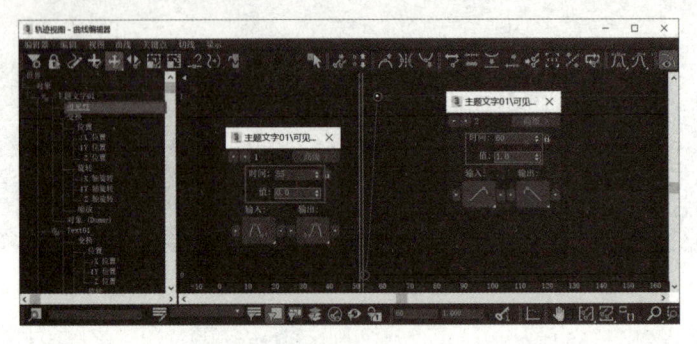

图 6-33　设置主题文字 01 的淡入效果

（10）用步骤（9）方法为"主题文字 02"设置相同的"淡入"关键帧动画效果，如图 6-34 所示。

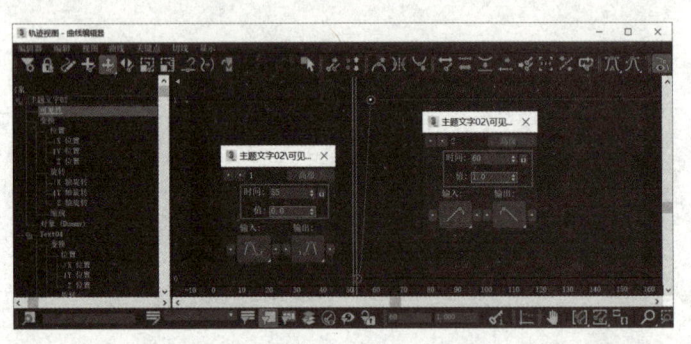

图 6-34　设置主题文字 02 的淡入效果

（11）选择"主题文字 01"和"主题文字 02"2 个物体，移动时间滑块到第 80 帧处，单击动画控制区 ![]（设置关键点）按钮，在此为所选择的 2 个物体各创建一个关键帧，再次移动时间滑块到第 60 帧处，单击动画控制区 自动关键点 按钮，移动"主题文字 01"和"主题文字 02"2 个物体到如图 6-35 所示的位置。目的是使"主题文字 01"和"主题文字 02"从第 60 帧开始到第 80 帧逐渐向中间靠拢。

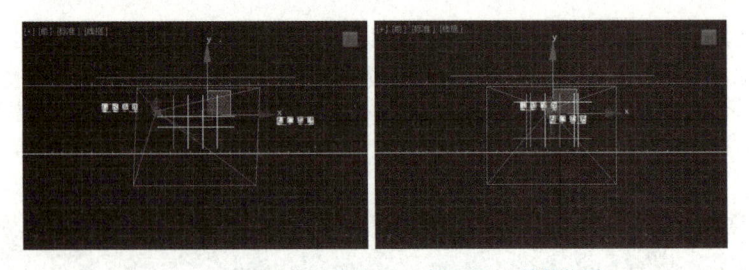

图 6-35　设置主题文字在第 60 帧和第 80 帧的位置

（12）选择"主题色块组 01"和"主题色块组 06"2 个物体，移动时间滑块到第 105 帧处，单击动画控制区 自动关键点 按钮，再单击 ![] 按钮，移动"主题色块组 01"到"主题色块组 06"处，移动"主题色块组 06"到"主题色块组 01"物体处。

（13）选择"主题色块组 07"和"主题色块组 08"2 个物体，移动时间滑块到第 105 帧处，单击动画控制区 自动关键点 按钮，再单击 ![] 按钮，移动"主题色块组 07"到"主题色块组 08"处，移动"主题色块组 08"到"主题色块组 07"处。再次单击 自动关键点 按钮，停止动画记录。

（14）选择"辅助色块组 01"物体，移动时间滑块到第 50 帧处，单击动画控制区 ➕ 按钮，在此创建一个关键帧，再次移动时间滑块到第 100 帧处，单击动画控制区 自动关键点 按钮，移动"辅助色块组 01"物体到如图 6-36 所示的位置。再次单击 自动关键点 按钮，停止动画记录。

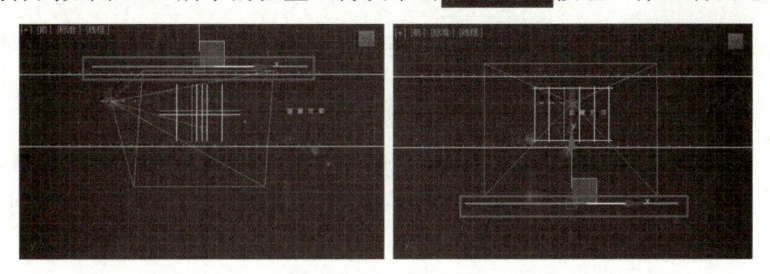

图 6-36　设置辅助色块组 01 在 50 帧和 100 帧的位置

（15）按键盘"Shift"键，单击"辅助色块组 01"物体复制出"辅助色块组 02"物体。选择"辅助色块组 02"物体，在时间滑块区将第 50 帧和第 100 帧处的关键帧颠倒，使"辅助色块组 02"物体与"辅助色块组 01"物体做相反的运动。"辅助色块组 01"物体从上往下移动，而"辅助色块组 02"物体则从下往上移动。

（16）以"辅助色块组 01"和"辅助色块组 02"为原始物体继续复制"辅助色块组 03""辅助色块组 04""辅助色块组 05""辅助色块组 06""辅助色块组 07""辅助色块组 08"和"辅助色块组 09"物体，如图 6-37 所示。

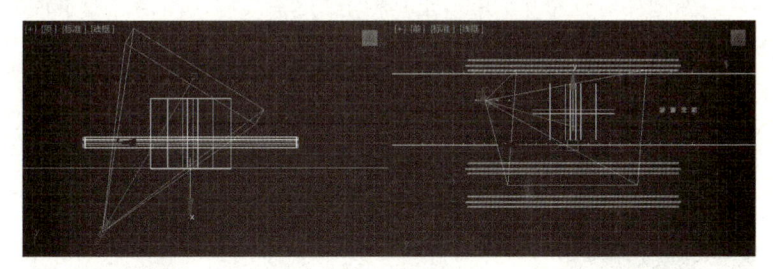

图 6-37　复制辅助色块组

（17）复制生成的 7 个物体和"辅助色块组 01"与"辅助色块组 02"的动画起始时间都相同，造成所有辅助色块在同一时间做运动，为了表现辅助色块随机动画的效果，需要逐一对 7 个辅助色块第 50 帧和第 100 帧的关键帧做调整。如将"辅助色块组 07"物体第 50 帧处的关键帧移到 30 帧处，将第 100 帧处的关键帧移到第 80 帧处等。这一步骤大家可自由调整，不做严格要求，可以参考原文件。

（18）调整后渲染的效果，如图 6-38 所示。

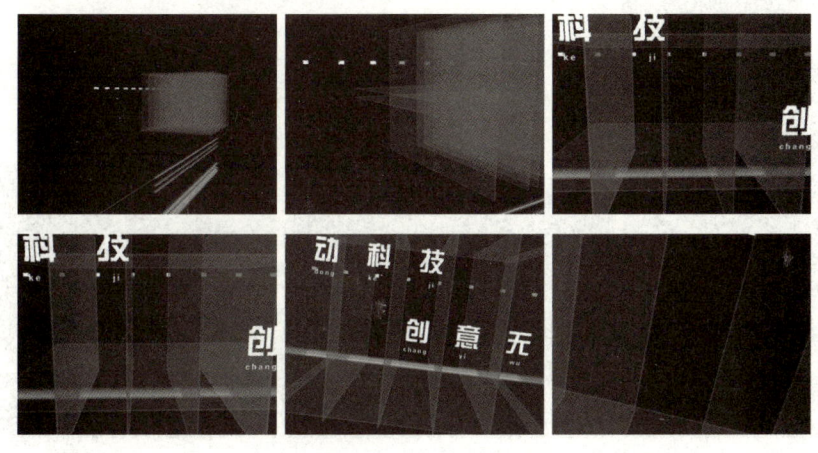

图 6-38　调整后的效果

6.2.6 实战演练 6——视频后期处理

下面制作"主题文字 01"和"主题文字 02"2 个物体的发光效果。

操作步骤：

（1）选择"主题文字 01"文字物体，单击鼠标右键，选择"对象属性"，在弹出的对话框中设置"对象 ID"为 1。

（2）用步骤（1）的方法设置"主题文字 02"的"对象 ID"为 1。

（3）执行菜单"渲染"→"视频后期处理"命令，打开"视频后期处理"对话框，单击工具栏上的 ![] （添加场景事件）按钮将 Camera01 场景事件添加到队列窗口中，如图 6-39 所示。

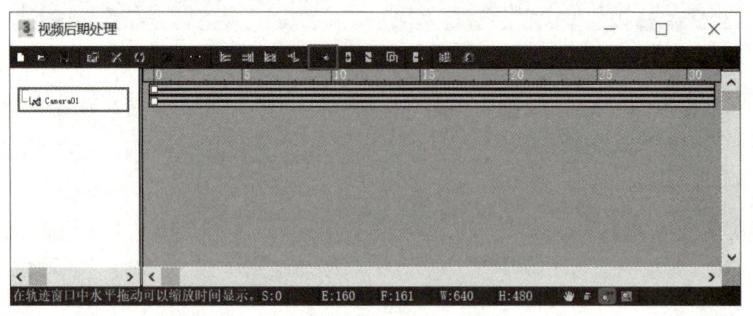

图 6-39 添加 Camera01 场景事件

（4）在"视频后期处理"对话框中，单击工具栏上的 ![] （添加图像过滤事件）按钮，并从"过滤器插件"列表中选择"镜头效果光晕"，单击"确定"按钮以关闭"添加图像过滤器事件"对话框，如图 6-40 所示。

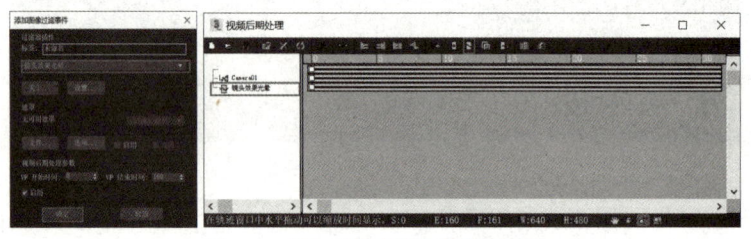

图 6-40 添加"镜头效果光晕"效果

（5）选择并双击刚加入的"镜头效果光晕"事件，在打开的"编辑过滤事件"对话框中，单击 设置... 按钮，打开"镜头效果光晕"对话框，参数设置如图 6-41 所示。

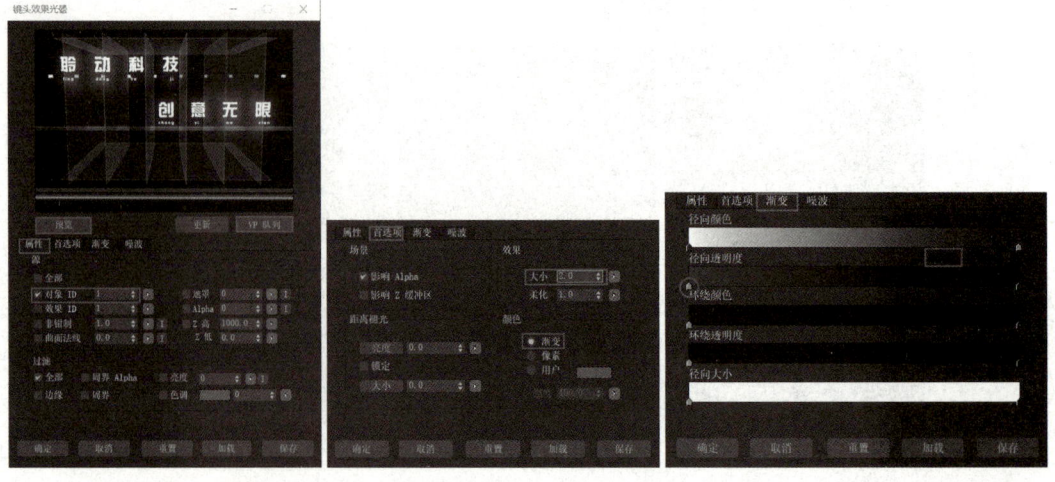

图 6-41 设置"镜头效果光晕"参数

6.2.7 实战演练 7——附加部分：随机色块和文字

分镜头场景一在摄像机推进时画面显得有点空洞和单调。下面我们对分镜头场景一进行补充，添加随机色块和文字元素。

注意：这个环节可以按以下步骤来完成，也可以把给定的除随机色块和"文字.max"文件中的模型合并到场景中，然后调整位置。

操作步骤：

（1）激活前视口，在命令面板上单击 ➕（创建）→ ⬤（几何体）→ 平面 按钮，创建长为 150，宽为 12 的一个平面物体，命名为"附加随机色块"，如图 6-42 所示。

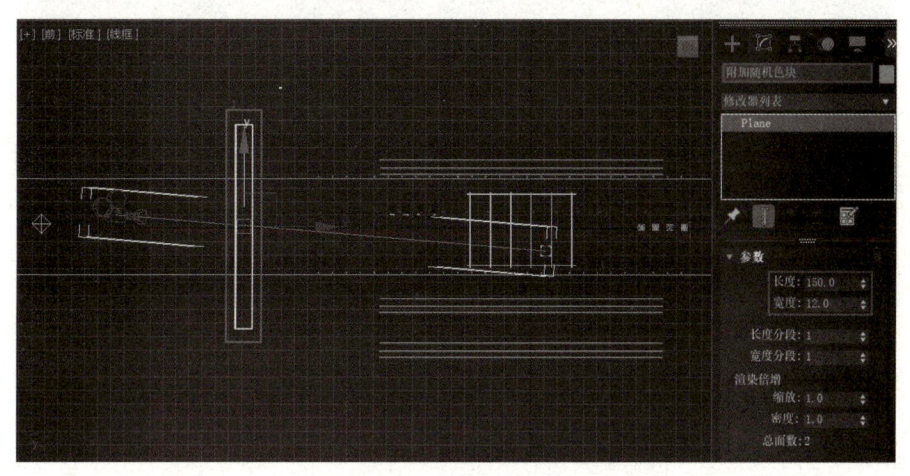

图 6-42　创建附加随机色块

（2）选择"附加随机色块"物体，打开"Slate 材质编辑器"对话框，双击"辅助色块组材质"材质球，然后单击 按钮（将材质指定给选定对象）按钮，将材质指定给"附加随机色块"对象。

（3）在命令面板上单击 ➕（创建）→ （图形）→ 文本 按钮，在文本输入框内输入"01"一组数字，字体大小为 4，字间距为 5.5，字体为方正综艺简体，在前视口中创建文本，命名为"附加随机文字"，并旋转 90°让文字竖起来，如图 6-43 所示。

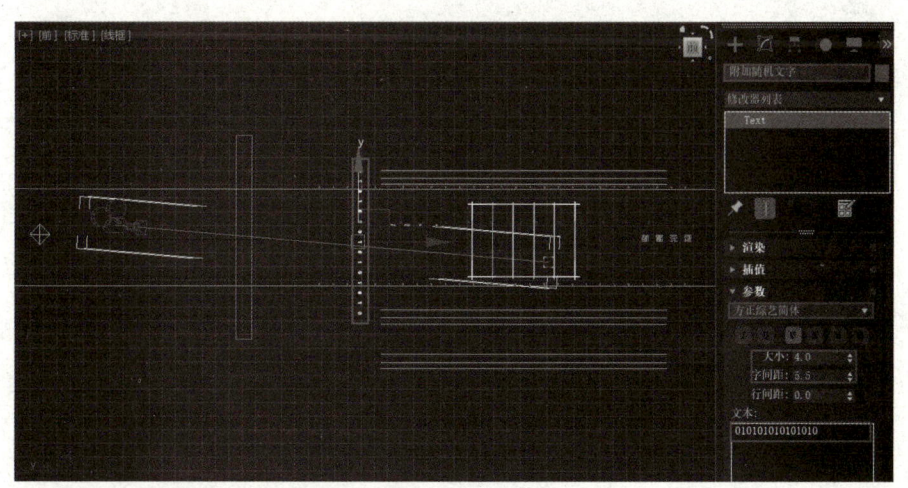

图 6-43　创建附加随机文字

（4）选择"附加随机文字"物体，在命令面板上执行 （修改）→"挤出"命令，设置挤出的"数量"为 0。

（5）选择"附加随机文字"对象，打开"Slate 材质编辑器"对话框，双击"主题文字材质"材质球，然后单击 ![icon] （将材质指定给选定对象）按钮，将材质指定给"附加随机文字"物体。

（6）用步骤（3）、（4）的方法创建文本"香港聆动科技"，参数同"附加随机文字"，取名"附加随机文字 - 香港"，如图 6-44 所示。

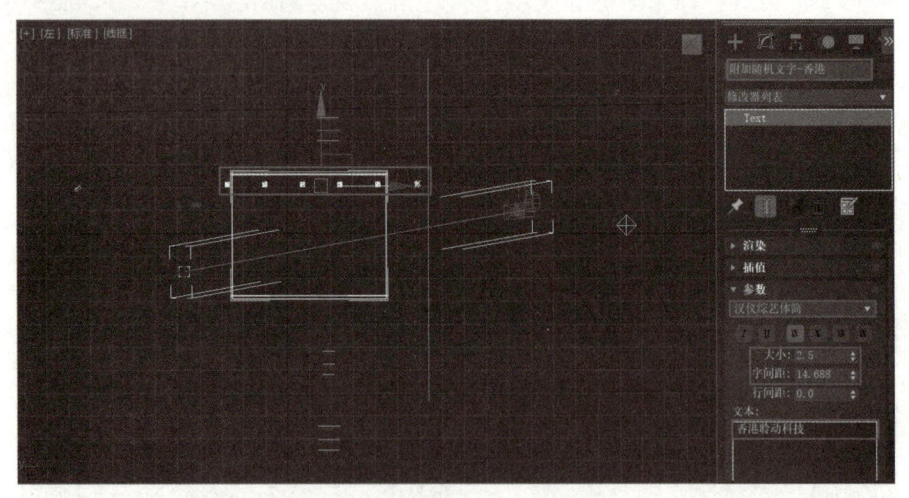

图 6-44　创建附加文字

（7）选择"附加随机文字 - 香港"物体，打开"Slate 材质编辑器"对话框，双击"材质｜贴图浏览器"下方"示例窗"中没有用过的材质球，在视图 1 视口中双击该材质的标题栏，打开其参数编辑器，单击"漫反射"右侧的颜色块，设置颜色值为 RGB（0，120，255），其他参数默认。然后单击 ![icon] （将材质指定给选定对象）按钮，将材质赋予"附加随机文字 - 香港"对象。

（8）分别选择"附加随机色块""附加随机文字"和"附加随机文字 - 香港"对象复制多个并进行移动、旋转、缩放等，将其调整到如图 6-45 所示的效果（说明：这一步骤的操作需要点时间，而且最终的调整效果也不一定要与作者的完全一样，最重要的是满足视觉的需求，读者可以参考提供的场景文件）。

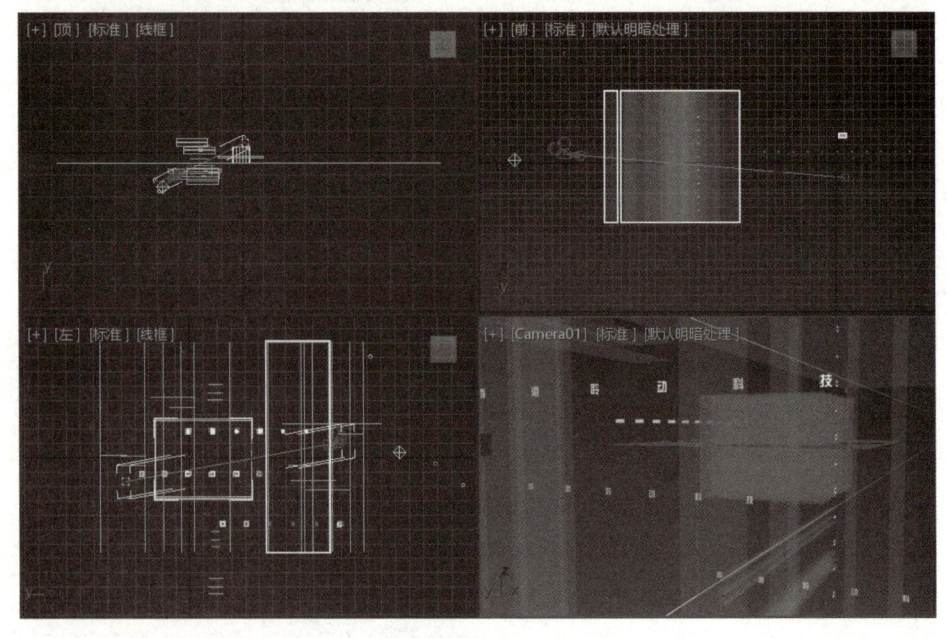

图 6-45　分镜头场景一最终效果

6.3 制作分镜头场景二

分镜头场景二作为独立的一组镜头还在原来的场景中建立,为了使它与原来的场景不冲突,可以选择在视图的空白区域创建,也可以新建一个场景来完成。这里我们新建场景来完成。

6.3.1 实战演练 8——标志、公司名称建模

操作步骤:

(1) 在命令面板上单击 ➕ (创建) → ⊙ (几何体) → 平面 按钮,在前视口中创建长为 600,宽为 1000 的一个平面物体,命名为 "背景白板",如图 6-46 所示。

图 6-46 创建背景白板

(2) 在命令面板上单击 ➕ (创建) → ⊡ (图形) → 文本 按钮,在文本输入框内输入 "香港聆动科技",字体大小设为 57,字间距为 2.5,字体为 "方正粗黑简体",在前视口中创建文本,命名为 "香港聆动科技",如图 6-47 所示。

图 6-47 创建公司名称

(3) 选择 "香港聆动科技" 文字,在命令面板上执行 ⊡ (修改) → "编辑样条线" 命令,按 "2" 键,进入 ⌁ (分段) 子对象层级,对文字 "聆" 进行编辑,如图 6-48 所示。

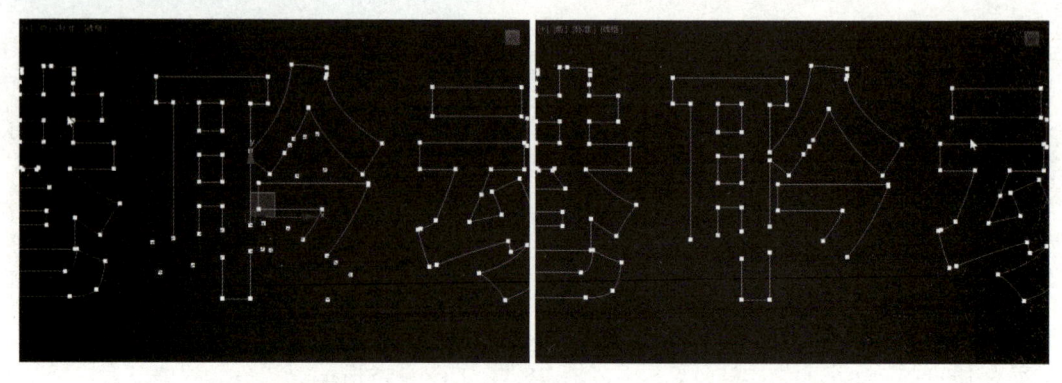

选择要编辑的线段　　　　　　　　　　　删除选择的线段

图 6-48　编辑线段

（4）按"1"键，进入 (顶点)子对象层级，然后在命令面板上单击"几何体"卷展栏→"连接"按钮，将文字闭合，如图 6-49 所示。

图 6-49　将文字闭合

（5）在命令面板上单击 (创建)→ (图形)→ 线 按钮，对文字"聆"添加提笔，如图 6-50 所示。

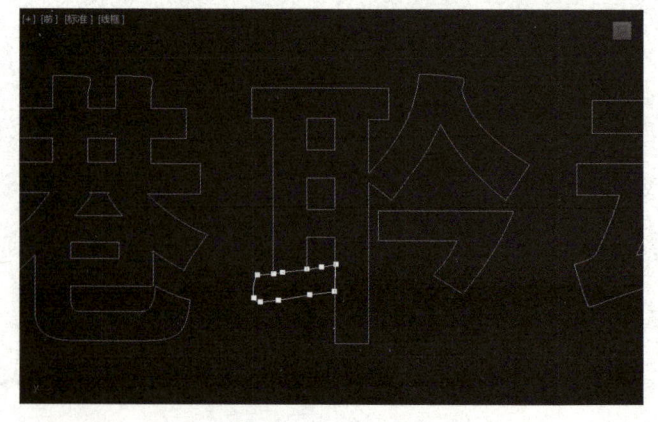

图 6-50　对文字"聆"添加提笔

（6）在命令面板上单击 (创建)→ (图形)→ 圆 按钮，对文字"聆"添加点笔，如图 6-51 所示。

模块六　影视广告片头动画

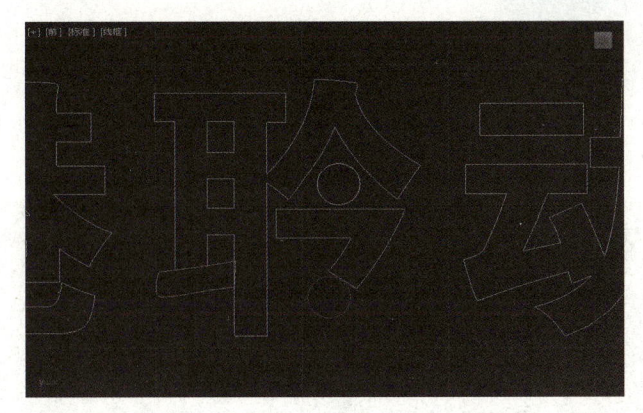

图 6-51　对文字"聆"添加点笔

（7）选择"香港聆动科技"文字对象，在命令面板上执行 ▣（修改）→"挤出"命令，设置挤出的"数量"为 5.5。用同样的方法，对文字"聆"的提笔和 2 个点笔进行挤出，设置挤出的"数量"为 5.5。

（8）在命令面板上单击 ╋（创建）→ ▣（图形）→ 　线　 按钮，在前视口中创建长约以"香港聆动科技"文字对象为宽度的一条直线，取名"公司名称辅助线"。选择刚创建的线条，在命令面板上单击 ▣（修改）→"渲染"卷展栏，设置参数如图 6-52 所示。

图 6-52　创建公司名称辅助线

（9）在命令面板上单击 ╋（创建）→ ▣（图形）→ 　文本　 按钮，在文本框内输入"Xiang Gang Ling Dong Ke Ji"，字体大小设为 10，字间距为 4.5，字体选"方正粗黑简体"，在前视口中创建文本，命名为"公司拼音名称"，如图 6-53 所示。

图 6-53　创建公司拼音名称

（10）选择"公司拼音名称"文字对象，在命令面板上执行 ◪（修改）→"挤出"命令，设置挤出的"数量"为 5.5。

（11）在命令面板上单击 ➕（创建）→ ◉（图形）→ 线 按钮，在前视口中创建如图 6-54 所示的图形，命名为"标志组件 01"。

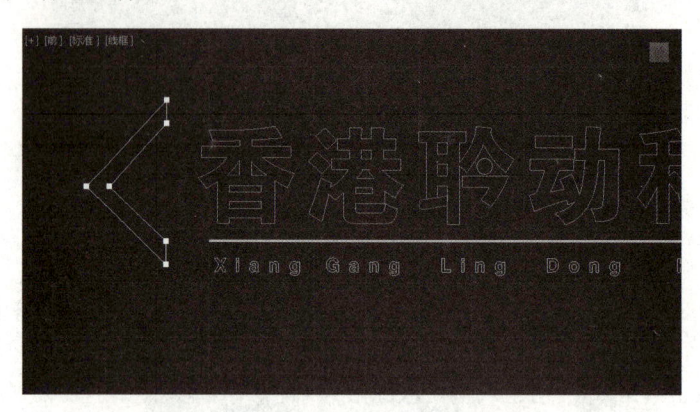

图 6-54　绘制标志组件 01

（12）选择刚创建的"标志组件 01"，按住"Shift"键，单击 ➕ 按钮，在前视口沿 X 轴向下复制出"标志组件 02"图形。按"1"键，进入 ⚡（顶点）子对象层级，编辑"标志组件 02"图形，如图 6-55 所示。

图 6-55　复制出标志组件 02

（13）在命令面板上单击 ➕（创建）→ ◉（图形）→ 矩形 按钮，在前视口中创建长度、宽度分别为 10 的矩形，命名为"标志组件 03"，将"标志组件 03"旋转，如图 6-56 所示。

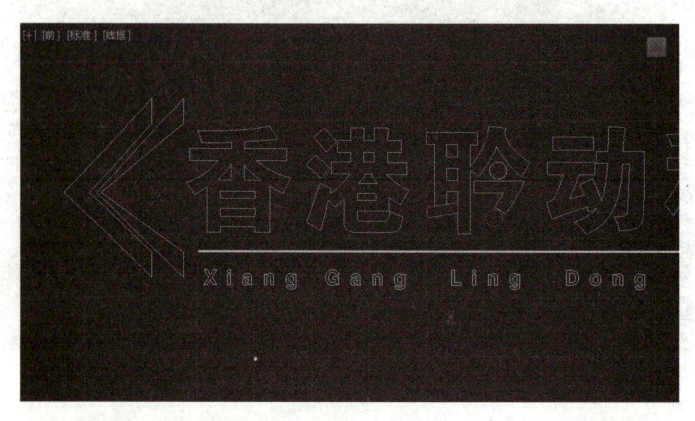

图 6-56　创建标志组件 03

（14）分别单独选择"标志组件 01""标志组件 02"和"标志组件 03"图形，挤出数量值为 5.5。

6.3.2 实战演练 9——标志、公司名称材质

操作步骤：

（1）按"M"键，打开"Slate 材质编辑器"对话框，双击"材质/贴图浏览器"下方"示例窗"中的 01-Default 材质球，在视图 1 视口中双击该材质的标题栏，打开其参数编辑器，命名为"标志组件 01 材质"。单击"漫反射"右侧的颜色块，设置颜色值为 RGB（255，200，0），其他参数默认。

（2）选择"标志组件 01"和文字"聆"提笔对象，按"M"键打开"Slate 材质编辑器"对话框，单击 ![] （将材质指定给选定对象）按钮，将材质赋予场景中选择的物体。

（3）用同样的方法编辑"标志组件 02 材质"，设置颜色值为 RGB（240，100，0），其他参数默认。然后将编辑的材质赋予"标志组件 02"和文字"聆"点笔对象。

（4）用同样的方法编辑"标志组件 03 材质"，设置颜色值为 RGB（0，120，255），其他参数默认。然后将编辑的材质赋予"标志组件 03"、公司名称辅助线和文字"聆"点笔对象。

（5）用同样的方法编辑"公司名称材质"，设置颜色值为 RGB（0，0，0），其他参数默认。然后将编辑的材质赋予"香港聆动科技"和"公司拼音名称"对象。

（6）标志和公司的"背景白板"物体材质，我们按前面调配好的"主题文字材质"进行编辑，即自发光为纯白色。

（7）接下来我们对物体进行群组。选择"标志组件 01""标志组件 02""标志组件 03"物体，进行群组，组名为"标志"。选择"香港聆动科技""公司拼音名称""公司名称辅助线"和文字"聆"提笔和 2 个点笔对象，进行群组，组名为"公司名称"。"背景白板"作为独立物体。

6.3.3 实战演练 10——设置灯光、摄影机和动画

操作步骤：

（1）设置灯光。在命令面板上单击 ![] （创建）→ ![] （灯光）→ ![泛光] 按钮，在距"标志""公司名称"和"背景白板"物体正前方 640 个单位的位置创建"泛光灯 01"物体，如图 6-57 所示。

图 6-57 创建泛光灯

（2）选择"泛光灯 01"，在 ![强度/颜色/衰减] 卷展栏中，设置灯光颜色值为 RGB（255，255，255），其他参数如图 6-58 所示。

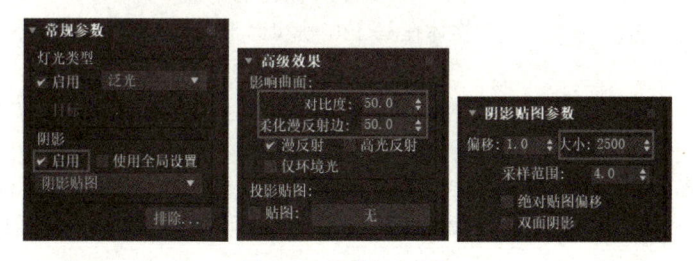

图 6-58 设置灯光参数

（3）激活前视口，调整视图到合适的视角，按"Shift+Q"组合组合键渲染，效果如图 6-59 所示。

图 6-59　前视口渲染效果

（4）设置目标摄影机。在命令面板上单击 ➕（创建）→ 📷（摄影机）→ 目标 按钮，在顶视口中创建摄影机。设置摄影机的"视角"为 45，位置如图 6-60 所示。激活透视口，按键盘上的 C 键，将透视口切换成摄影机视口。再次按"Shift+F"组合键，打开摄影机安全框。

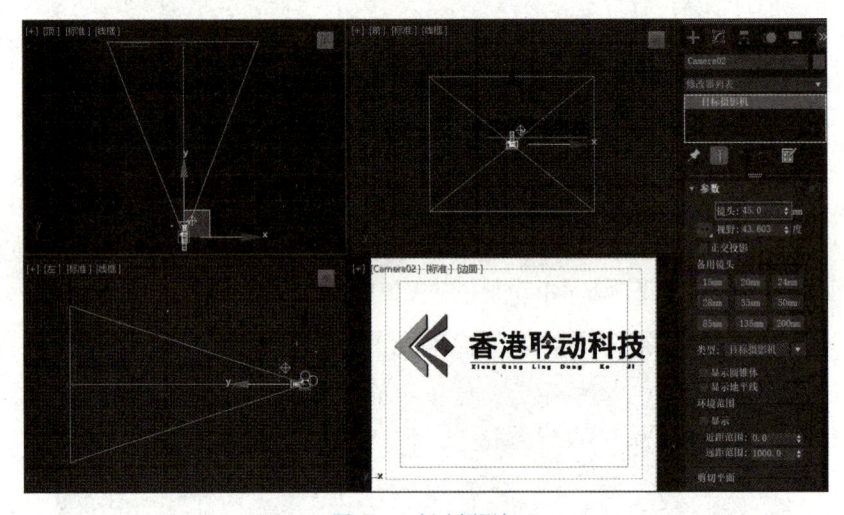

图 6-60　创建摄影机

（5）为"标志""公司名称"和"背景白板"物体设置动画。单击主工具栏中的 📈（曲线编辑器）按钮，打开"轨迹视图 - 曲线编辑器"对话框。在轨迹视图控制器窗口中，打开"背景白板"项，执行菜单"编辑"→"可见性轨迹"→"添加"命令，在"背景白板"项的轨迹中新添加一个"可见性"轨迹，单击工具栏上的 ➕（添加关键帧）按钮，在窗口右侧的"可见性"轨迹线第 133 帧和第 136 帧处创建关键帧。设置第 133 帧处的"值"为 0，第 136 帧处的"值"为 1，如图 6-61 所示。

（6）用步骤（5）的方法为"标志"物体在第 130 帧和第 150 帧处创建"可见性"关键帧，如图 6-62 所示。

（7）用步骤（5）的方法为"公司名称"物体在第 133 帧和第 136 帧处创建"可见性"关键帧，设置 133 帧处的"值"为 0，第 136 帧处的"值"为 1。

说明：对"标志""公司名称"和"背景白板"物体设置"可见性"关键帧，目的是在 Video Post "后期处理"中使分镜头场景一到分镜头场景二的过渡产生淡入淡出的转场效果。

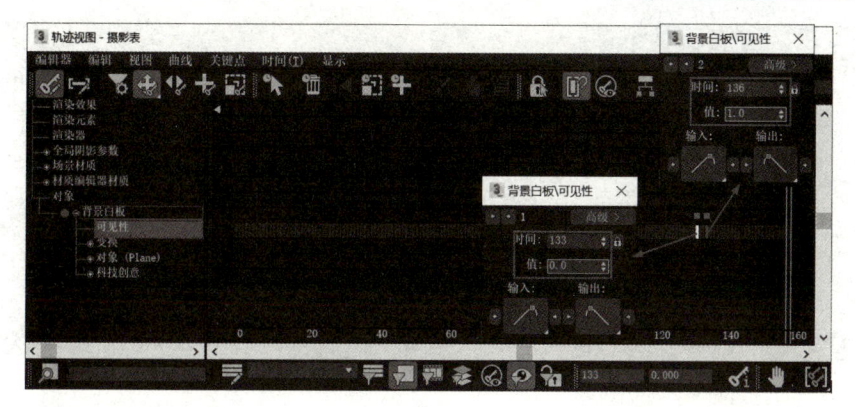

图 6-61 设置背景白板的显隐动画

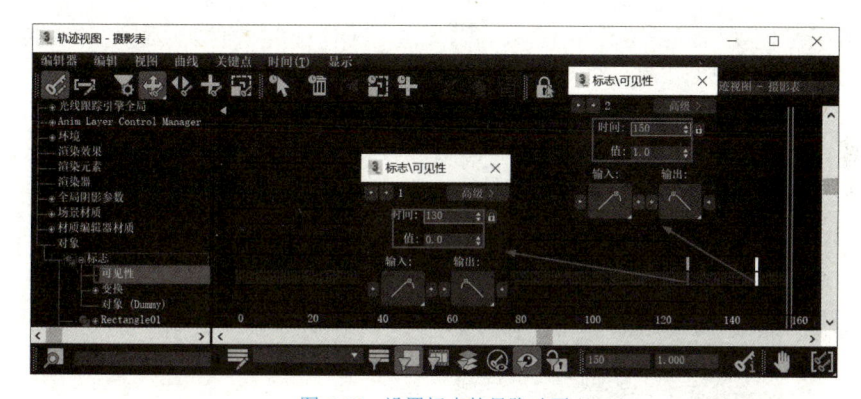

图 6-62 设置标志的显隐动画

（8）激活左视口。选择"标志"物体，将时间滑块移到第 145 帧处，单击动画控制区 + 按钮，在此创建一个关键帧，再次移动时间滑块到第 120 帧处，打开动画控制区 自动关键点 按钮，移动"标志"物体到如图 6-63 所示的位置。

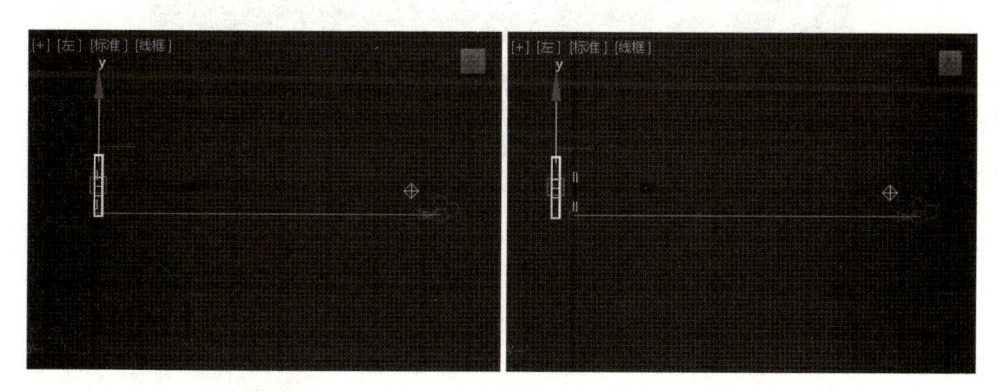

第 145 帧处的位置　　　　　　　　　第 120 帧处的位置

图 6-63 设置标志的位置动画

（9）激活前视口。选择"公司名称"物体，将时间滑块移到第 145 帧处，单击动画控制区 + 按钮在此创建一个关键帧，再次移动时间滑块到第 120 帧处，打开动画控制区 自动关键点 按钮，移动"公司名称"物体到如图 6-64 所示的位置。

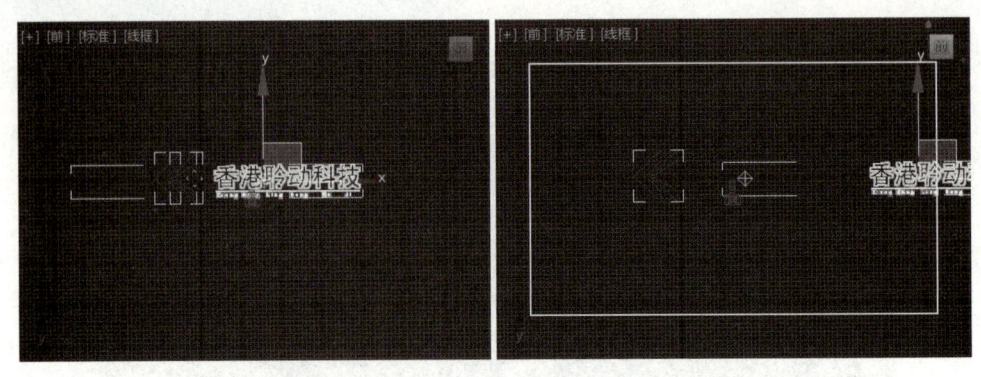

第 145 帧处的位置　　　　　　　　　第 120 帧处的位置

图 6-64　设置公司名称的位置动画

（10）激活摄影机视口。在工具栏上单击 按钮，在打开的"渲染场景"对话框中，设置参数如图 6-65 所示，并进行渲染输出。

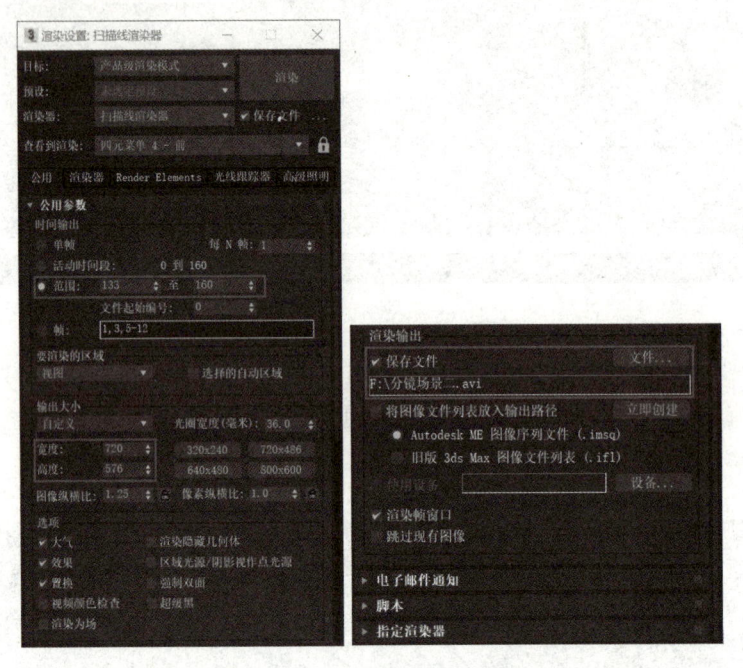

图 6-65　设置渲染参数

（11）按"Ctrl+S"组合键，保存分镜头场景文件。

6.3.4　实战演练 11——分镜头合成

我们已经在视频后期处理中加入了分镜头场景一，并添加了镜头效果光晕特效。下面我们制作分镜头场景一与分镜头场景二的转场效果。

操作步骤：

（1）打开分镜头场景一文件，执行菜单"渲染"→"视频后期处理"命令，打开"视频后期处理"对话框，单击工具栏上的"添加图像输入事件"按钮，将分镜头"场景二.avi"加入，如图 6-66 所示。

（2）在"视频后期处理"对话框中选择 Camera01，用鼠标将其渲染轨迹结束时间拖动到第 144 帧处。在 Video Post 窗口中选择镜头场景二，用鼠标将其渲染轨迹起始时间拖动到第 133 帧处，如图 6-67 所示。

模块六　影视广告片头动画

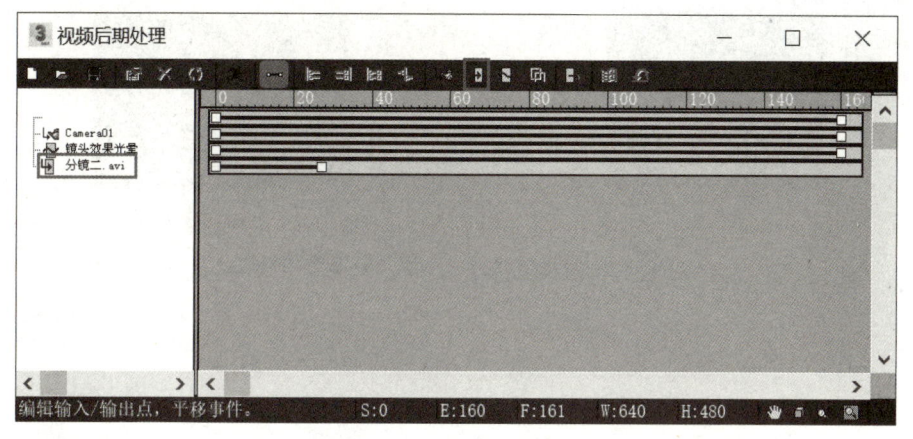

图 6-66　添加图像输入事件

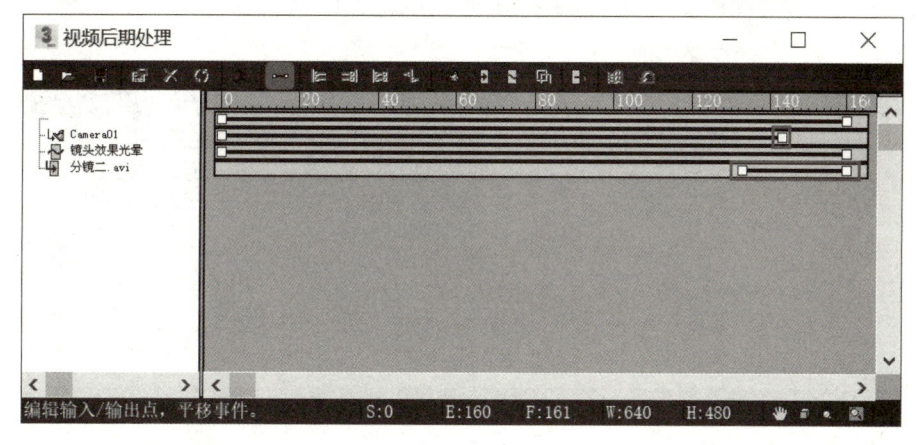

图 6-67　编辑范围栏

（3）下面我们在转场当中添加"闪白"效果。单击主工具栏中的 ⬚（曲线编辑器）按钮,打开"轨迹视图 - 摄影表"对话框。在轨迹视图控制器窗口中,打开"环境"项,选择"背景色"轨迹,单击轨迹视窗工具栏上的 ⬚（添加关键帧）按钮,在轨迹线第 120 帧、130 帧和 136 帧处创建关键帧。设置第 120 帧处的 RGB 值为 0,第 130 帧处的 RGB 值为 225,第 136 帧处的 RGB 值为 0,如图 6-68 所示。

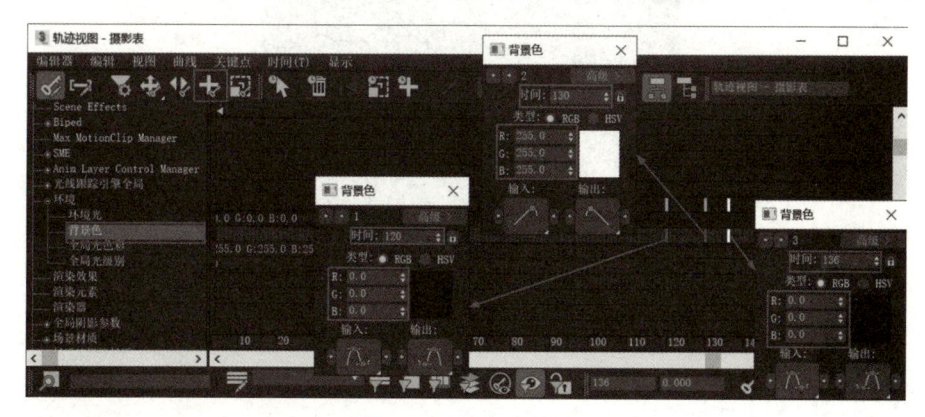

图 6-68　添加闪白效果

（4）渲染转场过渡的几帧画面,效果令人满意！如图 6-69 所示。

图 6-69 转场过渡效果

（5）输出设置。单击工具栏上的 ![按钮] （添加输出事件）按钮，在弹出的面板上单击"文件"按钮，然后在文件名栏输入"聆动科技"，视频文件输出类型选择 AVI，如图 6-70 所示。

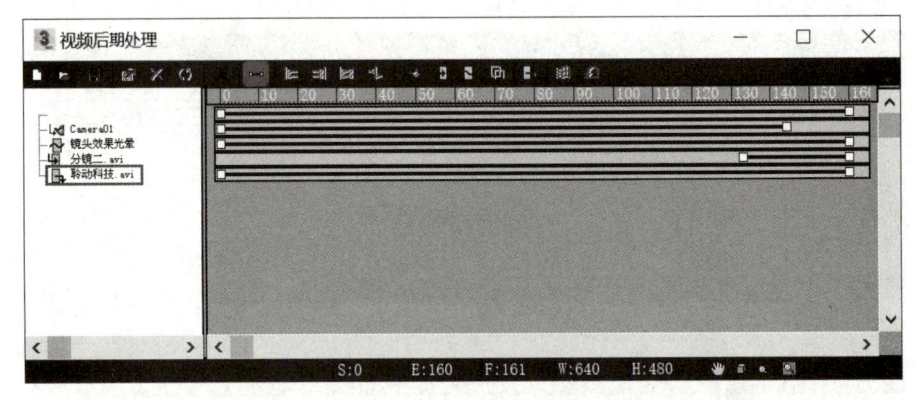

图 6-70 添加图像输出事件

（6）单击工具栏上的 ![按钮]（执行序列）按钮，在弹出的对话框中设置参数如图 6-71 所示，最后单击"渲染"按钮生成动画。

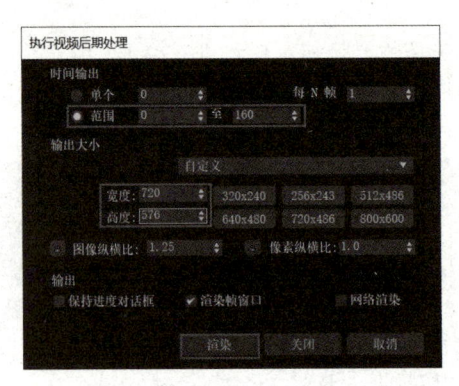

图 6-71 渲染生成动画

6.4 本模块小结

本模块主要针对影视广告片头动画制作，介绍了制作影视广告片头动画的工作流程及方法，详细讲解了影视广告片头动画中特殊建模的方法、材质的编辑方法、轨迹视图的应用、视频后期处理等知

模块六　影视广告片头动画

识和技术。通过学习本模块读者可以掌握影视广告片头动画制作流程和方法，为将来从事影视动画工作打下扎实的基础。

6.5　认证知识必备

技能测试题

影视片头动画——HERO（英雄）制作

要求：根据给定的分镜头场景动画规划设计影视片头动画，分镜头场景如图6-72～图6-73所示。（分镜头场景文件及素材见素材文件夹）

图6-72　分镜头场景一

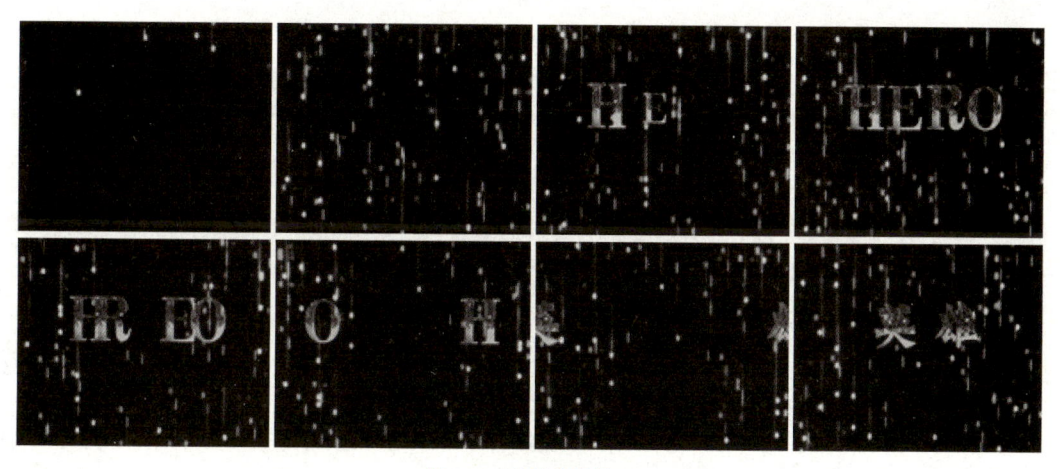

图6-73　分镜头场景二